频谱高效的协作与认知绿色通信技术

翟超 李玉军 于嘉超 郑丽娜 王新华 著

中国水利水电出版社
www.waterpub.com.cn
·北京·

内 容 提 要

针对无线通信网络频谱资源短缺及终端能量受限的情况，为了满足用户不断增长的无线传输需求并提升网络的可持续性，本书研究无线网络中的频谱资源高效利用及能量收集绿色通信问题，主要包含两大方面的研究内容：①考虑能量收集及通信分集技术，研究基于非正交多址接入及空时编码的协作传输机制、双路交替连续中继及自适应协作通信机制、节点能量状态及网络关键要素的建模方法，揭示能量收集、空时编码、叠加编码、协作中继等技术对无线传输质效的提升效果；②考虑认知无线电网络不同用户的能量及频谱需求状况，研究空间域、频率域和时间域机会性频谱共享及协作频谱共享机制，提出非授权用户收集射频能量以实现高效频谱共享的方案、非授权用户协助授权用户传输能量或数据以换取频谱共享的机制，揭示能量收集、协作中继和用户调度等技术对频谱共享效率的提升效果。研究成果有助于指导网络建模、通信协议设计、性能分析和资源优化，实现绿色高效通信。

本书既可作为高等院校电子信息相关专业高年级本科生、研究生的前沿技术课程教材，也可作为能量收集无线通信、协作中继传输和认知无线电网络等领域专业技术人员的参考用书。

图书在版编目（CIP）数据

频谱高效的协作与认知绿色通信技术 / 翟超等著
. -- 北京 : 中国水利水电出版社, 2024.2
ISBN 978-7-5226-1943-9

Ⅰ. ①频… Ⅱ. ①翟… Ⅲ. ①无线电通信—研究
Ⅳ. ①TN92

中国国家版本馆CIP数据核字(2023)第227442号

书　　名	**频谱高效的协作与认知绿色通信技术** PINPU GAOXIAO DE XIEZUO YU RENZHI LÜSE TONGXIN JISHU
作　　者	翟　超　李玉军　于嘉超　郑丽娜　王新华　著
出版发行	中国水利水电出版社 （北京市海淀区玉渊潭南路 1 号 D 座　100038） 网址：www. waterpub. com. cn E - mail：sales@mwr. gov. cn 电话：(010) 68545888（营销中心）
经　　售	北京科水图书销售有限公司 电话：(010) 68545874、63202643 全国各地新华书店和相关出版物销售网点
排　　版	中国水利水电出版社微机排版中心
印　　刷	天津嘉恒印务有限公司
规　　格	184mm×260mm　16 开本　20.25 印张　493 千字
版　　次	2024 年 2 月第 1 版　2024 年 2 月第 1 次印刷
定　　价	**98.00** 元

前言

5G网络的大规模部署实现了移动通信能力和服务质量的跨越式提升，衍生出许多垂直行业的创新应用，比如沉浸式云XR（扩展现实）、全息通信、超高清/3D视频、感官互联、智慧交互、通信感知、数字孪生和全域覆盖等，移动通信正从信息化向智能化转变，逐步实现人-机-物智慧互联、虚拟与现实深度融合，这对无线网络传输速率及容量、覆盖率及可持续性等提出更加严苛的要求。在不同的应用场景中，人们按需部署了大量的传感网、自组织网和物联网等网络，海量节点采用电池供电，有限的能量及频谱资源成为制约网络长期稳定运行的瓶颈。人们迫切需要研究更为高效的通信技术，在保障通信质量的前提下，大幅提升网络的能量效率及频谱效率，以满足不断增长的无线传输需求。

在多天线系统中，当发射端不知道下行信道状态信息时，进行空时编码无线传输可获得空间分集增益，提升接收端的信号强度和解调效果。用户之间协作传输数据可形成虚拟天线阵列，获得空间分集效果，克服路径损耗及信道衰落的不利影响，提升无线传输的鲁棒性。非正交多址接入采用叠加编码和干扰消除技术，使用同一频谱资源同时传输不同用户的数据，能够大幅提升频谱效率。认知无线电网络在保障授权用户通信质量及性能需求的前提下，允许非授权用户共享频谱以满足其传输需求，有效提升频谱利用率。节点采用能量收集技术能够从周围环境中收集能量，提升节点的可持续性和自适应性，有助于延长无线网络的生命周期，减少碳排放，具有环境友好的特点。

本书关注频谱高效的协作与认知绿色通信技术，力求做到深入浅出、详略得当。在对涉及的基本概念和基本原理的介绍中，本书着眼于共性基础问题的剖析，以利于读者进一步的学习与拓展；在对频谱及能量高效的通信方案的介绍中，本书着眼于当前乃至未来的典型应用，以利于读者掌握通信协议的设计思路和未来发展趋势，为本领域的研究工作打下坚实的理论基础。

本书共分为16章。具体内容包括：第1章绪论；第2章基于分布式空时编码的非正交多址接入；第3章基于无线能量传输的空时协作非正交多址接入；第4章基于无线功率传输的双中继协作通信；第5章基于能量收集交替中继的非正交多址接入；第6章基于无线功率传输和能量累积的自适应中继传输；第7章随机网络协作无线能量收集和信息传输；第8章基于双路连续中继的协作频谱共享；第9章次用户无线能量收集协作频谱共享；第10章基于次用户调度的自适应频谱租借；第11章无线能量收集次用户调度和频谱租借；第12章蜂窝与自组织网络协作频谱共享；第13章主用户收集无线能量的认知中继传输；第14章大规模认知网络能量收集协作频谱共享；第15章基于无线能量传输的机会性频谱共享；第16章总结与展望。文后还提供了缩略语注释表，以便读者使用。

本书各章节之间既相对独立，又前后呼应，有机地结合在一起。每个章节均采用系统模型—数学建模—理论分析—仿真验证的研究思路，分阶段逐步阐述问题，力求让读者对频谱高效的协作与认知绿色通信技术有一个较为深刻的认识，同时了解相关技术原理。

本书不仅参考了近期的文献资料，更融入了作者多年从事频谱及能量高效的无线通信技术研究的成果。全书由翟超统稿，参加编写的人员还有山东大学李玉军、于嘉超、郑丽娜，青岛大学王新华。本书第1、第2、第3、第7、第8、第10、第11、第12、第13、第16章由翟超编写，第5、第6章由李玉军编写，第14章由于嘉超编写，第4、第9章由郑丽娜编写，第15章由王新华编写。图片及公式编辑和参考文献整理由于嘉超完成。本书获得国家自然科学基金（编号：62271287）和山东省自然科学基金（编号：ZR2020QF002）的支持。撰写过程得到了山东大学信息科学与工程学院的大力支持，在此表示衷心感谢。

由于作者能力和水平有限，书中难免会有疏漏、不妥之处，恳请广大读者不吝批评指正。

作者

2023年7月

目 录

第 1 章 绪论

随着电子信息技术的快速发展，各种新的终端及应用不断涌现。在不同的应用领域，用户按需部署了各类网络，网络逐渐呈现出多层、异构的形态，不同制式、不同接入方式共存。人们对无线通信带宽、网络覆盖率和传输容量的需求大幅提升，接入网络的终端数目及移动流量呈现指数级增长。各种不同的终端具有不同的数据传输需求及能量消耗，充分利用有限的频谱资源提高网络容量、实现绿色通信具有重要的研究意义。本书主要介绍无线网络中高效协作与认知传输技术，着力提升网络的频谱效率和能量效率，满足用户不断增长的无线传输需求。本章对于涉及的关键核心技术进行简单的介绍。

1.1 协作中继传输技术

1.1.1 协作中继的概念

在单链路无线通信系统中，增强发射功率可以克服信道衰落及路径损耗的不利影响，提高信息接收的可靠性。但是，在多用户通信系统中，提高发射功率会增强链路之间的相互干扰，不能保证信息的可靠传输。引入中继节点可以把较长的通信链路分成很多跳，缩短每一跳的距离可以减少信号传输的路径损耗，降低发射端的功率消耗，减轻链路之间的干扰，提高通信的可靠性和数据吞吐量，提高节点的能量效率并延长网络寿命。

当源节点发射数据时，受惠于无线信道的广播特性，中继节点能侦听到源节点的数据。中继节点可以按照预定的规则转发该信号给目的节点，由于源—目的节点之间的信道与中继—目的节点之间的信道经历相互独立的多径衰落，它们同时经历深度衰落的概率较小，在接收端可以实现信号接收的分集效果。接收端借助训练序列能够得知瞬时信道状态信息（CSI），则目的节点可采用最大比合并（MRC）方式合并从源节点和中继节点接收到的信号，并进行相干解调。

协作中继是通过中继节点的辅助完成通信的一种方式，它融合了分集技术和中继传输技术的优势，能够克服信道深度衰落、障碍物阻挡和严重路径损耗等不利因素的影响，在不增加单节点天线数目的情况下，可以获得多天线与多跳传输的性能增益，提高无线通信的鲁棒性及传输效率。

1.1.2 协作中继分集

在移动通信系统或无线局域网（WLAN）中，基站、接入点或部分终端可安装多根天线，采用多输入多输出（MIMO）技术获得空间分集和复用效果，以实现高速可靠的无线通信。但是，当终端尺寸比较小时，对其安装多根天线往往不切实际。不同终端采用协作方式通信，多个节点共享彼此的天线构建虚拟 MIMO 天线阵列，可以获得 MIMO 系统中的容量提升、覆盖面扩展和可靠性增强等优势。

在多中继通信系统中，利用无线信道的广播特性，多个中继节点可以同时侦听源节点的数据广播，独自或者联合进行信号的处理，并前向中转处理后的信号。接收端可以获得从不同节点传来的多路信号，接收端将承载相同信息的多路信号进行合并处理。从接收端的角度来看，多条中继路径同时经历深度衰落的可能性很小，因此多中继通信可以获得空间分集增益，有效克服无线信道的多径衰落，增强数据传输的鲁棒性。

协作中继分集可以有多种分类方式，按照网络结构分为双跳协作和多跳协作。双跳协作即从源节点发出的信号经过一次协作即到达目的节点，而多跳协作则是从源节点发出的信号经过多个阶段的协作后才能到达目的节点。协作中继传输过程可以分为两步：

第一步：源节点广播信号，所有中继节点接收信号并按照一定的协议处理信号；如果源节点与目的节点之间有直接链路，目的节点则保存所接收到的信号，否则，目的节点保持沉默。

第二步：中继节点转发处理后的信号，此时源节点也可以发送同样的信号或不同的信号，目的节点按照某种规则合并过程中所接收到的信号，并进行信息的解调[1]。

1.1.3 协作通信的研究现状

通过构建虚拟天线阵列，协作分集可有效提高系统的鲁棒性。Laneman et al.[2] 提出放大转发（AF）、译码转发（DF）和中继选择的协作传输机制。在 AF 协议中，中继节点直接放大所接收到的信号，并转发给目的节点。中继节点在放大有用信号的同时也放大了噪声，特别是在多跳传输过程中，噪声累加会严重损害信号质量；在 DF 协议中，中继节点首先解调所接收到的信号，消除噪声的影响，然后对数据重新编码并转发给目的节点；在中继选择协作系统中，按照一定的规则选择一个或多个中继节点，协助源节点转发数据给目的节点。由于能够引入空间分集效果，在发射功率一定的情况下，相比非协作链路，协作链路能够提供更好的误比特率和吞吐量性能[1]。

在协议栈的不同层均可实现协作通信。Su et al.[3] 分析了 AF 和 DF 协作系统的平均误符号率（SER），确定了最优功率分配方案。在两跳或多跳中继系统中，Hasna et al.[4] 分析了协作和非协作传输的中断概率，优化了功率分配。基于选择性译码转发协作机制[2]，Simic et al.[5] 在服务质量（QoS）的约束下，选择最优中继并优化功率分配，以最小化链路能量消耗。在多中继译码转发系统中，以最大化系统吞吐量为目标，Ibrahim et al.[6] 利用信道参数的调和平均数设计了一种中继选择策略。Zorzi et al.[7] 提出一种协作自动请求重传（ARQ）机制，选择距离目的节点最近的中继节点实现信息的重传。Yu et al.[8] 提出了三种协作截短 ARQ 机制，在重传过程中具有不同的操作规程。节约能量是延长网络寿命的关键[9]，当服务质量一定时，相比单链路，协作系统能大幅降低发射能量消耗。Ibrahim et al.[10] 提出了一种完全分布式的协作路由算法，以端到端的吞吐量为约束，在每个链路上进行最优功率分配，采用分布式 Bellman - Ford 算法建立最节省能量的路由。在多源、多目的、多跳无线网络中，通过联合考虑媒体接入控制（MAC）层的竞争问题和网络层的路由问题，Zhang et al.[11] 提出了一种基于虚拟节点、虚拟链路的协作路由机制，以改善整个网络的吞吐量。

1.1.4 协作中继传输的问题

尽管协作通信在理论、实验研究方面已经取得了较大进展，但是其在无线网络中的高效利用还未完全实现，仍有很多实际问题需要解决。协作中继的整个传输过程包含三类节点：源节点、中继节点和目的节点。在传输过程中，应考虑如下主要因素：

（1）协作中继的必要性。由于协作中继传输可能导致信道可达速率降低，需要研究在哪些情况下应进行协作中继传输。

（2）协作中继节点的选择。中继节点的选择应满足何种标准，选择单个还是多个中继节点进行协作传输，中继节点只担任数据转发角色或自身具有传输需求。

（3）协作中继传输协议的设计。在不同的应用场景下，如何在物理层、数据链路层及网络层上设计高效的协作中继传输协议，对于提升网络性能具有重要的作用。

（4）协作中继传输的采用会带来何种性能增益。采用协作中继传输是否会降低能量消耗，提升频谱资源的利用率或提升网络的覆盖范围等。

1.2 认知无线电网络频谱共享技术

1.2.1 认知无线电网络的概念

当前电子设备的普及使得以图片和视频为内容的多媒体通信得以兴盛。为了提高用户的服务体验，宽带无线通信成为社会发展的必然趋势，但是有限的频谱资源留给新业务的频谱所剩无几。实际上，珍贵的频谱资源并没有得到充分利用，频谱在时间和空间上时常处于空闲状态，这就导致了资源的浪费。一方面日益增长的无线数据传输需求渴望获得更高的带宽；另一方面许可频谱的利用率却很低。为了克服这个矛盾，有研究者提出了认知无线电技术。

认知无线电的概念最初由 Mitola et al.[12] 于 1999 年提出，他认为认知无线电终端应具备足够的智能或者认知能力，通过对周围无线环境的历史和当前状况进行检测、分析、学习、推理和规划，利用相应的判定结果自我重新配置资源，动态自适应通信环境的变化。因此，认知无线电是一种可以感知外界通信环境，并根据外界环境变化进行自我调整的智能通信系统，具备认知能力和重构能力。认知能力是指认知无线电终端从工作环境中感知信息，标识特定时间和空间的未使用频谱资源，在此基础上选择最合适的频谱和工作参数的能力。重构能力是指认知无线电终端可以根据无线通信环境进行动态设置，采用不同的无线传输技术进行数据收发。

采用认知无线电技术的无线通信网络即为认知无线电网络（CRN）。在认知无线电网络中，拥有许可频谱的主用户（PU）具有较高的优先级，次用户（SU）在共享频谱过程中需要谨慎地调节其信道接入参数，在保证主网络性能需求的前提下，满足次网络的传输需求。

1.2.2 认知无线电频谱共享的分类

1.2.2.1 频谱共享的类别

频谱共享技术是认知无线电网络的核心技术之一。在认知无线电网络中，允许次用户共享主用户的频谱资源，实现次用户之间、次用户与主用户之间的频谱共享。在认知无线电网络中，按照次用户占用频谱方式的不同，频谱共享技术一般可以分为三类[13]。

（1）交织频谱共享。次用户在接入信道前首先感知频谱的状态，如果该频谱被主用户所占据，次用户则需退避以避免对主用户造成干扰，当频谱空闲时次用户才能接入信道[14]。

（2）底衬频谱共享。主用户和次用户同时使用频谱传输各自的信息，但是次用户需严格控制其发射功率以免对主用户带来不可承受的干扰[15]。

（3）覆盖频谱共享。次用户帮助主用户传输数据，作为回报主用户允许次用户在时域[16]、频域[17] 或空域[18] 上共享频谱。

1.2.2.2 大规模网络的特点

传统的认知频谱共享机制考虑有限网络中节点间的相互影响，难以刻画大量节点共存时的效果，因此亟须研究大规模网络频谱共享机制。大规模网络具有如下特点：

（1）网络流量的空间差异。网络流量受地理形态、人口分布及经济发展水平的影响。城市郊区和市区之间、办公和住宅区域之间、经济发达和欠发达区域之间，通信需求存在较大的差异。

（2）网络流量的时间差异。网络流量随时间的变化很明显，这与人们的活动周期相关。在举办大型活动时或公共节假日，网络流量急剧增加。

（3）信道接入的不确定性。在自组织（Ad－Hoc）网络中，节点按照给定的MAC机制分布式占用信道，导致了网络中活跃链路的随机变化，进而影响网络干扰强度和数据流量的变化。

（4）网络拓扑的不确定性。在Ad－Hoc网络和蜂窝移动网络中，终端可以随意进入和离开网络，受电池能量的影响还会频繁关机或开机，这都会导致网络拓扑的变化，进而影响网络流量分布。

（5）干扰信号的不确定性。受信道的多径衰落、路径损耗、干扰节点的随机位置分布等影响，活跃链路之间的干扰在时空维度上剧烈变化，分析随机变化的干扰对网络通信的影响具有一定的挑战性。

综合考虑以上因素，合理构建网络节点分布及数据流量模型，分析网络的平均性能，研究网络参数对性能的影响，是实现大规模认知无线电网络频谱共享亟须解决的关键问题。

1.2.3 认知无线电频谱共享的研究现状

Huang et al.[19] 研究了当所有用户都随机分布于二维平面上时，蜂窝移动网络和无线自组织网络之间的底衬频谱共享，考虑到网络之间的相互干扰，分析了两个系统传输容量之间的折中关系[20]。如果在每个主用户链路周围均设置一个保护区域，处于保护区内的次用户不允许发射数据以免给主用户带来强干扰，Lee et al.[21] 分析了该系统的中断概率，揭示了系统参数设置对网络平均性能的影响。Kawade et al.[22]、Sachs et al.[23] 制订了家用 Wi-Fi 和蜂窝移动网络如何共享电视空闲频谱而不损害电视接收信号的质量的方案，该方案采用查询频谱资源数据库的方式来确定电视广播信道在不同地理位置和不同时刻的使用状态。当次用户采用认知中继传输方式时，在主用户接收端可承受的干扰强度约束下，需严格控制次用户源节点和中继节点的发射功率。基于此，Lee et al.[24] 分析了次用户系统的中断概率，理论分析显示，底衬频谱共享中继系统能够获得与非认知协作网络相同的分集增益。

Simeone et al.[16] 提出频谱租借的概念，次用户协助主用户在较短的时间内完成主数据传输，在剩余的时间内，次用户可以占用频谱传输自己的数据。Su et al.[17] 提出把许可频谱分成不相关的两部分：一部分频谱用于主数据的协作传输，在次用户的协助下，使用部分频谱即可满足主用户的通信要求，作为回报；另一部分频谱则用于次数据的传输。Chiarotto et al.[25] 基于频谱租借的概念提出了协作机会性路由策略，在主系统源节点和目的节点之间的多跳通信过程中，主次用户同时竞争成为中继节点。考虑到主用户能量消耗和次用户数据吞吐量的折中关系，设计了不同的协作策略，次用户可在频谱、时间或码字上以正交方式协助主用户通信以换取资源实现自己数据的传输，或使用叠加编码方式完成主次数据的同时传输。Zhai et al.[26] 则把主次系统扩展到整个二维平面，考虑到累加干扰来自平面上所有的活跃链路，当次用户采用截短 ARQ 机制协助主用户通信时，采用随机几何理论分析了主次系统的数据吞吐量，在满足主系统性能提升的要求下，通过最大化次系统数据容量，优化了主次系统之间的功率分配，实现了主次系统的双赢。

1.3 无线能量收集技术

1.3.1 无线能量收集的模型

在无线通信系统中，采用电池供电的终端得到了广泛应用，对于具有海量节点的大规模网络，或应用于特殊环境的无线网络，更换电池或者对电池充电往往不切合实际，有限的电池容量成为系统持续工作的瓶颈。因此，降低终端发射功率，采用周期性休眠策略或高效的信道接入及组网协议，可以减少能量消耗，延长网络寿命。但是，在协议层面进行能量节省，无法从根本上解决能量受限的问题。在无线传感器网中，例如，美国伯克利大学 PicoRadio 项目、麻省理工学院 μAMPS 项目、得克萨斯大学达拉斯分校 GAP4S 项目，微小的传感节点密集分布于特定区域，发射功率在 100 μW 左右[27]。如果节点能够从周围环境中收集能量，则可避免周期性地更换电池或充电，提高节点的自适应性和可持续性，理论上可以无限期延长节点寿命。对于无线体域网（WBAN）[28]，数据中心放置在身体外部，具有持续稳定的电源供应，但是传感节点被植入人体内，可以使用无线能量传输的方式给节点充电，传感节点可以长时间工作在体内，并把检测结果无线传输给数据中心，实现人体医疗保健的功能。

能量收集来自太阳能、风能、水能、动能，热能和电磁能等物理、生物或化学现象，采用光电、热电、压电和磁电等转换器件来获取能量。但这些能量来源往往具有突发性和间断性，不能随时满足节点的能量需求。相比于其他能量来源，专用发射器可以采用射频（RF）信号将能量无线发送到接收器，使得能量收集过程更可控，从而更容易满足用户的 QoS 需求。依据对现有文献的研究，基于射频信号的无线能量收集模型可以分为两大类，即线性能量收集模型和非线性能量收集模型。

1. 线性能量收集模型

已有的研究普遍采用线性能量收集模型[29-32]，在单位时间内，能量收集器所收集到的能量与输入的射频信号功率关系表示为

$$\Theta(x)=\eta\tau x \tag{1.1}$$

式中：η 为能量转换效率，$0<\eta<1$；x 为输入的射频信号的功率，W。

由于未考虑实际能量收集电路中非线性元器件所导致的能量非线性转换特性，所收集到的能量与输入功率呈现理想的线性关系。然而，实际的能量收集电路会随着输入功率的增加而最终达到饱和。

2. 非线性能量收集模型

以下三类非线性能量收集模型比较常用：

第一类：输入输出关系呈现分段式线性函数的结构[33]，表示为

$$\Theta(x)=\begin{cases} 0 & x\in[0,P_{\text{in}}^{\text{sen}}] \\ \eta(x-P_{\text{in}}^{\text{sen}}) & x\in[P_{\text{in}}^{\text{sen}},P_{\text{in}}^{\text{sat}}] \\ \eta(P_{\text{in}}^{\text{sat}}-P_{\text{in}}^{\text{sen}}) & x\in[P_{\text{in}}^{\text{sat}},\infty] \end{cases} \tag{1.2}$$

式中：$P_{\text{in}}^{\text{sen}}$ 为能量收集（EH）电路的灵敏度阈值；$P_{\text{in}}^{\text{sat}}$ 为 EH 电路的饱和输入功率，W；x 的意义与式（1.1）相同。

该非线性能量收集模型虽然考虑了实际 EH 电路中灵敏度和饱和输入功率的存在，但是忽略了能量收集效率和输入功率的相关性。

第二类：考虑到 EH 电路中端到端能量转换的非线性特性，Boshkovska et al.[34] 提出了一种含有非线性参数的 EH 模型，设 x 为接收到的信号功率，能量收集时间为 1s 时，收集的能量记为 $u(x)$，表示为

$$u(x)=P_{\text{sat}}\frac{1-\exp(-ax)}{1+\exp[-a(x-b)]} \tag{1.3}$$

式中：a、b 为与电路规格有关的常数；P_{sat} 为 EH 电路饱和时的最大收集功率，W；x 的意义与式（1.1）相同。

第三类：Chen et al.[35] 采用了不同于前两类非线性能量收集模型的 EH 电路描述输入输出关系。能量收集时间为 1s 时，收集的能量记为 $u(x)$，表示为

$$u(x)=\frac{p_2x^3+p_1x^2+p_0x}{q_3x^3+q_2x^2+q_1x+q_0} \tag{1.4}$$

式中：p_0、p_1、p_2、q_0、q_1、q_2 和 q_3 为测量多个能量收集电路之后根据数据拟合曲线得到的常数。

总的来说，非线性能量收集模型更加匹配实际 EH 电路的电路特性，但其复杂的能量转化函数增加了理论分析的难度。为简化分析，本书中采用的能量收集模型为线性模型。

1.3.2 无线携能通信的分类

将无线通信技术与无线功率传输（WPT）技术融合在一起，有学者提出了无线携能通信（SWIPT）技术，采用同一射频信号实现信息与能量的同时传输。根据接收机的结构，无线携能通信可分为三大类：时间切换型、功率分割型和天线开关型。

1. 时间切换型

时间切换（TS）型接收机结构如图 1.1 所示，包含时间切换控制单元、能量收集和信息处理。源节点发送能量和信息的过程中，时间切换控制单元控制接收机天线在不同的时刻分别进行能量收集和信息处理。当能量收集和信息传输在一个传输周期内进行时，可利用时间切换因子将一个传输周期划分为两个时间段，分别进行能量收集和信息处理。

2. 功率分割型

功率分割（PS）型接收机结构如图 1.2 所示，接收机的功率分割控制单元采用功率分割因子 ρ（$0<\rho<1$），将接收到的射频信号功率分割为两部分，一部分用于能量收集，另一部分用于信息处理。

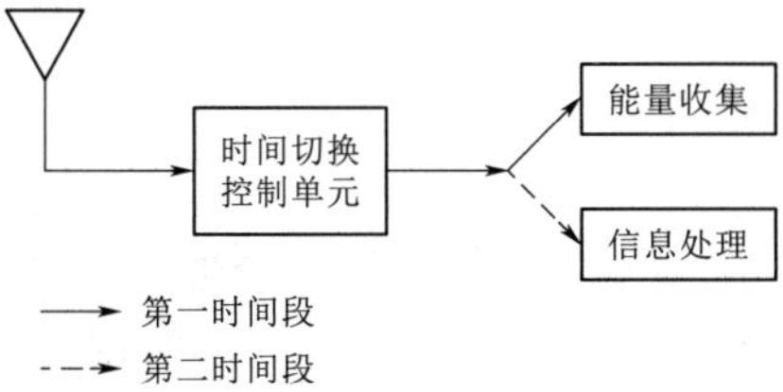

图 1.1 时间切换型接收机结构

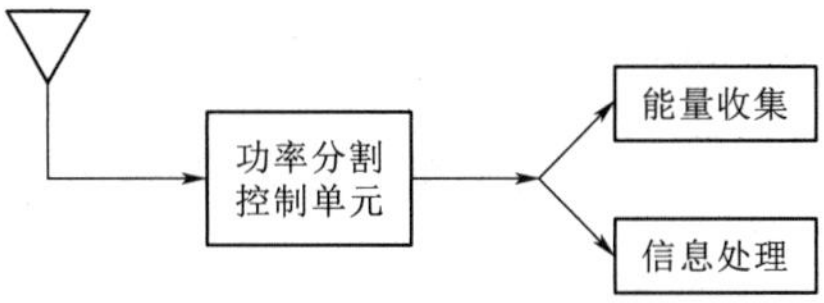

图 1.2 功率分割型接收机结构

3. 天线开关型

TS 型、PS 型接收机通常只采用单根天线，而对于多天线系统，接收机更适合采用天线切换式的结构，天线开关型接收机结构如图 1.3 所示。在该类结构中，接收机配有 M 根天线，其中 L 根进行能量收集，剩余的（$M-L$）根天线用于信息处理。

1.3.3 无线能量收集的研究现状

Liu et al.[36] 研究了存在干扰的点对点通信系统中射频能量收集问题，发射端可无线传输能量和信息给接收端，接收端基于瞬时信道信息和干扰信号强度，确定如何在能量收集和信息处理之间切换电路。当不同的通信系统之间存在能量和频谱资源的互补时，Guo et al.[37] 证明采用协作方式可以改善系统的整体性能。当多源和多目的节点之间存在一个基于能量收集的中继节点时，Ding et al.[38-39] 研究了如何分配中继节点所收集的能量

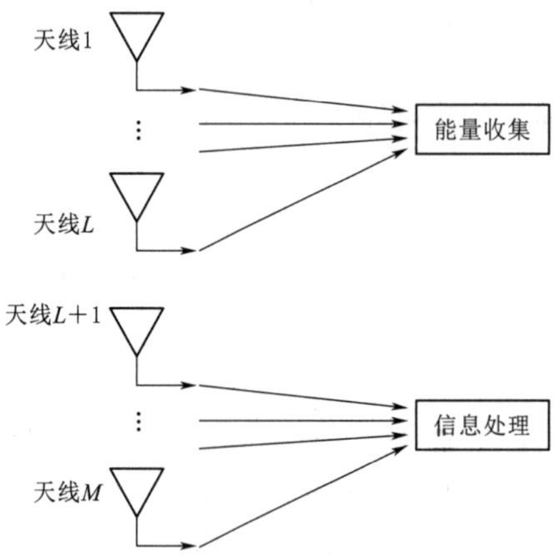

图 1.3 天线开关型接收机结构

来满足多链路通信需求。当中继节点具备射频能量收集功能时，Nasir et al.[40] 提出了基于TS和PS的最优放大转发协作通信策略[2]，优化了中继节点的资源分配。在广播系统中，当发射端和接收端都装有多根天线时，Zhang et al.[41] 设计了发射端的波束赋形机制，实现信息和能量的同时传输，Huang et al.[42] 研究了宽带正交频分复用系统中的最优传输问题，Xiang et al.[43] 在CSI残缺的情况下设计了鲁棒的波束赋形策略。在多用户系统中，接入点在下行链路广播其射频能量给移动用户，移动用户收集射频能量后按照时分多址方式从上行链路传输数据给接入点，Ju et al.[44] 研究了下行链路射频能量传输和上行链路数据传输之间的时间分配以最大化数据吞吐量。在认知无线电网络中，Lee et al.[45] 提出了基于射频能量收集的频谱共享方案，通过在主用户发射端周围设置保护区来避免次用户的强干扰，同时次用户可以从主用户发射的信号中收集射频能量用于数据的传输。如果次用户采用能量收集，在满足能量因果性和数据冲突的限制下，Park et al.[46] 研究了最优的频谱感知策略以最大化网络的吞吐量。综上，能量收集技术可以应用到多种无线通信系统中，能够提升系统性能，有助于降低碳排放，符合绿色通信的倡导。

1.4 Alamouti 空时编码技术

1.4.1 Alamouti 空时编码器

针对双发射天线系统，在发射端不知道下行CSI情况下，为了获得空间分集效果，发射端可以采用Alamouti空时编码技术[47]。Alamouti空时编码是第一种为双发射天线系统提供完全发射分集增益的方案，其编码器原理如图1.4所示。

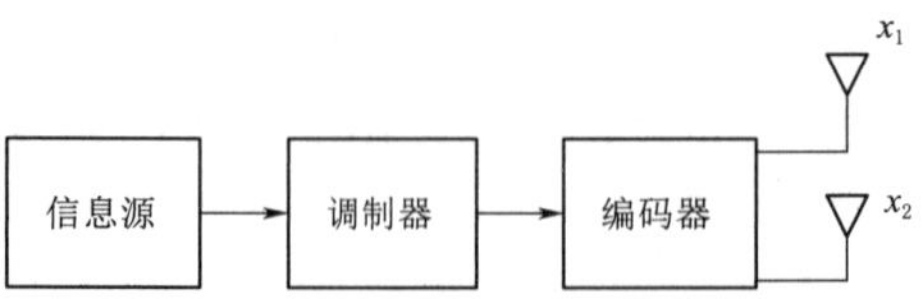

图 1.4 Alamouti 空时编码器原理

针对两个调制信号 x_1 和 x_2，采用如下编码矩阵将它们映射到发射天线，即

$$\boldsymbol{X}=\begin{bmatrix} x_1 & -x_2^* \\ x_2 & x_1^* \end{bmatrix} \tag{1.5}$$

在两个连续发射周期内，将编码器的输出信号从两根发射天线上辐射出去。在第一个发射周期中，信号 x_1 和 x_2 同时从天线1和天线2分别发射。在第二个发射周期，信号 $-x_2^*$ 从天线1发射，而 x_1^* 从天线2发射，其中 x_1^* 是 x_1 的复共轭。此种发射方式在空间域和时域均进行编码，分别用 x^1 和 x^2 表示天线1和天线2上的发射序列，则有 $x^1=[x_1,-x_2^*]$,$x^2=[x_2,x_1^*]$。编码矩阵具有如下特征，即

$$\boldsymbol{X}\cdot\boldsymbol{X}^{\mathrm{H}}=\begin{bmatrix}|x_1|^2+|x_2|^2 & 0\\ 0 & |x_1|^2+|x_2|^2\end{bmatrix}=(|x_1|^2+|x_2|^2)\boldsymbol{I}_2 \tag{1.6}$$

式中：H 为共轭转置；$\boldsymbol{I}_2$ 为一个 2×2 的单位矩阵。

假设接收端采用一根接收天线，在 t 时刻从第一和第二根发射天线到接收天线的衰落信道系数分别为 $h_1(t)$ 和 $h_2(t)$，假定衰落系数在两个连续符号发射周期之间不变，则有 $h_1(t)=h_1$，$h_2(t)=h_2$。在接收天线端，两个连续符号周期中的接收信号表示为

$$r_1=h_1x_1+h_2x_2+n_1 \tag{1.7}$$

$$r_2=-h_1x_2^*+h_2x_1^*+n_2 \tag{1.8}$$

式中：n_1 和 n_2 为两个符号周期中的加性高斯白噪声（AWGN），各维度均值为 0，功率谱密度为$\frac{N_0}{2}$。

1.4.2 信号合并和最大似然译码

假设接收机端知道信道系数 h_1 和 h_2。假定调制星座图中的所有信号都是等概率的，最大似然译码器对所有可能的 $\hat{x}_1$ 和 $\hat{x}_2$ 值，从信号调制星座图中选择信号（$\hat{x}_1$，$\hat{x}_2$）使下面的距离量度最小，即

$$\begin{aligned}&\mathrm{d}^2(r_1,h_1\hat{x}_1+h_2\hat{x}_2)+\mathrm{d}^2(r_2,-h_1\hat{x}_2^*+h_2\hat{x}_1^*)\\ &=|r_1-h_1\hat{x}_1-h_2\hat{x}_2|^2+|r_2+h_1\hat{x}_2^*-h_2\hat{x}_1^*|^2\end{aligned} \tag{1.9}$$

将式（1.7）和式（1.8）代入式（1.9）中，最大似然译码可以表示为

$$\begin{aligned}(\hat{x}_1,\hat{x}_2)=\arg\min_{(\hat{x}_1,\hat{x}_2\in C)}&(|h_1|^2+|h_2|^2-1)(|\hat{x}_1|^2+|\hat{x}_2|^2)\\ &+\mathrm{d}^2(\tilde{x}_1,\hat{x}_1)+\mathrm{d}^2(\tilde{x}_2,\hat{x}_2)\end{aligned} \tag{1.10}$$

式中：C 为调制符号对（$\hat{x}_1$，$\hat{x}_2$）的所有可能的集合；$\tilde{x}_1$、$\tilde{x}_2$ 为通过合并接收信号和 CSI 构造产生的两个判决统计。统计结果可以表示为

$$\begin{cases}\tilde{x}_1=(|h_1|^2+|h_2|^2)x_1+h_1^*n_1+h_2n_2^*\\ \tilde{x}_2=(|h_1|^2+|h_2|^2)x_2-h_1n_2^*+h_2^*n_1\end{cases} \tag{1.11}$$

对于给定信道实现 h_1 和 h_2 而言，统计结果 $\tilde{x}_i(i=1,2)$仅仅是 $x_i(i=1,2)$的函数。因此，可以将最大似然译码准则式（1.10）分别对 x_1 和 x_2 的两个独立译码算法，即

$$\hat{x}_1=\arg\min_{\hat{x}_1\in S}(|h_1|^2+|h_2|^2-1)|\hat{x}_1|^2+\mathrm{d}^2(\tilde{x}_1,\hat{x}_1) \tag{1.12}$$

$$\hat{x}_2=\arg\min_{\hat{x}_2\in S}(|h_1|^2+|h_2|^2-1)|\hat{x}_2|^2+\mathrm{d}^2(\tilde{x}_2,\hat{x}_2) \tag{1.13}$$

式中：S 为调制信号的所有可能的集合。

在给定信号衰落系数的前提下，$(|h_1|^2+|h_2|^2-1)|\hat{x}_i|^2(i=1,2)$对于所有信号都是恒定的。因此，可以将式（1.12）和式（1.13）的判决准则进一步简化为

$$\begin{cases} \hat{x}_1 = \arg\min\limits_{\hat{x}_1 \in S} d^2(\tilde{x}_1, \hat{x}_1) \\ \hat{x}_2 = \arg\min\limits_{\hat{x}_2 \in S} d^2(\tilde{x}_2, \hat{x}_2) \end{cases} \tag{1.14}$$

1.5 非正交多址接入技术

多址接入技术作为移动通信系统更新换代的标志性技术历来受到业界的广泛关注。从第一代到第四代移动通信系统均采用传统的正交多址接入（OMA）技术，即多个用户占用相互正交的物理资源传输信号，到达接收端的不同数据流互不干扰，使用低复杂度的接收机就能区分不同用户的数据。但是，这种接入方式无法充分利用频谱资源，限制了用户接入数量。非正交多址接入（Non-Orthogonal Multiple Access，NOMA）借助叠加编码技术在发射端主动引入干扰，在相同的物理资源上同时传输多个用户的信息，能够有效提高系统频谱效率（SE），提升网络的用户容量。

常用的NOMA方案分为功率域NOMA和码域NOMA。在功率域NOMA中，发射端将不同用户的数据按照一定的功率比例叠加，形成混合信号，然后进行广播，接收端利用连续干扰消除（SIC）技术从混合信号中解码所需要的数据[48]。在码域NOMA中，发射端对多个数据进行码域扩频后再进行非正交叠加，采用相同的时频空资源进行发送，接收端通过线性解扩频码和干扰消除操作来区分不同用户的数据。功率域NOMA和码域NOMA策略对信号的处理不同，本书中使用功率域NOMA。

在NOMA技术刚被提出时，信道增益是功率分配的关键指标，通常向信道增益小的用户分配更多发射功率。在多用户系统中，为了提高NOMA系统的传输效率，需要考虑多个用户的信道状态和传输速率，对多个用户进行适当的配对。根据用户与源节点之间的CSI，用户端采用自适应SIC技术可以提高系统吞吐量。在各种约束条件下，通过联合优化频谱资源和功率资源分配，可最大化系统吞吐量。采用深度强化学习技术，基站端优化频谱和功率分配，同时为多载波多用户服务[49]。Muhammed et al.[50]通过最大化异构网络的能量效率，优化了功率和带宽分配，其中宏基站使用正交带宽传输信息到多个微基站，每个微基站以NOMA方式传输信息到多个用户。Khan et al.[51]将物理层NOMA和发射天线选择及应用层的随机线性编码相结合，提出了一种跨层的帧结构，以服务于两个具有不同QoS要求的多播用户组。Shi et al.[52]将NOMA与混合自动重传请求（HARQ）相结合，研究了系统的空间分集增益。

第 2 章 基于分布式空时编码的非正交多址接入

2.1 概述

基于随机几何理论，在整个二维平面上将基站（BS）和用户的位置分布建模为相互独立的齐次泊松点过程（HPPP），通过合理建模累加干扰和 SIC 解码过程，可以分析网络的覆盖概率[53]。Liu et al.[54] 研究了多个基站基于 NOMA 协议为多个用户协作服务时的覆盖概率和链路吞吐量。协作非正交多址接入（CNOMA）借助小区内的近端用户或中继节点转发数据给远端用户。在异构网络中，远端用户可能位于微小区的边缘，这意味着来自微基站的信号相对较弱，而来自宏基站的干扰较强。因此，小区边缘用户的通信质量较差，难以满足 QoS 需求。为了提高小区边缘用户传输的可靠性，微基站和宏基站可采用分布式 Alamouti 编码技术协作传输数据给小区边缘用户[47]。

本章考虑异构网络中的下行链路，相邻的宏基站和微基站联合执行 NOMA 和分布式 Alamouti 编码，向各自的近端用户和小区边缘公共用户传输数据。通过合理分配发射功率，每个基站将其近端用户的数据与小区边缘用户的 Alamouti 编码数据线性组合，生成混合信号。假定宏基站和微基站同步，它们同时发射混合信号。小区边缘用户采用 MRC 技术，将近端用户的数据视为干扰，对其所需数据进行解码。宏基站或微基站的每个近端用户也使用 MRC 技术对边缘用户的数据进行解码。当近端用户能够正确解码小区边缘用户的数据时，它将从接收到的混合信号中删除该数据，然后将另一个近端用户的数据视为干扰，解码出自己所需要的数据。

本章的主要创新点如下：

（1）在传输速率固定的情况下，考虑 MRC 和 SIC 译码技术，分析系统的吞吐量。

（2）将所提传输协议与三种基准传输协议进行比较。

（3）通过最大化系统吞吐量，采用数值方法确定宏基站和微基站最优的功率分配因子。

2.2 系统模型和传输协议

考虑如图 2.1 所示的两层异构网络，其中一个微小区与一个宏小区共存于同一区域。

对于全网络的全频率复用，位于宏小区和微小区公共区域的用户，在与所关联的基站进行通信时，会承受来自另一个基站的严重干扰。考虑在下行链路上存在 3 个典型用户复用同一个频谱资源。

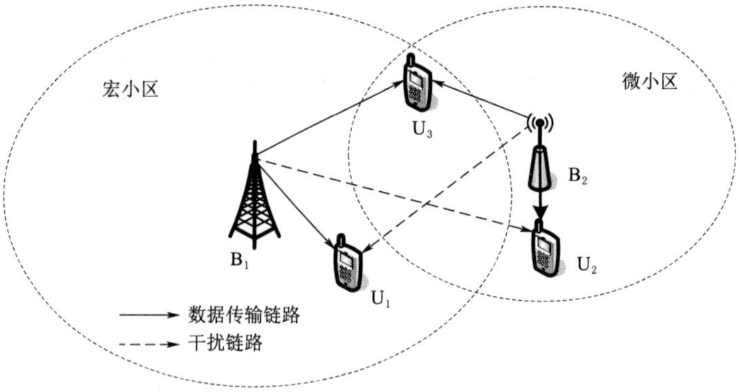

图 2.1　两层异构网络

(1) 对于用户 U_1，从宏基站 B_1 所接收到的信号比从微基站 B_2 所接收到的信号具有更高的强度，因此它关联到 B_1。U_1 从两个基站所接收到平均信号功率满足 $\frac{p_1 \ell_{b_1u_1}}{p_2 \ell_{b_2u_1}} \geqslant \epsilon$，其中 $\epsilon \geqslant 1$ 是衡量所接收信号平均功率的相对强度；p_1 和 p_2 分别表示 B_1 和 B_2 的发射功率；$\ell_{b_1u_1}$ 和 $\ell_{b_2u_1}$ 分别表示 B_1 和 B_2 信号功率到 U_1 的大尺度路径损耗。

(2) 对于用户 U_2，从微基站 B_2 所接收到的信号比从宏基站 B_1 所接收到的信号具有更高的强度，因此它关联到 B_2。U_2 从两个基站所接收到的平均信号功率满足 $\frac{p_2 \ell_{b_2u_2}}{p_1 \ell_{b_1u_2}} \geqslant \epsilon$，其中 $\ell_{b_1u_2}$ 和 $\ell_{b_2u_2}$ 分别表示 B_1 和 B_2 信号功率到 U_2 的大尺度路径损耗。

(3) 对于用户 U_3，从宏基站 B_1 接收到的信号功率与从微基站 B_2 接收到的信号功率类似，因此它同时关联到 B_1 和 B_2。U_3 从两个基站所接收到的信号平均功率满足 $\frac{1}{\epsilon} < \frac{p_1 \ell_{b_1u_3}}{p_2 \ell_{b_2u_3}} < \epsilon$，其中 $\ell_{b_1u_3}$ 和 $\ell_{b_2u_3}$ 分别表示 B_1 和 B_2 信号功率到 U_3 的大尺度路径损耗。

B_1 采用叠加编码技术同时发送数据给 U_1 和 U_3，此时 B_2 采用叠加编码技术同时发送数据给 U_2 和 U_3。由于 U_3 从 B_1 和 B_2 所接收到的信号功率类似，难以实施 SIC，U_3 难以从 B_1 和 B_2 同时获得不同的数据。为提升 U_3 的数据解调性能，B_1 和 B_2 采用分布式 Alamouti 编码技术传输不同的数据给 U_3。该空时编码技术能够提升 U_3 端有用信号的强度，使小区边缘的通信更加可靠。当 U_1 和 U_2 接收到混合信号后，首先尝试解调并删除 U_3 的数据，然后解调来自 B_1 和 B_2 的所需数据。U_3 采用 MRC 技术合并来自 B_1 和 B_2 的信号，将所接收到的 U_1 和 U_2 的数据视为干扰，然后解调它所需的数据。因此，该机制能够在一个时间块内平均传输 3 个数据分组。

假设所有的终端均安装有单根天线，工作于半双工（HD）模式，并且它们是完全同步的。在所观察的通信时间段内，假设 U_1、U_2 和 U_3 是准静态的，它们的相对位置不变。任意 BS 和任意用户之间的信道服从小尺度瑞利衰落和大尺度路径损耗。每个用户均知道相关的 CSI 以进行相干解调，B_1 和 B_2 并不知道 CSI。在每个时间块的开始阶段，所有用户可按照 BS 所发送的信令信号估计 CSI。由于用户是准静态的，并且相比信令训练时间，时间块的持续时间更长，所估计的 CSI 能够在整个时间块内使用。微基站通过回程链路与宏基站相连接，因此微基站能够在宏基站的协助下从互联网获得所需内容。作为中间节点，宏基站能够保留一份发给微基站的内容。因此，宏基站在分布式传输中扮演一个协调者的角色。

在现实中，每个基站都能够采用不同的频带同时服务多个用户。为了提升频谱效率，只关注单个频段在所有小区中的全复用。宏基站和微基站采用同一个频段协作传输数据给 3 个用户。通过进行用户的配对和调度，可将该机制扩展到多用户场景中。在宏小区和微小区的多个用户中，可以选择三个能够最大化系统吞吐量的用户组成一个小组以实现基于 Alamouti 编码的 NOMA 传输。由于每个基站均采用单根天线、两个基站协作实现分布式的 Alamouti 编码。如果某个基站拥有多根天线，则可采用更为普遍的分布式空时编码技术。

2.2.1 信号的建模

B_1 和 B_2 采用分布式的 Alamouti 编码技术同时传输数据给公共的小区边缘用户 U_3。对于密集异构网络，很容易找到一个公共的小区边缘用户实现 Alamouti 编码传输。若不存在公共的小区边缘用户，B_1 和 B_2 可通过全频率复用只传输数据给自己的近端用户。为了介绍编码和传输的过程，假设在一个时间块内需要传输两个符号 x_{u_3} 和 $\tilde{x}_{u_3}$ 给 U_3，为了实现两个基站的叠加 Alamouti 编码传输，将每个时间块分成两个等长的阶段。在每个时间块的第一个阶段，B_1 和 B_2 同时发送数据给 U_3，其中 B_1 发送 x_{u_3}，B_2 发送 $\tilde{x}_{u3}$。在每个时间块的第二个阶段，B_1 和 B_2 同时发送数据给 U_3，其中 B_1 发送 $-\tilde{x}_{u_3}^*$，B_2 发送 $x_{u_3}^*$，其中上标中的星号表示共轭操作。

在每个时间块的第一个阶段，B_1 生成的混合信号记为 c_{b_1}，表达为

$$c_{b_1}=\sqrt{\rho_1}\,x_{u_1}+\sqrt{1-\rho_1}\,x_{u_3} \tag{2.1}$$

式中：$\rho_1\in(0,\ 0.5)$ 为分配给 U_1 数据的功率比例；x_{u_1} 为在第一个阶段 B_1 发送给 U_1 的数据，其平均功率为 1，即$\mathbb{E}\{|x_{u_1}|^2\}=1$；$x_{u_3}$ 为在第一个阶段 B_1 发送给 U_3 的数据，平均功率也为 1，即$\mathbb{E}\{|x_{u_3}|^2\}=1$。

由于 U_1 相比 U_3 更靠近 B_1，为了使两个用户的数据解调更容易，B_1 分配更多功率给 U_3 的数据，因此，U_3 可以直接解调所需的数据，但是 U_1 需要进行 SIC 以解调所需的数据，这意味着 U_1 在解调所需数据之前，首先需要成功解调并删除 U_3 的数据。

在每个时间块的第一个阶段，B_2 生成的混合信号记为 c_{b_2}，表达为

$$c_{b_2}=\sqrt{\rho_2}\,x_{u_2}+\sqrt{1-\rho_2}\,\tilde{x}_{u_3} \tag{2.2}$$

式中：$\rho_2\in(0,\ 0.5)$ 为分配给 U_2 数据的功率比例；x_{u_2} 为在第一个阶段 B_2 发送给 U_2 的数据，其平均功率为 1，即$\mathbb{E}\{|x_{u_2}|^2\}=1$；$\tilde{x}_{u_3}$ 为在第一个阶段 B_2 发送给 U_3 的数据，平均功率也是 1，即$\mathbb{E}\{|\tilde{x}_{u_3}|^2\}=1$。

由于 U_2 相比 U_3 更靠近 B_2，为了使两个用户的数据解调更容易，B_2 分配更多的功率给 U_3 的数据，因此，U_3 能够直接解调所需的数据，但是 U_2 需要进行 SIC 以解调所需的数据，这意味着 U_2 在解调所需数据之前，首先需要成功解调并删除 U_3 的数据。

在每个时间块的第二个阶段，B_1 生成的混合信号记为 $\tilde{c}_{b_1}$，表达为

$$\tilde{c}_{b_1}=\sqrt{\rho_1}\tilde{x}_{u_1}-\sqrt{1-\rho_1}\tilde{x}_{u_3}^{*} \tag{2.3}$$

式中：$\tilde{x}_{u_1}$ 为在第二个阶段 B_1 发送给 U_1 的数据，其平均功率为 1，即 $\mathbb{E}\{|\tilde{x}_{u_1}|^2\}=1$；$-x_{u_3}^{*}$ 为在第二个阶段 B_1 发送给 U_3 的数据。

在每个时间块的第二个阶段，B_2 生成的混合信号记为 $\tilde{c}_{b_2}$，表示为

$$\tilde{c}_{b_2}=\sqrt{\rho_2}\tilde{x}_{u_2}+\sqrt{1-\rho_2}x_{u_3}^{*} \tag{2.4}$$

式中：$\tilde{x}_{u_2}$ 为在第二阶段 B_2 发送给 U_2 的数据，其平均功率为 1，即 $\mathbb{E}\{|\tilde{x}_{u_2}|^2\}=1$；$-x_{u_3}^{*}$ 为第二个阶段 B_2 发送给 U_3 的数据。

在每个时间块内，U_3 在第一阶段和第二阶段所接收到的信号分别记为 y_{u_3} 和 $\tilde{y}_{u_3}$，即

$$\begin{bmatrix} y_{u_3} \\ \tilde{y}_{u_3} \end{bmatrix}=\begin{bmatrix} x_{u_3} & \tilde{x}_{u_3} \\ -\tilde{x}_{u_3}^{*} & x_{u_3}^{*} \end{bmatrix}\begin{bmatrix} \sqrt{(1-\rho_1)p_1 l_{b_1u_3}}\,h_{b_1u_3} \\ \sqrt{(1-\rho_2)p_2 l_{b_2u_3}}\,h_{b_2u_3} \end{bmatrix} + \begin{bmatrix} \sqrt{\rho_1 p_1 l_{b_1u_3}}\,h_{b_1u_3}x_{u_1}+\sqrt{\rho_2 p_2 l_{b_2u_3}}\,h_{b_2u_3}x_{u_2}+w_{u_3} \\ \sqrt{\rho_1 p_1 l_{b_1u_3}}\,h_{b_1u_3}\tilde{x}_{u_1}+\sqrt{\rho_2 p_2 l_{b_2u_3}}\,h_{b_2u_3}\tilde{x}_{u_2}+\tilde{w}_{u_3} \end{bmatrix} \tag{2.5}$$

式中：p_1、p_2 为 B_1 和 B_2 的发射功率，W；w_{u_3}、$\tilde{w}_{u_3}$ 为 U_3 端在第一阶段和第二阶段所遭受的 AWGN；$h_{b_1u_3}$、$l_{b_1u_3}^{1/2}$ 为 B_1 和 U_3 之间的小尺度瑞利衰落和信号的大尺度路径损耗；$h_{b_2u_3}$、$l_{b_2u_3}^{1/2}$ 为 B_2 和 U_3 之间的小尺度的瑞利衰落和信号的大尺度的路径损耗。

在某个时间块内，U_3 所接收到的信号为 $\boldsymbol{y}_{u_3}=[y_{u_3}\ \tilde{y}_{u_3}^{*}]^{\mathrm{T}}=\boldsymbol{H}[x_{u_3}\ \tilde{x}_{u_3}]^{\mathrm{T}}+\boldsymbol{w}$，其中 T 表示转置操作，$\boldsymbol{w}$ 表示功率归一化的噪声加干扰项。等价的信道矩阵表示为[55]

$$\boldsymbol{H}=\begin{bmatrix} \sqrt{\zeta_1}h_{b_1u_3} & \sqrt{\zeta_2}h_{b_2u_3} \\ \sqrt{\zeta_2}h_{b_2u_3}^{*} & -\sqrt{\zeta_1}h_{b_1u_3}^{*} \end{bmatrix} \tag{2.6}$$

其中

$$\begin{aligned}\zeta_1&=\frac{(1-\rho_1)p_1 l_{b_1u_3}}{\rho_1 p_1 l_{b_1u_3}G_{b_1u_3}+\rho_2 p_2 l_{b_2u_3}G_{b_2u_3}+N_0}\\ \zeta_2&=\frac{(1-\rho_2)p_2 l_{b_2u_3}}{\rho_1 p_1 l_{b_1u_3}G_{b_1u_3}+\rho_2 p_2 l_{b_2u_3}G_{b_2u_3}+N_0}\end{aligned} \tag{2.7}$$

式中：$G_{b_1u_3}$、$G_{b_2u_3}$ 为 B_1 和 B_2 到 U_3 的小尺度功率衰落，$G_{b_1u_3}=|h_{b_1u_3}|^2$，$G_{b_2u_3}=|h_{b_2u_3}|^2$。对于所有的用户来说，所遭受的 AWGN 的功率均为 N_0，W。

2.2.2 数据解调的过程

数据传输时间被分成等长的时间块。在某个时间块中，B_1 和 B_2 采用叠加编码技术和 Alamouti 编码技术同时广播它们的混合信号给各自的用户。如图 2.1 所示，来自两个基

站的混合信号同时到达 U_1、U_2 和 U_3。每个用户均采用 MRC 方式对接收到的信号进行合并，U_3 对应数据的功率要比 U_1 和 U_2 对应数据的功率强得多，因此，SIC 操作的次序是固定的。每个用户首先尝试解调 U_3 的数据，在这个过程中，将 U_1 和 U_2 的数据视为干扰。U_1 和 U_2 成功解调并删除 U_3 的数据后，可以解调它们所需的数据。每个用户采用附在数据分组后的循环冗余检测（CRC）编码来判断是否成功解调了该数据。

1. U_3 端的数据解调

当接收到来自 B_1 和 B_2 的混合信号后，U_3 将 $B_1 \to U_1$ 和 $B_2 \to U_2$ 的数据视为干扰，采用 MRC 技术解调 $B_1 \& B_2 \to U_3$ 的数据。对于 B_1 和 B_2 采用分布式叠加 Alamouti 编码技术的协作数据传输，在 U_3 端的可达速率记为 $C_{b_1 b_2 u_3}$，表示为

$$C_{b_1 b_2 u_3} = \frac{1}{2}\log_2[\det(\boldsymbol{I} + \boldsymbol{H}\boldsymbol{H}^{H})] = \log_2(1 + \gamma_{b_1 b_2 u_3}) \tag{2.8}$$

其中

$$\gamma_{b_1 b_2 u_3} = \frac{(1-\rho_1) p_1 l_{b_1 u_3} G_{b_1 u_3} + (1-\rho_2) p_2 l_{b_2 u_3} G_{b_2 u_3}}{\rho_1 p_1 l_{b_1 u_3} G_{b_1 u_3} + \rho_2 p_2 l_{b_2 u_3} G_{b_2 u_3} + N_0}$$

2. U_1 端的数据解调

收到来自 B_1 和 B_2 的混合信号后，U_1 需要解调出 $B_1 \to U_1$ 的数据。U_1 首先解调 $B_1 \& B_2 \to U_3$ 的数据，在此过程中将其他数据视为干扰。

（1）如果 U_1 错误解调了 $B_1 \& B_2 \to U_3$ 数据，则它无法删除干扰信号，因此，无法解调所需的 $B_1 \to U_1$ 数据。在 U_1 端，干扰信号的可达速率记为 $C_{b_1 b_2 u_1}$ 与式（2.8）类似，有

$$C_{b_1 b_2 u_1} = \log_2(1 + \gamma_{b_1 b_2 u_1}) \tag{2.9}$$

其中

$$\gamma_{b_1 b_2 u_1} = \frac{(1-\rho_1) p_1 l_{b_1 u_1} G_{b_1 u_1} + (1-\rho_2) p_2 l_{b_2 u_1} G_{b_2 u_1}}{\rho_1 p_1 l_{b_1 u_1} G_{b_1 u_1} + \rho_2 p_2 l_{b_2 u_1} G_{b_2 u_1} + N_0}$$

式中：$l_{b_1 u_1}$ 为 B_1 和 U_1 之间的信号功率的大尺度路径损耗；$G_{b_1 u_1}$ 为小尺度的功率衰落，$G_{b_1 u_1} = |h_{b_1 u_1}|^2$；$h_{b_1 u_1}$ 为 B_1 和 U_1 之间的小尺度瑞利衰落；$l_{b_2 u_1}$ 为 B_2 和 U_1 之间信号功率的大尺度路径损耗；$G_{b_2 u_1}$ 为小尺度功率衰落，$G_{b_2 u_1} = |h_{b_2 u_1}|^2$；$h_{b_2 u_1}$ 为 B_2 和 U_1 之间的小尺度瑞利衰落。

（2）如果 U_1 正确解调了 $B_1 \& B_2 \to U_3$ 数据，则它将从所接收到的混合信号中删除该数据，然后解调所需的 $B_1 \to U_1$ 数据，在此过程中将 $B_2 \to U_2$ 数据视为干扰。所需数据的可达速率记为 $C_{b_1 u_1}$，表达为

$$C_{b_1 u_1} = \log_2\left(1 + \frac{\rho_1 p_1 l_{b_1 u_1} G_{b_1 u_1}}{\rho_2 p_2 l_{b_2 u_1} G_{b_2 u_1} + N_0}\right) \tag{2.10}$$

3. U_2 端的数据解调

收到来自 B_1 和 B_2 的混合信号后，U_2 需要解调出 $B_2 \to U_2$ 的数据。U_2 首先解调 $B_1 \& B_2 \to U_3$ 的数据，在此过程中将其他数据视为干扰。

（1）如果 U_2 错误解调了 $B_1 \& B_2 \to U_3$ 数据，则它无法删除干扰信号，因此，无法解调所需的 $B_2 \to U_2$ 数据。在 U_2 端，干扰信号的可达速率记为 $C_{b_1 b_2 u_2}$ 与式（2.8）类似，有

$$C_{b_1b_2u_2}=\log_2(1+\gamma_{b_1b_2u_2}) \tag{2.11}$$

其中

$$\gamma_{b_1b_2u_2}=\frac{(1-\rho_1)p_1\ell_{b_1u_2}G_{b_1u_2}+(1-\rho_2)p_2\ell_{b_2u_2}G_{b_2u_2}}{\rho_1 p_1\ell_{b_1u_2}G_{b_1u_2}+\rho_2 p_2\ell_{b_2u_2}G_{b_2u_2}+N_0}$$

式中：$\ell_{b_1u_2}$ 为 B_1 和 U_2 之间信号功率的大尺度路径损耗；$G_{b_1u_2}$ 为小尺度的功率衰落，$G_{b_1u_2}=|h_{b_1u_2}|^2$；$h_{b_1u_2}$ 为 B_1 和 U_2 之间的小尺度瑞利衰落；$\ell_{b_2u_2}$ 为 B_2 和 U_2 之间信号功率的大尺度路径损耗；$G_{b_2u_2}$ 为小尺度功率衰落，$G_{b_2u_2}=|h_{b_2u_2}|^2$；$h_{b_2u_2}$ 为 B_2 和 U_2 之间的小尺度瑞利衰落。

(2) 如果 U_2 正确解调了 $B_1\&B_2\rightarrow U_3$ 数据，则它将从所接收到的混合信号中删除该数据，然后解调所需的 $B_2\rightarrow U_2$ 数据，在此过程中将 $B_1\rightarrow U_1$ 数据视为干扰。所需数据的可达速率记为 $C_{b_2u_2}$，表达为

$$C_{b_2u_2}=\log_2\left(1+\frac{\rho_2 p_2\ell_{b_2u_2}G_{b_2u_2}}{\rho_1 p_1\ell_{b_1u_2}G_{b_1u_2}+N_0}\right) \tag{2.12}$$

2.3 吞吐量性能分析

面向 U_1、U_2 和 U_3 的数据传输速率分别为 v_1、v_2 和 v_3。系统的吞吐量为

$$\begin{aligned}\mathscr{T}_{an}=&\Pr\{C_{b_1b_2u_3}\geqslant v_3\}v_3+\Pr\{C_{b_1b_2u_1}\geqslant v_3,C_{b_1u_1}\geqslant v_1\}v_1\\&+\Pr\{C_{b_1b_2u_2}\geqslant v_3,C_{b_2u_2}\geqslant v_2\}v_2\end{aligned} \tag{2.13}$$

这三项分别对应 U_3、U_1 和 U_2 的吞吐量，三个概率分别表示三个用户采用 SIC 正确解调所需数据的成功概率。当信道的可达速率不小于数据传输速率时，数据解调成功。在后两项概率中，$C_{b_1b_2u_1}\geqslant v_3$ 和 $C_{b_1b_2u_2}\geqslant v_3$ 表示 U_1 和 U_2 正确解调 U_3 数据的情形。正确解调并删除 U_3 的数据后，$C_{b_1u_1}\geqslant v_1$ 和 $C_{b_2u_2}\geqslant v_2$ 表示 U_1 和 U_2 正确解调所需数据的情形。

2.3.1 U_3 端的成功概率

U_3 将 U_1 和 U_2 的数据视为干扰，直接解调所需数据，成功概率表示为

$$\begin{aligned}\Pr\{C_{b_1b_2u_3}\geqslant v_3\}&=\Pr\{\mathscr{A}(\rho_1)p_1\ell_{b_1u_3}G_{b_1u_3}\geqslant\mathscr{B}(\rho_2)p_2\ell_{b_2u_3}G_{b_2u_3}+\xi_3N_0\}\\&=\mathbf{1}\left(\rho_1<\frac{1}{1+\xi_3}\right)P_{tem1}^{u_3}+\mathbf{1}\left(\rho_2<\frac{1}{1+\xi_3}\right)P_{tem2}^{u_3}\end{aligned} \tag{2.14}$$

式中：$\mathscr{A}(\rho_1)=1-(1+\xi_3)\rho_1$；$\mathscr{B}(\rho_2)=(1+\xi_3)\rho_2-1$；$\xi_3=2^{v_3}-1$；$\mathbf{1}$ (C) 为指示随机变量，当条件 C 满足时，该变量等于 1，否则，其值为 0。为了计算式 (2.14) 第一步中的概率，应考虑 $\mathscr{A}$ (ρ_1) 和 $\mathscr{B}$ (ρ_2) 取不同值的情况，共有九种情况。

$$\begin{cases}\mathbf{1}\{\mathscr{A}(\rho_1)>0,\mathscr{B}(\rho_2)<0\},\mathbf{1}\{\mathscr{A}(\rho_1)>0,\mathscr{B}(\rho_2)>0\},\\\mathbf{1}\{\mathscr{A}(\rho_1)>0,\mathscr{B}(\rho_2)=0\},\mathbf{1}\{\mathscr{A}(\rho_1)=0,\mathscr{B}(\rho_2)<0\},\\\mathbf{1}\{\mathscr{A}(\rho_1)=0,\mathscr{B}(\rho_2)>0\},\mathbf{1}\{\mathscr{A}(\rho_1)=0,\mathscr{B}(\rho_2)=0\},\\\mathbf{1}\{\mathscr{A}(\rho_1)<0,\mathscr{B}(\rho_2)<0\},\mathbf{1}\{\mathscr{A}(\rho_1)<0,\mathscr{B}(\rho_2)>0\},\\\mathbf{1}\{\mathscr{A}(\rho_1)<0,\mathscr{B}(\rho_2)=0\}\end{cases} \tag{2.15}$$

移除无意义的条件，并整合其他条件，可得到两种情况，即 $\mathbf{1}\{\mathscr{A}(\rho_1)>0\}$ 和 $\mathbf{1}\{\mathscr{B}(\rho_2)<0\}$。最终，推导式（2.14）中最后一步，得到两个概率为

$$\begin{cases} P_{\text{tem1}}^{u_3}=\dfrac{\mathscr{A}(\rho_1)p_1\ell_{b_1u_3}}{\mathscr{A}(\rho_1)p_1\ell_{b_1u_3}+\mathscr{B}(\rho_2)p_2\ell_{b_2u_3}}\exp\left[-\dfrac{\xi_3N_0}{\mathscr{A}(\rho_1)p_1\ell_{b_1u_3}}\right] \\ P_{\text{tem2}}^{u_3}=\dfrac{\mathscr{B}(\rho_2)p_2\ell_{b_2u_3}}{\mathscr{A}(\rho_1)p_1\ell_{b_1u_3}+\mathscr{B}(\rho_2)p_2\ell_{b_2u_3}}\exp\left[\dfrac{\xi_3N_0}{\mathscr{B}(\rho_2)p_2\ell_{b_2u_3}}\right] \end{cases} \tag{2.16}$$

式（2.13）的第一项即为 U_3 的吞吐量。

2.3.2 U_1 端的成功概率

由于 U_1 需要解调并删除 U_3 的数据，然后解调自己的数据，成功概率表示为

$$\begin{aligned} &\Pr\{C_{b_1b_2u_1}\geqslant v_3, C_{b_1u_1}\geqslant v_1\} \\ &=\Pr\{C_{b_1u_1}\geqslant v_1\}-\Pr\{C_{b_1u_1}\geqslant v_1, C_{b_1b_2u_1}<v_3\} \end{aligned} \tag{2.17}$$

令 $\xi_1=2^{v_1}-1$，式（2.17）中的第一个概率记为 $P_{\text{tem1}}^{u_1}=\Pr\{C_{b_1u_1}\geqslant v_1\}$，有

$$P_{\text{tem1}}^{u_1}=\frac{\rho_1p_1\ell_{b_1u_1}}{\rho_1p_1\ell_{b_1u_1}+\xi_1\rho_2p_2\ell_{b_2u_1}}\exp\left(-\frac{\xi_1N_0}{\rho_1p_1\ell_{b_1u_1}}\right) \tag{2.18}$$

式（2.17）中的第二个概率推导为

$$\begin{aligned} &\Pr\{C_{b_1u_1}\geqslant v_1, C_{b_1b_2u_1}<v_3\} \\ &=\Pr\left\{C_{b_1u_1}\geqslant\frac{\xi_1\rho_2p_2\ell_{b_2u_1}G_{b_2u_1}}{\rho_1p_1\ell_{b_1u_1}}+\frac{\xi_1N_0}{\rho_1p_1\ell_{b_1u_1}}\mathscr{A}(\rho_1)p_1\ell_{b_1u_1}G_{b_1u_1}<\mathscr{B}(\rho_2)p_2\ell_{b_2u_1}G_{b_2u_1}+\xi_3N_0\right\} \\ &=\mathbf{1}\left(\rho_1<\frac{1}{1+\xi_3}\right)P_{\text{scu1}}^{u_1}+\mathbf{1}\left(\rho_1>\frac{1}{1+\xi_3},\rho_2\leqslant\frac{1}{1+\xi_3}\right)P_{\text{scu2}}^{u_1} \\ &\quad+\left[\mathbf{1}\left(\rho_1\geqslant\frac{1}{1+\xi_3},\rho_2>\frac{1}{1+\xi_3}\right)+\mathbf{1}\left(\rho_1=\frac{1}{1+\xi_3},\rho_2=\frac{1}{1+\xi_3}\right)\right]P_{\text{suc3}}^{u_1} \\ &\quad+\mathbf{1}\left(\rho_1=\frac{1}{1+\xi_3},\rho_2<\frac{1}{1+\xi_3}\right)P_{\text{scu4}}^{u_1} \end{aligned} \tag{2.19}$$

第一项和第二项分别对应于 $\{\mathscr{A}(\rho_1)>0\}$ 和 $\{\mathscr{A}(\rho_1)<0,\mathscr{B}(\rho_2)\leqslant 0\}$ 的情况；第三项对应于 $\{\mathscr{A}(\rho_1)\leqslant 0,\mathscr{B}(\rho_2)>0\}$ 和 $\{\mathscr{A}(\rho_1)=0,\mathscr{B}(\rho_2)=0\}$ 的情况；第四项是在 $\{\mathscr{A}(\rho_1)=0,\mathscr{B}(\rho_2)<0\}$ 时获得的。

（1）式（2.19）中第一个概率。代入相关项并进行一系列数学计算，可得

$$\begin{aligned} P_{\text{sucl}}^{u_1}=&\mathbf{1}\left(\frac{\xi_1\rho_2}{\rho_1}>\frac{\mathscr{B}(\rho_2)}{\mathscr{A}(\rho_1)},\frac{\xi_3}{\mathscr{A}(\rho_1)}>\frac{\xi_1}{\rho_1}\right)[P_{\text{tem1}}^{u_1}(1-P_{\text{tem2}}^{u_1})-P_{\text{tem3}}^{u_1}(1-P_{\text{tem4}}^{u_1})] \\ &+\mathbf{1}\left(\frac{\xi_1\rho_2}{\rho_1}<\frac{\mathscr{B}(\rho_2)}{\mathscr{A}(\rho_1)},\frac{\xi_3}{\mathscr{A}(\rho_1)}<\frac{\xi_1}{\rho_1}\right)(P_{\text{tem1}}^{u_1}P_{\text{tem2}}^{u_1}-P_{\text{tem3}}^{u_1}P_{\text{tem4}}^{u_1})+(P_{\text{tem1}}^{u_1}-P_{\text{tem3}}^{u_1}) \\ &\times\left[\mathbf{1}\left(\frac{\xi_1\rho_2}{\rho_1}\leqslant\frac{\mathscr{B}(\rho_2)}{\mathscr{A}(\rho_1)},\frac{\xi_3}{\mathscr{A}(\rho_1)}>\frac{\xi_1}{\rho_1}\right)+\mathbf{1}\left(\frac{\xi_1\rho_2}{\rho_1}<\frac{\mathscr{B}(\rho_2)}{\mathscr{A}(\rho_1)},\frac{\xi_3}{\mathscr{A}(\rho_1)}=\frac{\xi_1}{\rho_1}\right)\right] \end{aligned} \tag{2.20}$$

其中：$P_{\text{tem1}}^{u_1}$ 在式（2.18）中给出；其他三项为

$$\left.\begin{aligned}
P^{u_1}_{\text{tem2}} &= \exp\left[-\left(1+\frac{\xi_1\rho_2 p_2 l_{b_2u_1}}{\rho_1 p_1 l_{b_1u_1}}\right)\frac{[\rho_1\xi_3-\xi_1\mathscr{A}(\rho_1)]N_0}{[\xi_1\rho_2\mathscr{A}(\rho_1)-\rho_1\mathscr{B}(\rho_2)]p_2 l_{b_2u_1}}\right]\\
P^{u_1}_{\text{tem3}} &= \frac{\mathscr{A}(\rho_1)p_1 l_{b_1u_1}}{\mathscr{A}(\rho_1)p_1 l_{b_1u_1}+\mathscr{B}(\rho_2)p_2 l_{b_2,u_1}}\exp\left[-\frac{\xi_3 N_0}{\mathscr{A}(\rho_1)p_1 l_{b_1u_1}}\right]\\
P^{u_1}_{\text{tem4}} &= \exp\left[-\left(1+\frac{\mathscr{B}(\rho_2)p_2 l_{b_2u_1}}{\mathscr{A}(\rho_1)p_1 l_{b_1u_1}}\right)\frac{[\rho_1\xi_3-\xi_1\mathscr{A}(\rho_1)]N_0}{[\xi_1\rho_2\mathscr{A}(\rho_1)-\rho_1\mathscr{B}(\rho_2)]p_2 l_{b_2u_1}}\right]
\end{aligned}\right\} \tag{2.21}$$

（2）式（2.19）中第二个概率。代入相关项并进行一系列数学计算，可得

$$\begin{aligned}
P^{u_1}_{\text{suc2}} = &\mathbf{1}\left(\frac{\xi_1\rho_2}{\rho_1}>\frac{\mathscr{B}(\rho_2)}{\mathscr{A}(\rho_1)},\frac{\xi_3}{\mathscr{A}(\rho_1)}>\frac{\xi_1}{\rho_1}\right)[P^{u_1}_{\text{tem1}}P^{u_1}_{\text{tem2}}+P^{u_1}_{\text{tem3}}(1-P^{u_1}_{\text{tem4}})]\\
&+\mathbf{1}\left(\frac{\xi_1\rho_2}{\rho_1}<\frac{\mathscr{B}(\rho_2)}{\mathscr{A}(\rho_1)},\frac{\xi_3}{\mathscr{A}(\rho_1)}<\frac{\xi_1}{\rho_1}\right)[P^{u_1}_{\text{tem1}}(1-P^{u_1}_{\text{tem2}})+P^{u_1}_{\text{tem3}}P^{u_1}_{\text{tem4}}]\\
&+\left[\mathbf{1}\left(\frac{\xi_1\rho_2}{\rho_1}>\frac{\mathscr{B}(\rho_2)}{\mathscr{A}(\rho_1)},\frac{\xi_3}{\mathscr{A}(\rho_1)}\leqslant\frac{\xi_1}{\rho_1}\right)+\mathbf{1}\left(\frac{\xi_1\rho_2}{\rho_1}=\frac{\mathscr{B}(\rho_2)}{\mathscr{A}(\rho_1)},\frac{\xi_3}{\mathscr{A}(\rho_1)}<\frac{\xi_1}{\rho_1}\right)\right]\\
&\times P^{u_1}_{\text{tem1}}+\mathbf{1}\left(\frac{\xi_1\rho_2}{\rho_1}\leqslant\frac{\mathscr{B}(\rho_2)}{\mathscr{A}(\rho_1)},\frac{\xi_3}{\mathscr{A}(\rho_1)}\geqslant\frac{\xi_1}{\rho_1}\right)P^{u_1}_{\text{tem3}}
\end{aligned} \tag{2.22}$$

其中：$P^{u_1}_{\text{tem1}}$、$P^{u_1}_{\text{tem2}}$、$P^{u_1}_{\text{tem3}}$ 和 $P^{u_1}_{\text{tem4}}$ 已分别在式（2.18）～式（2.21）中给出。

（3）式（2.19）中第三个概率：可以推导出式（2.19）中的第三个概率为 $P^{u_1}_{\text{suc3}}=P^{u_1}_{\text{tem1}}$，已在式（2.18）中给出。

（4）式（2.19）中第四个概率。可以推导为

$$P^{u_1}_{\text{tem4}}=\left\{1-\exp\left[\left(1+\frac{\xi_1\rho_2 p_2 l_{b_2u_1}}{\rho_1 p_1 l_{b_1u_1}}\right)\frac{\xi_3 N_0}{\mathscr{B}(\rho_2)p_2 l_{b_2u_1}}\right]\right\}P^{u_1}_{\text{tem1}} \tag{2.23}$$

至此，获得了 U_1 采用 SIC 技术成功解调所需数据的概率，即式（2.17）。

2.3.3 U_2 端的成功概率

U_2 成功解调所需数据的概率与 U_1 成功解调所需数据的概率类似。为了得到 U_2 端的成功概率，在式（2.17）中，将 U_1 和 U_2 的身份互换，同时将 B_1 和 B_2 的身份互换。所有与两个用户相关的项与两个基站相关的项都要做相应的互换，即 u_1 和 u_2，b_1 和 b_2，p_1 和 p_2，ρ_1 和 ρ_2，两个参数 ξ_1 和 ξ_2，其中 $\xi_2=2^{v_2}-1$。

2.4 基准传输机制

所提的机制为基于 Alamouti 编码的 NOMA 传输，可以记为 AN 机制，该机制在一个时间块内平均传输三个数据分组。为了进行性能的比较，给出了 3 个基准机制：第一个机制为宏小区和微小区分别进行 NOMA 传输，记为 SN 机制；第二个机制为宏小区和微小区先对各自近端用户通信，然后两个基站采用 Alamouti 编码与远端用户通信，记为 SA 机制；第三个机制为宏小区和微小区之间采用基于频率复用的正交传输机制，记为 FFRO 机制。

2.4.1 基准 SN 机制

在 SN 机制中，每个时间周期分为两个时间块。在第一个时间块内，B_1 采用 NOMA 协议发送混合信号给 U_1 和 U_3，而 B_2 和 U_2 保持沉默。在第二个时间块内，B_2 采用 NOMA 协议发送混合信号给 U_2 和 U_3，而 B_1 和 U_1 保持沉默。当一个基站发射混合信号时，另一个基站需保持沉默，以免给活跃用户带来强干扰。在每个时间块内，U_3 接收到混合信号后，将近端用户的数据视为干扰，直接解调所需数据。近端用户 U_1 或 U_2 接收到混合信号后，尝试解调并删除 U_3 的数据，然后解调所需数据。在每个时间块内，平均传输 2 个数据分组。SN 机制的吞吐量记为 $\mathcal{T}_{\text{sn}}$

$$\mathcal{T}_{\text{sn}}=\frac{1}{2}(\Pr\{\gamma_{b_1u_3}^{\text{sn}}\geqslant\xi_3^{\text{sn}}\}+\Pr\{\gamma_{b_2u_3}^{\text{sn}}\geqslant\xi_3^{\text{sn}}\})v_3+\Pr\{\gamma_{b_1u_1}^{\text{sn}}\geqslant\xi_3^{\text{sn}},\tilde{\gamma}_{b_1u_1}^{\text{sn}}\geqslant\xi_1^{\text{sn}}\}v_1 \\ +\Pr\{\gamma_{b_2u_2}^{\text{sn}}\geqslant\xi_3^{\text{sn}},\tilde{\gamma}_{b_2u_2}^{\text{sn}}\geqslant\xi_2^{\text{sn}}\}v_2 \tag{2.24}$$

这三项分别表示 U_3、U_1 和 U_2 端的吞吐量。当信道的可达速率不小于数据传输速率时，数据解调成功。等价地，接收端的信干噪比（SINR）或信噪比（SNR）需要不小于某个门限。对于 U_3、U_1 和 U_2，判断数据解调是否成功的 SINR 或 SNR 门限分别为 $\xi_3^{\text{sn}}=2^{v_3}-1$，$\xi_1^{\text{sn}}=2^{2v_1}-1$，$\xi_2^{\text{sn}}=2^{2v_2}-1$。

ρ_1 表示 B_1 分配给 U_1 数据的功率比例，ρ_2 表示 B_2 分配给 U_2 数据的功率比例。当 U_3 接收到来自 B_1 或 B_2 的混合信号后，它直接解调所需数据的 SINR 表达式为

$$\begin{cases}\gamma_{b_1u_3}^{\text{sn}}=\dfrac{(1-\rho_1)p_1G_{b_1u_3}\ell_{b_1u_3}}{\rho_1p_1G_{b_1u_3}\ell_{b_1u_3}+N_0}\\[2ex]\gamma_{b_2u_3}^{\text{sn}}=\dfrac{(1-\rho_2)p_2G_{b_2u_3}\ell_{b_2u_3}}{\rho_2p_2G_{b_2u_3}\ell_{b_2u_3}+N_0}\end{cases} \tag{2.25}$$

在某个时间周期的第一个时间块内，U_1 解调 U_3 数据时的 SINR 表达式，及 U_1 解调自己所需数据时的 SNR 表达式为

$$\begin{cases}\gamma_{b_1u_1}^{\text{sn}}=\dfrac{(1-\rho_1)p_1G_{b_1u_1}\ell_{b_1u_1}}{\rho_1p_1G_{b_1u_1}\ell_{b_1u_1}+N_0}\\[2ex]\tilde{\gamma}_{b_1u_1}^{\text{sn}}=\dfrac{\rho_1p_1G_{b_1u_1}\ell_{b_1u_1}}{N_0}\end{cases} \tag{2.26}$$

在某个时间周期的第二个时间块内，U_2 解调 U_3 数据时的 SINR 表达式，及 U_2 解调自己所需数据时的 SNR 表达式为

$$\begin{cases}\gamma_{b_2u_2}^{\text{sn}}=\dfrac{(1-\rho_2)p_2G_{b_2u_2}\ell_{b_2u_2}}{\rho_2p_2G_{b_2u_2}\ell_{b_2u_2}+N_0}\\[2ex]\tilde{\gamma}_{b_2u_2}^{\text{sn}}=\dfrac{\rho_2p_2G_{b_2u_2}\ell_{b_2u_2}}{N_0}\end{cases} \tag{2.27}$$

式（2.24）中第一个概率可以推导为

$$\Pr\{\gamma_{b_1u_3}^{\text{sn}}\geqslant\xi_3^{\text{sn}}\}=\mathbf{1}\left(\rho_1<\frac{1}{1+\xi_3^{\text{sn}}}\right)\exp\left\{-\frac{\xi_3^{\text{sn}}N_0}{[1-(1+\xi_3^{\text{sn}})\rho_1]p_1\ell_{b_1u_3}}\right\} \tag{2.28}$$

式（2.24）中第二个概率可以推导为

$$\Pr\{\gamma_{b_2u_3}^{sn}\geqslant\xi_3^{sn}\}=\mathbf{1}\left(\rho_2<\frac{1}{1+\xi_3^{sn}}\right)\exp\left\{-\frac{\xi_3^{sn}N_0}{[1-(1+\xi_3^{sn})\rho_2]p_2 l_{b_2u_3}}\right\} \tag{2.29}$$

式（2.24）中第三个概率可以推导为

$$\Pr\{\gamma_{b_1u_1}^{sn}\geqslant\xi_3^{sn},\tilde{\gamma}_{b_1u_1}^{sn}\geqslant\xi_1^{sn}\}=\mathbf{1}\left(\rho_1<\frac{1}{1+\xi_3^{sn}}\right)\times\exp\left\{-\frac{N_0}{p_1 l_{b_1u_1}}\max\left[\frac{\xi_3^{sn}}{1-(1+\xi_3^{sn})\rho_1},\frac{\xi_1^{sn}}{\rho_1}\right]\right\} \tag{2.30}$$

式中：max（•，•）为取最大值的函数。

式（2.24）中第四个概率可以推导为

$$\Pr\{\gamma_{b_2u_2}^{sn}\geqslant\xi_3^{sn},\tilde{\gamma}_{b_2u_2}^{sn}\geqslant\xi_2^{sn}\}=\mathbf{1}\left(\rho_2<\frac{1}{1+\xi_3^{sn}}\right)\times\exp\left\{-\frac{N_0}{p_2 l_{b_2u_2}}\max\left[\frac{\xi_3^{sn}}{1-(1+\xi_3^{sn})\rho_2},\frac{\xi_2^{sn}}{\rho_2}\right]\right\} \tag{2.31}$$

为了公平比较，每个 BS 的平均功率消耗应该与 AN 机制中的一致。由于 B_1 和 B_2 交替传输数据给其用户，它们的功率与 AN 机制相比，应该变成两倍。

2.4.2 基准 SA 机制

该机制每个时间周期包含两个时间块。在第一个时间块内，B_1 和 B_2 同时传输数据给各自的近端用户 U_1 和 U_2。由于每个近端用户只关联到一个基站，该近端用户接收到来自另一个基站的干扰较弱。每个近端用户尝试解调来自其关联基站的数据，并把来自另一基站的数据视为干扰。在第二个时间块内，B_1 和 B_2 采用分布式 Alamouti 编码技术同时传输数据给 U_3。远端用户 U_3 采用 MRC 技术解调所需数据。两个基站的操作是周期性进行的。在每个时间块内，平均有 1.5 个数据分组传输。SA 机制的吞吐量记为 $\mathcal{T}_{sa}$，表达为

$$\mathcal{T}_{sa}=\Pr\{\gamma_{b_1u_1}^{sa}\geqslant\xi_1^{sa}\}v_1+\Pr\{\gamma_{b_2u_2}^{sa}\geqslant\xi_2^{sa}\}v_2+\Pr\{\gamma_{b_1b_2u_3}^{sa}\geqslant\xi_3^{sa}\}v_3 \tag{2.32}$$

式中这三项分别表示 U_1、U_2 和 U_3 端的吞吐量。针对这三个用户，判断数据解调是否成功的 SINR 或 SNR 门限为 $\xi_1^{sa}=2^{2v_1}-1$，$\xi_2^{sa}=2^{2v_2}-1$，$\xi_3^{sa}=2^{2v_3}-1$。

在 U_1、U_2 和 U_3 端，数据解调时的 SINR 或 SNR 表达式为

$$\begin{cases}\gamma_{b_1u_1}^{sa}=\dfrac{p_1G_{b_1u_1}l_{b_1u_1}}{p_2G_{b_2u_1}l_{b_2u_1}+N_0}\\[2ex]\gamma_{b_2u_2}^{sa}=\dfrac{p_2G_{b_2u_2}l_{b_2u_2}}{p_1G_{b_1u_2}l_{b_1u_2}+N_0}\\[2ex]\gamma_{b_1b_2u_3}^{sa}=\dfrac{p_1G_{b_1u_3}l_{b_1u_3}+p_2G_{b_2u_3}l_{b_2u_3}}{N_0}\end{cases} \tag{2.33}$$

B_1 和 B_2 采用全部的功率发射数据，U_3 接收到来自 B_1 和 B_2 的混合信号后，采用 MRC 技术解调数据。

式（2.32）中第一个概率推导为

$$\Pr\{\gamma_{b_1u_1}^{sa}\geqslant\xi_1^{sa}\}=\frac{p_1 l_{b_1u_1}}{p_1 l_{b_1u_1}+\xi_1^{sa}p_2 l_{b_2u_1}}\exp\left(-\frac{\xi_1^{sa}N_0}{p_1 l_{b_1u_1}}\right) \tag{2.34}$$

式（2.32）中第二个概率推导为

$$\Pr\{\gamma_{\mathrm{b}_2\mathrm{u}_2}^{\mathrm{sa}}\geqslant\xi_2^{\mathrm{sa}}\}=\frac{p_2 l_{\mathrm{b}_2\mathrm{u}_2}}{p_2 l_{\mathrm{b}_2\mathrm{u}_2}+\xi_2^{\mathrm{sa}}p_1 l_{\mathrm{b}_1\mathrm{u}_2}}\exp\left(-\frac{\xi_2^{\mathrm{sa}}N_0}{p_2 l_{\mathrm{b}_2\mathrm{u}_2}}\right) \tag{2.35}$$

式（2.32）中第三个概率推导为

$$\begin{aligned}\Pr\{\gamma_{\mathrm{b}_1\mathrm{b}_2\mathrm{u}_3}^{\mathrm{sa}}\geqslant\xi_3^{\mathrm{sa}}\}=&\mathbf{1}\left(\frac{p_2}{p_1}\neq\frac{l_{\mathrm{b}_1\mathrm{u}_3}}{l_{\mathrm{b}_2\mathrm{u}_3}}\right)\left[\frac{p_2 l_{\mathrm{b}_2\mathrm{u}_3}}{p_2 l_{\mathrm{b}_2\mathrm{u}_3}-p_1 l_{\mathrm{b}_1\mathrm{u}_3}}\exp\left(-\frac{\xi_3^{\mathrm{sa}}N_0}{p_2 l_{\mathrm{b}_2\mathrm{u}_3}}\right)\right.\\&\left.-\frac{p_1 l_{\mathrm{b}_1\mathrm{u}_3}}{p_2 l_{\mathrm{b}_2\mathrm{u}_3}-p_1 l_{\mathrm{b}_1\mathrm{u}_3}}\exp\left(-\frac{\xi_3^{\mathrm{sa}}N_0}{p_1 l_{\mathrm{b}_1\mathrm{u}_3}}\right)\right]+\mathbf{1}\left(\frac{p_2}{p_1}=\frac{l_{\mathrm{b}_1\mathrm{u}_3}}{l_{\mathrm{b}_2\mathrm{u}_3}}\right)\\&\times\left[\exp\left(-\frac{\xi_3^{\mathrm{sa}}N_0}{p_2 l_{\mathrm{b}_2\mathrm{u}_3}}\right)+\frac{\xi_3^{\mathrm{sa}}N_0}{p_2 l_{\mathrm{b}_2\mathrm{u}_3}}\exp\left(-\frac{\xi_3^{\mathrm{sa}}N_0}{p_1 l_{\mathrm{b}_1\mathrm{u}_3}}\right)\right]\end{aligned} \tag{2.36}$$

为了公平比较，该机制中基站的发射功率与 AN 机制一样。

2.4.3 基准 FFRO 机制

对于传统的基于全频率复用的异构网络传输，在每个时间块内，每个基站采用给定频带只服务一个用户。每个时间周期包含四个时间块，并且基站的操作是周期性的。在第一个时间块内，B_2 发送数据给 U_2，B_1 同时发送数据给 U_1。在第二个时间块内，B_2 发送数据给 U_3，B_1 同时发送数据给 U_1。在第三个时间块内，B_1 发送数据给 U_1，B_2 同时发送数据给 U_2。在第四个时间块内，B_1 发送数据给 U_3，B_2 同时发送数据给 U_2。FFRO 机制的吞吐量记为 $\mathcal{T}_{\mathrm{ffro}}$，表达为

$$\begin{aligned}\mathcal{T}_{\mathrm{ffro}}=&\Pr\{\gamma_{\mathrm{b}_1\mathrm{u}_1}^{\mathrm{ffro}}\geqslant\xi_1^{\mathrm{ffro}}\}v_1+\Pr\{\gamma_{\mathrm{b}_2\mathrm{u}_2}^{\mathrm{ffro}}\geqslant\xi_2^{\mathrm{ffro}}\}v_2\\&+\frac{1}{2}(\Pr\{\gamma_{\mathrm{b}_2\mathrm{u}_3}^{\mathrm{ffro}}\geqslant\xi_3^{\mathrm{ffro}}\}+\Pr\{\gamma_{\mathrm{b}_1\mathrm{u}_3}^{\mathrm{ffro}}\geqslant\xi_3^{\mathrm{ffro}}\})v_3\end{aligned} \tag{2.37}$$

式中这三项分别表示 U_1、U_2 和 U_3 的吞吐量。针对三个用户，判断数据解调是否成功的 SINR 门限分别为 $\xi_1^{\mathrm{ffro}}=2^{4v_1/3}-1$，$\xi_2^{\mathrm{ffro}}=2^{4v_2/3}-1$，$\xi_3^{\mathrm{ffro}}=2^{2v_3}-1$。

在 U_1、U_2 和 U_3 端解调数据时的 SINR 分别为

$$\begin{cases}\gamma_{\mathrm{b}_1\mathrm{u}_1}^{\mathrm{ffro}}=\dfrac{p_1 G_{\mathrm{b}_1\mathrm{u}_1}l_{\mathrm{b}_1\mathrm{u}_1}}{p_2 G_{\mathrm{b}_2\mathrm{u}_1}l_{\mathrm{b}_2\mathrm{u}_1}+N_0}\\[2ex]\gamma_{\mathrm{b}_2\mathrm{u}_2}^{\mathrm{ffro}}=\dfrac{p_2 G_{\mathrm{b}_2\mathrm{u}_2}l_{\mathrm{b}_2\mathrm{u}_2}}{p_1 G_{\mathrm{b}_1\mathrm{u}_2}l_{\mathrm{b}_1\mathrm{u}_2}+N_0}\\[2ex]\gamma_{\mathrm{b}_1\mathrm{u}_3}^{\mathrm{ffro}}=\dfrac{p_1 G_{\mathrm{b}_1\mathrm{u}_3}l_{\mathrm{b}_1\mathrm{u}_3}}{p_2 G_{\mathrm{b}_2\mathrm{u}_3}l_{\mathrm{b}_2\mathrm{u}_3}+N_0}\\[2ex]\gamma_{\mathrm{b}_2\mathrm{u}_3}^{\mathrm{ffro}}=\dfrac{p_2 G_{\mathrm{b}_2\mathrm{u}_3}l_{\mathrm{b}_2\mathrm{u}_3}}{p_1 G_{\mathrm{b}_1\mathrm{u}_3}l_{\mathrm{b}_1\mathrm{u}_3}+N_0}\end{cases} \tag{2.38}$$

将式（2.34）中的 ξ_1^{sa} 替换为 ξ_1^{ffro}，可以得到式（2.37）中的第一个概率。将式（2.35）中的 ξ_2^{sa} 替换为 ξ_2^{ffro}，可以得到式（2.37）中的第二个概率。将式（2.34）中的 ξ_1^{sa} 替换为 ξ_1^{ffro}，将 U_1 替换为 U_3，可以得到式（2.37）中的第三个概率。将式（2.35）中的 ξ_2^{sa} 替换为 ξ_2^{ffro}，将 U_2 替换为 U_3，可以得到式（2.37）中的第四个概率。

2.5 数值和仿真结果

在仿真中，基于所推导的闭合表达式，通过最大化系统的吞吐量，可以采用数值法确定最优的 ρ_1 和 ρ_2。用户关联因子 ϵ 的取值位于（1，10），因此，U_3 从 B_1 和 B_2 所接收到的平均信号功率具有相同的数量级。类似于文献［56－58］，如果不另外说明，基站发射功率和噪声功率为 $p_1=30\text{dBm}$，$p_2=20\text{dBm}$，$N_0=-90\text{dBm}$；关联因子为 $\epsilon=2$；B_1 和 B_2 之间的距离为 $d_{b_1,b_2}=1000\text{m}$，数据传输速率为 $v_1=v_2=4\text{bits/s/Hz}$，$v_3=2\text{bits/s/Hz}$。在任意发射端 e 和任意接收端 f 之间，大尺度的路径损耗建模为 $\ell_{ef}^{1/2}=d_{ef}^{-\alpha/2}$，其中 d_{ef} 和 α 分别表示距离和路径损耗指数。

将 B_1 放置在原点，B_2 放置在 X 轴正半轴上，距离为 $d_{b_1b_2}$。B_1 和 B_2 之间的公共区域满足 $\frac{1}{\epsilon}<\frac{p_1\ell_{b_1u_3}}{p_2\ell_{b_2u_3}}<\epsilon$，有 $\left(\frac{p_1}{\epsilon p_2}\right)^{1/\alpha}<\frac{d_{b_1u_3}}{d_{b_2u_3}}<\left(\frac{\epsilon p_1}{p_2}\right)^{1/\alpha}$。$U_3$ 在 B_1 和 B_2 之间的直线上，位于两者的公共服务区域中，因此 $d_{b_1u_3}+d_{b_2u_3}=d_{b_1b_2}$，不等式变为

$$\frac{p_1^{1/\alpha}d_{b_1b_2}}{p_1^{1/\alpha}+(\epsilon p_2)^{1/\alpha}}<d_{b_1u_3}<\frac{(\epsilon p_1)^{1/\alpha}d_{b_1b_2}}{p_2^{1/\alpha}+(\epsilon p_1)^{1/\alpha}} \tag{2.39}$$

将 U_3 放置于公共区域的中心，因此从 B_1 到 U_3 的距离设置为

$$d_{b_1u_3}=\frac{d_{b_1b_2}}{2}\left(\frac{p_1^{1/\alpha}}{p_1^{1/\alpha}+(\epsilon p_2)^{1/\alpha}}+\frac{(\epsilon p_1)^{1/\alpha}}{p_2^{1/\alpha}+(\epsilon p_1)^{1/\alpha}}\right) \tag{2.40}$$

B_2 到 U_3 之间的距离为 $d_{b_2u_3}=d_{b_1b_2}-d_{b_1u_3}$。

当 $\frac{p_1\ell_{b_1u_1}}{p_2\ell_{b_2u_1}}\geqslant\epsilon$ 时，U_1 只关联到 B_1，有 $\frac{d_{b_1u_1}}{d_{b_2u_1}}\leqslant\left(\frac{p_1}{\epsilon p_2}\right)^{\frac{1}{\alpha}}$。将 U_1 放置于 B_1 和 B_2 之间的直线上，且 $d_{b_1u_1}+d_{b_2u_1}=d_{b_1b_2}$。则有 $d_{b_1u_1}\leqslant\frac{p_1^{1/\alpha}d_{b_1b_2}}{p_1^{1/\alpha}+(\epsilon p_2)^{1/\alpha}}$，上限应该不小于 1，这是因为假设 U_1 与 B_1 的距离至少为 1m。如不特别说明，将 U_1 放置于区域 $\left(1,\frac{p_1^{1/\alpha}d_{b_1b_2}}{p_1^{1/\alpha}+(\epsilon p_2)^{1/\alpha}}\right)$ 的中心，则 $d_{b_1u_1}=\frac{1}{2}\left(1+\frac{p_1^{1/\alpha}d_{b_1b_2}}{p_1^{1/\alpha}+(\epsilon p_2)^{1/\alpha}}\right)$，$d_{b_2u_1}=d_{b_1b_2}-d_{b_1u_1}$。

如前所述，当 $\frac{p_2\ell_{b_2u_2}}{p_1\ell_{b_1u_2}}\geqslant\epsilon$ 时，U_2 只关联到 B_2，有 $\frac{d_{b_1u_2}}{d_{b_2u_2}}\geqslant\left(\frac{\epsilon p_1}{p_2}\right)^{\frac{1}{\alpha}}$。将 U_2 放置于 B_1 和 B_2 之间的连线上，且满足 $d_{b_1u_2}+d_{b_2u_2}=d_{b_1b_2}$。上述不等式可以转换为 $d_{b_1u_2}\geqslant\frac{(\epsilon p_1)^{1/\alpha}d_{b_1b_2}}{p_2^{1/\alpha}+(\epsilon p_1)^{1/\alpha}}$，其中下限应小于 $d_{b_1b_2}-1$，这是因为假设 U_2 和 B_2 之间的距离至少为 1m。如果不特别说明，将 U_2 放置于区域 $\left(\frac{(\epsilon p_1)^{1/\alpha}d_{b_1b_2}}{p_2^{1/\alpha}+(\epsilon p_1)^{1/\alpha}},d_{b_1b_2}-1\right)$ 的中心位置，因此令 $d_{b_1u_2}=\frac{1}{2}\left(\frac{(\epsilon p_1)^{1/\alpha}d_{b_1b_2}}{p_2^{1/\alpha}+(\epsilon p_1)^{1/\alpha}}+d_{b_1b_2}-1\right)$，$d_{b_2u_2}=d_{b_1b_2}-d_{b_1u_2}$。

2.5.1 功率分配因子的影响

图 2.2 显示了平均吞吐量与 B_1 的功率分配因子 ρ_1 的关系。随着 ρ_1 的增长，B_1 分配较多的功率给 U_1 的数据，分配较少的功率给 U_3 的数据。每个用户解调 U_3 的数据均变得更为困难。但是，如果能够成功解调并删除 U_3 数据，剩余的 U_1 数据的信号功率较强。在 ρ_1 较小的区域，U_3 的吞吐量基本不变，这是因为所接收到的有用信号足够强，能够很好地克服干扰的影响。但是在 ρ_1 较大的区域，U_3 的吞吐量降得很快。随着 ρ_1 的增长，U_2 接收到混合信号后，解调并删除 U_3 数据变得更为困难，并且 U_1 的信号作为干扰也比较强，导致 U_1 很难解调所需的数据，故其吞吐量一直在下降。对于 U_1 来说，尽管较高的功率比例 ρ_1 不利于解调并删除 U_3 数据，但是当干扰被顺利删除后，有助于解调所需数据。因此，随着 ρ_1 的增长，U_1 的吞吐量先增长后下降。在整个 ρ_1 的范围内，系统总的吞吐量先增长后下降。存在一个最优的 ρ_1，能够最大化系统总的吞吐量。数值结果与仿真结果吻合良好。这验证了本章节理论分析的正确性。

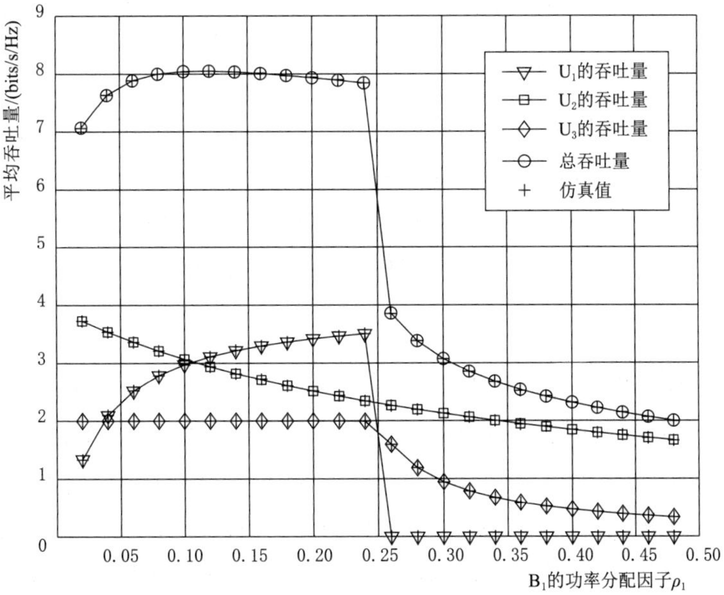

图 2.2 平均吞吐量与 B_1 的功率分配因子 ρ_1 的关系（$\rho_2=0.2$）

图 2.3 显示了平均吞吐量与 B_2 的功率分配因子 ρ_2 的关系。随着 ρ_2 的增长，B_2 分配更多功率给 U_2 的数据，分配较少的功率给 U_3 的数据。在每个用户端，所接收到的 U_3 的数据变弱，而所接收到的 U_2 的数据变强。因此，解调 U_3 数据变得更为困难。当分配更多的功率给 U_2 的数据时，有助于 U_2 顺利解调所需数据，但是不利于 U_1 端解调数据，这是因为 U_2 数据的发送给 U_1 带来较强的干扰。从图 2.3 中，能够观察到类似于图 2.2 的现象，存在一个最优的 ρ_2，能最大化总的吞吐量。

当 ρ_2 足够大时，U_2 的吞吐量下降到 0。原因为：U_2 接收到 U_3 数据的可达速率为 $C_{b_1 b_2 u_2}$，已在式（2.11）中给出。如果 U_2 能够正确解调 $B_1\&B_2 \rightarrow U_3$ 数据，它将从所接

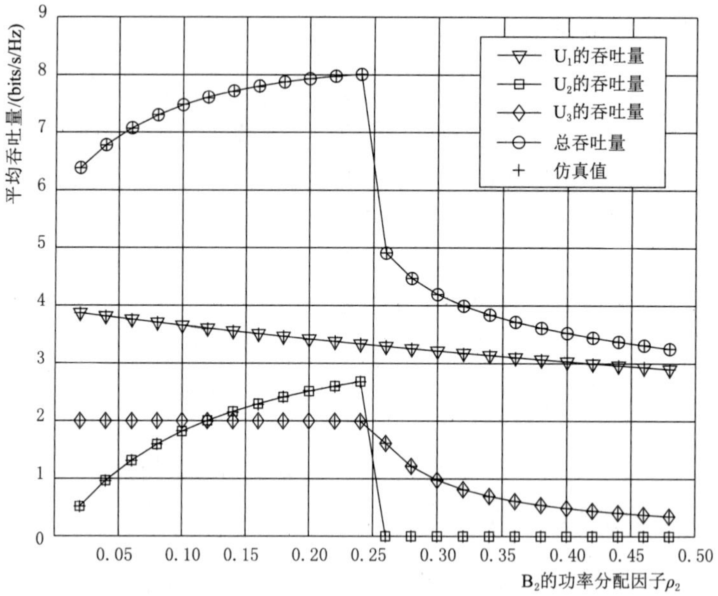

图 2.3　平均吞吐量与 B_2 的功率分配因子 ρ_2 的关系（$\rho_1=0.2$）

收到的混合信号中删除该数据，然后解调它所需的 $B_2\to U_2$ 数据，将 $B_1\to U_1$ 数据视为干扰。U_2 所需数据的可达速率为 $C_{b_2u_2}$，已在式（2.12）中给出。随着 ρ_2 的增长，$C_{b_1b_2u_2}$ 和 $C_{b_2u_2}$ 的变化相反。U_2 采用 SIC 技术正确解调所需数据的概率是 $\Pr\{C_{b_1b_2u_2}\geqslant v_3, C_{b_2u_2}\geqslant v_2\}$。当 ρ_2 变得足够大时，在成功概率中的两个不等式不能同时满足，因此概率变为 0。

2.5.2　发射功率的影响

图 2.4 显示了系统吞吐量与发射功率比值 p_1/p_2 的关系，$p_2=10\text{dBm}$。随着 p_1 的增长，U_1 和 U_3 能够接收到更强的信号，但是同时给 U_2 带来更强的干扰。总的吞吐量单调增长。在 p_1/p_2 的较低和中间的区域，AN 机制性能最好，SA 机制性能最差。但是，当 p_1/p_2 足够大时，SN 机制性能最差，这是因为 B_1 到 U_1 和 U_3 的非正交多址传输更容易成功。在 p_1/p_2 的较低区域，FFRO 机制比 SA 机制的性能好，在 p_1/p_2 较高的区域，SA 机制的性能较好，这是因为 FFRO 机制中微小区承受较强的干扰。

图 2.5 显示了系统吞吐量与发射功率比值 p_1/p_2 的关系，$p_1=30\text{dBm}$。随着 p_2 的增长，从图中右侧到左侧变化，SN 机制的吞吐量单调增长。在 p_2 较低的区域，AN 机制的性能最好，这是因为所有用户在此时都能更容易地解调 U_3 的数据，同时 U_1 和 U_2 能够更容易地删除干扰，然后解调自己所需的数据。在 p_2 较低的区域，SA 机制比 FFRO 机制的性能好，但是在 p_2 较高的区域，FFRO 机制比 SA 机制的性能好一些。在 p_2 的整个区域，SA 和 FFRO 机制的性能要比 AN 和 SN 机制差一些。

图 2.6 显示了系统吞吐量与 U_1 和 U_2 数据的传输速率之间的关系。随着 v_1 和 v_2 的增长，SN 和 SA 机制的吞吐量会首先增长到各自的最大值，然后下降到一个常数值。较

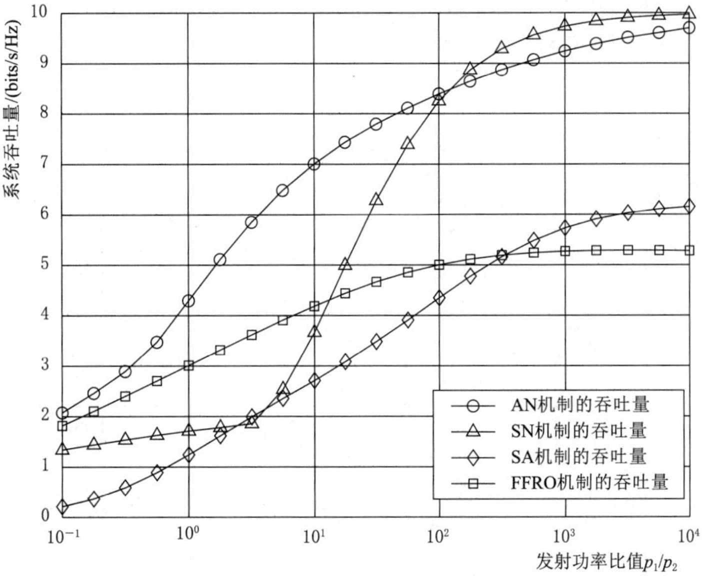

图 2.4 系统吞吐量与发射功率比值 p_1/p_2 的关系，$p_2=10\text{dBm}$（改变 p_1。对于 SN 机制，B_1 和 B_2 的发射功率加倍）

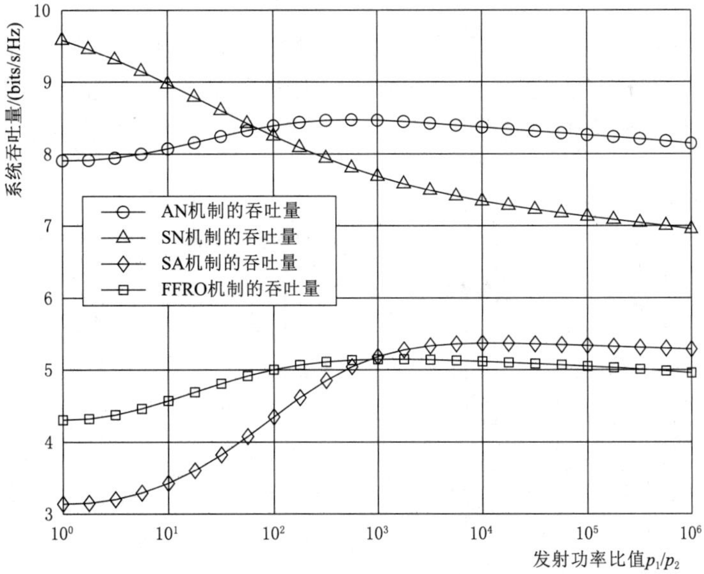

图 2.5 系统吞吐量与发射功率比值 p_1/p_2 的关系，$p_1=30\text{dBm}$（改变 p_2。对于 SN 机制，B_1 和 B_2 的发射功率加倍）

高的传输速率导致数据成功传输概率降低，但一旦当数据成功解调时，较高的传输速率有助于传递较多的信息。作为折中，曲线首先增长，然后下降。当 v_1 和 v_2 足够大时，U_1 和 U_2 很难解调所需的数据，只有 U_3 能够较为恰当地解调其数据，因此吞吐量性能变成了一个常数。AN 机制的曲线有两个峰值，主要是由 SIC 解码过程所导致的。随着 v_1 和

v_2 的增长，FFRO 机制的吞吐量也呈现出先上升后下降的趋势。当 v_1 和 v_2 足够大时，相比基准传输机制，AN 机制能够大幅提升吞吐量。

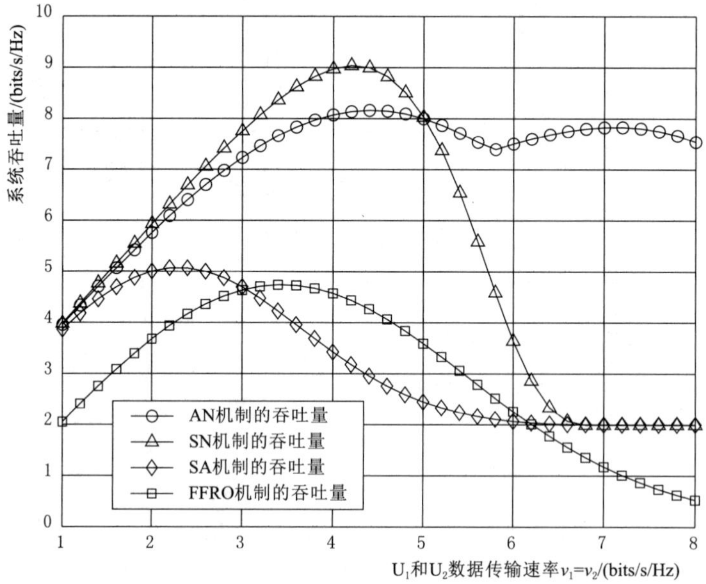

图 2.6　系统吞吐量与 U_1 和 U_2 数据的传输速率的关系（$v_1 = v_2$）

图 2.7 显示了系统吞吐量与 U_3 数据传输速率的关系。随着 v_3 的增长，AN、SN 和 SA 机制的吞吐量均是首先增长，然后下降。这是因为解调 U_3 数据变得更为困难，但是一旦成功解调则传递较多的信息量。当 v_3 很小时，SN 机制能够获得最大的吞吐量，因

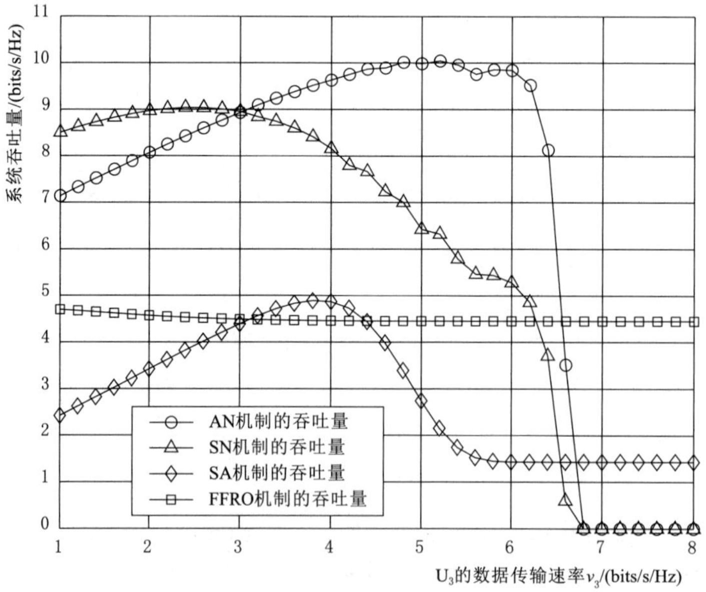

图 2.7　系统吞吐量与 U_3 数据传输速率的关系

为两个连续时间块内的单独 NOMA 传输不会在 U_1 和 U_2 之间产生相互干扰。当 v_3 很大时，对于 AN 和 SN 机制，U_3 端的数据解调及 U_1 和 U_2 端的 SIC 几乎必然失败，因此不会得到有用的信息，吞吐量降为 0。但是，对于 SA 机制，由于面向 U_1 和 U_2 的传输并不受 v_3 的影响，吞吐量逐渐降低到 0。FFRO 机制的吞吐量下降很缓慢，这是由于面向 U_1、U_2 和 U_3 的数据传输是正交的。在 v_3 取值的中间区域，所提 AN 机制能够获得最大的吞吐量，这是因为数据传输的频谱效率较高。

图 2.8 显示了系统吞吐量与 B_1 和 U_1 之间距离的关系。随着 $d_{b_1u_1}$ 的增长，B_1 和 U_1 之间的距离变长，B_2 和 U_1 之间的距离变短，从 B_1 到 U_1 及 U_3 之间距离的差异性变小。对于 U_1 来说，来自 B_1 的有用信号经历更为严重的路径损耗，与此同时。来自 B_2 的干扰则变强，SIC 解调变得更加困难。因此，对于 AN 机制，吞吐量变小。类似地，SN 和 SA 机制的吞吐量也单调下降。较长的距离同样损害 FFRO 机制的吞吐量性能。

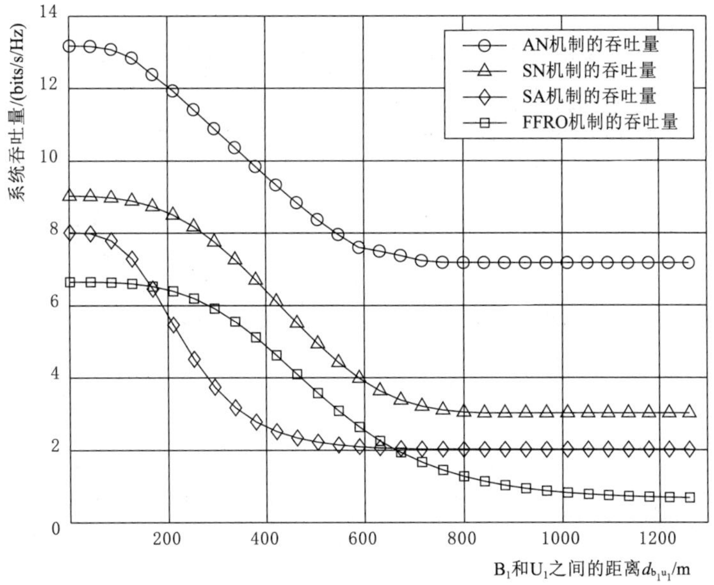

图 2.8 系统吞吐量与 B_1 和 U_1 之间距离的关系

($v_1 = v_2 = 6$bits/s/Hz)

图 2.9 显示了系统吞吐量与 B_1 和 U_2 之间距离的关系。随着 $d_{b_1u_2}$ 的增长，B_1 和 U_2 之间的距离变长，B_2 和 U_2 之间的距离变短，B_2 到 U_2 和 U_3 距离的差异性变大。U_2 从 B_2 接收到信号功率更强，而来自 B_1 的干扰变弱，导致吞吐量单调递增。同样的原因，SN 和 SA 机制的吞吐量单调递增。FFRO 机制的吞吐量也是单调递增。与基准机制相比，所提的 AN 机制能够获得最大的吞吐量。

图 2.10 显示了系统吞吐量与 B_1 和 B_2 之间距离的关系。随着 $d_{b_1b_2}$ 的增长，B_1 或 B_2 到每个用户的距离变长，系统的吞吐量减小。AN 机制的吞吐量下降较 SN 机制更缓慢一些，这是由于基于 Alamouti 编码的 NOMA 能够帮助近端和远端用户解调数据，对距离的敏感度较小。SA 机制的吞吐量变化较为缓慢，最终达到与 SN 机制相同的一个常数，

这是因为每个基站几乎把所有功率都分配给近端用户的数据传输，并且两个小区之间的干扰非常弱。FFRO 机制的吞吐量下降也较为缓慢。当 $d_{b_1b_2}$ 较短时，SN 机制性能最好，当 $d_{b_1b_2}$ 足够长时，AN 机制性能最好。

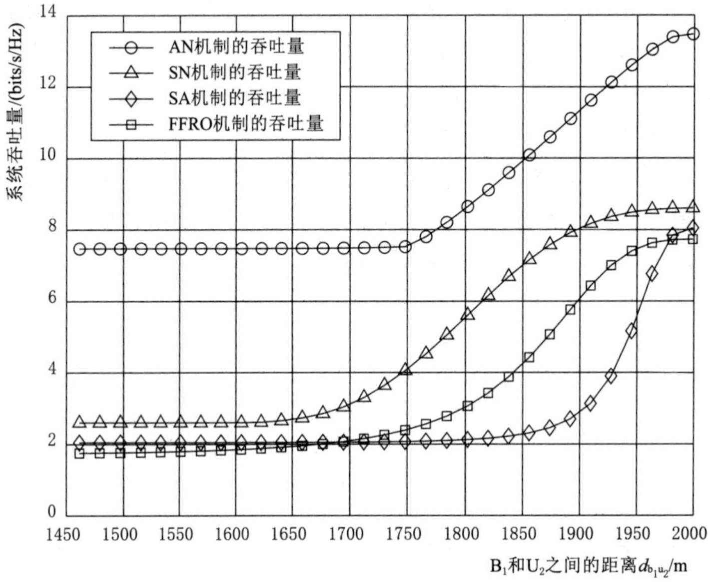

图 2.9 系统吞吐量与 B_1 和 U_2 之间距离的关系（$v_1=v_2=6$bits/s/Hz）

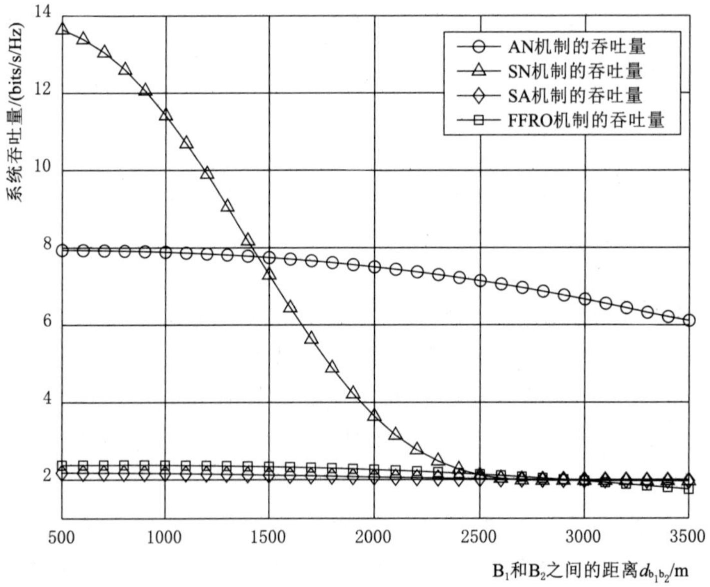

图 2.10 系统吞吐量与 B_1 和 B_2 之间距离的关系（$v_1=v_2=6$bits/s/Hz）

2.6 小结

针对异构网络，考虑宏小区和微小区的服务区域部分重合，提出一种频谱高效的基于Alamouti编码的NOMA传输机制。在每个小区中，一个近端用户只关联到一个基站，但是在相邻基站的公共服务区域内，用户关联到两个基站。两个基站同时发送数据给它们自己的近端用户，同时采用叠加编码和Alamouti编码技术发送数据给公共用户。每个近端用户采用SIC解调所需数据。与SN和SA机制相比，所提AN机制能够在一些不利条件下，比如较低的发射功率、较高的传输速率、较长的相对距离等大幅提升系统吞吐量。为了进一步提升吞吐量，可以考虑各种不同的通信情况，自适应地在AN机制和SN机制之间切换。

第 3 章

基于无线能量传输的空时协作非正交多址接入

3.1 概述

当远端用户与基站之间没有直接链路时，基站可以利用 CNOMA 技术同时传输近端和远端用户的数据，近端用户通过全双工（FD）或 HD 方式将数据转发给远端用户[59]。基于 EH 的中继可以从源节点收集能量，并利用收集到的能量将数据转发给目的节点[60]。由于接收机通常配备了单独的 EH 和信息解码（ID）电路，因此可以执行 TS 和 PS 策略来实现能量收集和数据传输之间的权衡[61]。当基站和远端用户之间存在多个基于 EH 的中继节点时，可选择一个进行数据转发[62]。当基站与两个 QoS 要求相似的远端用户通信时，由于 SIC 解码容易失败，CNOMA 不能很好地工作，可使用 Alamouti 编码和机会性译码转发来弥补这一缺陷。

本章提出了基于 EH 机会性译码转发中继的 CNOMA 传输机制，其中一组中继节点可以收集射频能量，选择一个中继将数据转发给两个远端用户。考虑 TS 和 PS 策略，设计了两种方案：TSEH - CNOMA 和 PSEH - CNOMA。TSEH - CNOMA 的每个传输周期包含三个阶段，其中功率信标（PB）在第一阶段将无线能量传输到中继，剩余两个阶段进行 CNOMA。PSEH - CNOMA 的每个传输周期包含两个阶段，BS 在第一阶段传输数据信号，PB 在第一阶段传输能量信号，在第二阶段进行数据的机会性译码转发。BS 将一个用户的 Alamouti 编码数据与另一个用户的数据叠加，并将混合信号广播到中继簇。每个中继节点首先使用 MRC 技术解码 Alamouti 编码的数据，然后删除它，以解调其他用户的数据。在所有能够正确解码两个用户数据的中继节点中，选择一个转发数据。所选中继节点叠加两个用户的数据，然后使用所收集到的能量广播混合信号。

本章的主要创新点如下：

（1）综合考虑中继节点的译码状态、能量状态和信道状态，提出三种中继选择方案。

（2）分析了不同中继选择方案下 TSEH - CNOMA 和 PSEH - CNOMA 的系统吞吐量。

（3）通过最大化系统吞吐量，确定了 WPT 的最优时间或功率分配因子及 CNOMA 的最优功率分配因子。

3.2 系统模型

采用 Alamouti 编码及机会性译码转发协议的能量收集协作 NOMA 传输模型，如图 3.1 所示，BS 在一簇中继节点（共 K 个）的协助下与两个远端用户 U_1 和 U_2 进行通信。射频信号长距离传输会承受严重的路径损耗，并且信道可能经历深度衰落，信号传输路径上也可能存在障碍物阻挡。假设 BS 和两个用户之间没有直接链路。由于中继节点需要转发 BS 的数据给两个用户，中继簇的位置位于 BS→U_1 和 BS→U_2 两条链路的夹角区域。假设 BS→中继与 BS→U_2 及 BS→U_1 之间的夹角相同，记为 ϕ。U_1 距离中继簇较近，U_2 距离中继簇较远。BS 和两个用户之间的距离分别记为 $d_{\mathrm{b},\mathrm{u}_1}$ 和 $d_{\mathrm{b},\mathrm{u}_2}$。由于中继节点分布于相对较小的区域，从 BS 到每个中继节点的距离假设相同，记为 $d_{\mathrm{b},\mathrm{r}}$，从每个中继节点到 U_1 和 U_2 的距离分别近似为 $d_{\mathrm{r},\mathrm{u}_1}$ 和 $d_{\mathrm{r},\mathrm{u}_2}$。

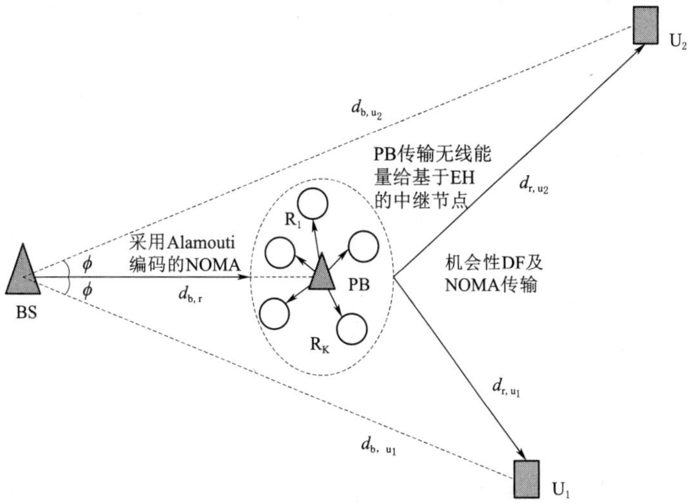

图 3.1 采用 Alamouti 编码及机会性译码转发协议的能量收集协作 NOMA 模型（中继节点能够从 PB 和 BS 的 RF 信号中收集能量）

信号衰减严重影响 WPT 的效率，能量收集器相比信息接收机敏感度要低很多，因此能量收集器需要接收到较强的信号才能进行有效的能量收集。在这种情况下，采用距离中继节点较近且发射功率较高的 PB 进行 WPT，能够使接收端收集到更多的能量[63]。在现实情况下，接入点和其他具有稳定能量供应的电子设备可作为 PB 以实现 WPT。PB 位于中继簇的中心位置，K 个中继节点随机分布于中继簇中。PB 与中继节点 $R_k(k\in\{1,\cdots,K\})$之间的距离记为 $d_{\mathrm{e},\mathrm{r}_k}$。

BS 和 PB 均具有持续的能量供应。假设 BS 采用两根天线进行基于 Alamouti 编码的 NOMA 传输，而 PB、中继、用户则安装有单根全向天线。每个信道经历瑞利衰落，在不同的时间块内及不同链路上是相互独立的。节点 u 和 v 之间的小尺度信道衰落记为 $h_{u,v}$，信号的大尺度路径损耗建模为$\sqrt{l_{u,v}}=d_{u,v}^{-\alpha/2}$，其中 $d_{u,v}$ 和 α 分别表示距离和路径损耗指数。因此，信号所经历的小尺度功率衰落 $G_{u,v}=|h_{u,v}|^2$ 服从指数分布，均值为 1，信

号功率所经历的大尺度损耗为 $\ell_{u,v}=d_{u,v}^{-\alpha}$。

在现实中，中继节点采用分布式空时编码机制进行 NOMA 传输很难实现完全同步。但选择一个最佳的中继节点进行数据中继是比较容易实现的。当具有两个近端用户时，不需采用中继节点进行数据的转发，但当近端用户错误接收数据时，中继节点可以重传数据。当一个近端用户和一个远端用户共存时，中继节点可以转发数据给远端用户，并在必要时协助重传数据给近端用户。当网络中有多个用户时，需综合考虑目标速率、相对位置、信道状态等参数，联合选择两个远端用户，以实现本章所提传输机制。在调度两个远端用户时可采用类似分布式中继选择的思路，采用时间退避机制，合理设置时间参数，实现分布式用户调度。

3.2.1 中继节点能量收集

所观测的时间段被划分为等长时间块，每个时间块的持续时间归一化为 1s。考虑中继节点采用 TS 或 PS 机制实现 EH[61]，提出了两种 CNOMA 机制，即 TSEH - CNOMA 和 PSEH - CNOMA。

对于 TSEH - CNOMA，每个时间块包含三个阶段，其中第一个阶段占用的时间比例为 τ $(0<\tau<1)$，剩下的每个阶段占用的时间比例为 $\frac{1-\tau}{2}$。PB 在第一个阶段传输无线功率给中继节点，在剩余两个阶段进行 CNOMA 传输。在第一个阶段，PB 进行无线功率传输，中继节点 R_k 收集到的能量记为 $\varepsilon_{\mathrm{r}_k}^{\mathrm{TS}}$，且有

$$\varepsilon_{\mathrm{r}_k}^{\mathrm{TS}}=\eta\tau P_{\mathrm{e}}G_{\mathrm{e},\mathrm{r}_k}\ell_{\mathrm{e},\mathrm{r}_k} \tag{3.1}$$

式中：η 为能量转换效率；P_{e} 为 PB 的发射功率，W；$G_{\mathrm{e},\mathrm{r}_k}$ 为 PB 和 R_k 之间的小尺度功率衰落，对于所有中继节点是相互独立的。

当选择某个中继节点转发数据时，假设它的发射功率为 P_{r}。定义一个能量门限 $\mathscr{D}_{\mathrm{TS}}=\frac{1-\tau}{2}P_{\mathrm{r}}$。对于任意中继节点，只有当它所收集的能量超出 $\mathscr{D}_{\mathrm{TS}}$ 时，才可以支持采用功率 P_{r} 发送数据，否则不选择该中继节点。中继节点 R_k 收集到足够能量的概率为

$$\Pr\{\varepsilon_{\mathrm{r}_k}^{\mathrm{TS}}\geqslant\mathscr{D}_{\mathrm{TS}}\}=\exp\left(-\frac{\mathscr{D}_{\mathrm{TS}}}{\eta\tau P_{\mathrm{e}}\ell_{\mathrm{e},\mathrm{r}_k}}\right) \tag{3.2}$$

能量门限 $\mathscr{D}_{\mathrm{TS}}$ 越高，每个中继节点收集足够的能量将更困难。时间因子 τ 越大，发射功率 P_{e} 越大，路径损耗 $\ell_{\mathrm{e},\mathrm{r}_k}$ 越弱，中继节点收集到足够的能量将更容易。

对于 PSEH - CNOMA，每个时间块包含两个阶段，每个阶段均持续一半的时间。在第一个阶段，BS 发送数据信号，与此同时，PB 发送能量信号；而第二个阶段进行机会性中继传输。在第一个阶段，当中继节点 R_k 接收到来自 BS 和 PB 的混合信号后，分配 ζ $(0<\zeta<1)$ 部分用于能量收集，而剩余的 $(1-\zeta)$ 部分则用于信息解调。按照式 (3.5)，在一个时隙内，R_k 从 BS 所接收到的平均信号功率为 $\frac{1}{2}\mathbb{E}\{\boldsymbol{y}_{\mathrm{r}_k}^{\mathrm{H}}\boldsymbol{y}_{\mathrm{r}_k}\}$，其中 $\boldsymbol{y}_{\mathrm{r}_k}=[y_{\mathrm{r}_k}[1],\ y_{\mathrm{r}_k}[2]]^{\mathrm{T}}$，上标 T 表示转置操作，H 表示共轭转置操作。由于噪声的功率相比所接收到的信号功率更弱，可以忽略噪声项。由于每个符号的平均功率为 1，不同符号

相互独立，可以获得从 BS 所接收到的平均信号功率。因为两类信号是相互独立的，所接收到的混合信号的总功率为数据信号和能量信号功率之和。R_k 收集到的能量记为 $\varepsilon_{r_k}^{PS}$，且有：

$$\begin{aligned}\varepsilon_{r_k}^{PS} &= \frac{\eta\zeta}{2}P_b\left[\left(1-\frac{\rho}{2}\right)G_{b_1,r_k}+\frac{\rho}{2}G_{b_2,r_k}\right]\ell_{b,r}+\frac{\eta\zeta}{2}P_e G_{e,r_k}\ell_{e,r_k}\\ &\approx \frac{\eta\zeta}{2}(P_b G_{b,r_k}\ell_{b,r}+P_e G_{e,r_k}\ell_{e,r_k})\end{aligned} \tag{3.3}$$

式中：P_b 为 BS 的发射功率，W；G_{b_1,r_k}、G_{b_2,r_k} 为 BS 第一个天线和第二个天线到中继节点 R_k 的小尺度功率衰落；前置因子 1/2 表示在一半的时间内进行能量收集。为了简化分析，在最后一步的推导中，假设 G_{b,r_k} 表示 BS 和 R_k 之间一般的小尺度功率衰落。

假设所选择的中继节点转发数据的功率为 P_r，定义一个能量阈值 $\mathscr{D}_{PS}=\frac{1}{2}P_r$。对于每个中继节点，只有当收集的能量超过 $\mathscr{D}_{PS}$ 时，才能够采用功率 P_r 发射数据，否则，该中继节点就不会被选出。中继节点 R_k 收集到足够能量的概率为

$$\begin{aligned}\Pr\{\varepsilon_{r_k}^{PS}\geqslant\mathscr{D}_{PS}\} \approx{}& \mathbf{1}(P_e\ell_{e,r_k}\neq P_b\ell_{b,r})\left[\frac{P_e\ell_{e,r_k}}{P_e\ell_{e,r_k}-P_b\ell_{b,r}}\exp\left(-\frac{2\mathscr{D}_{PS}}{\eta\zeta P_e\ell_{e,r_k}}\right)\right.\\ &\left.-\frac{P_b\ell_{b,r}}{P_e\ell_{e,r_k}-P_b\ell_{b,r}}\exp\left(-\frac{2\mathscr{D}_{PS}}{\eta\zeta P_b\ell_{b,r}}\right)\right]+\mathbf{1}(P_e\ell_{e,r_k}=P_b\ell_{b,r})\\ &\times\left[\exp\left(-\frac{2\mathscr{D}_{PS}}{\eta\zeta P_e\ell_{e,r_k}}\right)+\frac{2\mathscr{D}_{PS}}{\eta\zeta P_e\ell_{e,r_k}}\exp\left(-\frac{2\mathscr{D}_{PS}}{\eta\zeta P_b\ell_{b,r}}\right)\right]\end{aligned} \tag{3.4}$$

式中：$\mathbf{1}(\mathscr{C})$ 为指示随机变量，当条件 $\mathscr{C}$ 满足时为 1，否则为 0。

3.2.2 基于 Alamouti 编码的 BS - NOMA

每个时间块包含许多时隙。将每两个时隙定义为一个周期，BS 在不同的周期连续进行基于 Alamouti 编码的 NOMA 传输。中继节点采用 DF 机制[2]。在中继节点及用户端，SIC 解调的次序是固定的，每个中继节点或用户先尝试解调 U_2 的数据，删除该数据后解调 U_1 的数据。在第一个时隙中，BS 采用 Alamouti 编码技术在两根天线上传输 U_2 的数据[47]，同时，BS 采用第一根天线发送 U_1 的数据。由于 BS 不知道下行 CSI，且两根天线到中继簇的距离基本一样，两根天线到任意中继节点的信道衰落服从独立分布，BS 将为每根天线分配相同的功率以实现 Alamouti 编码传输，且随机选择一根天线发送 U_1 的数据。为使中继节点的相干解调更为方便，固定 BS 采用第一根天线发送 U_1 的数据。BS 分配 ρ（$0.5<\rho<1$）部分功率给 U_2 的数据，剩余的（$1-\rho$）部分功率分配给 U_1 的数据。考虑在两个时隙内传输两个符号 $x_2[1]$和 $x_2[2]$给 U_2，且$\mathbb{E}\{|x_2[1]|^2\}=\mathbb{E}\{|x_2[2]|^2\}=1$。发送给 U_1 的符号记为 $x_1[1]$和 $x_1[2]$，且$\mathbb{E}\{|x_1[1]|^2\}=\mathbb{E}\{|x_1[2]|^2\}=1$。

中继节点 R_k 接收到的信号分别表示为 $y_{r_k}[1]$和 $y_{r_k}[2]$。用 Alamouti 编码传输[47]，有

$$\begin{bmatrix} y_{r_k}[1] \\ y_{r_k}[2] \end{bmatrix} = \begin{bmatrix} x_2[1] & x_2[2] \\ -(x_2[2])^* & (x_2[1])^* \end{bmatrix} \begin{bmatrix} \sqrt{\dfrac{\rho P_b \ell_{b,r}}{2}} h_{b_1,r_k} \\ \sqrt{\dfrac{\rho P_b \ell_{b,r}}{2}} h_{b_2,r_k} \end{bmatrix} + \begin{bmatrix} \sqrt{(1-\rho) P_b \ell_{b,r}} h_{b_1,r_k} x_1[1] + w_{r_k}^{na}[1] + w_{r_k}^{nc}[1] \\ \sqrt{(1-\rho) P_b \ell_{b,r}} h_{b_1,r_k} x_1[2] + w_{r_k}^{na}[2] + w_{r_k}^{nc}[2] \end{bmatrix} \tag{3.5}$$

式中：h_{b_1,r_k}、h_{b_2,r_k} 和$\sqrt{\ell_{b,r}}$为从 BS 的两根天线到 R_k 的小尺度信道衰落和信号的大尺度路径损耗，$\sqrt{\ell_{b,r}} = d_{b,r}^{-\alpha/2}$；BS 的两根天线到簇中继节点的距离几乎一样，距离可以统一设置为 $d_{b,r}$，m。在第 i 个时隙内，$w_{r_k}^{na}[i]$和 $w_{r_k}^{nc}[i]$，$i \in \{1,2\}$分别表示接收天线和射频到基带转换电路所带来的 AWGN[61]，W。$w_{r_k}^{na}[i]$和 $w_{r_k}^{nc}[i]$的功率分别记为 σ_{na}^2 和 σ_{nc}^2，$\sigma_{na}^2 + \sigma_{nc}^2 = N_0$，$N_0$ 表示 AWGN 的总功率，W。

R_k 所接收到的信号可以表示为$\tilde{\boldsymbol{y}}_{r_k} = \{y_{r_k}[1](y_{r_k}[2])^*\}^T = \widetilde{\boldsymbol{H}}[x_2[1]x_2[2]]^T + \boldsymbol{w}$，其中 $\boldsymbol{w}$ 表示归一化的干扰和噪声功率。等价的信道矩阵为 $\widetilde{\boldsymbol{H}} = \sqrt{a}\,\boldsymbol{H}$，其中 $a = \dfrac{\rho P_b \ell_{b,r}/2}{(1-\rho) P_b G_{b_1,r_k} \ell_{b,r} + N_0}$。

$$\boldsymbol{H} = \begin{bmatrix} h_{b_1,r_k} & h_{b_2,r_k} \\ h_{b_2,r_k}^* & -h_{b_1,r_k}^* \end{bmatrix} \tag{3.6}$$

当 CSI 已知时，中继节点可以进行 SIC 信息解调。采用两种方法以使中继节点的 SIC 解调更加容易：首先，BS 分配较高的功率 ρ（$0.5<\rho<1$）发送 U_2 的数据。其次，BS 采用两根天线按照 Alamouti 编码方式发送 U_2 的数据。与此同时，BS 在第一根天线上将 U_1 的数据叠加到空时编码后的 U_2 数据上，并分配给 U_1 的数据较小的功率比值（$1-\rho$），采用第一根天线发送 U_1 的数据。在中继节点上，接收到的 U_2 数据的功率相比 U_1 数据的功率更强，因此中继节点能更容易地解调并删除 U_2 的数据。与单纯的叠加编码机制相比，在两个时隙内，考虑 BS 的两根天线上的 CSI，采用 Alamouti 编码传输，会引入较少的解码复杂度，但是会较为明显地提升解码的性能。

对于 TSEH - CNOMA，R_k 接收到的 U_2 数据的可达速率记为 C_{b,r_k}^{TS}，表达为

$$C_{b,r_k}^{TS} = \frac{1-\tau}{2}\left\{\frac{1}{2}\log_2[\det(\boldsymbol{I} + \widetilde{\boldsymbol{H}}\widetilde{\boldsymbol{H}}^H)]\right\} = \frac{1-\tau}{2}\log_2\left[1 + \frac{(\rho P_b/2)(G_{b_1,r_k} + G_{b_2,r_k})\ell_{b,r}}{(1-\rho) P_b G_{b_1,r_k} \ell_{b,r} + N_0}\right] \tag{3.7}$$

式中：前置因子 1/2 表示 Alamouti 编码采用了两个时隙传输了两个符号；外面的因子 $\dfrac{1-\tau}{2}$表示从 BS 到中继节点的传输占用了$\dfrac{1-\tau}{2}$比例的时间。

若 R_k 能够正确解调 U_2 的两个符号，它将从所接收到的混合信号中删除 U_2 的数据，然后解调 U_1 的两个符号 $x_1[1]$和 $x_1[2]$。U_1 数据的可达速率记为$\widetilde{C}_{b,r_k}^{TS}$，即

$$\widetilde{C}_{b,r_k}^{TS} = \frac{1-\tau}{2}\log_2\left[1 + \frac{(1-\rho) P_b G_{b_1,r_k} \ell_{b,r}}{N_0}\right] \tag{3.8}$$

对于PSEH-CNOMA，中继节点 R_k 从所接收到的信号功率中分配 ζ 比例的功率进行能量收集，采用剩余的（$1-\zeta$）比例进行信息解调。假设能量信号是预先定义好的，每个中继节点都知道能量信号，因此，每个中继节点能够从所接收到的混合信号中完全删除能量信号以进行信息解调。在能量收集之后，R_k 上用于信息解调的剩余信号可以表示为 $\hat{\boldsymbol{y}}_{r_k}=\hat{\boldsymbol{H}}[x_2[1]x_2[2]]^{\mathrm{T}}+\boldsymbol{w}$，其中 $\hat{\boldsymbol{H}}=\sqrt{b}\boldsymbol{H}$ 是等价的信道矩阵，$b=\dfrac{(1-\zeta)\rho P_{\mathrm{b}}\ell_{\mathrm{b,r}}/2}{(1-\zeta)(1-\rho)P_{\mathrm{b}}G_{\mathrm{b}_1,\mathrm{r}_k}\ell_{\mathrm{b,r}}+(1-\zeta)\sigma_{\mathrm{na}}^2+\sigma_{\mathrm{nc}}^2}$。在中继节点 R_k 上，所接收到的 U_2 数据的可达速率表示为 $C_{\mathrm{b,r}_k}^{\mathrm{PS}}=\dfrac{1}{2}\left\{\dfrac{1}{2}\log_2[\det(\boldsymbol{I}+\hat{\boldsymbol{H}}\hat{\boldsymbol{H}}^{\mathrm{H}})]\right\}$，其中内部的1/2表示Alamouti编码采用了两个时隙传输了两个符号，外面的1/2表示从BS到中继节点的传输占用了一半的时间。可以得到

$$C_{\mathrm{b,r}_k}^{\mathrm{PS}}=\frac{1}{2}\log_2\left[1+\frac{(1-\zeta)(\rho P_{\mathrm{b}}/2)(G_{\mathrm{b}_1,\mathrm{r}_k}+G_{\mathrm{b}_2,\mathrm{r}_k})\ell_{\mathrm{b,r}}}{(1-\zeta)(1-\rho)P_{\mathrm{b}}G_{\mathrm{b}_1,\mathrm{r}_k}\ell_{\mathrm{b,r}}+(1-\zeta)\sigma_{\mathrm{na}}^2+\sigma_{\mathrm{nc}}^2}\right] \tag{3.9}$$

式中：前置因子1/2表示从BS到中继节点的传输占据了一半的时间；剩余的天线噪声功率为（$1-\zeta$）σ_{na}^2，W；射频到基带转换的噪声功率为 σ_{nc}^2，W。

如果 R_k 正确解调了 U_2 的两个符号，它将从所接收到的混合信号中删除 U_2 的数据，然后解调 U_1 的两个符号 $x_1[1]$和 $x_1[2]$。U_1 数据的可达速率记为 $\widetilde{C}_{\mathrm{b,r}_k}^{\mathrm{PS}}$，表达为

$$\widetilde{C}_{\mathrm{b,r}_k}^{\mathrm{PS}}=\frac{1}{2}\log_2\left[1+\frac{(1-\zeta)(1-\rho)P_{\mathrm{b}}G_{\mathrm{b}_1,\mathrm{r}_k}\ell_{\mathrm{b,r}}}{(1-\zeta)\sigma_{\mathrm{na}}^2+\sigma_{\mathrm{nc}}^2}\right] \tag{3.10}$$

为解释BS端基于Alamouti编码的NOMA传输，在两个时隙中传输两个符号。在现实中，BS可以在相应阶段的所有时隙中连续发送两个用户的符号。

3.2.3 基于NOMA的机会性中继传输

收集到足够能量且成功解调两个用户数据的中继节点被归入潜在中继节点集合 S。如果 S 非空，则在所有潜在中继节点中选择一个按照NOMA协议转发两个用户的数据。如果 S 是空集，无法选择合适的中继节点，数据无法中继传输。所选择的中继节点通过合理分配功率将两个用户的数据叠加在一起，然后将生成的混合信号广播出去。通过最大化系统吞吐量，可以在（0.5，1）上采用数值搜寻法确定最优的功率分配因子 β。由于 β 值的确定是基于平均性能，当终端之间的相对位置不变时，可在整个传输时间内固定采用该 β 值。为了比较性能，研究了Max-min、Max-sum和随机选择机制，解释如下：

（1）Max-min机制。在所有潜在中继节点中，选择到 U_1 和 U_2 之间的最小信号功率衰落最大的中继节点，记为 $R_j=\arg\max_{R_k\in S}\min(G_{\mathrm{r}_k,\mathrm{u}_1},G_{\mathrm{r}_k,\mathrm{u}_2})$。

（2）Max-sum机制。在所有潜在中继节点中，选择到 U_1 和 U_2 之间的信号功率衰落之和最大的中继节点，记为 $R_j=\arg\max_{R_k\in S}(G_{\mathrm{r}_k,\mathrm{u}_1}+G_{\mathrm{r}_k,\mathrm{u}_2})$。

（3）随机选择机制。在所有潜在中继节点中，随机选择一个转发数据给两个用户。

由于信道具有互惠性，每个中继节点通过检测 U_1 和 U_2 所广播的导频信号，可以估计前向链路的CSI。由于两个用户发送导频信号的功率较高，假设所有中继节点都能够接收到导频信号，并估计他们到两个用户之间的CSI。如果一些潜在中继节点不知道它们的

CSI，它们就不能参与中继选择的过程。如果所有中继节点都不知道它们的 CSI，则可采用随机中继选择机制以实现数据转发。在数据中继阶段的初始，每个潜在中继节点设置一个倒计时时钟，对于 Max - min 机制或 Max - sum 机制，时钟初始值与 U_1 和 U_2 之间最小的信号功率衰落值或者功率衰落之和成反比，对于随机选择机制，时钟初始值是随机的。当某个中继节点的时钟倒计为 0 时，它将广播一个信标信号，告知其他潜在中继节点，它已经被选出来进行数据的转发。其他潜在中继节点侦听到信标信号后，就会停止它们的计时器，并清空它们的内存。两个用户通过侦听中继节点的信标信号，可以估计该最佳中继节点与它们之间的 CSI。所选择的中继节点 R_j 线性叠加 U_2 和 U_1 的数据，并分别分配 β（$0.5<\beta<1$）和（$1-\beta$）比例的功率，然后将生成的混合信号广播给两个用户。如果 $S=\varnothing$，无法选择合适的中继节点转发数据，CNOMA 传输失败。

对于 TSEH - CNOMA，当 U_1 接收到来自 R_j 的混合信号后，U_2 数据的可达速率记为 $C^{TS}_{r_j,u_1}$，表达为

$$C^{TS}_{r_j,u_1}=\frac{1-\tau}{2}\log_2\left[1+\frac{\beta P_r G_{r_j,u_1}\ell_{r,u_1}}{(1-\beta)P_r G_{r_j,u_1}\ell_{r,u_1}+N_0}\right] \tag{3.11}$$

式中：P_r 为 R_j 的发射功率，W。

若 U_1 能够成功解调并删除 U_2 的数据，它所需数据的可达速率记为$\widetilde{C}^{TS}_{r_j,u_1}$，表述为

$$\widetilde{C}^{TS}_{r_j,u_1}=\frac{1-\tau}{2}\log_2\left[1+\frac{(1-\beta)P_r G_{r_j,u_1}\ell_{r,u_1}}{N_0}\right] \tag{3.12}$$

若 U_1 知道完美的 CSI，当它成功解调 U_2 数据后能将其完全删除，否则，若 U_1 所获得的 CSI 不完美，不能完全删除 U_2 的数据，剩余信号会对 U_1 数据的解调产生干扰。在非完美 CSI 情况下，干扰消除解调所产生的剩余信号可以认为是干扰项，由于其与噪声相互独立，在计算可达速率时，其功率与噪声功率可加在一起。

当 U_2 接收到来自 R_j 的混合信号后，它将直接解调自己所需的数据，并将 U_1 的数据视为干扰，可达速率记为$C^{TS}_{r_j,u_2}$，表达为

$$C^{TS}_{r_j,u_2}=\frac{1-\tau}{2}\log_2\left[1+\frac{\beta P_r G_{r_j,u_2}\ell_{r,u_2}}{(1-\beta)P_r G_{r_j,u_2}\ell_{r,u_2}+N_0}\right] \tag{3.13}$$

对于 PSEH - CNOMA，在该机制中，U_1 和 U_2 端接收到信号的可达速率可以表示为式（3.11）～式（3.13），将它们分别标记为$C^{PS}_{r_j,u_1}$、$\widetilde{C}^{PS}_{r_j,u_1}$ 和$C^{PS}_{r_j,u_2}$，其中前置因子$\frac{1-\tau}{2}$需要修改为$\frac{1}{2}$。

3.2.4 能量收集对传输的影响

对于 TSEH，PB 需要占用一部分时间以传输无线能量给中继节点，以实现 EH。对于 PSEH，中继节点从 PB 和 BS 接收到混合信号，分配一部分信号功率给 EH 电路。在 EH 完成后，传输两个用户的数据。只有收集到足够能量且能正确解调两个用户数据的中继节点才有资格进行数据转发。一方面，EH 过程能够影响中继节点所收集到的能量；另

一方面，由于一部分时间或功率被分配给 EH 过程，因此会影响到中继节点进行干扰消除信息解调的性能。总体上看，分配给 EH 的资源越多，中继节点收集到的能量就越多，越容易满足数据转发的能量需求，但是同时会损害中继节点数据解调的性能，进而影响数据的转发，因此，EH 与信息解调及传输之间的资源分配是需要折中考虑的因子。

3.3 成功概率和吞吐量

BS 向 U_1 和 U_2 发送数据的速率分别固定为 v_1 和 v_2。当信道可达速率大于等于传输速率时，数据传输成功；否则，数据传输发生中断。

3.3.1 一般概率及吞吐量

只有当两个事件同时发生时，BS 向 U_1 和 U_2 发送数据才算是成功的，即潜在中继节点集合 S 是非空的，能够选择出一个最佳的中继节点；用户 U_1 和 U_2 能够成功解调来自最佳中继节点转发的数据。潜在中继节点集合 S 的基数记为 $|S|$，表示潜在中继节点的个数。

对于 PSEH - CNOMA，U_2 数据成功传输的概率记为 $P_{\mathrm{TS}}^{\mathrm{u}_2}$，表达为

$$P_{\mathrm{TS}}^{\mathrm{u}_2}=\sum_{k=1}^{K}k\ \Pr\{|S|=k\}\Pr\{\mathcal{Q}(\mathrm{R}_j\in S),C_{\mathrm{r}_j,\mathrm{u}_2}^{\mathrm{TS}}\geqslant v_2\,|\,|S|=k\} \tag{3.14}$$

其中，$\mathcal{Q}(\mathrm{R}_j\in S)$ 为事件 $\mathrm{R}_j\in S$ 被选出来进行数据转发；前置因子 k 表示每个潜在中继节点被选中进行数据转发的概率是相同的。式（3.14）的第一项表示存在 k 个潜在中继节点的概率，第二项表示所选中继节点转发数据给 U_2 的成功概率。

类似地，U_1 数据成功传输的概率记为 $P_{\mathrm{TS}}^{\mathrm{u}_1}$，表达为

$$P_{\mathrm{TS}}^{\mathrm{u}_1}=\sum_{k=1}^{K}k\ \Pr\{|S|=k\}\Pr\{\mathcal{Q}(\mathrm{R}_j\in S),C_{\mathrm{r}_j,\mathrm{u}_1}^{\mathrm{TS}}\geqslant v_2,\widetilde{C}_{\mathrm{r}_j,\mathrm{u}_1}^{\mathrm{TS}}\geqslant v_1\,|\,|S|=k\} \tag{3.15}$$

式中：第二项表示 $\mathrm{R}_j\in S$ 被选为最佳中继节点转发数据，U_1 成功进行 SIC 解调的概率。

对于式（3.14）和式（3.15），存在 k 个潜在中继节点的概率计算为

$$\begin{aligned}\Pr\{|S|=k\}=&\binom{K}{k}\left[\Pr\{\varepsilon_{\mathrm{r}_k}^{\mathrm{TS}}\geqslant\mathcal{D}_{\mathrm{TS}}\}\Pr\{C_{\mathrm{b},\mathrm{r}_k}^{\mathrm{TS}}\geqslant v_2,\widetilde{C}_{\mathrm{b},\mathrm{r}_k}^{\mathrm{TS}}\geqslant v_1\}\right]^k\\&\times\left[1-\Pr\{\varepsilon_{\mathrm{r}_k}^{\mathrm{TS}}\geqslant\mathcal{D}_{\mathrm{TS}}\}\Pr\{C_{\mathrm{b},\mathrm{r}_k}^{\mathrm{TS}}\geqslant v_2,\widetilde{C}_{\mathrm{b},\mathrm{r}_k}^{\mathrm{TS}}\geqslant v_1\}\right]^{K-k}\end{aligned} \tag{3.16}$$

这意味着 k 个中继节点收集到足够能量并成功解调两个用户的数据，而 $(K-k)$ 个中继节点无法同时满足这两个条件。单个中继节点收集到足够能量的概率为 $\Pr\{\varepsilon_{r_k}^{\mathrm{TS}}\geqslant\mathcal{D}_{\mathrm{TS}}\}$，即式（3.2）。单个中继节点 R_k 成功解调两个用户数据的概率为

$$\begin{aligned}&\Pr\{C_{\mathrm{b},\mathrm{r}_k}^{\mathrm{TS}}\geqslant v_2,\widetilde{C}_{\mathrm{b},\mathrm{r}_k}^{\mathrm{TS}}\geqslant v_1\}\\&=\mathbf{1}\left(\rho>\frac{2\xi_2}{1+2\xi_2}\right)\exp\left[-\frac{N_0}{P_{\mathrm{b}}\ell_{\mathrm{b,r}}}\max\left(\frac{2\xi_2}{\rho-2\xi_2(1-\rho)},\frac{\xi_1}{1-\rho}\right)\right]+\frac{1}{2\xi_2(1/\rho-1)}\\&\times\exp\left(-\frac{2\xi_2N_0}{\rho P_{\mathrm{b}}\ell_{\mathrm{b,r}}}\right)\left\{\mathbf{1}\left(\rho<\frac{2\xi_2(1+\xi_1)}{\xi_1(1+2\xi_2)+2\xi_2}\right)\exp\left[\frac{2\xi_1\xi_2(1-1/\rho)N_0}{(1-\rho)P_{\mathrm{b}}\ell_{\mathrm{b,r}}}\right]\right.\\&\left.-\mathbf{1}\left[\frac{2\xi_2}{1+2\xi_2}<\rho<\frac{2\xi_2(1+\xi_1)}{\xi_1(1+2\xi_2)+2\xi_2}\right]\exp\left[\frac{4\xi_2^2(1-1/\rho)N_0}{P_{\mathrm{b}}\ell_{\mathrm{b,r}}[\rho-2\xi_2(1-\rho)]}\right]\right\}\end{aligned} \tag{3.17}$$

式中：$\xi_1=2^{2v_1/(1-\tau)}-1$；$\xi_2=2^{2v_2/(1-\tau)}-1$；max（•，•）是求最大值的函数。

TSEH-CNOMA 机制的吞吐量记为 $\mathscr{L}_{\mathrm{CNA}}^{\mathrm{TS}}$，定义为 $\mathscr{L}_{\mathrm{CNA}}^{\mathrm{TS}}=P_{\mathrm{TS}}^{\mathrm{u}_1}v_1+P_{\mathrm{TS}}^{\mathrm{u}_2}v_2$。

对于 PSEH-CNOMA，U_2 和 U_1 成功解调所需数据的概率分别记为 $P_{\mathrm{PS}}^{\mathrm{u}_2}$ 和 $P_{\mathrm{PS}}^{\mathrm{u}_1}$，结果与式（3.14）和式（3.15）相同，但需将 $C_{\mathrm{r}_j,\mathrm{u}_2}^{\mathrm{TS}}$、$C_{\mathrm{r}_j,\mathrm{u}_1}^{\mathrm{TS}}$、$\widetilde{C}_{\mathrm{r}_j,\mathrm{u}_1}^{\mathrm{TS}}$ 分别替换为 $C_{\mathrm{r}_j,\mathrm{u}_2}^{\mathrm{PS}}$、$C_{\mathrm{r}_j,\mathrm{u}_1}^{\mathrm{PS}}$、$\widetilde{C}_{\mathrm{r}_j,\mathrm{u}_1}^{\mathrm{PS}}$。单个中继节点收集足够能量的概率为式（3.4），式（3.17）的获得需将 ξ_1 和 ξ_2 分别修改为 $2^{2v_1}-1$ 和 $2^{2v_2}-1$，并将 N_0 替换为 $\sigma_{\mathrm{na}}^2+\frac{\sigma_{\mathrm{nc}}^2}{1-\zeta}$。对于不同的中继节点选择机制，分析所选中继节点 R_j 成功转发数据给 U_2 和 U_1 的概率，即式（3.14）和式（3.15）中的第二项。PSEH-CNOMA 的吞吐量记为 $\mathscr{L}_{\mathrm{CNA}}^{\mathrm{PS}}$，定义为 $\mathscr{L}_{\mathrm{CNA}}^{\mathrm{PS}}=P_{\mathrm{PS}}^{\mathrm{u}_1}v_1+P_{\mathrm{PS}}^{\mathrm{u}_2}v_2$。

对于 TSEH-CNOMA 机制，在一个时间块内，由于中继节点只从 PB 收集能量，中继节点收集能量和数据传输相互独立。但对于 PSEH-CNOMA 机制，在一个时间块内，这两种操作相关，这是因为中继节点需要从 PB 和 BS 的混合信号中收集能量。对于 TSEH-CNOMA，通过单独考虑能量状态和 CNOMA 传输，性能分析是准确的。但对于 PSEH-CNOMA，为了分析的简单，同样假设这两个过程是相互独立的，采用仿真的方式验证理论分析的准确性。

3.3.2 Max-min 中继选择

对于 Max-min 机制，当 S 非空时，具有最大 min（$G_{\mathrm{r}_j,\mathrm{u}_1}$，$G_{\mathrm{r}_j,\mathrm{u}_2}$）值的潜在中继节点 $\mathrm{R}_j\in S$ 被选择出来进行协作传输。

1. U_2 数据传输的成功概率

当 $|S|=k$，$k\in\{1,\cdots,K\}$，R_j 被选为最佳中继节点并成功转发数据给 U_2 的概率可以表示为

$$\begin{aligned}
&\Pr\{\mathscr{Q}(\mathrm{R}_j\in S),C_{\mathrm{r}_j,\mathrm{u}_2}^{\mathrm{TS}}\geqslant v_2\,\big|\,|S|=k\}\\
&=\Pr\{\min(G_{\mathrm{r}_t,\mathrm{u}_1},G_{\mathrm{r}_t,\mathrm{u}_2})<\min(G_{\mathrm{r}_t,\mathrm{u}_1},G_{\mathrm{r}_t,\mathrm{u}_2}),\\
&\quad\forall\,\mathrm{R}_t\in S/\{\mathrm{R}_j\},C_{\mathrm{r}_j,\mathrm{u}_2}^{\mathrm{TS}}\geqslant v_2\,\big|\,|S|=k\}\\
&=\Pr\{\min(G_{\mathrm{r}_t,\mathrm{u}_1},G_{\mathrm{r}_t,\mathrm{u}_2})<G_{\mathrm{r}_j,\mathrm{u}_1},\forall\,\mathrm{R}_t\in S/\{\mathrm{R}_j\},\\
&\quad G_{\mathrm{r}_j,\mathrm{u}_1}\leqslant G_{\mathrm{r}_j,\mathrm{u}_2},C_{\mathrm{r}_j,\mathrm{u}_2}^{\mathrm{TS}}\geqslant v_2\,\big|\,|S|=k\}\\
&\quad+\Pr\{\min(G_{\mathrm{r}_t,\mathrm{u}_1},G_{\mathrm{r}_j,\mathrm{u}_2})<G_{\mathrm{r}_j,\mathrm{u}_2},\forall\,\mathrm{R}_t\in S/\{\mathrm{R}_j\},\\
&\quad G_{\mathrm{r}_j,\mathrm{u}_1}>G_{\mathrm{r}_j,\mathrm{u}_2},C_{\mathrm{r}_j,\mathrm{u}_2}^{\mathrm{TS}}\geqslant v_2\,\big|\,|S|=k\}
\end{aligned}\tag{3.18}$$

$$\begin{aligned}
\Pr\{\mathscr{Q}(\mathrm{R}_j\in S),C_{\mathrm{r}_j,\mathrm{u}_2}^{\mathrm{TS}}\geqslant v_2\,\big|\,|S|=k\}&=\mathbf{1}\left(\beta>\frac{\xi_2}{1+\xi_2}\right)\sum_{n=0}^{k-1}\binom{k-1}{n}\frac{(-1)^n}{2n+1}\\
&\quad\times\left\{\exp\left[-\frac{\xi_2N_0}{[\beta(1+\xi_2)-\xi_2]P_{\mathrm{r}}\ell_{\mathrm{r},\mathrm{u}_2}}\right]\right.\\
&\quad\left.+\frac{n}{n+1}\exp\left[-\frac{2(n+1)\xi_2N_0}{[\beta(1+\xi_2)-\xi_2]P_{\mathrm{r}}\ell_{\mathrm{r},\mathrm{u}_2}}\right]\right\}
\end{aligned}\tag{3.19}$$

随着 β 的增长，成功概率变大。随着 ξ_2 的增长，成功概率变小。把式（3.19）代入式（3.14），可以获得 Max - min 中继选择机制下成功传输 U_2 数据的概率。

证明式（3.19）：在已知 G_{r_j,u_1} 的情况下，考虑到 G_{r_t,u_1} 和 G_{r_t,u_2} 是相互独立的且都服从均值为 1 的指数分布，可以得到：

$$\begin{aligned}&\Pr\{\min(G_{r_t,u_1},G_{r_t,u_2})<G_{r_t,u_1},\forall R_t\in S/\{R_j\}\,\big|\,|S|=k\}\\&=\prod_{R_t\in S/\{R_j\}}\Pr\{\min(G_{r_t,u_1},G_{r_t,u_2})<G_{r_j,u_1}\}=[1-\exp(-2G_{r_j,u_1})]^{k-1}\end{aligned}\tag{3.20}$$

将式（3.20）代入式（3.18），可以得到：

$$\begin{aligned}&\Pr\{\mathcal{Q}(R_j\in S),C^{TS}_{r_j,u_2}\geqslant v_2\,\big|\,|S|=k\}\\&=\mathbb{E}_{G_{r_j,u_1}\leqslant G_{r_j,u_2},C^{TS}_{r_j,u_2}\geqslant v_2}[1-\exp(-2G_{r_j,u_1})]^{k-1}\\&\quad+\mathbb{E}_{G_{r_j,u_1}>G_{r_j,u_2},C^{TS}_{r_j,u_2}\geqslant v_2}[1-\exp(-2G_{r_j,u_2})]^{k-1}\end{aligned}\tag{3.21}$$

式（3.21）中的数学期望是在约束内计算。$C^{TS}_{r_j,u_2}\geqslant v_2$ 只有当 $\beta>\frac{\xi_2}{1+\xi_2}$ 时才有意义，且等价于 $G_{r_j,u_2}\geqslant\frac{\xi_2N_0}{[\beta\ (1+\xi_2)\ -\xi_2]\ P_r\ell_{r,u_2}}$。因此有

$$\begin{aligned}\Pr\{\mathcal{Q}(R_j\in S),C^{TS}_{r_j,u_2}\geqslant v_2\,\big|\,|S|=k\}&=\mathbf{1}\left(\beta>\frac{\xi_2}{1+\xi_2}\right)\\&\quad\times\mathbb{E}_{G_{r_j,u_1}\leqslant G_{r_j,u_2},G_{r_j,u_2}\geqslant\frac{\xi_2N_0}{[\beta(1+\xi_2)-\xi_2]P_r\ell_{r,u_2}}}\{[1-\exp(-2G_{r_j,u_1})]^{k-1}\}\\&\quad+\mathbf{1}\left(\beta>\frac{\xi_2}{1+\xi_2}\right)\mathbb{E}_{G_{r_j,u_1}>G_{r_j,u_2},G_{r_j,u_2}\geqslant\frac{\xi_2N_0}{[\beta(1+\xi_2)-\xi_2]P_r\ell_{r,u_2}}}\{[1-\exp(-2G_{r_j,u_2})]^{k-1}\}\end{aligned}\tag{3.22}$$

式（3.22）中的第一个数学期望可以推导为

$$\begin{aligned}&\mathbb{E}_{G_{r_j,u_1}\leqslant G_{r_j,u_2},G_{r_j,u_2}\geqslant\frac{\xi_2N_0}{[\beta(1+\xi_2)-\xi_2]P_r\ell_{r,u_2}}}\{[1-\exp(-2G_{r_j,u_1})]^{k-1}\}\\&=\sum_{n=0}^{k-1}\binom{k-1}{n}\frac{(-1)^n}{2(n+1)}\left\{\exp\left[-\frac{\xi_2N_0}{[\beta(1+\xi_2)-\xi_2]P_r\ell_{r,u_2}}\right]\right.\\&\quad\left.-\frac{1}{2(n+1)}\exp\left[-\frac{2(n+1)\xi_2N_0}{[\beta(1+\xi_2)-\xi_2]P_r\ell_{r,u_2}}\right]\right\}\end{aligned}\tag{3.23}$$

式（3.22）中的第二个数学期望可以推导为

$$\begin{aligned}&\mathbb{E}_{G_{r_j,u_1}>G_{r_j,u_2},G_{r_j,u_2}\geqslant\frac{\xi_2N_0}{[\beta(1+\xi_2)-\xi_2]P_r\ell_{r,u_2}}}\{[1-\exp(-2G_{r_j,u_2})]^{k-1}\}\\&=\sum_{n=0}^{k-1}\binom{k-1}{n}\frac{(-1)^n}{2(n+1)}\exp\left[-\frac{2(n+1)\xi_2N_0}{[\beta(1+\xi_2)-\xi_2]P_r\ell_{r,u_2}}\right]\end{aligned}\tag{3.24}$$

将式（3.23）和式（3.24）相加，可得到式（3.19）。

2. U_1 数据传输的成功概率

当 $|S|=k$，$k\in\{1,\cdots,K\}$，R_j 被选为最佳中继节点并成功转发数据给 U_1 的概

率，即式（3.15）中的第二项，可以表示如下：

$$\begin{aligned}
&\Pr\{\mathcal{Q}(\mathrm{R}_j\in S),C^{\mathrm{TS}}_{\mathrm{r}_j,\mathrm{u}_1}\geqslant v_2,\widetilde{C}^{\mathrm{TS}}_{\mathrm{r}_j,\mathrm{u}_1}\geqslant v_1\,\big||S|=k\}\\
&=\Pr\{\min(G_{\mathrm{r}_t,\mathrm{u}_1},G_{\mathrm{r}_t,\mathrm{u}_2})<\min(G_{\mathrm{r}_j,\mathrm{u}_1},G_{\mathrm{r}_j,\mathrm{u}_2}),\\
&\quad\forall\,\mathrm{R}_t\in S/\{\mathrm{R}_j\},C^{\mathrm{TS}}_{\mathrm{r}_j,\mathrm{u}_1}\geqslant v_2,\widetilde{C}^{\mathrm{TS}}_{\mathrm{r}_j,\mathrm{u}_1}\geqslant v_1\,\big||S|=k\}\\
&=\Pr\{\min(G_{\mathrm{r}_t,\mathrm{u}_1},G_{\mathrm{r}_t,\mathrm{u}_2})<G_{\mathrm{r}_j,\mathrm{u}_1},\\
&\quad\forall\,\mathrm{R}_t\in S/\{\mathrm{R}_j\},G_{\mathrm{r}_j,\mathrm{u}_1}\leqslant G_{\mathrm{r}_j,\mathrm{u}_2},C^{\mathrm{TS}}_{\mathrm{r}_j,\mathrm{u}_1}\geqslant v_2,\widetilde{C}^{\mathrm{TS}}_{\mathrm{r}_j,\mathrm{u}_1}\geqslant v_1\,\big||S|=k\}\\
&\quad+\Pr\{\min(G_{\mathrm{r}_t,\mathrm{u}_1},G_{\mathrm{r}_t,\mathrm{u}_2})<G_{\mathrm{r}_j,\mathrm{u}_2},\\
&\quad\forall\,\mathrm{R}_t\in S/\{\mathrm{R}_j\},G_{\mathrm{r}_j,\mathrm{u}_1}>G_{\mathrm{r}_j,\mathrm{u}_2},C^{\mathrm{TS}}_{\mathrm{r}_j,\mathrm{u}_1}\geqslant v_2,\widetilde{C}^{\mathrm{TS}}_{\mathrm{r}_j,\mathrm{u}_1}\geqslant v_1\,\big||S|=k\}
\end{aligned}\tag{3.25}$$

$$\begin{aligned}
&\Pr\{\mathcal{Q}(\mathrm{R}_j\in S),C^{\mathrm{TS}}_{\mathrm{r}_j,\mathrm{u}_1}\geqslant v_2,\widetilde{C}^{\mathrm{TS}}_{\mathrm{r}_j,\mathrm{u}_1}\geqslant v_1\,\big||S|=k\}=\mathbf{1}\left(\beta>\frac{\xi_2}{1+\xi_2}\right)\sum_{n=0}^{k-1}\binom{k-1}{n}\\
&\times\frac{(-1)^n}{2n+1}\left\{\exp\left[-\frac{N_0}{P_{\mathrm{r}}\ell_{\mathrm{r},\mathrm{u}_1}}f(\xi_1,\xi_2,\beta)\right]+\frac{n}{n+1}\exp\left[-\frac{2(n+1)N_0}{P_{\mathrm{r}}\ell_{\mathrm{r},\mathrm{u}_1}}f(\xi_1,\xi_2,\beta)\right]\right\}
\end{aligned}\tag{3.26}$$

其中：$f(\xi_1,\xi_2,\beta)=\max\left[\frac{\xi_2}{\beta(1+\xi_2)-\xi_2},\frac{\xi_1}{1-\beta}\right]$。当 $\frac{\xi_2}{\beta(1+\xi_2)-\xi_2}>\frac{\xi_1}{1-\beta}$ 时，即 $\beta<\frac{\xi_2(1+\xi_1)}{\xi_1(1+\xi_2)+\xi_2}$，随着 β 的增长，$f(\xi_1,\ \xi_2,\ \beta)$ 变小，式（3.26）变大，这是因为 U_2 的数据能够更为容易地解调和删除。当 $\beta\geqslant\frac{\xi_2\ (1+\xi_1)}{\xi_1\ (1+\xi_2)\ +\xi_2}$ 时，随着 β 的增长，$f(\xi_1,\ \xi_2,\ \beta)$ 变大，因此式（3.26）变小，这是因为在删除 U_2 数据后，解调 U_1 数据变得更为困难。随着 ξ_1 的增长，信道可达速率更难承受 U_1 数据的传输，成功概率变小。将式（3.26）代入式（3.15），可以获得 Max - min 中继选择机制下 U_1 数据成功传输的概率。

证明式（3.26）：将式（3.20）代入式（3.26）中，可以得到

$$\begin{aligned}
&\Pr\{\mathcal{Q}(\mathrm{R}_j\in S),C^{\mathrm{TS}}_{\mathrm{r}_j,\mathrm{u}_1}\geqslant v_2,\widetilde{C}^{\mathrm{TS}}_{\mathrm{r}_j,\mathrm{u}_1}\geqslant v_1\,\big||S|=k\}\\
&=\mathbb{E}_{G_{\mathrm{r}_j,\mathrm{u}_1}\leqslant G_{\mathrm{r}_j,\mathrm{u}_2},C^{\mathrm{TS}}_{\mathrm{r}_j,\mathrm{u}_1}\geqslant v_2,\widetilde{C}^{\mathrm{TS}}_{\mathrm{r}_j,\mathrm{u}_1}\geqslant v_1}[1-\exp(-2G_{\mathrm{r}_j,\mathrm{u}_1})]^{k-1}\\
&\quad+\mathbb{E}_{G_{\mathrm{r}_j,\mathrm{u}_1}>G_{\mathrm{r}_j,\mathrm{u}_2},C^{\mathrm{TS}}_{\mathrm{r}_j,\mathrm{u}_1}\geqslant v_2,\widetilde{C}^{\mathrm{TS}}_{\mathrm{r}_j,\mathrm{u}_1}\geqslant v_1}[1-\exp(-2G_{\mathrm{r}_j,\mathrm{u}_2})]^{k-1}
\end{aligned}\tag{3.27}$$

式（3.27）中的数学期望在约束内进行积分。约束条件 $C^{\mathrm{TS}}_{\mathrm{r}_j,\mathrm{u}_1}\geqslant v_2$ 只有在 $\beta>\frac{\xi_2}{1+\xi_2}$ 时才有意义，并且它可以变换为 $G_{\mathrm{r}_j,\mathrm{u}_1}\geqslant\frac{\xi_2 N_0}{[\beta\ (1+\xi_2)\ -\xi_2]\ P_{\mathrm{r}}\ell_{\mathrm{r},\mathrm{u}_1}}$，而不等式 $\widetilde{C}^{\mathrm{TS}}_{\mathrm{r}_j,\mathrm{u}_1}\geqslant v_1$ 等价为 $G_{\mathrm{r}_j,\mathrm{u}_1}\geqslant\frac{\xi_1 N_0}{(1-\beta)\ P_{\mathrm{r}}\ell_{\mathrm{r},\mathrm{u}_1}}$。因此，式（3.27）可以被计算为

$$\begin{aligned}
&\Pr\{\mathcal{Q}(\mathrm{R}_j\in S),C^{\mathrm{TS}}_{\mathrm{r}_j,\mathrm{u}_1}\geqslant v_2,\widetilde{C}^{\mathrm{TS}}_{\mathrm{r}_j,\mathrm{u}_1}\geqslant v_1\,\big||S|=k\}\\
&=\mathbf{1}\left(\beta>\frac{\xi_2}{1+\xi_2}\right)\mathbb{E}_{G_{\mathrm{r}_j,\mathrm{u}_1}\leqslant G_{\mathrm{r}_j,\mathrm{u}_2},G_{\mathrm{r}_j,\mathrm{u}_1}\geqslant\frac{N_0}{P_{\mathrm{r}}\ell_{\mathrm{r},\mathrm{u}_1}}f(\xi_1,\xi_2,\beta)}\{[1-\exp(-2G_{\mathrm{r}_j,\mathrm{u}_1})]^{k-1}\}\\
&\quad+\mathbf{1}\left(\beta>\frac{\xi_2}{1+\xi_2}\right)\mathbb{E}_{G_{\mathrm{r}_j,\mathrm{u}_1}>G_{\mathrm{r}_j,\mathrm{u}_2},G_{\mathrm{r}_j,\mathrm{u}_1}\geqslant\frac{N_0}{P_{\mathrm{r}}\ell_{\mathrm{r},\mathrm{u}_1}}f(\xi_1,\xi_2,\beta)}\{[1-\exp(-2G_{\mathrm{r}_j,\mathrm{u}_2})]^{k-1}\}
\end{aligned}\tag{3.28}$$

式（3.28）式中的第一个数学期望可以推导为

$$\begin{aligned}&\mathop{\mathbb{E}}_{G_{r_j,u_1}\leqslant G_{r_j,u_2},G_{r_j,u_1}\geqslant\frac{N_0}{P_r\ell_{r,u_1}}f(\xi_1,\xi_2,\beta)}\{[1-\exp(-2G_{r_j,u_1})]^{k-1}\}\\&=\sum_{n=0}^{k-1}\binom{k-1}{n}\frac{(-1)^n}{2(n+1)}\exp\left[-\frac{2(n+1)N_0}{P_r\ell_{r,u_1}}f(\xi_1,\xi_2,\beta)\right]\end{aligned}\tag{3.29}$$

其中

$$f(\xi_1,\xi_2,\beta)=\max\left(\frac{\xi_2}{\beta(1+\xi_2)-\xi_2},\frac{\xi_1}{1-\beta}\right)\tag{3.30}$$

式（3.28）中的第二个数学期望可以推导为

$$\begin{aligned}&\mathop{\mathbb{E}}_{G_{r_j,u_1}>G_{r_j,u_2},G_{r_j,u_1}\geqslant\frac{N_0}{P_r\ell_{r,u_1}}f(\xi_1,\xi_2,\beta)}\{[1-\exp(-2G_{r_j,u_2})]^{k-1}\}\\&=\sum_{n=0}^{k-1}\binom{k-1}{n}\frac{(-1)^n}{2n+1}\left\{\exp\left[-\frac{N_0}{P_r\ell_{r,u_1}}f(\xi_1,\xi_2,\beta)\right]\right.\\&\quad\left.-\frac{1}{2(n+1)}\exp\left[-\frac{2(n+1)N_0}{P_r\ell_{r,u_1}}f(\xi_1,\xi_2,\beta)\right]\right\}\end{aligned}\tag{3.31}$$

将式（3.30）和式（3.31）相加，可以得到式（3.26）。

3.3.3 Max - sum 中继选择

对于 Max - sum 机制，当 S 非空时，具有最大（$G_{r_j,u_1}+G_{r_j,u_2}$）值的潜在中继节点 $R_j\in S$ 被选择出来进行协作传输。

1. U_2 数据传输的成功概率：

当 $|S|=k$，$k\in\{1,\cdots,K\}$，R_j 被选为最佳中继节点并成功转发数据给 U_2 的概率，即式（3.14）的第二项，可以表示为

$$\begin{aligned}&\Pr\{\mathcal{Q}(R_j\in S),C^{TS}_{r_j,u_2}\geqslant v_2\,\big|\,|S|=k\}\\&=\Pr\{G_{r_t,u_1}+G_{r_t,u_2}<G_{r_j,u_1}+G_{r_j,u_2},\forall R_t\in S/\{R_j\},C^{TS}_{r_j,u_2}\geqslant v_2\,\big|\,|S|=k\}\\&=\Pr\{G_{r_t,u_1}<G_{r_j,u_1}+G_{r_j,u_2}-G_{r_t,u_2},G_{r_t,u_2}<G_{r_j,u_1}+G_{r_j,u_2},\forall R_t\in S/\{R_j\},C^{TS}_{r_j,u_2}\geqslant v_2\,\big|\,|S|=k\}\end{aligned}\tag{3.32}$$

$$\begin{aligned}&\Pr\{\mathcal{Q}(R_j\in S),C^{TS}_{r_j,u_2}\geqslant v_2\,\big|\,|S|=k\}\\&=\mathbf{1}\left(\beta>\frac{\xi_2}{1+\xi_2}\right)\sum_{n=0}^{k-1}\binom{k-1}{n}(-1)^n\\&\quad\times\sum_{z=0}^{n}\binom{n}{z}\sum_{m=0}^{z}\binom{z}{m}\frac{\Gamma(z-m+1)}{(n+1)^{z+2}}\Gamma\left(m+1,\frac{(n+1)\xi_2N_0}{[\beta(1+\xi_2)-\xi_2]P_r\ell_{r,u_2}}\right)\end{aligned}\tag{3.33}$$

其中：$\Gamma(x)=\int_0^\infty e^{-t}t^{x-1}\mathrm{d}t$ [64]；$\Gamma(a,x)=\int_x^\infty e^{-t}t^{a-1}\mathrm{d}t$ [64]。随着 P_r 的增长，U_2 接收到更强的信号，因此成功概率变大。将式（3.33）代入式（3.14），可以得到 Max - sum 中继选择机制中 U_2 数据成功传输的概率。

证明式（3.33）：给定 G_{r_j,u_1} 和 G_{r_j,u_2} 值的情况下，可以得到如下的概率表达：

$$\begin{aligned}&\Pr\{G_{r_t,u_1}<G_{r_j,u_1}+G_{r_j,u_2}-G_{r_t,u_2},G_{r_t,u_2}<G_{r_j,u_1}+G_{r_j,u_2}\ \forall \mathrm{R}_t\in S/\{\mathrm{R}_j\}\ \big| |S|=k\}\\&=\prod_{\mathrm{R}_t\in S\{\mathrm{R}_j\}}\Pr\{G_{r_t,u_1}<G_{r_j,u_1}+G_{r_j,u_2}-G_{r_t,u_2},G_{r_t,u_2}<G_{r_j,u_1}+G_{r_j,u_2}\}\\&=[1-(1+G_{r_j,u_1}+G_{r_j,u_2})\exp(-G_{r_j,u_1}-G_{r_j,u_2})]^{k-1}\end{aligned}\tag{3.34}$$

其中：信道功率衰减 G_{r_t,u_1} 和 G_{r_t,u_2} 是独立的，具有单位均值的指数分布。

在式（3.33）中，$C^{TS}_{r_j,u_2}\geqslant v_2$ 只有当 $\beta>\frac{\xi_2}{1+\xi_2}$ 时才有意义，且其等价于 $G_{r_j,u_2}\geqslant \frac{\xi_2 N_0}{[\beta(1+\xi_2)-\xi_2]P_r\ell_{r,u_2}}$。将式（3.34）代入式（3.33）中，可以得到

$$\begin{aligned}&\Pr\{\mathcal{Q}(\mathrm{R}_j\in S),C^{TS}_{r_j,u_2}\geqslant v_2\ \big||S|=k\}\\&=\mathbf{1}\left(\beta>\frac{\xi_2}{1+\xi_2}\right)\mathbb{E}_{G_{r_j,u_1}>0,G_{r_j,u_2}\geqslant\frac{\xi_2N_0}{[\beta(1+\xi_2)-\xi_2]P_r\ell_{r,u_2}}}\\&\quad\{[1-(1+G_{r_j,u_1}+G_{r_j,u_2})\exp(-G_{r_j,u_1}-G_{r_j,u_2})]^{k-1}\}\end{aligned}\tag{3.35}$$

式（3.35）中的数学期望在约束内进行积分。通过二项式展开，可以得到式（3.33）。

2. U_1 数据传输的成功概率

当 $|S|=k$，$k\in\{1,\cdots,K\}$，R_j 被选为最佳中继节点并成功转发数据给 U_1 的概率，即式（3.15）中的第二项，可以表示为

$$\begin{aligned}&\Pr\{\mathcal{Q}(\mathrm{R}_j\in S),C^{TS}_{r_j,u_1}\geqslant v_2,\widetilde{C}^{TS}_{r_j,u_1}\geqslant v_1\ \big||S|=k\}\\&=\Pr\{G_{r_t,u_1}+G_{r_t,u_2}<G_{r_j,u_1}+G_{r_j,u_2},\forall\mathrm{R}_t\in S/\{\mathrm{R}_j\},\\&\quad C^{TS}_{r_j,u_1}\geqslant v_2,\widetilde{C}^{TS}_{r_j,u_1}\geqslant v_1\ \big||S|=k\}\\&=\Pr\{G_{r_t,u_1}<G_{r_j,u_1}+G_{r_j,u_2}-G_{r_t,u_2},G_{r_t,u_2}<G_{r_j,u_1}+G_{r_j,u_2},\forall\mathrm{R}_t\in S/\{\mathrm{R}_j\},\\&\quad C^{TS}_{r_j,u_1}\geqslant v_2,\widetilde{C}^{TS}_{r_j,u_1}\geqslant v_1\ \big||S|=k\}\end{aligned}\tag{3.36}$$

$$\begin{aligned}&\Pr\{\mathcal{Q}(\mathrm{R}_j\in S),C^{TS}_{r_j,u_1}\geqslant v_2,\widetilde{C}^{TS}_{r_j,u_1}\geqslant v_1\ \big||S|=k\}\\&=\mathbf{1}\left(\beta>\frac{\xi_2}{1+\xi_2}\right)\sum_{n=0}^{k-1}\binom{k-1}{n}(-1)^n\sum_{z=0}^{n}\binom{n}{z}\sum_{m=0}^{z}\binom{z}{m}\frac{\Gamma(m+1)}{(n+1)^{z+2}}\\&\quad\times\Gamma\left(z-m+1,\frac{(n+1)N_0}{P_r\ell_{r,u_1}}f(\xi_1,\xi_2,\beta)\right)\end{aligned}\tag{3.37}$$

证明式（3.37）：在式（3.36）中，$C^{TS}_{r_j,u_1}\geqslant v_2$ 只有当 $\beta>\frac{\xi_2}{1+\xi_2}$ 时才有意义，可以变换为 $G_{r_j,u_1}\geqslant\frac{\xi_2N_0}{[\beta(1+\xi_2)-\xi_2]P_r\ell_{r,u_1}}$，而 $\widetilde{C}^{TS}_{r_j,u_1}\geqslant v_1$ 等价于 $G_{r_j,u_1}\geqslant\frac{\xi_1N_0}{(1-\beta)P_r\ell_{r,u_1}}$。将式（3.34）代入式（3.36），可以得到

$$\begin{aligned}&\Pr\{\mathcal{Q}(\mathrm{R}_j\in S),C^{TS}_{r_j,u_1}\geqslant v_2,\widetilde{C}^{TS}_{r_j,u_1}\geqslant v_1\ \big||S|=k\}\\&=\mathbf{1}\left(\beta>\frac{\xi_2}{1+\xi_2}\right)\mathbb{E}_{G_{r_j,u_2}>0,G_{r_j,u_1}\geqslant\frac{N_0}{P_r\ell_{r,u_1}}f(\xi_1,\xi_2,\beta)}\\&\quad\{[1-(1+G_{r_j,u_1}+G_{r_j,u_2})\exp(-G_{r_j,u_1}-G_{r_j,u_2})]^{k-1}\}\end{aligned}\tag{3.38}$$

式中的数学期望在约束内进行计算。通过二项式展开，可以得到式（3.37）。

将式（3.37）代入式（3.15），可以获得 Max - sum 中继选择机制中 U_1 数据成功传输的概率。

3.3.4 随机中继选择

对于 Max - sum 机制，当 S 非空时，随机选择一个中继节点 $R_j \in S$ 进行协作传输。每个潜在中继节点均独立设置一个计时器，初始值可以在一定范围内随机设置，初始值最小的被选出来进行数据转发。

1. U_2 数据传输的成功概率

当 $|S|=k$，$k\in\{1,\cdots,K\}$，$R_j\in S$ 被选为最佳中继节点并成功转发数据给 U_2 的概率，即式（3.14）的第二项，可以表示为

$$\begin{aligned}&\Pr\left\{\mathscr{Q}(R_j\in S),C_{r_j,u_2}^{TS}\geqslant v_2\,\middle|\,|S|=k\right\}\\&=\Pr\left\{x_t>x_j,\forall R_t\in S/\{R_j\},C_{r_j,u_2}^{TS}\geqslant v_2\,\middle|\,|S|=k\right\}\end{aligned} \tag{3.39}$$

潜在中继节点 $R_t\in S$ 的时钟初始值记为 x_t，它在（0，1）上服从均匀分布。当 $R_j\in S$ 所生成的时间值是最小的，R_j 则会被选出来进行数据转发。

给定 S 中具有 k 个潜在中继节点，选择 R_j 为最佳中继的概率计算为

$$\Pr\{x_t>x_j,\forall R_t\in S/\{R_j\}\}=\int_0^1(1-x_j)^{k-1}\mathrm{d}x_j=\sum_{n=0}^{k-1}\binom{k-1}{n}\frac{(-1)^n}{n+1} \tag{3.40}$$

只有当 $\beta>\frac{\xi_2}{1+\xi_2}$ 时，条件 $C_{r_j,u_2}^{TS}\geqslant v_2$ 才是有意义的，且等价于 $G_{r_j,u_2}\geqslant\frac{\xi_2N_0}{[\beta(1+\xi_2)-\xi_2]P_r\ell_{r,u_2}}$。将式（3.40）代入式（3.39），考虑 G_{r_j,u_2} 的约束条件，即

$$\begin{aligned}&\Pr\left\{\mathscr{Q}(R_j\in S),C_{r_j,u_2}^{TS}\geqslant v_2\,\middle|\,|S|=k\right\}\\&=\mathbf{1}\left(\beta>\frac{\xi_2}{1+\xi_2}\right)\exp\left(-\frac{\xi_2N_0}{[\beta(1+\xi_2)-\xi_2]P_r\ell_{r,u_2}}\right)\sum_{n=0}^{k-1}\binom{k-1}{n}\frac{(-1)^n}{n+1}\end{aligned} \tag{3.41}$$

将式（3.41）代入式（3.14），可得随机中继选择机制中 U_2 数据成功传输的概率。

2. U_1 数据传输的成功概率

当 $|S|=k$，$k\in\{1,\cdots,K\}$，$R_j\in S$ 被选为最佳中继节点并成功转发数据给 U_1 的概率，即式（3.15）中的第二项，可以表示为

$$\begin{aligned}&\Pr\left\{\mathscr{Q}(R_j\in S),C_{r_j,u_1}^{TS}\geqslant v_2,\widetilde{C}_{r_j,u_1}^{TS}\geqslant v_1\,\middle|\,|S|=k\right\}\\&=\Pr\left\{x_t>x_j,\forall R_t\in S/\{R_j\},C_{r_j,u_1}^{TS}\geqslant v_2,\widetilde{C}_{r_j,u_1}^{TS}\geqslant v_1\,\middle|\,|S|=k\right\}\end{aligned} \tag{3.42}$$

只有当 $\beta>\frac{\xi_2}{1+\xi_2}$ 时，不等式 $C_{r_j,u_1}^{TS}\geqslant v_2$ 才是有意义的，可以转变为 $G_{r_j,u_1}\geqslant$

$\frac{\xi_2 N_0}{[\beta(1+\xi_2)-\xi_2]P_{\mathrm{r}}\ell_{\mathrm{r},\mathrm{u}_1}}$，不等式 $\widetilde{C}^{\mathrm{TS}}_{\mathrm{r}_j,\mathrm{u}_1}\geqslant v_1$ 等价于 $G_{\mathrm{r}_j,\mathrm{u}_1}\geqslant\frac{\xi_1 N_0}{(1-\beta)\ P_{\mathrm{r}}\ell_{\mathrm{r},\mathrm{u}_1}}$。将式（3.40）代入式（3.42），即

$$\begin{aligned}&\Pr\{\mathscr{Q}(\mathrm{R}_j\in S),C^{\mathrm{TS}}_{\mathrm{r}_j,\mathrm{u}_1}\geqslant v_2,\widetilde{C}^{\mathrm{TS}}_{\mathrm{r}_j,\mathrm{u}_1}\geqslant v_1\,\big|\,|S|=k\}\\&=\mathbf{1}\left(\beta>\frac{\xi_2}{1+\xi_2}\right)\times\exp\left[-\frac{N_0}{P_{\mathrm{r}}\ell_{\mathrm{r},\mathrm{u}_1}}\max\left(\frac{\xi_2}{\beta(1+\xi_2)-\xi_2},\frac{\xi_1}{1-\beta}\right)\right]\sum_{n=0}^{k-1}\binom{k-1}{n}\frac{(-1)^n}{n+1}\end{aligned}\tag{3.43}$$

将式（3.43）代入式（3.15），可得随机中继选择机制中 U_1 数据成功传输的概率。

3.4 基准正交传输

为了进行性能比较，提出两种基于 EH 和 Alamouti 编码的 OMA 机制，中继节点采用 TS 或 PS 技术，分别称为 TSEH - OMA 和 PSEH - OMA。

3.4.1 基于能量收集的 OMA 协议

1. TSEH - OMA

在两个连续的时间块内进行到 U_1 和 U_2 的协作数据中继。每个时间块被分为三个阶段，其中第一个阶段持续 $\tau\in(0,1)$ 比例的时长，剩余的每个阶段持续 $\frac{1-\tau}{2}$ 比例的时长。在某个时间块的第一个阶段，中继节点 R_k ($k\in\{1,\cdots,K\}$) 所收集到的能量记为 $\varepsilon^{\mathrm{TS}}_{\mathrm{r}_k}$，已在式（3.1）中给出。只有当所收集的能量大于门限 $\mathscr{D}_{\mathrm{TS}}=\frac{1-\tau}{2}P_{\mathrm{r}}$ 时，中继节点才有资格参与数据中继传输，传输功率为 P_{r}。R_k 收集到足够能量的概率，即 $\Pr\{\varepsilon^{\mathrm{TS}}_{\mathrm{r}_k}\geqslant\mathscr{D}_{\mathrm{TS}}\}$ 已在式（3.2）中给出。

在两个连续时间块内，用 $i\in\{1,2\}$ 来表示某个时间块。在第 i 个时间块内的操作描述如下：第一个阶段，PB 发射无线能量功率给中继节点；第二个阶段，BS 采用 Alamouti 编码技术发送 U_i 的数据，收集到足够能量且能正确解调 U_i 数据的中继节点被划分到潜在中继节点集合 S_i 中；第三个阶段，在所有的潜在中继节点中 S_i，选择到 U_i 的信道状态最好的中继节点，转发数据给 U_i。当 S_i 是空集时，无法选出合适的中继节点，在第三个阶段没有数据转发操作。

2. PSEH - OMA

在两个连续的时间块内进行到 U_1 和 U_2 的协作数据中继。每个时间块被分为两个阶段，每个阶段持续一半的时间。在第一个阶段中，中继节点 R_k（$k\in\{1,\cdots,K\}$）所收集到的能量记为 $\varepsilon^{\mathrm{PS}}_{\mathrm{r}_k}$，已在式（3.3）给出。只有收集到的能量大于门限 $\mathscr{D}_{\mathrm{PS}}=\frac{1}{2}P_{\mathrm{r}}$ 时，中继节点才有资格参与数据转发，传输功率为 P_{r}。R_k 收集到足够能量的概率，即 $\Pr\{\varepsilon^{\mathrm{PS}}_{\mathrm{r}_k}\geqslant\mathscr{D}_{\mathrm{PS}}\}$ 已在式（3.4）中获得。

在两个连续时间块内，用 $i\in\{1,2\}$ 来表示某个时间块。在 i 个时间块内的操作可以描述如下：第一个阶段，BS 发送 U_i 的数据给中继节点，与此同时，PB 发射能量信号。

每个中继节点接收到来自 BS 和 PB 的混合信号后，分配 $\zeta\in(0,1)$ 比例用于 EH，剩余的 $(1-\zeta)$ 比例用于 ID。收集到足够能量且能正确解调 U_i 数据的中继节点被划分到潜在中继节点集合 S_i 中。第二个阶段，在潜在中继节点集合 S_i 中，选择到 U_i 信道状态最好的中继节点，转发数据给 U_i。当 S_i 是空集时，无法选出合适的中继节点，在第二个阶段没有数据转发操作。

3.4.2 在 TSEH - OMA 中 U_i 数据传输

考虑两个连续时间块内的传输，分析 TSEH - OMA 机制的性能。对于第 i 个时间块（$i\in\{1,2\}$），在第二个阶段，BS 采用 Alamouti 编码技术发送 U_i 的数据。在中继节点 R_k（$k\in\{1,\cdots K\}$）处的可达速率记为 A_{b,r_k}^{TS}，表达为

$$A_{b,r_k}^{TS}=\frac{1-\tau}{4}\log_2\left(1+\frac{(P_b/2)(G_{b_1,r_k}+G_{b_2,r_k})\ell_{b,r}}{N_0}\right)\tag{3.44}$$

式中：G_{b_1,r_k} 和 G_{b_2,r_k} 为从 BS 的第一根和第二根天线到 R_k 之间的小尺度功率衰落；前置因子表示数据传输持续了 $\frac{1-\tau}{2}$ 比例的时间，单个数据的传输用了两个时间块。

第三个阶段，在潜在中继节点集合 S_i 中，如果选出中继节点 R_j 转发数据给 U_i，则在 U_i 端的可达速率记为 A_{r_j,u_i}^{TS}，表达为

$$A_{r_j,u_i}^{TS}=\frac{1-\tau}{4}\log_2\left(1+\frac{P_r G_{r_j,u_i}\ell_{r,u_i}}{N_0}\right)\tag{3.45}$$

式中：G_{r_j,u_i} 为从 R_j 到 U_i 之间信道的小尺度功率衰落。

考虑第三个阶段中的机会性中继传输，面向 U_i 的端到端传输的成功概率记为 $B_{TS}^{u_i}$，表达为

$$B_{TS}^{u_i}=\sum_{k=1}^{K}k\Pr\{|S_i|=k\}\Pr\{\mathscr{Q}(R_j\in S_i),A_{r_j,u_i}^{TS}\geqslant v_i\,\Big|\,|S_i|=k\}\tag{3.46}$$

式中：$\mathscr{Q}$（$R_j\in S_i$）表示事件 $R_j\in S_i$ 被选出转发数据给 U_i；由于选择出每个潜在中继节点的概率是一样，故施加因数 k。

收集到足够能量且能成功解调 U_i 数据的中继节点成为潜在中继节点，具有 k 个潜在中继节点的概率推导为

$$\begin{aligned}\Pr\{|S_i|=k\}=&\binom{K}{k}[\Pr\{\varepsilon_{r_k}^{TS}\geqslant\mathscr{D}_{TS}\}\Pr\{A_{b,r_k}^{TS}\geqslant v_i\}]^k\\&\times[1-\Pr\{\varepsilon_{r_k}^{TS}\geqslant\mathscr{D}_{TS}\}\Pr\{A_{b,r_k}^{TS}\geqslant v_i\}]^{K-k}\end{aligned}\tag{3.47}$$

该式考虑到了中继节点从 PB 收集能量和从 BS 接收数据是相互独立的。某个中继节点 R_k 收集到足够能量的概率，即 Pr $\{\varepsilon_{r_k}^{TS}\geqslant\mathscr{D}_{TS}\}$，已在式（3.2）中获得。$R_k$ 成功解调 U_i 数据的概率推导为

$$\Pr\{A_{b,r_k}^{TS}\geqslant v_i\}=\left(1+\frac{2\gamma_i N_0}{P_b\ell_{b,r}}\right)\exp\left(-\frac{2\gamma_i N_0}{P_b\ell_{b,r}}\right)\tag{3.48}$$

其中
$$\gamma_i=2^{\frac{4v_i}{1-\tau}}-1$$

当 $|S_i|=k$ 时，$k\in\{1,\cdots,K\}$，选择到 U_i 之间信道状态最好的潜在中继节点。选择 R_j 作为最佳中继节点且成功转发数据给 U_i 的概率，即式（3.46）的第二项。

$$\begin{aligned}
&\Pr\{\mathcal{Q}(R_j\in S_i), A_{r_j,u_i}^{TS}\geqslant v_i \,\Big|\, |S_i|=k\}\\
&=\mathbb{E}_{G_{r_j,u_i}\geqslant\frac{\gamma_i N_0}{P_r \ell_{r,u_i}}}\{[1-\exp(-G_{r_j,u_i})]^{k-1}\}\\
&=\sum_{n=0}^{k-1}\binom{k-1}{n}\frac{(-1)^n}{n+1}\exp\left[-\frac{(n+1)\gamma_i N_0}{P_r \ell_{r,u_i}}\right]
\end{aligned}\tag{3.49}$$

将式（3.47）和式（3.49）代入式（3.46），可得选择最佳中继节点正交传输数据给 U_i 的成功概率。

TSEH - OMA 机制的吞吐量记为 $\mathcal{L}_{OMA}^{TS}$，$\mathcal{L}_{OMA}^{TS}=B_{TS}^{u_1}v_1+B_{TS}^{u_2}v_2$。通过最大化系统的吞吐量 $\mathcal{L}_{OMA}^{TS}$，可采用数值方法确定最优的时间切换因子 τ（$0<\tau<1$）。

3.4.3 在 PSEH - OMA 机制中 U_i 数据传输

在 PSEH - OMA 机制中，$U_i(i\in\{1,2\})$成功解调数据的概率记为 $B_{PS}^{u_i}$，通过做一些参数的替换，可以通过式（3.46）获得表达式。某个中继节点收集到足够能量的概率，即 $\Pr\{\varepsilon_{r_k}^{PS}\geqslant\mathcal{D}_{PS}\}$ 已在式（3.4）中获得。通过将 γ_i 改为 $2^{4v_i}-1$，将 N_0 替换为 $\sigma_{na}^2+\frac{\sigma_{nc}^2}{1-\zeta}$，可以获得式（3.48）中的概率。PSEH - OMA 机制的吞吐量记为 $\mathcal{L}_{OMA}^{PS}$，定义为 $\mathcal{L}_{OMA}^{PS}=B_{PS}^{u_1}v_1+B_{PS}^{u_2}v_2$。通过最大化系统吞吐量 $\mathcal{L}_{OMA}^{PS}$，可以采用数值方法获得最优的功率分配因子 ρ（$0<\rho<1$）。

3.5 数值和仿真结果

除非特别说明外，系统参数均设置为：BS 的发射功率 $P_b=40$dBm，所选中继节点的发射功率 $P_r=10$dBm，天线噪声和转换噪声的功率为 $\sigma_{na}^2=\sigma_{nc}^2=-90$dBm，角度 $\phi=0$，BS 和 U_1 之间的距离 $d_{b,u_1}=400$m，BS 和 U_2 之间的距离 $d_{b,u_2}=500$m，BS 和中继节点簇中心的距离 $d_{b,r}=\theta d_{b,u_2}$，其中 $\theta=0.5$，中继节点簇中心和 U_2 之间的距离为 $d_{r,u_2}=(1-\theta)d_{b,u_2}$，中继节点簇中心和 U_1 之间的距离为 $d_{r,u_1}=d_{b,u_1}-d_{b,r}$，PB 和每个中继节点之间的距离为 $d_{e,r}=5$m，路径损耗指数 $\alpha=4$，EH 效率 $\eta=0.5$，中继节点个数 $K=10$。

对于 TSEH - CNOMA，时间切换因子 τ（$0<\tau<1$），功率分配因子 ρ（$0.5<\rho<1$）和 β（$0.5<\beta<1$），会联合影响系统的吞吐量 $\mathcal{L}_{CNA}^{TS}$，该吞吐量在式（3.17）的下面给出。对于 PSEH - CNOMA，能量分割因子 ζ（$0<\zeta<1$），功率分配因子 ρ（$0.5<\rho<1$）和 β（$0.5<\beta<1$）将对系统吞吐量 $\mathcal{L}_{CNA}^{PS}$ 产生联合影响，该吞吐量在 3.3.1 节中给出。在 3.5.1 中研究某个参数的影响时，会通过遍历另外两个因子的取值以最大化系统吞吐量。在 3.5.2～3.5.5 节中研究其他参数的影响时，会遍历三个因子以最大化系统吞吐量。对于 TSEH - OMA 机制，可采用数值方法确定最优的时间分配因子 τ（$0<\tau<1$）以最大化吞吐量 $\mathcal{L}_{OMA}^{TS}$，该吞吐量在式（3.49）下面给出。对于 PSEH - OMA 机制，可采用数值方

法确定最优的功率分割因子 ζ（$0<\zeta<1$）以最大化吞吐量 $\mathscr{T}_{\mathrm{OMA}}^{\mathrm{PS}}$，该吞吐量在 3.4.3 节中给出。

3.5.1 时间和功率因子对系统吞吐量的影响

图 3.2 显示了 TSEH - CNOMA 和 TSEH - OMA 系统吞吐量与 EH 的时间切换因子 τ 的关系。随着 τ 的增长，吞吐量首先增大然后变小。在取值较小的区域，当 τ 变大时，中继节点能够更加容易地收集到所需能量，因此更多的中继节点可以变成潜在中继节点，这有助于提升系统吞吐量。但是，在取值较大的区域，随着 τ 进一步变大，数据传输时间变得更短，中继节点解调数据变得更为困难，潜在中继节点数减少，并且所选择的中继节点转发数据更容易失败，这损害了系统吞吐量性能。存在一个能够最大化系统的吞吐量的最佳 τ 值。

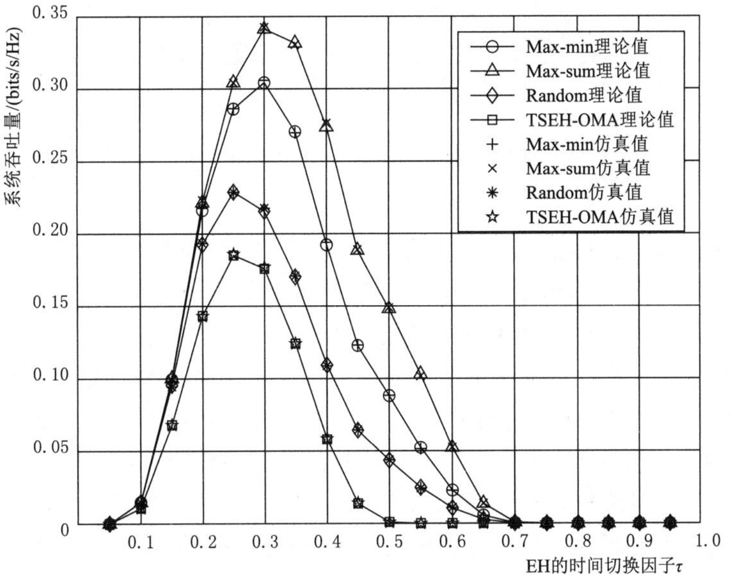

图 3.2　TSEH - CNOMA 和 TSEH - OMA 系统吞吐量与 EH 的时间切换因子 τ 的关系（$P_e=40\text{dBm}$，$v_1=0.8\text{bits/s/Hz}$，$v_2=0.5\text{bits/s/Hz}$）

图 3.3 显示了 PSEH - CNOMA 和 PSEH - OMA 系统吞吐量与 EH 的功率分割因子 ζ 的关系影响。对于所给定的参数设置，随着 ζ 的增长，吞吐量连续增长。当中继节点从 BS 和 PB 接收到混合信号后，分配较多的信号功率用于 EH，因此中继节点能够更容易收集到所需能量，并成为潜在中继节点。但是，分配给 ID 的信号功率变小，损害了中继节点的数据解调性能，不利于中继节点变为潜在中继节点。通过优化 BS 和中继节点端的功率分配因子，Max - sum 和 Max - min 中继选择机制相比随机选择机制能够获得更大的吞吐量。PSEH - OMA 的吞吐量单调增长，能够接近甚至超出 PSEH - CNOMA 的吞吐量。

图 3.4 显示了系统吞吐量与 BS 端功率分配因子 ρ 的关系。随着 ρ 的增长，BS 分配更多的功率给 U_2 的数据，因此中继节点能更加容易地解调并删除 U_2 的数据。当 ρ 取值较小时，中继节点删除 U_2 数据后成功解调 U_1 数据的概率比较高，因此将会有更多的潜在

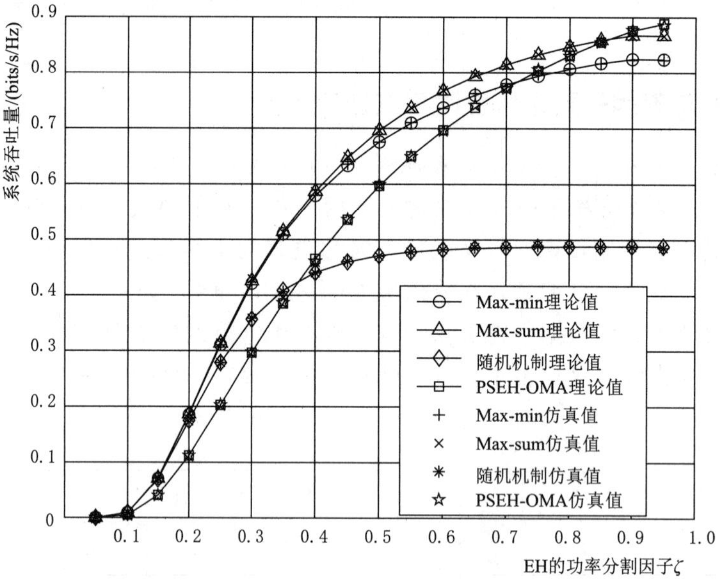

图 3.3 PSEH - CNOMA 和 PSEH - OMA 系统吞吐量与 EH 的功率分割因子 ζ 的关系
（P_e=43dBm，v_1=1bits/s/Hz，v_2=0.5bits/s/Hz）

中继节点，系统的吞吐量得到相应的提升。但是，当 ρ 取值较大时，随着 ρ 的进一步增长，BS 分配给 U_1 数据的功率变得非常小，这使得中继节点在删除 U_2 数据后，解调 U_1 数据变得更为困难，因此吞吐量变小。存在一个能够最大化系统吞吐量的最佳 ρ 值。

图 3.5 显示了系统吞吐量与中继节点功率分配因子 β 的关系。随着 β 的增长，所选择的中继节点分配更多的功率给 U_2 的数据，两个用户能够更为容易的解调 U_2 的数据。当 β 取值较小时，U_1 在删除 U_2 的数据后，还有较高的概率成功解调自己的数据，因此系统吞吐量会增长。当 β 取值较大时，随着 β 的进一步增长，U_1 在删除 U_2 的数据后，解调自己所需数据变得更为困难，吞吐量相应的变小。存在一个能够最大化系统吞吐量的最佳 β 值。

从图 3.2 到图 3.5，可以看到理论结果和仿真结果吻合的很好，验证了理论分析的正确性。对于 CNOMA 机制，Max - sum 中继选择机制性能最佳，随机中继选择机制性能最差，而 Max - min 中继选择机制的吞吐量介于两者之间。PSEH - CNOMA 的性能要比 TSEH - CNOMA 机制更好一些。

3.5.2 发射功率对系统吞吐量的影响

图 3.6 显示了系统吞吐量与 BS 发射功率 P_b 的关系。随着 P_b 的增长，吞吐量先增长后几乎保持恒定。这是因为当 P_b 变大时，中继节点能够收集到更多的能量，且解调用户数据的成功率更高，更多的中继节点将变为潜在中继节点，使得转发数据给用户成功概率更大。当 P_b 足够大时，几乎所有的中继节点都变成了潜在中继节点，面向用户的数据转发只与中继节点的选择机制和中继节点的发射功率有关，因此当 P_b 较大时系统吞吐量几乎不变。Max - sum 中继选择机制能够获得比 Max - min 中继选择机制更好的性能，而随

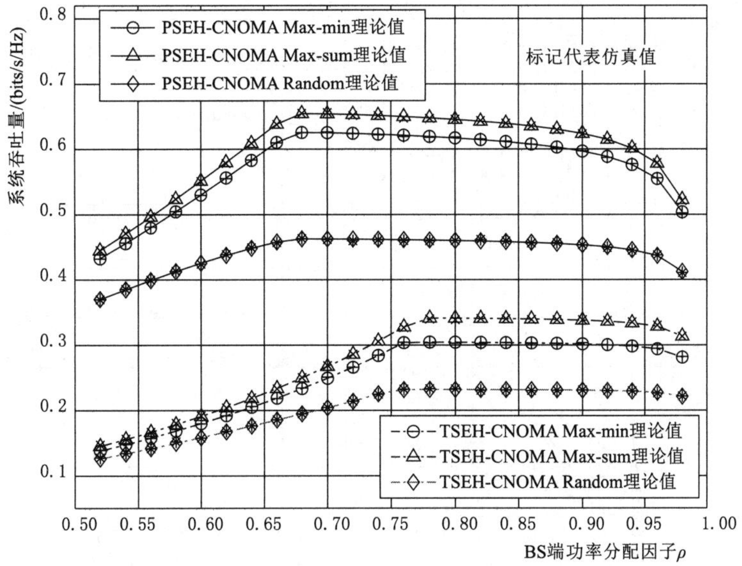

图 3.4 系统吞吐量与 BS 端功率分配因子 ρ 的关系
(P_e=40dBm，v_1=0.8bits/s/Hz，v_2=0.5bits/s/Hz)

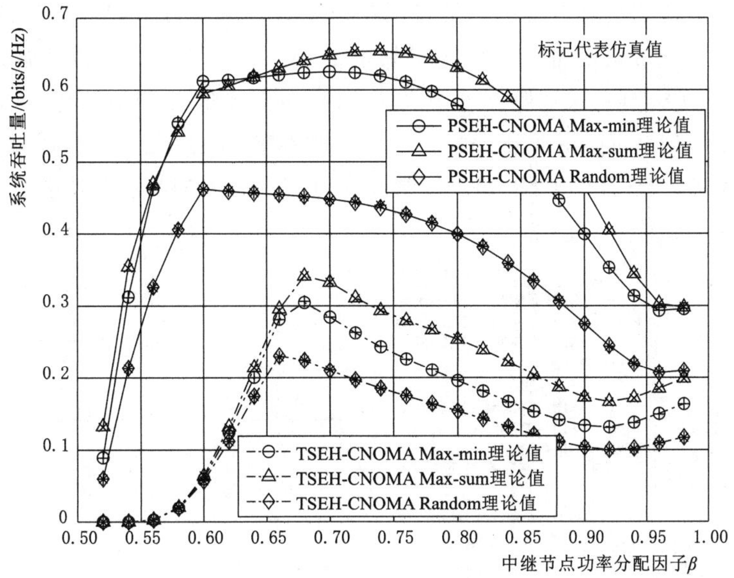

图 3.5 系统吞吐量与中继节点功率分配因子 β 的关系
(P_e=40dBm，v_1=0.8bits/s/Hz，v_2=0.5bits/s/Hz)

机中继选择机制的性能最差。PSEH－CNOMA 机制的吞吐量要大幅高于 TSEH－CNOMA 机制。对于给定的参数，当 P_b 较小时，OMA 机制的性能好于 CNOMA 机制，而当 P_b 较大时，情况则反转过来。

图 3.7 显示了系统吞吐量与 PB 发射功率 P_e 的关系。随着 P_e 的增长，吞吐量单调增长，但当 P_e 足够大时，吞吐量几乎变成了恒定值。当 PB 的发射功率变大时，中继节点

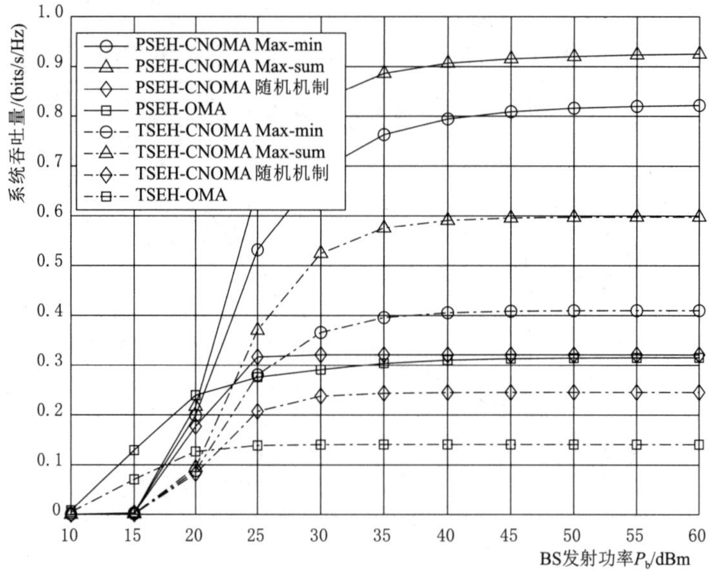

图 3.6　系统吞吐量与 BS 发射功率 P_b 的关系

(P_e=50dBm，v_1=1.5bits/s/Hz，v_2=0.5bits/s/Hz)

更容易变成潜在中继节点，更有可能选择出单个潜在中继节点进行数据的转发。但当 P_e 足够大时，所有中继节点都可能收集到足够的能量。中继节点是否成功解调用户数据与 PB 的发射功率无关，且所选中继节点转发数据的功率固定为 P_r，因此当 P_e 足够大时，吞吐量几乎不变。Max - sum 中继选择机制的性能好于 Max - min 中继选择，随机中继选择机制的性能最差。PSEH - CNOMA 机制比 TSEH - CNOMA 机制性能好，CNOMA 机制比 OMA 机制的性能更好。

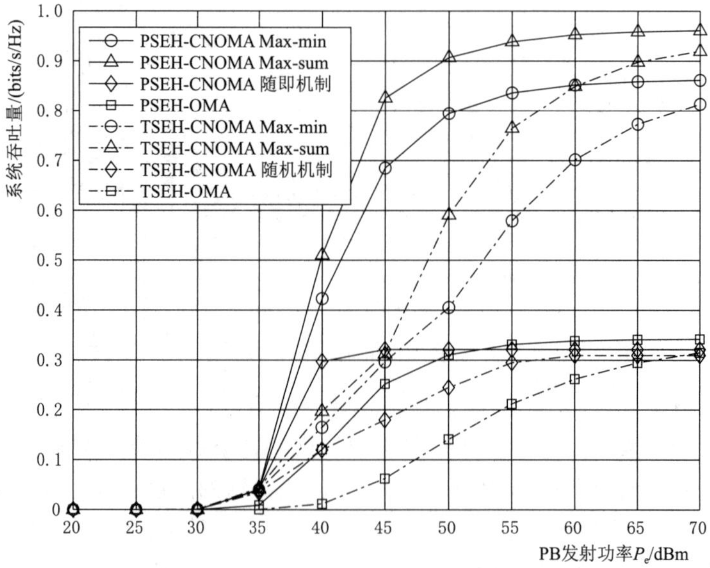

图 3.7　系统吞吐量与 PB 发射功率 P_e 的关系

(v_1=1.5bits/s/Hz，v_2=0.5bits/s/Hz)

图 3.8 显示了系统吞吐量与中继节点发射功率 P_r 的关系。随着 P_r 的增长，系统吞吐量先增长后降低。当 P_r 较低时，随着 P_r 的增长，中继节点能够较为容易地满足能量需求，由于中继节点的发射功率变大，系统吞吐量得以提升。但当 P_r 较大时，随着 P_r 的增长，中继节点难以收集到足够的能量以满足能量需求，潜在中继节点的个数比较少，影响中继选择的效果，导致系统吞吐量降低。对于 CNOMA 传输，Max - sum 和 Max - min 中继选择机制能够获得比随机中继选择机制和 OMA 机制更好的性能。存在一个能够最大化系统吞吐量的最佳 P_r 值。

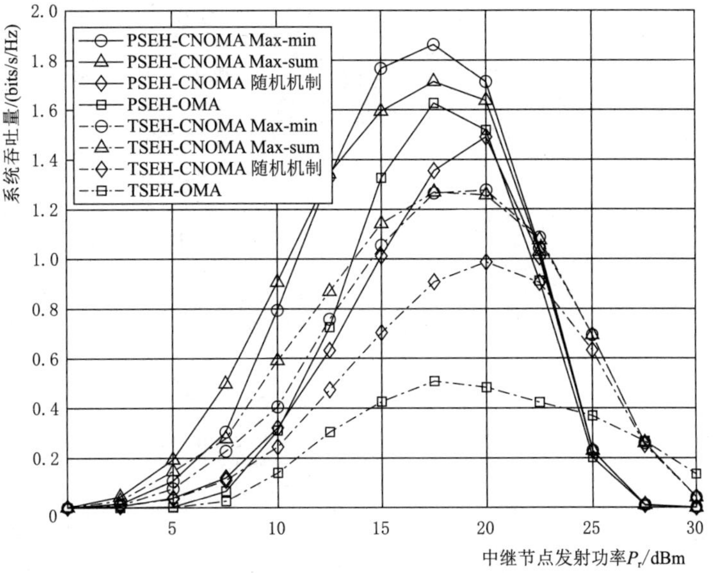

图 3.8 系统吞吐量与中继节点发射功率 P_r 的关系

(P_e=50dBm，v_1=1.5bits/s/Hz，v_2=0.5bits/s/Hz)

3.5.3 传输速率对系统吞吐量的影响

图 3.9 显示了系统吞吐量与 U_2 数据的传输速率 v_2 的关系。图 3.10 显示了系统吞吐量与 U_1 数据传输速率 v_1 的关系。

由图 3.9 可知，随着 v_2 的增长，系统吞吐量先增长后降低。当 v_2 变大时，中继节点和用户解调 U_2 数据的难度变大，因此删除干扰并解调 U_1 数据变得更为困难。潜在中继节点的个数较少，损害类系统的吞吐量性能。但是，如果 U_2 数据在某些时刻成功解调了，则会成功传输更多的信息量。作为折中，吞吐量呈现出先增长然后降低的变化趋势。采用 Max - sum 及 Max - min 中继选择的 CNOMA 机制能够获得比 OMA 机制更好的性能，且 Max - sum 机制的性能好于 Max - min 机制。

对于图 3.10，在数据叠加编码过程中，为了使得 SIC 译码更容易进行，BS 和中继节点分配更多的功率给 U_2 的数据。随着 v_1 的增长，系统吞吐量先增长后下降。OMA 机制的性能大幅优于 CNOMA 机制，这是因为 U_1 和 U_2 的数据是在连续时间块内独自传输的，U_2 数据较高的传输速率并不影响 U_1 数据的解调。但是，对于 CNOMA 机制，当 v_1

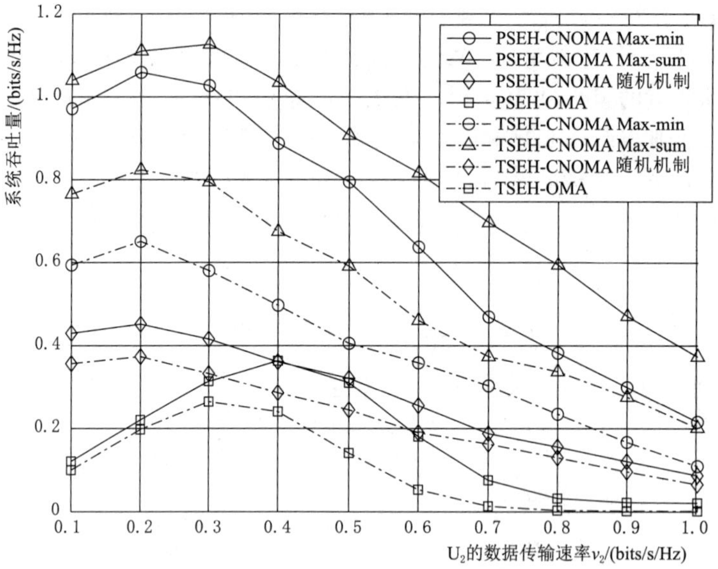

图 3.9 系统吞吐量与 U_2 数据传输速率 v_2 的关系
(P_e=50dBm，v_1=1.5bits/s/Hz)

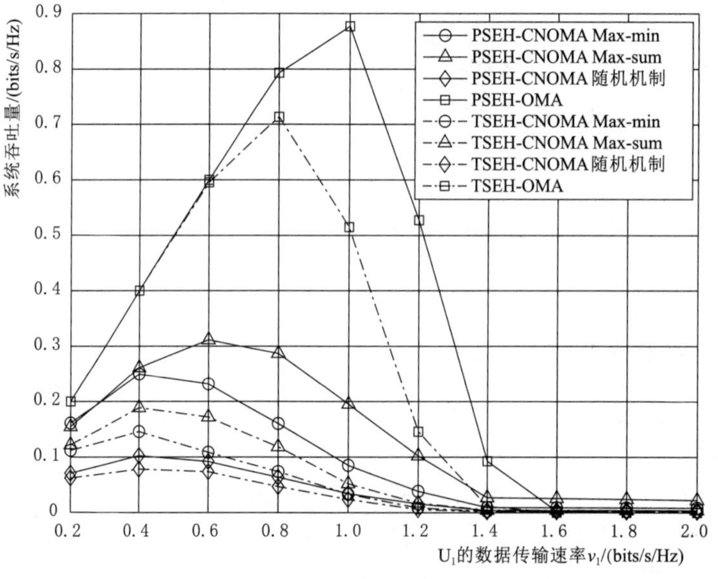

图 3.10 系统吞吐量与 U_1 数据传输速率 v_1 的关系
(P_e=50dBm，v_2=1.5bits/s/Hz)

比较大时，中继节点或用户消除干扰后，成功解调 U_1 数据的概率降低，损害了系统的吞吐量性能。

3.5.4 中继参数对系统吞吐量的影响

图 3.11 显示了系统吞吐量与中继节点个数 K 的关系。当系统中存在更多的中继节点

时，在接收到来自 BS 的数据信号和 PB 的能量信号后，更多的中继节点可以变成潜在中继节点，更容易选择一个合适的中继节点转发数据给用户，提升系统的吞吐量。尽管更多的中继节点可以带来更高的吞吐量，中继节点之间的协调变得更为困难。在中继选择过程中，当几个中继节点的时钟几乎同时倒计为 0 时，它们所发送的信标信号更容易发生碰撞，这有损分布式中继选择的效率。

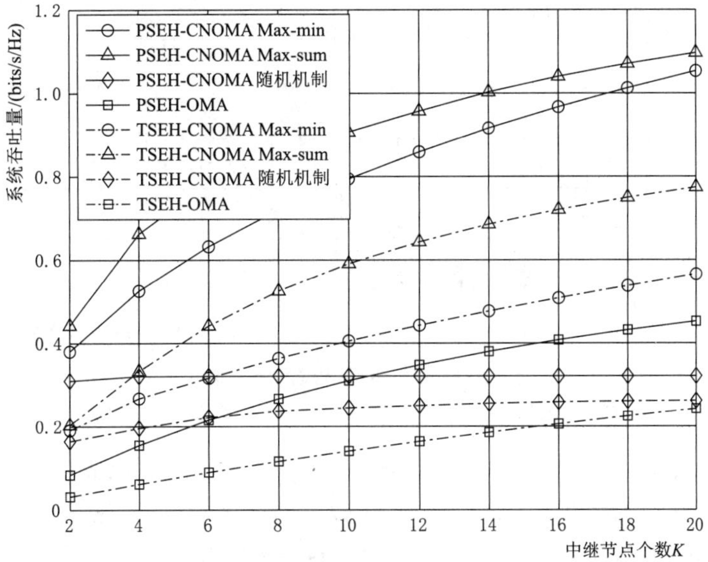

图 3.11　系统吞吐量与中继节点个数 K 的关系

(P_e=50dBm，v_1=1.5bits/s/Hz，v_2=0.5bits/s/Hz)

图 3.12 显示了系统吞吐量与中继节点的距离因子 θ 的关系。随着 θ 的增长，中继簇会移动到距离 BS 更远的位置，但是距离两个用户更近。中继节点距离 BS 越远，接收到的信号强度就越弱，不利于 EH 及数据解调，潜在中继节点的个数减少。但是，当中继节点距离两个用户较近时，数据转发变得更为成功。作为折中，在 $\theta\in[0.2, 0.7]$ 时，随着 θ 的增长，系统吞吐量连续增长。当 θ 值较小时，Max - sum 中继选择机制性能好于 Max - min 中继选择机制，但当 θ 值较大时，情况相反。

3.5.5　距离对系统吞吐量的影响

图 3.13 显示了系统吞吐量与 BS 和 U_2 之间的距离 d_{b,u_2} 的关系。随着 d_{b,u_2} 的增长，系统吞吐量先变小后变大。距离越远，所选的中继节点成功转发数据给 U_2 更为困难。但是，按照参数设置，距离 d_{b,u_2} 越远，中继节点和 U_1 之间的距离就越近，这有助于中继节点成功转发数据给 U_1。当 d_{b,u_2} 较小时，U_2 的吞吐量在系统吞吐量中占比更多，因此随着 d_{b,u_2} 的增长，系统吞吐量降低。当 d_{b,u_2} 较大时，U_1 的吞吐量在系统吞吐量中占比更多，因此随着 d_{b,u_2} 的增长，系统吞吐量增大。

图 3.14 显示了系统吞吐量与 BS 和 U_1 之间的距离 d_{b,u_1} 的关系。随着 d_{b,u_1} 的增长，系统吞吐量降低。这是由于 d_{b,u_1} 越大，中继节点和 U_1 之间的距离就越长，这损害了数

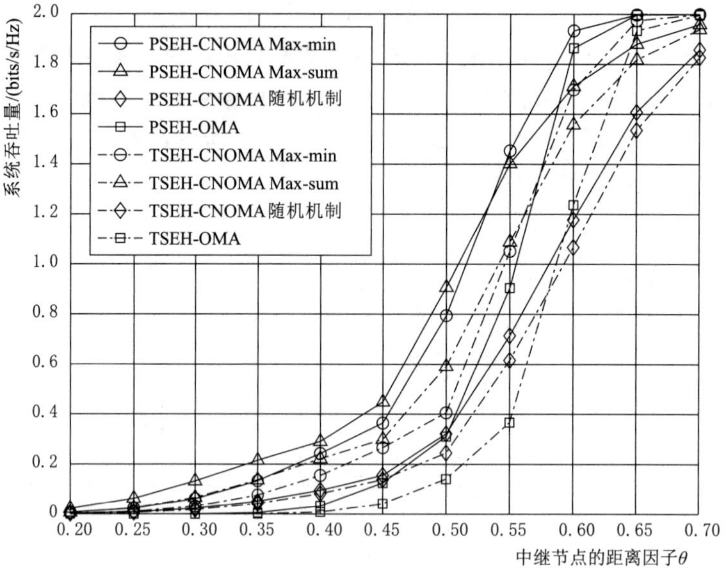

图 3.12　系统吞吐量与中继节点的距离因子 θ 的关系

(P_e=50dBm，v_1=1.5bits/s/Hz，v_2=0.5bits/s/Hz)

据转发的性能。当 d_{b,u_1} 足够大时，U_1 在删除 U_2 数据后，将难以成功解调所需数据，因此吞吐量几乎变为一个常数。在 d_{b,u_1} 较低和较大的区域，Max－min 中继选择机制的性能优于 Max－sum 中继选择机制。在 d_{b,u_1} 的中间区域，Max－sum 中继选择机制的性能优于 Max－min 机制。

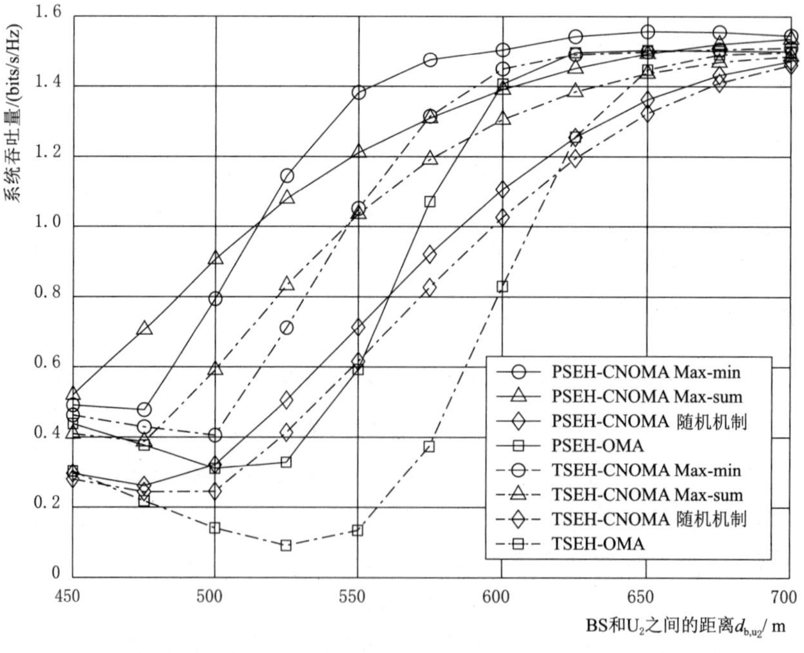

图 3.13　系统吞吐量与 BS 和 U_2 之间的距离 d_{b,u_2} 的关系

(d_{b,u_1}=400m，P_e=50dBm，v_1=1.5bits/s/Hz，v_2=0.5bits/s/Hz)

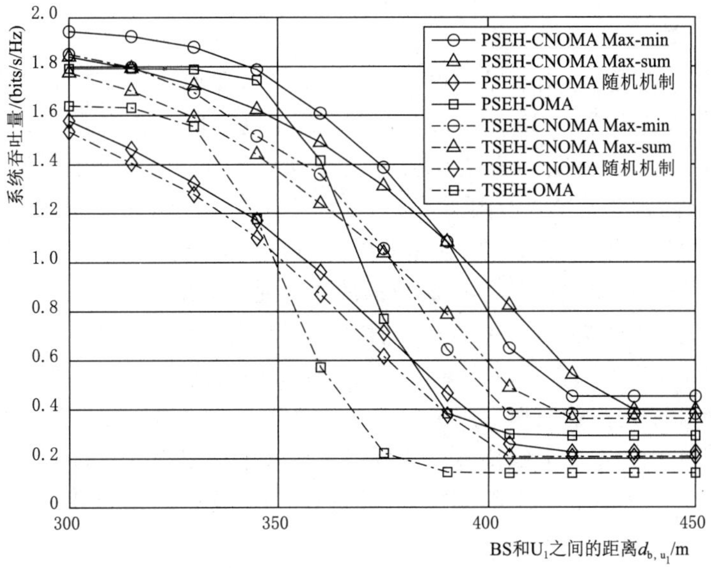

图 3.14 系统吞吐量与 BS 和 U_1 之间的距离 d_{b,u_1} 的关系

($d_{b,u_2}=500m$，$P_e=50dBm$，$v_1=1.5bits/s/Hz$，$v_2=0.5bits/s/Hz$)

图 3.15 显示了系统吞吐量与中继节点之间的距离 $d_{e,r}$ 的关系。随着 $d_{e,r}$ 的增长，PB 和中继节点之间的距离变长，因此中继节点收集到的能量变少，潜在中继节点数变少，使得系统吞吐量单调递减。对于所采用的参数设置，PSEH 机制的性能大幅优于 TSEH 机制，Max－sum 中继选择机制的性能大幅优于 Max－min 中继选择机制。

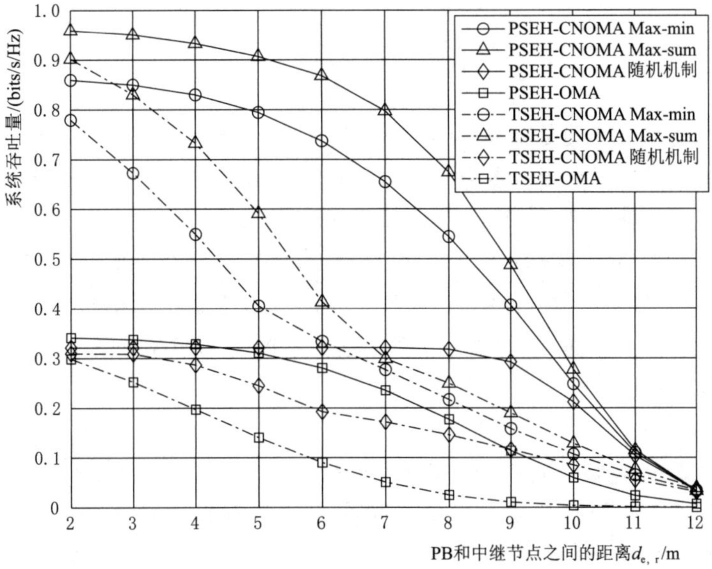

图 3.15 系统吞吐量与 PB 和中继节点之间的距离 $d_{e,r}$ 的关系

($d_{b,u_1}=400m$，$d_{b,u_2}=500m$，$P_e=50dBm$，$v_1=1.5bits/s/Hz$，$v_2=0.5bits/s/Hz$)

3.5.6 结果讨论

基于仿真实验的结果，对于某些参数设置，基于能量收集的OMA机制可能优于基于能量收集的CNOMA机制。CNOMA机制性能较差的原因是：当BS和中继节点之间的距离变长时（图3.12），中继节点接收到的信号强度变弱，这损害了干扰消除解调性能。当BS和U_1之间的距离变短时（图3.14），或者BS和U_2之间的距离变长时（图3.13），中继节点和U_2之间的距离变长。所选择的中继节点将分配更多的功率用以转发U_2的数据，这有损U_1数据的传输性能。当U_1数据的传输速率适中，或者与U_2数据传输速率接近（图3.10）时，中继节点及用户进行干扰消除解调变得更为困难，这损害了成功概率。在OMA机制中，BS采用全部的功率在不同的时隙中发送两个用户的数据，因此中继节点可以独自解调每个用户的数据。所选中继节点采用全功率连续转发两个用户的数据，因此每个用户在无干扰的情况下解调各自的数据。尽管正交传输机制的复用增益较低，但是OMA机制相比CNOMA机制能够获得更高的吞吐量，这是因为OMA机制的数据成功传输概率更高。

在大多数设置中，Max-sum方案的表现一般优于Max-min方案，而随机方案的表现最差。但在以下条件下，Max-min方案比Max-sum方案表现更好：中继的传输功率P_r较为适中（图3.8），BS和中继之间的距离足够远（图3.12），BS与U_2之间的距离足够远（图3.13），或者BS和U_1之间的距离足够近（图3.14）。在以上的条件下，中继距离拥有更高目标速率的U_1更近，而与具有较低目标速率的更远，所以U_1能够从选择出的中继处接收到更强壮的信号。考虑到更容易进行SIC解码的信道差异，所选的中继可以更成功地将数据传输到更高速率的U_1，从而可以提高系统的吞吐量。

3.6 小结

本章提出了基于EH的CNOMA方案，其中一个BS可以在一个基于EH的中继簇的帮助下同时为两个远端用户提供服务。根据Max-min、Max-sum或随机准则，选择一个潜在的中继节点，使用基于Alamouti编码的NOMA协议同时转发两个用户的数据。分析了不同中继选择方案的各种基于EH的CNOMA的数据成功概率和系统吞吐量。性能结果表明，Max-sum中继选择往往优于Max-min方案，而随机方案表现最差。对于某些参数设置，基于EH的CNOMA方案比基于EH的OMA方案实现了更高的吞吐量。与TS-EH相比，PS-EH在提高系统吞吐量方面更有效。最佳中继器的选择可以在多个方向上进一步改进：

（1）共同考虑中继器的叠加编码和两个远端用户的SIC解码的影响。

（2）对每个中继器和两个远端用户之间的信道状态施加两个权值，修改Max-sum或Max-min方案的准则。

（3）自适应选择Max-sum或Max-min方案。

第 4 章 基于无线功率传输的双中继协作通信

4.1 概述

EH 技术已集成到协作中继系统中[65]，Nasir et al.[40,66] 提出了基于 EH 的 AF 和 DF 架构，中继节点可以从源信号收集能量，并使用所收集到的能量转发源节点的数据给目的节点。传统的 AF 和 DF 中继传输包括源节点—中继节点和中继节点—目的节点两个传输阶段，复用增益及频谱效率较低[2]。双路连续中继（TPSR）可以使两个中继节点交替地将源节点的数据转发到目的节点，且不中断源节点数据的连续传输[67]。利用 TPSR 中的空时编码，可以在不降低多路复用增益的情况下获得完全的空间分集和复用增益[68-69]。TPSR 的主要问题是两个中继节点之间存在较强的干扰，这对 ID 过程是有害的，但对 RF-EH 过程收集是有利的。

本章综合考虑 TPSR 协议和 DF 协议，提出了基于 EH 的自适应中继传输方案，其中 TPSR 协议效率更高，优于 DF 中继。在 TPSR 的每个时隙中，一个中继节点在转发以前的数据时，同时发送源节点当前数据。另一个中继节点则采用 PS 技术从接收到的混合信号中收集能量并解码当前的数据。在随后的时隙中，源节点继续传输其数据，但两个中继节点转换角色。如果任何一个中继节点的 ID 过程失败导致 TPSR 无法执行，则会考虑 DF 协议，选择一个能够正确解码源节点的数据，并且到目的节点之间信道质量最好的中继节点，而另一个中继节点将始终收集能量。如果 TPSR 和 DF 中继传输都无法顺利执行，源节点将向这两个中继节点传输无线功率。

本章的主要创新点为：

（1）提出了一种基于 EH 的自适应 TPSR 和 DF 中继协议，采用双中继或单中继转发源数据。

（2）两个中继节点可以从源节点的传输和中继节点之间的干扰信号中收集 RF 能量，获得更多的能量。

（3）分析了每种传输情况的发生概率、平均功率衰减和数据成功传输的概率。使所收集到的能量平均值等于平均能耗值，确定中继节点的发射功率。通过最大化系统吞吐量，采用数值方法确定最佳功率分割因子。

（4）与单中继 DF 方案[40] 和单 TPSR 方案[70] 相比，所提自适应中继方案可以大幅提高系统吞吐量。

4.2 系统模型和协议描述

考虑如图 4.1 所示的协作中继通信系统，源节点 S 想要与目的节点 D 通信。假设 S 和 D 具有持续能量供应。受深度衰落或遮挡物的影响，假设 S 和 D 之间不存在直连链路，两个中继节点 R_1 和 R_2 将协助转发源节点数据给 D。两个中继需要从源节点的 RF 信号中收集能量。假设所有的终端均安装有单根全向天线，并且工作于 HD 模式。假设任意两个节点之间的信道均服从瑞利衰落。每个时间块包含 L 个归一化的时隙，假设 L 是偶数。

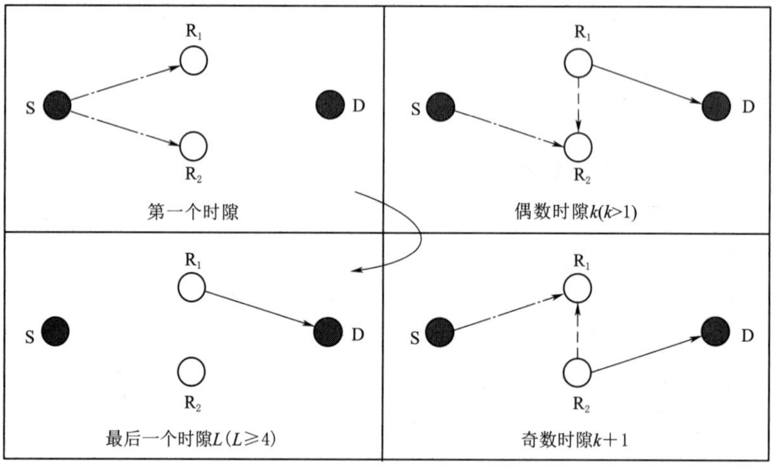

图 4.1 协作中继通信系统（——表示前一个数据的中继链路，
-·-表示前一个数据中继所产生的干扰，---表示当前数据传输）

4.2.1 基于能量收集的 TPSR 协议

在详细阐述自适应中继传输机制之前，首先介绍基于 EH 的 TPSR 机制：

(1) 在第一个时隙中，S 广播 $x(1)$，R_1 接收到射频信号后，分配 ξ 比例的信号功率用于 EH，剩余的 $1-\xi$ 比例被用于解调 $x(1)$。R_2 从所接收到的所有信号中收集射频能量。

(2) 在偶数时隙 $k(k\in\{2,\cdots,L-2\})$ 中，S 广播 $x(k)$，同时 R_1 转发 $x(k-1)$。R_2 接收到混合信号后，分配 ξ 比例用于 EH，剩余的 $1-\xi$ 比例被用于解调 $x(k)$。

(3) 在奇数时隙 $k+1$，S 广播 $x(k+1)$，同时 R_2 转发 $x(k)$。R_1 接收到混合信号后，分配 ξ 比例用于 EH，剩余的 $1-\xi$ 比例用于解调 $x(k+1)$。

(4) 在最后一个时隙 L，R_1 转发 $x(L-1)$ 给 D，R_2 从所接收到的总的信号中收集能量。至此，在一个时间块内的能量收集和数据中继就结束了。

除了第一个时隙和最后一个时隙，在其他的每个时隙中，随着 S 发送当前数据，一个中继节点转发前一个数据，而另一个中继节点则采用 PS 机制进行 EH 和 ID。由于两个中继节点之间的距离比较短，中继节点之间的干扰较强。因此，每个中继节点需要首先解调来自另一个中继节点所转发的前一个数据，将来自 S 的现数据视为干扰。假设每个中继节点知道 CSI，当正确解调来自另一个中继节点的数据后，该中继节点从所接收到的混合信号中完全删除中继节点之间的干扰。然后在无干扰的情况下，中继节点继续解调来自 S 的现数据。如果现数据解调失败，双路连续中继将无法进行。在 L 个时隙中，总共传输了 $L-1$ 个数据分组，因此该系统能够获得几乎全部的复用增益。

4.2.2　自适应的 TPSR 和 DF 传输

用符号 $\mathscr{A}_1$ 表示事件：在 TPSR 中，R_1 能够正确解调并删除前一个数据，然后正确解调当前数据。用符号 $\mathscr{B}_1$ 表示事件：在 TPSR 中，R_2 能够正确解调并删除前一个数据，然后正确解调当前数据。总共存在四种情形：

情形 1：R_1 和 R_2 均能够正确解调它们所需的当前数据，即 $\mathscr{A}_1 \cap \mathscr{B}_1$。

情形 2：R_1 能够正确解调它所需的当前数据，但是 R_2 解调它所需的当前数据失败，即 $\mathscr{A}_1 \cap \overline{\mathscr{B}}_1$。

情形 3：R_2 能够正确解调它所需的当前数据，但是 R_1 解调它所需的当前数据失败，即 $\overline{\mathscr{A}}_1 \cap \mathscr{B}_1$。

情形 4：R_1 和 R_2 均无法正确解调它们所需的当前数据，即 $\overline{\mathscr{A}}_1 \cap \overline{\mathscr{B}}_1$。

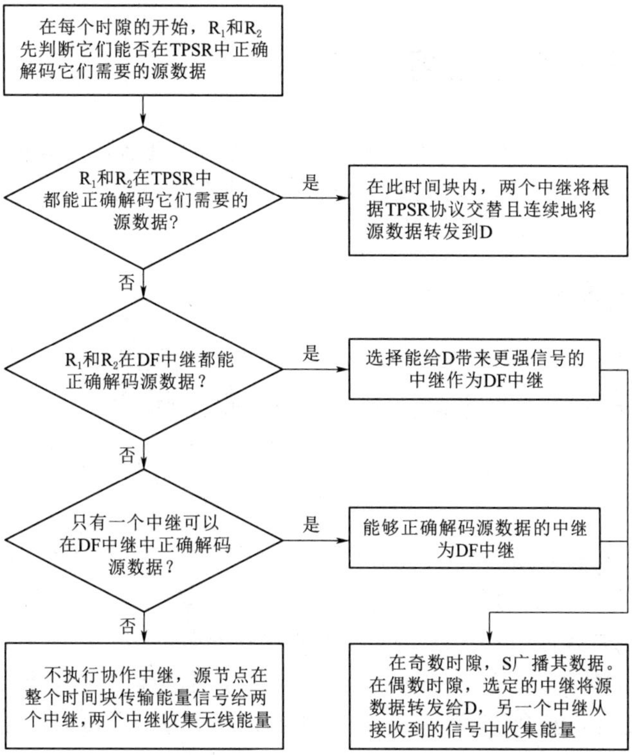

图 4.2　基于 EH 的自适应 TPSR 和 DF 中继协议

图 4.2 描述了基于 EH 的自适应 TPSR 和 DF 中继传输协议。如果情形 1 发生，则进行 TPSR，如果情形 2、情形 3 或情形 4 发生，则进行 DF 中继。在 DF 协议中，如果 R_1 和 R_2 均能够正确解调源数据，选择到 D 之间信道质量最好的中继节点，进行数据转发；如果只有一个中继节点能够正确解调源数据，则选择该中继节点转发数据给 D。当一个中继节点进行 DF 协作传输时，另一个中继节点则从源节点和该中继节点的射频信号中收集能量。如果 TPSR 和 DF 中继都无法进行，S 将在整个时间块内传输无线功率给 R_1 和 R_2。

需要说明的是：在每个时间块的开始时刻，两个中继节点在导频训练阶段估计 CSI。如果在两个中继端 CSI 不完美，在当前数据解调过程中，需要考虑 CSI 估计误差所带来的剩余干扰。如 Bi et al.[71] 所述，信道估计误差等价地提升了接收端加性噪声的功率。按照 TPSR 协议传输数据分组，每个中继节点能够同时接收到来自 S 的当前数据和来自另一个中继节点的前一个数据，前一个数据信号会对当前数据信号造成干扰，所以每个中继节点需要基于终端之间的 CSI 判断能否正确解调当前数据。如果 TPSR 无法顺利进行，每个中继节点均要判断它能否顺利地进行 DF 中继，即能否正确解调来自 S 的数据。两个中继节点将它们的解调状态报告给 S，由 S 来确定传输模式并告知中继节点。在测试阶段过后，在整个时间块内，采用所选模式协作传输源节点的数据给目的节点，或者传输无线能量给中继节点。由于 CSI 训练和模式选择相比数据传输占用的时间非常短，在吞吐量分析过程中，可以忽略终端之间的握手开销。

4.3 能量收集和功率设置

在本节，将要分析在自适应中继机制中中继节点所收集到的平均能量，然后确定中继节点的发射功率，最后给出单中继系统能量收集和功率设置过程，并将其作为性能比较的基准机制。

4.3.1 TPSR 能量收集

在第一个时隙中，R_1 接收到来自 S 的信号，分配 ξ 比例用于 EH，R_2 也接收到来 S 的信号，并将其全部用作 EH。R_1 和 R_2 所收集到的能量分别记为 $\varepsilon_{\mathrm{TPSR}_1}(1)$ 和 $\varepsilon_{\mathrm{TPSR}_2}(1)$，即

$$\left.\begin{aligned}\varepsilon_{\mathrm{TPSR}_1}(1)&=\eta\xi p_{\mathrm{s}}\left|h_{\mathrm{s1}}\right|^2 d_{\mathrm{s1}}^{-\alpha}\\ \varepsilon_{\mathrm{TPSR}_2}(1)&=\eta p_{\mathrm{s}}\left|h_{\mathrm{s2}}\right|^2 d_{\mathrm{s2}}^{-\alpha}\end{aligned}\right\}\tag{4.1}$$

式中：p_{s} 为 S 的发射功率，W；η 为中继节点的 RH 效率；在 S 和 R_i（$i=1$，2）之间，小尺度的信道衰落和大尺度的路径损耗分别记为 $h_{\mathrm{s}i}$ 和 $d_{\mathrm{s}i}^{-\alpha/2}$；$d_{\mathrm{s}i}$ 为 S 和 R_i 之间的距离，m；α 为路径损耗指数。假设小尺度的衰落服从瑞利分布。

在某个偶数时间块 k（$k\in\{2,\cdots,L-2\}$），S 广播当前数据，R_1 采用功率 p_1 转发前一个数据。R_2 接收到混合信号后，分配 ξ 比例用于 EH。在该时隙中，R_2 所收集的能量记为 $\varepsilon_{\mathrm{TPSR}_2}(k)$，即

$$\varepsilon_{\mathrm{TPSR}_2}(k)=\eta\xi(p_{\mathrm{s}}\left|h_{\mathrm{s2}}\right|^2 d_{\mathrm{s2}}^{-\alpha}+p_1\left|h_{\mathrm{r}}\right|^2 d_{\mathrm{r}}^{-\alpha})\tag{4.2}$$

式中：h_r、d_r 为 R_1 和 R_2 之间的小尺度衰落和距离，d_r 的单位为 m。

在偶数时间块 $k+1$ 中，S 广播当前数据，R_2 采用功率 p_2 转发前一个数据。在该时隙中，R_1 所收集的能量记为 $\varepsilon_{\mathrm{TPSR}_1}(k+1)$，即

$$\varepsilon_{\mathrm{TPSR}_1}(k+1)=\eta\xi(p_s|h_{s1}|^2 d_{s1}^{-\alpha}+p_2|h_r|^2 d_r^{-\alpha}) \tag{4.3}$$

R_1 和 R_2 交替进行能量收集，并持续到第（$L-1$）个时隙结束。在最后一个时隙 L 中，R_1 转发前一个数据，R_2 所收集的能量为

$$\varepsilon_{\mathrm{TPSR}_2}(L)=\eta p_1|h_r|^2 d_r^{-\alpha} \tag{4.4}$$

由于 R_1 从 S 收集能量的时隙数为 $L/2$，从 R_2 收集能量的时隙数为 $L/2-1$。R_1 所收集的平均能量记为 $\bar{\varepsilon}_{\mathrm{TPSR}_1}$，即

$$\bar{\varepsilon}_{\mathrm{TPSR}_1}=\frac{L}{2}\eta\xi p_s d_{s1}^{-\alpha}\ \mathbb{E}_{\mathrm{TPSR}}[|h_{s1}|^2]+\left(\frac{L}{2}-1\right)\eta\xi p_2 d_r^{-\alpha}\ \mathbb{E}_{\mathrm{TPSR}}[|h_r|^2] \tag{4.5}$$

式中：两项分别表示从 S 和 R_2 所收集到的平均能量值，J。

式（4.5）中的数学期望表示 TPSR 协议下的平均功率衰落。

由于 R_2 从 S 收集能量的时隙数为 $L/2$，从 R_1 收集能量的时隙数为 $L/2$。在一个时间块内，R_2 所收集的平均能量记为 $\bar{\varepsilon}_{\mathrm{TPSR}_2}$，即

$$\bar{\varepsilon}_{\mathrm{TPSR}_2}=\eta[1+(L/2-1)\xi](p_s d_{s2}^{-\alpha}\ \mathbb{E}_{\mathrm{TPSR}}[|h_{s2}|^2]+p_1 d_r^{-\alpha}\ \mathbb{E}_{\mathrm{TPSR}}[|h_r|^2]) \tag{4.6}$$

式中：考虑在第一个时隙和最后一个时隙中，R_2 够从接收的整个信号中收集能量。

4.3.2 双中继 DF 能量收集

如果 TPSR 协议无法工作，则考虑采用 DF 中继协议。符号 $\mathscr{A}_2$ 表示 R_1 能正确解调源数据并参与 DF 数据中继。符号 $\mathscr{B}_2$ 表示 R_2 能正确解调源数据并参与 DF 数据中继。若两个中继节点都能在 DF 协议中正确解调源数据，用符号 $\mathscr{S}_1$ 表示 R_1 能够给 D 带来较强的信号功率，用符号 $\mathscr{S}_2$ 表示 R_2 能够给 D 带来较强的信号功率。

（1）情形 DF_{1a}（$\mathscr{A}_1\cap\overline{\mathscr{B}}_1\cap\mathscr{A}_2\cap\mathscr{B}_2\cap\mathscr{S}_1$）：在 TPSR 协议中，$R_1$ 能够正确解调它所需的当前数据，但是 R_2 无法正确解调所需当前数据。在 DF 协议中，R_1 和 R_2 均能正确解调源数据，但是 R_1 能够给 D 带来较强的信号功率。

（2）情形 DF_{1b}（$\mathscr{A}_1\cap\overline{\mathscr{B}}_1\cap\mathscr{A}_2\cap\overline{\mathscr{B}}_2$）：在 TPSR 协议中，$R_1$ 能够正确解调所需的当前数据，但是 R_2 无法正确解调所需当前数据。在 DF 协议中，R_1 能够正确解调源数据，但是 R_2 不能正确解调源数据。

（3）情形 DF_{1c}（$\overline{\mathscr{A}}_1\cap\mathscr{B}_1\cap\mathscr{A}_2\cap\mathscr{B}_2\cap\mathscr{S}_1$）：在 TPSR 协议中，$R_1$ 不能正确解调所需的当前数据，但是 R_2 能够正确解调所需当前数据。在 DF 协议中，R_1 和 R_2 均能正确解调源数据，但是 R_1 能够给 D 带来较强的信号功率。

（4）情形 DF_{1d}（$\overline{\mathscr{A}}_1\cap\mathscr{B}_1\cap\mathscr{A}_2\cap\overline{\mathscr{B}}_2$）：在 TPSR 协议中，$R_1$ 不能正确解调所需的当前数据，但是 R_2 能够正确解调所需当前数据。在 DF 协议中，R_1 能够正确解调源数据，但是 R_2 不能正确解调源数据。

（5）情形 DF_{1e}（$\overline{\mathscr{A}}_1\cap\overline{\mathscr{B}}_1\cap\mathscr{A}_2\cap\mathscr{B}_2\cap\mathscr{S}_1$）：在 TPSR 协议中，$R_1$ 和 R_2 均不能正确解调它们所需的当前数据。在 DF 协议中，R_1 和 R_2 均能正确解调源数据，但是 R_1 能够给 D

带来较强的信号功率。

（6）情形 DF_{1f}（$\overline{\mathscr{A}}_1\cap\overline{\mathscr{B}}_1\cap\mathscr{A}_2\cap\overline{\mathscr{B}}_2$）：在 TPSR 协议中，$R_1$ 和 R_2 均不能正确解调它们所需的当前数据。在 DF 协议中，R_1 能够正确解调源数据，但是 R_2 不能正确解调源数据。

如果 R_1 参与 DF 中继过程，它将在奇数时隙中侦听来自 S 的传输，并在偶数时隙内转发源数据给 D。在奇数时隙中，R_1 接收到射频信号后，分配 ξ 比例用于能量收集。在一个时间块内，R_1 所收集的平均能量记为$\bar{\varepsilon}_{DF_{1\sim1}}$，其下标中的第一个“1”表示 R_1 被选出来进行 DF 中继，第二个“1”表示计算的是 R_1 所收集的平均能量，即

$$\bar{\varepsilon}_{DF_{1\sim1}}=\frac{L}{2}\eta\xi p_s d_{s1}^{-\alpha}\ \mathbb{E}_{DF_1}[|h_{s1}|^2] \tag{4.7}$$

式中：选择 R_1 进行 DF 中继时，数学期望是对 $|h_{s1}|^2$ 进行的。

在奇数时隙，R_2 从 S 的射频信号中收集能量，在偶数时隙，R_2 从 R_1 的射频信号中收集能量。当选择 R_1 进行 DF 中继时，在一个时间块内，R_2 所收集的平均能量记为 $\bar{\varepsilon}_{DF_{1\sim2}}$，即

$$\bar{\varepsilon}_{DF_{1\sim2}}=\frac{L}{2}\eta(p_s d_{s2}^{-\alpha}\ \mathbb{E}_{DF_1}[|h_{s2}|^2]+p_1 d_r^{-\alpha}\ \mathbb{E}_{DF_1}[|h_r|^2]) \tag{4.8}$$

式中：当选择 R_1 进行 DF 中继时，数学期望是对功率衰落进行的。

当 R_2 被选出进行 DF 数据中继时，在一个时间块内，R_2 和 R_1 所收集的平均能量分别为$\bar{\varepsilon}_{DF_{2\sim2}}$ 和$\bar{\varepsilon}_{DF_{2\sim1}}$，通过交换式（4.7）和式（4.8）中 R_1 和 R_2 的身份即可获得。

4.3.3 无中继场景下的能量收集

如果既不进行 TPSR，也不进行 DF 中继传输，S 将在整个时间块内传输无线能量给 R_1 和 R_2。R_1 和 R_2 所收集的平均能量分别记为$\bar{\varepsilon}_{N_1}$ 和$\bar{\varepsilon}_{N_2}$，即

$$\bar{\varepsilon}_{N_1}=L\eta p_s d_{s1}^{-\alpha}\ \mathbb{E}_N[|h_{s1}|^2] \tag{4.9}$$

$$\bar{\varepsilon}_{N_2}=L\eta p_s d_{s2}^{-\alpha}\ \mathbb{E}_N[|h_{s2}|^2] \tag{4.10}$$

式中：在没有数据中继传输时，数据期望是对信道的功率衰落进行的。

4.3.4 中继节点的功率设置

在一个时间块内，R_1 和 R_2 所收集到的平均能量分别记为$\bar{\varepsilon}_1$ 和$\bar{\varepsilon}_2$，即

$$\bar{\varepsilon}_1=\bar{\varepsilon}_{TPSR_1}+\bar{\varepsilon}_{DF_{1\sim1}}+\bar{\varepsilon}_{DF_{2\sim1}}+\bar{\varepsilon}_{N_1} \tag{4.11}$$

$$\bar{\varepsilon}_2=\bar{\varepsilon}_{TPSR_2}+\bar{\varepsilon}_{DF_{1\sim2}}+\bar{\varepsilon}_{DF_{2\sim2}}+\bar{\varepsilon}_{N_2} \tag{4.12}$$

式中：在 TPSR 协议中所收集的平均能量，在单中继选择 DF 协议中所收集的平均能量，在无中继传输时所收集的平均能量，分别在式（4.5）～式（4.10）中得到。

假设中继节点所消耗的平均能量等于所收集的平均能量。在数据传输过程中，每个中继节点可能采用自己的部分能量以弥补能量的短缺，数据传输的功率放大器效率记为 $\theta\in(0,1)$。当 R_1 参与 TPSR 或 DF 中继传输时，它在 $L/2$ 个时间块内转发源数据给 D，因此在一个时间块内，R_1 平均的发射能量消耗为

$$\bar{\varepsilon}_1=\frac{Lp_1}{2\theta}[\Pr(V_{\mathrm{TPSR}})+\Pr(V_{\mathrm{DF}_1})] \tag{4.13}$$

式中：V_{TPSR} 表示 R_1 参与 TPSR 协议的事件；V_{DF_1} 表示 R_1 参与 DF 中继的事件。由于 R_2 参与 TPSR 协议时，在 $(L/2-1)$ 个时隙内发射数据，参与 DF 中继协议时，在 $L/2$ 个时隙内发射数据，在一个时间块内，R_2 传输数据的平均能量消耗为

$$\bar{\varepsilon}_2=\frac{p_2}{\theta}\left[\left(\frac{L}{2}-1\right)\Pr(V_{\mathrm{TPSR}})+\frac{L}{2}\Pr(V_{\mathrm{DF}_2})\right] \tag{4.14}$$

式中：V_{DF_2} 为 R_2 被选出来进行 DF 中继传输。

按照式（4.13）和式（4.14），R_1 和 R_2 的发射功率可以推导为

$$p_1=\frac{2\theta\bar{\varepsilon}_1}{L[\Pr(V_{\mathrm{TPSR}})+\Pr(V_{\mathrm{DF}_1})]} \tag{4.15}$$

$$p_2=\frac{2\theta\bar{\varepsilon}_2}{(L-2)\Pr(V_{\mathrm{TPSR}})+L\Pr(V_{\mathrm{DF}_2})} \tag{4.16}$$

为确定中继节点的发射功率，需分析事件发生概率 $\Pr(V_{\mathrm{TRSR}})$、$\Pr(V_{\mathrm{DF}_1})$ 和 $\Pr(V_{\mathrm{DF}_2})$，并且需要分析 $\bar{\varepsilon}_1$ 和 $\bar{\varepsilon}_2$ 中所包含的各种不同情况下的平均功率衰落。

4.4 连续数据中继和自适应机制

在本节，将描述基于 EH 的自适应 TPSR 和 DF 中继机制的信号模型。然后介绍基于 EH 的基准单中继 DF 系统，以与系统进行比较。

4.4.1 在偶数和奇数时隙中的 TPSR

在某个时隙 $k(k\in\{2,\cdots,L-1\})$，S 广播当前数据信号 $x(k)$。同时，中继节点 $R_i(i=\mathrm{mod}(k,2)+1)$ 转发前一个数据 $x(k-1)$。$R_j(j=3-i)$ 接收到混合信号后，分配 ξ 比例用于能量收集，剩余的 $1-\xi$ 比例用于解调当前数据 $x(k)$。在时隙 k，R_j 的信息解调器输入端的数字信号记为[61]

$$y_j(k)=\sqrt{\frac{(1-\xi)p_{\mathrm{s}}}{d_{\mathrm{s}j}^{\alpha}}}h_{\mathrm{s}j}x(k)+\sqrt{\frac{(1-\xi)p_i}{d_{\mathrm{r}}^{\alpha}}}h_{\mathrm{r}}x(k-1)+\sqrt{1-\xi}n_{j\mathrm{a}}(k)+n_{j\mathrm{c}}(k) \tag{4.17}$$

式中：$n_{j\mathrm{a}}(k)$ 为 R_j 天线端的 AWGN，$n_{j\mathrm{a}}(k)\sim CN(0,\sigma_{\mathrm{a}}^2)$；$n_{j\mathrm{c}}(k)$ 为射频到基带信号转换的 AWGN；$n_{j\mathrm{c}}(k)\sim CN(0,\sigma_{\mathrm{c}}^2)$；天线噪声及信号转换噪声的功率分别为 σ_{a}^2 和 σ_{c}^2，W。

R_j 将所接收的当前数据视为干扰，解调前一个数据，可达速率记为 $C_{j\mathrm{a}}$[67]，

$$C_{j\mathrm{a}}=\log_2\left[1+\frac{(1-\xi)p_i|h_{\mathrm{r}}|^2d_{\mathrm{r}}^{-\alpha}}{(1-\xi)p_{\mathrm{s}}|h_{\mathrm{s}j}|^2d_{\mathrm{s}j}^{-\alpha}+(1-\xi)\sigma_{\mathrm{a}}^2+\sigma_{\mathrm{c}}^2}\right] \tag{4.18}$$

式中：分母包含了来自源节点的当前数据的干扰，天线噪音的剩余功率 $(1-\xi)\sigma_{\mathrm{a}}^2$，W；频率下转换的噪声功率 σ_{c}^2，W。

R_j 成功解调并删除上一个数据后，则在没有干扰的情形下解调当前数据，此时可达

速率记为 $C_{j\mathrm{b}}$，表达为[67]

$$C_{j\mathrm{b}}=\log_2\left[1+\frac{(1-\xi)p_{\mathrm{s}}|h_{\mathrm{s}j}|^2 d_{\mathrm{s}j}^{-\alpha}}{(1-\xi)\sigma_{\mathrm{a}}^2+\sigma_{\mathrm{c}}^2}\right] \tag{4.19}$$

在偶数时间块 k，当 R_i 转发源数据 $x(k-1)$，目的节点 D 所接收到的基带信号记为 $y_{\mathrm{d}i}(k)$，表达为

$$y_{\mathrm{d}i}(k)=\sqrt{\frac{p_i}{d_{i\mathrm{d}}^{\alpha}}}h_{i\mathrm{d}}x(k-1)+n_{\mathrm{da}}(k)+n_{\mathrm{dc}}(k) \tag{4.20}$$

式中：$h_{i\mathrm{d}}$、$d_{i\mathrm{d}}^{-\alpha/2}$ 为 R_i 和 D 之间的小尺度信道衰落和信号的大尺度路径损耗；$d_{i\mathrm{d}}$ 为距离，m；$n_{\mathrm{da}}(k)$和 $n_{\mathrm{dc}}(k)$为在时隙 k 内 D 端的天线噪声和频率下变换噪声，W。R_i 进行数据中继时的可达速率记为 $C_{\mathrm{d}i}$，表达为

$$C_{\mathrm{d}i}=\log_2\left(1+\frac{p_i|h_{i\mathrm{d}}|^2 d_{i\mathrm{d}}^{-\alpha}}{\sigma_{\mathrm{a}}^2+\sigma_{\mathrm{c}}^2}\right) \tag{4.21}$$

4.4.2 中继选择 DF 协议

若 TPSR 无法进行，则考虑基于最优中继选择的 DF 传输。R_1 和 R_2 接收源数据的可达速率分为 $C_{1\mathrm{b}}$ 和 $C_{2\mathrm{b}}$，已在式（4.19）中给出。若 R_1 和 R_2 均能在 DF 中正确解调源数据，两者之中能够给 D 带来最强信号功率的被选出来转发数据，即所选择出的中继节点为 R_i（$i=\arg\max_{i\in\{1,2\}}\ p_i|h_{i\mathrm{d}}|^2 d_{i\mathrm{d}}^{-\alpha}$）。若 R_i 能正确解调源数据，而 R_j 错误解调源数据，则选择 R_i 转发源数据。当选择出 R_1 和 R_2 进行 DF 数据中继传输时，D 端所获得的源数据可达速率分别为 $C_{\mathrm{d}1}$ 和 $C_{\mathrm{d}2}$，已在式（4.21）中给出。

4.4.3 基准单中继系统

在单中继系统中，一个 HD 的中继节点 R 能够从 S 的射频信号中收集能量，并转发源数据给 D。在奇数时隙中，S 发送数据给 R，R 将所接收信号的 ξ 比例用于能量收集，剩余的 $1-\xi$ 比例用于信息的解调。如果 R 能够正确解调源数据，则在偶数时隙中采用功率 p_{r} 转发数据给 D。如果 R 错误解调了源数据，将不会进行 DF 中继传输，此时 S 将在整个时间块内传输无线能量给 R。

用符号 V_{SR} 表示 R 能够在奇数时隙中正确解调源数据，因此 $\overline{V}_{\mathrm{SR}}$ 表示 R 无法正确解调源数据。在一个时间块内，R 所收集的平均能量为

$$\bar{\varepsilon}_{\mathrm{r}}=L\eta p_{\mathrm{s}}d_{\mathrm{sr}}^{-\alpha}\left(\frac{\xi}{2}\mathbb{E}_{V_{\mathrm{SR}}}[|h_{\mathrm{sr}}|^2]+\mathbb{E}_{\overline{V}_{\mathrm{SR}}}[|h_{\mathrm{sr}}|^2]\right) \tag{4.22}$$

式中：h_{sr}、d_{sr} 为 S 和 R 之间的小尺度衰落和距离，d_{sr} 的单位为 m。式（4.22）中的两项分别表示当事件 V_{SR} 或事件 $\overline{V}_{\mathrm{SR}}$ 发生时所平均收集的能量。

与所提自适应中继机制类似，平均发射能量消耗应该等于平均能量收集。R 按照下式使用所收集的能量：

$$\bar{\varepsilon}_{\mathrm{r}}=\frac{Lp_{\mathrm{r}}}{2\theta}\mathrm{P}_{\mathrm{r}}(V_{\mathrm{SR}}) \tag{4.23}$$

式中：考虑到 R 在 $L/2$ 个时间块内转发源数据。因此，R 的功率设置为

$$p_{\mathrm{r}}=\frac{2\theta\bar{\varepsilon}_{\mathrm{r}}}{LP_{\mathrm{r}}(V_{\mathrm{SR}})} \tag{4.24}$$

在一个奇数时隙内，R 接收到源数据的可达速率记为 C_{r}，表达为

$$C_{\mathrm{r}}=\log_2\left[1+\frac{(1-\xi)p_{\mathrm{s}}|h_{\mathrm{sr}}|^2 d_{\mathrm{sr}}^{-\alpha}}{(1-\xi)\sigma_{\mathrm{a}}^2+\sigma_{\mathrm{c}}^2}\right] \tag{4.25}$$

式中：考虑到 R 使用所接收源数据的 $(1-\xi)$ 比例用于信息解调。

如果 R 在奇数时隙中能够正确解调源数据，它将在偶数时隙中转发数据给 D，数据的可达速率记为 C_{d}，即

$$C_{\mathrm{d}}=\log_2\left(1+\frac{p_{\mathrm{r}}|h_{\mathrm{rd}}|^2 d_{\mathrm{rd}}^{-\alpha}}{\sigma_{\mathrm{a}}^2+\sigma_{\mathrm{c}}^2}\right) \tag{4.26}$$

式中：h_{rd}、d_{rd} 为 R 和 D 之间的小尺度衰落和距离，d_{rd} 的单位为 m。

4.5 进行 TPSR 或 DF 传输的概率

受 $S-R_1$、$S-R_2$、R_1-R_2 信道状态的影响，系统自适应采用 TPSR 或 DF 中继方式，或者无数据传输。在本节中，将要分析系统采用 TPSR 或 DF 协议的概率，这是根据式（4.15）和式（4.16）设置中继节点发射功率所必需的。

4.5.1 系统进行 TPSR 的概率

假设源数据的传输速率固定为 v。如果信道容量大于等于数据传输速率，则数据解调成功。两个中继节点采用 TPSR 中继模式的概率表示为

$$\Pr(V_{\mathrm{TPSR}})=\Pr(C_{1\mathrm{a}}\geqslant v, C_{1\mathrm{b}}\geqslant v, C_{2\mathrm{a}}\geqslant v, C_{2\mathrm{b}}\geqslant v) \tag{4.27}$$

将式（4.18）和式（4.19）代入式（4.27），得到

$$\begin{aligned}\Pr(V_{\mathrm{TPSR}})=&\exp(-\delta\gamma_1-g_1)\left[\exp(-\delta\gamma_2)-\frac{1}{1+\rho_1}\exp(\gamma_2-\rho_1 g_1)\right]\\&-\exp[\gamma_1-(1+\rho_2)g_1]\left[\frac{\exp(-\delta\gamma_2)}{1+\rho_2}-g_2\exp(\gamma_2-\rho_1 g_1)\right]\end{aligned} \tag{4.28}$$

其中

$$\delta=2^v-1$$

$$\gamma_1=\frac{1}{p_{\mathrm{s}}d_{\mathrm{s1}}^{-\alpha}}\left(\sigma_{\mathrm{a}}^2+\frac{\sigma_{\mathrm{c}}^2}{1-\xi}\right)$$

$$\gamma_2=\frac{1}{p_{\mathrm{s}}d_{\mathrm{s2}}^{-\alpha}}\left(\sigma_{\mathrm{a}}^2+\frac{\sigma_{\mathrm{c}}^2}{1-\xi}\right)$$

$$\rho_1=\frac{p_1 d_{\mathrm{r}}^{-\alpha}}{\delta p_{\mathrm{s}}d_{\mathrm{s2}}^{-\alpha}}$$

$$\rho_2=\frac{p_2 d_{\mathrm{r}}^{-\alpha}}{\delta p_{\mathrm{s}}d_{\mathrm{s1}}^{-\alpha}}$$

$$\begin{cases}g_1=\dfrac{1+\delta}{\min(\rho_1/\gamma_2,\rho_2/\gamma_1)}\\[2ex]g_2=\dfrac{1}{1+\rho_1+\rho_2}\end{cases} \tag{4.29}$$

需要说明的是，如果两个中继节点的距离很近，且发射功率较高，中继节点之间的干扰较强，较为容易地实现干扰的解调和删除。此时，TPSR 模式相比多阶段的 DF 中继模式能够获得更高的吞吐量，这是由于数据是连续传输的并能够获得全复用增益。如果 TPSR 不能正常工作，则选择一个潜在的中继节点实现 DF 协作通信。

4.5.2 系统进行 DF 中继的概率

选择 R_1 进行 DF 中继传输共有六种独立的情形，有

$$\Pr(V_{DF_1})=\sum_{j\in\{a,\cdots,f\}}\Pr(DF_{1j}) \tag{4.30}$$

(1) 情形 DF_{1a}。该情形的发生概率 $\Pr(DF_{1a})$ 为

$$\Pr(DF_{1a})=\Pr(C_{1a}\geqslant v,C_{1b}\geqslant v,C_{2a}<v,C_{2b}\geqslant v,p_1 d_{1d}^{-\alpha}|h_{1d}|^2>p_2 d_{2d}^{-\alpha}|h_{2d}|^2) \tag{4.31}$$

将式 (4.18) 和式 (4.19) 代入式 (4.31)，能够推导出

$$\Pr(DF_{1a})=\frac{\zeta}{e^{f_1}}\left\{\frac{\rho_2}{1+\rho_2}\exp\left[-\gamma_1\left(\delta+\frac{1}{\rho_2}(1+\delta)\right)\right]-\frac{\rho_1}{1+\rho_1}\right.$$
$$\left.\times\exp\left[-\delta\gamma_1-\frac{1}{\rho_1}(\gamma_2+f_1)\right]+\frac{f_2 e^{\gamma_1}}{1+\rho_2}\exp\left[-\frac{1+\rho_2}{\rho_1}(\gamma_2+f_1)\right]\right\} \tag{4.32}$$

其中

$$\zeta=\frac{p_1 d_{1d}^{-\alpha}}{p_1 d_{1d}^{-\alpha}+p_2 d_{2d}^{-\alpha}}$$

且

$$\begin{cases}f_1=\gamma_2\max\left\{\delta,(1+\delta)\dfrac{p_1}{p_2}-1\right\}\\ f_2=\dfrac{\rho_1}{1+\rho_1+\rho_2}\end{cases} \tag{4.33}$$

(2) 情形 DF_{1b}。该情形的发生概率 $\Pr(DF_{1b})$ 为

$$\Pr(DF_{1b})=\Pr(C_{1a}\geqslant v,C_{1b}\geqslant v,C_{2b}<v) \tag{4.34}$$

将式 (4.18) 和式 (4.19) 代入式 (4.34)，可推导出

$$\Pr(DF_{1b})=\frac{\rho_2}{1+\rho_2}[1-\exp(-\delta\gamma_2)]\exp\left\{-\gamma_1\left[\delta+\frac{1}{\rho_2}(1+\delta)\right]\right\} \tag{4.35}$$

(3) 情形 DF_{1c}。该情形的发生概率 $\Pr(DF_{1c})$ 为

$$\Pr(DF_{1c})=\Pr(C_{1a}<v,C_{1b}\geqslant v,C_{2a}\geqslant v,C_{2b}\geqslant v,p_1 d_{1d}^{-\alpha}|h_{1d}|^2\geqslant p_2 d_{2d}^{-\alpha}|h_{2d}|^2) \tag{4.36}$$

该式可以类似式 (4.32) 进行推导，需把 f_1、f_2、ρ_1、ρ_2、γ_1、γ_2 分别替换为 ω_1、ω_2、ρ_2、ρ_1、γ_2、γ_1，有

$$\begin{cases}\omega_1=\gamma_1\max\left\{\delta,(1+\delta)\dfrac{p_2}{p_1}-1\right\}\\ \omega_2=\dfrac{\rho_2}{1+\rho_1+\rho_2}\end{cases} \tag{4.37}$$

(4) 情形 DF_{1d}。因为事件 $\mathscr{B}_1$ 和事件 $\mathscr{B}_2$ 不能同时发生，Pr（DF_{1d}）=0。

(5) 情形 DF_{1e}。该情形的发生概率 Pr（DF_{1e}）为

$$\Pr(DF_{1e})=\Pr(C_{1a}<v,C_{1b}\geqslant v,C_{2a}<v,C_{2b}\geqslant v,p_1 d_{1d}^{-\alpha}|h_{1d}|^2\geqslant p_2 d_{2d}^{-\alpha}|h_{2d}|^2) \tag{4.38}$$

将式（4.18）和式（4.19）代入式（4.38），能够推导出

$$\Pr(DF_{1e})=\zeta(G+\widetilde{G}) \tag{4.39}$$

其中

$$\begin{aligned} G=&\exp(-\delta\gamma_1-f_1)\left[1-\frac{\rho_2}{1+\rho_2}\exp\left(-\frac{1+\delta}{\rho_2}\gamma_1\right)\right] \\ &-\frac{\rho_1}{\rho_1+\rho_2}\exp\left[\left(1-\frac{p_2}{p_1}\right)\gamma_1-\left(1+\frac{\rho_2}{\rho_1}\right)f_1\right] \\ &+\frac{\rho_2 f_2}{1+\rho_2}\exp\left\{\left[1-\frac{p_2}{p_1}\left(1+\frac{1}{\rho_2}\right)\right]\gamma_1-\frac{f_1}{f_2}\right\} \end{aligned} \tag{4.40}$$

式（4.39）中函数 $\widetilde{G}$ 的结果与式（4.40）中的 G 是类似的，需要将 p_1、p_2、d_{s1}、d_{s2}、f_1、f_2 分别替换为 p_2、p_1、d_{s2}、d_{s1}、ω_1、ω_2。

(6) 情形 DF_{1f}。该情形的发生概率 Pr（DF_{1f}）为

$$\Pr(DF_{1f})=\Pr(C_{1a}<v,C_{1b}\geqslant v,C_{2b}<v) \tag{4.41}$$

将式（4.18）和式（4.19）代入式（4.41），即

$$\Pr(DF_{1f})=\exp(-\delta\gamma_1)[1-\exp(-\delta\gamma_2)]\left[1-\frac{\rho_2}{1+\rho_2}\exp\left(-\frac{1+\delta}{\rho_2}\gamma_1\right)\right] \tag{4.42}$$

选择 R_2 进行中继传输的概率可以通过交换两个中继节点的次序获得。

4.6 不同情形下的平均功率衰落

给定 PS 因子 ξ，按照式（4.15）和式（4.16），采用数值方法计算 R_1 和 R_2 的值，表达式中包含了不同情形下信道平均功率衰落，分析如下。

4.6.1 TPSR 模式中的平均功率衰落

将要分析 R_1 的平均功率衰落，R_2 的平均功率衰落可类似获得，只需在表达式中交换两个中继节点的次序即可。记 $x=|h_{s1}|^2$，$y=|h_{s2}|^2$，$z=|h_r|^2$。考虑 $C_{1a}\geqslant v$，$C_{1b}\geqslant v$，$C_{2a}\geqslant v$，$C_{2b}\geqslant v$，可确定进行 TPSR 操作的一个区域，即

$$\begin{aligned} \mathscr{R}_{\mathrm{TPSR}}=\Big\{&(x,y,z)\,|\,x\geqslant\delta\gamma_1,x\leqslant\rho_2 z-\gamma_1,y\geqslant\delta\gamma_2, \\ &y\leqslant\rho_1 z-\gamma_2,z\geqslant(1+\delta)\frac{\gamma_1}{\rho_2},z\geqslant(1+\delta)\frac{\gamma_2}{\rho_1}\Big\} \end{aligned} \tag{4.43}$$

考虑采用 TPSR 模式的区域 $\mathscr{R}_{\mathrm{TPSR}}$，对 X 求数学期望，并对 Y 和 Z 求平均，即

$$\mathbb{E}_{\mathrm{TPSR}}[|h_{\mathrm{s1}}|^2]=\int_{Z,Y}\left(\int_X xe^{-x}\mathrm{d}x\right)e^{-y-z}\mathrm{d}y\mathrm{d}z \tag{4.44}$$

考虑到每个信道衰落都服从均值为 1 的指数分布。式（4.44）可以进一步推导为

$$\begin{aligned}\mathbb{E}_{\mathrm{TPSR}}[|h_{\mathrm{s1}}|^2]=&(1+\delta\gamma_1)\exp[-\delta(\gamma_1+\gamma_2)-g_1]\\&-\frac{1}{1+\rho_2}\left[1+\rho_2\left(g_1+\frac{1}{1+\rho_2}\right)-\gamma_1\right]\exp[\gamma_1-\delta\gamma_2-(1+\rho_2)g_1]\\&-\frac{1+\delta\gamma_1}{1+\rho_1}\exp(\gamma_2-\delta\gamma_1)\exp[-(1+\rho_1)g_1]\\&+g_2[1-\gamma_1+\rho_2(g_1+g_2)]\exp(\gamma_1+\gamma_2-\frac{g_1}{g_2})\end{aligned} \tag{4.45}$$

在式（4.45）中将 p_1、p_2、d_{s1}、d_{s2} 分别替换为 p_2、p_1、d_{s2}、d_{s1}，可得 $\mathbb{E}_{\mathrm{TPSR}}[|h_{\mathrm{s2}}|^2]$。

考虑到可用区域 $\mathscr{R}_{\mathrm{TPSR}}$，可以计算针对 z 的平均功率衰落，即

$$\mathbb{E}_{\mathrm{TPSR}}[|h_{\mathrm{r}}|^2]=\int_{Y,X}\left(\int_Z ze^{-z}\mathrm{d}z\right)e^{-x-y}\mathrm{d}x\mathrm{d}y \tag{4.46}$$

通过在式（4.43）中的区域 $\mathscr{R}_{\mathrm{TPSR}}$ 上做数学期望，$\mathbb{E}_{\mathrm{TPSR}}[|h_{\mathrm{r}}|^2]$式可以推导为

$$\begin{aligned}\mathbb{E}_{\mathrm{TPSR}}[|h_{\mathrm{r}}|^2]=&(1+g_1)\exp[-\delta(\gamma_1+\gamma_2)-g_1]-\frac{1}{1+\rho_1}\left(g_1+\frac{1}{1+\rho_1}\right)\\&\times\exp[\gamma_2-\delta\gamma_1-(1+\rho_1)g_1]-\frac{1}{1+\rho_2}\left(g_1+\frac{1}{1+\rho_2}\right)\\&\times\exp[\gamma_1-\delta\gamma_2-(1+\rho_2)g_1]+g_2(g_1+g_2)\exp\left(\gamma_1+\gamma_2-\frac{g_1}{g_2}\right)\end{aligned} \tag{4.47}$$

4.6.2 DF 中继模式的平均功率衰落

考虑到在 DF 中继模式中选择 R_1 的六种情况，平均的功率衰落可以表示为

$$\mathbb{E}_{\mathrm{DF}_1}[|h_{si}|^2]=\sum_{j\in\{a,\cdots,f\}}\mathbb{E}_{\mathrm{DF}_{1j}}[|h_{si}|^2],\mathbb{E}_{\mathrm{DF}_1}[|h_{\mathrm{r}}|^2]=\sum_{j\in\{a,\cdots,f\}}\mathbb{E}_{\mathrm{DF}_{1j}}[|h_{\mathrm{r}}|^2] \tag{4.48}$$

其中：$i\in\{1,2\}$。

当 R_2 进行 DF 时，平均功率衰落可类似得到，需将 p_1、p_2、d_{s1}、d_{s2} 分别替换为 p_2、p_1、d_{s2}、d_{s1}。$|h_{\mathrm{s1}}|^2$、$|h_{\mathrm{s2}}|^2$、$|h_{\mathrm{r}}|^2$、$|h_{\mathrm{1d}}|^2$、$|h_{\mathrm{2d}}|^2$ 分别记为 x、y、z、u、t。

（1）情形 DF_{1a}。按照式（4.31），功率衰落的区域为

$$\begin{aligned}\mathscr{R}_{\mathrm{DF}_{1a}}=\Bigg\{&(x,y,z,u,t)\ \Big|\ x\geqslant\delta\gamma_1,x\leqslant\rho_2 z-\gamma_1,y\geqslant\delta\gamma_2,y>\left[(1+\delta)\frac{p_1}{p_2}-1\right]\gamma_2,\\&z\geqslant(1+\delta)\frac{\gamma_1}{\rho_2},z<\frac{1}{\rho_1}(y+\gamma_2),u\geqslant\frac{p_2 d_{\mathrm{2d}}^{-\alpha}}{p_1 d_{\mathrm{1d}}^{-\alpha}}t\Bigg\}\end{aligned} \tag{4.49}$$

在区域 $\mathscr{R}_{\mathrm{DF}_{1a}}$ 上，对 $|h_{\mathrm{s1}}|^2$ 求数学期望为

$$\mathbb{E}_{\mathrm{DF}_{1a}}[|h_{s1}|^2]=\zeta(1+\delta\gamma_1)\exp(-\delta\gamma_1-f_1)\left\{\exp\left[-\frac{(1+\delta)\gamma_1}{\rho_2}\right]-\exp\left(-\frac{\gamma_2+f_1}{\rho_1}\right)\times\frac{\rho_1}{1+\rho_1}\right\}$$
$$+\frac{\zeta(1-\gamma_1)}{1+\rho_2}\exp(\gamma_1-f_1)\left\{f_2\exp\left[-\frac{(1+\rho_2)}{\rho_1}(\gamma_2+f_1)\right]\right.$$
$$\left.-\exp\left[-\gamma_1\times\left(1+\frac{1}{\rho_2}\right)(1+\delta)\right]\right\}+\frac{\zeta\rho_2 e^{\gamma_1-f_1}}{1+\rho_2}\exp\left[-\frac{(1+\rho_2)}{\rho_1}(\gamma_2+f_1)\right]$$
$$\times\left[\frac{\rho_1}{(1+\rho_1+\rho_2)^2}+f_2\left(\frac{\gamma_2+f_1}{\rho_1}+\frac{1}{1+\rho_2}\right)\right]-\frac{\zeta e^{-f_1-\delta\gamma_1}}{1+\rho_2}$$
$$\times\left[(1+\delta)\gamma_1+\frac{\rho_2}{1+\rho_2}\right]\exp\left(-\frac{1+\delta}{\rho_2}\gamma_1\right) \tag{4.50}$$

在区域 $\mathscr{R}_{\mathrm{DF}_{1a}}$ 上，对 $|h_{s2}|^2$ 求数学期望为

$$\mathbb{E}_{\mathrm{DF}_{1a}}[|h_{s2}|^2]=\frac{\zeta}{\exp(\delta\gamma_1+f_1)}\left\{(1+f_1)\exp\left[-(1+\delta)\frac{\gamma_1}{\rho_2}\right]-\left(f_1+\frac{\rho_1}{1+\rho_1}\right)\right.$$
$$\left.\times\frac{\rho_1}{1+\rho_1}\exp\left[-\frac{1}{\rho_1}(\gamma_2+f_1)\right]\right\}+\frac{\zeta}{1+\rho_2}\exp(\gamma_1-f_1)\left\{f_2(f_1+f_2)\right.$$
$$\left.\times\exp\left[-\frac{1}{\rho_1}(1+\rho_2)(\gamma_2+f_1)\right]-(1+f_1)\exp\left[-(1+\rho_2)(1+\delta)\frac{\gamma_1}{\rho_2}\right]\right\} \tag{4.51}$$

在区域 $\mathscr{R}_{\mathrm{DF}_{1a}}$ 上，对 $|h_r|^2$ 求数学期望为

$$\mathbb{E}_{\mathrm{DF}_{1a}}[|h_r|^2]=\frac{\zeta}{\exp(f_1)}\left\{\frac{1}{1+\rho_2}\left[(1+\delta)\gamma_1+\frac{\rho_2(\rho_2+2)}{1+\rho_2}\right]\exp\left[-\left(\delta+\frac{1+\delta}{\rho_2}\right)\gamma_1\right]\right.$$
$$-\left(\rho_1+\gamma_2+f_1+\frac{\rho_1}{1+\rho_1}\right)\frac{\exp(-\delta\gamma_1)}{1+\rho_1}\exp\left(-\frac{\gamma_2+f_1}{\rho_1}\right)$$
$$\left.+\frac{f_2 e^{\gamma_1}}{1+\rho_2}\left[\frac{1}{1+\rho_2}+\frac{\gamma_2+f_1+f_2}{\rho_1}\right]\exp\left[-\frac{1}{\rho_1}(1+\rho_2)(\gamma_2+f_1)\right]\right\} \tag{4.52}$$

(2) 情形 DF_{1b}。按照式 (4.35)，功率衰落的区域可以推导为

$$\mathscr{R}_{\mathrm{DF}_{1b}}=\left\{(x,y,z)\mid x\geqslant\delta\gamma_1,y<\delta\gamma_2,z\geqslant\frac{x+\gamma_1}{\rho_2}\right\} \tag{4.53}$$

在区域 $\mathscr{R}_{\mathrm{DF}_{1b}}$ 上，对 $|h_{s1}|^2$ 求数学期望为

$$\mathbb{E}_{\mathrm{DF}_{1b}}[|h_{s1}|^2]=\frac{\rho_2(1-e^{-\delta\gamma_2})}{1+\rho_2}\left(\delta\gamma_1+\frac{\rho_2}{1+\rho_2}\right)\exp\left[-\gamma_1\left(\delta+\frac{1+\delta}{\rho_2}\right)\right] \tag{4.54}$$

在区域 $\mathscr{R}_{\mathrm{DF}_{1b}}$ 上，对 $|h_{s2}|^2$ 求数学期望为

$$\mathbb{E}_{\mathrm{DF}_{1b}}[|h_{s2}|^2]=\frac{\rho_2}{1+\rho_2}[1-(1+\delta\gamma_2)\exp(-\delta\gamma_2)]\exp\{-\gamma_1[\delta+(1+\delta)/\rho_2]\} \tag{4.55}$$

在区域 $\mathscr{R}_{\mathrm{DF}_{1b}}$ 上，对 $|h_r|^2$ 求数学期望为

$$\mathbb{E}_{\mathrm{DF}_{1b}}[|h_r|^2]=\frac{(1-e^{-\delta\gamma_2})}{1+\rho_2}\left[\rho_2\left(1+\frac{1}{1+\rho_2}\right)+(1+\delta)\gamma_1\right]\exp\left[-\gamma_1\left(\delta+\frac{1+\delta}{\rho_2}\right)\right] \tag{4.56}$$

(3) 情形 DF_{1c}。按照式 (4.36)，功率衰落的区域推导为

$$\mathscr{R}_{\mathrm{DF}_{1c}}=\Big\{(x,y,z,u,t)\,|\,y\geqslant\delta\gamma_2,y\leqslant\rho_1 z-\gamma_2,x\geqslant\delta\gamma_1 x>\Big[(1+\delta)\frac{p_2}{p_1}-1\Big]\gamma_1,$$
$$z\geqslant(1+\delta)\frac{\gamma_2}{\rho_1},z<\frac{1}{\rho_2}(x+\gamma_1),u\geqslant\frac{p_2 d_{2\mathrm{d}}^{-\alpha}}{p_1 d_{1\mathrm{d}}^{-\alpha}}t\Big\} \tag{4.57}$$

在区域 $\mathscr{R}_{\mathrm{DF}_{1c}}$ 上，$\mathbb{E}_{\mathrm{DF}_{1c}}[|h_{s1}|^2]$、$\mathbb{E}_{\mathrm{DF}_{1c}}[|h_{s2}|^2]$和$\mathbb{E}_{\mathrm{DF}_{1c}}[|h_r|^2]$的结果分别与式(4.50)、式(4.51)和式(4.52)中的$\mathbb{E}_{\mathrm{DF}_{1a}}[|h_{s2}|^2]$、$\mathbb{E}_{\mathrm{DF}_{1a}}[|h_{s1}|^2]$和$\mathbb{E}_{\mathrm{DF}_{1a}}[|h_r|^2]$类似，需将 p_1、p_2、d_{s1}、d_{s2}、f_1、f_2 分别替换为 p_2、p_1、d_{s2}、d_{s1}、ω_1、ω_2，而 ζ 是不变的。

(4) 情形 DF_{1d}。由于该事件永远不会发生，在这个情况下的平均功率衰落都是 0，因此有$\mathbb{E}_{\mathrm{DF}_{1d}}[|h_{s1}|^2]=\mathbb{E}_{\mathrm{DF}_{1d}}[|h_{s2}|^2]=\mathbb{E}_{\mathrm{DF}_{1d}}[|h_r|^2]=0$。

(5) 情形 DF_{1e}。按照式(4.38)，这种情况下的功率衰落区域推导为

$$\mathscr{R}_{\mathrm{DF}_{1e}}=\Big\{(x,y,z,u,t)\,|\,x\geqslant\delta\gamma_1,z<\frac{1}{\rho_2}(x+\gamma_1),y\geqslant\delta\gamma_2,$$
$$z<\frac{1}{\rho_1}(y+\gamma_2),u\geqslant\frac{p_2 d_{2\mathrm{d}}^{-\alpha}}{p_1 d_{1\mathrm{d}}^{-\alpha}}t\Big\} \tag{4.58}$$

区域 $\mathscr{R}_{\mathrm{DF}_{1e}}$ 可以进一步划分为三个子区域

$$\begin{cases}\mathscr{R}_{\mathrm{DF}_{1e}}^{\mathrm{one}}=\Big\{(x,y,z,u,t)\,|\,x\geqslant\delta\gamma_1,y\geqslant f_1,z<\frac{1}{\rho_2}(1+\delta)\gamma_1,u\geqslant\frac{p_2 d_{2\mathrm{d}}^{-\alpha}}{p_1 d_{1\mathrm{d}}^{-\alpha}}t\Big\}\\ \mathscr{R}_{\mathrm{DF}_{1e}}^{\mathrm{two}}=\Big\{(x,y,z,u,t)\,|\,x\geqslant\rho_2 z-\gamma_1,z\geqslant\frac{1}{\rho_2}(1+\delta)\gamma_1,y\geqslant f_1,z<\frac{1}{\rho_1}(y+\gamma_2),u\geqslant\frac{p_2 d_{2\mathrm{d}}^{-\alpha}}{p_1 d_{1\mathrm{d}}^{-\alpha}}t\Big\}\\ \mathscr{R}_{\mathrm{DF}_{1e}}^{\mathrm{thr}}=\Big\{(x,y,z,u,t)\,|\,x\geqslant\delta\gamma_1,y\geqslant\delta\gamma_2,y<\frac{p_1}{p_2}(1+\delta)\gamma_2-\gamma_2,z<\frac{1}{\rho_1}(y+\gamma_2),u\geqslant\frac{p_2 d_{2\mathrm{d}}^{-\alpha}}{p_1 d_{1\mathrm{d}}^{-\alpha}}t\Big\}\end{cases} \tag{4.59}$$

式中：只有当 $\rho_2\gamma_2<\rho_1\gamma_1$ 时，最后一个区域才是可用的。

基于以上区域，能够推导出平均功率衰落$\mathbb{E}_{\mathrm{DF}_{1e}}[|h_{s1}|^2]$为

$$\mathbb{E}_{\mathrm{DF}_{1e}}[|h_{s1}|^2]=\phi_a+\phi_b+\mathbf{1}(\rho_2\gamma_2<\rho_1\gamma_1)\phi_c \tag{4.60}$$

式中：ϕ_a、ϕ_b 和 ϕ_c 为在区域 $\mathscr{R}_{\mathrm{DF}_{1e}}^{\mathrm{one}}$、$\mathscr{R}_{\mathrm{DF}_{1e}}^{\mathrm{two}}$ 和 $\mathscr{R}_{\mathrm{DF}_{1e}}^{\mathrm{thr}}$ 上的平均功率衰落；$\mathbf{1}(\rho_2\gamma_2<\rho_1\gamma_1)$为指示随机变量，当 $\rho_2\gamma_2<\rho_1\gamma_1$ 时，该变量为 1，否则，其值 0。

在区域 $\mathscr{R}_{\mathrm{DF}_{1e}}^{\mathrm{one}}$ 上对$|h_{s1}|^2$ 求数学期望为

$$\phi_a=\frac{\zeta(1+\delta\gamma_1)}{\exp(\delta\gamma_1+f_1)}\Big\{1-\exp\Big[-\frac{1}{\rho_2}(1+\delta)\gamma_1\Big]\Big\} \tag{4.61}$$

在区域 $\mathscr{R}_{\mathrm{DF}_{1e}}^{\mathrm{two}}$ 上对$|h_{s1}|^2$ 求数学期望为

$$\phi_b=\frac{\zeta}{1+\rho_2}\Big\{(1+\delta\gamma_1+\frac{\rho_2}{1+\rho_2})\exp(-\frac{1+\delta}{\rho_2}\gamma_1)\exp(-\delta\gamma_1-f_1)$$
$$-\exp(\gamma_1-\frac{f_1}{f_2}-\frac{1+\rho_2}{\rho_1}\gamma_2)\Big[(1-\gamma_1)f_2+\omega_2(f_1+f_2+\gamma_2+\frac{\rho_1}{1+\rho_2})\Big]\Big\} \tag{4.62}$$

当 $\rho_2\gamma_2<\rho_1\gamma_1$ 时，在区域 $\mathscr{R}_{\mathrm{DF}_{1e}}^{\mathrm{thr}}$ 上对$|h_{s1}|^2$ 求数学期望为

$$\phi_c=\frac{\zeta(1+\delta\gamma_1)}{\exp(\delta\gamma_1)}\left[e^{-\delta\gamma_2}-\exp\left\{\left[1-\frac{p_1}{p_2}(1+\delta)\right]\gamma_2\right\}-\frac{\rho_1}{1+\rho_1}\exp\left(-\frac{\gamma_2}{\rho_1}\right)\right.$$
$$\left.\times\left(\exp\left[-\left(1+\frac{1}{\rho_1}\right)\delta\gamma_2\right]-\exp\left\{-\left(1+\frac{1}{\rho_1}\right)\left[\frac{p_1}{p_2}(1+\delta)-1\right]\gamma_2\right\}\right)\right] \tag{4.63}$$

由于 $\mathscr{R}_{DF_{1e}}$ 中，X 和 Y 的间隔是对称的，$\mathbb{E}_{DF_{1e}}[|h_{s2}|^2]$的结果类似式（4.60）中$\mathbb{E}_{DF_{1e}}[|h_{s1}|^2]$的结果，需要将 p_1、p_2、d_{s1}、d_{s2}、f_1、f_2、ω_1、ω_2 分别替换为 p_2、p_1、d_{s2}、d_{s1}、ω_1、ω_2、f_1、f_2，而 ζ 保持不变。

在式（4.58）区域 $\mathscr{R}_{DF_{1e}}$ 上，$|h_r|^2$ 的数学期望为

$$\mathbb{E}_{DF_{1e}}[|h_r|^2]=\zeta(G_1+G_2) \tag{4.64}$$

其中

$$G_1=\exp(-\delta\gamma_1-f_1)-\frac{\rho_1}{\rho_1+\rho_2}\exp\left[\gamma_1-f_1-\frac{\rho_2}{\rho_1}(\gamma_2+f_1)\right]-\frac{\rho_2}{1+\rho_2}\left(1+\frac{\gamma_1}{\rho_2}\right)$$
$$\times\exp\left(-f_1-\frac{\gamma_1}{\rho_2}\right)\left\{\exp\left[-\left(1+\frac{1}{\rho_2}\right)\delta\gamma_1\right]-f_2\exp\left[-\left(1+\frac{1}{\rho_2}\right)\left(\frac{\rho_2\gamma_2}{\rho_1}-\gamma_1\right)-(1+\rho_2)\frac{f_1}{\rho_1}\right]\right\}$$
$$-\frac{1}{1+\rho_2}\exp\left(-\frac{\gamma_1}{\rho_2}\right)\left\{\left(\delta\gamma_1+\frac{\rho_2}{1+\rho_2}\right)\exp\left[-\left(1+\frac{1}{\rho_2}\right)\delta\gamma_1-f_1\right]\right.$$
$$\left.-f_2\left[\frac{\rho_2}{1+\rho_2}+\frac{\rho_2}{\rho_1}(\gamma_2+f_1+f_2)-\gamma_1\right]\exp\left[-(1+\rho_2)\left(\frac{\gamma_2}{\rho_1}-\frac{\gamma_1}{\rho_2}\right)-\frac{f_1}{f_2}\right]\right\} \tag{4.65}$$

式（4.64）中 G_2 的结果类似 G_1 的结果，需将 p_1、p_2、d_{s1}、d_{s2}、f_1、f_2 分别替换为 p_2、p_1、d_{s2}、d_{s1}、ω_1、ω_2。

（6）情形 DF_{1f}。按照式（4.41），该情况下的功率衰落区域推导为

$$\mathscr{R}_{DF_{1f}}=\left\{(x,y,z)\mid x\geqslant\delta\gamma_1,y<\delta\gamma_2,z<\frac{x+\gamma_1}{\rho_2}\right\} \tag{4.66}$$

在区域 $\mathscr{R}_{DF_{1f}}$ 中，对$|h_{s1}|^2$ 求数学期望为

$$\mathbb{E}_{DF_{1f}}[|h_{s1}|^2]=(1-e^{-\delta\gamma_2})e^{-\delta\gamma_1}\left\{1+\delta\gamma_1-\frac{\rho_2}{1+\rho_2}\left(\delta\gamma_1+\frac{\rho_2}{1+\rho_2}\right)\exp\left[-(1+\delta)\frac{\gamma_1}{\rho_2}\right]\right\} \tag{4.67}$$

在区域 $\mathscr{R}_{DF_{1f}}$ 中，对$|h_{s2}|^2$ 求数学期望为

$$\mathbb{E}_{DF_{1f}}[|h_{s2}|^2]=[1-(1+\delta\gamma_2)e^{-\delta\gamma_2}]e^{-\delta\gamma_1}\left\{1-\frac{\rho_2}{1+\rho_2}\exp\left[-(1+\delta)\frac{\gamma_1}{\rho_2}\right]\right\} \tag{4.68}$$

在区域 $\mathscr{R}_{DF_{1f}}$ 中，对$|h_r|^2$ 求数学期望为

$$\mathbb{E}_{DF_{1f}}[|h_r|^2]=(1-e^{-\delta\gamma_2})e^{-\delta\gamma_1}\left\{1-\frac{e^{-(1+\delta)\gamma_1/\rho_2}}{1+\rho_2}\left[\rho_2\left(1+\frac{1}{1+\rho_2}\right)+(1+\delta)\gamma_1\right]\right\} \tag{4.69}$$

4.6.3 无中继时的平均功率衰落

如果 TPSR 和 DF 中继都不能正常进行，S 将在整个时间块内传输无线能量。平均功率衰落可在区域 $\mathscr{R}_N=\{(x,y)\mid x<\delta\gamma_1,y<\delta\gamma_2\}$ 中推导为

$$\mathbb{E}_N[|h_{si}|^2]=(1-e^{-\delta\gamma_j})[1-(1+\delta\gamma_i)\exp(-\delta\gamma_i)] \tag{4.70}$$

式中：$i\in\{1,2\}$；$j=3-i$。

4.7 系统吞吐量分析

在本节中，将要分析自适应中继机制及单中继 DF 系统的系统吞吐量。

4.7.1 自适应中继的吞吐量

在 TPSR 或 DF 中继中，R_i 成功转发源数据给 D 的概率为

$$\Pr(C_{di}\geqslant v)=\exp\left(-\frac{\delta(\sigma_a^2+\sigma_c^2)}{p_i d_{id}^{-\alpha}}\right) \tag{4.71}$$

系统的平均吞吐量记为 τ_a，推导为

$$\tau_a=\tau_t+\tau_{d_1}+\tau_{d_2} \tag{4.72}$$

式中：τ_t、τ_{d_1}、τ_{d_2} 为两个中继节点进行 TPSR 时的平均吞吐量、选择出 R_1 进行 DF 中继的平均吞吐量、选择出 R_2 进行 DF 中继的平均吞吐量。

在 TPSR 中，在一个时间块内，R_1 和 R_2 转发源数据的时隙数分别为 $L/2$ 和（$L/2-1$）。由于两个中继节点进行 TPSR 传输和成功转发源数据这两个事件是相互独立的，实施 TPSR 传输的吞吐量可以推导为

$$\tau_t=\Pr(V_{\mathrm{TPSR}})\frac{v}{L}\left[\frac{L}{2}\Pr(C_{d1}\geqslant v)+\left(\frac{L}{2}-1\right)\Pr(C_{d2}\geqslant v)\right] \tag{4.73}$$

式中：Pr（V_{TPSR}）在式（4.28）中给出；Pr（$C_{d1}\geqslant v$）和 Pr（$C_{d2}\geqslant v$）在式（4.71）中给出。

选择 R_1 进行 DF 中继的情况共有六种，吞吐量可以推导为

$$\tau_{d_1}=\tau_{d_1a}+\tau_{d_1b}+\tau_{d_1c}+\tau_{d_1d}+\tau_{d_1e}+\tau_{d_1f} \tag{4.74}$$

如前所述，情况 DF_{1d} 不会发生，有 $\tau_{d_1d}=0$。对于情况 DF_{1b} 和 DF_{1f}，数据成功传输与选择 R_1 是无关的，因此

$$\tau_{d_1i}=\frac{v}{2}\Pr(DF_{1i})\Pr(C_{d1}\geqslant v) \tag{4.75}$$

式中：$i\in\{b, f\}$；Pr（DF_{1b}）和 Pr（DF_{1f}）已分别在式（4.35）和式（4.42）中给出。

对于情况 DF_{1a}、DF_{1c} 和 DF_{1e}，数据的成功传输与选择 R_1 进行 DF 中继是相关的，因此吞吐量为

$$\tau_{d_1i}=\frac{v}{2}\Pr(DF_{1i}\cap C_{d_1}\geqslant v) \tag{4.76}$$

式中：$i\in\{a, c, e\}$；Pr（$DF_{1i}\cap C_{d1}\geqslant v$）的推导类似式（4.32）中的 Pr（$DF_{1a}$），式（4.36）中的 Pr（$DF_{1c}$），式（4.39）中的 Pr（$DF_{1e}$），需要将 ζ 替换为 $\tilde{\zeta}$，表达为

$$\begin{aligned}\tilde{\zeta}&=\Pr(p_1 d_{1d}^{-\alpha}|h_{1d}|^2\geqslant p_2 d_{2d}^{-\alpha}|h_{2d}|^2, C_{d_1}\geqslant v)\\&=\exp\left[-\frac{\delta(\sigma_a^2+\sigma_c^2)}{p_1 d_{1d}^{-\alpha}}\right]-\frac{p_2 d_{2d}^{-\alpha}}{p_1 d_{1d}^{-\alpha}+p_2 d_{2d}^{-\alpha}}\exp\left[-\left(\frac{1}{p_1 d_{1d}^{-\alpha}}+\frac{1}{p_2 d_{2d}^{-\alpha}}\right)\delta(\sigma_a^2+\sigma_c^2)\right]\end{aligned} \tag{4.77}$$

若 R_2 被选出进行 DF 中继传输，吞吐量 τ_{d_2} 的结果类似式（4.74）中的 τ_{d_1}，要将 p_1、p_2、d_{s1}、d_{s2}、d_{1d}、d_{2d} 分别替换为 p_2、p_1、d_{s2}、d_{s1}、d_{2d}、d_{1d}。将相关项代入式（4.72），可获得该基于 EH 的自适应中继机制的系统吞吐量。

4.7.2　基准单中继系统

对于单中继 DF 系统，在一个时隙内，中继节点 R 正确解调源数据的概率，即 DF 中继传输能够正常进行的概率，表示为

$$\Pr(V_{SR})=\Pr\{C_r \geqslant v\}=\exp\left[-\frac{\delta}{p_s d_{sr}^{-\alpha}}\left(\sigma_a^2+\frac{\sigma_c^2}{1-\xi}\right)\right] \tag{4.78}$$

中继节点转发源数据给 D 的成功概率 $\Pr\{C_d \geqslant v\}$ 可以类似推导为式（4.71），需要将 p_i 和 d_{id} 分别替换为 p_r 和 d_{rd}。

平均功率衰落 $\mathbb{E}_{V_{SR}}[|h_{sr}|^2]$ 推导为

$$\mathbb{E}_{V_{SR}}[|h_{sr}|^2]=\left[1+\frac{\delta}{p_s d_{sr}^{-\alpha}}\left(\sigma_a^2+\frac{\sigma_c^2}{1-\xi}\right)\right]\exp\left[-\frac{\delta}{p_s d_{sr}^{-\alpha}}\left(\sigma_a^2+\frac{\sigma_c^2}{1-\xi}\right)\right] \tag{4.79}$$

因此，平均功率衰落 $\mathbb{E}_{\bar{V}_{SR}}[|h_{sr}|^2]=1-\mathbb{E}_{V_{SR}}[|h_{sr}|^2]$。将 $\Pr(V_{SR})$，$\mathbb{E}_{V_{SR}}[|h_{sr}|^2]$，$\mathbb{E}_{\bar{V}_{SR}}[|h_{sr}|^2]$ 代入式（4.24），即可获得中继节点的功率 p_r。

单中继 DF 系统的吞吐量记为 τ_s，即

$$\tau_s=\frac{v}{2}\Pr(V_{SR})\Pr(C_d \geqslant v) \tag{4.80}$$

在区间（0，1）中搜索功率分配比例 ξ，可以获得单中继系统的最大吞吐量。

4.8　数值和仿真结果

除非特别说明，设置 $\eta=\theta=0.5$，$\alpha=3$，$L=20$，$\sigma_a^2=\sigma_c^2=1\text{W}$。源节点、中继节点、目的节点之间的相对位置如图 4.3 所示，S 和 D 的位置是固定的，两个中继节点被对称地放置于 S－D 连线的两侧，映射点为 w。用符号 d_r 表示 R_1 和 R_2 之间的距离，因此 $d_{sd}=d_{sw}+d_{wd}$，$d_{sr}=\sqrt{d_{sw}^2+(d_r/2)^2}$，$d_{rd}=\sqrt{d_{wd}^2+(d_r/2)^2}$，$d_{s1}=d_{s2}=d_{sr}$，$d_{1d}=d_{2d}=d_{rd}$。

4.8.1　中继节点的发射功率

图 4.4 显示了中继节点的功率 p_1 或 p_r 与功能分配因子 ξ 的关系。采用所计算的功率，仿真能量收集和数据传输过程，从而得到了仿真的功率值。数值结果和仿真结果完全吻合，验证了理论分析的准确性。随着 ξ 的增长，中继节点能够获得更多的能量，它们的发射功率变大。随着传输速率 v 的增长，中继节点解调源数据变得更为困难，S 更可能在整个时间块内传输无线能量。由于中继节

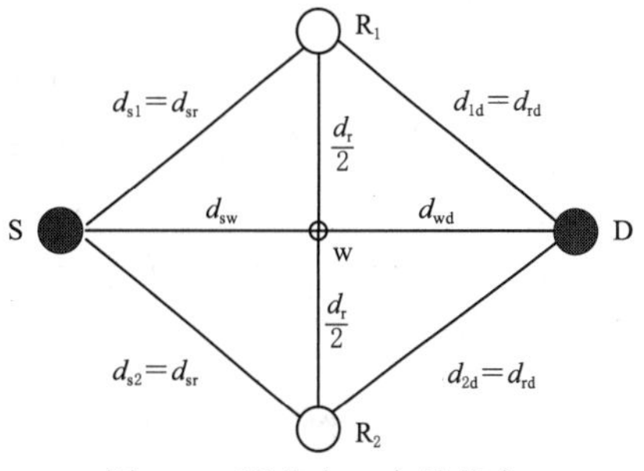

图 4.3　源节点、中继节点、目的节点之间的相对位置

点收集到更多的能量，并且转发源数据的机会变少，它们的发射功率会变大。双中继系统相比单中继系统，中继节点能够获得更高的功率。

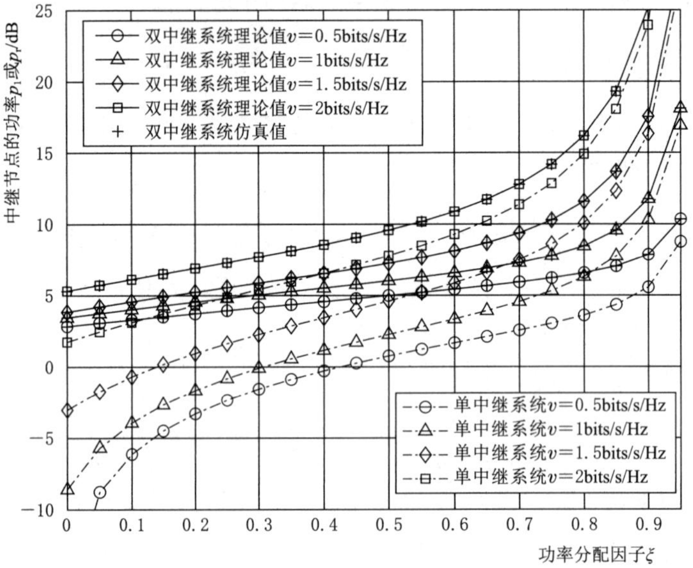

图 4.4　中继节点的功率 p_1 或 p_r 与功率分配因子 ξ 的关系

（p_s=30dBW，d_{sd}=10m，d_{sw}=5m，d_r=1m）

图 4.5 显示了中继节点的功率 p_1 或 p_r 与源节点的功率 p_s 的关系。随着 p_s 的增长，

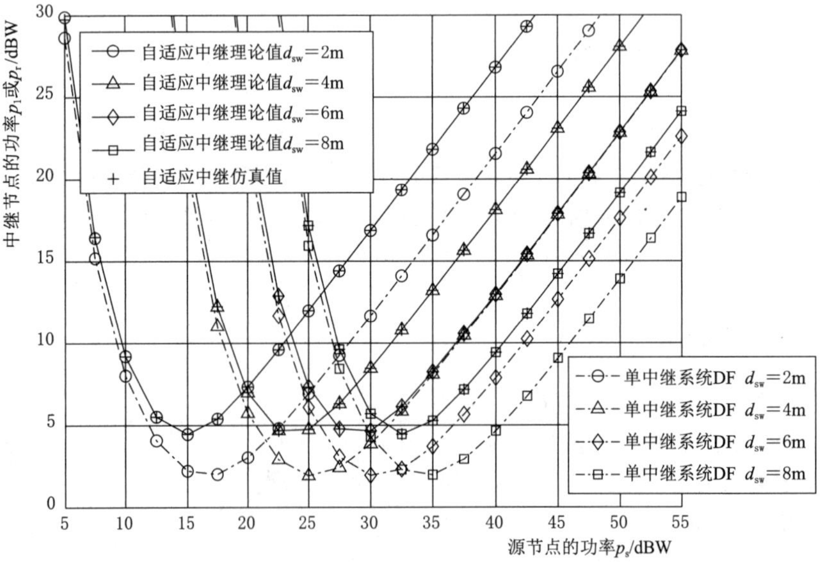

图 4.5　中继节点的功率 p_1 或 p_r 与源节点的功率 p_s 的关系

（ξ=0.5，v=1bits/s/Hz，d_{sd}=10m，d_r=1m）

中继节点的功率先变小后变大。当 p_s 较大时，中继节点收集到更多的能量，它们将更可能地加入数据协作传输的过程，使用所收集到的能量转发源数据。由于能量累积和消耗的速度不匹配，在 p_s 较低的区域，中继节点的功率变小，在 p_s 较高的区域，中继节点的功率变大。随着 d_{sw} 的增长，中继节点收集到的能量变少，能量协作传输的概率变小，图中的曲线向右侧移动。

4.8.2 实施 TPSR 或 DF 中继传输的概率

图 4.6 显示了选择 TPSR 或 DF 中继传输的概率与功率分配因子 ξ 的关系。图 4.7 显示了选择 TPSR 或 DF 中继模式的概率 S 与中继投影点之间的距离 d_{sw} 的关系。

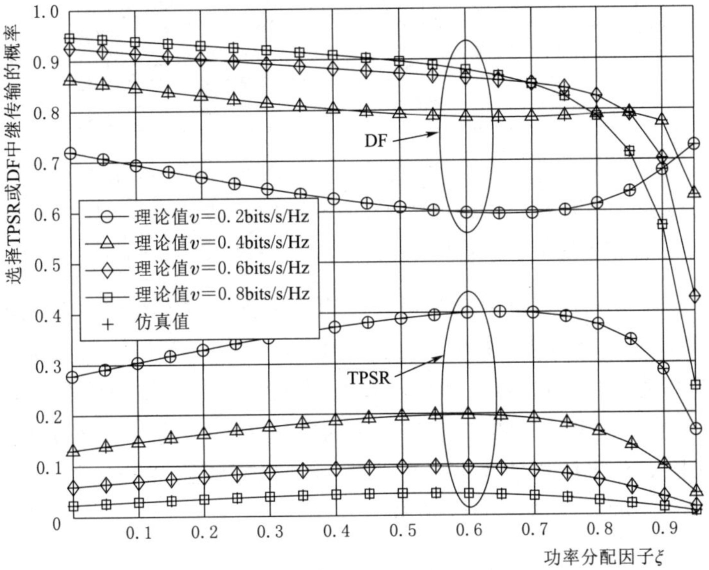

图 4.6 选择 TPSR 或 DF 中继传输的概率与功率分配因子 ξ 的关系
（$p_s=30$dBW，$d_{sd}=10$m，$d_{sw}=5$m，$d_r=1$m）

在图 4.6 中，当 ξ 变大时，中继节点收集更多的能量，发射功率变大，中继节点之间的干扰变强，有助于干扰消除的实施，但分配给 ID 的功率变少，中继节点 ID 更易失败。作为折中，选择 TPSR 模式的概率先变大后变小。随着 v 的增长，中继节点解调数据变得更为困难，选择 TPSR 模式的概率变小。针对不同的 ξ 和 v，选择 DF 中继模式的概率呈现不同的趋势，这是受中继节点 EH、发射功率、ID 的综合影响。在图 4.7 中，随着 d_{sw} 的增长，中继节点收集到的能量变少，发射功率变小，中继节点之间的干扰变弱，难以顺利消除干扰。因此，选择 TPSR 传输模式的概率变小。但是，选择 DF 中继传输的概率先增长后降低。随着 d_r 的增长，选择 TPSR 模式的概率变小，这是因为不能很好地删除中继节点之间的干扰，但是选择 DF 中继模式的概率变大。总体上看，选择 DF 中继模式的概率比选择 TPSR 模式更高一些。

4.8.3 给定 ξ 时的系统吞吐量

图 4.8 显示了协作中继系统的吞吐量与功率分配因子 ξ 的关系。随着 ξ 的增长，吞吐

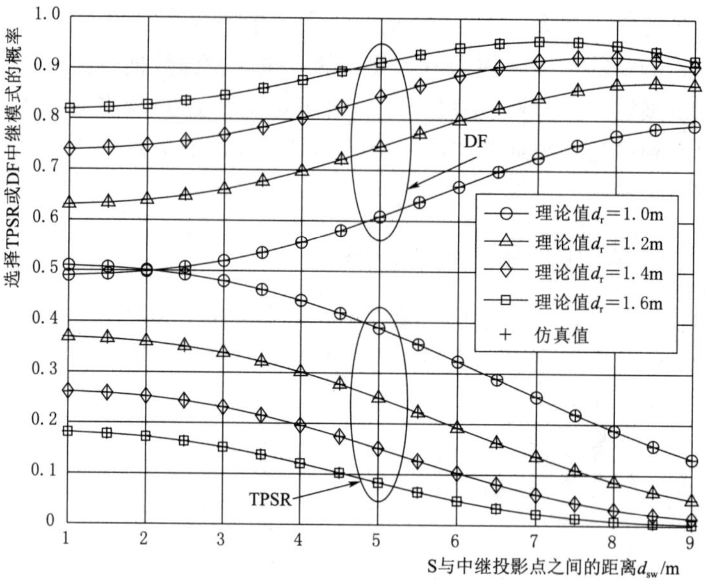

图 4.7　选择 TPSR 或 DF 中继模式的概率 S 与中继投影点之间的距离 d_{sw} 的关系
（ξ=0.5，v=0.5bits/s/Hz，p_s=30dBW，d_{sd}=10m）

量先升高后降低。较大的 ξ 利于中继节点收集更多的能量并在传输中使用较高的功率，但是剩余信号功率较低，不利于中继节点的 ID。只存在 TPSR 的机制（TPSR - only Scheme）是所提自适应中继的简化版本，只考虑采用 TPSR 作为协作传输的模式，如果 TPSR 无法正常工作，源节点则在整个时间块内传输无线能量给中继节点。对于单中继系统，随着 v 的增长，系统吞吐量变小。自适应中继机制相比 TPSR - only 和单中继（single - relay）机制，能够获得更高的吞吐量。

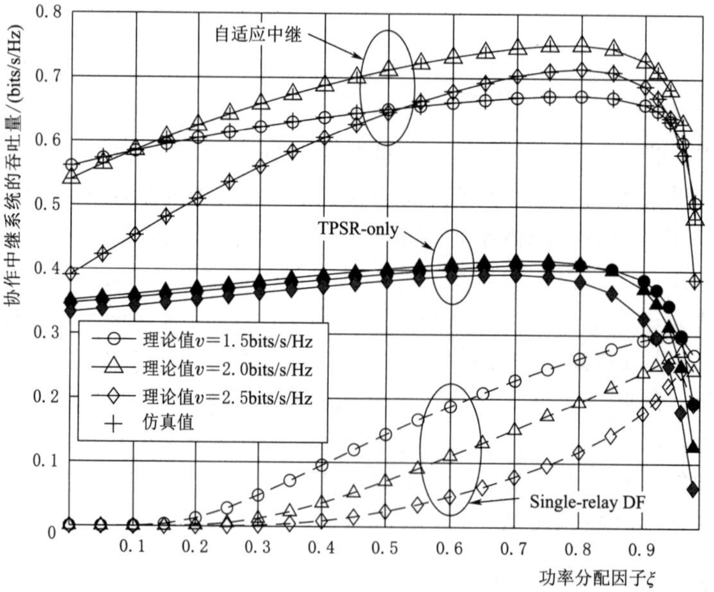

图 4.8　协作中继系统的吞吐量与功率分配因子 ξ 的关系
（p_s=40dBW，d_{sd}=6m，d_{sw}=4m，d_r=1m）

图 4.9 显示了协作中继系统的吞吐量与 S 和中继投影点之间的距离 d_{sw} 的关系。随着 d_{sw} 的增长，吞吐量先变小后变大。随着 d_{sw} 从较小值到中间值的增长，中继节点收集的能量较少，但是中继节点与目的节点之间的路径损耗变小。由于中继节点功率变小的不利因素能够盖过路径损耗变小的有利因素，系统吞吐量变小。但是，随着 d_{sw} 从中间值到较大值的增长，尽管中继节点收集到的能量较少且 ID 的性能可能变差，但是信号从中继节点到目的节点经历较弱的路径损耗，因此吞吐量变大。总体上看，将中继节点放置于 S 和 D 中间的位置并不是最优的。自适应中继机制相比单中继 DF 机制和 TPSR - only 机制，能够获得更高的吞吐量。

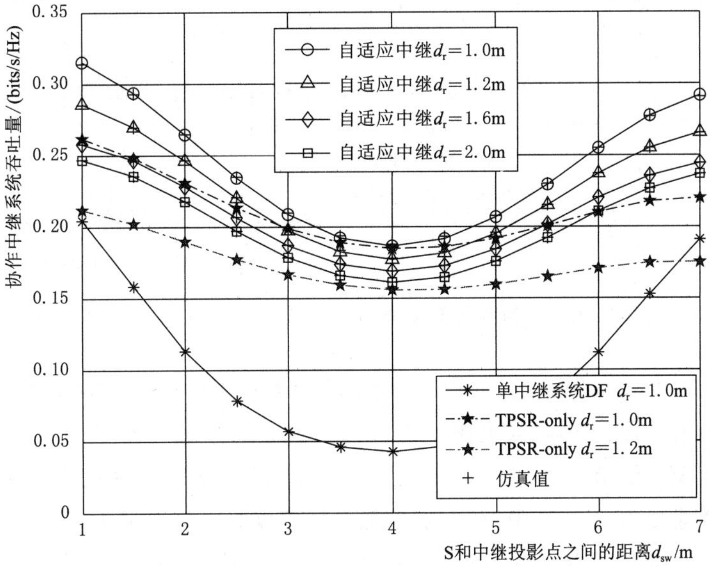

图 4.9　协作中继系统吞吐量与 S 和中继投影点之间的距离 d_{sw} 的关系（$\xi=0.8$，$v=0.5$bits/s/Hz，$p_s=40$dBW，$d_{sd}=8$m）

4.8.4　确定最优 ξ 时的最大吞吐量

在自适应中继机制中，两个中继节点总共有 12 种情况收集能量和转发源节点数据，吞吐量表达式非常复杂，因此从理论上计算最优 ξ 值非常困难。但是，可以采用数值方法确定最优的 PS 因子，以最大化系统的吞吐量。从图 4.4 到图 4.9，已经验证了理论分析值与仿真值吻合得非常好，接下来在图 4.10 和图 4.11 中，只画出最大吞吐量的理论结果。

图 4.10 显示了系统最大吞吐量与传输速率 v 的关系。随着 v 的增长，最大吞吐量先增长后下降。当数据速率比较低时，数据传输更可靠，但是吞吐量比较小。尽管以较高的速率传输数据较为困难，但是吞吐量会变大。随着源节点功率 p_s 的增长，吞吐量变大，这是因为中继节点能够收集到更多的能量，能更好地解调并转发数据。相比单中继系统，双中继系统能够大幅提升系统吞吐量。

图 4.11 显示了协作中继系统的最大吞吐量 S 和中继投影点之间的距离 d_{sw} 的关系。

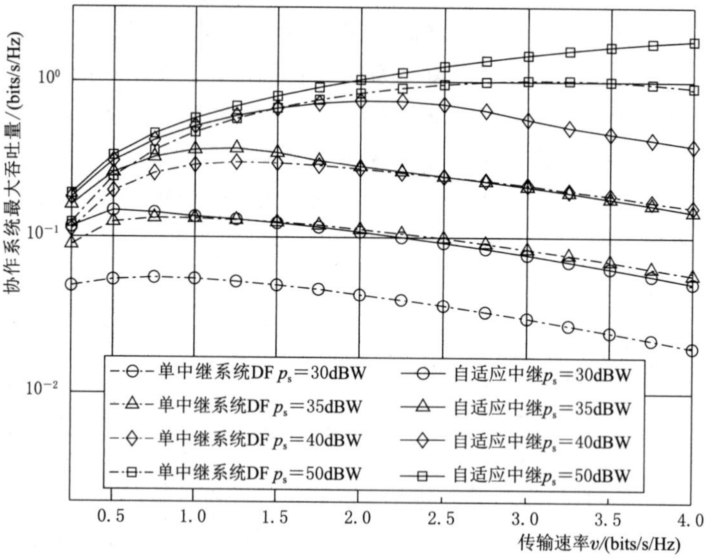

图 4.10　系统最大吞吐量与传输速率 v 的关系（$d_{sd}=6$m，$d_{sw}=4$m，$d_r=1$m）

随着 d_{sw} 的增长，吞吐量先降低后增长。较短的距离利于中继节点收集更多能量，较长的距离利于减弱中继节点与 D 之间的路径损耗。因此，不应将中继节点放置于 S 和 D 的中间位置。随着两个中继节点之间距离 d_r 的增长，吞吐量变小，这是由于中继节点从中继间干扰收集的能量变少，并且中继间的干扰不容易删除，导致选择 TPSR 模式的概率变小。对于单中继系统，随着 d_r 的增长，中继节点距离源节点更远，系统性能变差。

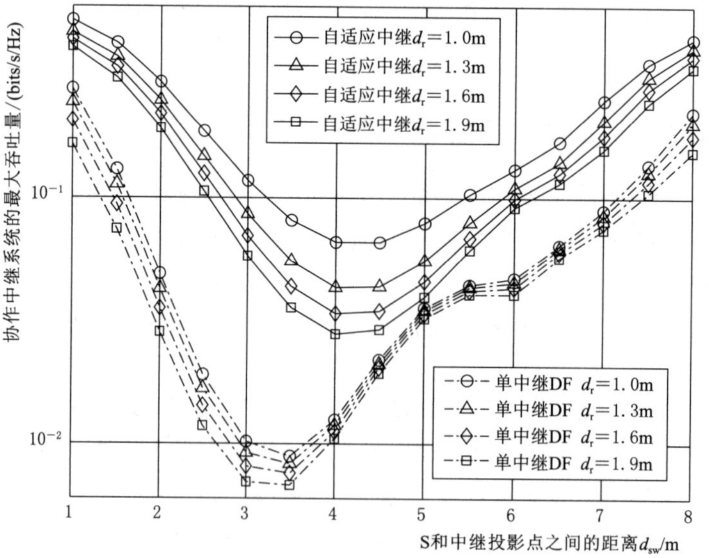

图 4.11　协作中继系统的最大吞吐量 S 和中继投影点之间的距离 d_{sw} 的关系（$d_{sd}=9$m，$p_s=40$dBW，$v=1$bits/s/Hz）

4.9 小结

本书提出了一种基于能量收集的双中继传输系统，自适应地选择 TPSR 或 DF 中继协议转发源数据给目的节点。对于 TPSR，两个中继节点不仅可以从源节点射频信号，同时可以从中继节点的干扰中收集无线能量。对于 DF 中继，当一个中继节点被选出来转发数据时，另一个中继节点能够同时从源节点和活跃中继节点的射频信号中收集能量。如果 TPSR 或 DF 中继传输均无法进行，源节点将在整个时间块内持续传输无线能量给中继节点。由于中继节点能够收集到更多的能量，并且 TPSR 机制能够获得几乎全部的复用增益，本书所提双中继系统的吞吐量性能大幅优于单中继系统。

第 5 章 基于能量收集交替中继的非正交多址接入

5.1 概述

小区中心用户可以作为中继，以 HD 或 FD 方式将数据动态转发给小区边缘用户[72-73]，两个近端用户也可交替转发数据给远端用户，避免了 HD 单中继传输效率较低的问题[74]。Yu et al.[59] 提出了一种选择最佳中继节点转发数据到远端用户的传输方式，而 Wu et al.[58] 采用多个中继节点以 NOMA 方式将多个数据流从基站转发到多个用户，提高系统吞吐量。在无线传感器网络中，每个节点不仅可以从源节点广播的信号中收集能量，还可以从其他传输节点收集能量[75]。Nasir et al.[40] 提出了采用 TS 或 PS 技术的 HD 中继节点收集射频能量的中继传输方案。对于下行 NOMA 系统，基于 EH 的近端用户不仅可以接收数据，还可以从基站射频信号中获取能量，将数据转发给远端用户[76-78]。对于基于 EH 的 FD 中继的 NOMA 系统，中继可以同时收集能量、接收数据和转发数据[79-80]。

在现有的大部分工作中，通常使用一个 EH 中继，利用 TS 或 PS 技术将数据从基站转发到远端用户，即将一部分时间或接收到的信号功率分配给能量收集过程。由于收集到的能量较少，中继节点的发射功率较低，数据转发质量较差。针对单能量收集中继的不足，提出了一种基于能量收集的双中继系统，即基站通过两个能量收集中继与近端用户和远端用户通信。信号可以连续传输，每个中继节点都可以机会性地收集能量。没有分配专门的时间或信号功率给能量收集过程，中继节点可以积累更多的能量，实现更可靠的协作传输。

本章主要创新点如下：

（1）通过灵活安排各终端的能量收集和数据传输操作，提出了一种非正交传输方案，两个中继节点可交替地将所接收到的信号放大转发给远端用户。

（2）每个中继节点不仅可以从基站处收集能量，还可以从另一个中继节点的信号中收集能量，这样可以收集到更多的能量。

（3）由于中继节点具有较高的发射功率、空间分集和复用增益，可以获得更高的系统吞吐量。采用叠加编码和自适应 SIC 技术，实现了基于 AF 中继的非正交传输。

5.2 传输协议

考虑如图 5.1 所示的基于能量收集交替中继的非正交多址接入下行传输系统，BS 需要传输数据给近端用户 U_1 和远端用户 U_2。由于射频信号遭受严重的路径损耗或者障碍物阻挡，在 BS 和 U_2 之间不存在直接链路。两个能量收集中继节点 R_1 和 R_2 能够按照 AF 协议交替转发 BS 的数据给 U_2。采用 AF 交替中继传输能够使两个中继节点累积更多能量，相比单中继系统获得更高的吞吐量。每个终端均安装单根全向天线，工作于 HD 模式。任意两个终端之间的信道经历相互独立的瑞利衰落。假设 U_1 和 U_2 知道相关的 CSI 以进行相干解调。假设终端是准静态的，在传输过程中，它们的相对位置不变。

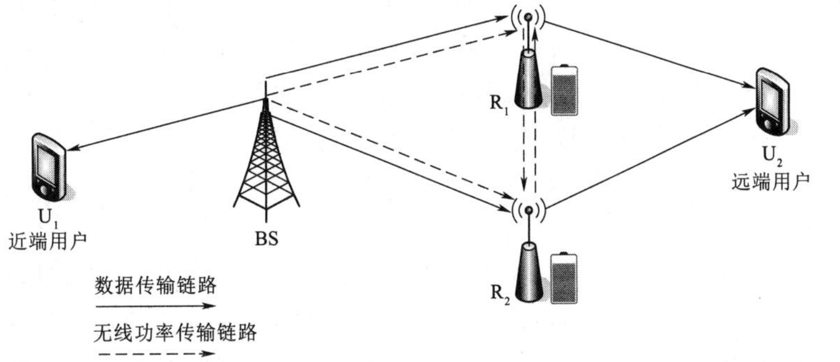

图 5.1　基于能量收集交替中继的非正交多址接入下行传输系统
（BS 发送数据给近端用户 U_1 和远端用户 U_2，得到两个中继节点的协助。
R_1 和 R_2 能够从 BS 和彼此的射频信号中收集能量，并交替转发数据给 U_2）

5.2.1 基于能量收集的非正交多址传输（EHNT）

对于 EHNT 机制，图 5.2 显示了基于 EH 和数据中继的非正交传输时间线。该传输过程是周期性进行的，每个周期包含四个时间块。

	时间块-Ⅰ	时间块-Ⅱ	时间块-Ⅲ	时间块-Ⅳ	
BS	BS广播一个复合信号	BS传输新的数据给U_1	BS广播一个复合信号	BS传输新的数据给U_1	…
R_1	R_1接收并且存储这个复合信号	R_1向U_2传输之前保存的复合信号	R_1收集无线能量	R_1从BS和R_2的射频信号中收集能量	…
R_2	R_2收集无线能量	R_2从BS和R_1的射频信号中收集能量	R_2接收并且存储这个复合信号	R_2向U_2传输之前保存的复合信号	…
U_1	U_1在解码并且删除U_2的数据后解码自己需要的数据	U_1通过自适应消除来自R_1的干扰后解码来自BS的数据	U_1在解码并且消除U_2的数据后解码自己需要的数据	U_1通过自适应消除来自R2的干扰后解码来自BS的数据	…
U_2	U_2保持静默	U_2将U_1的数据视为干扰直接解码自己需要的数据	U_2保持静默	U_2将U_1的数据视为干扰直接解码自己需要的数据	…

时间

一个周期

图 5.2　基于 EH 和数据中继的非正交传输时间线（考虑一个周期的操作）

（1）时间块-Ⅰ。BS线性组合 U_1 和 U_2 的数据，分配给 U_2 数据的功率较高，并广播混合信号。R_1 接收到混合信号后保存到内存中。R_2 接收到混合信号后，收集能量并保存到电池中。U_1 尝试从所接收到的混合信号中解调并删除 U_2 的数据，然后解调它所需的数据，分为三种情况：

1）事件 $\mathscr{A}_{1a}$。U_1 错误解调了 U_2 的数据，因此它无法删除干扰，无法解调它所需的数据。

2）事件 $\mathscr{A}_{1b}$。U_1 成功解调并删除了 U_2 的数据，但是它在剩余信号中错误解调了自己所需的数据。

3）事件 $\mathscr{A}_{1c}$。U_1 成功解调并删除了 U_2 的数据，它在剩余信号中正确解调了自己所需的数据。

（2）时间块-Ⅱ。BS传输一个新的数据给 U_1。与此同时，R_1 转发之前所接收到的混合信号给 U_2，U_2 直接解调自己所需的数据，并将不需要的数据视为干扰。R_2 从BS和 R_1 的射频信号中收集能量，并将能量保存于电池中。U_1 从BS和 R_1 接收到信号。考虑 U_1 在时间块-Ⅰ中的解调状态，U_1 在时间块-Ⅱ中有三种可能的解调方式：

1）如果在时间块-Ⅰ中事件 $\mathscr{A}_{1a}$ 发生，U_1 将直接解调来自BS的当前数据，并将来自 R_1 的信号视为干扰。

2）如果在时间块-Ⅰ中事件 $\mathscr{A}_{1b}$ 发生，U_1 将从所接收到的混合信号中删除 U_2 之前的数据，然后解调来自BS的当前的数据，在该过程中将 U_1 之前的数据视为干扰。

3）如果在时间块-Ⅰ中事件 $\mathscr{A}_{1c}$ 发生，U_1 将从所接收到的混合信号中删除来自 R_1 的信号，然后解调BS的当前数据。

（3）时间块-Ⅲ。BS线性组合 U_1 和 U_2 的数据，分配给 U_2 数据的功率较高，并广播混合信号。R_2 接收到混合信号后，保存到内存中。R_1 接收到混合信号后，收集能量并保存到电池中。U_1 尝试从所接收到的混合信号中解调并删除 U_2 的数据，然后解调它所需的数据，解调状态包含时间块-Ⅰ所定义的三种情况，分别是事件 $\mathscr{A}_{1a}$、事件 $\mathscr{A}_{1b}$ 和事件 $\mathscr{A}_{1c}$。

（4）时间块-Ⅳ。BS传输一个新的数据给 U_1。与此同时，R_2 转发之前所接收到的混合信号给 U_2，U_2 直接解调自己所需的数据，并将不需要的数据视为干扰。R_1 从BS和 R_2 的射频信号中收集能量，并将能量保存于电池中。U_1 从BS和 R_2 接收到信号。考虑 U_1 在时间块-Ⅲ中的解调状态，U_1 在时间块-Ⅳ中有三种可能的解调方式：

1）如果在时间块-Ⅲ中事件 $\mathscr{A}_{1a}$ 发生，U_1 将直接解调来自BS的当前数据，并将来自 R_2 的信号视为干扰。

2）如果在时间块-Ⅲ中事件 $\mathscr{A}_{1b}$ 发生，U_1 将从所接收到的混合信号中删除 U_2 之前的数据，然后解调来自BS的当前的数据，在该过程中将 U_1 之前的数据视为干扰。

3）如果在时间块-Ⅲ中事件 $\mathscr{A}_{1c}$ 发生，U_1 将从所接收到的混合信号中删除来自 R_2 的信号，然后解调BS的当前数据。

在每个周期的四个时间块内，总共传输六个数据分组，传输给 U_1 四个数据分组，传输给 U_2 两个数据分组，总的复用增益为3/2。由于在BS和 U_2 之间不存在直接链路，当一个中继节点在时间块-Ⅱ或时间块-Ⅳ中转发信号给 U_2 时，BS可以发送一个新的数据

给 U_1。在每个周期中，每个中继节点能够在两个时间块内收集能量，因此能量收集占用时间的比例为 1/2。

5.2.2 基于能量收集的正交传输（EHOT）

对于 EHOT 机制，图 5.3 显示了基于 EH 和数据中继的正交传输时间线。该传输过程是周期性进行的，每个周期包含六个时间块。

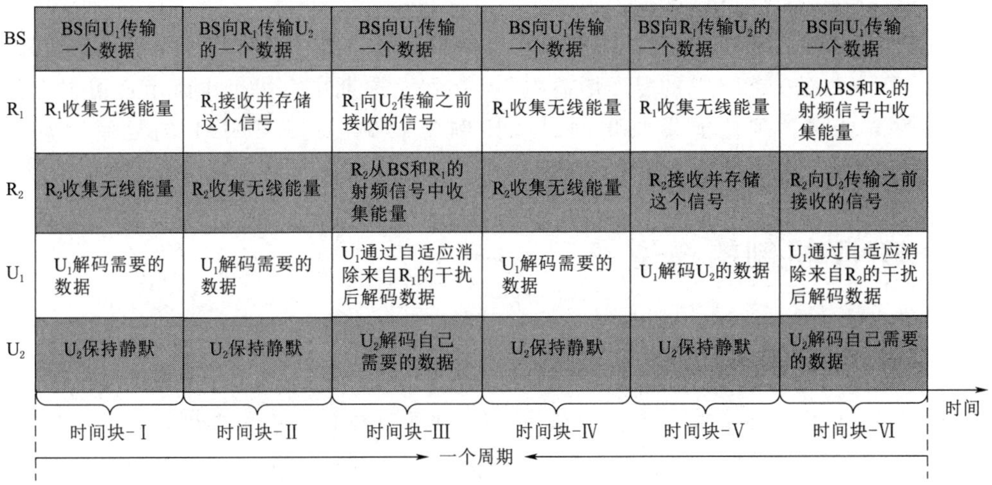

图 5.3　基于 EH 和数据中继的正交传输时间线（每个周期包含六个时间块）

（1）时间块-Ⅰ。BS 发送一个数据分组给 U_1，U_1 在没有干扰的情况下直接解调数据。R_1 和 R_2 从所接收到的信号中收集能量。

（2）时间块-Ⅱ。BS 发送 U_2 的一个数据分组给 R_1。R_2 从接收到的信号中收集能量。U_1 尝试解调 U_2 的数据，目的是在下个时间块内实现干扰消除。存在两种状态：

1）事件 $\mathscr{B}_{1a}$。U_1 错误解调了 U_2 的数据。

2）事件 $\mathscr{B}_{1b}$。U_1 正确解调了 U_2 的数据。

（3）时间块-Ⅲ。BS 发送一个数据分组给 U_1。与此同时，R_1 转发之前所接收到的信号给 U_2。R_2 从所接收到的来自 BS 和 R_1 的混合信号中收集能量。考虑到时间块-Ⅱ中的解调状态，U_1 在时间块-Ⅱ中有两种可能的解调方式：

1）如果在时间块-Ⅱ中，事件 $\mathscr{B}_{1a}$ 发生，U_1 直接解调来自 BS 的数据，来自 R_1 的信号被视为干扰。

2）如果在时间块-Ⅱ中，事件 $\mathscr{B}_{1b}$ 发生，U_1 将从所接收到的混合信号中删除来自 R_1 的信号，然后解调来自 BS 的数据。

（4）时间块-Ⅳ。BS 发送一个数据分组给 U_1，U_1 在没有干扰的情况下直接解调数据。R_1 和 R_2 从所接收到的信号中收集能量。

（5）时间块-Ⅴ。BS 发送 U_2 的一个数据分组给 R_2。R_1 从所接收到的信号中收集能量。U_1 尝试解调 U_2 的数据，目的是在下个时间块内实现干扰消除。类似时间块-Ⅱ，U_1 存在两种解调状态，即事件 $\mathscr{B}_{1a}$ 和事件 $\mathscr{B}_{1b}$。

(6) 时间块-Ⅵ。BS 发送一个数据分组给 U_1。与此同时，R_2 转发之前所接收到的信号给 U_2。R_1 从所接收到的来自 BS 和 R_2 的混合信号中收集能量。考虑到时间块-Ⅴ中的解调状态，U_1 在时间块-Ⅵ中有两种可能的解调方式：

1) 如果在时间块-Ⅴ中，事件 $\mathscr{B}_{1a}$ 发生，U_1 直接解调来自 BS 的数据，来自 R_2 的信号被视为干扰。

2) 如果在时间块-Ⅴ中，事件 $\mathscr{B}_{1b}$ 发生，U_1 将从所接收到的混合信号中删除来自 R_2 的信号，然后解调来自 BS 的数据。

在每个周期的六个时间块内，共传输六个数据分组，其中传输给 U_1 四个数据分组，传输给 U_2 两个数据分组，总的复用增益为 1。在每个周期中，每个中继节点可以在四个时间块内收集能量，因此能量收集的时间比例为 2/3。尽管 EHOT 的复用增益小于 EHNT (1vs3/2)，但中继节点的发射功率要高一些，这对于系统性能是有益的。

5.3 EHNT 机制的模型

5.3.1 中继节点 EH 和发射功率设置

在时间块-Ⅰ中，BS 广播一个混合信号。R_1 接收到该信号后保存到内存中，R_2 从所接收到的信号中收集能量。R_2 端所收集到的能量值为 $\varepsilon_{r_2}^{\mathrm{I}}=\eta P_b G_{br_2}^{\mathrm{I}} \ell_{br_2}$，其中 η 为能量转换效率，P_b 为 BS 的发射功率，$G_{br_2}^{\mathrm{I}}$ 为小尺度功率衰落，ℓ_{br_2} 为 BS 和 R_2 之间信号功率的大尺度路径损耗。在时间块-Ⅰ中，R_2 将所收集的能量保存到电池中。

在时间块-Ⅱ中，R_1 转发之前所接收到的信号给 U_2，与此同时，BS 发送一个新的数据给 U_1。R_2 接收到来自 BS 和 R_1 的混合信号，从中收集能量。R_2 在时间块-Ⅱ中所收集到的能量值为 $\varepsilon_{r_2}^{\mathrm{II}}=\eta(P_b G_{br_2}^{\mathrm{II}} \ell_{br_2}+P_{r_1} G_{r_1r_2}^{\mathrm{II}} \ell_{r_1r_2})$，其中 P_{r_1} 为 R_1 的发射功率，$G_{br_2}^{\mathrm{II}}$ 和 $G_{r_1r_2}^{\mathrm{II}}$ 分别为从 BS 到 R_1 和 R_2 的信道小尺度功率衰落，$\ell_{r_1r_2}$ 为 R_1 和 R_2 之间信号功率的大尺度路径损耗。

在时间块-Ⅲ中，R_1 和 R_2 身份交换。BS 广播一个混合信号。R_2 接收端到信号后保存到内存中，R_1 收集能量。R_1 所收集到的能量值为 $\varepsilon_{r_1}^{\mathrm{III}}=\eta P_b G_{br_1}^{\mathrm{III}} \ell_{br_1}$，其中 $G_{br_1}^{\mathrm{III}}$ 和 ℓ_{br_1} 分别为 BS 和 R_1 之间的小尺度功率衰落和大尺度路径损耗。

在时间块-Ⅳ中，BS 发送一个新的数据给 U_1，R_2 转发它之前所接收到的信号给 U_2。R_1 收集能量，收集到的能量值为 $\varepsilon_{r_1}^{\mathrm{IV}}=\eta(P_b G_{br_1}^{\mathrm{IV}} \ell_{br_1}+P_{r_2} G_{r_1r_2}^{\mathrm{IV}} \ell_{r_1r_2})$，其中 P_{r_2} 为 R_2 的发射功率，$G_{br_1}^{\mathrm{IV}}$ 和 $G_{r_1r_2}^{\mathrm{IV}}$ 分别为 BS 到 R_2 和 R_1 的信道小尺度功率衰落。

在时间块-Ⅲ中，R_1 采用功率 P_{r_1} 转发数据给 U_2。在时间块-Ⅳ中，R_2 采用功率 P_{r_2} 转发数据给 U_2。假设每个中继节点所平均消耗的能量等于所平均收集到的能量。假设两个中继节点的电池含有一些初始能量，因此它们总能够以预先设定的功率发送数据。因此，有

$$P_{r_1}=\mathbb{E}[\varepsilon_{r_1}^{\mathrm{III}}]+\mathbb{E}[\varepsilon_{r_1}^{\mathrm{IV}}]=2\eta P_b \ell_{br_1}+\eta P_{r_2} \ell_{r_1r_2} \tag{5.1}$$

$$P_{r_2}=\mathbb{E}[\varepsilon_{r_2}^{\mathrm{I}}]+\mathbb{E}[\varepsilon_{r_2}^{\mathrm{II}}]=2\eta P_b \ell_{br_2}+\eta P_{r_1} \ell_{r_1r_2} \tag{5.2}$$

按照式（5.1）和式（5.2），能够得到

$$P_{r_1}=\frac{2\eta P_b(\ell_{br_1}+\eta\ell_{br_2}\ell_{r_1r_2})}{1-\eta^2\ell_{r_1r_2}^2} \tag{5.3}$$

$$P_{r_2}=\frac{2\eta P_b(\ell_{br_2}+\eta\ell_{br_1}\ell_{r_1r_2})}{1-\eta^2\ell_{r_1r_2}^2} \tag{5.4}$$

5.3.2 用户和中继节点的信号模型

在时间块-Ⅰ中，BS通过线性组合 U_1 和 U_2 的数据，生成了一个混合信号。该混合信号记为 $x_c[\text{Ⅰ}]$，表达为

$$x_c[\text{Ⅰ}]=\sqrt{\rho P_b}\,x_1[\text{Ⅰ}]+\sqrt{(1-\rho)P_b}\,x_2[\text{Ⅰ}] \tag{5.5}$$

式中：$x_1[\text{Ⅰ}]$、$x_2[\text{Ⅰ}]$为发送给 U_1 和 U_2 的信号。信号的平均功率为 1，即$\mathbb{E}(x_1[\text{Ⅰ}])=\mathbb{E}(x_2[\text{Ⅰ}])=1$。分配给 $x_1[\text{Ⅰ}]$的功率比例为 ρ，剩余的（$1-\rho$）比例的功率分配给 $x_2[\text{Ⅰ}]$。假设分配更多的功率给 U_2 的信号，因此 $0<\rho<0.5$。

（1）时间块-Ⅰ和时间块-Ⅲ中的 U_1 解调。在时间块-Ⅰ中，U_1 所接收到的信号记为 $y_{bu_1}[\text{Ⅰ}]$，表达为

$$y_{bu_1}[\text{Ⅰ}]=\sqrt{\rho P_b}\,h_{bu_1}^{\text{Ⅰ}}\ell_{bu_1}^{1/2}x_1[\text{Ⅰ}]+\sqrt{(1-\rho)P_b}\,h_{bu_1}^{\text{Ⅰ}}\ell_{bu_1}^{1/2}x_2[\text{Ⅰ}]+n_{u_1}[\text{Ⅰ}] \tag{5.6}$$

式中：$h_{bu_1}^{\text{Ⅰ}}$ 为 BS 和 U_1 之间的小尺度信道衰落，服从瑞利分布；$n_{u_1}[\text{Ⅰ}]$为 AWGN；在时间块-Ⅲ中，U_1 所接收到的信号记为 $y_{bu_1}[\text{Ⅲ}]$，可类似表达为式（5.6），但是需要将时间索引[Ⅰ]替换为[Ⅲ]。

对于 SIC 解调，U_1 尝试解调并删除 U_2 的数据，然后解调它所需的数据。U_2 信号的 SINR 记为 $\gamma_{bu_1}^{\text{Ⅰ}}$，表达为

$$\gamma_{bu_1}^{\text{Ⅰ}}=\frac{(1-\rho)P_bG_{bu_1}^{\text{Ⅰ}}\ell_{bu_1}}{\rho P_bG_{bu_1}^{\text{Ⅰ}}\ell_{bu_1}+N_0} \tag{5.7}$$

式中：$G_{bu_1}^{\text{Ⅰ}}=|h_{bu_1}^{\text{Ⅰ}}|^2$，服从均值为 1 的指数分布；$N_0$ 为 AWGN 的功率，W。U_1 在时间块-Ⅲ中接收到的 SINR 表达类似于 $\gamma_{bu_1}^{\text{Ⅲ}}$，但需将式（5.7）中的 $G_{bu_1}^{\text{Ⅰ}}$ 改为 $G_{bu_1}^{\text{Ⅲ}}$。

如果 U_1 能够成功解调并删除 U_2 的数据，在无干扰的情况下，它将解调自己所需的数据，信号 SNR 记为 $\tilde{\gamma}_{bu_1}^{\text{Ⅰ}}$，表达为

$$\tilde{\gamma}_{bu_1}^{\text{Ⅰ}}=\rho P_bG_{bu_1}^{\text{Ⅰ}}\ell_{bu_1}/N_0 \tag{5.8}$$

U_1 在时间块-Ⅲ中解调并删除 U_2 数据后的信号 SNR 记为 $\tilde{\gamma}_{bu_1}^{\text{Ⅲ}}$，表达式类似于式（5.8），但需将 $G_{bu_1}^{\text{Ⅰ}}$ 更改为 $G_{bu_1}^{\text{Ⅲ}}$。如前面所述，U_1 在时间块-Ⅰ和时间块-Ⅲ中共有三种解调事件，即 $\mathscr{A}_{1a}$、$\mathscr{A}_{1b}$ 和 $\mathscr{A}_{1c}$。

（2）时间块-Ⅱ和时间块-Ⅳ中的 U_2 解调。在时间块-Ⅱ和时间块-Ⅳ中，一个中继节点转发它之前接收到的信号给 U_2。以 R_1 在时间块-Ⅱ中的操作为例，R_2 在时间块-Ⅳ中的操作可以类似分析。在时间块-Ⅰ中，R_1 接收到的信号为

$$y_{br_1}[\text{Ⅰ}]=\sqrt{\rho P_b}\,h_{br_1}^{\text{Ⅰ}}\ell_{br_1}^{1/2}x_1[\text{Ⅰ}]+\sqrt{(1-\rho)P_b}\,h_{br_1}^{\text{Ⅰ}}\ell_{br_1}^{1/2}x_2[\text{Ⅰ}]+n_{r_1}[\text{Ⅰ}] \tag{5.9}$$

式中：$h_{\mathrm{br}_1}^{\mathrm{I}}$ 为在时间块-Ⅰ中，BS 和 R_1 之间的信道小尺度衰落；n_{r_1}［Ⅰ］为 R_1 端的 AWGN。

在时间块-Ⅱ中，R_1 放大并转发之前接收到的信号给 U_2，放大因子为

$$\mathscr{F}_1^{\mathrm{II}}=\sqrt{\frac{P_{\mathrm{r}_1}}{P_{\mathrm{b}}G_{\mathrm{br}_1}^{\mathrm{I}}\ell_{\mathrm{br}_1}+N_0}} \tag{5.10}$$

当 R_1 在时间块-Ⅱ中转发信号时，U_2 接收到的信号记为 $y_{\mathrm{r}_1\mathrm{u}_2}$，表达为

$$\begin{aligned}y_{\mathrm{r}_1\mathrm{u}_2}[\mathrm{II}]&=(\mathscr{F}_1^{\mathrm{II}}y_{\mathrm{br}_1}[\mathrm{I}])h_{\mathrm{r}_1\mathrm{u}_2}^{\mathrm{II}}\ell_{\mathrm{r}_1\mathrm{u}_2}^{1/2}+n_{\mathrm{u}_2}[\mathrm{II}]\\&=\mathscr{F}_1^{\mathrm{II}}\sqrt{(1-\rho)P_{\mathrm{b}}}h_{\mathrm{r}_1\mathrm{u}_2}^{\mathrm{II}}\ell_{\mathrm{r}_1\mathrm{u}_2}^{1/2}h_{\mathrm{br}_1}^{\mathrm{I}}\ell_{\mathrm{br}_1}^{1/2}x_2[\mathrm{I}]+\mathscr{F}_1^{\mathrm{II}}\sqrt{\rho P_{\mathrm{b}}}h_{\mathrm{r}_1\mathrm{u}_2}^{\mathrm{II}}\ell_{\mathrm{r}_1\mathrm{u}_2}^{1/2}h_{\mathrm{br}_1}^{\mathrm{I}}\ell_{\mathrm{br}_1}^{1/2}x_1[\mathrm{I}]\\&\quad+\mathscr{F}_1^{\mathrm{II}}h_{\mathrm{r}_1\mathrm{u}_2}^{\mathrm{II}}\ell_{\mathrm{r}_1\mathrm{u}_2}^{1/2}n_{\mathrm{r}_1}[\mathrm{I}]+n_{\mathrm{u}_2}[\mathrm{II}]\end{aligned} \tag{5.11}$$

式中：n_{u_2}［Ⅱ］为在时间块-Ⅱ中 U_2 端的 AWGN。式（5.11）中第一项包含 U_2 所需的数据，第二项为干扰，最后两项为噪声。

在接收到 R_1 转发的混合信号后，U_2 将尝试直接解调所需数据 x_2［Ⅰ］，在该过程中将不需要的数据 x_1［Ⅰ］视为干扰。U_2 所需数据的 SINR 记为 $\gamma_{\mathrm{r}_1\mathrm{u}_2}^{\mathrm{II}}$，表达为

$$\gamma_{\mathrm{r}_1\mathrm{u}_2}^{\mathrm{II}}=\frac{(1-\rho)\xi_{\mathrm{r}_1\mathrm{u}_2}^{\mathrm{II}}\xi_{\mathrm{br}_1}^{\mathrm{I}}}{\rho\xi_{\mathrm{r}_1\mathrm{u}_2}^{\mathrm{II}}\xi_{\mathrm{br}_1}^{\mathrm{I}}+\xi_{\mathrm{r}_1\mathrm{u}_2}^{\mathrm{II}}+\xi_{\mathrm{br}_1}^{\mathrm{I}}+1} \tag{5.12}$$

其中

$$\xi_{\mathrm{r}_1\mathrm{u}_2}^{\mathrm{II}}=P_{\mathrm{r}_1}G_{\mathrm{r}_1\mathrm{u}_2}^{\mathrm{II}}\ell_{\mathrm{r}_1\mathrm{u}_2}/N_0$$
$$\xi_{\mathrm{br}_1}^{\mathrm{I}}=P_{\mathrm{b}}G_{\mathrm{br}_1}^{\mathrm{I}}\ell_{\mathrm{br}_1}/N_0$$

在时间块-Ⅳ中，R_2 将放大转发之前接收到的信号给 U_2，U_2 端所接收到的信号可以类似表示为式（5.11），但是需要修改相关的时间索引、下标、上标。在时间块-Ⅳ中，U_2 所需数据的 SINR 记为 $\gamma_{\mathrm{r}_2\mathrm{u}_2}^{\mathrm{IV}}$，可以类似表达为式（5.12），但需改变 R_1 和 R_2 的身份，同时要改变相关的时间索引。

（3）时间块-Ⅱ和时间块-Ⅳ中的 U_1 解调。在时间块-Ⅱ和时间块-Ⅳ中，U_1 的操作是类似的，因此，只聚焦时间块-Ⅱ中的操作，时间块-Ⅳ中的操作可以类似分析。在时间块-Ⅱ中，R_1 转发混合信号给 U_2，与此同时 BS 发送一个新的数据给 U_1。U_1 所接收到的信号记为 y_{bu_1}［Ⅱ］，表达为

$$\begin{aligned}y_{\mathrm{bu}_1}[\mathrm{II}]&=\sqrt{P_{\mathrm{b}}}h_{\mathrm{bu}_1}^{\mathrm{II}}\ell_{\mathrm{bu}_1}^{1/2}x_1[\mathrm{II}]+\mathscr{F}_1^{\mathrm{II}}y_{\mathrm{br}_1}[\mathrm{I}]h_{\mathrm{r}_1\mathrm{u}_1}^{\mathrm{II}}\ell_{\mathrm{r}_1\mathrm{u}_1}^{1/2}+n_{\mathrm{u}_1}[\mathrm{II}]\\&=\sqrt{P_{\mathrm{b}}}h_{\mathrm{bu}_1}^{\mathrm{II}}\ell_{\mathrm{bu}_1}^{1/2}x_1[\mathrm{II}]+\mathscr{F}_1^{\mathrm{II}}\sqrt{(1-\rho)P_{\mathrm{b}}}h_{\mathrm{r}_1\mathrm{u}_1}^{\mathrm{II}}\ell_{\mathrm{r}_1\mathrm{u}_1}^{1/2}h_{\mathrm{br}_1}^{\mathrm{I}}\ell_{\mathrm{br}_1}^{1/2}x_2[\mathrm{I}]\\&\quad+\mathscr{F}_1^{\mathrm{II}}\sqrt{\rho P_{\mathrm{b}}}h_{\mathrm{r}_1\mathrm{u}_1}^{\mathrm{II}}\ell_{\mathrm{r}_1\mathrm{u}_1}^{1/2}h_{\mathrm{br}_1}^{\mathrm{I}}\ell_{\mathrm{br}_1}^{1/2}x_1[\mathrm{I}]+\mathscr{F}_1^{\mathrm{II}}h_{\mathrm{r}_1\mathrm{u}_1}^{\mathrm{II}}\ell_{\mathrm{r}_1\mathrm{u}_1}^{1/2}n_{\mathrm{r}_1}[\mathrm{I}]+n_{\mathrm{u}_1}[\mathrm{II}]\end{aligned} \tag{5.13}$$

式中：x_1［Ⅱ］为 BS 在时间块-Ⅱ中发送给 U_1 的信号。表示小尺度信道系数时，用下标表示时间块索引。

如前所述，U_1 在时间块-Ⅱ中的解调方式与其在时间块-Ⅰ中的解调状态有关，这是由于 U_1 需要自适应地进行 SIC 以解调所需数据。

1）当事件 $\mathscr{A}_{1\mathrm{a}}$ 发生时，在时间块-Ⅰ中，U_1 解调 x_2［Ⅰ］和 x_1［Ⅰ］均失败，因此式（5.13）中没有干扰可以删除，U_1 直接解调 x_1［Ⅱ］，在此过程中，将所有之前的信

号视为干扰。所需数据 x_1 [Ⅱ] 的 SINR 记为 $\gamma_{\mathrm{bu}_1}^{\mathrm{II}}$ ($\mathscr{A}_{1a}$)，表达为

$$\gamma_{\mathrm{bu}_1}^{\mathrm{II}}(\mathscr{A}_{1a})=\frac{\xi_{\mathrm{bu}_1}^{\mathrm{II}}(\xi_{\mathrm{br}_1}^{\mathrm{I}}+1)}{\xi_{\mathrm{r}_1\mathrm{u}_1}^{\mathrm{II}}\xi_{\mathrm{br}_1}^{\mathrm{I}}+\xi_{\mathrm{r}_1\mathrm{u}_1}^{\mathrm{II}}+\xi_{\mathrm{br}_1}^{\mathrm{I}}+1} \tag{5.14}$$

2）当事件 $\mathscr{A}_{1b}$ 发生时，在时间块-Ⅰ中 U_1 已成功解调x_2 [Ⅰ]，但错误解调 x_1 [Ⅰ]，它能够在式（5.13）中删除第二项。所需数据 x_1 [Ⅱ] 的 SINR 记为 $\gamma_{\mathrm{bu}_1}^{\mathrm{II}}$ ($\mathscr{A}_{1b}$)，表达为

$$\gamma_{\mathrm{bu}_1}^{\mathrm{II}}(\mathscr{A}_{1b})=\frac{\xi_{\mathrm{bu}_1}^{\mathrm{II}}(\xi_{\mathrm{br}_1}^{\mathrm{I}}+1)}{\rho\xi_{\mathrm{r}_1\mathrm{u}_1}^{\mathrm{II}}\xi_{\mathrm{br}_1}^{\mathrm{I}}+\xi_{\mathrm{r}_1\mathrm{u}_1}^{\mathrm{II}}+\xi_{\mathrm{br}_1}^{\mathrm{I}}+1} \tag{5.15}$$

3）当事件 $\mathscr{A}_{1c}$ 发生时，在时间块-Ⅰ中 U_1 已成功解调 x_2 [Ⅰ] 和 x_1 [Ⅰ]，它能够在式（5.13）中删除第二项和第三项。所需数据 x_1 [Ⅱ] 的 SNR 记为 $\gamma_{\mathrm{bu}_1}^{\mathrm{II}}$ ($\mathscr{A}_{1c}$)，表达为

$$\gamma_{\mathrm{bu}_1}^{\mathrm{II}}(\mathscr{A}_{1c})=\frac{\xi_{\mathrm{bu}_1}^{\mathrm{II}}(\xi_{\mathrm{br}_1}^{\mathrm{I}}+1)}{\xi_{\mathrm{r}_1\mathrm{u}_1}^{\mathrm{II}}+\xi_{\mathrm{br}_1}^{\mathrm{I}}+1} \tag{5.16}$$

其中

$$\xi_{\mathrm{bu}_1}^{\mathrm{II}}=\frac{P_{\mathrm{b}}G_{\mathrm{bu}_1}^{\mathrm{II}}\ell_{\mathrm{bu}_1}}{N_0}$$

$$\xi_{\mathrm{r}_1\mathrm{u}_1}^{\mathrm{II}}=\frac{P_{\mathrm{r}_1}G_{\mathrm{r}_1\mathrm{u}_1}^{\mathrm{II}}\ell_{\mathrm{r}_1\mathrm{u}_1}}{N_0}$$

在时间块-Ⅳ中，U_1 的解调过程可以类似进行。

5.4 EHOT 机制的模型

5.4.1 中继节点 EH 和发射功率

在时间块-Ⅰ中，BS 广播一个数据给 U_1，R_1 和 R_2 从所接收到的信号中收集能量，所收集到的能量值分别表示为 $\mathscr{J}_{\mathrm{r}_1}^{\mathrm{I}}=\eta P_{\mathrm{b}}G_{\mathrm{br}_1}^{\mathrm{I}}\ell_{\mathrm{br}_1}$ 和 $\mathscr{J}_{\mathrm{r}_2}^{\mathrm{I}}=\eta P_{\mathrm{b}}G_{\mathrm{br}_2}^{\mathrm{I}}\ell_{\mathrm{br}_2}$。

在时间块-Ⅱ中，BS 发送一个数据给 R_1，而 R_2 能够从所接收到的信号中收集能量。R_2 所收集到的能量值为 $\mathscr{J}_{\mathrm{r}_2}^{\mathrm{II}}=\eta P_{\mathrm{b}}G_{\mathrm{br}_2}^{\mathrm{II}}\ell_{\mathrm{br}_2}$。

在时间块-Ⅲ中，R_1 转发数据给 U_2，同时 BS 发送一个新的数据给 U_1。R_2 从所接收到的混合信号中收集能量，能量值为 $\mathscr{J}_{\mathrm{r}_2}^{\mathrm{III}}=\eta(P_{\mathrm{b}}G_{\mathrm{br}_2}^{\mathrm{III}}\ell_{\mathrm{br}_2}+Q_{\mathrm{r}_1}G_{\mathrm{r}_1\mathrm{r}_2}^{\mathrm{III}}\ell_{\mathrm{r}_1\mathrm{r}_2})$，其中 Q_{r_1} 为 R_1 的发射功率。

在时间块-Ⅳ中，BS 发送一个数据给 U_1。R_1 和 R_2 能够从所接收到的信号中收集能量，所收集到的能量值分别为 $\mathscr{J}_{\mathrm{r}_1}^{\mathrm{IV}}=\eta P_{\mathrm{b}}G_{\mathrm{br}_1}^{\mathrm{IV}}\ell_{\mathrm{br}_1}$ 和 $\mathscr{J}_{\mathrm{r}_2}^{\mathrm{IV}}=\eta P_{\mathrm{b}}G_{\mathrm{br}_2}^{\mathrm{IV}}\ell_{\mathrm{br}_2}$。

在时间块-Ⅴ中，BS 发送一个数据给 R_2，与此同时，R_1 能够从所接收到的信号中收集能量，所收集到的能量值为 $\mathscr{J}_{\mathrm{r}_1}^{\mathrm{V}}=\eta P_{\mathrm{b}}G_{\mathrm{br}_1}^{\mathrm{V}}\ell_{\mathrm{br}_1}$。

在时间块-Ⅵ中，R_2 转发数据给 U_2，同时 BS 发送一个新的数据给 U_1。R_1 从所接收到的混合信号中收集能量，能量值为 $\mathscr{J}_{\mathrm{r}_1}^{\mathrm{VI}}=\eta(P_{\mathrm{b}}G_{\mathrm{br}_1}^{\mathrm{VI}}\ell_{\mathrm{br}_1}+Q_{\mathrm{r}_2}G_{\mathrm{r}_1\mathrm{r}_2}^{\mathrm{VI}}\ell_{\mathrm{r}_1\mathrm{r}_2})$，其中 Q_{r_2} 为 R_2 的发射功率。

在时间块-Ⅲ中，R_1 转发数据给 U_2，发射功率为 Q_{r_1}。在时间块-Ⅳ中，R_2 转发数据

给 U_2，发射功率为 Q_{r_2}。假设 R_1 和 R_2 所消耗的平均能量值等于所收集到的平均能量值。因此有

$$Q_{r_1}=\mathbb{E}[\mathcal{J}_{r_1}^{\mathrm{I}}]+\mathbb{E}[\mathcal{J}_{r_1}^{\mathrm{IV}}]+\mathbb{E}[\mathcal{J}_{r_1}^{\mathrm{V}}]+\mathbb{E}[\mathcal{J}_{r_1}^{\mathrm{VI}}]=4\eta P_b\ell_{br_1}+\eta Q_{r_2}\ell_{r_1r_2} \tag{5.17}$$

$$Q_{r_2}=\mathbb{E}[\mathcal{J}_{r_2}^{\mathrm{I}}]+\mathbb{E}[\mathcal{J}_{r_2}^{\mathrm{II}}]+\mathbb{E}[\mathcal{J}_{r_2}^{\mathrm{III}}]+\mathbb{E}[\mathcal{J}_{r_2}^{\mathrm{IV}}]=4\eta P_b\ell_{br_2}+\eta Q_{r_1}\ell_{r_1r_2} \tag{5.18}$$

因此，可以得到

$$Q_{r_1}=\frac{4\eta P_b(\ell_{br_1}+\eta\ell_{br_2}\ell_{r_1r_2})}{1-\eta^2\ell_{r_1r_2}^2} \tag{5.19}$$

$$Q_{r_2}=\frac{4\eta P_b(\ell_{br_2}+\eta\ell_{br_1}\ell_{r_1r_2})}{1-\eta^2\ell_{r_1r_2}^2} \tag{5.20}$$

5.4.2 用户和中继节点的信号模型

在时间块-Ⅰ中，BS 发送 $x_1[\mathrm{I}]$给 U_1。在无干扰的情况下，U_1 直接解调该数据，接收信号的 SNR 为 $\beta_{bu_1}^{\mathrm{I}}=P_bG_{bu_1}^{\mathrm{I}}\ell_{bu_1}/N_0$。

在时间块-Ⅱ中，BS 发送 $x_2[\mathrm{II}]$给 R_1。R_1 端所接收到的信号记为 $z_{br_1}[\mathrm{II}]$，表达为

$$z_{br_1}[\mathrm{II}]=\sqrt{P_b}\,h_{br_1}^{\mathrm{II}}\ell_{br_1}^{1/2}x_2[\mathrm{II}]+n_{r_1}[\mathrm{II}] \tag{5.21}$$

R_1 将所接收到的信号保存到内存中。U_1 尝试解调 x_2 [Ⅱ]，为下个时间块内的干扰消除做准备。U_1 接收信号 x_2 [Ⅱ] 时的 SNR 表示为 $\beta_{bu_1}^{\mathrm{II}}=P_bG_{bu_1}^{\mathrm{II}}\ell_{bu_1}/N_0$。

在时间块-Ⅲ中，R_1 放大转发其在时间块-Ⅱ所接收到的信号给 U_2，与此同时，BS 发送数据 x_1 [Ⅲ] 给 U_1。由于 BS 和 U_2 之间不存在直接链路，U_2 在本时间块内所接收到的信号不存在干扰。U_2 接收到的信号 SNR 记为 $\beta_{r_1u_2}^{\mathrm{III}}=Q_{r_1}G_{r_1u_2}^{\mathrm{III}}\ell_{r_1u_2}/N_0$。

在该时间块内，R_1 的数据传输会给 U_1 端的数据接收产生干扰。U_1 端接收到的信号记为 z_{bu_1} [Ⅲ]，表达为

$$\begin{aligned}z_{bu_1}[\mathrm{III}]&=\sqrt{P_b}\,h_{bu_1}^{\mathrm{III}}\ell_{bu_1}^{1/2}x_1[\mathrm{III}]+\mathscr{W}_1h_{r_1u_1}^{\mathrm{III}}\ell_{r_1u_1}^{1/2}z_{br_1}[\mathrm{II}]+n_{u_1}[\mathrm{III}]\\&=\sqrt{P_b}\,h_{bu_1}^{\mathrm{III}}\ell_{bu_1}^{1/2}x_1[\mathrm{III}]+\mathscr{W}_1h_{r_1u_1}^{\mathrm{III}}\ell_{r_1u_1}^{1/2}\sqrt{P_b}\,h_{br_1}^{\mathrm{II}}\ell_{br_1}^{1/2}x_2[\mathrm{II}]\\&\quad+\mathscr{W}_1h_{r_1u_1}^{\mathrm{III}}\ell_{r_1u_1}^{1/2}n_{r_1}[\mathrm{II}]+n_{u_1}[\mathrm{III}]\end{aligned} \tag{5.22}$$

式中：R_1 在时间块-Ⅱ中所接收到的信号 z_{br_1} [Ⅱ] 在式（5.21）中给出；放大因子为

$$\mathscr{W}_1=\sqrt{\frac{Q_{r_1}}{P_bG_{br_1}^{\mathrm{II}}\ell_{br_1}+N_0}} \tag{5.23}$$

由于 U_1 在时间块-Ⅱ中已经尝试解调数据 x_2 [Ⅱ]，考虑到其在时间块-Ⅱ中的解调状态，U_1 在时间块-Ⅲ中的解调方式可能不同：

（1）如果事件 $\mathscr{B}_{1a}$ 发生，意味着 U_1 在时间块-Ⅱ中错误解调 x_2 [Ⅱ]，它将直接解调 x_2 [Ⅲ]，在该过程中将来自 R_1 的信号视为干扰。按照式（5.22），所需数据的 SINR 记为 $\beta_{bu_1}^{\mathrm{III}}$（$\mathscr{B}_{1a}$），表达为

$$\beta_{bu_1}^{\mathrm{III}}(\mathscr{B}_{1a})=\frac{\zeta_{bu_1}^{\mathrm{III}}(\zeta_{br_1}^{\mathrm{II}}+1)}{\zeta_{r_1u_1}^{\mathrm{III}}\zeta_{br_1}^{\mathrm{II}}+\zeta_{r_1u_1}^{\mathrm{III}}+\zeta_{br_1}^{\mathrm{II}}+1} \tag{5.24}$$

(2) 如果事件 $\mathscr{B}_{1b}$ 发生，意味着 U_1 在时间块-Ⅱ中正确解调 x_2 [Ⅱ]，它将从式 (5.22) 中删除第二项，剩余信号的 SNR 记为 $\beta_{bu_1}^{Ⅲ}$ ($\mathscr{B}_{1b}$)，表达为

$$\beta_{bu_1}^{Ⅲ}(\mathscr{B}_{1b})=\frac{\zeta_{bu_1}^{Ⅲ}(\zeta_{br_1}^{Ⅱ}+1)}{\zeta_{r_1u_1}^{Ⅲ}+\zeta_{br_1}^{Ⅱ}+1} \tag{5.25}$$

其中

$$\zeta_{br_1}^{Ⅱ}=P_bG_{br_1}^{Ⅱ}\ell_{br_1}/N_0$$
$$\zeta_{bu_1}^{Ⅲ}=P_bG_{bu_1}^{Ⅲ}\ell_{bu_1}/N_0$$
$$\zeta_{r_1u_1}^{Ⅲ}=Q_{r_1}G_{r_1u_1}^{Ⅲ}\ell_{r_1u_1}/N_0$$

在时间块-Ⅳ中，BS 发送一个新的数据给 U_1，接收端的 SNR 记为 $\beta_{bu_1}^{Ⅳ}$，该表达式类似于 $\beta_{bu_1}^{Ⅰ}$，需改变相关的时间索引。在时间块-Ⅴ中，BS 发送一个数据给 R_2，为便于在下个时间块内进行 SIC，U_1 尝试解调该数据，接收信号的 SNR 记为 $\beta_{bu_1}^{Ⅴ}$，该表达式类似于 $\beta_{bu_1}^{Ⅱ}$，需修改相应的时间索引。在时间块-Ⅵ中，R_2 转发之前接收到的信号给 U_2，同时 BS 发送一个新的数据给 U_1。考虑到 U_1 在时间块-Ⅴ中的解调状态，其在时间块-Ⅵ中有两种可能的解调方式，相关的 SINR 和 SNR 类似表达为式 (5.24) 和式 (5.25)，需互换 R_1 和 R_2 的身份并改变相应的时间索引。

5.5 EHNT 机制的吞吐量

假设 U_1 和 U_2 数据的传输速率分别固定为 v_1 和 v_2。当信道可达速率不小于传输速率时，数据传输成功。EHNT 机制的平均吞吐量记为 $\mathscr{T}_{non}$，定义为

$$\mathscr{T}_{non}=\mathscr{T}_{non}^{u_1}+\mathscr{T}_{non}^{u_2} \tag{5.26}$$

式中：两项分别表示 BS→U_1 和 BS→U_2 的平均吞吐量。

对于 BS→U_1 的传输，平均吞吐量为

$$\mathscr{T}_{non}^{u_1}=\frac{1}{4}[\mathscr{T}_{non}^{u_1}(Ⅰ)+\mathscr{T}_{non}^{u_1}(Ⅱ)+\mathscr{T}_{non}^{u_1}(Ⅲ)+\mathscr{T}_{non}^{u_1}(Ⅳ)] \tag{5.27}$$

式中：四项分别表示在四个时间块内 BS→U_1 的吞吐量。

对于 BS→U_2 的传输，平均吞吐量为

$$\mathscr{T}_{non}^{u_2}=\frac{1}{2}[\mathscr{T}_{non}^{u_2}(Ⅰ,Ⅱ)+\mathscr{T}_{non}^{u_2}(Ⅲ,Ⅳ)] \tag{5.28}$$

式中：两项分别表示时间块（Ⅰ，Ⅱ）和时间块（Ⅲ，Ⅳ）中的平均中继传输吞吐量。

5.5.1 时间块-Ⅰ中 BS→U_1 的吞吐量

在时间块-Ⅰ中，BS 广播一个混合信号，U_1 采用 SIC 技术解调所需数据。在时间块-Ⅰ中，BS→U_1 的吞吐量可以表达为

$$\mathscr{T}_{non}^{u_1}(Ⅰ)=P_{suc1}^{Ⅰ}v_1 \tag{5.29}$$

式中：$P_{suc1}^{Ⅰ}$ 为 U_1 解调所需数据的成功概率。

考虑 SIC 解调过程，有

$$P_{\text{suc1}}^{\mathrm{I}}=\Pr\{\mathscr{A}_{1c}\}=\Pr\{\gamma_{\text{bu}_1}^{\mathrm{I}}\geqslant\delta_2,\tilde{\gamma}_{\text{bu}_1}^{\mathrm{I}}\geqslant\delta_1\}\tag{5.30}$$

式中：$\delta_1=2^{v_1}-1$；$\delta_2=2^{2v_2}-1$；$\gamma_{\text{bu}_1}^{\mathrm{I}}$ 和 $\tilde{\gamma}_{\text{bu}_1}^{\mathrm{I}}$ 已分别在式（5.7）和式（5.8）给出。

不同链路上的信道功率衰落是相互独立的，且服从均值为 1 的指数分布，有

$$P_{\text{suc1}}^{\mathrm{I}}=\mathbf{1}[(1+\delta_2)\rho<1]\exp\left\{-\frac{N_0}{P_{\mathrm{b}}\ell_{\text{bu}_1}}\max\left[\frac{\delta_2}{1-(1+\delta_2)\rho},\frac{\delta_1}{\rho}\right]\right\}\tag{5.31}$$

式中：$\mathbf{1}$（C）是指示随机变量，当条件 C 满足时，该变量为 1，否则其值为 0。

5.5.2 时间块-Ⅱ中 BS→U$_1$ 的吞吐量

在时间块-Ⅱ中，R_1 转发之前接收到的信号给 U_2，与此同时，BS 发送一个新的数据给 U_1。在该时间块内，BS→U_1 的吞吐量为

$$\mathscr{T}_{\text{non}}^{u_1}(\mathrm{II})=P_{\text{suc 1}}^{\mathrm{II}}v_1\tag{5.32}$$

式中：$P_{\text{suc1}}^{\mathrm{II}}$ 为 U_1 成功解调数据的概率。

在时间块-Ⅰ中，可能发生的事件有 $\mathscr{A}_{1a}$、$\mathscr{A}_{1b}$、$\mathscr{A}_{1c}$，不同事件发生情况下，U_1 在时间块-Ⅱ中的解调方式不同，U_1 在时间块-Ⅱ中成功解调所需数据的概率为

$$\begin{aligned}P_{\text{suc1}}^{\mathrm{II}}=&\Pr\{\mathscr{A}_{1a}\}\Pr\{\gamma_{\text{bu}_1}^{\mathrm{II}}(\mathscr{A}_{1a})\geqslant\delta_1\}+\Pr\{\mathscr{A}_{1b}\}\Pr\{\gamma_{\text{bu}_1}^{\mathrm{II}}(\mathscr{A}_{1b})\geqslant\delta_1\}\\&+\Pr\{\mathscr{A}_{1c}\}\Pr\{\gamma_{\text{bu}_1}^{\mathrm{II}}(\mathscr{A}_{1c})\geqslant\delta_1\}\end{aligned}\tag{5.33}$$

（1）事件 $\mathscr{A}_{1a}$ 发生的概率推导为

$$\begin{aligned}\Pr\{\mathscr{A}_{1a}\}&=\Pr\{\gamma_{\text{bu}_1}^{\mathrm{I}}<\delta_2\}\\&=\mathbf{1}[(1+\delta_2)\rho\geqslant1]+\mathbf{1}[(1+\delta_2)\rho<1]\left\{1-\exp\left[-\frac{\delta_2N_0}{(1-(1+\delta_2)\rho)P_{\mathrm{b}}\ell_{\text{bu}_1}}\right]\right\}\end{aligned}\tag{5.34}$$

当事件 $\mathscr{A}_{1a}$ 发生时，U_1 正确解调所需数据的概率推导为

$$\Pr\{\gamma_{\text{bu}_1}^{\mathrm{II}}(\mathscr{A}_{1a})\geqslant\delta_1\}=\frac{P_{\mathrm{b}}\ell_{\text{bu}_1}}{P_{\mathrm{b}}\ell_{\text{bu}_1}+\delta_1P_{\mathrm{r}_1}\ell_{\mathrm{r}_1\mathrm{u}_1}}\exp\left(-\frac{\delta_1N_0}{P_{\mathrm{b}}\ell_{\text{bu}_1}}\right)\tag{5.35}$$

（2）事件 $\mathscr{A}_{1b}$ 发生的概率推导为

$$\begin{aligned}\Pr\{\mathscr{A}_{1b}\}&=\Pr\{\gamma_{\text{bu}_1}^{\mathrm{I}}\geqslant\delta_2,\tilde{\gamma}_{\text{bu}_1}^{\mathrm{I}}<\delta_1\}\\&=\mathbf{1}\{(1+\delta_2)\rho<1,\delta_2\rho<\delta_1[1-(1+\delta_2)\rho]\}\\&\quad\times\left\{\exp\left[-\frac{\delta_2N_0}{(1-(1+\delta_2)\rho)P_{\mathrm{b}}\ell_{\text{bu}_1}}\right]-\exp\left(-\frac{\delta_1N_0}{\rho P_{\mathrm{b}}\ell_{\text{bu}_1}}\right)\right\}\end{aligned}\tag{5.36}$$

当事件 $\mathscr{A}_{1b}$ 发生时，U_1 正确解调所需数据的概率推导为

$$\begin{aligned}&\Pr\{\gamma_{\text{bu}_1}^{\mathrm{II}}(\mathscr{A}_{1b})\geqslant\delta_1\}\\&=\exp\left(-\frac{\delta_1N_0}{P_{\mathrm{b}}\ell_{\text{bu}_1}}\right)\times\int_0^{\infty}\frac{P_{\mathrm{b}}\ell_{\text{bu}_1}(N_0+P_{\mathrm{b}}\ell_{\text{br}_1}x)\exp(-x)\mathrm{d}x}{(P_{\mathrm{b}}\ell_{\text{bu}_1}+\delta_1P_{\mathrm{r}_1}\ell_{\mathrm{r}_1\mathrm{u}_1})N_0+P_{\mathrm{b}}\ell_{\text{br}_1}(P_{\mathrm{b}}\ell_{\text{bu}_1}+\delta_1\rho P_{\mathrm{r}_1}\ell_{\mathrm{r}_1\mathrm{u}_1})x}\end{aligned}\tag{5.37}$$

式中：给定一个截短值 D，积分项可以采用数值方法在区间[0，D]上计算。由于对信道功率衰落 x 进行积分操作，且 exp（$-x$）随 x 的增长而快速下降，采用一个较小的 D 值就能够获得很接近真实值的近似。

(3) 事件 $\mathscr{A}_{1c}$ 发生的概率为 $\Pr\{\mathscr{A}_{1c}\}$，已经在式（5.31）中获得。当事件 $\mathscr{A}_{1c}$ 发生时，U_1 正确解调所需数据的概率推导为

$$\begin{aligned}&\Pr\{\gamma_{bu_1}^{\mathrm{II}}(\mathscr{A}_{1c})\geqslant\delta_1\}\\&=\exp\left(-\frac{\delta_1 N_0}{P_b\ell_{bu_1}}\right)\times\int_0^{\infty}\frac{P_b\ell_{bu_1}(N_0+P_b\ell_{br_1}x)\exp(-x)}{(P_b\ell_{bu_1}+\delta_1 P_{r_1}\ell_{r_1u_1})N_0+P_b^2\ell_{bu_1}\ell_{br_1}x}\mathrm{d}x\end{aligned}\tag{5.38}$$

式中：积分项可以近似在区间 $[0, D]$ 上采用数值方法计算。

将式（5.31）、式（5.34）～式（5.38）代入式（5.33），可以获得在时间块-Ⅱ中，U_1 正确解调所需数据的概率。

5.5.3 时间块-Ⅲ中 BS→U_1 的吞吐量

在时间块-Ⅲ中，BS 广播一个混合信号，U_1 采用 SIC 技术解调所需数据。在时间块-Ⅲ中，BS→U_1 的吞吐量可以表达为

$$\mathscr{T}_{\mathrm{non}}^{u_1}(\mathrm{III})=P_{\mathrm{suc1}}^{\mathrm{III}}v_1\tag{5.39}$$

式中：$P_{\mathrm{suc1}}^{\mathrm{III}}$ 为 U_1 成功解调所需数据的概率。U_1 在时间块-Ⅲ中的操作与在时间块-Ⅰ中的操作是一样的，因此，$P_{\mathrm{suc1}}^{\mathrm{III}}$ 的值与式（5.31）是一样的。

5.5.4 时间块-Ⅳ中 BS→U_1 的吞吐量

在时间块-Ⅳ中，R_2 转发之前接收到的信号给 U_2，与此同时，BS 发送一个新的数据给 U_1。在该时间块内，BS→U_1 的吞吐量为

$$\mathscr{T}_{\mathrm{non}}^{u_1}(\mathrm{IV})=P_{\mathrm{suc1}}^{\mathrm{IV}}v_1\tag{5.40}$$

式中：$P_{\mathrm{suc1}}^{\mathrm{IV}}$ 为 U_1 成功解调数据的概率。与时间块-Ⅱ中的操作相比，在时间块-Ⅳ中，R_1 和 R_2 的身份互换。$P_{\mathrm{suc1}}^{\mathrm{IV}}$ 的结果与式（5.33）类似，但需将所有下标 r_1 替换为 r_2。

至此，推导了 BS→U_1 链路在所有四个时间块内的平均吞吐量，通过将式（5.29）、式（5.32）、式（5.39）和式（5.40）代入式（5.27），可以获得平均吞吐量。

5.5.5 时间块（Ⅰ，Ⅱ）中 BS→U_2 的吞吐量

在时间块（Ⅰ，Ⅱ）中，R_1 按照 AF 协议协助 BS 传输数据给 U_2。BS→U_2 协作传输的平均吞吐量表达为

$$\mathscr{T}_{\mathrm{non}}^{u_2}(\mathrm{I},\mathrm{II})=P_{\mathrm{suc2}}^{\mathrm{II}}v_2\tag{5.41}$$

式中：$P_{\mathrm{suc2}}^{\mathrm{II}}$ 为 U_2 在时间块-Ⅱ中成功解调所需数据的概率。在时间块-Ⅱ中，接收到来自 R_1 的混合信号后，U_2 将直接解调它所需的数据，解调成功概率为

$$\begin{aligned}P_{\mathrm{suc2}}^{\mathrm{II}}&=\Pr\{\gamma_{r_1u_2}^{\mathrm{II}}\geqslant\delta_2\}=\mathbf{1}[(1+\delta_2)\rho<1]\\&\times\int_{\frac{\delta_2 N_0}{[1-(1+\delta_2)\rho]P_b\ell_{br_1}}}^{\infty}\exp\left(-x-\frac{\delta_2 N_0(N_0+P_b\ell_{br_1}x)}{P_{r_1}\ell_{r_1u_2}\{[1-(1+\delta_2)\rho]P_b\ell_{br_1}x-\delta_2 N_0\}}\right)\mathrm{d}x\end{aligned}\tag{5.42}$$

积分项可在区间 $\left[\frac{\delta_2 N_0}{[1-(1+\delta_2)\rho]P_b\ell_{br_1}}, \frac{\delta_2 N_0}{[1-(1+\delta_2)\rho]P_b\ell_{br_1}}+D\right]$ 上采用数值方法

近似获得。

5.5.6 时间块（Ⅲ，Ⅳ）中 BS→U$_2$ 的吞吐量

在时间块（Ⅲ，Ⅳ）中，R$_2$ 按照 AF 协议协助 BS 传输数据给 U$_2$。BS→U$_2$ 协作传输的平均吞吐量表达为

$$\mathcal{T}_{\text{non}}^{\text{u}_2}(\text{Ⅲ},\text{Ⅳ})=P_{\text{suc2}}^{\text{Ⅳ}}v_2 \tag{5.43}$$

式中：$P_{\text{suc2}}^{\text{Ⅳ}}$ 为 U$_2$ 在时间块-Ⅳ中成功解调数据的概率。$P_{\text{suc2}}^{\text{Ⅳ}}$ 的结果类似式（5.42）中 $P_{\text{suc2}}^{\text{Ⅱ}}$ 的结果，但需将所有下标 r$_1$ 替换为 r$_2$。

将式（5.41）和式（5.43）代入式（5.28），可获得 BS→U$_2$ 协作中继链路的平均吞吐量。将式（5.27）和式（5.28）代入式（5.26），可获得 EHNT 机制的平均吞吐量。

5.6 EHOT 机制的吞吐量

EHOT 机制的平均吞吐量记为 $\mathcal{T}_{\text{ort}}$，表达为

$$\mathcal{T}_{\text{ort}}=\mathcal{T}_{\text{ort}}^{\text{u}_1}+\mathcal{T}_{\text{ort}}^{\text{u}_2} \tag{5.44}$$

式中：两项分别表示 BS→U$_1$ 和 BS→U$_2$ 的平均吞吐量。

对于 BS→U$_1$ 的传输，平均吞吐量为

$$\mathcal{T}_{\text{ort}}^{\text{u}_1}=\frac{1}{6}[\mathcal{T}_{\text{ort}}^{\text{u}_1}(\text{Ⅰ})+\mathcal{T}_{\text{ort}}^{\text{u}_1}(\text{Ⅱ})+\mathcal{T}_{\text{ort}}^{\text{u}_1}(\text{Ⅲ})+\mathcal{T}_{\text{ort}}^{\text{u}_1}(\text{Ⅳ})+\mathcal{T}_{\text{ort}}^{\text{u}_1}(\text{Ⅴ})+T_{\text{ort}}^{\text{u}_1}(\text{Ⅵ})] \tag{5.45}$$

式中：六项分别表示 BS→U$_1$ 在六个时间块内的吞吐量。

对于 BS→U$_2$ 传输，平均吞吐量为

$$\mathcal{T}_{\text{ort}}^{\text{u}_2}=\frac{1}{3}[\mathcal{T}_{\text{ort}}^{\text{u}_2}(\text{Ⅱ},\text{Ⅲ})+\mathcal{T}_{\text{ort}}^{\text{u}_2}(\text{Ⅴ},\text{Ⅵ})] \tag{5.46}$$

这两项分别表示时间块（Ⅱ，Ⅲ）和时间块（Ⅴ，Ⅵ）中协作中继传输的平均吞吐量。

5.6.1 时间块-Ⅰ中 BS→U$_1$ 吞吐量

在时间块-Ⅰ中，BS 发送数据给 U$_1$，吞吐量为

$$\mathcal{T}_{\text{ort}}^{\text{u}_1}(\text{Ⅰ})=Q_{\text{suc1}}^{\text{Ⅰ}}v_1 \tag{5.47}$$

式中：$Q_{\text{suc1}}^{\text{Ⅰ}}$ 为数据成功解调的概率，计算为

$$Q_{\text{suc1}}^{\text{Ⅰ}}=\Pr\{\beta_{\text{bu}_1}^{\text{Ⅰ}}\geqslant\delta_1\}=\exp\left(-\frac{\delta_1 N_0}{P_{\text{b}}l_{\text{bu}_1}}\right) \tag{5.48}$$

5.6.2 时间块-Ⅱ中 BS→U$_1$ 吞吐量

在时间块-Ⅱ中，没有数据发送给 U$_1$，BS→U$_1$ 吞吐量为 0，即 $\mathcal{T}_{\text{ort}}^{\text{u}_1}(\text{Ⅱ})=0$。

5.6.3 时间块-Ⅲ中 BS→U$_1$ 吞吐量

在时间块-Ⅲ中，R$_1$ 转发之前接收到的信号给 U$_2$，与此同时，BS 发送一个新的数据

给 U_1。在该时间块内，BS→U_1 的吞吐量为

$$\mathcal{T}_{\mathrm{ort}}^{u_1}(\mathrm{III})=Q_{\mathrm{suc1}}^{\mathrm{III}}v_1 \tag{5.49}$$

式中：$Q_{\mathrm{suc1}}^{\mathrm{III}}$ 为 U_1 成功解调数据的概率。

考虑到 U_1 在时间块-Ⅱ中的解调状态，在时间块-Ⅲ中存在两种解调方式。U_1 成功解调所需数据的概率为

$$Q_{\mathrm{suc1}}^{\mathrm{III}}=\Pr\{\mathscr{B}_{1a}\}\Pr\{\beta_{\mathrm{bu}_1}^{\mathrm{III}}(\mathscr{B}_{1a})\geqslant\delta_1\}+\Pr\{\mathscr{B}_{1b}\}\Pr\{\beta_{\mathrm{bu}_1}^{\mathrm{III}}(\mathscr{B}_{1b})\geqslant\delta_1\} \tag{5.50}$$

事件 $\mathscr{B}_{1a}$ 发生的概率可以推导为

$$\Pr\{\mathscr{B}_{1a}\}=\Pr\{\beta_{\mathrm{bu}_1}^{\mathrm{II}}\geqslant\delta_2\}=\exp\left(-\frac{\delta_2 N_0}{P_{\mathrm{b}}\ell_{\mathrm{bu}_1}}\right) \tag{5.51}$$

对于事件 $\mathscr{B}_{1b}$，有 $\Pr\{\mathscr{B}_{1b}\}=1-\Pr\{\mathscr{B}_{1a}\}$。

当事件 $\mathscr{B}_{1a}$ 发生时，U_1 成功解调所需数据的概率计算为

$$\Pr\{\beta_{\mathrm{bu}_1}^{\mathrm{III}}(\mathscr{B}_{1a})\geqslant\delta_1\}=\mathbf{1}\left(\delta_1<\frac{P_{\mathrm{b}}\ell_{\mathrm{bu}_1}}{Q_{\mathrm{r}_1}\ell_{\mathrm{r}_1\mathrm{u}_1}}\right)\exp\left(-\frac{\delta_1 N_0}{P_{\mathrm{b}}\ell_{\mathrm{bu}_1}-\delta_1 Q_{\mathrm{r}_1}\ell_{\mathrm{r}_1\mathrm{u}_1}}\right) \tag{5.52}$$

当事件 $\mathscr{B}_{1b}$ 发生时，U_1 成功解调所需数据的概率计算为

$$\Pr\{\beta_{\mathrm{bu}_1}^{\mathrm{III}}(\mathscr{B}_{1b})\geqslant\delta_1\}=\exp\left(-\frac{\delta_1 N_0}{P_{\mathrm{b}}\ell_{\mathrm{bu}_1}}\right)\times\int_0^{\infty}\frac{P_{\mathrm{b}}\ell_{\mathrm{bu}_1}(N_0+P_{\mathrm{b}}\ell_{\mathrm{br}_1}x)\exp(-x)\mathrm{d}x}{(P_{\mathrm{b}}\ell_{\mathrm{bu}_1}+\delta_1 Q_{\mathrm{r}_1}\ell_{\mathrm{r}_1\mathrm{u}_1})N_0+P_{\mathrm{b}}^2\ell_{\mathrm{bu}_1}\ell_{\mathrm{br}_1}x} \tag{5.53}$$

式中：积分项可以在区间[0，D]上采用数值方法近似计算。

5.6.4 时间块-Ⅳ中 BS→U_1 吞吐量

在时间块-Ⅳ中，BS 发送数据给 U_1，吞吐量为

$$\mathcal{T}_{\mathrm{ort}}^{u_1}(\mathrm{IV})=Q_{\mathrm{suc1}}^{\mathrm{IV}}v_1 \tag{5.54}$$

式中：$Q_{\mathrm{suc1}}^{\mathrm{IV}}$ 为 U_1 成功解调数据的概率。由于时间块-Ⅳ中的操作与时间块-Ⅰ中的操作是一样的，有 $Q_{\mathrm{suc1}}^{\mathrm{IV}}=Q_{\mathrm{suc1}}^{\mathrm{I}}$，结果已在式（5.48）中获得。

5.6.5 时间块-Ⅴ中 BS→U_1 吞吐量

在时间块-Ⅴ中，没有数据发送给 U_1，BS→U_1 的吞吐量为 0，即 $\mathcal{T}_{\mathrm{ort}}^{u_1}$（Ⅴ）=0。

5.6.6 时间块-Ⅵ中 BS→U_1 吞吐量

在时间块-Ⅵ中，R_2 转发之前接收到的信号给 U_2，与此同时，BS 发送一个新的数据给 U_1。在该时间块内，BS→U_1 的吞吐量为

$$\mathcal{T}_{\mathrm{ort}}^{u_1}(\mathrm{VI})=Q_{\mathrm{suc1}}^{\mathrm{VI}}v_1 \tag{5.55}$$

式中：$Q_{\mathrm{suc1}}^{\mathrm{VI}}$ 为 U_1 成功解调所需数据的概率。$Q_{\mathrm{suc1}}^{\mathrm{VI}}$ 的结果类似于式（5.50）所给出的 $Q_{\mathrm{suc1}}^{\mathrm{III}}$ 的结果，但是需要将所有下标中的 r_1 替换为 r_2。

将式（5.47）、$\mathcal{T}_{\mathrm{ort}}^{u_1}$（Ⅱ）=0、式（5.49）、式（5.54）、$\mathcal{T}_{\mathrm{ort}}^{u_1}$（Ⅴ）=0、式（5.55）代入式（5.45），可以得到 BS→U_1 的平均吞吐量。

5.6.7 时间块（Ⅱ，Ⅲ）中 BS→U_2 吞吐量

在时间块（Ⅱ，Ⅲ）中，R_1 按照 AF 协议协助 BS 传输数据给 U_2。BS→U_2 协作传输的平均吞吐量表达为

$$\mathcal{T}_{\mathrm{ort}}^{u_2}(\mathrm{II},\mathrm{III})=Q_{\mathrm{suc2}}^{\mathrm{III}}v_2 \tag{5.56}$$

式中：$Q_{\mathrm{suc2}}^{\mathrm{III}}$ 为 U_2 在时间块-Ⅲ中成功解调数据的概率。U_2 接收到来自 R_1 的信号后，成功解调所需数据的概率为

$$Q_{\mathrm{suc2}}^{\mathrm{III}}=\Pr\{\beta_{r_1u_2}^{\mathrm{III}}\geqslant\delta_2\}=\exp\left(-\frac{\delta_2N_0}{Q_{r_1}\ell_{r_1u_2}}\right) \tag{5.57}$$

5.6.8 时间块（Ⅴ，Ⅵ）中 BS→U_2 吞吐量

在时间块（Ⅴ，Ⅵ）中，R_2 按照 AF 协议协助 BS 传输数据给 U_2。BS→U_2 协作传输的平均吞吐量为

$$\mathcal{T}_{\mathrm{ort}}^{u_2}(\mathrm{V},\mathrm{VI})=Q_{\mathrm{suc2}}^{\mathrm{VI}}v_2 \tag{5.58}$$

式中：$Q_{\mathrm{suc2}}^{\mathrm{VI}}$ 为 U_2 在时间块-Ⅵ中成功解调数据的概率。$Q_{\mathrm{suc2}}^{\mathrm{VI}}$ 的值与式（5.57）中 $Q_{\mathrm{suc2}}^{\mathrm{III}}$ 的值是类似的，但需将所有下标中的 r_1 替换为 r_2。

将式（5.56）和式（5.58）代入式（5.46），可获得 BS→U_2 协作传输的平均吞吐量。将式（5.45）和式（5.46）代入式（5.44），可获得 EHOT 机制的平均吞吐量。

5.7 数值结果

在某个发射端"i"和某个接收端"j"之间的大尺度路径损耗建模为 $\ell_{ij}=10^{-3}d_{ij}^{-\alpha}$，其中 d_{ij} 和 $\alpha=3$ 分别表示它们之间的距离和路径损耗指数[44]。图 5.4 显示了不同终端之间的相对位置，R_1 和 R_2 对称放置于 BS→U_2 连线的两侧，并且它们在连线上的映射点是 C。设置 $d_{bc}=\theta d_{bu_2}$，$(0<\theta<1)$，$d_{cu_2}=(1-\theta)d_{bu_2}$，$d_{r_1c}=\epsilon d_{r_1r_2}$，$(0<\epsilon<1)$，$d_{r_2c}=(1-\epsilon)d_{r_1r_2}$。

$$\begin{cases}d_{br_1}=\sqrt{\theta^2d_{bu_2}^2+\epsilon^2d_{r_1r_2}^2}\\ d_{br_2}=\sqrt{\theta^2d_{bu_2}^2+(1-\epsilon)^2d_{r_1r_2}^2}\\ d_{r_1u_1}=\sqrt{(d_{bu_1}+\theta d_{bu_2})^2+\epsilon^2d_{r_1r_2}^2}\\ d_{r_1u_2}=\sqrt{(1-\theta)^2d_{bu_2}^2+\epsilon^2d_{r_1r_2}^2}\\ d_{r_2u_1}=\sqrt{(d_{bu_1}+\theta d_{bu_2})^2+(1-\epsilon)^2d_{r_1r_2}^2}\\ d_{r_2u_2}=\sqrt{(1-\theta)^2d_{bu_2}^2+(1-\epsilon)^2d_{r_1r_2}^2}\end{cases} \tag{5.59}$$

如无额外说明，$\eta=0.5$，$D=30$，$P_b=50\mathrm{dBm}$，$N_0=-90\mathrm{dBm}$，$v_1=1\mathrm{bits/s/Hz}$，$v_2=0.5\mathrm{bits/s/Hz}$，$d_{bu_1}=10\mathrm{m}$，$d_{bu_2}=40\mathrm{m}$，$d_{r_1r_2}=10\mathrm{m}$，$\theta=0.25$，$\epsilon=0.5$。在区间（0，0.5）上采用数值方法搜索最优的 ρ，可获得系统的最大吞吐量。

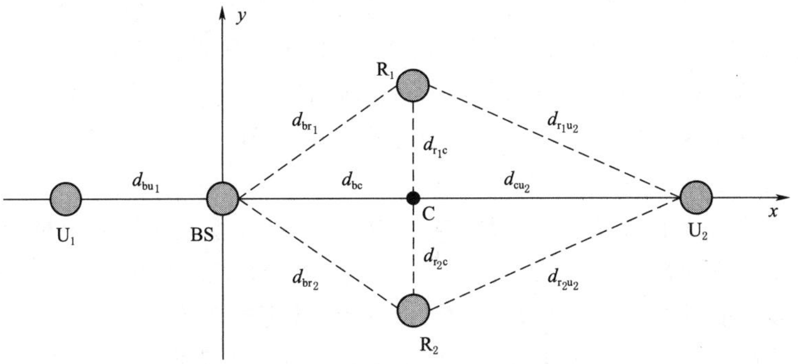

图 5.4 不同终端之间的相对位置

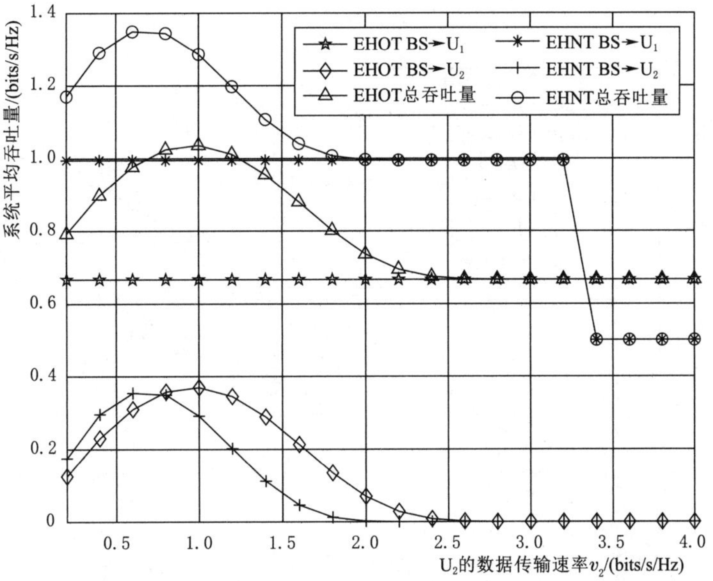

图 5.5 系统平均吞吐量与 U_2 的数据传输速率 v_2 的关系

图 5.5 显示了系统平均吞吐量与 U_2 的数据传输速率 v_2 的关系。随着 v_2 的增长，BS→U_2 协作中继传输的吞吐量先增长后降低。对于 EHOT 机制，BS→U_1 链路的吞吐量几乎不变，这是因为 U_1 能够在每个周期的四个时间块内成功解调所需数据。对于 EHNT 机制，在 v_2 的较低区域，BS→U_1 链路的吞吐量保持不变，这是因为 U_1 能够成功解调并删除 U_2 的数据，然后成功解调所需数据。在 v_2 的较高的区域，BS→U_1 的吞吐量变为 0.5 bits/s/Hz，这是因为 U_1 在时间块-Ⅰ和时间-Ⅲ中不能成功解调并删除 U_2 的数据，但是它可以在时间块-Ⅱ和时间块-Ⅳ中直接解调所需数据并获得成功。因此，当 v_2 足够大时，EHNT 机制的性能曲线从一个较高的层级突然降到较低的层级。当 v_2 较小时，EHNT 机制的性能优于 EHOT 机制。当 v_2 足够大时，EHOT 机制性能更好。当 v_2 较大时，在 EHNT 机制中，U_1 解调并删除干扰变得更为困难，但是在 EHOT 机制中，v_2 的取值不影响 U_1 的解调性能。

图 5.6 显示了系统平均吞吐量与 U_1 的数据传输速率 v_1 的关系。不管是 EHNT 机制还是 EHOT 机制，随着 v_1 的增长，BS→U_2 协作中继传输的吞吐量几乎不变，这是因为传输速率 v_1 不影响远端用户的解调性能。但在所研究的 v_1 范围内，由于 BS 和 U_1 之间的距离较短，BS 的发射功率较高，U_1 总是能够正确解调所需数据。因此，BS→U_1 吞吐量及系统总吞吐量都随着 v_1 线性增长。

图 5.7 显示了系统平均吞吐量与 BS 发射功率 P_b 的关系。不管哪个机制，随着 P_b 的增长，总的吞吐量逐渐增长并接近于一个常数。当 BS 的发射功率较高时，两个中继节点能够收集到更多的能量，能够采用较高的功率转发数据给 U_2。因此，BS→U_2 协作中继传输的吞吐量单调递增，并逐渐接近一个常数。BS→U_1 链路的吞吐量是不变的，这是因为 U_1 总能够成功解调来自 BS 的所需数据。相比 EHOT 机制，EHNT 机制的吞吐量的提升比例能够达到 50%。

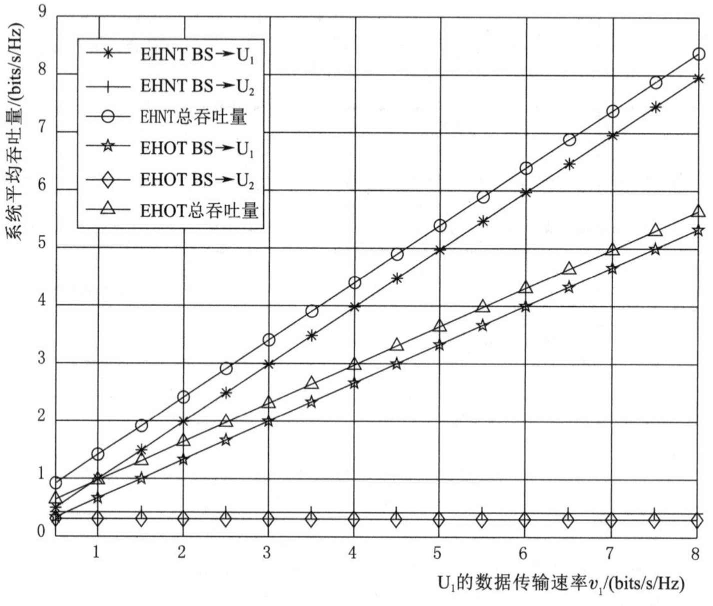

图 5.6　系统平均吞吐量与 U_1 的数据传输速率 v_1 的关系

图 5.8 显示了系统平均吞吐量与 BS 及中继节点相对距离 θ 的关系。不管是 EHNT 还是 EHOT 机制，随着 θ 的增长，中继节点距离 BS 越来越远，所收集到的能量逐渐减少，这不利于转发数据给 U_2。但是，中继节点和 U_2 之间的距离变短，这在另一方面有助于改进中继传输的通信质量。在这两个因素的综合影响下，对于 EHNT 机制和 EHOT 机制，BS→U_2 协作中继传输的吞吐量及系统总的吞吐量呈现出先下降后上升的变化趋势。

图 5.9 显示了系统平均吞吐量与中继节点相对距离 ϵ 的关系。随着 ϵ 的增长，一个中继节点距离 BS 和 U_2 越来越远，另一个中继节点距离 BS 和 U_2 越来越近。BS→U_2 的吞吐量及总的吞吐量增长到一个最大值，然后降低。最大吞吐量是在 $\epsilon=0.5$ 时获得。则这

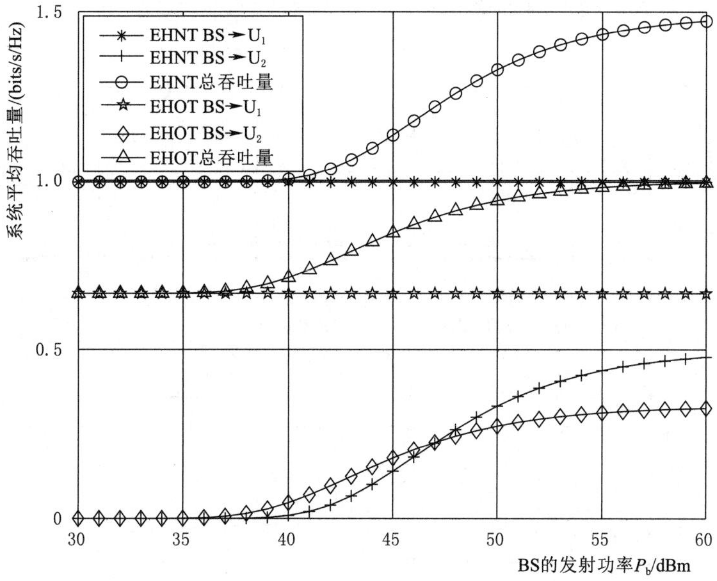

图 5.7 系统平均吞吐量与 BS 发射功率 P_b 的关系

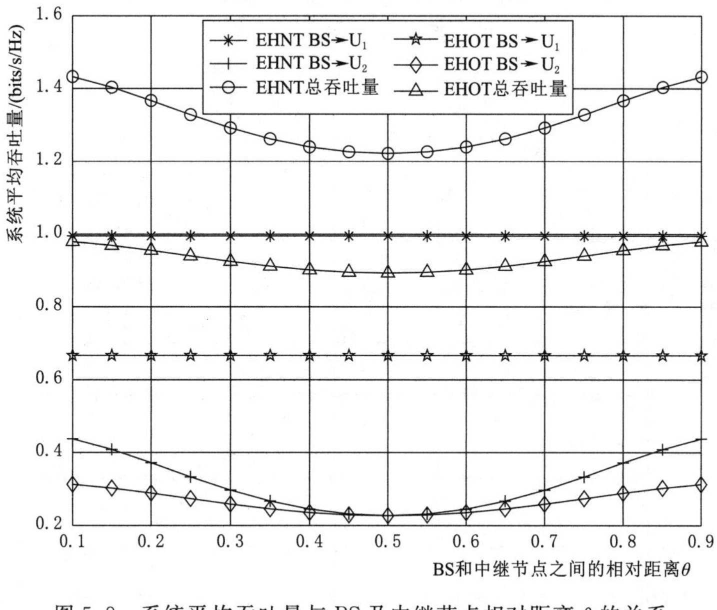

图 5.8 系统平均吞吐量与 BS 及中继节点相对距离 θ 的关系

两个中继节点应该对称放置于 BS→U_2 连线的两侧。

图 5.10 显示了系统平均吞吐量与 BS 和 U_2 距离的关系，图 5.11 显示了系统平均吞吐量与两个中继节点距离之间的关系。不管对于哪个机制，随着 d_{bu_2} 的增长，从两个中继节点到 U_2 的信号传输将要遭受更为严重的路径损耗，吞吐量变小。随着 $d_{r_1r_2}$ 的增长，

两个中继节点逐渐远离 BS 和 U_2，因此它们从 BS 及对方所收集到的能量变少，并且它们发送给 U_2 的信号遭受更为严重的路径损耗，导致吞吐量变小。

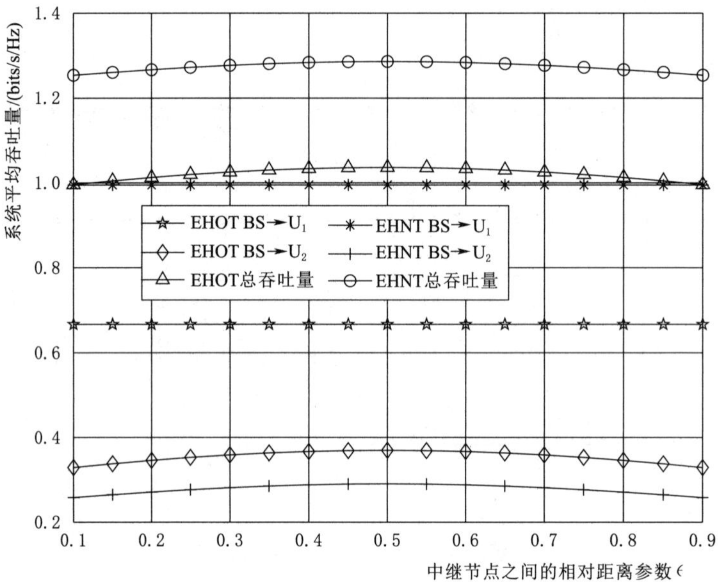

图 5.9　系统平均吞吐量与中继节点相对距离参数 ϵ 的关系（$v_2=1$bits/s/Hz）

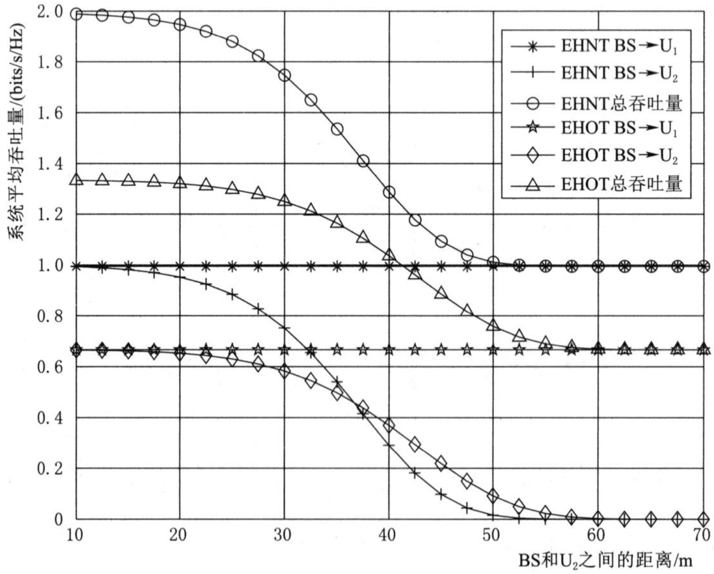

图 5.10　系统平均吞吐量与 BS 和 U_2 距离的关系（$v_2=1$bits/s/Hz）

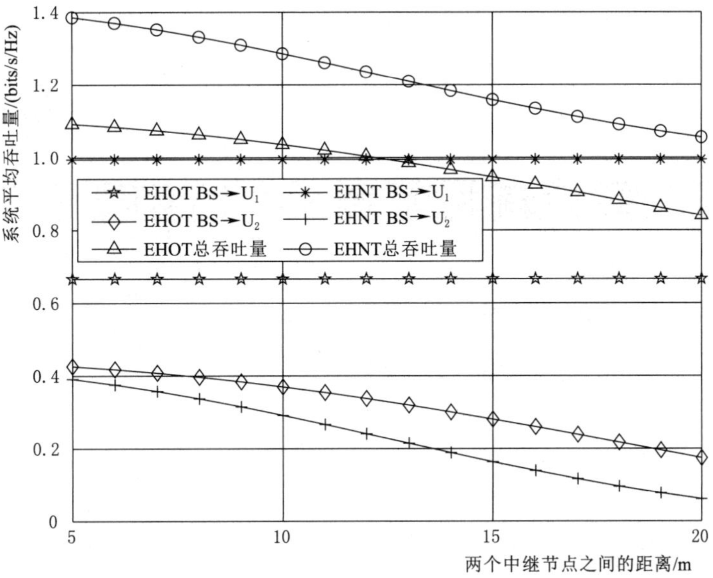

图 5.11 系统平均吞吐量与两个中继节点之间的距离的关系（$v_2=1$bits/s/Hz）

5.8 小结

本章提出了一种基于 EH - AF 中继协作的双中继传输系统，并设计了一种非正交传输方案。基站同时广播数据给近端用户和远端用户。两个中继节点交替转发基站数据给远端用户。每个中继节点能从基站和另一个发射数据的中继节点收集无线能量。近端用户采用自适应 SIC 解调数据。相比 EHOT 机制，EHNT 机制能够获得更高的吞吐量。在多用户系统中，最好是在基站两侧相反的方向选择近端用户和远端用户。面向远端用户采用较低的数据传输速率，有助于近端用户顺利实施干扰消除操作。两个中继节点应该放置于基站和远端用户之间，目的是提升信号转发质量并减少对近端用户的干扰。

第 6 章 基于无线功率传输和能量累积的自适应中继传输

6.1 概述

协作中继通过引入空间分集增益来对抗多径衰落[2]。在基于能量收集的协作中继系统中，中继节点能够收集能量并使用所收集的能量转发源数据[40]。如果多个源节点通过一个公共中继节点与多个目的节点通信，中继节点可以从源节点发射的信号中收集能量，通过优化分配功率来转发每个源节点的数据[38]。基于 EH 的 FD 中继可以进一步提高频谱效率[60,81]。Kader et al.[82] 提出了一种基于 NOMA 的协作中继方案，其中一个中继节点可以同时接收两个源节点的信号，然后使用 NOMA 协议将它们转发到两个目的节点。对于基于 EH 的 NOMA 系统，接入点（AP）可以在专用时间段内将无线功率传输给用户，用户使用收集到的能量同时将数据传输给 AP[83-85]。由于用户收集到的能量可以补偿 AP 的能量消耗，因此可以提高能量效率（EE）[86]。

在现有的工作中，能量收集和使用往往是即时的，没有考虑能量的累积。如果节点只能收集极少量的能量，使用该能量进行数据传输的成功率可能不高。从直观上看，机会性的能量累积和自适应中继有望提高系统吞吐量。主要挑战是如何根据中继节点的解码状态正确地模拟能量累积过程并分配发射功率。本章研究了一个基于能量收集的两通信对系统，其中两个源节点在 EH 中继的帮助下分别传输数据给两个目的节点。PB 将无线功率传输给中继节点，中继节点收集射频能量并将收集到的能量存储到电池中。所提方案分别为基于能量累积的非正交中继（EANR）和基于能量累积的正交中继（EAOR），简要介绍如下：

（1）对于 EANR，两个源节点同时将数据传输到中继节点。中继节点使用自适应 SIC 技术解码每个源节点的数据。根据解码状态，中继节点有三种可能的操作：

1）如果中继节点解码两个源节点的数据均失败，将不转发任何数据，并开始一个新的 WPT 阶段。

2）如果中继节点正确解码了一个源节点的数据，它将使用所有可用能量转发数据给预定目的节点。

3）如果中继节点正确解码了两个源节点的数据，它会通过合理分配能量，将两个源节点的数据线性组合，然后将混合信号广播到目的节点。每个目的节点都尝试使用自适应

SIC 技术解码所需的数据。

（2）对于 EAOR，两个源节点在两个时间块中按顺序将它们的数据传输到中继节点。中继节点试图解码每个源节点的数据。根据解码状态，中继节点有三种可能的操作：

1）如果中继节点解码两个源节点的数据均失败，它将不转发任何数据，并开始一个新的 WPT 阶段。

2）如果中继节点正确解码了一个源节点的数据，它将在一个时间块内转发数据给预定目的节点。

3）如果中继节点正确解码了两个源节点的数据，它将通过合理分配能量，在连续的两个时间块内依次将数据转发到目的节点。由于正交传输没有干扰，每个接收机进行数据的直接解码。

对于这两种方案，如果中继节点由于解码失败而不转发任何数据，则不消耗能量，并开始一个新的 WPT 阶段，因此实现了能量的累积。通过定义一组离散的能级来恰当地模拟能量积累过程。考虑到中继节点的能量状态和各种操作，分析了两种方案的平均吞吐量。本章提供了大量的数值结果来比较两种方案，以揭示在哪些条件下哪种方案表现更优。

6.2 系统模型

如图 6.1 所示的协作中继传输系统，S_1 和 S_2 分别与 D_1 和 D_2 进行通信。假设 $\{S_1, S_2\}$ 中的任意一个发射端到 $\{D_1, D_2\}$ 中的任意一个接收端之间均不存在直接链路。一个中继节点 R 能够帮助 S_1 和 S_2 传输数据给 D_1 和 D_2。除了具有部分初始能量支撑基本的操作外，R 需要收集能量以进行数据传输，其他节点均具有持续的能量供应。在 R 附近存在一个 PB，能够实现无线功率传输，可以提升 R 所收集的能量[87]。采用所收集的能量，R 能够自适应地中继传输源节点的数据给目的节点。在传输持续时间内，假设所有节点的位置都是不变的。

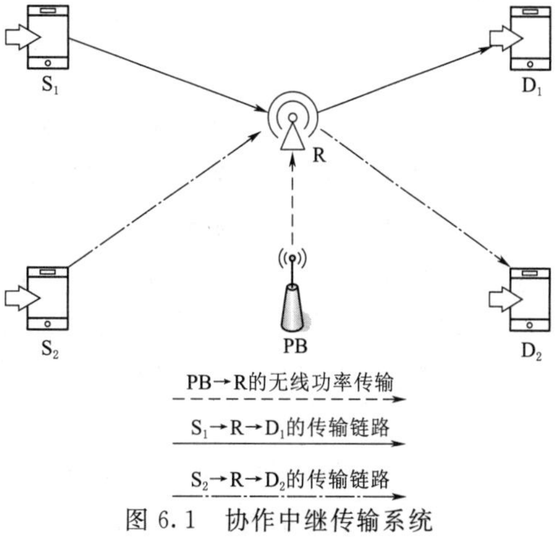

图 6.1 协作中继传输系统

（中继节点能够收集无线能量）

在物联网（IoT）或无线传感网中，可能存在两个相邻的能量受限的源节点同时传输数据给各自的目的节点。由于发射功率较低且通信距离较长，在源节点和目的节点之间的无线传输质量可能非常差。在这种场景下，可以采用一个中继节点提升通信的鲁棒性和频谱效率。中继节点能够从附近的 PB 收集无线能量，该 PB 可能是一个具有充足能量供应的 AP。如果源节点至中继节点之间的传输失败，中继节点会累积能量，这能够使中继节点至目的节点之间的传输更加可靠。

每个节点均拥有一个全向天线，工作于 HD 模式。如果中继节点拥有多根天线，可采用线性编码技术，有效提升从 PB 端所收集的能量，并能够更可靠地解调来自源节点的数据。然后，中继节点可使用空时编码技术以较高的功率转发源节点的数据给目的节点，可以获得空间分集增益并提升传输的鲁棒性。假设每个信道均服从瑞利衰落，在每个接收端存在 AWGN，其功率为 σ^2。当节点 u 以功率 P_u 发射数据时，在接收端 v 所接收到的信号功率为 $P_u \ell_{uv} G_{uv}$，其中 $\ell_{uv}=10^{-3}Q_{uv}^{-\beta}$ 表示 u 和 v 之间的路径损耗，Q_{uv} 和 β 分别表示距离和路径损耗指数。该模型考虑到在 1m 的参考距离上存在的平均功率衰落为 30dB[44]。小尺度的功率衰落 G_{uv} 服从均值为 1 的指数分布。在本章中，采用符号 s_1、s_2、r、d_1、d_2、b 分别表示 S_1、S_2、R、D_1、D_2、PB。

6.2.1 EANR 机制

将所观察的时间分成等长的时间块。如图 6.2 所示 EANR 机制的操作时间线，PB - WPT 和协作中继是交替和周期性进行的。每个周期包含一个 WPT 阶段，该阶段持续一个时间块的长度，同时包含一个 CR 阶段，该阶段包含一个或两个时间块的长度。在 WPT 阶段，PB 传输无线功率给 R，其他所有节点保持沉默。在 WPT 阶段之后的连续时间块（Strans - Block）中，S_1 和 S_2 同时发射它们的数据给 R。R 采用 SIC 技术解调每个源节点的数据。假设 S_1 和 S_2 是完全同步的，它们可在 Strans - Block 中同时发射数据。为了实现相干解调，假设 R 知道它与 S_1 和 S_2 之间的完美的 CSI，D_1 和 D_2 知道它们各自与 R 之间的 CSI。

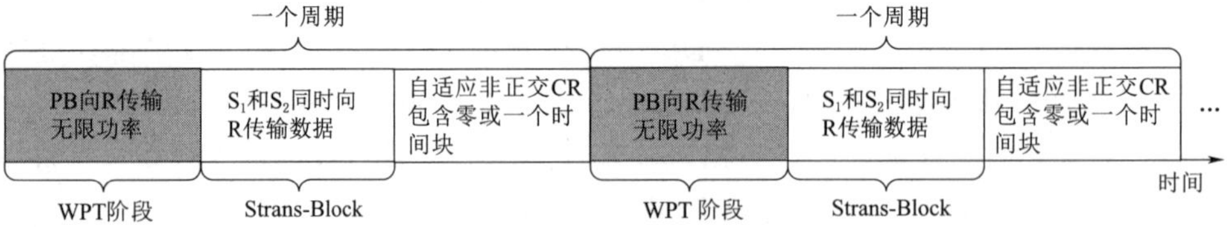

图 6.2　EANR 机制的操作时间线

在 Strans - Block 中，当接收到来自 S_1 和 S_2 的混合信号后，R 将该信号存储于内存中。然后，R 解调 S_1 的数据，在该过程中将 S_2 的信号视为干扰。

（1）如果 R 能正确解调 S_1 的数据，它在混合信号中删除 S_1 的数据后解调 S_2 的数据。

（2）如果 R 错误解调了 S_1 的数据，它将从内存中调取混合信号，然后解调 S_2 的数据，在此过程中，将 S_1 的数据视为干扰：①如果 R 错误解调 S_2 的数据，它将无法获得任何源节点的数据；②如果 R 正确解调 S_2 的数据，它将从混合信号中删除 S_2 的数据，然后解调 S_1 的数据。

R 端的自适应解调过程如图 6.3 所示，在 R 端存在四种可能的解调事件。

（3）事件 $\mathscr{A}_n$。R 正确解调 S_1 的数据，但是错误解调 S_2 的数据，在 Strans - Block 之后的时间块中，R 将转发 S_1 的数据给 D_1。

（4）事件 $\mathscr{B}_n$。R 正确解调 S_1 和 S_2 的数据，在 Strans - Block 之后的时间块中，R 将同时转发 S_1 和 S_2 的数据分别给 D_1 和 D_2。

（5）事件 $\mathscr{C}_n$。R 错误解调 S_1 的数据，但是正确解调 S_2 的数据，在 Strans - Block 之

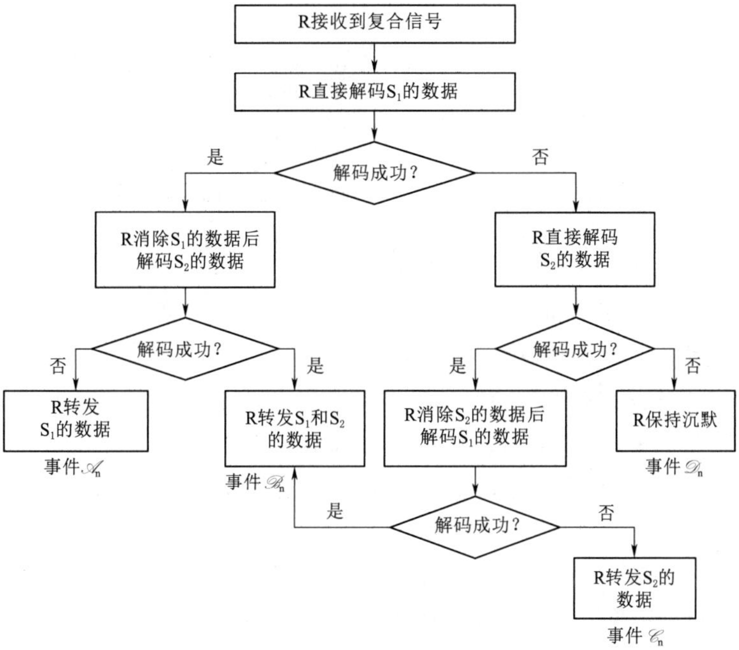

图 6.3 R 端的自适应解调过程

后的时间块中，R 将转发 S_2 的数据给 D_2。

(6) 事件 $\mathscr{D}_n$。R 错误解调 S_1 和 S_2 的数据，在 Strans - Block 之后的时间块中，R 将不转发源节点的数据，开始一个新的 WPT 阶段。

当事件 $\mathscr{D}_n$ 发生时，R 将不会转发任何数据，一个新的 WPT 阶段开始。新收集的能量会累加在已有能量上，因此 R 的能量状态与其在 Strans - Block 中的解调状态是相关的。如果事件 $\mathscr{A}_n$ 或 $\mathscr{C}_n$ 发生，R 将在 Strans - Block 之后的时间块内，使用其可用的能量转发 S_1 的数据给 D_1 或转发 S_2 的数据给 D_2。如果事件 $\mathscr{B}_n$ 发生，R 将采用一个功率分配因子线性组合 S_1 和 S_2 的数据，并在 Strans - Block 之后的时间块内广播所生成的混合信号。D_1 和 D_2 能够接收到混合信号并采用 SIC 技术尝试解调它们所需的数据，具体解释如下：D_1 首先尝试解调 S_1 的数据，并将 S_2 的数据视为干扰。如果 D_1 错误解调 S_1 的数据，它将尝试解调并删除 S_2 的数据，然后再一次解调 S_1 的数据。D_2 解调所需数据的操作是类似的，但是它将首先解调 S_2 的数据，如果不成功的话，尝试解调并删除 S_1 的数据，然后再解调 S_2 的数据。

6.2.2 EAOR 机制

如图 6.4 所示 EAOR 机制的操作时间线，每个周期包含一个 WPT 阶段，该阶段持续一个时间块的长度，还包含一个自适应协作中继阶段，该阶段持续两个、三个或四个时间块的长度。在 WPT 阶段，PB 传输无线功率给 R。在 WPT 阶段之后，S_1 在 Strans - Block - One 中发送数据给 R，S_2 在 Strans - Block - Two 中发送数据给 R。由于不存在干扰，R 直接解调每个源节点的数据，如下四种事件可能发生：

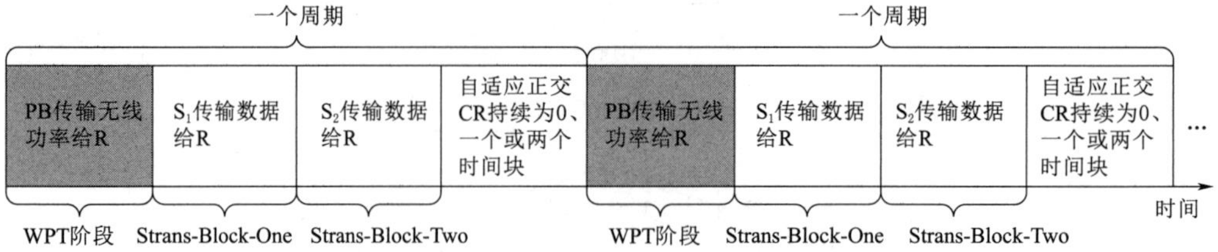

图 6.4　EAOR 机制的操作时间线

（1）事件 $\mathscr{A}_o$。R 正确解调 S_1 的数据，但是错误解调 S_2 的数据，在 Strans - Block - Two 之后的时间块中，R 将转发 S_1 的数据给 D_1。

（2）事件 $\mathscr{B}_o$。R 正确解调 S_1 和 S_2 的数据，在 Strans - Block - Two 之后的两个时间块中，R 依次转发 S_1 的数据给 D_1，转发 S_2 的数据给 D_2。

（3）事件 $\mathscr{C}_o$。R 错误解调 S_1 的数据，但是正确解调 S_2 的数据，在 Strans - Block - Two 之后的时间块中，R 将转发 S_2 的数据给 D_2。

（4）事件 $\mathscr{D}_o$。R 错误解调 S_1 和 S_2 的数据，在 Strans - Block - Two 之后的时间块中，R 将不转发源节点的数据，开始一个新的 WPT 阶段。

当事件 $\mathscr{A}_o$ 或 $\mathscr{C}_o$ 发生时，在一个事件块内，R 将耗尽所收集的能量转发 S_1 的数据给 D_1，或转发 S_2 的数据给 D_2。当事件 $\mathscr{B}_o$ 发生时，R 将合理分配其能量，在两个时间块内依次转发两个源节点的数据给两个目的节点。当事件 $\mathscr{D}_o$ 发生时，R 将不会转发数据，一个新的 WPT 阶段开始。因此，当事件 $\mathscr{A}_o$、$\mathscr{B}_o$ 或 $\mathscr{C}_o$ 发生时，R 将耗尽所收集的能量转发源节点的数据，即在协作中继传输之后，其电池能量为空。但是，当事件 $\mathscr{D}_o$ 发生时，R 并没有消耗电池中的能量，新收集的能量将会累加在已有能量上。EAOR 机制类似于时分多址（TDMA）接入协议，其中每个源节点均占用一个时间块发送数据给中继节点，中继节点在之后的两个时间块依次转发源节点的数据给目的节点。

6.2.3　能量收集和累积

不管是 EANR 机制，还是 EAOR 机制，如果 R 对于两个源节点数据的解调均失败，它将不会消耗能量转发源节点的数据，而 PB 将开始一个新的 WPT 阶段。在 WPT 阶段，R 持续收集能量，因此更多的能量会存储于电池中。R 所收集的能量与进行能量收集的时间块个数有关。假设每个时间块均归一化为 1s。如果 R 已经在 $M\in\{1, 2, \cdots\}$ 个时间块内收集能量，所收集到的总能量表述为

$$X_{\mathrm{br}}=\sum_{i=1}^{M}\eta P_{\mathrm{b}}\ell_{\mathrm{br}}G_{\mathrm{br}}(i) \tag{6.1}$$

式中：P_{b} 为 PB 的发射功率，W；η 为能量转换效率。采用索引（i）区分不同时间块内相互独立的功率衰落。

对于 $\forall i\in\{1, \cdots, M\}$，$\eta P_{\mathrm{b}}\ell_{\mathrm{br}}G_{\mathrm{br}}(i)\sim Exp(\lambda_{\mathrm{br}})$，其中 $\lambda_{\mathrm{br}}=\dfrac{1}{\eta P_{\mathrm{b}}\ell_{\mathrm{br}}}$。对 M 个独立同分布的指数随机变量求和，新的随机变量的概率密度函数（PDF）为[88]

$$f_{X_{\mathrm{br}}}(x_{\mathrm{br}})=\frac{\lambda_{\mathrm{br}}^{M}}{\Gamma(M)}x_{\mathrm{br}}^{M-1}\exp(-\lambda_{\mathrm{br}}x_{\mathrm{br}}) \tag{6.2}$$

假设 R 的电池容量为 μ。给定一个非零整数 N，定义 $N+1$ 个能量级别[89]，即 $L_0=0$，$L_1=\frac{\mu}{N}$，$L_2=\frac{2\mu}{N}$，…，$L_{N-1}=\frac{(N-1)\mu}{N}$，$L_N=\mu$。任意两个相邻能量级别之间的差值是相同的，均为 $\Delta=\frac{\mu}{N}$。采用这些离散的能量级别近似 R 的实际能量状态。当定义更多的能量级别时，这种近似与真实情况更接近。如果可用能量满足条件 $L_n\leqslant X_{\mathrm{br}}<L_{n+1}$，其中 $n\in\{0,1,\cdots,N-1\}$，R 的发射功率近似为 $P_{\mathrm{r}}\approx L_n+\Delta/2$。如果 R 的电池已经充满电，它的发射功率为 $P_{\mathrm{r}}=L_N$。

需要说明的是，在每个时间块内，数据解调、数据中继传输、R 端的能量收集等操作均是自适应进行的。R 基于所接收到的信号功率，自适应地解调 S_1 和 S_2 的数据，然后基于不同的解调事件，自适应地转发源节点的数据给 D_1 和 D_2。如果不进行数据的转发，R 将从 PB 收集无线能量。

6.3 事件发生概率

Pair 1（$S_1\to R\to D_1$）和 Pair 2（$S_2\to R\to D_2$）的数据传输速率分别固定为 V_1 和 V_2。如果接收端信号的 SNR 或者 SINR 大于等于给定的门限，即 Pair 1 的 $\zeta_1=2^{2V_1}-1$，Pair 2 的 $\zeta_2=2^{2V_2}-1$，数据传输成功，否则，数据传输失败。

6.3.1 EANR 机制中的事件概率

在 Strans - Block，R 接收到来自 S_1 的信号 SINR 为

$$\gamma_{\mathrm{s_1r}}^{\mathrm{n}}(\mathrm{SINR})=\frac{P_{\mathrm{s_1}}\ell_{\mathrm{s_1r}}G_{\mathrm{s_1r}}}{P_{\mathrm{s_2}}\ell_{\mathrm{s_2r}}G_{\mathrm{s_2r}}+\sigma^2} \tag{6.3}$$

式中：$P_{\mathrm{s_1}}$、$P_{\mathrm{s_2}}$ 为 S_1 和 S_2 的发射功率，W。在该表达式中，R 将接收到的 S_2 的信号视为干扰。

在 Strans - Block，R 接收到来自 S_2 的信号 SINR 为

$$\gamma_{\mathrm{s_2r}}^{\mathrm{n}}(\mathrm{SINR})=\frac{P_{\mathrm{s_2}}\ell_{\mathrm{s_2r}}G_{\mathrm{s_2r}}}{P_{\mathrm{s_1}}\ell_{\mathrm{s_1r}}G_{\mathrm{s_1r}}+\sigma^2} \tag{6.4}$$

式中：R 将接收到的 S_1 的信号视为干扰。

如果 R 能够完全删除干扰，从 S_1 所接收到信号的 SNR 表示为

$$\gamma_{\mathrm{s_1r}}^{\mathrm{n}}(\mathrm{SNR})=\frac{P_{\mathrm{s_1}}\ell_{\mathrm{s_1r}}G_{\mathrm{s_1r}}}{\sigma^2} \tag{6.5}$$

如果 R 能够完全删除干扰，从 S_2 所接收到信号的 SNR 表示为

$$\gamma_{\mathrm{s_2r}}^{\mathrm{n}}(\mathrm{SNR})=\frac{P_{\mathrm{s_2}}\ell_{\mathrm{s_2r}}G_{\mathrm{s_2r}}}{\sigma^2} \tag{6.6}$$

在 Strans-Block 中，S_1 和 S_2 同时发送各自的数据给 R。在 R 端存在四种解调事件，其中事件发生概率分析如下

(1) 事件 $\mathscr{A}_n$。在 Strans-Block 中，当 R 正确解调 S_1 的数据，但是错误解调 S_2 的数据时，事件 $\mathscr{A}_n$ 发生。如图 6.3 所示，该事件发生满足如下过程：R 将 S_2 的数据视为干扰成功解调 S_1 的数据。当 R 从所接收到的混合信号中删除 S_1 的数据后，无法成功解调 S_2 的数据。因此，该事件发生的概率可以推导为

$$\begin{aligned}\Pr(\mathscr{A}_n)&=\Pr\{\gamma_{s_1 r}^{n}(\mathrm{SINR})\geqslant\zeta_1,\gamma_{s_2 r}^{n}(\mathrm{SNR})<\zeta_2\}\\&=\exp\left(-\frac{\zeta_1\sigma^2}{P_{s_1}\ell_{s_1 r}}\right)\frac{P_{s_1}\ell_{s_1 r}}{P_{s_1}\ell_{s_1 r}+\zeta_1 P_{s_2}\ell_{s_2 r}}\left[1-\exp\left(-\frac{\zeta_2\sigma^2}{P_{s_2}\ell_{s_2 r}}-\frac{\zeta_1\zeta_2\sigma^2}{P_{s_1}\ell_{s_1 r}}\right)\right]\end{aligned}\tag{6.7}$$

(2) 事件 $\mathscr{B}_n$。在 Strans-Block 中，当 R 正确解调 S_1 和 S_2 的数据时，事件 $\mathscr{B}_n$ 发生。如图 3.3 所示，有两种情况导致事件 $\mathscr{B}_n$ 的发生：①R 成功解调 S_1 的数据并从混合信号中删除该数据，然后正确解调 S_2 的数据；②R 直接解调 S_1 的数据失败，但是成功解调 S_2 的数据，并从混合信号中删除了该数据，然后成功解调 S_1 的数据。考虑到这两种情况，事件 $\mathscr{B}_n$ 的发生概率为

$$\begin{aligned}\Pr(\mathscr{B}_n)&=\Pr\{\gamma_{s_1 r}^{n}(\mathrm{SINR})\geqslant\zeta_1,\gamma_{s_2 r}^{n}(\mathrm{SNR})\geqslant\zeta_2\}\\&\quad+\Pr\{\gamma_{s_1 r}^{n}(\mathrm{SINR})<\zeta_1,\gamma_{s_2 r}^{n}(\mathrm{SINR})\geqslant\zeta_2,\gamma_{s_1 r}^{n}(\mathrm{SNR})\geqslant\zeta_1\}\\&=\frac{P_{s_1}\ell_{s_1 r}}{P_{s_1}\ell_{s_1 r}+\zeta_1 P_{s_2}\ell_{s_2 r}}\exp\left(-\frac{\zeta_2\sigma^2}{P_{s_2}\ell_{s_2 r}}-\frac{\zeta_1\sigma^2(1+\zeta_2)}{P_{s_1}\ell_{s_1 r}}\right)+\frac{P_{s_2}\ell_{s_2 r}}{P_{s_2}\ell_{s_2 r}+\zeta_2 P_{s_1}\ell_{s_1 r}}\\&\quad\times\exp\left(-\frac{\zeta_2\sigma^2}{P_{s_2}\ell_{s_2 r}}\right)\left\{\exp\left[-\left(1+\frac{\zeta_2 P_{s_1}\ell_{s_1 r}}{P_{s_2}\ell_{s_2 r}}\right)\frac{\zeta_1\sigma^2}{P_{s_1}\ell_{s_1 r}}\right]-\mathbf{1}(\zeta_1\zeta_2<1)\right.\\&\quad\left.\times\exp\left[-\left(1+\frac{\zeta_2 P_{s_1}\ell_{s_1 r}}{P_{s_2}\ell_{s_2 r}}\right)\frac{\zeta_1\sigma^2(1+\zeta_2)}{(1-\zeta_1\zeta_2)P_{s_1}\ell_{s_1 r}}\right]\right\}+\mathbf{1}(\zeta_1\zeta_2<1)\\&\quad\times\frac{\zeta_1 P_{s_2}\ell_{s_2 r}}{\zeta_1 P_{s_2}\ell_{s_2 r}+P_{s_1}\ell_{s_1 r}}\exp\left[-\left(1+\frac{P_{s_1}\ell_{s_1 r}}{\zeta_1 P_{s_2}\ell_{s_2 r}}\right)\frac{\zeta_1\sigma^2(1+\zeta_2)}{(1-\zeta_1\zeta_2)P_{s_1}\ell_{s_1 r}}+\frac{\sigma^2}{P_{s_2}\ell_{s_2 r}}\right]\end{aligned}\tag{6.8}$$

式中：$\mathbf{1}(cond)$ 为指示随机变量，当条件“*cond*”满足时，值为 1，否则，其值为 0。

(3) 事件 $\mathscr{C}_n$。在 Strans-Block 中，当 R 错误解调 S_1 的数据，但是正确解调 S_2 的数据时，事件 $\mathscr{C}_n$ 发生。如图 6.3 所示，该事件发生满足如下过程：R 直接解调 S_1 数据失败，该过程将 S_2 的数据视为干扰。R 直接解调 S_2 的数据成功，该过程将 S_1 的数据视为干扰。R 从混合信号中删除 S_2 的数据后，再次解调 S_1 的数据还是失败。因此，该事件发生的概率可以推导为

$$\begin{aligned}\Pr(\mathscr{C}_n)&=\Pr\{\gamma_{s_1 r}^{n}(\mathrm{SINR})<\zeta_1,\gamma_{s_2 r}^{n}(\mathrm{SINR})\geqslant\zeta_2,\gamma_{s_1 r}^{n}(\mathrm{SNR})<\zeta_1\}\\&=\exp\left(-\frac{\zeta_2\sigma^2}{P_{s_2}\ell_{s_2 r}}\right)\frac{P_{s_2}\ell_{s_2 r}}{P_{s_2}\ell_{s_2 r}+\zeta_2 P_{s_1}\ell_{s_1 r}}\left[1-\exp\left(-\frac{\zeta_1\sigma^2}{P_{s_1}\ell_{s_1 r}}-\frac{\zeta_1\zeta_2\sigma^2}{P_{s_2}\ell_{s_2 r}}\right)\right]\end{aligned}\tag{6.9}$$

(4) 事件 $\mathscr{D}_n$。在 Strans-Block 中，当 R 解调 S_1 和 S_2 的数据均失败时，事件 $\mathscr{D}_n$ 发生。该事件的发生概率可以推导为

$$\Pr(\mathscr{D}_n)=1-\Pr(\mathscr{A}_n)-\Pr(\mathscr{B}_n)-\Pr(\mathscr{C}_n)\tag{6.10}$$

6.3.2 EAOR 机制中的事件概率

在 EAOR 机制中，S_1 在 Strans - Block - One 中发送数据给 R，S_2 在 Strans - Block - Two 中发送数据给 R。在 Strans - Block - One 中，R 接收到来自 S_1 的信号 SNR 为

$$\gamma_{s_1 r}^{o}=\frac{P_{s_1}\ell_{s_1 r}G_{s_1 r}}{\sigma^2} \tag{6.11}$$

在 Strans - Block - Two 中，R 接收到来自 S_2 的信号 SNR 为

$$\gamma_{s_2 r}^{o}=\frac{P_{s_2}\ell_{s_2 r}G_{s_2 r}}{\sigma^2} \tag{6.12}$$

由于 $\gamma_{s_1 r}^{o}$ 和 $\gamma_{s_2 r}^{o}$ 相互独立，考虑到 R 在 Strans - Block - One 和 Strans - Block - Two 中的数据解调状态，总共存在四种可能的解调事件，分别解释如下：

（1）事件 $\mathscr{A}_o$。R 正确解调 S_1 的数据，错误解调 S_2 数据。事件 $\mathscr{A}_o$ 发生的概率为

$$\Pr\{\mathscr{A}_o\}=\Pr\{\gamma_{s_1 r}^{o}\geqslant\zeta_1,\gamma_{s_2 r}^{o}<\zeta_2\}=\Pr\{\gamma_{s_1 r}^{o}\geqslant\zeta_1\}\Pr\{\gamma_{s_2 r}^{o}<\zeta_2\} \tag{6.13}$$

（2）事件 $\mathscr{B}_o$。R 正确解调 S_1 和 S_2 的数据。事件 $\mathscr{B}_o$ 发生的概率为

$$\Pr\{\mathscr{B}_o\}=\Pr\{\gamma_{s_1 r}^{o}\geqslant\zeta_1,\gamma_{s_2 r}^{o}\geqslant\zeta_2\}=\Pr\{\gamma_{s_1 r}^{o}\geqslant\zeta_1\}\Pr\{\gamma_{s_2 r}^{o}\geqslant\zeta_2\} \tag{6.14}$$

（3）事件 $\mathscr{C}_o$。R 错误解调 S_1 的数据，正确解调 S_2 的数据。事件 $\mathscr{C}_o$ 发生的概率为

$$\Pr\{\mathscr{C}_o\}=\Pr\{\gamma_{s_1 r}^{o}<\zeta_1,\gamma_{s_2 r}^{o}\geqslant\zeta_2\}=\Pr\{\gamma_{s_1 r}^{o}<\zeta_1\}\Pr\{\gamma_{s_2 r}^{o}\geqslant\zeta_2\} \tag{6.15}$$

（4）事件 $\mathscr{D}_o$。R 错误解调 S_1 和 S_2 的数据。事件 $\mathscr{D}_o$ 发生的概率为

$$\Pr\{\mathscr{D}_o\}=\Pr\{\gamma_{s_1 r}^{o}<\zeta_1,\gamma_{s_2 r}^{o}<\zeta_2\}=\Pr\{\gamma_{s_1 r}^{o}<\zeta_1\}\Pr\{\gamma_{s_2 r}^{o}<\zeta_2\} \tag{6.16}$$

有如下概率：

$$\Pr\{\gamma_{s_1 r}^{o}\geqslant\zeta_1\}=\exp\left(-\frac{\zeta_1\sigma^2}{P_{s_1}\ell_{s_1 r}}\right),\Pr\{\gamma_{s_2 r}^{o}\geqslant\zeta_2\}=\exp\left(-\frac{\zeta_2\sigma^2}{P_{s_2}\ell_{s_2 r}}\right) \tag{6.17}$$

R 错误解调源节点的数据的概率可以推导为

$$\Pr\{\gamma_{s_1 r}^{o}<\zeta_1\}=1-\Pr\{\gamma_{s_1 r}^{o}\geqslant\zeta_1\},\Pr\{\gamma_{s_2 r}^{o}<\zeta_2\}=1-\Pr\{\gamma_{s_2 r}^{o}\geqslant\zeta_2\} \tag{6.18}$$

将式（6.17）和式（6.18）代入式（6.13）～式（6.16），可得事件 $\mathscr{A}_o$、$\mathscr{B}_o$、$\mathscr{C}_o$、$\mathscr{D}_o$ 发生的概率。

6.4 系统平均吞吐量

接下来，考虑能量累积过程和 R 端不同的解调事件，将分析 EANR 和 EAOR 机制的平均吞吐量性能。

6.4.1 EANR 机制的平均吞吐量

符号 $\mathscr{W}_n(k)$ 表示如下事件：在当前周期之前，R 已经在 k（$k=0$，1，…，K）个 WPT 阶段进行了能量累积。由于链路 $S_1\rightarrow R$ 和链路 $S_2\rightarrow R$ 所经历的信道衰落相互独立，并且它们在不同的时间块内是独立变化的，事件 $\mathscr{W}_n(k)$ 发生的概率为

$$\Pr\{\mathscr{W}_n(k)\}=(\Pr\{\mathscr{D}_n\})^k \tag{6.19}$$

随着 k 的增长，$\Pr\{\mathscr{W}_n(k)\}$ 衰减得很快，当 k 足够大时，特别是当 $\Pr\{\mathscr{D}_n\}$ 很小时，$\Pr\{\mathscr{W}_n(k)\}$ 变得非常小。可用数值 K 近似为连续进行 WPT 的阶段数的上限。

对于 EANR 机制，Pair 1 和 Pair 2 的平均吞吐量分别记为 $\mathscr{T}_{n1}$ 和 $\mathscr{T}_{n2}$，表达为

$$\mathscr{T}_{n1}=\sum_{k=0}^{K}\Pr\{\mathscr{W}_n(k)\}\left[\frac{V_1\Pr\{\mathscr{A}_n\}\Pr\{\varepsilon_{na}(k)\}}{2k+3}+\frac{V_1\Pr\{\mathscr{B}_n\}\Pr\{\varepsilon_{nb1}(k)\}}{2k+3}\right] \tag{6.20}$$

$$\mathscr{T}_{n2}=\sum_{k=0}^{K}\Pr\{\mathscr{W}_n(k)\}\left[\frac{V_2\Pr\{\mathscr{C}_n\}\Pr\{\varepsilon_{nc}(k)\}}{2k+3}+\frac{V_2\Pr\{\mathscr{B}_n\}\Pr\{\varepsilon_{nb2}(k)\}}{2k+3}\right] \tag{6.21}$$

式中：考虑到当事件 $\mathscr{A}_n$ 或 $\mathscr{B}_n$ 发生时，R 转发 S_1 的数据给 D_1；当事件 $\mathscr{C}_n$ 或 $\mathscr{B}_n$ 发生时，R 转发 S_2 的数据给 D_2。在每一项分式中，分子表示成功传输的平均比特数，分母表示当事件 $\mathscr{D}_n$ 连续发生 k 个周期时的总时间块数。当事件 $\mathscr{D}_n$ 在 k 个连续的周期中发生时，D_1 和 D_2 在当前周期中正确解调数据的情况如下：

事件 $\varepsilon_{na}(k)$：当事件 $\mathscr{A}_n$ 发生时，D_1 正确解调 R 转发的 S_1 的数据。

事件 $\varepsilon_{nb1}(k)$：当事件 $\mathscr{B}_n$ 发生时，D_1 正确解调 R 转发的 S_1 的数据。

事件 $\varepsilon_{nb2}(k)$：当事件 $\mathscr{B}_n$ 发生时，D_2 正确解调 R 转发的 S_2 的数据。

事件 $\varepsilon_{nc}(k)$：当事件 $\mathscr{C}_n$ 发生时，D_2 正确解调 R 转发的 S_2 的数据。

(1) 概率 $\Pr\{\varepsilon_{na}(k)\}$ 和 $\Pr\{\varepsilon_{nc}(k)\}$ 的推导。在 Strans－Block 中，当 R 端发生事件 $\mathscr{A}_n$ 时，D_1 只收到 R 转发的 S_1 的数据。给定 R 的发射功率 P_r，D_1 端接收到信号的 SNR 记为 $\gamma_{rd_1}^{na}$，表达为

$$\gamma_{rd_1}^{na}=\frac{P_r\ell_{rd_1}G_{rd_1}}{\sigma^2} \tag{6.22}$$

通过将 R 的发射功率近似为每个离散值，能够推导出当事件 $\mathscr{A}_n$ 发生时，D_1 正确解调所需数据的概率如下。考虑事件 $\mathscr{D}_n$ 在 k 个连续的周期中均发生了，并考虑当前周期中的 WPT 阶段，R 总共在 $k+1$ 个时间块内累积能量，因此，

$$\begin{aligned}\Pr\{\varepsilon_{na}(k)\}\approx\sum_{n=0}^{N}&[\Pr\{P_r\approx L_n+\Delta/2\mid M=k+1\}\\&+\mathbf{1}(n=N)\Pr\{P_r=L_N\mid M=k+1\}]\Pr\{\gamma_{rd_1}^{na}\geqslant\zeta_1\mid P_r\}\end{aligned} \tag{6.23}$$

给定 R 的发射功率为 P_r，可以推导出

$$\Pr\{\gamma_{rd_1}^{na}\geqslant\zeta_1\mid P_r\}=\exp\left(-\frac{\zeta_1\sigma^2}{P_r\ell_{rd_1}}\right) \tag{6.24}$$

如果 R 已在 $M=k+1$（$k=0$，1，…，K）个时间块内累积能量，将 R 的实际发射功率近似为离散的功率级别 $L_n+\Delta/2$，（$n=0$，1，…，$N-1$）的概率为

$$\begin{aligned}\Pr\{P_r\approx L_n+\Delta/2\mid M=k+1\}&=\Pr\{L_n\leqslant X_{br}<L_{n+1}\mid M=k+1\}\\&=\frac{\gamma(k+1,\lambda_{br}L_{n+1})}{\Gamma(k+1)}-\frac{\gamma(k+1,\lambda_{br}L_n)}{\Gamma(k+1)}\end{aligned} \tag{6.25}$$

式中：$\gamma(a,x)=\int_0^x e^{-t}t^{a-1}\mathrm{d}t$ 为下不完备伽马函数[64]。

当 R 已在 $(k+1)$，$(k=0, 1, \cdots, K)$ 时间块内累积能量，R 采用最高功率级别 L_N 的概率计算为

$$\Pr\{P_{\mathrm{r}}=L_N \mid M=k+1\}=\Pr\{X_{\mathrm{br}} \geqslant L_N \mid M=k+1\}=\frac{\Gamma(k+1, \lambda_{\mathrm{br}} L_N)}{\Gamma(k+1)} \tag{6.26}$$

式中：$\Gamma(a, x)=\int_x^{\infty} e^{-t} t^{a-1} \mathrm{d}t$ 为上不完备伽马函数[64]。

将式 (6.24) ～式 (6.26) 代入式 (6.23)，可获得当 R 端发生事件 $\mathscr{A}_{\mathrm{n}}$ 时，D_1 正确解调 S_1 数据的概率。类似地，可获得当 R 端发生事件 $\mathscr{C}_{\mathrm{n}}$ 时，D_2 正确解调 S_2 数据的概率，即 $\Pr\{\varepsilon_{\mathrm{nc}}(k)\}$，此概率的结果与式 (6.23) 式类似，需要将最后一项中 ζ_1 和 ℓ_{rd_1} 分别替换为 ζ_2 和 ℓ_{rd_2}。

(2) 概率 $\Pr\{\varepsilon_{\mathrm{nb}_1}(k)\}$ 和 $\Pr\{\varepsilon_{\mathrm{nb}_2}(k)\}$ 的推导。在 Strans - Block 中，当事件 $\mathscr{B}_n$ 发生时，R 将同时转发 S_1 和 S_2 的数据，分配给 S_1 数据的功率比例为 $\alpha(0<\alpha<1)$，分配给 S_2 数据的功率比例为 $(1-\alpha)$。在 D_1 端，所需数据的 SINR 记为 $\gamma_{\mathrm{rd}_1}^{\mathrm{nb}}(\mathrm{SINR})$，表达为

$$\gamma_{\mathrm{rd}_1}^{\mathrm{nb}}(\mathrm{SINR})=\frac{\alpha P_{\mathrm{r}} \ell_{\mathrm{rd}_1} G_{\mathrm{rd}_1}}{(1-\alpha) P_{\mathrm{r}} \ell_{\mathrm{rd}_1} G_{\mathrm{rd}_1}+\sigma^2} \tag{6.27}$$

式中：来自 S_2 的数据被视为干扰。

当 D_1 错误解调 S_1 数据时，它将尝试解调 S_2 的数据以便进行干扰消除。S_2 数据的 SINR 记为 $\tilde{\gamma}_{\mathrm{rd}_1}^{\mathrm{nb}}(\mathrm{SINR})$，表达为

$$\tilde{\gamma}_{\mathrm{rd}_1}^{\mathrm{nb}}(\mathrm{SINR})=\frac{(1-\alpha) P_{\mathrm{r}} \ell_{\mathrm{rd}_1} G_{\mathrm{rd}_1}}{\alpha P_{\mathrm{r}} \ell_{\mathrm{rd}_1} G_{\mathrm{rd}_1}+\sigma^2} \tag{6.28}$$

如果 D_1 能够成功解调并删除 S_2 的数据，在剩余信号中，其所需数据的 SNR 记为 $\gamma_{\mathrm{rd}_1}^{\mathrm{nb}}(\mathrm{SNR})$，表达为

$$\gamma_{\mathrm{rd}_1}^{\mathrm{nb}}(\mathrm{SNR})=\frac{\alpha P_{\mathrm{r}} \ell_{\mathrm{rd}_1} G_{\mathrm{rd}_1}}{\sigma^2} \tag{6.29}$$

当事件 $\mathscr{B}_{\mathrm{n}}$ 发生时，D_1 成功解调 R 所转发的 S_1 数据的概率表达为

$$\begin{aligned}\Pr\{\varepsilon_{\mathrm{nb}_1}(k)\} \approx & \sum_{n=0}^{N}\left[\Pr\{P_{\mathrm{r}} \approx L_n+\Delta/2 \mid M=k+1\}+\mathbf{1}(n=N)\right. \\ & \left.\times \Pr\{P_{\mathrm{r}}=L_{\mathrm{N}} \mid M=k+1\}\right](\Pr\{\varepsilon_{\mathrm{nb}_1}^{\mathrm{one}} \mid P_{\mathrm{r}}\}+\Pr\{\varepsilon_{\mathrm{nb}_1}^{\mathrm{two}} \mid P_{\mathrm{r}}\})\end{aligned} \tag{6.30}$$

在式 (6.30) 中，$\Pr\{\varepsilon_{\mathrm{nb}_1}^{\mathrm{one}} \mid P_{\mathrm{r}}\}$ 反映的情况为，D_1 将 S_2 的信号视为干扰，成功解调 S_1 的数据，计算为

$$\Pr\{\varepsilon_{\mathrm{nb}_1}^{\mathrm{one}} \mid P_{\mathrm{r}}\}=\Pr\{\gamma_{\mathrm{rd}_1}^{\mathrm{nb}}(\mathrm{SINR}) \geqslant \zeta_1 \mid P_{\mathrm{r}}\}=\mathbf{1}\left(\alpha>\frac{\zeta_1}{1+\zeta_1}\right) \exp\left\{-\frac{\zeta_1 \sigma^2}{[(1+\zeta_1)\alpha-\zeta_1] P_{\mathrm{r}} \ell_{\mathrm{rd}_1}}\right\} \tag{6.31}$$

式 (6.30) 中的 $\Pr\{\varepsilon_{\mathrm{nb}_1}^{\mathrm{two}} \mid P_{\mathrm{r}}\}$ 反映的情况是：D_1 直接解调 S_1 数据失败，但是成功地解调并删除 S_2 的数据，然后正确解调 S_1 的数据。此概率计算为

$$\begin{aligned}\Pr\{\varepsilon_{\mathrm{nb}_1}^{\mathrm{two}}\mid P_{\mathrm{r}}\}&=\Pr\{\gamma_{\mathrm{rd}}^{\mathrm{nb}}(\mathrm{SINR})<\zeta_1,\tilde{\gamma}_{\mathrm{rd}_1}^{\mathrm{nb}}(\mathrm{SINR})\geqslant\zeta_2,\gamma_{\mathrm{rd}_1}^{\mathrm{nb}}(\mathrm{SNR})\geqslant\zeta_1\mid P_{\mathrm{r}}\}\\&=\mathbf{1}\left(\alpha\leqslant\frac{\zeta_1}{1+\zeta_1},\alpha<\frac{1}{1+\zeta_2}\right)\exp\left[-\frac{\sigma^2}{P_{\mathrm{r}}\ell_{\mathrm{rd}_1}}\max\left(\frac{\zeta_1}{\alpha},\frac{\zeta_2}{1-(1+\zeta_2)\alpha}\right)\right]\\&\quad+\mathbf{1}\left[\frac{\zeta_1}{1+\zeta_1}<\alpha<\min\left(\frac{1}{1+\zeta_2},\frac{\zeta_1(1+\zeta_2)}{\zeta_1(1+2\zeta_2)+\zeta_2}\right)\right]\left\{\exp\left[-\frac{\sigma^2}{P_{\mathrm{r}}\ell_{\mathrm{rd}_1}}\right.\right.\\&\quad\left.\left.\times\max\left(\frac{\zeta_1}{\alpha},\frac{\zeta_2}{1-(1+\zeta_2)\alpha}\right)-\exp\left(-\frac{\zeta_1\sigma^2}{[(1+\zeta_1)\alpha-\zeta_1]P_{\mathrm{r}}\ell_{\mathrm{rd}_1}}\right)\right]\right\}\end{aligned}\tag{6.32}$$

将式（6.25）、式（6.26）、式（6.31）、式（6.32）代入式（6.30），能够获得 $\Pr\{\varepsilon_{\mathrm{nb}_1}(k)\}$的近似结果。当事件 $\mathscr{B}_n$ 发生时，D_2 成功解调 R 转发的 S_2 数据的概率为 $\Pr\{\varepsilon_{\mathrm{nb}_2}(k)\}$，可以类似地推导为式（6.30），但需将最后两项中的 ζ_1、ζ_2、α、ℓ_{rd_1} 分别替换为 ζ_2、ζ_1、$(1-\alpha)$、ℓ_{rd_2}。

至此，已经获得了事件发生概率 $\Pr\{\mathscr{A}_n\}$、$\Pr\{\mathscr{B}_n\}$、$\Pr\{\mathscr{C}_n\}$、$\Pr\{\mathscr{D}_n\}$，推导了成功概率 $\Pr\{\varepsilon_{\mathrm{na}}(k)\}$、$\Pr\{\varepsilon_{\mathrm{nc}}(k)\}$、$\Pr\{\varepsilon_{\mathrm{nb}_1}(k)\}$、$\Pr\{\varepsilon_{\mathrm{nb}_2}(k)\}$，因此，可以按照式（6.20）和式（6.21）得到每个通信对的平均吞吐量。

6.4.2 EAOR 机制的平均吞吐量

符号 $\mathscr{W}_{\mathrm{o}}(k)$ 表示事件：在当前周期之前，R 已在 k（$k=0$，1，…，K）个 WPT 阶段连续累积能量。事件 $\mathscr{W}_{\mathrm{o}}(k)$ 的发生概率为

$$\Pr\{W_{\mathrm{o}}(k)\}=(\Pr\{\mathscr{D}_{\mathrm{o}}\})^k\tag{6.33}$$

对于 EAOR 机制，当事件 $\mathscr{A}_{\mathrm{o}}$ 或 $\mathscr{B}_{\mathrm{o}}$ 发生时，R 转发 S_1 的数据给 D_1。当事件 $\mathscr{C}_{\mathrm{o}}$ 或 $\mathscr{B}_{\mathrm{o}}$ 发生时，R 转发 S_2 的数据给 D_2。Pair 1 和 Pair 2 的平均吞吐量分别记为 $\mathscr{T}_{\mathrm{o1}}$ 和 $\mathscr{T}_{\mathrm{o2}}$，推导为

$$\mathscr{T}_{\mathrm{o1}}=\sum_{k=0}^{K}\Pr\{\mathscr{W}_{\mathrm{o}}(k)\}\left[\frac{V_1\Pr\{\mathscr{A}_{\mathrm{o}}\}\Pr\{\varepsilon_{\mathrm{oa}}(k)\}}{3k+4}+\frac{V_1\Pr\{\mathscr{B}_{\mathrm{o}}\}\Pr\{\varepsilon_{\mathrm{ob}_1}(k)\}}{3k+5}\right]\tag{6.34}$$

$$\mathscr{T}_{\mathrm{o2}}=\sum_{k=0}^{K}\Pr\{\mathscr{W}_{\mathrm{o}}(k)\}\left[\frac{V_2\Pr\{\mathscr{C}_{\mathrm{o}}\}\Pr\{\varepsilon_{\mathrm{oc}}(k)\}}{3k+4}+\frac{V_2\Pr\{\mathscr{B}_{\mathrm{o}}\}\Pr\{\varepsilon_{\mathrm{ob}_2}(k)\}}{3k+5}\right]\tag{6.35}$$

式中：考虑到当事件 $\mathscr{A}_{\mathrm{o}}$ 或 $\mathscr{C}_{\mathrm{o}}$ 发生时，一个周期包含四个时间块；当事件 $\mathscr{B}_{\mathrm{o}}$ 发生时，一个周期包含五个时间块。

当事件 $\mathscr{D}_{\mathrm{o}}$ 在连续 k 个周期内发生时，采用以下事件表示 D_1 和 D_2 在当前周期成功解调数据：

事件 $\varepsilon_{\mathrm{oa}}(k)$：当事件 $\mathscr{A}_{\mathrm{o}}$ 发生时，D_1 正确解调 R 转发的 S_1 的数据。

事件 $\varepsilon_{\mathrm{ob}_1}(k)$：当事件 $\mathscr{B}_{\mathrm{o}}$ 发生时，D_1 正确解调 R 转发的 S_1 的数据。

事件 $\varepsilon_{\mathrm{ob}_2}(k)$：当事件 $\mathscr{B}_{\mathrm{o}}$ 发生时，D_2 正确解调 R 转发的 S_2 的数据。

事件 $\varepsilon_{\mathrm{oc}}(k)$：当事件 $\mathscr{C}_{\mathrm{o}}$ 发生时，D_2 正确解调 R 转发的 S_2 的数据。

（1）概率 $\Pr\{\varepsilon_{\mathrm{oa}}(k)\}$和 $\Pr\{\varepsilon_{\mathrm{oc}}(k)\}$的推导。在 Strans - Block - One 中，当事件 $\mathscr{A}_{\mathrm{o}}$ 发生时，D_1 从 R 所接收到的数据均为其需要的数据。给定 R 的发射功率 P_{r}，D_1 所接收到的信号 SNR 记为 $\gamma_{\mathrm{rd}_1}^{\mathrm{oa}}=\dfrac{P_{\mathrm{r}}\ell_{\mathrm{rd}_1}G_{\mathrm{rd}_1}}{\sigma^2}$。

将 R 的发射功率近似为离散值，则当事件 $\mathscr{A}_o$ 发生时，D_1 正确解调所需数据的概率可以计算为

$$\Pr\{\varepsilon_{oa}(k)\} \approx \sum_{n=0}^{N} [\Pr\{P_r \approx L_n + \Delta/2 | M=k+1\} + \mathbf{1}(n=N)\Pr\{P_r = L_N | M=k+1\}]\Pr\{\gamma_{rd_1}^{oa} \geqslant \zeta_1 | P_r\} \tag{6.36}$$

其中

$$\Pr\{\gamma_{rd_1}^{oa} \geqslant \zeta_1 | P_r\} = \exp\left(-\frac{\zeta_1 \sigma^2}{P_r \ell_{rd_1}}\right)$$

已经在式（6.25）和式（6.26）中分析了将 R 的发射功率近似为离散功率值的概率。当事件 $\mathscr{C}_o$ 发生时，D_2 正确解调 R 转发的 S_2 数据的概率，即 $\Pr\{\varepsilon_{oc}(k)\}$，可以类似推导为式（6.36），但是需要将最后一项中的 ζ_1 和 ℓ_{rd_1} 分别替换为 ζ_2 和 ℓ_{rd_2}。

（2）概率 $\Pr\{\varepsilon_{ob_1}(k)\}$ 和 $\Pr\{\varepsilon_{ob_2}(k)\}$ 的推导。在 Strans - Block - One 中，当事件 $\mathscr{B}_o$ 发生时，在接下来的两个时间块内，R 将分别转发 S_1 的数据和 S_2 的数据给 D_1 和 D_2，分配给 S_1 数据的功率比例为 $\alpha(0<\alpha<1)$，分配给 S_2 数据的功率比例为 $(1-\alpha)$。因此，D_1 接收到所需信号时并没有干扰的存在，SNR 为 $\gamma_{rd_1}^{ob} = \frac{\alpha P_r \ell_{rd_1} G_{rd_1}}{\sigma^2}$。$D_1$ 正确解调 R 转发的 S_1 数据的概率表达为

$$\Pr\{\varepsilon_{ob_1}(k)\} \approx \sum_{n=0}^{N} [\Pr\{P_r \approx L_n + \Delta/2 | M=k+1\} + \mathbf{1}(n=N)\Pr\{P_r = L_N | M=k+1\}]\Pr\{\gamma_{rd_1}^{ob} \geqslant \zeta_1 | P_r\} \tag{6.37}$$

其中

$$\Pr\{\gamma_{rd_1}^{ob} \geqslant \zeta_1 | P_r\} = \exp\left(-\frac{\zeta_1 \sigma^2}{\alpha P_r \ell_{rd_1}}\right)$$

当事件 $\mathscr{B}_o$ 发生时，D_2 正确解调 R 转发的 S_2 数据的概率，即 $\Pr\{\varepsilon_{ob_2}(k)\}$，可以类似推导为式（6.37），其中需将最后一项中的 ζ_1，α，ℓ_{rd_1} 分别替换为 ζ_2，$(1-\alpha)$，ℓ_{rd_2}。

至此，已经推导了事件发生的概率 $\Pr\{\mathscr{A}_o\}$、$\Pr\{\mathscr{B}_o\}$、$\Pr\{\mathscr{C}_o\}$、$\Pr\{\mathscr{D}_o\}$，并获得了成功概率 $\Pr\{\varepsilon_{oa}(k)\}$、$\Pr\{\varepsilon_{oc}(k)\}$、$\Pr\{\varepsilon_{ob_1}(k)\}$、$\Pr\{\varepsilon_{ob_2}(k)\}$，因此，可按照式（6.34）和式（6.35）获得每个通信对的平均吞吐量。

6.5 数值和仿真结果

除非特别说明，设置 $\eta=0.5$，$\beta=3$，$K=20$，$N=2000$，$\mu=10^{-2}$Jou，$P_{s_1}=10$dBm，$P_{s_2}=10$dBm，$P_b=30$dBm，$\sigma^2=-90$dBm，$V_1=1$bit/s/Hz，$V_2=0.5$bits/s/Hz。节点间的距离设置为 $Q_{s_1 r}=Q_{s_2 r}=10$m，$Q_{rd_1}=Q_{rd_2}=15$m，$Q_{br}=3$m。对于 EANR 机制，数值解是按照式（6.20）和式（6.21）获得的，对于 EAOR 机制，数值解是按照式（6.34）和式（6.35）获得的。仿真结果是对 10^5 次迭代结果求平均获得的。

6.5.1 功率分配因子 α 的影响

图 6.5 显示了 EANR 系统平均吞吐量与 R 的功率分配因子 α 的关系。在 EANR 机制

中，在 α 较低的区域，随着 α 的增长，吞吐量先增长，然后降低到几乎为 0。在 α 的中间区域，吞吐量保持在较低的层级上。在 α 较高的区域，吞吐量从几乎为 0 开始先增长到一个峰值，然后降低。事件 $\mathscr{A}_n$、$\mathscr{B}_n$、$\mathscr{C}_n$、$\mathscr{D}_n$ 发生的概率只与源节点和中继节点之间的信道有关。随着 α 的增长，R 分配较多的功率转发 S_1 的数据，分配较少的功率转发 S_2 的数据。在 α 较低的区域，D_1 从 R 接收到的 S_2 的数据比较强，它能够较为容易地解调并删除 S_2 的数据，剩余信号功率较高时，有助于 D_1 顺利解调其所需的 S_1 的数据。但是，当 α 足够大时，D_1 解调并删除 S_2 的数据并不顺利，因此解调所需数据的性能变差。在 α 的中间区域，由于 D_1 接收到的两个源节点的数据功率类似，自适应干扰消除机制更容易失败，难以删除干扰，难以解调所需数据，因此系统性能降到最低。在 α 较高的区域，随着 α 的增长，D_1 更容易直接解调所需的 S_1 的数，并将不需要的 S_2 的数据视为干扰，因此 Pair 1 的吞吐量增长。类似上面的原因，Pair 2 的吞吐量与 Pair 1 的吞吐量在 α 的不同区域，变化是相反的。在 α 较低和较高的区域，EANR 机制能够获得比 EAOR 机制更高的吞吐量，在 α 的中间区域，EAOR 机制的性能要更好一些。数值结果和仿真结果吻合的很好，验证了理论分析的准确性。

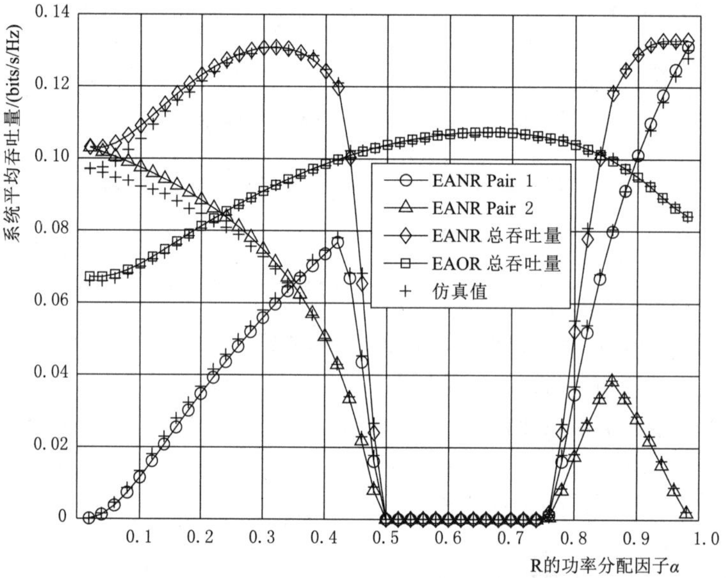

图 6.5　EANK 系统平均吞吐量与 R 的功率分配因子 α 的关系（EAOR 为比较组）

图 6.6 显示了 EAOR 系统平均吞吐量与 R 的功率分配因子 α 的关系。功率分配因子 α 不影响源节点到中继节点之间的传输，但影响中继节点到目的节点之间的传输。当事件 $\mathscr{B}_o$ 发生时，在 EAOR 机制中，R 在两个时间块内，相继转发 S_1 的数据和 S_2 的数据，在 D_1 端和 D_2 端不存在相互干扰。随着 α 的增长，R 分配更多的功率用于转发 S_1 的数据，转发 S_2 的数据所用的功率则降低。结果是，Pair 1 的吞吐量单调增长，而 Pair 2 的吞吐量单调降低。EAOR 机制总的吞吐量呈现先上升后下降的趋势。

功率分配因子 α 严重影响系统的吞吐量。目的是最大化系统总的吞吐量，对于 EANR 机制为 $\mathscr{T}_{n1}+\mathscr{T}_{n2}$，对于 EAOR 机制为 $\mathscr{T}_{o1}+\mathscr{T}_{o2}$。只有当 EANR 机制中事件 $\mathscr{B}_n$ 发生

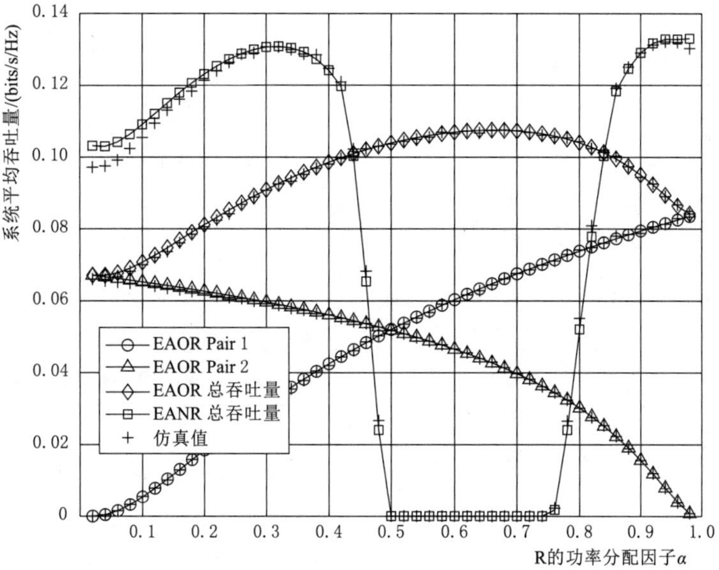

图 6.6　EAOR 系统平均吞吐量与 R 的功率分配因子 α 的关系（EANR 为比较组）

或者 EAOR 机制中事件 $\mathscr{B}_0$ 发生时，参数 α 才会影响系统的吞吐量。因此，为了确定最优的 α，可以只最大化吞吐量中的部分项，对于 EANR 机制为 $V_1\Pr\{\varepsilon_{\mathrm{nb}_1}\}+V_2\Pr\{\varepsilon_{\mathrm{nb}_2}\}$，对于 EAOR 机制为 $V_1\Pr\{\varepsilon_{\mathrm{ob}_1}\}+V_2\Pr\{\varepsilon_{\mathrm{ob}_2}\}$。基于所推导的闭合表达式，可以在区间（0，1）中快速确定最优的 α 值。在传输过程中，源节点的发射功率、数据传输速率、不同节点之间的距离等都是不变的，因此，所获得的最优 α 值能够在一个较长的时间内使用。在下面的仿真中，采用最优的 α 值确定系统的最大吞吐量。

6.5.2　传输速率的影响

图 6.7 显示了系统平均吞吐量与 Pair 1 传输速率的关系。给定 Pair 2 的数据传输速率，随着 V_1 的增长，系统吞吐量先增长后降低，最终接近于一个常数。在 V_1 较低的区域，随着 V_1 的增长，更多 S_1 的数据能够成功传输，因此吞吐量变大。但是，当 V_1 足够大时，R 成功解调并转发 S_1 的数据变得更为困难，因此，吞吐量在达到峰值后开始变小，最终逐渐变成了常数，这是因为 R 几乎不可能成功解调并转发 S_1 的数据。在此情况下，最终系统的吞吐量只包含了 Pair 2 的吞吐量。EANR 机制相比 EAOR 机制能够获得更高的吞吐量。一般地，系统的吞吐量远低于 V_1+V_2，这意味着数据成功解调的概率很低。给定较小的 V_1 值和 V_2 值，由于数据成功传输的概率较高，系统的吞吐量也比较大。因此，相比较低的数据传输速率，较低的数据成功传输概率对系统吞吐量的不利影响更大。

图 6.8 显示了系统平均吞吐量与 Pair 1 的数据传输速率的关系，令 $V_2=0.5$bits/s/Hz。对于 EANR 机制，随着 V_1 的增长，Pair 1 的吞吐量先增长后降低到几乎为 0，而 Pair 2 的吞吐量先降低后增长到接近一个常数。在 V_1 较低的区域，随着 V_1 的增长，更多 S_1 的数据能够成功传输。如果 V_1 继续增长，R 更难以成功解调并转发 S_1 的数据，因此 Pair 1 的吞吐量变小并最终接近于 0。但是，对于 Pair 2，随着 V_1 在较低区域的增长，吞吐量几

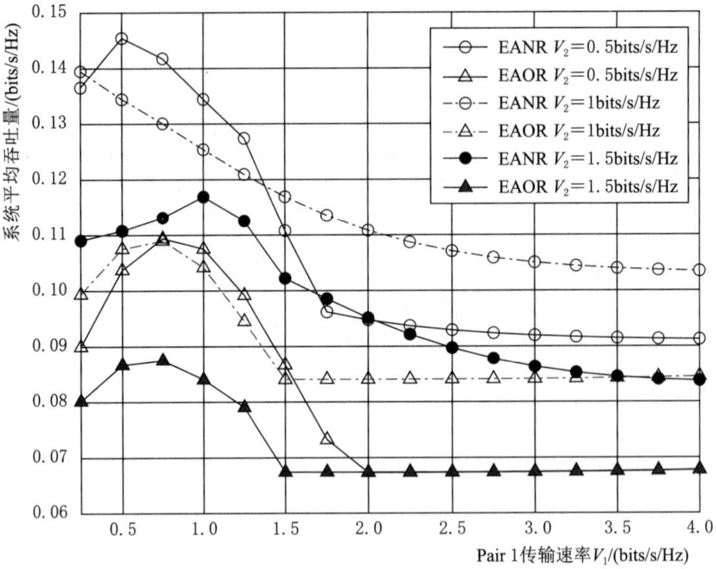

图 6.7　系统平均吞吐量与 Pair 1 传输速率的关系

乎降为 0，这是因为 R 更难以成功解调并转发 S_2 的数据。但是，随着 V_1 的进一步增长，Pair 2 的吞吐量开始增长，这是因为 R 和 D_2 将更可能直接解调 S_2 的数据，并且受益于较多的功率分配，解调的准确率有所提升，在解调过程中将 Pair 1 的数据视为干扰，Pair 1 的传输速率对 Pair 2 的影响降低，系统总的吞吐量主要由 Pair 2 的吞吐量占主导。对于 EAOR 机制，随着 V_1 的增长，Pair 1 的吞吐量先增长后降低，最终接近于 0。Pair 2 的吞吐量先降低后变大。这是由于 R 分配较多的功率用于转发 S_1 的数据，而转发 S_2 数据的功率较低。当 R 难以解调 S_1 的数据时，几乎所有的功率将用于转发 S_2 的数据。

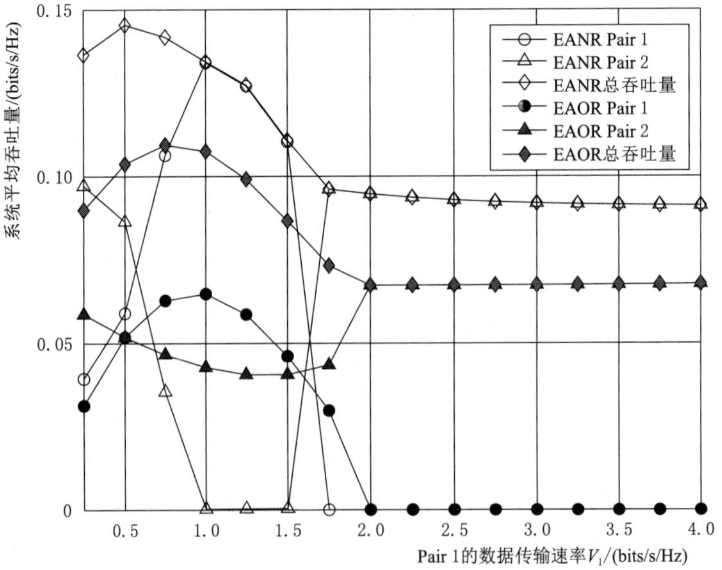

图 6.8　系统平均吞吐量与 Pair 1 的数据传输速率的关系（V_2=0.5bits/s/Hz）

6.5.3 发射功率的影响

图 6.9 显示了系统平均吞吐量与 S_1 的发射功率 P_s 的关系。图 6.10 显示了系统平均吞吐量与 S_1 的发射功率 P_{s_1} 的关系。

对于 EAOR 机制，随着 P_{s_1} 的增长，系统吞吐量单调增长，最终接近于一个常数值。这可以按照图 6.10 中的曲线变换趋势来解释。S_1 的发射功率只影响 $S_1 \rightarrow R$ 链路。随着 P_{s_1} 的增长，R 更有可能成功解调 S_1 的数据，因此 Pair 1 的吞吐量单调增长。由于 R 分配更多的功率用于 S_1 数据的发送，分配较少的功率用于 S_2 数据的发送，Pair 2 的吞吐量变小，并最终接近于一个常数。把两个 Pair 的吞吐量相加，EAOR 机制的吞吐量能够单调增长，如图 6.9 所示。

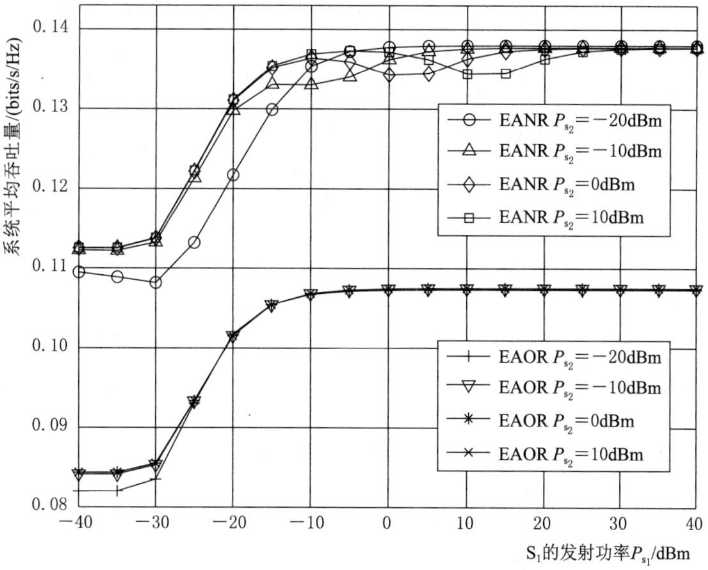

图 6.9 系统平均吞吐量与 S_1 的发射功率 P_{s_1} 的关系（改变 P_{s_2}）

对于 EANR 机制，随着 P_{s_1} 的增长，系统吞吐量显示的整体趋势为变大—变小—变大，最终稳定下来并接近于一个常数。这种变化趋势是由 R 端的自适应解调导致的，这可以按照图 6.9 中曲线的变化趋势来解释。随着 P_{s_1} 的增长，Pair 1 的吞吐量先增长后轻微下降，然后增长到几乎成为一个常数。

（1）在 P_{s_1} 较低的区域，随着 P_{s_1} 的增长，R 能够更容易地删除 S_2 的数据并成功解调 S_1 的数据，因此 Pair 1 的吞吐量变大。

（2）当 P_{s_1} 在中间区域且足够强时，R 更难以解调并删除 S_2 的数据，因此 Pair 1 的吞吐量变小。

（3）当 P_{s_1} 在较高的区域并继续增长时，Pair 1 的吞吐量变大并接近于一个常数，这是因为 R 更有可能直接解调 S_1 的数据，在该过程中，将 S_2 的数据视为干扰。在 P_{s_1} 的整个区域中，随着 P_{s_1} 的增长，Pair 2 的吞吐量持续变小，这是因为 S_1 较强的干扰能够损害 Pair 2 的数据传输性能。进一步地，如果 R 能够正确解调两个源节点的数据，将会分

配更多的功率转发 S_1 的数据以提升系统性能，这会导致 Pair 2 吞吐量降低到几乎为 0。将两个 Pair 2 的吞吐量加起来，EANR 的吞吐量性能呈现出更为复杂的变化趋势，如图 6.9 所示。整体上看，较高的源节点发射功率有助于提升系统吞吐量。

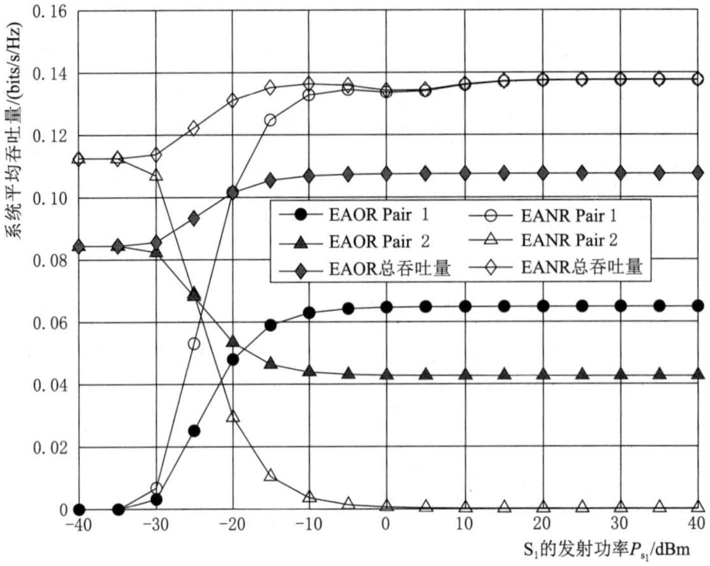

图 6.10　系统平均吞吐量与 S_1 的发射功率 P_{s_1} 的关系（$P_{s_2}=0$dBm）

6.5.4　PB 发射功率的影响

图 6.11 显示了系统平均吞吐量与 PB 发射功率 P_b 的关系，设置 $\Delta=\frac{P_b \ell_{br}}{10}$，$\mu=\Delta N$。图 6.12 显示了系统平均吞吐量与 PB 发射功率 P_b 的关系，设置 $Q_{br}=3$m。

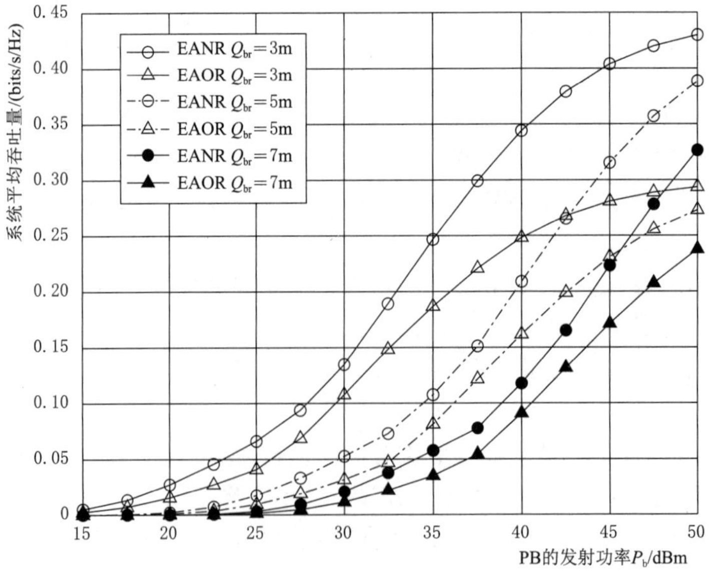

图 6.11　系统平均吞吐量与 PB 发射功率 P_b 的关系

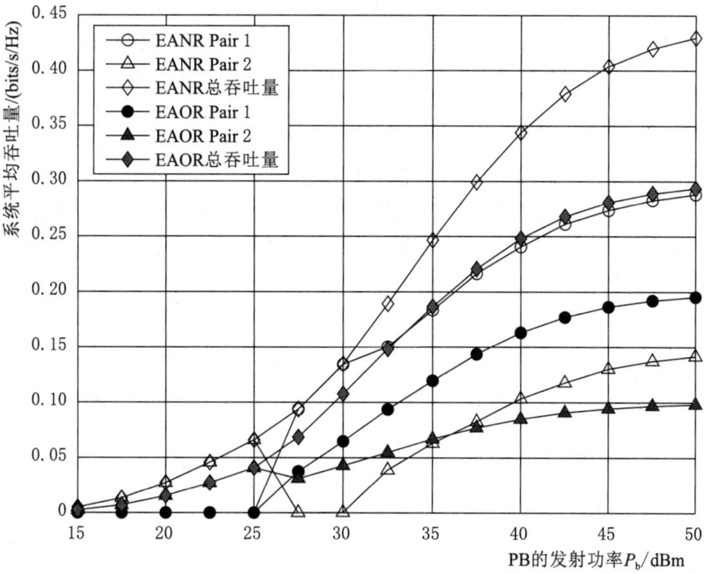

图 6.12 系统平均吞吐量与 PB 发射功率 P_b 的关系

在图 6.11 中，随着 P_b 的增长，R 收集更多的能量，能够采用较高的发射功率实现更为可靠的中继传输，这利于提升系统的吞吐量。给定 PB 的发射功率，随着 PB 与 R 之间距离的延长，射频信号会经历更为严重的路径损耗，R 收集的能量变少，系统的吞吐量变小。在 P_b 的整个区域上，EANR 机制优于 EAOR 机制。

在图 6.12 中，不管 EAOR 还是 EANR 机制，当功率 P_b 较低时，Pair 1 的吞吐量几乎为 0，但是 Pair 2 的吞吐量不为 0，这是因为 R 收集到的能量非常少，由于 S_2 的数据传输速率较低，为了提升系统的吞吐量，R 几乎将所有的功率均用于 S_2 的数据转发。随着 P_b 的进一步增长，Pair 1 的吞吐量开始增长，而 Pair 2 的吞吐量先变小然后变大。这是因为，R 能够收集到更多的能量，并分配较多的功率用于 S_1 的数据转发。在开始阶段，S_2 的传输性能轻微降低，然后由于 R 能够收集到更多的能量，能够较为容易满足 S_2 的传输需求。因此，较高的 PB 发射功率能够提升系统的吞吐量。

6.5.5 节点相对位置的影响

图 6.13 显示了系统吞吐量与中继节点和目的节点距离的关系。随着中继与目的节点间距的增长，吞吐量变小，这是因为 R 转发的信号在到达目的节点的过程中经历更为严重的路径损耗。给定中继和目的节点的间距，随着 PB 和中继节点间距的延长，R 收集到的能量变少，系统的吞吐量降低。随着 PB 与中继节点的间距缩短，射频信号承受的路径损耗减轻，R 收集到的能量增多，这有助于提升中继节点和目的节点之间的通信质量。EANR 机制比 EAOR 机制的性能好，这是因为两个 Pairs 同时传输数据能够提升频谱效率。

图 6.14 为系统吞吐量与中继节点和目的节点间距的关系，其中 $Q_{br}=3\text{m}$。对于 EANR 机制，随着中继和目的节点间距的延长，Pair 1 的吞吐量单调下降到 0，而 Pair 2

的吞吐量首先降低到 0，在中间区域保持为 0，然后在较高区域有所增长。对于 Pair 1，当中继和目的节点间距延长时，第二跳传输的可靠性降低，因此吞吐量变小。当中继和目的节点的间距足够长时，Pair 1 的传输速率很难在 D_1 端得到满足，因此 Pair 1 的吞吐量变成 0。对于 Pair 2，随着中继和目的节点间距的延长，第二跳传输的可靠性降低，因此吞吐量降低。在中间区域，R 分配大部分功率用于转发 S_1 的数据，导致 Pair 2 的吞吐量降为 0。但是，随着中继与目的节点间距的进一步延长，Pair 2 的吞吐量有所提升，但是最终还是呈现下降的趋势。对于 EAOR 机制，Pair 1 和 Pair 2 的吞吐量呈现相似的变化趋势。

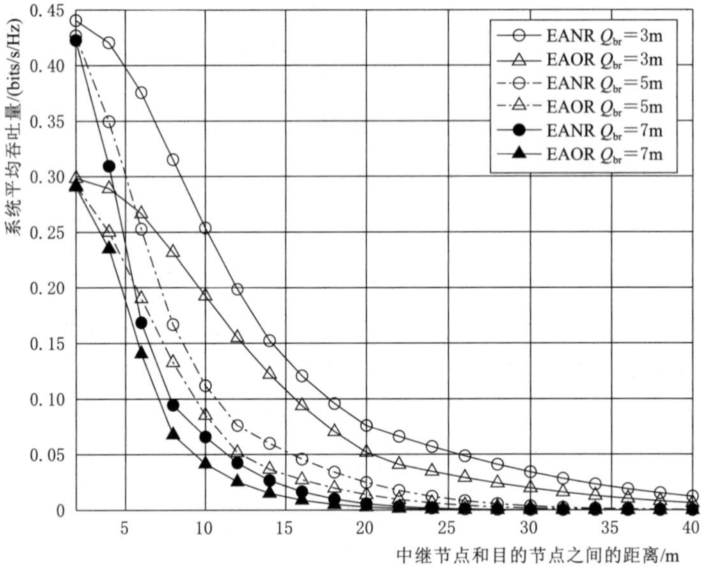

图 6.13　系统吞吐量与中继节点和目的节点距离的关系

（针对 Q_{br}=3m、5m、7m，分别设置 $\mu=10^{-2}$，10^{-3}，3×10^{-3}）

图 6.15 显示了系统吞吐量与 S_1 和 R 之间的距离的关系。对于 EANR 机制，随着 Q_{s_1r} 的增长，系统吞吐量先降低后增长。这可以通过研究两个 Pairs 的吞吐量来解释。在 Q_{s_1r} 较低的区域，R 成功解调 S_1 和 S_2 数据的概率较高，因此 R 将合理分配功率转发两个源节点的数据。由于 S_1 的数据比较强，R 将解调并删除 S_1 的数据，然后解调 S_2 的数据。一方面，在 Q_{s_1r} 较低的区域，随着 Q_{s_1r} 的增长，R 解调并删除 S_1 的数据变得更为困难，进而难以解调 S_2 的数据，导致 Pair 2 的吞吐量变小。另一方面，在 Q_{s_1r} 较低的区域，随着 Q_{s_1r} 的增长，R 能够获得更多的机会以累积能量，因此可以较高的功率转发数据给目的节点，Pair 1 的吞吐量变大。但是从 Q_{s_1r} 的中间区域到较高区域，Pair 1 的吞吐量单调降低，这是因为 R 解调 S_1 数据变得更为困难。由于 Q_{s_2r} 是固定的，R 具有更多的机会转发 S_2 的数据，因此 Pair 2 的吞吐量单调增长并逐渐接近于一个常数。

对于 EAOR 机制，在 Q_{s_1r} 的整个区域上，系统总的吞吐量变化较小。随着 Q_{s_1r} 的增长，R 解调 S_1 的数据更为困难，因此 Pair 1 的吞吐量变小并接近于 0。由于 R 分配较多的功率用于转发 S_2 的数据，Pair 2 的吞吐量变大并接近于一个常数。

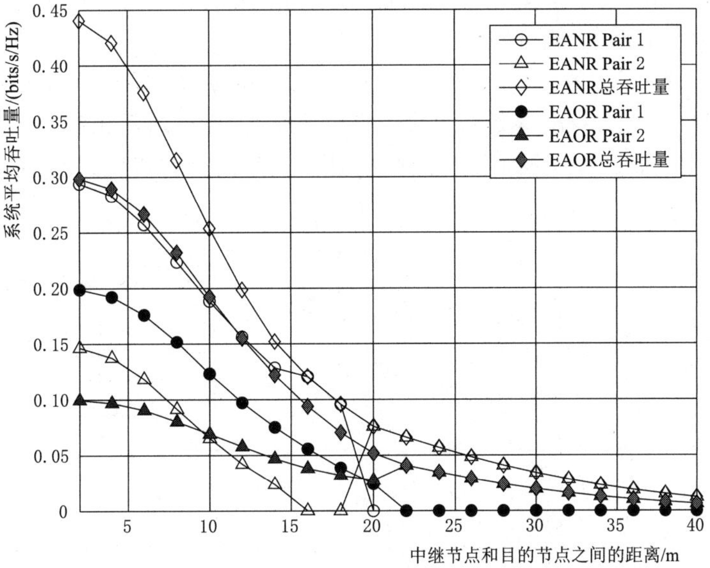

图 6.14 系统平均吞吐量与中继节点和目的节点间距的关系（$Q_{br}=3\text{m}$，$\mu=10^{-2}$）

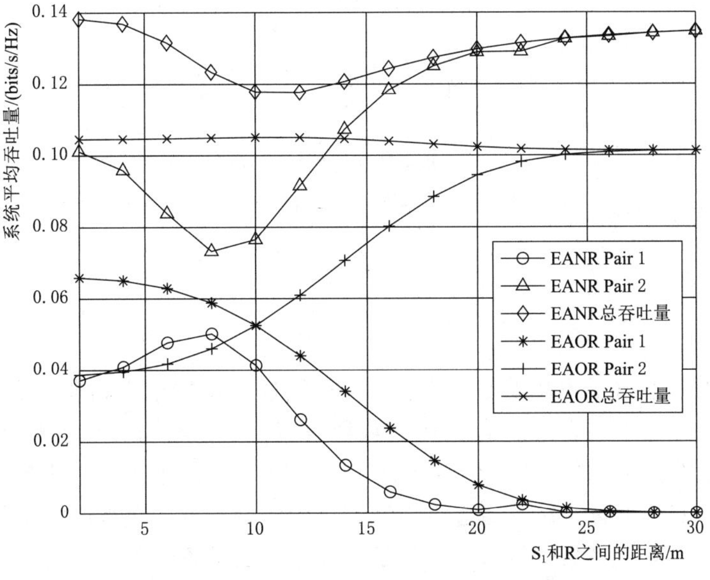

图 6.15 系统吞吐量与 S_1 和 R 之间的间距的关系

（$Q_{s_2r}=10\text{m}$，$Q_{rd_1}=Q_{rd_2}=15\text{m}$，$Q_{br}=3\text{m}$，$\mu=10^{-2}$，$P_{s_1}=P_{s_2}=-20\text{dBm}$，$V_1=V_2=1\text{bits/s/Hz}$）

图 6.16 显示了系统吞吐量与 R 和 D_1 之间距离的关系。随着 Q_{rd_1} 的增长，EANR 和 EAOR 机制的吞吐量均降低。在 Q_{rd_1} 较低的区域，EAOR 机制的性能优于 EANR 机制，但在 Q_{rd_1} 较高的区域，性能情况相反。对于两种机制，随着 R 到 D_1 间距的延长，Pair 1 的吞吐量变小，这是因为信号会经历严重的路径损耗，导致通信质量变差。但 Pair 2 的吞吐量有轻微的提升，这是因为 R→D_2 的信道状况比 R→D_1 信道状况好，R 将分配更多的

功率用于转发 S_2 的数据。整体上看，R 与 D_2 之间距离的延长会严重损害 Pair 1 的吞吐量性能，但是有利于 Pair 2 的吞吐量性能。

从图 6.13～图 6.16 中，可以看到，不同节点之间的相对距离严重影响了系统的吞吐量性能。PB 和中继节点间距的延长，中继与目的节点距离的延长都将损害系统的性能。对于 EANR 机制，需要合理设置源节点与中继节点的间距，以便更容易进行基于 SIC 的数据解调。

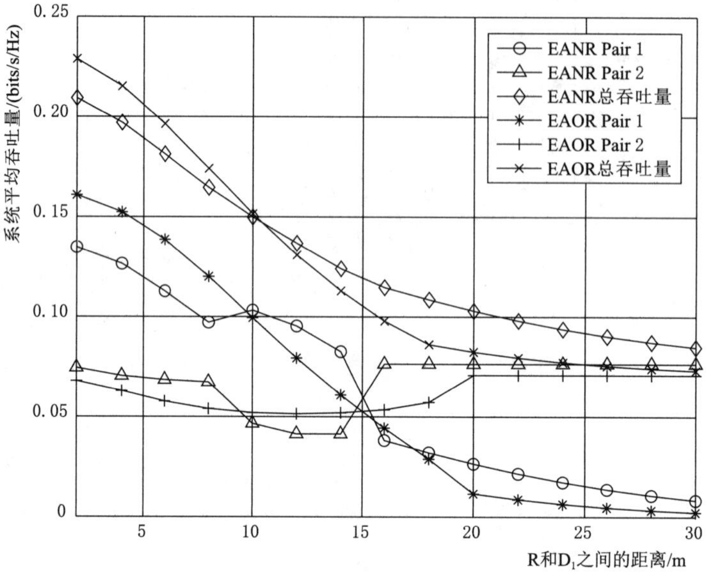

图 6.16　系统吞吐量与 R 和 D_1 之间的距离的关系

($Q_{rd_2}=15\text{m}$，$Q_{s_1r}=Q_{s_2r}=10\text{m}$，$Q_{br}=3\text{m}$，$\mu=10^{-2}$，$P_{s_1}=P_{s_2}=-20\text{dBm}$，$V_1=V_2=1\text{bits/s/Hz}$)

6.6　小结

本章针对两对通信系统，提出了基于 EH 和能量累积的正交和非正交中继传输机制。中继节点和目的节点采用自适应 SIC 技术解调数据。当中继节点错误解调两个源节点的数据时，它将继续从 PB 收集射频能量并累积到电池中。通过定义一组离散的能量级别恰当地建模中继节点的能量状态。通过将中继节点的实际发射功率近似为离散的能量值，分析了系统的平均吞吐量。数值结果显示，基于某些参数设置情况，相比正交中继传输，非正交中继传输能够大幅提升系统吞吐量。

第 7 章 随机网络协作无线能量收集和信息传输

7.1 概述

射频信号在较长的传输距离上会经历严重的路径损耗，因此 WPT 效率与发射机和接收机之间的距离密切相关。在短距离上进行能量的无线传输更有利于提高接收端的 EH 效率。Ju et al.[44] 提出了 EH 和数据传输之间的最优时间分配，以最大限度地提高多用户系统的总吞吐量，其中 AP 可以通过下行链路传输无线能量到终端，终端使用所收集到的能量通过上行链路发送信息给 AP。协作中继可以获得空间分集增益，提高无线数据传输的鲁棒性，协作的优势还可以用于提高无线能量收集效率。如果存在多个源节点—目的节点通信对，一个公共中继节点能够从源节点的射频信号中收集能量，Ding et al.[38] 研究了中继节点如何有效地分配所收集到的能量，以促进多条链路上的数据传输。Krikidis[90] 基于 PS 方法，研究了随机网络中有/无中继时信息和能量同时传输的性能。

本章考虑大规模无线 Ad - Hoc 网络，假设源节点—目的节点对随机分布于整个平面上。每个源节点都有一个相应的目的节点，而每个源节点目的节点对之间的中继节点被激活，进行能量和数据的协作传输。源节点采用无线能量收集技术供电，其他终端均为连续供电。每个时间块分为两个阶段，一个是从目的节点到源节点的无线能量传输阶段，另一个是从源节点到目的节点的数据传输阶段。在每个时间块的开始，目的节点应先单独或与中继节点一起发射无线能量到源节点。利用所收集到的能量，源节点在中继节点的帮助下，根据 DF 中继协议[2] 将其数据传输到目的节点。

本章主要创新点如下：

(1) 考虑用户空间随机性，提出了基于中继协作的能量及数据传输框架，中继辅助能够提高能量收集效率和数据传输鲁棒性。

(2) 由于源节点从目的节点和中继节点收集能量，在不同的链路上可用于数据传输的能量是不同的。为每个源节点定义了一组离散功率层级，分析了选择每个功率层级进行数据传输的概率。

(3) 考虑到不同源节点的发射功率不同及干扰的不确定性，利用随机几何理论分析了有无中继情况下的数据成功传输概率，给出了协作系统成功概率的上下近似。

(4) 基于数据成功传输概率，通过最大化非协作系统和协作系统的区域吞吐量，优化无线能量收集与数据传输之间的时间分配。

7.2 系统模型

考虑如图 7.1 所示的大规模无线自组织网络，其中每个源节点都有一个对应的目的节点。假设每个源节点和其目的节点之间的距离为 d。实际上，将源节点与目的节点之间的距离设定为随机变量并不能带来新的发现，只会使性能分析更为复杂[91]。假设源节点在平面上的分布服从 HPPP：$\Pi_s=\{x_i,\ i\in\mathbb{Z}\}$，密度为 λ_s。一个中继网络与无线 ad - hoc 网络共存于同一个地理区域，目的是实现能量和数据的协作传输。假设中继节点的密度远大于源节点的密度。源节点工作于射频能量收集（RF - EH）状态，而每个中继节点和目的节点则有持续稳定的能量供应，比如，它们可以连接到电网上或采用大容量电池供电。在每个源节点—目的节点对之间的某个位置上，选择一个中继节点进行协作传输，其他未被选中的中继节点则可在不干扰源链路的前提下传输自己的数据。

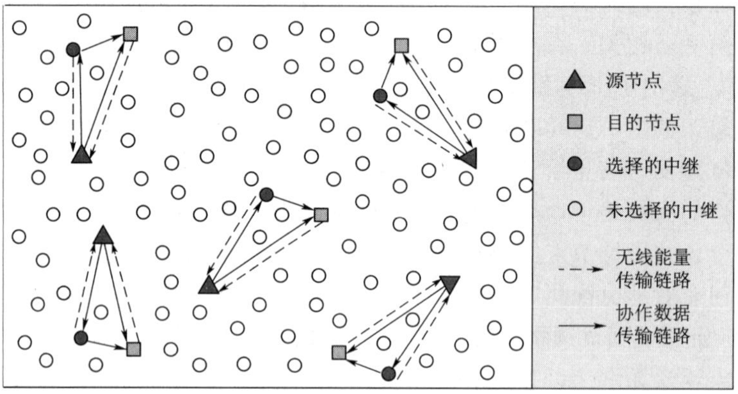

图 7.1 大规模无线自组织网络（在整个平面上，多个源节点—目的节点通信链路随机分布，中继节点分布密度更大一些，在每个源节点和目的节点通信对之间选择一个中继节点，协助进行无线能量传输和数据传输）

将节点的位置建模为 $\mathbb{R}^2$ 上的泊松点过程（PPP），密度为 $\lambda>0$，存在如下两个特征[21,92]：

（1）对于每个有界闭环集合 $B\subset\mathbb{R}^2$，节点个数 $\Phi(B)$ 服从泊松分布，均值为 $\lambda|B|$，其中 $|B|$ 表示 B 的面积。因此，分布律为 $\Pr\{\Phi(B)=k\}=e^{-\lambda|B|\frac{(\lambda|B|)^k}{k!}}$。

（2）如果 $B_1,\cdots,B_m$ 是两两互不相交的集合，在集合中的节点的个数 $\Phi(B_1),\cdots,\Phi(B_m)$ 是相互独立的随机变量。给定随机变量的一个特别实现，比如节点的个数为 $\Phi(B)=k$，这 k 个节点独立均匀分布于 B 中。

PPP 已经广泛应用于建模无线网络的随机性，这种建模有助于按照 Campbell 定理、概率生成函数（PGFL）、Slivnyak 定理等分析网络的平均性能[92]。

在非协作的场景中，每个目的节点首先在反向链路上传输无线能量给源节点。源节点使用所收集的能量在前向链路上发送数据给目的节点。但是，对于中继节点存在的场景，中继节点和目的节点可以同时发射信号给源节点充电。之后，中继节点主动帮助源节点传输数据给目的节点。由于中继节点距离源节点比距离目的节点更近，在中继节点协作下，源节点能够收集到更多的能量。同时，中继协作传输源数据能够获得空间分集增益，有助于提升系统性能。由于中继节点的密度比源节点大得多，在源节点和目的节点之间的某个特定位置上总能够找到一个中继节点，该假设具有一定的合理性。

假设源节点总是有数据需要发送给目的节点。数据传输的总的过程被划分为等长的时间块。在每个时间块内，信道衰落保持不变，但是在不同时间块之间，信道衰落独立变化。在不同的通信链路上，信道衰落也是相互独立的。在源节点和目的节点之间采用 TS 技术实现无线能量和信息的接续传输。

(1) 对于非协作系统，在每个时间块开始一定比例的时间内，目的节点传输无线能量给源节点。在剩余时间内，源节点采用收集的能量发送数据给目的节点。

(2) 对于协作系统，在每个时间块开始一定比例的时间内，中继节点和目的节点同时传输无线能量给源节点。在无线能量传输阶段之后的时间内，中继节点协助源节点传送数据给目的节点。

通过恰当地建模并发链路之间的干扰，可以分析非协作系统和协作系统的成功传输概率，并比较它们的性能。通过最大化网络的区域吞吐量，可以优化 EH 和数据传输之间的时间分配。

7.3 发射功率设置

在每个时间块中，源节点首先收集无线能量并将其储存于电池中。之后，源节点使用所收集的能量发送数据给目的节点。源节点的发射功率是由其能量状态决定的。定义了一系列的功率层级，每个源节点均需选择一个功率值发送数据。功率层级的个数为 $N+1$，每个源节点的峰值功率为 $\hat{p}$。功率层级定义为 $\left\{p_0=0, p_1=\frac{\hat{p}}{N}, p_2=\frac{2\hat{p}}{N}, \cdots, p_{N-1}=\frac{(N-1)\hat{p}}{N}, p_N=\hat{p}\right\}$，其中功率为 0 表示没有数据发送。特别地，当 $N\to\infty$ 时，离散的能量则体现出连续的特点，当 $N=1$ 时，只有一个可用的功率。由于不同链路的无线能量传输过程承受相互独立的信道衰落，每个源节点所收集的能量是随机的，每个源节点的发射功率由各自的能量状态确定。采用离散的功率层级设置能够体现出不同源节点能量状态的不均衡。针对具有相同发射功率的源节点，它们在 2D 平面上的分布可被视为 HPPP，因此通过采用离散功率层级来建模源节点的发射功率能够大幅简化系统性能分析。

7.3.1 非协作系统中的功率设置

在非协作系统中，目的节点在每个时间块的前 τ 比例中，传输无线能量给源节点。对于一个典型的源节点，它所收集到的能量表示为[40]

$$\mathcal{Q}_o^n = \eta\tau p_e \widetilde{G}_o \min(1, d^{-\alpha}) \tag{7.1}$$

式中：η 为能量收集的效率；p_e 为目的节点传输无线能量时的发射功率，W；$\widetilde{G}_o$ 为典型链路进行无线能量传输时的信道衰落；d 为源节点和目的节点之间的距离，m。

该能量收集模型没有考虑来自其他并发链路的干扰和加性噪声的影响[45]。一方面，由于源节点是稀疏分布的，干扰和噪声的功率比较弱。如果目的节点采用多根天线，它可以使用波束形成技术将主波束指向源节点，这可以进一步降低链路之间的干扰。另一方面，能量接收机的敏感度远低于信息接收机。因此，干扰对信息解调的影响要比对能量收集的影响大得多。为了避免无线信道传输过程中不合实际的功率放大效果，采用短距路径损耗，即路径损耗为实际距离的（$-\alpha$）次方和 1 之间的较小者，其中 α 表示路径损耗指数。假设无线能量传输的信道衰落与信息传输的信道衰落是相互独立的，这是因为在两个阶段使用不相干的频带进行能量和信息的传输。

在一个时间块内，给定 τ 比例时间内所收集的能量，在剩余的 $1-\tau$ 时间比例内，典型链路最大的连续发射功率记为 $\tilde{p}_{\mathrm{o}}$。对于单链路的功率控制，在一个时间块内所消耗的总能量应该等于所收集的总能量，即 $(1-\tau)(\tilde{p}_{\mathrm{o}}+p_{\mathrm{c}})=\mathcal{Q}_{\mathrm{o}}^{\mathrm{n}}$，其中 p_{c} 表示电路功率消耗，为一个常数。在此处考虑到了电路的功率消耗，这是因为当通信距离较近或者传输功率较低时，电路能量消耗可能在总的能量消耗中占主要部分[93]。最大的连续功率设置为

$$\tilde{p}_{\mathrm{o}}=\frac{\mathcal{Q}_{\mathrm{o}}^{\mathrm{n}}}{1-\tau}-p_{\mathrm{c}}=\left(\frac{\tau}{1-\tau}\right)\eta p_{\mathrm{e}}\tilde{G}_{\mathrm{o}}\min(1,d^{-\alpha})-p_{\mathrm{c}} \tag{7.2}$$

该值可能小于 0。从式（7.2）可以看出，源节点的连续发射功率是时间分配因子 τ 的函数。对于任意活跃的源节点 $x\in\Pi_{\mathrm{s}}$，能量收集和最大发射功率分别记为 $\mathcal{Q}_x^{\mathrm{n}}$ 和 $\tilde{p}_x$。

接下来，通过对目的节点和源节点之间的信道衰落做平均操作，将要分析选择每个功率级别的概率。选择功率级别 p_i，$i\in\{1,\cdots,N-1\}$ 进行数据传输的概率记为 $\delta_i=\Pr\{p_i\leqslant\tilde{p}_{\mathrm{o}}<p_{i+1}\}$，计算为

$$\begin{aligned}\delta_i&=\Pr\left\{\frac{(1-\tau)(p_i+p_{\mathrm{c}})}{\eta\tau p_{\mathrm{e}}\min(1,d^{-\alpha})}\leqslant\tilde{G}_{\mathrm{o}}<\frac{(1-\tau)(p_{i+1}+p_{\mathrm{c}})}{\eta\tau p_{\mathrm{e}}\min(1,d^{-\alpha})}\right\}\\&=\exp\left[-\frac{(1-\tau)(p_i+p_{\mathrm{c}})}{\eta\tau p_{\mathrm{e}}\min(1,d^{-\alpha})}\right]-\exp\left[-\frac{(1-\tau)(p_{i+1}+p_{\mathrm{c}})}{\eta\tau p_{\mathrm{e}}\min(1,d^{-\alpha})}\right]\end{aligned} \tag{7.3}$$

此概率的推导基于一个假设，即信道功率衰落服从均值为 1 的指数分布，这对于瑞利分布是正确的。从式（7.3）中可以看出，选择功率级别 p_i 的概率与时间分配因子 τ 相关。给定其他系统参数，通过将 δ_i 相对于 τ 的导数设置为 0，可以计算出选择 p_i 的最大概率。能够最大化选择功率级别 p_i 概率的最优时间分配因子 τ_i 计算为

$$\tau_i=\frac{p_{i+1}-p_i}{(p_{i+1}-p_i)+\eta p_{\mathrm{e}}\min(1,d^{-\alpha})\ln\left(\dfrac{p_{i+1}+p_{\mathrm{c}}}{p_i+p_{\mathrm{c}}}\right)} \tag{7.4}$$

将最优的 τ_i 值代入 δ_i 的表达式，可以获得选择功率级别 p_i 的最大概率为

$$\delta_i^*=\exp\left[-\left(\frac{p_i+p_{\mathrm{c}}}{p_{i+1}-p_i}\right)\ln\left(\frac{p_{i+1}+p_{\mathrm{c}}}{p_i+p_{\mathrm{c}}}\right)\right]-\exp\left[-\left(\frac{p_{i+1}+p_{\mathrm{c}}}{p_{i+1}-p_i}\right)\ln\left(\frac{p_{i+1}+p_{\mathrm{c}}}{p_i+p_{\mathrm{c}}}\right)\right] \tag{7.5}$$

式中：$\ln(\cdot)$为自然对数。

特别地，选择功率级别 $p_0=0$ 的概率表示为 $\delta_0=\Pr\{\tilde{p}_{\mathrm{o}}<p_1\}$，计算为

$$\delta_0=1-\exp\left[-\frac{(1-\tau)(p_1+p_{\mathrm{c}})}{\eta\tau p_{\mathrm{e}}\min(1,d^{-\alpha})}\right] \tag{7.6}$$

δ_0 相对于 τ 的偏导计算为

$$\frac{\partial\delta_0}{\partial\tau}=-\frac{p_1+p_c}{\eta\tau^2 p_e\min(1,d^{-\alpha})}\exp\left[-\frac{(1-\tau)(p_1+p_c)}{\eta\tau p_e\min(1,d^{-\alpha})}\right] \tag{7.7}$$

该值总是小于 0，因此源节点保持沉默的概率是参数 τ 的单调递减函数。

另外，选择最大功率级别 p_N 的概率表示为 $\delta_N=\Pr\{\tilde{p}_o\geqslant p_N\}$，计算为

$$\delta_N=\exp\left[-\frac{(1-\tau)(p_N+p_c)}{\eta\tau p_e\min(1,d^{-\alpha})}\right] \tag{7.8}$$

δ_N 相对于 τ 的偏导计算为

$$\frac{\partial\delta_N}{\partial\tau}=\frac{p_N+p_c}{\eta\tau^2 p_e\min(1,d^{-\alpha})}\exp\left[-\frac{(1-\tau)(p_N+p_c)}{\eta\tau p_e\min(1,d^{-\alpha})}\right] \tag{7.9}$$

可以看到，当 $0<\tau<1$ 时，该偏导总是大于 0，这意味着选择功率层级 p_N 的概率是时间分配因子 τ 的单调递增函数。当 τ 接近于 1 时，概率 δ_N 几乎为 1，并且该现象与其他参数不相关。随着时间因子 τ 的增长，源节点收集到更多的能量，并且用户数据传输的时间更短，这导致了较高的发射功率。

图 7.2 显示了非协作无线能量传输（WET）系统中选择每个功率层级的概率与时间分配因子 τ 的关系。令 $N=5$，共有六个功率级别。如果不另外说明，峰值功率设置为 $\hat{p}=0.1\text{W}$，源节点和目的节点之间的距离为 $d=10\text{m}$，目的节点的能量传输功率为 $p_e=15\text{dBW}$，电路功率消耗为 $p_c=0.01\text{W}$，能量收集的效率为 $\eta=0.8$，路径损耗指数为 $\alpha=3$。

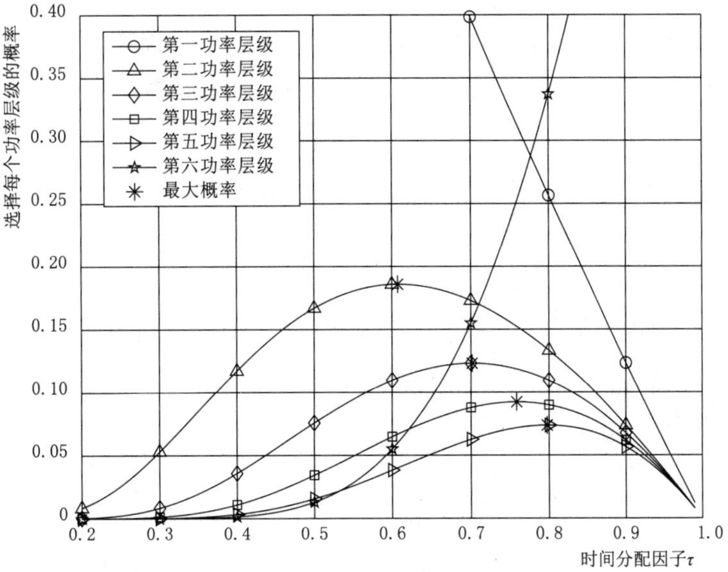

图 7.2 非协作 WET 系统中选择每个功率层级的概率与时间分配因子 τ 的关系

从图 7.2 中可以看到，当能量收集时间延长时，选择非零或非峰值功率级别的概率先增长后降低。在 τ 较低的区域，随着 τ 的增长，源节点收集到更多的能量，因此选择某个能量级别的概率变大。但是，随着 τ 在较高区域的进一步增长，更有可能选择一个较高的

功率层级，因此选择较低功率层级的概率变小。选择每个功率级别的最大概率已经在式（7.5）中获得，并在该图中画出。另外，该图也验证了，随着 WET 的时间变长，选择零功率或峰值功率的概率单调递减或单调递增。

7.3.2 协作系统中的功率设置

对于协作 WET，在每个时间块内前 τ 比例的时间中，中继节点和目的节点同时传输射频能量给源节点。WET 的距离越长，射频信号所遭受的路径损耗越严重，大幅减少了到达源节点的能量。由于中继节点和源节点之间的距离远小于目的节点和源节点之间的距离，中继节点和目的节点协作进行 WET 的效率要远大于单独采用目的节点进行 WET。在 EH 过程中，源节点所收集的能量存储于电池中，所收集的能量值为

$$\mathscr{Q}_{\mathrm{o}}^{\mathrm{c}}=\eta\tau p_{\mathrm{e}}[\tilde{G}_{\mathrm{r}}\min(1,\tilde{d}^{-\alpha})+\tilde{G}_{\mathrm{s}}\min(1,d^{-\alpha})] \tag{7.10}$$

式中：$\tilde{d}$ 为中继节点和源节点之间的距离，$\tilde{d}=\beta d(0<\beta<1)$，m；$p_{\mathrm{e}}$ 为中继节点和目的节点的能量传输功率，W；$\tilde{G}_{\mathrm{r}}$ 为中继节点和源节点之间的 WET 的信道衰落；$\tilde{G}_{\mathrm{s}}$ 为目的节点和源节点之间的 WET 的信道衰落。在不同的链路上，信道衰落是相互独立的。

在每个时间块前 τ 部分的无线能量传输过后，在剩余的 $1-\tau$ 比例时间内，中继节点和源节点协作传输数据给目的节点。单时间块内的功率控制规则为，所消耗的能量等于所收集的能量，即$(\tilde{p}_{\mathrm{o}}+p_{\mathrm{c}})(1-\tau)=\mathscr{Q}_{\mathrm{o}}^{\mathrm{c}}$。在某个时间块内，源节点最大的连续发射功率为

$$\tilde{p}_{\mathrm{o}}=\frac{\mathscr{Q}_{\mathrm{o}}^{\mathrm{c}}}{1-\tau}-p_{\mathrm{c}}=\left(\frac{\tau}{1-\tau}\right)\eta p_{\mathrm{e}}[\tilde{G}_{\mathrm{r}}\min(1,\tilde{d}^{-\alpha})+\tilde{G}_{\mathrm{s}}\min(1,d^{-\alpha})]-p_{\mathrm{c}} \tag{7.11}$$

按照前面所描述的功率级别的划分，离散的发射功率可以设置为 p_{o}。选择非零或者非峰值功率层级 $p_i(i\in\{1,\cdots,N-1\})$ 进行协作数据传输的概率为 $\mu_i=\Pr\{p_i\leqslant\tilde{p}_{\mathrm{o}}<p_{i+1}\}$，计算为

$$\begin{aligned}\mu_i=\Pr\Bigg\{&\frac{(1-\tau)(p_i+p_{\mathrm{c}})}{\eta\tau p_{\mathrm{e}}}-\tilde{G}_{\mathrm{r}}\min(1,\tilde{d}^{-\alpha})\leqslant\tilde{G}_{\mathrm{s}}\min(1,d^{-\alpha})\\&<\frac{(1-\tau)(p_{i+1}+p_{\mathrm{c}})}{\eta\tau p_{\mathrm{e}}}-\tilde{G}_{\mathrm{r}}\min(1,\tilde{d}^{-\alpha})\Bigg\}\end{aligned} \tag{7.12}$$

从式（7.12）中可以看出，选择某个功率层级的概率是通过对两个相互独立的指数随机变量进行平均所获得的。按照$\tilde{G}_{\mathrm{r}}$ 的值，式（7.12）可以分解为两个概率，即 $\mu_i=\mu_{i1}+\mu_{i2}$。第一部分的概率 μ_{i1} 为

$$\begin{aligned}\mu_{i1}=\Pr\Bigg\{&\tilde{G}_{\mathrm{s}}<\frac{(1-\tau)(p_{i+1}+p_{\mathrm{c}})}{\eta\tau p_{\mathrm{e}}\min(1,d^{-\alpha})}-\frac{\tilde{G}_{\mathrm{r}}\min(1,\tilde{d}^{-\alpha})}{\min(1,d^{-\alpha})},\\&\frac{(1-\tau)(p_i+p_{\mathrm{c}})}{\eta\tau p_{\mathrm{e}}\min(1,\tilde{d}^{-\alpha})}\leqslant\tilde{G}_{\mathrm{r}}<\frac{(1-\tau)(p_{i+1}+p_{\mathrm{c}})}{\eta\tau p_{\mathrm{e}}\min(1,\tilde{d}^{-\alpha})}\Bigg\}\end{aligned} \tag{7.13}$$

第二部分的概率 μ_{i2} 为

$$\mu_{i2}=\Pr\Bigg\{\frac{(1-\tau)(p_i+p_{\mathrm{c}})}{\eta\tau p_{\mathrm{e}}\min(1,d^{-\alpha})}-\frac{\tilde{G}_{\mathrm{r}}\min(1,\tilde{d}^{-\alpha})}{\min(1,d^{-\alpha})}\leqslant\tilde{G}_{\mathrm{s}}$$

$$<\frac{(1-\tau)(p_{i+1}+p_c)}{\eta\tau p_e\min(1,d^{-\alpha})}-\frac{\widetilde{G}_r\min(1,\widetilde{d}^{-\alpha})}{\min(1,d^{-\alpha})},\widetilde{G}_r<\frac{(1-\tau)(p_i+p_c)}{\eta\tau p_e\min(1,\widetilde{d}^{-\alpha})}\Bigg\} \tag{7.14}$$

对两个信道衰落进行数据期望运算，可以推导得到概率 μ_{i1} 和 μ_{i2} 的值。

定理 1： 式（7.13）中概率 μ_{i1} 可以推导为

$$\mu_{i1}=\int_{\widetilde{G}_r}\left\{1-\exp\left[-\frac{(1-\tau)(p_{i+1}+p_c)}{\eta\tau p_e\min(1,d^{-\alpha})}+\frac{g\min(1,\widetilde{d}^{-\alpha})}{\min(1,d^{-\alpha})}\right]\right\}\exp(-g)\mathrm{d}g \tag{7.15}$$

式中：积分是在式（7.13）所示 $\widetilde{G}_r$ 的区间上进行的。如果 $\min(1,\widetilde{d}^{-\alpha})=\min(1,d^{-\alpha})$，概率式（7.15）推导为

$$\begin{aligned}\mu_{i1}=&\exp\left[-\frac{(1-\tau)(p_i+p_c)}{\eta\tau p_e\min(1,\widetilde{d}^{-\alpha})}\right]-\exp\left[-\frac{(1-\tau)(p_{i+1}+p_c)}{\eta\tau p_e\min(1,\widetilde{d}^{-\alpha})}\right]\\&-\frac{(1-\tau)(p_{i+1}-p_i)}{\eta\tau p_e\min(1,\widetilde{d}^{-\alpha})}\exp\left[-\frac{(1-\tau)(p_{i+1}+p_c)}{\eta\tau p_e\min(1,d^{-\alpha})}\right]\end{aligned} \tag{7.16}$$

如果 min（1，$\widetilde{d}^{-\alpha}$）≠min（1，$d^{-\alpha}$），概率式（7.15）推导为

$$\begin{aligned}\mu_{i1}=&\exp\left[-\frac{(1-\tau)(p_i+p_c)}{\eta\tau p_e\min(1,\widetilde{d}^{-\alpha})}\right]-\exp\left[-\frac{(1-\tau)(p_{i+1}+p_c)}{\eta\tau p_e\min(1,\widetilde{d}^{-\alpha})}\right]\\&-\exp\left[-\frac{(1-\tau)(p_{i+1}+p_c)}{\eta\tau p_e\min(1,d^{-\alpha})}\right]\frac{\min(1,d^{-\alpha})}{\min(1,d^{-\alpha})-\min(1,\widetilde{d}^{-\alpha})}\\&\times\left\{\exp\left[\frac{(1-\tau)(p_i+p_c)}{\eta\tau p_e\min(1,d^{-\alpha})}-\frac{(1-\tau)(p_i+p_c)}{\eta\tau p_e\min(1,\widetilde{d}^{-\alpha})}\right]\right.\\&\left.-\exp\left[\frac{(1-\tau)(p_{i+1}+p_c)}{\eta\tau p_e\min(1,d^{-\alpha})}-\frac{(1-\tau)(p_{i+1}+p_c)}{\eta\tau p_e\min(1,\widetilde{d}^{-\alpha})}\right]\right\}\end{aligned} \tag{7.17}$$

定理 2： 式（7.13）中概率 μ_{i2} 可以推导为

$$\begin{aligned}\mu_{i2}=&\left\{\exp\left[-\frac{(1-\tau)(p_i+p_c)}{\eta\tau p_e\min(1,d^{-\alpha})}\right]-\exp\left[-\frac{(1-\tau)(p_{i+1}+p_c)}{\eta\tau p_e\min(1,d^{-\alpha})}\right]\right\}\\&\times\int_{\widetilde{G}_r}\exp\left\{-\left[1-\frac{\min(1,\widetilde{d}^{-\alpha})}{\min(1,d^{-\alpha})}\right]g\right\}\mathrm{d}g\end{aligned} \tag{7.18}$$

式中：积分是在式（7.14）所示 $\widetilde{G}_r$ 的区间上进行的。如果 $\min(1,\widetilde{d}^{-\alpha})=\min(1,d^{-\alpha})$，概率式（7.18）推导为

$$\mu_{i2}=\left\{\exp\left[-\frac{(1-\tau)(p_i+p_c)}{\eta\tau p_e\min(1,d^{-\alpha})}\right]-\exp\left[-\frac{(1-\tau)(p_{i+1}+p_c)}{\eta\tau p_e\min(1,d^{-\alpha})}\right]\right\}\frac{(1-\tau)(p_i+p_c)}{\eta\tau p_e\min(1,\widetilde{d}^{-\alpha})} \tag{7.19}$$

如果 $\min(1,\tilde{d}^{-\alpha})\neq\min(1,d^{-\alpha})$，概率式（7.18）可以推导为

$$\mu_{i2}=\frac{\min(1,d^{-\alpha})}{\min(1,d^{-\alpha})-\min(1,\tilde{d}^{-\alpha})}\left\{1-\exp\left[\frac{(1-\tau)(p_i+p_c)}{\eta\tau p_e\min(1,d^{-\alpha})}-\frac{(1-\tau)(p_i+p_c)}{\eta\tau p_e\min(1,\tilde{d}^{-\alpha})}\right]\right\}\left\{\exp\left[-\frac{(1-\tau)(p_i+p_c)}{\eta\tau p_e\min(1,d^{-\alpha})}\right]-\exp\left[-\frac{(1-\tau)(p_{i+1}+p_c)}{\eta\tau p_e\min(1,d^{-\alpha})}\right]\right\} \tag{7.20}$$

在以上两个定理中，通过对信道衰落进行平均，获得两个概率 μ_{i1} 和 μ_{i2}。选择某个功率层级 $p_i(i\in\{1,\cdots,N-1\})$ 的概率计算为 $\mu_i=\mu_{i1}+\mu_{i2}$。选择功率零的概率，即协作链路保持沉默的概率，可以表达为 $\mu_0=\Pr\{\tilde{p}_o<p_1\}$，推导为

$$\begin{aligned}\mu_0&=\Pr\left\{\tilde{G}_s\min(1,d^{-\alpha})<\frac{(1-\tau)(p_1+p_c)}{\eta\tau p_e}-\tilde{G}_r\min(1,\tilde{d}^{-\alpha})\right\}\\&=\Pr\left\{\tilde{G}_s<\frac{(1-\tau)(p_1+p_c)}{\eta\tau p_e\min(1,d^{-\alpha})}-\frac{\tilde{G}_r\min(1,\tilde{d}^{-\alpha})}{\min(1,d^{-\alpha})},\tilde{G}_r<\frac{(1-\tau)(p_1+p_c)}{\eta\tau p_e\min(1,\tilde{d}^{-\alpha})}\right\}\end{aligned} \tag{7.21}$$

定理 3：式（7.21）中的概率可以推导为

$$\mu_0=\int_{\tilde{G}_r}\left\{1-\exp\left[-\frac{(1-\tau)(p_1+p_c)}{\eta\tau p_e\min(1,d^{-\alpha})}+\frac{g\min(1,\tilde{d}^{-\alpha})}{\min(1,d^{-\alpha})}\right]\right\}\exp(-g)\mathrm{d}g \tag{7.22}$$

式中：关于 $\tilde{G}_r$ 的积分区间在式（7.21）中给出。如果 $\min(1,d^{-\alpha})=\min(1,\tilde{d}^{-\alpha})$，可以推导式（7.22）中的概率为

$$\mu_0=1-\exp\left[-\frac{(1-\tau)(p_1+p_c)}{\eta\tau p_e\min(1,\tilde{d}^{-\alpha})}\right]-\exp\left[-\frac{(1-\tau)(p_1+p_c)}{\eta\tau p_e\min(1,d^{-\alpha})}\right]\frac{(1-\tau)(p_1+p_c)}{\eta\tau p_e\min(1,\tilde{d}^{-\alpha})} \tag{7.23}$$

如果 $\min(1,d^{-\alpha})\neq\min(1,\tilde{d}^{-\alpha})$，可以推导式（7.22）中的概率为

$$\begin{aligned}\mu_0=&1-\exp\left[-\frac{(1-\tau)(p_1+p_c)}{\eta\tau p_e\min(1,\tilde{d}^{-\alpha})}\right]-\exp\left[-\frac{(1-\tau)(p_1+p_c)}{\eta\tau p_e\min(1,d^{-\alpha})}\right]\\&\times\frac{\min(1,d^{-\alpha})}{\min(1,d^{-\alpha})-\min(1,\tilde{d}^{-\alpha})}\left\{1-\exp\left[\frac{(1-\tau)(p_1+p_c)}{\eta\tau p_e\min(1,d^{-\alpha})}-\frac{(1-\tau)(p_1+p_c)}{\eta\tau p_e\min(1,\tilde{d}^{-\alpha})}\right]\right\}\end{aligned} \tag{7.24}$$

在如上定理中，分析了协作链路保持沉默的概率。另外，源节点选择峰值功率 p_N 的概率表达为 $\mu_N=\Pr\{p_N\leqslant\tilde{p}_o\}$，推导为

$$\mu_N = \Pr\left\{\tilde{G}_s \min(1,d^{-\alpha}) \geqslant \frac{(1-\tau)(p_N+p_c)}{\eta\tau p_e} - \tilde{G}_r \min(1,\tilde{d}^{-\alpha})\right\}$$

$$= \underbrace{\Pr\left\{\tilde{G}_s \geqslant \frac{(1-\tau)(p_N+p_c)}{\eta\tau p_e \min(1,d^{-\alpha})} - \frac{\tilde{G}_r \min(1,\tilde{d}^{-\alpha})}{\min(1,d^{-\alpha})}, \tilde{G}_r \geqslant \frac{(1-\tau)(p_N+p_c)}{\eta\tau p_e \min(1,\tilde{d}^{-\alpha})}\right\}}_{\mu_{N1}}$$

$$+ \underbrace{\Pr\left\{\tilde{G}_s \geqslant \frac{(1-\tau)(p_N+p_c)}{\eta\tau p_e \min(1,d^{-\alpha})} - \frac{\tilde{G}_r \min(1,\tilde{d}^{-\alpha})}{\min(1,d^{-\alpha})}, \tilde{G}_r < \frac{(1-\tau)(p_N+p_c)}{\eta\tau p_e \min(1,\tilde{d}^{-\alpha})}\right\}}_{\mu_{N2}} \tag{7.25}$$

式中：第一个概率推导为 $\mu_{N1} = \exp\left[-\frac{(1-\tau)(p_N+p_c)}{\eta\tau p_e \min(1,\tilde{d}^{-\alpha})}\right]$；第二个概率的推导结果如定理 4 所示。

定理 4： 式（7.25）中第二个概率 μ_{N2} 可以推导为

$$\mu_{N2} = \int_{\tilde{G}_r} \exp\left[-\frac{(1-\tau)(p_N+p_c)}{\eta\tau p_e \min(1,d^{-\alpha})} + \frac{g\min(1,\tilde{d}^{-\alpha})}{\min(1,d^{-\alpha})}\right] \exp(-g)\mathrm{d}g \tag{7.26}$$

式中：针对 $\tilde{G}_r$ 的积分区间已在式（7.25）中给出。如果 $\min(1,\tilde{d}^{-\alpha}) = \min(1,d^{-\alpha})$，式（7.26）中的概率可以推导为

$$\mu_{N2} = \exp\left[-\frac{(1-\tau)(p_N+p_c)}{\eta\tau p_e \min(1,d^{-\alpha})}\right] \frac{(1-\tau)(p_N+p_c)}{\eta\tau p_e \min(1,\tilde{d}^{-\alpha})} \tag{7.27}$$

如果 $\min(1,\tilde{d}^{-\alpha}) \neq \min(1,d^{-\alpha})$，式（7.26）中的概率可以推导为

$$\mu_{N2} = \exp\left[-\frac{(1-\tau)(p_N+p_c)}{\eta\tau p_e \min(1,d^{-\alpha})}\right] \frac{\min(1,d^{-\alpha})}{\min(1,d^{-\alpha}) - \min(1,\tilde{d}^{-\alpha})}$$
$$\times \left\{1 - \exp\left[\frac{(1-\tau)(p_N+p_c)}{\eta\tau p_e \min(1,d^{-\alpha})} - \frac{(1-\tau)(p_N+p_c)}{\eta\tau p_e \min(1,\tilde{d}^{-\alpha})}\right]\right\} \tag{7.28}$$

图 7.3 显示了协作 WET 系统中选择每个功率层级的概率与时间分配因子 τ 的关系。系统参数设置与图 7.2 是相同的，中继节点和源节点之间的距离设置为 $\tilde{d} = 7.5\text{m}$。随着能量收集时间的延长，选择零功率或峰值功率的概率单调递减或单调递增。在每个时间块内，用于能量收集的时间越多，用于数据协作传输的时间就越少，因此源节点更有可能选择一个较高的功率层级。对于其他的功率层级，随着能量收集时间比例 τ 的增长，选择每个功率层级的概率先增长，后降低。这是因为，随着 τ 的增长，源节点能够收集到更多的能量，更有可能选择出较高的功率层级。

图 7.4 显示了协作 WET 系统中选择第二个功率层级的概率与时间分配因子 τ 的关系，考虑中继节点和源节点之间不同间距的影响。当 $N=5$ 时，总共有六个功率层级，只

关注第二个功率层级 $\hat{p}/5$。可以看到，源节点和中继节点之间的距离会很明显地影响源节点的发射功率。随着源节点与中继节点间距的延长，即位置参数 β 变大，从中继节点和目的节点到源节点的 WET 的效率降低，源节点收集到的能量减少。因此，源节点更有可能选择较低的功率层级，选择给定功率层级的最大概率在时间线上向右偏移。

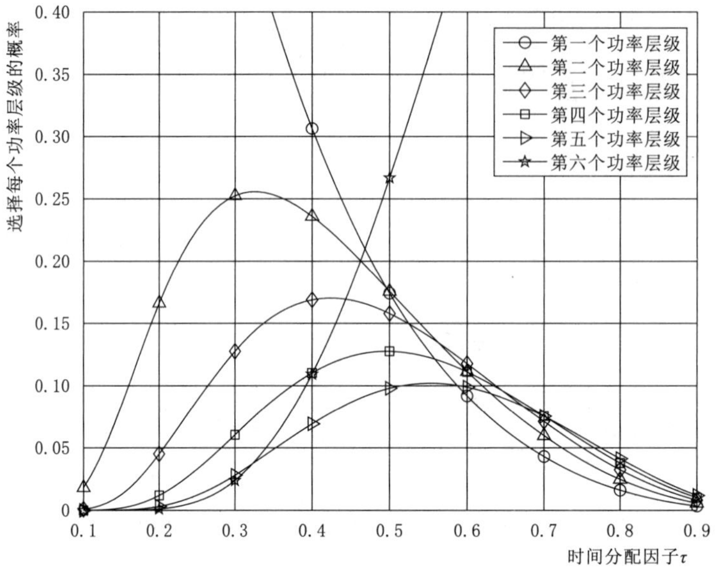

图 7.3 协作 WET 系统中选择每个功率层级的概率与时间分配因子 τ 的关系

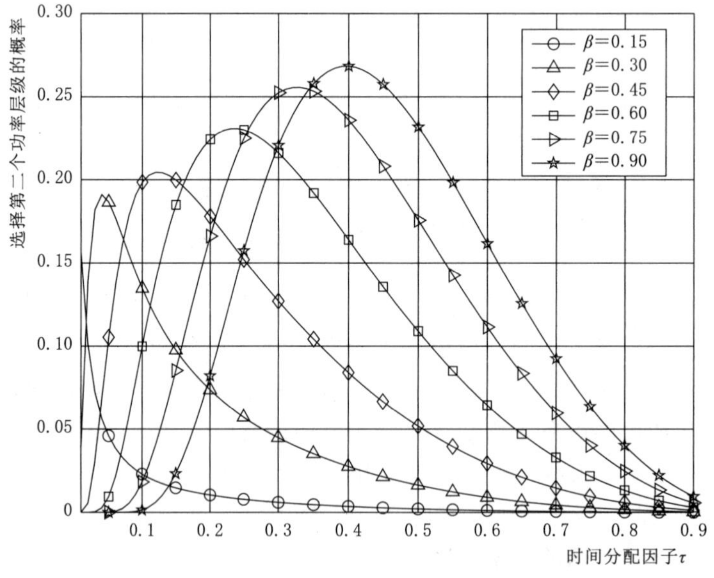

图 7.4 协作 WET 系统中选择第二个功率层级的概率与时间分配因子 τ 的关系

7.4 非协作系统的区域吞吐量

在每个时间块内，在 τ 时间比例的 EH 后，将剩余的 $1-\tau$ 时间比例分成两个等长的时段，以便进行协作数据传输。在第一个阶段，源节点发送数据分组给目的节点。如果目的节点正确解调该数据，源节点将在第二个时间段内发送一个新的数据分组给目的节点。否则，如果目的节点在第一个时间段内错误接收了源节点的数据，源节点将在第二个时间段内重传该数据给目的节点。目的节点采用 MRC 技术合并初始数据和重传的数据，以实现数据的解调。

7.4.1 数据成功传输的概率

由于不同链路的信道衰落相互独立，不同源节点所收集的能量也不同，每个源节点根据自己的可用能量确定其发射功率。聚焦一个典型链路，将目的节点放置于原点，按照 Slivnyak 定理，该典型链路的假设并不会影响其他终端的分布情况[92]。在典型链路上，数据传输的 SINR 为

$$\gamma_o=\frac{p_o G_o \min(1,d^{-\alpha})}{\mathscr{I}_o+N_0} \tag{7.29}$$

式中：p_o 为典型源节点的发射功率，W；G_o 为典型链路进行数据传输时的信道功率衰落；N_0 为噪声功率，W。用 x_o 表示典型源节点。在典型目的节点，累加干扰建模为

$$\mathscr{I}_o=\sum_{x\in\Pi_s/\{x_o\}} p_x G_x \min(1,\ell_x^{-\alpha}) \tag{7.30}$$

式（7.30）表示除了典型源节点，整个网络中其他所有的活跃源节点均可以给典型目的节点带来干扰。对于干扰源 $x\in\Pi_s/\{x_o\}$，其发射功率为 p_x。从干扰源 x 到典型目的节点的信道功率衰落和距离分别记为 G_x 和 ℓ_x。

用 $\gamma_t=2^{\frac{R}{1-\beta}}-1$ 表示判断数据是否成功解调的 SINR 门限，其中 R 为源节点的数据传输速率。在每个时间块的第一个时间段内，数据传输的成功概率为 $P_{\text{suc1}}^{\text{n}}=\Pr\{\gamma_o\geqslant\gamma_t\}$，推导为

$$\begin{aligned}P_{\text{suc1}}^{\text{n}}&=\Pr\left\{G_o\geqslant\frac{\gamma_t(\mathscr{I}_o+N_0)}{p_o\min(1,d^{-\alpha})}\right\}=\mathbb{E}_{p_o,\mathscr{I}_o}\left\{\exp\left[-\frac{\gamma_t(\mathscr{I}_o+N_0)}{p_o\min(1,d^{-\alpha})}\right]\right\}\\&=\sum_{i=0}^{N}\delta_i\exp\left[-\frac{\gamma_t N_0}{p_i\min(1,d^{-\alpha})}\right]\underbrace{\mathbb{E}_{\mathscr{I}_o}\left\{\exp\left[-\frac{\gamma_t\mathscr{I}_o}{p_i\min(1,d^{-\alpha})}\right]\right\}}_{\mathscr{A}(p_i)}\end{aligned} \tag{7.31}$$

在式（7.31）中，考虑到 p_o 和 $\mathscr{I}_o$ 的相互独立性，首先对典型源节点的离散功率层级进行数据期望运算。式（7.31）中参数 δ_i 已在式（7.3）中获得。给定典型源节点的发射功率为 p_i，式（7.31）中剩余的数学期望是对累加干扰进行操作的，推导为

$$
\begin{aligned}
\mathscr{A}(p_i) &\overset{(a)}{=} \mathbb{E}_{\Pi_s}\left(\prod_{x\in\Pi_s}\mathbb{E}_{G_x,p_x}\left\{\exp\left[-\frac{\gamma_t p_x G_x \min(1,\ell_x^{-\alpha})}{p_i\min(1,d^{-\alpha})}\right]\right\}\right)\\
&\overset{(b)}{=} \exp\left[-2\pi\lambda_s\int_0^{\infty}\left(1-\mathbb{E}_{G_x,p_x}\left\{\exp\left[-\frac{\gamma_t p_x G_x\min(1,\ell_x^{-\alpha})}{p_i\min(1,d^{-\alpha})}\right]\right\}\right)\ell\mathrm{d}\ell\right]\\
&\overset{(c)}{=} \exp\left[-2\pi\lambda_s\sum_{j=0}^{N}\delta_j\int_0^{\infty}\left(1-\mathbb{E}_{G_x}\left\{\exp\left[-\frac{\gamma_t p_j G_x\min(1,\ell_x^{-\alpha})}{p_i\min(1,d^{-\alpha})}\right]\right\}\right)\ell\mathrm{d}\ell\right]\\
&\overset{(d)}{=} \exp\left[-2\pi\lambda_s\sum_{j=0}^{N}\delta_j\underbrace{\int_0^{\infty}\left(\int_0^{\infty}\left\{1-\exp\left[-\frac{\gamma_t p_j g\min(1,\ell^{-\alpha})}{p_i\min(1,d^{-\alpha})}\right]\right\}\ell\mathrm{d}\ell\right)e^{-g}\ell\mathrm{d}g}_{\mathscr{B}(p_i,p_j)}\right]
\end{aligned}
\tag{7.32}
$$

式中：步骤（a）是通过将点过程与其他随机变量分离开而得到的；步骤（b）是按照 PPP 的 PGFL 原理获得的[92]；步骤（c）是通过对离散的功率层级求数学期望获得的；步骤（d）是通过交换信道衰落和距离的积分次序获得的。通过对随机距离 ℓ 分别在区间（0，1）和（1，∞）上求数据期望，式（7.32）内部的积分项可以推导为

$$
\begin{aligned}
\mathscr{B}(p_i,p_j) &= \frac{1}{2}\left\{1-\exp\left[-\frac{\gamma_t p_j g}{p_i\min(1,d^{-\alpha})}\right]\right\}\\
&\quad+\int_1^{\infty}\left\{1-\exp\left[-\frac{\gamma_t p_j g\ell^{-\alpha}}{p_i\min(1,d^{-\alpha})}\right]\right\}\ell\mathrm{d}\ell
\end{aligned}
\tag{7.33}
$$

将式（7.33）代入式（7.32），按照文献［94］中的定理 1 进行相关的数学运算，有

$$
\begin{aligned}
\mathscr{A}(p_i) &= \prod_{j=0}^{N}\exp\left\{-\pi\lambda_s\delta_j\left[\frac{\gamma_t p_j}{p_i\min(1,d^{-\alpha})}\right]^{\frac{2}{\alpha}}\left[\frac{2\pi/\alpha}{\sin(2\pi/\alpha)}\right.\right.\\
&\quad\left.\left.-\int_0^{\infty}g^{\frac{2}{\alpha}}\Gamma\left(1-\frac{2}{\alpha},\frac{\gamma_t p_j g}{p_i\min(1,d^{-\alpha})}\right)\exp(-g)\mathrm{d}g\right]\right\}
\end{aligned}
\tag{7.34}
$$

式中：$\Gamma(a,x)$ 为下不完备伽马函数[64]，$\Gamma(a,x)=\int_x^{\infty}e^{-t}t^{a-1}\mathrm{d}t$ 。将式（7.34）代入式（7.31），可以获得第一个时间段内源数据传输的成功率。

如果第一个时间段内的数据成功传输，在第二个时间段内的数据传输也被视为成功，这是由于信道服从块衰落，干扰几乎不变。但是，如果原始的数据传输失败，则源节点会进行数据重传，目的节点段采用 MRC 解调方式的 SINR 为 $2\gamma_o$。数据重传的成功概率为 $P_{\mathrm{suc2}}^{\mathrm{n}}=\Pr\{\gamma_o<\gamma_t,2\gamma_o\geqslant\gamma_t\}$，可以推导为

$$
\begin{aligned}
P_{\mathrm{suc2}}^{\mathrm{n}} &= \Pr\left\{\frac{\gamma_t(\mathscr{I}_o+N_0)}{2p_o\min(1,d^{-\alpha})}\leqslant G_o<\frac{\gamma_t(\mathscr{I}_o+N_0)}{p_o\min(1,d^{-\alpha})}\right\}\\
&= \mathbb{E}_{p_o,\mathscr{I}_o}\left\{\exp\left[-\frac{\gamma_t(\mathscr{I}_o+N_0)}{2p_o\min(1,d^{-\alpha})}\right]\right\}-\mathbb{E}_{p_o,\mathscr{I}_o}\left\{\exp\left[-\frac{\gamma_t(\mathscr{I}_o+N_0)}{p_o\min(1,d^{-\alpha})}\right]\right\}
\end{aligned}
\tag{7.35}
$$

式中：第二个数学期望已经在式（7.31）中推导；第一个数据期望可类似推导为式（7.31），但需将 p_i 替换为 $2p_i$。

7.4.2 区域吞吐量性能

针对非协作 WET 和数据传输系统，已经推导了数据初始传输和重传的成功概率。区域吞吐量的单位是 bits /s/Hz/m^2，它代表了单位面积上平均成功传输的信息量。基于上述分析，定义非协作系统的区域吞吐量为

$$\mathscr{T}_{\mathrm{n}}=\max_{\tau\in(0,1)}\lambda_{\mathrm{s}}R\left(P_{\mathrm{suc1}}^{\mathrm{n}}+\frac{P_{\mathrm{suc2}}^{\mathrm{n}}}{2}\right) \tag{7.36}$$

式中：R 为数据传输速率，bits/s/Hz；有 $\gamma_{\mathrm{t}}=2^{\frac{R}{1-\tau}}-1$。在区间（0，1）上遍历 τ 值，可得自组织网络的最大区域吞吐量。两个成功概率均与 τ 相关，很难获得最优 τ 的闭合解。

图 7.5 为非协作系统的区域吞吐量与时间分配因子 τ 的关系，考虑不同的传输速率 R，如果不特别说明，源节点的密度为 $\lambda_{\mathrm{s}}=10^{-3}$，噪声功率为 $N_0=10^{-6}$ W。

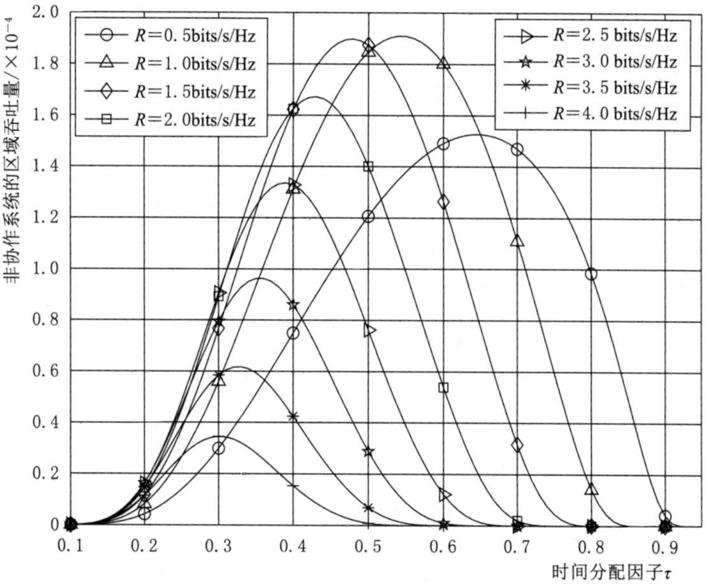

图 7.5 非协作系统的区域吞吐量与时间分配因子 τ 的关系

从图 7.5 可以看到，当能量收集时间 τ 从接近 0 增长到接近 1 时，区域吞吐量先增长，后降低。随着时间因子 τ 的增长，源节点能够收集到更多的能量，这有助于提升数据传输的成功概率，但是剩余较短的时间用于数据传输，这不利于提升系统的区域吞吐量。作为折中，存在一个最优的时间因子 τ，能够最大化系统的区域吞吐量。另外，当数据传输速率 R 从 0.5bits/s/Hz 增长到 4.0bits/s/Hz 时，区域吞吐量先升高后降低。在 R 较低的区域，传输速率的增长所带来的好处多于成功概率降低的不利影响，因此系统的性能变好。但是，在 R 较高的区域，相比传输速率的增长，成功概率降低的不利影响更为严重，因此系统性能变差。

7.5 协作系统的区域吞吐量

在该节中，针对协作 WET 和数据中继系统，分析数据成功传输的概率和系统的区域吞吐量。能量传输和数据传输均得到了中继节点的协助，该中继节点位于源节点和目的节点之间的连线上。当中继节点的密度非常大时，几乎总能够在一个较小的区域内找到一个中继节点，因此上述假设具有一定的合理性。

7.5.1 源节点传输数据的成功概率

在每个时间块内，在前面的 τ 比例时间内进行协作无线能量传输，在之后的 $1-\tau$ 比例时间内，进行数据的协作传输，数据传输过程分成两个等长的子阶段。在第一个子阶段中，源节点广播其数据给中继节点和目的节点。如果目的节点能够成功解调数据，中继节点则保持沉默，源节点在第二个子阶段中继续发送一个新的数据分组。如果目的节点错误接收了数据，有两种可能的情况：

（1）中继节点在第一个子阶段成功解调了源节点的数据，则在第二个子阶段中，中继节点和源节点同时重传数据给目的节点。

（2）中继节点在第一个子阶段错误解调了源节点的数据，则在第二个子阶段中，源节点独自重传数据给目的节点，而中继节点保持沉默。目的节点采用 MRC 技术组合在第一阶段和第二阶段接收到的信号，然后进行数据的解调。

在第一个子阶段，数据成功传输的概率记为 $P_{\text{suc1}}^{\text{c}}$，它可以类似推导为式（7.31），但需将 δ_i 和 δ_j 分别替换为 μ_i 和 μ_j。若在第一个子阶段，数据成功传输，在第二个子阶段，数据传输不一定成功。在第二个子阶段，来自其他并发链路的干扰与第一个子阶段中的干扰不同。在第二个子阶段，数据传输的成功概率记为 $P_{\text{suc2}}^{\text{c}}$，即

$$P_{\text{suc2}}^{\text{c}}=\Pr\{\gamma_{\text{o}}\geqslant\gamma_{\text{t}},\tilde{\gamma}_{\text{o}}\geqslant\gamma_{\text{t}}\} \tag{7.37}$$

式中：γ_{o} 已在式（7.29）中给出，表示典型目的节点在第一个子阶段接收信号的 SINR；$\tilde{\gamma}_{\text{o}}$ 表示典型目的节点在第二个子阶段接收信号的 SINR，表达为

$$\tilde{\gamma}_{\text{o}}=\frac{p_{\text{o}}G_{\text{o}}\min(1,d^{-\alpha})}{\tilde{\mathcal{I}}_{\text{o}}+N_0} \tag{7.38}$$

式中：信道衰落在两个连续的子阶段保持不变。在第二个子阶段，典型目的节点所承受的累加干扰为

$$\tilde{\mathcal{I}}_{\text{o}}=\sum_{x\in\Pi_{\text{s}}/\{x_{\text{o}}\}}p_xG_x\min(1,\ell_x^{-\alpha})+\mathbf{1}(\gamma_x<\gamma_{\text{t}},\gamma_{x\text{r}}\geqslant\gamma_{\text{t}})p_{\text{r}}G_{x\text{ro}}\min(1,\ell_x^{-\alpha}) \tag{7.39}$$

式中：如果 $\gamma_x<\gamma_{\text{t}}$，并且 $\gamma_{x\text{r}}\geqslant\gamma_{\text{t}}$，指示随机变量 $\mathbf{1}$（$\gamma_x<\gamma_{\text{t}}$，$\gamma_{x\text{r}}\geqslant\gamma_{\text{t}}$）等于 1，否则它等于 0。在式（7.39）中，在某个源节点 $x\in\Pi_{\text{s}}/\{x_{\text{o}}\}$ 和其目的节点之间的 SINR 记为 γ_x，在源节点 x 和其中继节点之间的 SINR 记为 $\gamma_{x\text{r}}$，在源节点 x 的中继节点和典型目的节点之间的信道功率衰落记为 $G_{x\text{ro}}$。由于目的节点是稀疏分布于平面上的，不同通信链路对之间的平均距离很远。因此，假设产生干扰的源节点 $x\in\Pi_{\text{s}}/\{x_{\text{o}}\}$ 和其中继节点与位于原点

的典型目的节点之间的距离是相等的，均记为 ℓ_x。则在典型目的节点上，来自源节点 $x\in\Pi_s/\{x_o\}$ 及其中继节点的干扰经历了相同的路径损耗。对于某个产生干扰的源节点 x，式（7.39）中的指示随机变量表示在第一个子阶段，目的节点错误接收源节点数据，但是中继节点正确接收该数据，因此，在第二个子阶段，中继节点将采用功率 p_r 重传数据。

在分析第二个子阶段的数据成功传输概率之前，首先分析第二个子阶段中，整个平面上活跃中继节点的比例，即参与数据重传的中继节点的比例。用 γ_{sr} 表示典型源节点和典型中继节点之间的 SINR，表示为

$$\gamma_{sr}=\frac{p_o G_{sr}\min(1,\tilde{d}^{-\alpha})}{\mathscr{I}_{sr}+N_0} \tag{7.40}$$

式中：G_{sr}、$\tilde{d}$ 为源节点和中继节点之间的信道功率衰落和距离。第一个子阶段中，在典型中继节点上的累加干扰建模为

$$\mathscr{I}_{sr}=\sum_{x\in\Pi_s/\{x_o\}} p_x G_{xr}\min(1,\ell_x^{-\alpha}) \tag{7.41}$$

在式（7.41）中假设产生干扰的源节点 $x\in\Pi_s/\{x_o\}$ 和其中继节点到典型目的节点的距离一样。在干扰源 $x\in\Pi_s/\{x_o\}$ 和典型中继节点之间的信道功率衰落记为 G_{xr}。当 $\gamma_o<\gamma_t$ 且 $\gamma_{sr}\geqslant\gamma_t$ 时，中继节点将在第二个子阶段中进行数据重传。概率为 $\zeta=\Pr\{\gamma_o<\gamma_t,\gamma_{sr}\geqslant\gamma_t\}$，计算为

$$\begin{aligned}\zeta&=\Pr\left\{G_o<\frac{\gamma_t(\mathscr{I}_o+N_0)}{p_o\min(1,d^{-\alpha})},G_{sr}\geqslant\frac{\gamma_t(\mathscr{I}_{sr}+N_0)}{p_o\min(1,\tilde{d}^{-\alpha})}\right\}\\&=\mathbb{E}\left(\left\{1-\exp\left[-\frac{\gamma_t(\mathscr{I}_o+N_0)}{p_o\min(1,d^{-\alpha})}\right]\right\}\exp\left[-\frac{\gamma_t(\mathscr{I}_{sr}+N_0)}{p_o\min(1,\tilde{d}^{-\alpha})}\right]\right)\\&=\mathbb{E}\left\{\exp\left[-\frac{\gamma_t(\mathscr{I}_{sr}+N_0)}{p_o\min(1,\tilde{d}^{-\alpha})}\right]\right\}-\mathbb{E}\left\{\exp\left[-\frac{\gamma_t(\mathscr{I}_o+N_0)}{p_o\min(1,d^{-\alpha})}-\frac{\gamma_t(\mathscr{I}_{sr}+N_0)}{p_o\min(1,\tilde{d}^{-\alpha})}\right]\right\}\end{aligned} \tag{7.42}$$

式中：数据期望是对信道功率衰落和干扰进行的。假设干扰源到典型中继节点的距离，与干扰源到典型目的节点的距离是一样的，因此，式（7.42）中的第一个数学期望可以近似推导为式（7.31），但需将 δ_i 和 d 分别替换为 μ_i 和 $\tilde{d}$。式（7.42）中的另一个数学期望运算可以推导为

$$\begin{aligned}&\mathbb{E}\left\{\exp\left[-\frac{\gamma_t(\mathscr{I}_o+N_0)}{p_o\min(1,d^{-\alpha})}-\frac{\gamma_t(\mathscr{I}_{sr}+N_0)}{p_o\min(1,\tilde{d}^{-\alpha})}\right]\right\}\\&=\sum_{i=0}^{N}\mu_i\,\mathbb{E}_{\mathscr{I}_o,\mathscr{I}_{sr}}\left\{\exp\left[-\frac{\gamma_t(\mathscr{I}_o+N_0)}{p_i\min(1,d^{-\alpha})}-\frac{\gamma_t(\mathscr{I}_{sr}+N_0)}{p_i\min(1,\tilde{d}^{-\alpha})}\right]\right\}\\&=\sum_{i=0}^{N}\mu_i\exp\left[-\frac{\gamma_t N_0}{p_i\min(1,d^{-\alpha})}-\frac{\gamma_t N_0}{p_i\min(1,\tilde{d}^{-\alpha})}\right]\\&\quad\times\underbrace{\mathbb{E}_{\mathscr{I}_o,\mathscr{I}_{sr}}\left\{\exp\left[-\frac{\gamma_t\mathscr{I}_o}{p_i\min(1,d^{-\alpha})}-\frac{\gamma_t\mathscr{I}_{sr}}{p_i\min(1,\tilde{d}^{-\alpha})}\right]\right\}}_{D(p_i)}\end{aligned} \tag{7.43}$$

在上述推导中，先对典型链路的发射功率进行数学期望运算，然后对干扰求数学期望。给定典型源节点的发射功率为 p_i，式（7.43）中的数学期望可以计算为

$$
\begin{aligned}
\mathscr{D}(p_i) &= \mathbb{E}_{\Pi_s}\left\{\prod_{x\in\Pi_s}\mathbb{E}_{G_x,p_x,G_{xr}}\left\{\exp\left[-\frac{\gamma_t p_x G_x \min(1,\ell_x^{-\alpha})}{p_i\min(1,d^{-\alpha})}\right]\right.\right.\\
&\quad\left.\left.\times\exp\left[-\frac{\gamma_t p_x G_{xr}\min(1,\ell_x^{-\alpha})}{p_i\min(1,\tilde{d}^{-\alpha})}\right]\right\}\right\}\\
&= \mathbb{E}_{\Pi_s}\left\{\prod_{x\in\Pi_s}\mathbb{E}_{p_x}\left[\frac{p_i\min(1,d^{-\alpha})}{p_i\min(1,d^{-\alpha})+\gamma_t p_x\min(1,\ell_x^{-\alpha})}\right.\right.\\
&\quad\left.\left.\times\frac{p_i\min(1,\tilde{d}^{-\alpha})}{p_i\min(1,\tilde{d}^{-\alpha})+\gamma_t p_x\min(1,\ell_x^{-\alpha})}\right]\right\}\\
&= \prod_{j=0}^{N}\exp\left\{-\pi\lambda_s\mu_j\left[1-\frac{p_i\min(1,d^{-\alpha})}{p_i\min(1,d^{-\alpha})+\gamma_t p_j}\right.\right.\\
&\quad\left.\left.\times\frac{p_i\min(1,\tilde{d}^{-\alpha})}{p_i\min(1,\tilde{d}^{-\alpha})+\gamma_t p_j}+2\varepsilon(p_i,p_j)\right]\right\}
\end{aligned}
\tag{7.44}
$$

式中：先对相互独立的信道功率衰落变量 G_x 和 G_{xr} 求数学期望，然后对离散的功率 p_x 和点过程求数学期望。对点过程进行数学期望运算过程中参考了 PGFL。式（7.44）的中间函数为

$$
\varepsilon(p_i,p_j)=\int_1^{\infty}\left\{1-\frac{p_i^2\min(1,d^{-\alpha})\min(1,\tilde{d}^{-\alpha})}{[p_i\min(1,d^{-\alpha})+\gamma_t p_j\ell^{-\alpha}][p_i\min(1,\tilde{d}^{-\alpha})+\gamma_t p_j\ell^{-\alpha}]}\right\}\ell\mathrm{d}\ell
\tag{7.45}
$$

上述积分是在 ℓ 的有限区间上采用数值方法计算。将式（7.44）代入式（7.43），可以推导出式（7.42）中第二个数学期望。因此，中继节点在第二个子阶段中重传数据的概率可以推导为式（7.42）。

基于中继节点在第二个子阶段重传数据的概率，分析式（7.37）中源节点在第二个子阶段传输数据的成功概率为

$$
\begin{aligned}
P_{\mathrm{suc2}}^{\mathrm{c}} &= \Pr\left\{G_o\geqslant\frac{\gamma_t(\tilde{\mathscr{I}}_o+N_0)}{p_o\min(1,d^{-\alpha})}\right\}=\mathbb{E}\left\{\exp\left[-\frac{\gamma_t(\tilde{\mathscr{I}}_o+N_0)}{p_o\min(1,d^{-\alpha})}\right]\right\}\\
&= \sum_{i=0}^{N}\mu_i\exp\left[-\frac{\gamma_t N_0}{p_i\min(1,d^{-\alpha})}\right]\underbrace{\mathbb{E}\left\{\exp\left[-\frac{\gamma_t\tilde{\mathscr{I}}_o}{p_i\min(1,d^{-\alpha})}\right]\right\}}_{\mathscr{H}(p_i)}
\end{aligned}
\tag{7.46}
$$

首先对离散功率层级进行数学期望运算，对干扰的数据期望计算为

$$
\begin{aligned}
\mathscr{F}(p_i) &\overset{(a)}{=} \mathbb{E}\left\{\prod_{x\in\Pi_s}\exp\left[-\frac{\gamma_t\min(1,\ell_x^{-\alpha})[p_xG_x+\mathbf{1}(\gamma_x<\gamma_t,\gamma_{xr}\geqslant\gamma_t)p_rG_{xro}]}{p_i\min(1,d^{-\alpha})}\right]\right\}\\
&\overset{(b)}{\approx} \mathbb{E}_{\Pi_s}\left(\prod_{x\in\Pi_s}\mathbb{E}_{p_x,G_x,G_{xro}}\left\{(1-\zeta)\exp\left[-\frac{\gamma_tp_xG_x\min(1,\ell_x^{-\alpha})}{p_i\min(1,d^{-\alpha})}\right]\right.\right.\\
&\qquad\left.\left.+\zeta\exp\left[-\frac{\gamma_t\min(1,\ell_x^{-\alpha})(p_xG_x+p_rG_{xro})}{p_i\min(1,d^{-\alpha})}\right]\right\}\right)\\
&\overset{(c)}{=} \mathbb{E}_{\Pi_s}\left(\prod_{x\in\Pi_s}\mathbb{E}_{p_x}\left\{\frac{p_i\min(1,d^{-\alpha})}{p_i\min(1,d^{-\alpha})+\gamma_tp_x\min(1,\ell_x^{-\alpha})}\right.\right.\\
&\qquad\left.\left.\times\left[(1-\zeta)+\frac{\zeta p_i\min(1,d^{-\alpha})}{p_i\min(1,d^{-\alpha})+\gamma_tp_r\min(1,\ell_x^{-\alpha})}\right]\right\}\right)\\
&\overset{(d)}{=} \prod_{j=0}^{N}\exp\left(-\pi\lambda_s\mu_j\left\{1-\frac{p_i\min(1,d^{-\alpha})}{p_i\min(1,d^{-\alpha})+\gamma_tp_j}\right.\right.\\
&\qquad\left.\left.\times\left[(1-\zeta)+\frac{\zeta p_i\min(1,d^{-\alpha})}{p_i\min(1,d^{-\alpha})+\gamma_tp_r}\right]+2\mathscr{G}(p_i,p_j)\right\}\right)
\end{aligned}
\tag{7.47}
$$

式中：步骤（a）是通过将式（7.39）中的干扰$\widetilde{\mathscr{I}}_o$代入所得；步骤（b）的近似结果的获得是假设指示随机变量与其他随机变量是相互独立的，并且每个中继节点是否进行重传是相互独立的；步骤（c）是通过对两个相互独立的信道功率衰落变量 G_x 和 G_{xro} 求数学期望获得的；步骤（d）是通过对离散功率 p_x 和点过程求数学期望获得的，而点过程的数学期望参考了 PGFL 定理。式（7.47）中的中间函数定义为

$$
\begin{aligned}
\mathscr{G}(p_i,p_j) = \int_1^{\infty}&\left\{1-\frac{p_i\min(1,d^{-\alpha})}{p_i\min(1,d^{-\alpha})+\gamma_tp_j\ell^{-\alpha}}\right.\\
&\left.\times\left[(1-\zeta)+\frac{\zeta p_i\min(1,d^{-\alpha})}{p_i\min(1,d^{-\alpha})+\gamma_tp_r\ell^{-\alpha}}\right]\right\}\ell\mathrm{d}\ell
\end{aligned}
\tag{7.48}
$$

中间函数 $\mathscr{G}(p_i,p_j)$ 包含一维积分，可以采用数值方法计算。将式（7.47）代入式（7.46），即可获得源节点在第二个子阶段传输数据的近似成功概率。

7.5.2 源节点重传数据的成功概率

如果在第一个子阶段中，源节点传输数据失败，在第二个子阶段中，需要进行数据的重传。如果中继节点在第一个子阶段错误接收源数据，在第二个子阶段中由源节点进行数据重传，此时，数据成功传输的概率记为 $P_{\mathrm{suc3}}^{\mathrm{c}}$，表述为

$$
P_{\mathrm{suc3}}^{\mathrm{c}}=\Pr\{\gamma_o<\gamma_t,\gamma_{sr}<\gamma_t,\gamma_o+\widetilde{\gamma}_o\geqslant\gamma_t\}
\tag{7.49}
$$

式中：$\gamma_o<\gamma_t$ 为第一个子阶段的数据传输失败；$\gamma_{sr}<\gamma_t$ 为中继节点错误解调源数据；$\gamma_o+\widetilde{\gamma}_o\geqslant\gamma_t$ 为目的节点采用 MRC 技术合并原始信号和重传信号后，数据解调成功。源节点和目的节点之间的 SINR 记为 γ_o，已在式（7.29）给出，源节点和中继节点之间的 SINR 记为 γ_{sr}，已在式（7.40）给出，源节点重传的 SINR 记为 $\widetilde{\gamma}_o$，已在式（7.38）给出。在推导过程中，假设任意干扰源和典型中继节点之间的距离，与该干扰源与典型目的节点之间的距离是一样的。当通信链路的密度很小时，任意两个链路之间的平均距离比较

远，上述假设是合理的。

将相关的 SINR 值代入概率表达式，可以计算源节点重传数据的成功概率为

$$P_{\text{suc3}}^{\text{c}}=\Pr\left\{\frac{p_{\text{o}}G_{\text{o}}\min(1,d^{-\alpha})}{\mathscr{I}_{\text{o}}+N_0}<\gamma_{\text{t}},\frac{p_{\text{o}}G_{\text{sr}}\min(1,\tilde{d}^{-\alpha})}{\mathscr{I}_{\text{sr}}+N_0}<\gamma_{\text{t}},\right.$$
$$\left.\frac{p_{\text{o}}G_{\text{o}}\min(1,d^{-\alpha})}{\mathscr{I}_{\text{o}}+N_0}+\frac{p_{\text{o}}G_{\text{o}}\min(1,d^{-\alpha})}{\tilde{\mathscr{I}}_{\text{o}}+N_0}\geqslant\gamma_{\text{t}}\right\}\tag{7.50}$$

概率式（7.50）的准确分析比较困难，在下面的分析中，尝试推导两个近似的结果。

通过忽略来自中继节点的干扰，即将 $\tilde{\mathscr{I}}_{\text{o}}$ 替换为 $\mathscr{I}_{\text{o}}$，可以推导 $P_{\text{suc3}}^{\text{c}}$ 的一个上限，记为 $\hat{P}_{\text{suc3}}^{\text{c}}$，推导为

$$\begin{aligned}\hat{P}_{\text{suc3}}^{\text{c}}&=\Pr\left\{\frac{\gamma_{\text{t}}(\mathscr{I}_{\text{o}}+N_0)}{2p_{\text{o}}\min(1,d^{-\alpha})}\leqslant G_{\text{o}}<\frac{\gamma_{\text{t}}(\mathscr{I}_{\text{o}}+N_0)}{p_{\text{o}}\min(1,d^{-\alpha})},G_{\text{sr}}<\frac{\gamma_{\text{t}}(\mathscr{I}_{\text{sr}}+N_0)}{p_{\text{o}}\min(1,\tilde{d}^{-\alpha})}\right\}\\&=\mathbb{E}_{p_{\text{o}},\mathscr{I}_{\text{o}}}\left\{\exp\left[-\frac{\gamma_{\text{t}}(\mathscr{I}_{\text{o}}+N_0)}{2p_{\text{o}}\min(1,d^{-\alpha})}\right]\right\}-\mathbb{E}_{p_{\text{o}},\mathscr{I}_{\text{o}}}\left\{\exp\left[-\frac{\gamma_{\text{t}}(\mathscr{I}_{\text{o}}+N_0)}{p_{\text{o}}\min(1,d^{-\alpha})}\right]\right\}\\&\quad+\mathbb{E}_{p_{\text{o}},\mathscr{I}_{\text{o}},\mathscr{I}_{\text{sr}}}\left\{\exp\left[-\frac{\gamma_{\text{t}}(\mathscr{I}_{\text{o}}+N_0)}{p_{\text{o}}\min(1,d^{-\alpha})}-\frac{\gamma_{\text{t}}(\mathscr{I}_{\text{sr}}+N_0)}{p_{\text{o}}\min(1,\tilde{d}^{-\alpha})}\right]\right\}\\&\quad-\mathbb{E}_{p_{\text{o}},\mathscr{I}_{\text{o}},\mathscr{I}_{\text{sr}}}\left\{\exp\left[-\frac{\gamma_{\text{t}}(\mathscr{I}_{\text{o}}+N_0)}{2p_{\text{o}}\min(1,d^{-\alpha})}-\frac{\gamma_{\text{t}}(\mathscr{I}_{\text{sr}}+N_0)}{p_{\text{o}}\min(1,\tilde{d}^{-\alpha})}\right]\right\}\end{aligned}\tag{7.51}$$

式中：前两个数据期望可以近似推导为式（7.35），需要将 δ_i 替换为 μ_i。式（7.51）中还存在其他两个相似的数学期望运算，其中一个已经在式（7.43）中得出。式（7.51）中最后一个数学期望可以类似推导为式（7.43），但是需要将 min（1，$d^{-\alpha}$）替换为 2min（1，$d^{-\alpha}$）。

在 MRC 解调过程中，如果假设原始的数据传输也承受来自活跃中继节点的干扰，即在式（7.50）最后一项中把 $\mathscr{I}_{\text{o}}$ 替换为 $\tilde{\mathscr{I}}_{\text{o}}$，可以推导出近似成功概率的一个下限，记为 $\check{P}_{\text{suc3}}^{\text{c}}$，推导为

$$\begin{aligned}\check{P}_{\text{suc3}}^{\text{c}}&=\Pr\left\{\frac{\gamma_{\text{t}}(\tilde{\mathscr{I}}_{\text{o}}+N_0)}{2p_{\text{o}}\min(1,d^{-\alpha})}\leqslant G_{\text{o}}<\frac{\gamma_{\text{t}}(\mathscr{I}_{\text{o}}+N_0)}{p_{\text{o}}\min(1,d^{-\alpha})},G_{\text{sr}}<\frac{\gamma_{\text{t}}(\mathscr{I}_{\text{sr}}+N_0)}{p_{\text{o}}\min(1,\tilde{d}^{-\alpha})}\right\}\\&=\mathbb{E}\left\{\exp\left[-\frac{\gamma_{\text{t}}(\tilde{\mathscr{I}}_{\text{o}}+N_0)}{2p_{\text{o}}\min(1,d^{-\alpha})}\right]\right\}-\mathbb{E}\left\{\exp\left[-\frac{\gamma_{\text{t}}(\mathscr{I}_{\text{o}}+N_0)}{p_{\text{o}}\min(1,d^{-\alpha})}\right]\right\}\\&\quad+\mathbb{E}\left\{\exp\left[-\frac{\gamma_{\text{t}}(\mathscr{I}_{\text{o}}+N_0)}{p_{\text{o}}\min(1,d^{-\alpha})}-\frac{\gamma_{\text{t}}(\mathscr{I}_{\text{sr}}+N_0)}{p_{\text{o}}\min(1,\tilde{d}^{-\alpha})}\right]\right\}\\&\quad-\mathbb{E}\left\{\exp\left[-\frac{\gamma_{\text{t}}(\tilde{\mathscr{I}}_{\text{o}}+N_0)}{2p_{\text{o}}\min(1,d^{-\alpha})}-\frac{\gamma_{\text{t}}(\mathscr{I}_{\text{sr}}+N_0)}{p_{\text{o}}\min(1,\tilde{d}^{-\alpha})}\right]\right\}\end{aligned}\tag{7.52}$$

式中：第一个数学期望可以按照式（7.46）推导，但需将 p_{o} 替换为 $2p_{\text{o}}$；第二个数学期望可以推导为式（7.31），但需将 δ_i 替换为 μ_i；第三个数据期望已在式（7.43）中获得；

第四个数学期望推导为

$$\mathbb{E}\left\{\exp\left[-\frac{\gamma_{\mathrm{t}}(\widetilde{\mathscr{I}}_{\mathrm{o}}+N_0)}{2p_{\mathrm{o}}\min(1,d^{-\alpha})}-\frac{\gamma_{\mathrm{t}}(\mathscr{I}_{\mathrm{sr}}+N_0)}{p_{\mathrm{o}}\min(1,\widetilde{d}^{-\alpha})}\right]\right\}$$

$$=\sum_{i=0}^{N}\mu_i\exp\left[-\frac{\gamma_{\mathrm{t}}N_0}{2p_i\min(1,d^{-\alpha})}\right]$$

$$\times\exp\left[-\frac{\gamma_{\mathrm{t}}N_0}{p_i\min(1,\widetilde{d}^{-\alpha})}\right]\underbrace{\mathbb{E}\left\{\exp\left[-\frac{\gamma_{\mathrm{t}}\widetilde{\mathscr{I}}_{\mathrm{o}}}{2p_i\min(1,d^{-\alpha})}-\frac{\gamma_{\mathrm{t}}\mathscr{I}_{\mathrm{sr}}}{p_i\min(1,\widetilde{d}^{-\alpha})}\right]\right\}}_{\mathscr{H}(p_i)} \quad (7.53)$$

式中：对典型源节点的发射功率进行了数学期望运算，剩余的数学期望则是对干扰进行。符号 $\mathscr{R}$ 表示某个中继节点重传数据。计算式（7.53）中的数学期望为

$$\mathscr{H}(p_i)\overset{(a)}{=}\mathbb{E}_{\Pi_{\mathrm{s}}}\left(\prod_{x\in\Pi_{\mathrm{s}}}\mathbb{E}_{G_x,G_{x\mathrm{r}},G_{x\mathrm{ro}},\mathscr{R}}\left\{\exp\left[-\frac{\gamma_{\mathrm{t}}p_xG_{x\mathrm{r}}\min(1,\ell_x^{-\alpha})}{p_i\min(1,\widetilde{d}^{-\alpha})}\right]\right.\right.$$

$$\left.\left.\times\exp\left[-\frac{\gamma_{\mathrm{t}}[p_xG_x\min(1,\ell_x^{-\alpha})+\mathbf{1}(\gamma_x<\gamma_{\mathrm{t}},\gamma_{x\mathrm{r}}\geqslant\gamma_{\mathrm{t}})p_{\mathrm{r}}G_{x\mathrm{ro}}\min(1,\ell_x^{-\alpha})]}{2p_i\min(1,d^{-\alpha})}\right]\right\}\right)$$

$$\overset{(b)}{\approx}\mathbb{E}_{\Pi_{\mathrm{s}}}\left(\prod_{x\in\Pi_{\mathrm{s}}}\mathbb{E}_{p_x,G_x,G_{x\mathrm{r}},G_{x\mathrm{ro}}}\left\{(1-\zeta)\exp\left[-\frac{\gamma_{\mathrm{t}}p_xG_{x\mathrm{r}}\min(1,\ell_x^{-\alpha})}{p_i\min(1,\widetilde{d}^{-\alpha})}\right]\right.\right.$$

$$\times\exp\left[-\frac{\gamma_{\mathrm{t}}p_xG_x\min(1,\ell_x^{-\alpha})}{2p_i\min(1,d^{-\alpha})}\right]+\zeta\exp\left[-\frac{\gamma_{\mathrm{t}}p_xG_{x\mathrm{r}}\min(1,\ell_x^{-\alpha})}{p_i\min(1,\widetilde{d}^{-\alpha})}\right]$$

$$\left.\left.\times\exp\left[-\frac{\gamma_{\mathrm{t}}[p_xG_x\min(1,\ell_x^{-\alpha})+p_{\mathrm{r}}G_{x\mathrm{ro}}\min(1,\ell_x^{-\alpha})]}{2p_i\min(1,d^{-\alpha})}\right]\right\}\right)$$

$$\overset{(c)}{=}\mathbb{E}_{\Pi_{\mathrm{s}}}\left(\prod_{x\in\Pi_{\mathrm{s}}}\mathbb{E}_{p_x}\left\{\left[(1-\zeta)+\frac{2\zeta p_i\min(1,d^{-\alpha})}{2p_i\min(1,d^{-\alpha})+\gamma_{\mathrm{t}}p_{\mathrm{r}}\min(1,\ell_x^{-\alpha})}\right]\right.\right.$$

$$\left.\left.\times\frac{2p_i^2\min(1,\widetilde{d}^{-\alpha})\min(1,d^{-\alpha})}{[p_i\min(1,\widetilde{d}^{-\alpha})+\gamma_{\mathrm{t}}p_x\min(1,\ell_x^{-\alpha})][2p_i\min(1,d^{-\alpha})+\gamma_{\mathrm{t}}p_x\min(1,\ell_x^{-\alpha})]}\right\}\right) \quad (7.54)$$

式中：在步骤（b）通过对事件 $\mathscr{R}$ 求数学期望中得到了近似值；通过对相互独立的信道功率衰落随机变量 G_x、$G_{x\mathrm{r}}$ 和 $G_{x\mathrm{ro}}$ 做数学期望运算，可推导出步骤（c）的结果。通过对离散发射功率 p_x 求数学期望，并采用 PGFL 定理，可进一步获得

$$\mathscr{H}(p_i)=\prod_{j=0}^{N}\exp\left(-\pi\lambda_{\mathrm{s}}\mu_j\left\{1-\left[(1-\zeta)+\frac{2\zeta p_i\min(1,d^{-\alpha})}{2p_i\min(1,d^{-\alpha})+\gamma_{\mathrm{t}}p_{\mathrm{r}}}\right]\right.\right.$$

$$\left.\left.\times\frac{2p_i^2\min(1,\widetilde{d}^{-\alpha})\min(1,d^{-\alpha})}{[p_i\min(1,\widetilde{d}^{-\alpha})+\gamma_{\mathrm{t}}p_j][2p_i\min(1,d^{-\alpha})+\gamma_{\mathrm{t}}p_j]}+2\mathscr{X}(p_i,p_j)\right\}\right) \quad (7.55)$$

其中：中间函数定义为

$$\mathcal{X}(p_i,p_j)=\int_1^{\infty}\left\{1-\left[(1-\zeta)+\frac{2\zeta p_i\min(1,d^{-\alpha})}{2p_i\min(1,d^{-\alpha})+\gamma_{\mathrm{t}}p_{\mathrm{r}}\ell^{-\alpha}}\right]\right.$$
$$\left.\times\frac{2p_i^2\min(1,\tilde{d}^{-\alpha})\min(1,d^{-\alpha})}{[p_i\min(1,\tilde{d}^{-\alpha})+\gamma_{\mathrm{t}}p_j\ell^{-\alpha}][2p_i\min(1,d^{-\alpha})+\gamma_{\mathrm{t}}p_j\ell^{-\alpha}]}\right\}\ell\mathrm{d}\ell \tag{7.56}$$

$\mathcal{X}(p_i,p_j)$ 中的一维积分可以采用数值方法求解。将式（7.55）代入式（7.53），可获得式（7.52）中最后一项数学期望的值，因此，可最终获得成功概率下限 $\check{P}_{\mathrm{suc3}}^{\mathrm{c}}$ 的值。

7.5.3 中继节点重传数据的成功概率

在本小节中，将要分析当在第一个子阶段中数据传输失败，而在第二个子阶段中中继节点进行数据重传的成功概率。将此概率记为 $P_{\mathrm{suc4}}^{\mathrm{c}}$，表达为

$$P_{\mathrm{suc4}}^{\mathrm{c}}=\Pr\{\gamma_{\mathrm{o}}<\gamma_{\mathrm{t}},\gamma_{\mathrm{sr}}\geqslant\gamma_{\mathrm{t}},\gamma_{\mathrm{o}}+\gamma_{\mathrm{rd}}\geqslant\gamma_{\mathrm{t}}\} \tag{7.57}$$

式中：$\gamma_{\mathrm{o}}<\gamma_{\mathrm{t}}$ 为在第一个子阶段中原始数据传输失败；$\gamma_{\mathrm{sr}}\geqslant\gamma_{\mathrm{t}}$ 为在第一个子阶段中中继节点成功解调源数据；$\gamma_{\mathrm{o}}+\gamma_{\mathrm{rd}}\geqslant\gamma_{\mathrm{t}}$ 为当中继节点在第二个子阶段重传数据时，目的节点采用 MRC 技术成功解调数据。中继节点和目的节点之间的 SINR 记为 γ_{rd}，表达为

$$\gamma_{\mathrm{rd}}=\frac{p_{\mathrm{r}}G_{\mathrm{rd}}\min(1,\hat{d}^{-\alpha})}{\tilde{\mathcal{I}}_{\mathrm{o}}+N_0} \tag{7.58}$$

式中：$\hat{d}=(1-\beta)d$ 为中继节点和目的节点之间的距离，m；p_{r} 为中继节点的发射功率，W。在第二个子阶段，典型目的节点所承受的累加干扰记为 $\tilde{\mathcal{I}}_{\mathrm{o}}$，已在式（7.39）中给出。将相关项代入式（7.57），并经过一些数学处理，可以获得

$$P_{\mathrm{suc4}}^{\mathrm{c}}=\Pr\left\{G_{\mathrm{o}}<\frac{\gamma_{\mathrm{t}}(\mathcal{I}_{\mathrm{o}}+N_0)}{p_{\mathrm{o}}\min(1,d^{-\alpha})},G_{\mathrm{sr}}\geqslant\frac{\gamma_{\mathrm{t}}(\mathcal{I}_{\mathrm{sr}}+N_0)}{p_{\mathrm{o}}\min(1,\tilde{d}^{-\alpha})},\right.$$
$$\left.\frac{p_{\mathrm{o}}G_{\mathrm{o}}\min(1,d^{-\alpha})}{\mathcal{I}_{\mathrm{o}}+N_0}+\frac{p_{\mathrm{r}}G_{\mathrm{rd}}\min(1,\hat{d}^{-\alpha})}{\tilde{\mathcal{I}}_{\mathrm{o}}+N_0}\geqslant\gamma_{\mathrm{t}}\right\} \tag{7.59}$$

很难准确分析出该式的闭合结果，但是类似源节点重传的情形，能够推导出此概率的上限和下限结果。通过忽略来自中继节点的干扰，即将 $\tilde{\mathcal{I}}_{\mathrm{o}}$ 替换为式（7.59）中的 $\mathcal{I}_{\mathrm{o}}$，可以推导近似成功概率的一个上限值，记为 $\hat{P}_{\mathrm{suc4}}^{\mathrm{c}}$，表达为

$$\hat{P}_{\mathrm{suc4}}^{\mathrm{c}}=\mathbb{E}\left(\frac{p_{\mathrm{r}}\min(1,\hat{d}^{-\alpha})}{p_{\mathrm{r}}\min(1,\hat{d}^{-\alpha})-p_{\mathrm{o}}\min(1,d^{-\alpha})}\exp\left[-\frac{\gamma_{\mathrm{t}}(\mathcal{I}_{\mathrm{sr}}+N_0)}{p_{\mathrm{o}}\min(1,\tilde{d}^{-\alpha})}\right]\right.$$
$$\left.\times\exp\left[-\frac{\gamma_{\mathrm{t}}(\mathcal{I}_{\mathrm{o}}+N_0)}{p_{\mathrm{r}}\min(1,\hat{d}^{-\alpha})}\right]\left\{1-\exp\left[\frac{\gamma_{\mathrm{t}}(\mathcal{I}_{\mathrm{o}}+N_0)}{p_{\mathrm{r}}\min(1,\hat{d}^{-\alpha})}-\frac{\gamma_{\mathrm{t}}(\mathcal{I}_{\mathrm{o}}+N_0)}{p_{\mathrm{o}}\min(1,d^{-\alpha})}\right]\right\}\right)$$

$$
\begin{aligned}
&= \sum_{i=0}^{N} \frac{\mu_i p_{\mathrm{r}} \min(1,\hat{d}^{-\alpha})}{p_{\mathrm{r}} \min(1,\hat{d}^{-\alpha}) - p_i \min(1,d^{-\alpha})} \exp\left[-\frac{\gamma_{\mathrm{t}} N_0}{p_i \min(1,\tilde{d}^{-\alpha})} - \frac{\gamma_{\mathrm{t}} N_0}{p_{\mathrm{r}} \min(1,\hat{d}^{-\alpha})}\right] \\
&\quad \times \left(\mathbb{E}\left\{\exp\left[-\frac{\gamma_{\mathrm{t}} \mathscr{I}_{\mathrm{sr}}}{p_i \min(1,\tilde{d}^{-\alpha})} - \frac{\gamma_{\mathrm{t}} \mathscr{I}_{\mathrm{o}}}{p_{\mathrm{r}} \min(1,\hat{d}^{-\alpha})}\right]\right\} - \exp\left[\frac{\gamma_{\mathrm{t}} N_0}{p_{\mathrm{r}} \min(1,\hat{d}^{-\alpha})}\right]\right. \\
&\quad \left. \times \exp\left[-\frac{\gamma_{\mathrm{t}} N_0}{p_i \min(1,d^{-\alpha})}\right] \mathbb{E}\left\{\exp\left[-\frac{\gamma_{\mathrm{t}} \mathscr{I}_{\mathrm{sr}}}{p_i \min(1,\tilde{d}^{-\alpha})} - \frac{\gamma_{\mathrm{t}} \mathscr{I}_{\mathrm{o}}}{p_i \min(1,d^{-\alpha})}\right]\right\}\right)
\end{aligned} \tag{7.60}
$$

式中：在对典型源节点的离散功率层级进行数学期望运算后，还有两个数学期望项。式（7.60）中的第一个数学期望可以按照式（7.44）得到，但需将 $p_i \min(1,d^{-\alpha})$替换为 $p_{\mathrm{r}} \min(1,\hat{d}^{-\alpha})$。式（7.60）中的第二个数学期望已经在式（7.44）中获得。

接下来，将要推导近似成功概率的一个下限，记为 $\check{P}_{\mathrm{suc4}}^{\mathrm{c}}$。将式（7.59）第三项中的 $\mathscr{I}_{\mathrm{o}}$ 替换为$\tilde{\mathscr{I}}_{\mathrm{o}}$，有

$$
\begin{aligned}
\check{P}_{\mathrm{suc4}}^{\mathrm{c}} &= \mathbb{E}\left(\frac{p_{\mathrm{r}} \min(1,\hat{d}^{-\alpha})}{p_{\mathrm{r}} \min(1,\hat{d}^{-\alpha}) - p_{\mathrm{o}} \min(1,d^{-\alpha})} \exp\left[-\frac{\gamma_{\mathrm{t}} (\mathscr{I}_{\mathrm{sr}} + N_0)}{p_{\mathrm{o}} \min(1,\tilde{d}^{-\alpha})}\right]\right. \\
&\quad \left. \times \exp\left[-\frac{\gamma_{\mathrm{t}} (\tilde{\mathscr{I}}_{\mathrm{o}} + N_0)}{p_{\mathrm{r}} \min(1,\hat{d}^{-\alpha})}\right] \left\{1 - \exp\left[\frac{\gamma_{\mathrm{t}} (\mathscr{I}_{\mathrm{o}} + N_0)}{p_{\mathrm{r}} \min(1,\hat{d}^{-\alpha})} - \frac{\gamma_{\mathrm{t}} (\mathscr{I}_{\mathrm{o}} + N_0)}{p_{\mathrm{o}} \min(1,d^{-\alpha})}\right]\right\}\right) \\
&= \sum_{i=0}^{N} \frac{\mu_i p_{\mathrm{r}} \min(1,\hat{d}^{-\alpha})}{p_{\mathrm{r}} \min(1,\hat{d}^{-\alpha}) - p_i \min(1,d^{-\alpha})} \exp\left[-\frac{\gamma_{\mathrm{t}} N_0}{p_i \min(1,\tilde{d}^{-\alpha})}\right] \\
&\quad \times \exp\left[-\frac{\gamma_{\mathrm{t}} N_0}{p_{\mathrm{r}} \min(1,\hat{d}^{-\alpha})}\right] \left(\mathbb{E}\left\{\exp\left[-\frac{\gamma_{\mathrm{t}} \mathscr{I}_{\mathrm{sr}}}{p_i \min(1,\tilde{d}^{-\alpha})} - \frac{\gamma_{\mathrm{t}} \tilde{\mathscr{I}}_{\mathrm{o}}}{p_{\mathrm{r}} \min(1,\hat{d}^{-\alpha})}\right]\right\}\right. \\
&\quad - \exp\left[\frac{\gamma_{\mathrm{t}} N_0}{p_{\mathrm{r}} \min(1,\hat{d}^{-\alpha})} - \frac{\gamma_{\mathrm{t}} N_0}{p_i \min(1,d^{-\alpha})}\right] \\
&\quad \left. \underbrace{\times \mathbb{E}\left\{\exp\left[-\frac{\gamma_{\mathrm{t}} \mathscr{I}_{\mathrm{sr}}}{p_i \min(1,\tilde{d}^{-\alpha})} - \frac{\gamma_{\mathrm{t}} (\tilde{\mathscr{I}}_{\mathrm{o}} - \mathscr{I}_{\mathrm{o}})}{p_{\mathrm{r}} \min(1,\hat{d}^{-\alpha})} - \frac{\gamma_{\mathrm{t}} \mathscr{I}_{\mathrm{o}}}{p_i \min(1,d^{-\alpha})}\right]\right\}\right)}_{\mathscr{W}(p_i)}
\end{aligned} \tag{7.61}
$$

式中：存在两个数学期望项，第一个数学期望项可以按照式（7.54）获得，但需将 $2p_i \min(1,d^{-\alpha})$替换为 $p_{\mathrm{r}} \min(1,\hat{d}^{-\alpha})$；第二个数学期望可以推导为

$$
\begin{aligned}
\mathscr{W}(p_i) &= \mathbb{E}_{\Pi_{\mathrm{s}}}\left(\prod_{x \in \Pi_{\mathrm{s}}} \mathbb{E}_{p_x, G_x, G_{x\mathrm{r}}, G_{x\mathrm{ro}}, \mathscr{R}}\left\{\exp\left[-\frac{\gamma_{\mathrm{t}} p_x G_{x\mathrm{r}} \min(1,\ell_x^{-\alpha})}{p_i \min(1,\tilde{d}^{-\alpha})}\right.\right.\right. \\
&\quad \left.\left.\left. - \frac{\gamma_{\mathrm{t}} \mathbf{1}(\gamma_x < \gamma_{\mathrm{t}}, \gamma_{x\mathrm{r}} \geq \gamma_{\mathrm{t}}) p_{\mathrm{r}} G_{x\mathrm{ro}} \min(1,\ell_x^{-\alpha})}{p_{\mathrm{r}} \min(1,\hat{d}^{-\alpha})} - \frac{\gamma_{\mathrm{t}} p_x G_x \min(1,\ell_x^{-\alpha})}{p_i \min(1,d^{-\alpha})}\right]\right\}\right)
\end{aligned}
$$

$$
\begin{aligned}
&\approx \mathbb{E}_{\Pi_s}\left(\prod_{x\in\Pi_s}\mathbb{E}_{p_x,G_x,G_{xr},G_{xro}}\left\{(1-\zeta)\exp\left[-\frac{\gamma_t p_x G_{xr}\min(1,\ell_x^{-\alpha})}{p_i\min(1,\tilde{d}^{-\alpha})}\right]\right.\right.\\
&\quad\times\exp\left[-\frac{\gamma_t p_x G_x\min(1,\ell_x^{-\alpha})}{p_i\min(1,d^{-\alpha})}\right]+\zeta\exp\left[-\frac{\gamma_t p_x G_{xr}\min(1,\ell_x^{-\alpha})}{p_i\min(1,\tilde{d}^{-\alpha})}\right]\\
&\quad\left.\left.\times\exp\left[-\frac{\gamma_t p_r G_{xro}\min(1,\ell_x^{-\alpha})}{p_r\min(1,\hat{d}^{-\alpha})}-\frac{\gamma_t p_x G_x\min(1,\ell_x^{-\alpha})}{p_i\min(1,d^{-\alpha})}\right]\right\}\right)\\
&=\prod_{j=0}^{N}\exp\left(-\pi\lambda_s\mu_j\left\{1-\left[(1-\zeta)+\frac{\zeta\min(1,\hat{d}^{-\alpha})}{\min(1,\hat{d}^{-\alpha})+\gamma_t}\right]\right.\right.\\
&\quad\left.\left.\times\frac{p_i^2\min(1,\tilde{d}^{-\alpha})\min(1,d^{-\alpha})}{[p_i\min(1,\tilde{d}^{-\alpha})+\gamma_t p_j][p_i\min(1,d^{-\alpha})+\gamma_t p_j]}+2\mathscr{Y}(p_i,p_j)\right\}\right)
\end{aligned}
\tag{7.62}
$$

在推导过程中，先利用中继节点重传数据的平均概率对事件 $\mathscr{R}$ 做数学期望运算，然后对相互独立的信道功率衰落变量做数学期望，最后对离散功率及点过程做数学期望。式（7.62）中的中间函数定义为

$$
\begin{aligned}
\mathscr{Y}(p_i,p_j)=&\int_1^{\infty}\left\{1-\left[(1-\zeta)+\frac{\zeta\min(1,\hat{d}^{-\alpha})}{\min(1,\hat{d}^{-\alpha})+\gamma_t\ell^{-\alpha}}\right]\right.\\
&\left.\times\frac{p_i^2\min(1,\tilde{d}^{-\alpha})\min(1,d^{-\alpha})}{[p_i\min(1,\tilde{d}^{-\alpha})+\gamma_t p_j\ell^{-\alpha}][p_i\min(1,d^{-\alpha})+\gamma_t p_j\ell^{-\alpha}]}\right\}\ell\mathrm{d}\ell
\end{aligned}
\tag{7.63}
$$

中间函数 $\mathscr{Y}(p_i,p_j)$是一维的积分表达式，可在 ℓ 的有限区间上采用数值方法近似计算。

7.5.4 区域吞吐量

在本节中将要推导协作网络的区域吞吐量性能。对于协作数据传输，总共有四种情况：①在第一个子阶段和第二个子阶段中的数据传输都成功；②第一个子阶段中的数据传输成功，而第二个子阶段中的数据传输失败；③第一个子阶段中的数据传输失败，而源节点在第二个子阶段重传数据成功；④第一个子阶段的数据传输失败，而中继节点在第二个子阶段重传数据成功。按照这四种情况，可以推导最大区域吞吐量为

$$
\begin{aligned}
\mathscr{T}_c&=\max_{\tau}\lambda_s R\left(P_{suc2}^{c}+\frac{P_{suc1}^{c}-P_{suc2}^{c}}{2}+\frac{P_{suc3}^{c}}{2}+\frac{P_{suc4}^{c}}{2}\right)\\
&=\max_{\tau}\lambda_s\frac{R}{2}(P_{suc1}^{c}+P_{suc2}^{c}+P_{suc3}^{c}+P_{suc4}^{c})
\end{aligned}
\tag{7.64}
$$

式中：时间分配因子 τ 的取值范围是（0，1）。成功概率是关于 τ 的非常复杂的表达式，可以进行一维搜索，获得最优的 τ。源节点和中继节点之间的距离为 $\tilde{d}=\beta d$，m；中继节点和目的节点之间的距离为 $\hat{d}=(1-\beta)d$，m。

图 7.6 显示了协作系统区域吞吐量与时间分配因子 τ 的关系。数据传输速率为 $R=$

1.0bits/s/Hz，中继节点的发射功率为 $p_r=0.1$W。随着 τ 的增长，系统性能先变后变差。在每个时间块内，当能量收集时间变长时，源节点能够收集到更多的能量，但留给数据传输的时间变短。最大的区域吞吐量获得是所收集的能量和数据传输时间的一个折中结果。随着 β 的增长，系统性能变差。当 β 较小时，源节点和中继节点之间的距离较短，中继节点对源节点的无线能量传输效率较高，中继节点接收源节点数据的准确率较高。此时，源节点能够采用较高的发射功率，并且中继节点能够更容易成功接收源节点的数据。当原始数据传输失败后，中继节点更有可能帮助源节点重传数据。在 τ 较低的区域，所推导的数据成功解调概率的下限和上限是很紧密的，在 τ 较高的区域，两者之间的差距也比较小。

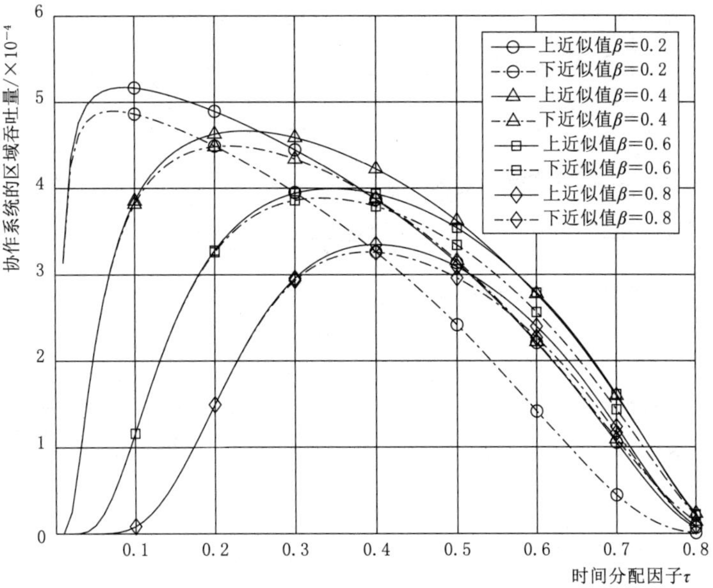

图 7.6 协作系统区域吞吐量与时间分配因子 τ 的关系

7.6 数值和仿真结果

本节将进行 Monte-Carlo 仿真，除非特别说明，系统参数设置如下：路径损耗指数 $\alpha=3$，噪声功率 $N_0=10^{-6}$W，WET 的发射功率 $p_{es}=15$dBW，源节点和目的节点的间距 $d=10$m，无线能量传输效率 $\eta=0.8$，功率层级的个数 $N=5$，活跃源节点链路的密度 $\lambda_s=10^{-3}$，数据传输峰值功率 $\hat{p}=0.1$W，中继节点发射功率 $p_r=0.1$W，电路功率消耗 $p_c=0.01$W，数据传输速率 $R=1.0$bits/s/Hz。

7.6.1 链路的平均吞吐量

非协作系统的链路吞吐量为 $\mathcal{L}_n=R(P^{n}_{suc1}+P^{n}_{suc2}/2)$，其中成功概率 P^{n}_{suc1} 和 P^{n}_{suc2} 已分别在式（7.31）和式（7.35）中获得。图 7.7 显示了非协作系统的链路吞吐量与源节点密度 λ_s 的关系。随着源节点密度的增长，链路平均吞吐量性能变差，因为更多的并发传输会导致更强的干扰，损害了数据成功传输的概率。在 λ_s 较低的区域，分配给 WET 的时间越多，系统性能越好。对于较小的源节点密度 λ_s，干扰较弱。随着 λ_s 的增长，源节点能收集到更多的能量，源节点发射功率的增长所带来的益处大于干扰增长所带来的害处，性能变好。但是，在 λ_s 较高的区域，当分配给 WET 的时间较少时，系统性能变好。对于较高的源节点密度 λ_s，累加干扰比较强，当分配给 WET 的时间较多时，留给数据传输的时间变短，这不利于链路吞吐量性能的提升。理论和仿真结果吻合得非常好，验证理论分析的准确性。

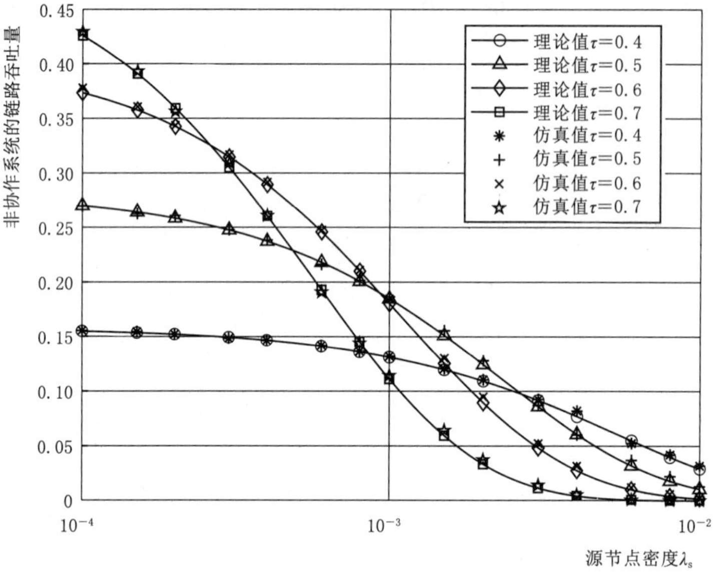

图 7.7　非协作系统的链路吞吐量与源节点密度 λ_s 的关系

协作链路的平均吞吐量为 $\int_c = R\left(P^c_{suc2} + \frac{P^c_{suc1} - P^c_{suc2}}{2} + \frac{P^c_{suc3}}{2} + \frac{P^c_{suc4}}{2}\right)$，四项分别表示在两个子阶段数据传输和重传的情况，包括源节点重传和中继节点重传。采用式（7.51）$\hat{P}^c_{suc3}$ 和式（7.60）$\hat{P}^c_{suc4}$，可以得到链路吞吐量的上限近似。采用式（7.52）$\check{P}^c_{suc3}$ 和式（7.61）$\check{P}^c_{suc4}$，可以得到链路吞吐量的下限近似。图 7.8 显示了协作系统链路吞吐量与能量收集时间因子 τ 的关系。

由图 7.8 可知，当分配更多的时间给 WET 时，链路吞吐量先增长后降低。最优的链路吞吐量代表了 WET 和数据传输之间的折中，这是因为，随着 τ 的增长，源节点能够收集到更多的能量，但是留给数据传输的时间变短。当源节点在 2D 平面上密集分布时，由于每个链路承受更强的干扰，平均吞吐量性能变差。另外，仿真结果和理论分析的上限近似及下限近似结果比较吻合。由于在推导过程中做了一些关于距离的假设，仿真结果并不严格位于下限和上限近似结果之间。

7.6.2　区域吞吐量性能

图 7.9 显示了系统最大区域吞吐量与源节点密度 λ_s 的关系。随着源节点密度的增大，

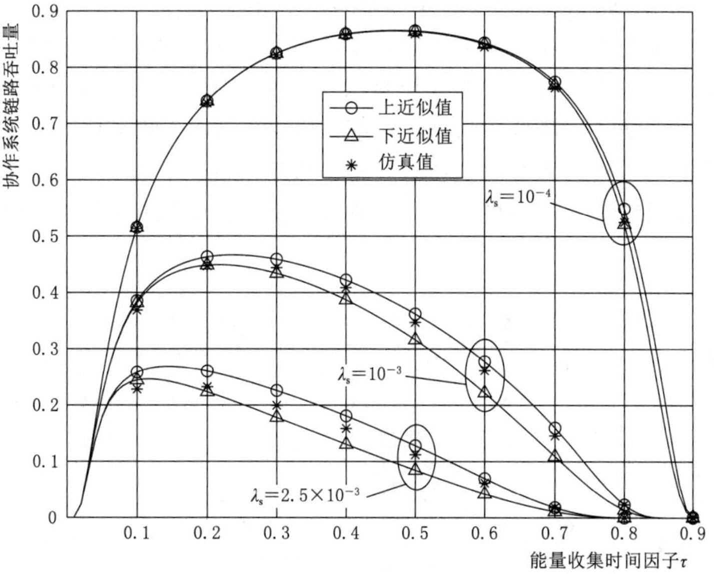

图 7.8 协作系统链路吞吐量与能量收集时间因子 τ 的关系

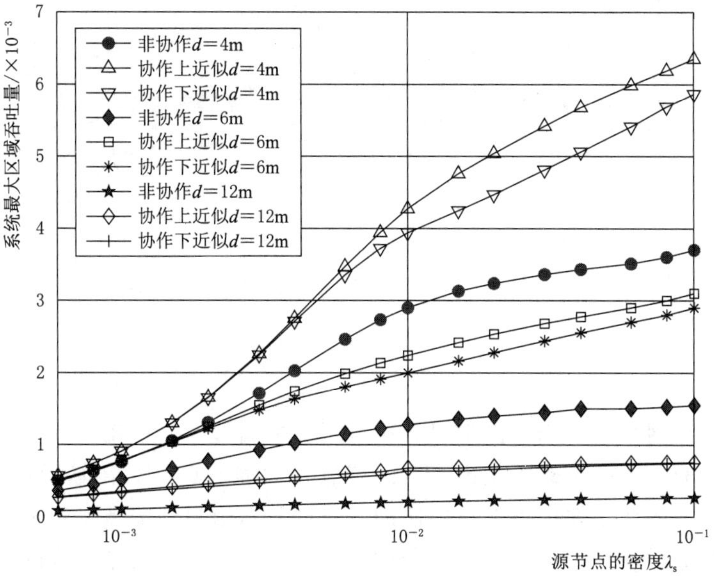

图 7.9 系统最大区域吞吐量与源节点密度 λ_s 的关系（$\beta=0.4$）

系统的吞吐量性能变好。但是，随着源节点和目的节点之间距离的增长，区域吞吐量变小。这是因为距离越长，信号的路径损耗越严重，WET 的效率变低，同时无线信号传输的质量变差。协作系统的性能要远优于非协作系统，这是因为在中继节点的协助下，无线能量传输的效率得以大幅提升，同时数据传输的鲁棒性也得到大幅改进。对于协作系统，下限近似值和上限近似值的性能差别很小，因此这两种近似都能帮助进行系统参数的配置。

图7.10显示了系统最大区域吞吐量与传输速率 R 的关系。当数据传输速率变大时，数据成功传输的概率变小。随着数据传输速率的增长，尽管中断概率会增大，但是如果数据能够正确传输的话，则会传递较多的信息。受这两个矛盾因素的影响，正如图7.10中所示，区域吞吐量先增长后降低。另外，当能量传输功率 p_e 较大时，在网络中存在更多的活跃链路，这有助于提升系统的区域吞吐量。协作系统的区域吞吐量性能要远大于非协作系统。对于协作系统不同的参数设置，所推导的下限近似结果和上限近似结果变化趋势是类似的。

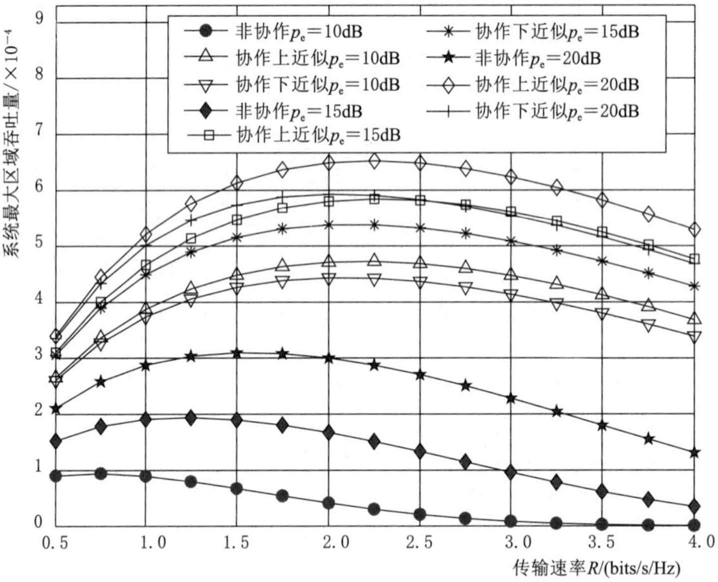

图7.10 系统最大区域吞吐量与传输速率 R 的关系（$\beta=0.4$，$d=10\text{m}$）

7.7 小结

在大规模无线网络中，当节点随机分布于整个平面上时，提出了一种协作WET和协作数据传输的框架。在每个时间块内，目的节点和中继节点同时传输无线能量给源节点，源节点采用所收集的能量在中继节点的协助下传输数据给目的节点。定义了一组发射功率层级，通过对信道功率衰落进行平均，分析了源节点采用每个功率层级的概率。考虑不同链路的发射功率不同，采用随机几何理论分析了数据成功传输的概率。通过最大化系统的区域吞吐量，可以确定无线能量传输和数据传输之间的最优时间分配。数值结果和仿真结果验证了理论分析的准确性，同时解释了不同参数设置对系统性能的影响。相比非协作系统，中继节点协助进行无线能量和数据的传输，能够大幅提升系统的吞吐量。

第 8 章 基于双路连续中继的协作频谱共享

8.1 概述

近年来，CRN 频谱共享得到广泛研究，研究者多使用博弈论[95-97]、随机几何理论[19,98-99]或 MIMO 技术[100-102]，以提升频谱效率，满足日益增长的无线应用需求。在频谱共享过程中，次系统可隐式地占用频谱[103]而不被主系统注意到，也可显式地帮助主系统传输数据，以换取频谱共享机会[18,104]。当次用户感知到频谱空闲[105]时或当主链路的信道状态能够承受一定干扰[106]时，次系统机会性地进行隐式频谱共享。显式频谱共享需要主次系统之间协调运行。无论采用何种共享方案，协作技术[2]都可以有效地提高 CRN 的容量[107]。

传统的协作频谱共享机制需采用多个通信阶段才能实现主用户数据的协作传输，导致主系统的 SE 相对较低，次系统的频谱共享机会较少。为了提升 SE，本书提出了一种机会性双路中继协作频谱共享方案。主系统的传输是连续的，不与次系统协调传输次序[16,18]，而次系统在所有时隙内隐式地进行数据传输。两个认知发射器作为中继节点，采用叠加编码技术，连续交替地帮助主系统传输数据，同时发送自己的数据给各自对应的接收者，接收机采用 SIC 技术解调所需数据。一方面，次用户数据传输对主系统产生干扰；另一方面，次用户中继传输主数据可实现空间分集增益。通过确定主数据中继和次数据传输之间的最佳功率分配，采用协作技术抑制施加在主系统上的干扰，并且次接收机可更好地采用 SIC 技术解调所需次数据。本章分析了主、次系统的可达速率和中断概率。在保护主系统中断性能的条件下，确定次系统的最优功率分配因子。仿真结果表明，相比传统的单路协作频谱共享方案，所提出的双路中继协作频谱共享方案能够大幅降低主系统的中断概率，大幅提升次系统的吞吐量，很好地满足次用户的传输需求。

8.2 系统模型

如图 8.1 所示基于 TPSR 的频谱共享方案，一对主发射端（PT）和主接收端（PR）与多对次发射端（ST_i，$i=0$，1）和次接收端（SR_i，$i=0$，1）共存于同一地理位置，占用同一频谱资源。所有发射端和接收端的位置固定，假设任意次发射端和次接收端之间

的距离比任意主用户和次用户之间的距离要短。所有信道均承受相互独立的瑞利衰落，信道衰落系数在一个数据帧内保持不变，在不同数据帧内独立变化。发射端 u 到接收端 v 之间的信道系数表示为 $h_{u,v}$，距离表示为 $d_{u,v}$。信道功率衰落系数为 $\mathcal{G}_{u,v}=|h_{u,v}|^2$，服从均值为$\mathcal{G}_{u,v}=d_{u,v}^{-\alpha}$ 的指数分布，其中 α 为路径损耗指数。假设用户 u 和 v 之间的信道对称，即 $h_{u,v}=h_{v,u}$，接收端通过训练序列获知完美的 CSI。每个用户均安装单根全向天线，工作于 HD 模式。假设 PT 数据传输和次发射机（STs）数据传输是同步的。

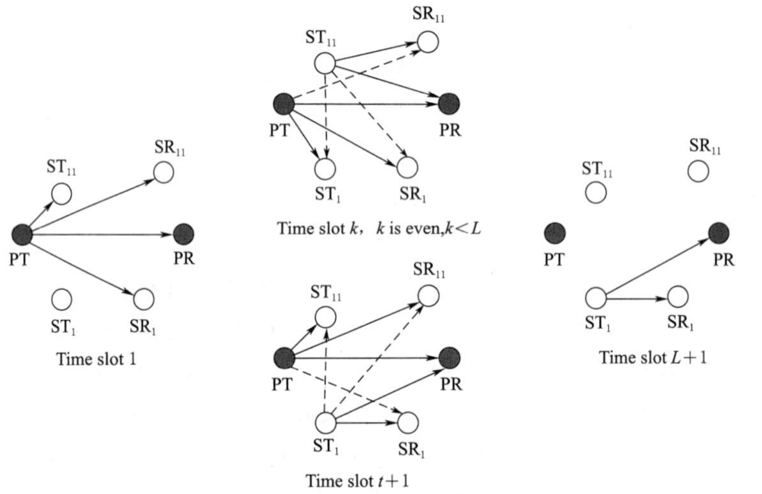

图 8.1 基于 TPSR 的频谱共享方案（—表示传输链路，---表示干扰信道）

8.2.1 双路中继频谱共享

两个 STs 均有数据需要发送给各自对应的次接收端（SRs），他们同时采用 TPSR 方式协助传输主数据。给定一个时隙 k，主用户信号记为 $x_P[k]$，次发射端 ST_0 的信号记为 $x_0[k]$，次发射端 ST_1 的信号表示为 $x_1[k]$，假设所有信号的功率均为 1W。次用户频谱共享和主用户数据中继流程如下：

(1) 时隙 1。PT 发射信号 $x_P[1]$，次发射端 ST_0、次接收端 SR_0 和次接收端 SR_1 均接收并检测 $x_P[1]$；次发射端 ST_1 保持沉默，主接收端 PR 接收 $x_P[1]$并储存起来。

(2) 时隙 2。PT 发射 $x_P[2]$；ST_0 用叠加编码发射混合信号 $x_c[2]=f(x_P[1],x_0[2])$；SR_0 和 SR_1 先删除 $x_P[1]$，然后检测并删除 $x_0[2]$，最后检测 $x_P[2]$；ST_1 先检测并删除 $x_P[1]$，然后检测并删除 $x_0[2]$，最后检测 $x_P[2]$；PR 接收 $x_P[2]$和 $x_c[2]$。

(3) 时隙 3。PT 发射 $x_P[3]$；ST_1 用叠加编码发射混合信号 $x_c[3]=f(x_P[2],x_1[3])$；SR_0 和 SR_1 先删除 $x_P[2]$，然后检测并删除 $x_1[3]$，最后检测 $x_P[3]$；SR_0 和 SR_1 先删除 $x_P[2]$，然后检测并删除 $x_1[3]$，最后检测 $x_P[3]$；ST_0 先检测并删除 $x_P[2]$，然后检测并删除 $x_1[3]$，最后检测 $x_P[3]$；PR 接收并保存 $x_P[3]$和 $x_c[3]$。

(4) 交替重复时隙 2 和时隙 3 的操作流程，一直到时隙 L。

(5) 时隙 $L+1$。ST_1 发射混合信号 $x_c[L+1]=f(x_P[L],x_1[L+1])$；$SR_1$ 删除 $x_P[L]$，检测 $x_1[L+1]$；ST_0 和 SR_0 保持沉默；PR 接收 $x_c[L+1]$，采用联合译码的

方式解调主用户信号，并把次用户信号作为干扰。

频谱共享过程共采用 $L+1$ 个时隙传输了 L 个主用户符号。主系统的复用增益为 $L/(L+1)$，对于较大的 L 该值接近于 1。当协作通信结束时，PR 采用最大似然译码的方法联合解调主用户数据。在每个时隙中，次用户系统采用 SIC 方式解调所需的次用户信号。所设计的协作中继机制的优势概括如下：①主系统几乎没有损失复用增益；②主次用户的数据能够同时传输；③主次系统之间不需要协调，主发射端一直发送数据给主接收端。

8.2.2 信号模型

考虑时隙 k （$k=2$，…，L），在该时隙内 ST_i [$i=\mathrm{mod}$ （k，2）]和 PT 同时传输数据。对于 ST_i，其发射的混合信号是通过线性组合前个时隙收到的主数据和现时隙自己的次数据，即

$$x_c[k]=f(x_p[k-1],x_i[k])=\sqrt{\beta}x_p[k-1]+\sqrt{1-\beta}x_i[k] \tag{8.1}$$

式中：β 为功率分配系数，$\beta\in$ [0，1]。如果 $\beta=0$，ST_i 只传输自己的数据。如果 $\beta=1$，ST_i 只服务于主用户数据中继。为了保护主用户信号不受次用户信号的干扰，假设 $\beta\geqslant 0.5$。因此，为主用户信号的中继传输分配更多的功率，则次用户信号传输产生较少的干扰。

在时隙 k 内，SR_i 和 SR_j，（$j=1-i$）收到的信号表示为 $y_{SR_v}[k]$ （$v=i$ 或 j），即

$$y_{SR_v}[k]=\sqrt{P_p}h_{PT,SR_v}x_p[k]+\sqrt{P_s}h_{ST_i,SR_v}x_c[k]+n_{SR_v}[k] \tag{8.2}$$

式中：P_p、P_s 为主用户信号和次用户信号的发射功率，W；$n_{SR_v}[k]\sim\mathcal{CN}(0,N_0)$ 为 AWGN，功率为 N_0，W。式（8.2）的第一项表示 PT 收到的信号，第二项表示从 ST_i 接收到的混合信号。连续干扰检测和参数操作流程如下：首先，删除前一个时隙的主用户信号 $x_p[k-1]$；然后，解调并删除次用户信号 $x_i[k]$；最后，解调当前时隙的主用户信号 $x_p[k]$。

次用户发射端 ST_j （$j=1-i$）所接收到的信号为

$$y_{ST_j}[k]=\sqrt{P_p}h_{PT,ST_j}x_p[k]+\sqrt{P_s}h_{ST_i,ST_j}x_c[k]+n_{ST_j}[k] \tag{8.3}$$

式中：$n_{ST_j}[k]\sim\mathcal{CN}(0,N_0)$ 为 AWGN。式（8.3）的第一项表示从 PT 接收到的信号，第二项表示从 ST_i 接收到的混合信号。ST_0 和 ST_1 之间的信道一般比 PT 和 ST_j 之间的信道更强些，因为次用户彼此之间距离更近一些。能够先解调并删除混合信号 $x_c[k]$，之后解调当前时隙的主用户信号。在检测 $x_c[k]$过程中，$\beta\geqslant 0.5$，需要先解调前个时隙的主用户信号 $x_p[k-1]$并将其删除，然后检测次用户信号 $x_i[k]$。

在 PR 端，在所有 $L+1$ 个时隙中所接收到的信号为

$$\boldsymbol{y}=\boldsymbol{H}\boldsymbol{x}_p+\boldsymbol{w} \tag{8.4}$$

式中：$\boldsymbol{x}_p$ 为主用户信号矢量，$\boldsymbol{x}_p=[x_p[1],x_p[2],\cdots,x_p[L]]^T$，上标 T 表示转置操作。

$\boldsymbol{H}$ 表示等价 MIMO 信道，矩阵大小为（$L+1$）$\times L$，即

$$\boldsymbol{H}=\begin{bmatrix} C_p & 0 & \cdots & 0 & 0 & 0 \\ C_0 & C_p & \ddots & 0 & 0 & 0 \\ 0 & C_1 & \ddots & 0 & 0 & 0 \\ \vdots & \ddots & \ddots & \ddots & \ddots & \vdots \\ 0 & 0 & \ddots & C_1 & C_p & 0 \\ 0 & 0 & \cdots & 0 & C_0 & C_p \\ 0 & 0 & \cdots & 0 & 0 & C_1 \end{bmatrix} \tag{8.5}$$

其中

$$C_p=\sqrt{P_p}h_{\mathrm{PT,PR}}$$
$$C_0=\sqrt{\beta P_s}h_{\mathrm{ST}_0,\mathrm{PR}}$$
$$C_1=\sqrt{\beta P_s}h_{\mathrm{ST}_1,\mathrm{PR}}$$

矢量 $\boldsymbol{w}$ 表示干扰加噪声，即

$$\boldsymbol{w}=\sqrt{(1-\beta)P_s}\begin{bmatrix} 0 \\ \mathscr{I}_0[2] \\ \mathscr{I}_1[3] \\ \vdots \\ \mathscr{I}_0[L] \\ \mathscr{I}_1[L+1] \end{bmatrix}+\begin{bmatrix} n_{\mathrm{PR}}[1] \\ n_{\mathrm{PR}}[2] \\ n_{\mathrm{PR}}[3] \\ \vdots \\ n_{\mathrm{PR}}[L] \\ n_{\mathrm{PR}}[L+1] \end{bmatrix} \tag{8.6}$$

其中

$$\mathscr{I}_0[k]=h_{\mathrm{ST}_0,\mathrm{PR}}x_0[k]$$
$$\mathscr{I}_1[k]=h_{\mathrm{ST}_1,\mathrm{PR}}x_1[k]$$

8.3 终端性能和功率分配

ST_0 和 ST_1 正确检测主用户信号的事件定为 E_c。只有当 ST_0 和 ST_1 正确检测主用户信号时，TPSR 才能启动并进行频谱共享。否则，ST_0 和 ST_1 需要保持沉默，PR 只从 PT 接收到不受干扰污染的信号。对于机会性的频谱共享，主次系统的中断概率分别表示为 $P_{\mathrm{out}}^{\mathrm{p}}$ 和 $P_{\mathrm{out}}^{\mathrm{s}}$，即

$$P_{\mathrm{out}}^{\mathrm{p}}=\Pr\{E_c\}P_{\mathrm{out}}^{\mathrm{p_c}}+(1-\Pr\{E_c\})P_{\mathrm{out}}^{\mathrm{p_d}} \tag{8.7}$$

$$P_{\mathrm{out}}^{\mathrm{s}}=\Pr\{E_c\}P_{\mathrm{out}}^{\mathrm{s_c}}+(1-\Pr\{E_c\})P_{\mathrm{out}}^{\mathrm{s_d}} \tag{8.8}$$

式中：$P_{\mathrm{out}}^{\mathrm{p_c}}$、$P_{\mathrm{out}}^{\mathrm{s_c}}$ 为当 TPSR 正常进行时主次系统的中断概率。$P_{\mathrm{out}}^{\mathrm{p_d}}$、$P_{\mathrm{out}}^{\mathrm{s_d}}$ 为当 ST_0 和 ST_1 保持沉默时主次系统的中断概率。因为在这种情况下，次用户系统没有传输数据，因此 $P_{\mathrm{out}}^{\mathrm{s_d}}=1$。

8.3.1 频谱共享概率

对于 ST_j（$j=1-i$，$i=0$ 或 $i=1$），在检测当前主用户信号前，需要首先检测 ST_i 所中继的前一时隙的主用户信号并将其删除。为了正确解调前一时隙的主用户信号，信道

可达速率 $R_{ST_j}^1$ 需要大于主用户信号发射速率 R_p。由式（8.3）有

$$R_{ST_j}^1=\log_2\left(1+\frac{\beta\rho\eta\mathscr{G}_{ST_0,ST_1}}{\eta\mathscr{G}_{PT,ST_j}+(1-\beta)\rho\eta\mathscr{G}_{ST_0,ST_1}+1}\right) \tag{8.9}$$

式中：分子表示前一个时隙主用户信号的功率，分母表示干扰加噪声的功率。特别地，参数 $\eta=P_p/N_0$ 和 $\rho=P_s/P_p$。

正确解调并删除前一个时隙的主用户信号后，需要检测并删除次用户信号。为了保证正确检测并删除当然时隙的次用户信号，发射速率 R_s 需要小于或等于可达速率 $R_{ST_j}^2$，即

$$R_{ST_j}^2=\log_2\left(1+\frac{(1-\beta)\rho\eta\mathscr{G}_{ST_0,ST_1}}{\eta\mathscr{G}_{PT,ST_j}+1}\right) \tag{8.10}$$

正确解调并删除次用户信号后，当前时隙的主用户信号的可达速率表示为

$$R_{ST_j}^3=\log_2(1+\eta\mathscr{G}_{PT,ST_j}) \tag{8.11}$$

基于如上分析，即 TPSR 操作能够启动的概率可以表示为

$$\Pr\{E_c\}=\Pr\{R_{ST_0}^1\geqslant R_p,R_{ST_0}^2\geqslant R_s,R_{ST_0}^3\geqslant R_p,R_{ST_1}^1\geqslant R_p,R_{ST_1}^2\geqslant R_s,R_{ST_1}^3\geqslant R_p\} \tag{8.12}$$

式中：前三项和后三项分别对应 ST_0 和 ST_1。推导频谱共享概率式（8.12）为

$$\begin{aligned}\Pr\{E_c\}=\exp&\left[-\frac{T}{\eta}\left(\frac{1}{\mathscr{G}_{PT,ST_0}}+\frac{1}{\mathscr{G}_{PT,ST_1}}\right)-\frac{\mu}{\mathscr{G}_{ST_0,ST_1}}\right]\left[1-\frac{1}{1+\xi\mathscr{G}_{ST_0,ST_1}/\mathscr{G}_{PT,ST_0}}\right.\\&\left.-\frac{1}{1+\xi\mathscr{G}_{ST_0,ST_1}/\mathscr{G}_{PT,ST_1}}+\frac{1}{1+\xi\mathscr{G}_{ST_0,ST_1}(1/\mathscr{G}_{PT,ST_0}+1/\mathscr{G}_{PT,ST_1})}\right]\end{aligned} \tag{8.13}$$

其中

$$T=2^{R_p}-1$$
$$U=2^{R_s}-1$$
$$\xi=(T+1)/(\mu\eta)$$
$$\mu=\begin{cases}\dfrac{T(T+1)}{\rho\eta(\beta-T+T\beta)} & \beta\in\mathscr{D}_1\\ \dfrac{U(T+1)}{\rho\eta(1-\beta)} & \beta\in\mathscr{D}_2\end{cases} \tag{8.14}$$

两个不相连的区域为

$$\begin{cases}\mathscr{D}_1=\left[\max\left\{0.5,\dfrac{T}{T+1}\right\},\max\left\{0.5,\dfrac{T(U+1)}{T(U+1)+U}\right\}\right]\\ \mathscr{D}_2=\left(\max\left\{0.5,\dfrac{T(U+1)}{T(U+1)+U}\right\},1\right)\end{cases} \tag{8.15}$$

证明式（8.13）：从式（8.12）可以获得

$$\begin{aligned}\Pr\{E_c\}=\Pr\{&\mathscr{G}_{PT,ST_0}\leqslant\Lambda_1(\mathscr{G}_{ST_0,ST_1}),\mathscr{G}_{PT,ST_0}\leqslant\Lambda_2(\mathscr{G}_{ST_0,ST_1}),T/\eta\leqslant\mathscr{G}_{PT,ST_0},\\&\mathscr{G}_{PT,ST_1}\leqslant\Lambda_1(\mathscr{G}_{ST_0,ST_1}),\mathscr{G}_{PT,ST_1}\leqslant\Lambda_2(\mathscr{G}_{ST_0,ST_1}),T/\eta\leqslant\mathscr{G}_{PT,ST_1}\}\end{aligned} \tag{8.16}$$

$$\begin{cases}\Lambda_1(\mathscr{G}_{ST_0,ST_1})=\dfrac{(1-\beta)\rho\mathscr{G}_{ST_0,ST_1}}{U}-\dfrac{1}{\eta}\\ \Lambda_2(\mathscr{G}_{ST_0,ST_1})=\dfrac{(\beta-T+T\beta)\rho\mathscr{G}_{ST_0,ST_1}}{T}-\dfrac{1}{\eta}\end{cases} \tag{8.17}$$

其中

$$T=2^{R_p}-1$$

$$U=2^{R_s}-1$$

情况 1：

如果 $\Lambda_1(\mathcal{G}_{ST_0,ST_1})\leqslant\Lambda_2(\mathcal{G}_{ST_0,ST_1})$，有

$$\frac{T}{\eta}\leqslant\frac{(1-\beta)\rho\mathcal{G}_{ST_0,ST_1}}{U}-\frac{1}{\eta}\leqslant\frac{(\beta-T+T\beta)\rho\mathcal{G}_{ST_0,ST_1}}{T}-\frac{1}{\eta} \tag{8.18}$$

可以得到如下结果：

$$\frac{T(U+1)}{T(U+1)+U}\leqslant\beta<1,\mathcal{G}_{ST_0,ST_1}\geqslant\mu_1=\frac{U(T+1)}{(1-\beta)\rho\eta} \tag{8.19}$$

在这种情况下，式（8.16）的概率 $\Pr\{E_c\}$ 表示为 P_1，即

$$\begin{aligned}P_1=\Pr\{&T/\eta\leqslant\mathcal{G}_{PT,ST_0}\leqslant\Lambda_1(\mathcal{G}_{ST_0,ST_1}),\\&T/\eta\leqslant\mathcal{G}_{PT,ST_1}\leqslant\Lambda_1(\mathcal{G}_{ST_0,ST_1}),\mathcal{G}_{ST_0,ST_1}\geqslant\mu_1\}\end{aligned} \tag{8.20}$$

情况 2：

如果 $\Lambda_2(\mathcal{G}_{ST_0,ST_1})\leqslant\Lambda_1(\mathcal{G}_{ST_0,ST_1})$，有

$$\frac{T}{\eta}\leqslant\frac{(\beta-T+T\beta)\rho\mathcal{G}_{ST_0,ST_1}}{T}-\frac{1}{\eta}\leqslant\frac{(1-\beta)\rho\mathcal{G}_{ST_0,ST_1}}{U}-\frac{1}{\eta} \tag{8.21}$$

基于此，有如下结果：

$$\frac{T}{T+1}\leqslant\beta<\frac{T(U+1)}{T(U+1)+U},\mathcal{G}_{ST_0,ST_1}\geqslant\mu_2=\frac{T(T+1)}{(\beta-T+T\beta)\rho\eta} \tag{8.22}$$

在这种情况下，式（8.16）的概率 $\Pr\{E_c\}$ 表示为 P_2，即

$$\begin{aligned}P_2=\Pr\{&T/\eta\leqslant\mathcal{G}_{PT,ST_0}\leqslant\Lambda_2(\mathcal{G}_{ST_0,ST_1}),\\&T/\eta\leqslant\mathcal{G}_{PT,ST_1}\leqslant\Lambda_2(\mathcal{G}_{ST_0,ST_1}),\mathcal{G}_{ST_0,ST_1}\geqslant\mu_2\}\end{aligned} \tag{8.23}$$

总结：

通过一致表示 $\mu=\mu_1$ 或 μ_2，概率 $\Pr\{E_c\}$ 对应于不同的 β，即式（8.20）的 P_1 和式（8.23）的 P_2，可以统一表示为

$$\begin{aligned}\Pr\{E_c\}=\Pr\Big\{&\frac{T}{\eta}\leqslant\mathcal{G}_{PT,ST_0}\leqslant\frac{T+1}{\mu\eta}\mathcal{G}_{ST_0,ST_1}-\frac{1}{\eta},\\&\frac{T}{\eta}\leqslant\mathcal{G}_{PT,ST_1}\leqslant\frac{T+1}{\mu\eta}\mathcal{G}_{ST_0,ST_1}-\frac{1}{\eta},\mathcal{G}_{ST_0,ST_1}\geqslant\mu\Big\}\end{aligned} \tag{8.24}$$

对于服从指数分布的随机变量，式（8.24）的闭合表达式可以计算为式（8.13）。μ 值在式（8.14）中给出，根据的是式（8.19）和式（8.22）。

如果主用户发射端和任意次用户发射端之间的距离是一样的，即 $\mathcal{G}_{PT,ST}=\mathcal{G}_{PT,ST_i}\,(i=0,1)$，式（8.13）可以化简为

$$\Pr\{E_c\}=\exp\left(-\frac{2T}{\eta\mathcal{G}_{PT,ST}}-\frac{\mu}{\mathcal{G}_{ST_0,ST_1}}\right)\times\frac{2\mathcal{G}^2_{ST_0,ST_1}}{(\mathcal{G}_{PT,ST}/\xi+\mathcal{G}_{ST_0,ST_1})(\mathcal{G}_{PT,ST}/\xi+2\mathcal{G}_{ST_0,ST_1})} \tag{8.25}$$

从式（8.25）中可得：①随着 ρ 的增长，$\Pr\{E_c\}$ 变大，即提高功率分配比例能够帮助改进协作机遇；②随着 T 和 U 的增长，ST 解调主次用户信号更加困难，则 $\Pr\{E_c\}$ 变小；③当 ST_0 和 ST_1 之间的距离变短时，$\mathcal{G}_{ST_0,ST_1}$ 变大，因为次用户发射端之间的信号为变得更强，在连续解调过程中能够承受更多的主用户系统所带来的干扰，则 $\Pr\{E_c\}$ 变大；④随着 $\eta\rightarrow\infty$，$R_{ST_j}^1$ 和 $R_{ST_j}^2$ 变得与 η 不相关，而 $R_{ST_j}^3$ 会趋近于无穷大，则 $\Pr\{E_c\}$ 变成与 ρ 和 β 有关的一个常量。

8.3.2　主系统中断概率

当不考虑频谱共享时，PT 和 PR 之间直接传输数据的可达速率定义为 $R_{pd}=\log_2(1+\eta\mathcal{G}_{PT,PR})$，则中断概率计算为

$$P_{out}^{p_d}=\Pr\{R_{pd}<R_p\}=1-\exp\left(-\frac{T}{\eta\mathcal{G}_{PT,PR}}\right) \tag{8.26}$$

对于 TPSR，从式（8.4），获得主用户系统可达速率为

$$R_{pc}=\frac{1}{L+1}\log_2\{\det[\boldsymbol{I}_L+\boldsymbol{H}^H(\boldsymbol{C}^{-\frac{1}{2}})^H\boldsymbol{C}^{-\frac{1}{2}}\boldsymbol{H}]\}=\frac{1}{L+1}\log_2[\det(\boldsymbol{I}_{L+1}+\widetilde{\boldsymbol{H}}\widetilde{\boldsymbol{H}}^{\mathrm{H}})] \tag{8.27}$$

其中

$$\boldsymbol{C}=\mathbb{E}[\boldsymbol{w}\boldsymbol{w}^{\mathrm{H}}]=\mathrm{diag}\{N_0,\lambda_0,\lambda_1,\cdots,\lambda_0,\lambda_1\}$$
$$\lambda_0=(1-\beta)P_s\mathcal{G}_{ST_0,PR}+N_0$$
$$\lambda_1=(1-\beta)P_s\mathcal{G}_{ST_1,PR}+N_0$$

式中：H 表示共轭转置操作。$\widetilde{\boldsymbol{H}}=\boldsymbol{C}^{-1/2}\boldsymbol{H}$ 也可表示为

$$\widetilde{\boldsymbol{H}}=\begin{bmatrix}\frac{C_p}{\sqrt{N_0}} & 0 & \cdots & 0 & 0 & 0\\ \frac{C_0}{\sqrt{\lambda_0}} & \frac{C_p}{\sqrt{\lambda_0}} & \ddots & 0 & 0 & 0\\ 0 & \frac{C_1}{\sqrt{\lambda_1}} & \ddots & 0 & 0 & 0\\ \vdots & \ddots & \ddots & \ddots & \ddots & \vdots\\ 0 & 0 & \ddots & \frac{C_1}{\sqrt{\lambda_1}} & \frac{C_p}{\sqrt{\lambda_1}} & 0\\ 0 & 0 & \cdots & 0 & \frac{C_0}{\sqrt{\lambda_0}} & \frac{C_p}{\sqrt{\lambda_0}}\\ 0 & 0 & \cdots & 0 & 0 & \frac{C_1}{\sqrt{\lambda_1}}\end{bmatrix} \tag{8.28}$$

在式（8.27）中，表达式 $\boldsymbol{I}_{L+1}+\widetilde{\boldsymbol{H}}\widetilde{\boldsymbol{H}}^{\mathrm{H}}$ 是三角矩阵，计算它的行列式值比较困难。有一个可达速率的一个近似表达式为

$$R_{\mathrm{pc}} \approx \widetilde{R}_{\mathrm{pc}} = \frac{L}{2(L+1)} \log_2 \left\{ \frac{\eta \mathscr{G}_{\mathrm{PT,PR}}}{(1-\beta)\rho\eta \mathscr{G}_{\mathrm{ST_0,PR}}+1} \right. \times \left[1+\frac{\eta \mathscr{G}_{\mathrm{PT,PR}}}{(1-\beta)\rho\eta \mathscr{G}_{\mathrm{ST_1,PR}}+1} \right] + \frac{\rho\eta \mathscr{G}_{\mathrm{ST_1,PR}}+1}{(1-\beta)\rho\eta \mathscr{G}_{\mathrm{ST_1,PR}}+1} \times \left. \left[\frac{\eta \mathscr{G}_{\mathrm{PT,PR}}}{(1-\beta)\rho\eta \mathscr{G}_{\mathrm{ST_1,PR}}+1} + \frac{\rho\eta \mathscr{G}_{\mathrm{ST_0,PR}}+1}{(1-\beta)\rho\eta \mathscr{G}_{\mathrm{ST_0,PR}}+1} \right] \right\} \tag{8.29}$$

证明式（8.29）：把归一化的等价 MIMO 信道式（8.28）分成几块，每一块包含 2 根发射天线和 3 根接收天线，不同块之间不存在干扰。这与把 MIMO 系统分成并行的单输入多输出（SIMO）系统是类似的[108-109]。式（8.28）包含两种不同的块，即

$$\boldsymbol{H}_0 = \begin{bmatrix} \frac{C_{\mathrm{p}}}{\sqrt{N_0}} & 0 \\ \frac{C_0}{\sqrt{\lambda_0}} & \frac{C_{\mathrm{p}}}{\sqrt{\lambda_0}} \\ 0 & \frac{C_1}{\sqrt{\lambda_1}} \end{bmatrix}, \quad \boldsymbol{H}_1 = \begin{bmatrix} \frac{C_{\mathrm{p}}}{\sqrt{\lambda_1}} & 0 \\ \frac{C_0}{\sqrt{\lambda_0}} & \frac{C_{\mathrm{p}}}{\sqrt{\lambda_0}} \\ 0 & \frac{C_1}{\sqrt{\lambda_1}} \end{bmatrix} \tag{8.30}$$

对于三角矩阵的行列式值可以限制于

$$\det(\boldsymbol{I}_{L+1}+\widetilde{\boldsymbol{H}}\widetilde{\boldsymbol{H}}^{\mathrm{H}}) \leqslant [\det(\boldsymbol{I}+\boldsymbol{H}_0\boldsymbol{H}_0^{\mathrm{H}})][\det(\boldsymbol{I}+\boldsymbol{H}_1\boldsymbol{H}_1^{\mathrm{H}})]^{\frac{L-2}{2}} \tag{8.31}$$

因为分块 $\boldsymbol{H}_0$ 和分块 $\boldsymbol{H}_1$ 只是在第一个元素上不同，可近似得到

$$\det(\boldsymbol{I}_{L+1}+\widetilde{\boldsymbol{H}}\widetilde{\boldsymbol{H}}^{\mathrm{H}}) \approx [\det(\boldsymbol{I}+\boldsymbol{H}_1\boldsymbol{H}_1^{\mathrm{H}})]^{\frac{L}{2}} \tag{8.32}$$

其中

$$\begin{bmatrix} 1+\frac{|C_{\mathrm{p}}|^2}{\lambda_1} & \frac{C_0^* C_{\mathrm{p}}}{\sqrt{\lambda_0\lambda_1}} & 0 \\ \frac{C_0 C_{\mathrm{p}}^*}{\sqrt{\lambda_0\lambda_1}} & 1+\frac{|C_0|^2}{\lambda_0}+\frac{|C_{\mathrm{p}}|^2}{\lambda_0} & \frac{C_1^* C_{\mathrm{p}}}{\sqrt{\lambda_0\lambda_1}} \\ 0 & \frac{C_1 C_{\mathrm{p}}^*}{\sqrt{\lambda_0\lambda_1}} & 1+\frac{|C_1|^2}{\lambda_1} \end{bmatrix} \tag{8.33}$$

把式（8.32）代入式（8.27），可以得到式（8.29）。

因此，近似的中断概率为

$$P_{\mathrm{out}}^{\mathrm{p_c}} \approx \widetilde{P}_{\mathrm{out}}^{\mathrm{p_c}} = \Pr\{\widetilde{R}_{\mathrm{pc}} < R_{\mathrm{p}}\} = \Pr\left\{ \mathscr{G}_{\mathrm{PT,PR}}^2 + \left(\frac{\omega_1\theta_0}{\theta_1\eta} + \frac{\theta_1}{\eta} \right) \mathscr{G}_{\mathrm{PT,PR}} < \frac{\omega_1\theta_1\varphi-\omega_0\theta_0}{\eta^2} \right\} \tag{8.34}$$

其中

$$\begin{cases} \varphi = 4^{(L+1)R_{\mathrm{p}}/L} \\ \omega_0 = 1+\rho\eta\mathscr{G}_{\mathrm{ST_0,PR}}, \omega_1 = 1+(1-\beta)\rho\eta\mathscr{G}_{\mathrm{ST_0,PR}} \\ \theta_0 = 1+\rho\eta\mathscr{G}_{\mathrm{ST_1,PR}}, \theta_1 = 1+(1-\beta)\rho\eta\mathscr{G}_{\mathrm{ST_1,PR}} \end{cases} \tag{8.35}$$

因为 $\mathscr{G}_{\mathrm{PT,PR}}$ 服从指数分布，式（8.34）进一步推导为

$$\widetilde{P}_{\text{out}}^{\text{p}_\text{c}}=\mathbb{E}\left\{1-\exp\left[\frac{1}{2\mathscr{G}_{\text{PT,PR}}}\left(\frac{\omega_1\theta_0}{\theta_1\eta}+\frac{\theta_1}{\eta}\right)-\frac{1}{\mathscr{G}_{\text{PT,PR}}}\sqrt{\frac{\omega_1\theta_1\varphi-\omega_0\theta_0}{\eta^2}+\frac{1}{4}\left(\frac{\omega_1\theta_0}{\theta_1\eta}+\frac{\theta_1}{\eta}\right)^2}\right]\right\} \tag{8.36}$$

式中：数学期望是针对随机变量 $\mathscr{G}_{\text{ST}_0,\text{PR}}$ 和 $\mathscr{G}_{\text{ST}_1,\text{PR}}$，这两个变量分别隐含在参数对（$\omega_0$，$\omega_1$）和（$\theta_0$，$\theta_1$）中。在 TPSR 过程中，主系统的近似中断概率可根据式（8.36）式采用数值算法获得。

8.3.3 次系统中断概率

考虑某个时隙 k（$2\leqslant k\leqslant L-1$），PT 发射当前的主信号，$\text{ST}_i$ [$i=\text{mod}$（k，2）] 发射混合信号。删除前一个时隙的主信号后，SR_i 检测次信号，把当前时隙的主信号看作噪声。为了正确检测次信号，次信号的发射速率 R_s 需要不大于可达速率 $R_{\text{SR}_i}^1$，即

$$R_{\text{SR}_i}^1=\log_2\left(1+\frac{(1-\beta)\rho\eta\mathscr{G}_{\text{ST}_i,\text{SR}_i}}{\eta\mathscr{G}_{\text{PT,SR}_i}+1}\right) \tag{8.37}$$

在时隙 $k+1$ 中，PT 和 ST_j（$j=1-i$）同时发射信号。在删除前一个时隙的主信号后，SR_i 需要检测并删除 ST_j 发送的次信号，然后检测当前时隙的主信号。为保证能够正确检测并删除次信号，发射速率 R_s 需要小于等于可达速率 $R_{\text{SR}_i}^2$，即

$$R_{\text{SR}_i}^2=\log_2\left(1+\frac{(1-\beta)\rho\eta\mathscr{G}_{\text{ST}_j,\text{SR}_i}}{\eta\mathscr{G}_{\text{PT,SR}_i}+1}\right) \tag{8.38}$$

对于任意一个时隙，删除次信号后，需要解调出主信号，下一个时隙需要删除该主信号。在解调干扰信号时，传输速率 R_p 需要小于或等于可达速率 $R_{\text{SR}_i}^3$，即

$$R_{\text{SR}_i}^3=\log_2(1+\eta\mathscr{G}_{\text{PT,SR}_i}) \tag{8.39}$$

因此，次用户对（ST_i，SR_i）的中断概率可以推导为

$$P_{\text{out}}^{\text{s}_i}=1-\Pr\{R_{\text{SR}_i}^1\geqslant R_\text{s},R_{\text{SR}_i}^2\geqslant R_\text{s},R_{\text{SR}_i}^3\geqslant R_\text{p}\} \tag{8.40}$$

通过代入相关项，并做一些数学运算和调整，可以得到

$$\begin{aligned}P_{\text{out}}^{\text{s}_i}=1-&\frac{\rho(1-\beta)}{\rho(1-\beta)+U\mathscr{G}_{\text{PT,SR}_i}(1/\mathscr{G}_{\text{ST}_i,\text{SR}_i}+1/\mathscr{G}_{\text{ST}_j,\text{SR}_i})}\\&\times\exp\left[-\frac{U(T+1)}{(1-\beta)\rho\eta}\left(\frac{1}{\mathscr{G}_{\text{ST}_i,\text{SR}_i}}+\frac{1}{\mathscr{G}_{\text{ST}_j,\text{SR}_i}}\right)-\frac{T}{\eta\mathscr{G}_{\text{PT,SR}_i}}\right]\end{aligned} \tag{8.41}$$

在频谱共享过程中，在中继一个主信号帧的同时，$L/2$ 个 ST_0 的符号、$L/2$ 个 ST_1 的符号得以分别传输给 SR_0 和 SR_1。整个次系统的平均中断概率因此表示为

$$P_{\text{out}}^{\text{s}_\text{c}}=\frac{1}{2}(P_{\text{out}}^{\text{s}_0}+P_{\text{out}}^{\text{s}_1}) \tag{8.42}$$

需要注意的是，式（8.42）是次系统在频谱共享过程中的中断概率。

8.3.4 最优功率分配

对于任意时隙，频谱共享模型可以抽象为一个认知干扰信道，其中两个发射端同时发射数据给相应的接收端：PT 发射主数据给 PR，ST_0 和 ST_1 发送自己的次数据给相应的接收端，同时作为中继节点译码转发主数据给 PR。次系统对于主系统不可见，但是中继节点可以调整自己的发射功率或数据速率去最大化次系统的性能，同时确保不对主系统带来有害的干扰。通过引入中继分集效果可以抵消次数据传输给主系统带来的干扰效应。如果分配给主数据中继较多的功率，主系统的性能就会得以提升，但是损害了次数据的传输速率。如果分配较多的功率给次数据传输，会提升次数据的传输速率，但是会给主用户带来较多的干扰，中继分集效果可能无法抑制严重的干扰。因此，对协作中继进行功率分配非常重要。

按照式（8.7）、式（8.8）、式（8.26）、式（8.42），在不损害主系统性能前提下（$P_{\text{out}}^{\text{p}} \leqslant P_{\text{out}}^{\text{p}_\text{d}}$），通过最小化次系统的中断概率（$P_{\text{out}}^{\text{s}}$），可以优化功率分配系数。优化问题可以等价描述为

$$\begin{cases} \max\limits_{\beta \in [0.5,1]} \dfrac{1}{2}\Pr(E_{\text{c}})\left[(1-P_{\text{out}}^{\text{s}_0})+(1-P_{\text{out}}^{\text{s}_1})\right] \\ \text{s. t.} \qquad P_{\text{out}}^{\text{p}_\text{c}} \leqslant P_{\text{out}}^{\text{p}_\text{d}} \end{cases} \tag{8.43}$$

该优化问题目的是寻找最优的功率分配因子 β，以最大化次系统的数据传输成功概率，但要保证主系统的中断性能不受损害。为便于数学处理，假设任意两个次用户之间的距离是一样的，任意主用户和任意次用户之间的距离也是一样的。基于该假设，次用户系统的成功概率 $P_{\text{suc}}^{\text{s}}=1-P_{\text{out}}^{\text{s}_0}=1-P_{\text{out}}^{\text{s}_1}$ 可以表述为

$$P_{\text{suc}}^{\text{s}}=\exp\left(-\frac{T}{\eta K}\right)\exp\left[-\frac{2U(T+1)}{\rho\eta M(1-\beta)}\right]\frac{\rho M(1-\beta)}{\rho M(1-\beta)+2UK} \tag{8.44}$$

其中

$$K=\overline{\mathscr{G}}_{\text{PT,ST}}=\overline{\mathscr{G}}_{\text{PT,SR}}$$

$$M=\overline{\mathscr{G}}_{\text{ST}_0,\text{ST}_1}=\overline{\mathscr{G}}_{\text{ST,SR}}$$

结合式（8.16）给出的 $\Pr(E_{\text{c}})$，优化问题式（8.43）可以重新描述为

$$\begin{cases} \max\limits_{\beta \in [0.5,1]} f(\beta)=\Pr(E_{\text{c}})P_{\text{suc}}^{\text{s}} \\ \text{s. t.} \quad P_{\text{out}}^{\text{p}_\text{c}} \leqslant P_{\text{out}}^{\text{p}_\text{d}} \end{cases} \tag{8.45}$$

分配给主数据中继的功率越多，就会给主系统带来更多的协作优势，并引入较少的干扰。因此 $P_{\text{out}}^{\text{p}_\text{c}}$ 随着 β 在区间[0.5，1]内是单调递减的。通过使 $\widetilde{P}_{\text{out}}^{\text{p}_\text{c}}=P_{\text{out}}^{\text{p}_\text{d}}$，可获得近似关键点 $\widetilde{\beta}$。图 8.2 比较了近似和准确的功率分配因子 β（通过使 $P_{\text{out}}^{\text{p}_\text{c}}=P_{\text{out}}^{\text{p}_\text{d}}$ 来获得）。近似值是采用数值算法获得的，准确值是通过 Monte Carlo 仿真获得的。结果显示，在大多数情况下，近似值是准确值的一个上限，这有利于保护主系统性能。为满足式（8.32）的约束

条件，功率分配因子不应该小于 $\widetilde{\beta}$。

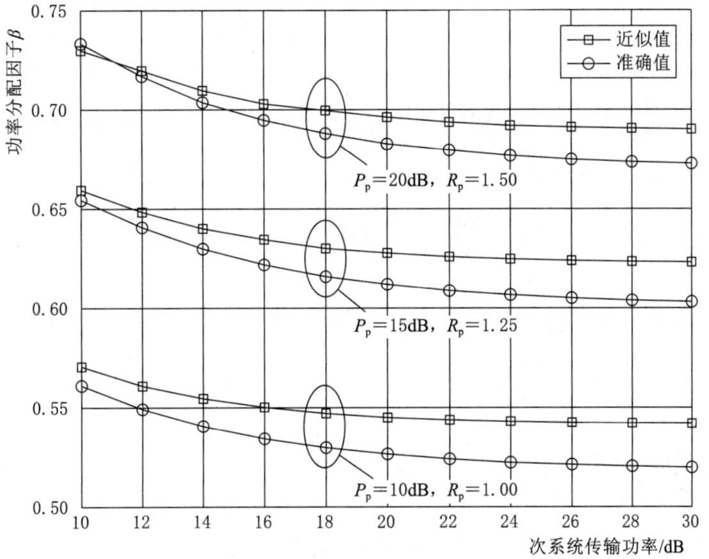

图 8.2 近似和准确的功率分配因子 β（近似值是根据 $\widetilde{P}_{\text{out}}^{\text{p}_\text{c}} \leqslant P_{\text{out}}^{\text{p}_\text{d}}$ 获得，准确值是根据 $P_{\text{out}}^{\text{p}_\text{c}} \leqslant P_{\text{out}}^{\text{p}_\text{d}}$ 获得。ST 和 PR 之间的距离假设为 1）

在目标函数中，对应于自变量 β 在区间 $[0.5, 1]$ 内，式（8.31）给出 $P_{\text{suc}}^{\text{s}}$ 是单调递减函数。式（8.16）给出 Pr（E_{c}）在区域 $\mathscr{D}_1$ 上是 β 的单调递增函数，在区域 $\mathscr{D}_2$ 上是 β 的单调递减函数。联合考虑 $P_{\text{suc}}^{\text{s}}$ 和 Pr（E_{c}）的在 $\beta \in [0.5, 1]$ 整个区间上的单调性，目标函数的最大值可在区域 $\mathscr{D}_1$ 内获得。

最优的功率分配因子 $\hat{\beta}$：把 Pr（E_{c}）式（8.25）和 $P_{\text{suc}}^{\text{s}}$ 式（8.44）替代进 $f(\beta)$，目标函数转变为

$$\mathscr{F}(\beta) = \underbrace{\exp\left\{-\left[\frac{\mu}{M} + \frac{2U(T+1)}{\rho\eta M(1-\beta)}\right]\right\}}_{\mathscr{D}(\beta)} \times \underbrace{\frac{2M^2\xi^2}{(K+M\xi)(K+2M\xi)} \times \frac{\rho M(1-\beta)}{\rho M(1-\beta)+2UK}}_{\varepsilon(\beta)} \tag{8.46}$$

对应于 β，$\mathscr{F}(\beta)$ 的导数为

$$\frac{\mathrm{d}\mathscr{F}(\beta)}{\mathrm{d}\beta} = \frac{\mathrm{d}\mathscr{D}(\beta)}{\mathrm{d}\beta}\varepsilon(\beta) + \frac{\mathrm{d}\varepsilon(\beta)}{\mathrm{d}\beta}\mathscr{D}(\beta) \tag{8.47}$$

经历一些数学操作，式（8.47）的第一项可以推导为

$$\frac{\mathrm{d}\mathscr{D}(\beta)}{\mathrm{d}\beta}\varepsilon(\beta) = \mathscr{F}(\beta)\left\{\underbrace{\frac{T(T+1)^2}{\rho\eta M[(T+1)\beta - T]^2}}_{\tau_1(\beta)} - \underbrace{\frac{2U(T+1)}{\rho\eta M(1-\beta)^2}}_{\tau_2(\beta)}\right\} \tag{8.48}$$

式（8.47）的第二项可以推导为

$$\frac{\mathrm{d}\varepsilon(\beta)}{\mathrm{d}\beta}\mathscr{D}(\beta)=\mathscr{F}(\beta)\left\{\underbrace{\frac{\rho K(T+1)(2K+3M\xi)}{T\xi(K+M\xi)(K+2M\xi)}}_{\tau_3(\beta)}-\underbrace{\frac{2UK}{(1-\beta)[\rho M(1-\beta)+2UK]}}_{\tau_4(\beta)}\right\} \tag{8.49}$$

把式（8.48）和式（8.49）代入式（8.47）。注意 $\mathscr{F}(\beta)$总是大于 0。对应于 β 在较低的区间 $\max\left\{0.5,\frac{T}{T+1}\right\}\leqslant\beta\leqslant\max\left\{0.5,\frac{T(U+1)}{T(U+1)+U}\right\}$，$\tau_1(\beta)$和 $\tau_3(\beta)$是单调递减函数，但 $\tau_2(\beta)$和 $\tau_4(\beta)$是单调递增函数。因此，$\tau(\beta)=\tau_1(\beta)-\tau_2(\beta)+\tau_3(\beta)-\tau_4(\beta)$在较低 β 区间上是单调递减的函数。为了辨别$\frac{\mathrm{d}\mathscr{F}(\beta)}{\mathrm{d}\beta}$的特性，有如下的观察：

步骤 1：替代 $\beta_1=\frac{T(U+1)}{T(U+1)+U}$进入 $\tau(\beta)$。如果 $\tau(\beta_1)\geqslant 0$，$f(\beta)$在较低的区间上是递增函数，最优的点是 $\hat{\beta}=\frac{T(U+1)}{T(U+1)+U}$。否则，转向步骤 2。

步骤 2：替代 $\beta_0=\max\left\{0.5,\frac{T}{T+1}\right\}$进入 $\tau(\beta)$。如果 $\tau(\beta_0)\leqslant 0$，$f(\beta)$在该域上是递减函数，最优点是 $\hat{\beta}=\max\left\{0.5,\frac{T}{T+1}\right\}$；否则，转向步骤 3。

步骤 3：如果 $\tau(\beta_0)>0$ 且 $\tau(\beta_1)<0$，$f(\beta)$首先随着 β 增长，达到一个极值点后，随着 β 降低。该极值点即为最优点，即 $\hat{\beta}=\arg_{\beta}[\tau(\beta)=0]$。

对于几乎所有的仿真，总是发现 $\hat{\beta}=\frac{T(U+1)}{T(U+1)+U}$。图 8.3 显示了对应于不同 β 时，式（8.45）目标函数的值。如果 $\hat{\beta}\geqslant\tilde{\beta}$，最优的功率分配因子为 $\beta^*=\hat{\beta}$；相反，如果 $\hat{\beta}<\tilde{\beta}$，因为目标函数 $f(\beta)$在区间$[\hat{\beta},1]$上是连续递减函数，最优的功率分配因子为 $\beta^*=\tilde{\beta}$。简而言之，最优的功率分配因子可以设置为 $\beta^*=\max\{\tilde{\beta},\hat{\beta}\}$。

8.4 数值和仿真结果

在仿真过程中，设置路径损耗指数为 $\alpha=3$。数据帧长度为 $L=8$，因此在 PR 端进行联合译码的复杂度是可以接受的，并且不会明显降低频谱效率。任意两个次用户之间的小尺度距离是相同的，任意主用户和任意次用户之间的大尺度距离也是相同的。任意两个用户之间的距离按照 PT 和 PR 之间的距离进行归一化，因此 PT 和 PR 之间的归一化距离为 1。

8.4.1 与其他方案的比较

比较了所提频谱共享方案和其他多阶段协作频谱共享方案。文献［18］提出了基于 DF 的协作频谱共享机制，只有一对次用户与主用户链路共存，通信过程分为两个阶段。PT 首先广播主数据给所有的用户。如果 ST 在第一个阶段能够正确接收主数据，则会线性组合主数据和次数据，生成一个混合信号，并转发该信号。SR 需先解调并删除主数

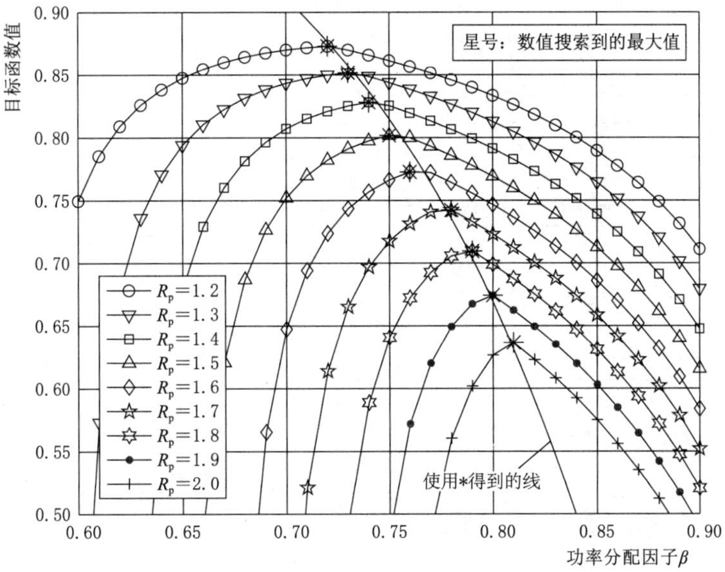

图 8.3 对应于不同 β 时，式（8.45）目标函数的值（大尺度距离和小尺度距离分别设置为 1 和 0.1。$P_p/N_0=25\text{dB}$，$P_s/N_0=15\text{dB}$，$R_s=R_p-0.2$）

据，然后解调次数据，或直接解调次数据，把主数据视为干扰。PR 采用联合译码方式解调主数据，并把次数据视为干扰。文献［104］提出了基于 DF 的频谱租借机制，两对次用户（ST_0，SR_0）和（ST_1，SR_1）与主链路（PT，PR）共存，通信过程分为三个阶段。在开始阶段，PT 广播主数据给所有的用户。如果 ST_0 和 ST_1 都能够正确接收主数据，则采用分布式空时编码机制联合转发该主数据。PR 采用 MRC 的方式解调主数据。最后，ST_0 和 ST_1 分别以正交的方式发射它们自己的次数据给 SR_0 和 SR_1，主用户保持沉默。

在一个时间块内，在次用户的协助下，确保主系统的可达速率不小于无频谱共享情况下的单主链路场景。因此，可以保护主系统中断性能，并且可以采用数值方法估计每种方案的功率/时间分配因子。为了公平比较，所提方案文献［104］中次用户数据发射功率均设置为 P_s，对于文献［18］的方案，次用户发射功率设置为 $2P_s$。图 8.4 显示了对应于不同主发射功率下的次系统吞吐量；图 8.5 显示了对应于不同尺度距离 $d=d_{PT,ST}=d_{ST,PR}=d_{PT,SR}=d_{SR,PR}$ 下的次系统吞吐量。

所提出的方案有较高的频谱效率，因为主数据和次数据的传输在所有的时隙内均是连续的，所提方案相比其他两种方案具有更高的数据吞吐量。文献［18］所提方案要优于文献［104］的方案。随着主发射功率的提升，图 8.4 显示数据吞吐量变小。这是因为，更多的功率/时间资源分配给主用户数据中继，以便保证主用户的可达速率要求，所以用于次数据传输的资源就变少了。图 8.5 显示，随着大尺度距离的延长，系统性能变差。距离越远，STs 正确接收主数据的概率越低。当 STs 错误接收主数据时，不会共享频谱，因此当距离变远时，频谱共享的机会就会变小。

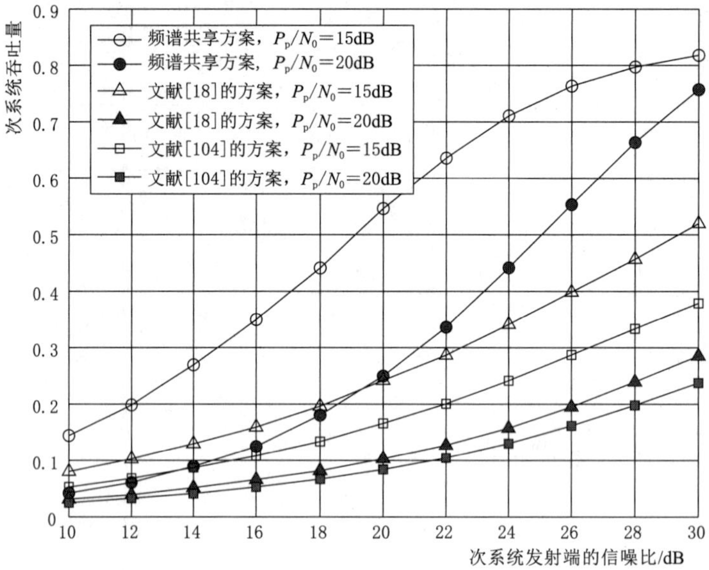

图 8.4　对应于不同主发射功率下的次系统吞吐量（大尺度距离为 1，小尺度距离为 0.1，R_p=1.5bits/s/Hz，R_s=1.0bits/s/Hz）

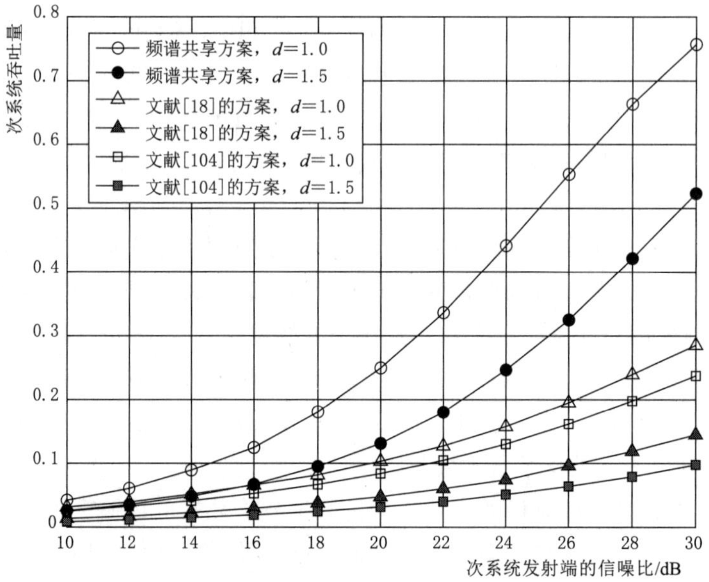

图 8.5　对应于不同大尺度距离 $d=d_{PT,ST}=d_{ST,PR}=d_{PT,SR}=d_{SR,PR}$ 下的次系统吞吐量（小尺度距离为 0.1，P_p/N_0=20dB，R_p=1.5bits/s/Hz，R_s=1.0bits/s/Hz）

8.4.2 中断性能与次发射功率

在下面的仿真中，只考虑所提出的基于 TPSR 的协作频谱共享方案，采用最优功率分配机制。对应于不同的次发射功率，图 8.6 显示了主次系统在不同大尺度距离下的中断概率。随着次发射功率的提升，两个系统的中断性能都有所改进。当大尺度距离变短时，主系统的性能有所改进。当次发射功率较低时，随着大尺度距离的延长，次系统的性能变好。因为较长的距离意味着来自主发射端干扰较弱。但是，当次发射功率较高时，次系统性能随着大尺度距离的延长而变差。因为，在这个功率区域，来自主发射端的干扰在连续译码过程中并不是主导因素。随着大尺度距离延长，次用户更不容易解调出当前时隙的主信号。在这种情况下，ST 端的频谱共享概率和 SR 端的成功译码概率都会变小，损害了次系统的中断性能。仿真值和理论分析值吻合，验证了分析的正确性。

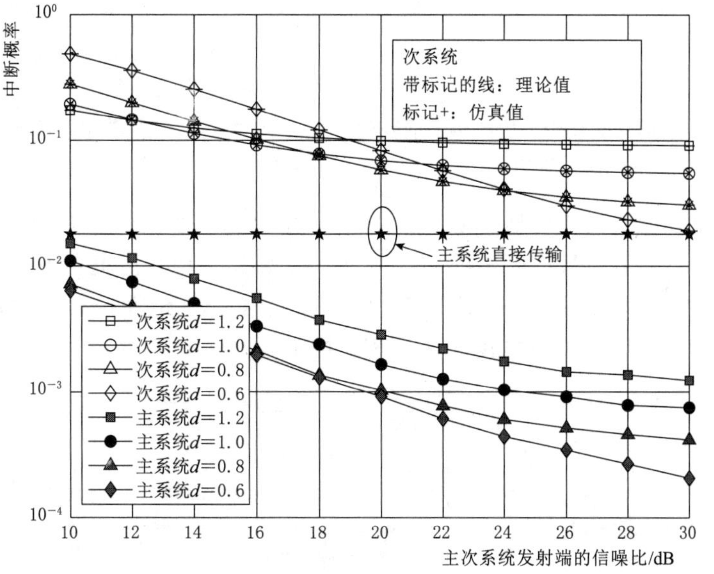

图 8.6 主次系统在不同大尺度距离下的中断概率（$d=d_{PT,ST}=d_{ST,PR}=d_{PT,SR}=d_{SR,PR}$，小尺度距离设置为 0.1，$R_p=1.5$bits/s/Hz，$R_s=1.0$bits/s/Hz，$P_p/N_0=20$dB）

图 8.7 显示了次发射功率对中断概率的影响。随着数据速率的提高，系统性能变差，因为信道很难满足较高的数据速率需求。数值结果和仿真结果吻合非常好，验证了在 8.3 节所分析的性能。相比于主发射端和主接收端之间的直接通信，在所提出的认知协作机制中，主系统的性能得到了大幅的提高。

8.4.3 中断性能与主发射功率

图 8.8 比较了主次系统的中断概率随着主发射功率的变化。对于次系统，随着主发射功率的提高，系统性能先变好后变差。在较低的功率区域，随着主系统发射功率的提高，

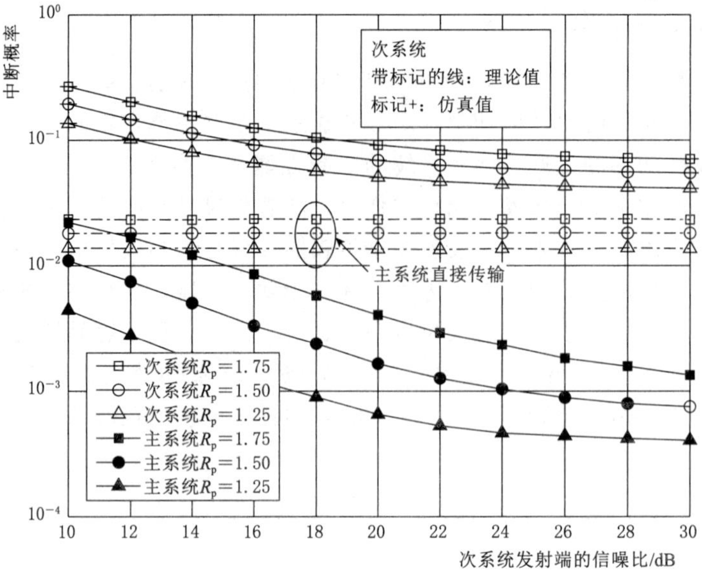

图 8.7 次发射速率对中断概率的影响（$R_s=R_p-0.5$，大尺度距离设置为 1，小尺度距离设置为 0.1，主系统发射端信噪比固定为 $P_p/N_0=20\text{dB}$）

频谱共享概率和数据成功传输概率变高，因为次用户之间的信道质量能够很好地承受来自主发射端的干扰。随着大尺度距离的缩短，主发射端和次用户之间的平均信道质量变好，在删除次发射端混合信号后，检测主数据的中断概率变小。但在较高的功率区间，来自主系统的干扰变强，意味着次用户较难采用 SIC 技术。

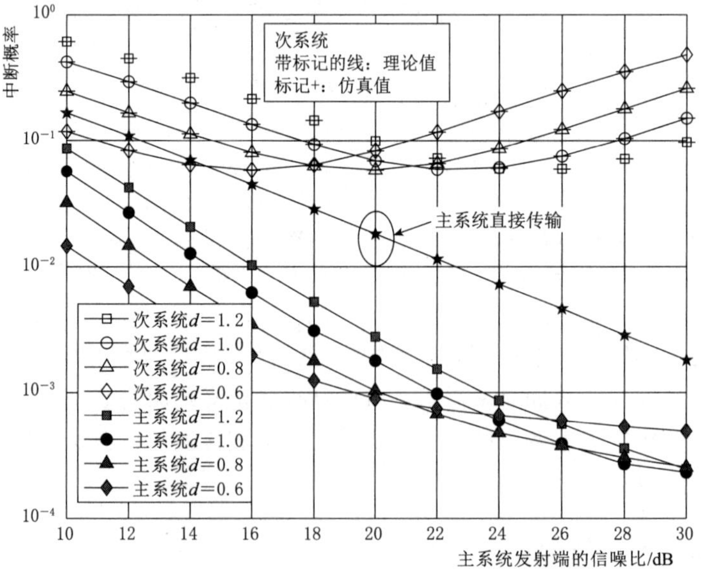

图 8.8 主次系统的中断概率随着主发射功率的变化（$d=d_{PT,ST}=d_{ST,PR}=d_{PT,SR}=d_{SR,PR}$，小尺度距离为 0.1，$R_p=1.5\text{bits/s/Hz}$，$R_s=1.0\text{bits/s/Hz}$，$P_s/N_0=20\text{dB}$）

在这种情况下，随着大尺度距离缩短，来自主系统的干扰增强，中断性能则变差。对于主系统，中断性能随着主发射功率的提高而变好。但在较高的功率域，大尺度距离越短，系统性能越差。这是因为距离越短，频谱共享的概率越小。这意味着，次发射端协作中继主发射端数据的机会较少，因而获得较少的协作分集。所提方案总是优于 PT 和 PR 之间的直接传输策略。

图 8.9 显示了主次系统的中断概率对应于不同的目标速率。随着主发射功率的提高，次系统中断性能先变好后变差。随着发射速率的降低，系统性能逐渐变好，这是因为目标速率越小，信道越容易满足传输需求。数值结果和仿真结果完全吻合，验证了理论分析的正确性。

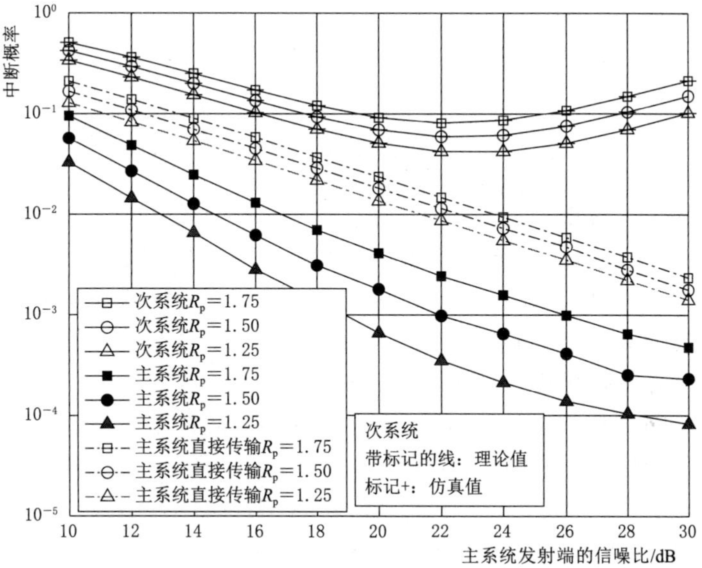

图 8.9　主次系统的中断概率对应于不同的目标速率（$R_s=R_p-0.5$，大尺度距离设置为 1，小尺度距离为 0.1，$P_s/N_0=20\text{dB}$）

8.5　小结

本章提出了一种基于 TPSR 的协作频谱共享方案。通过线性组合主数据和次数据，两个次发射端不仅能够支持次数据发射，同时还可以协助主数据传输，以便获得分集效果。分析了主次系统的中断概率，并且优化了功率分配。相比多阶段协作频谱共享方案，所提方案能够获得较高的频谱效率。仿真结果验证了所提方案能够满足次系统的数据传输需求，同时能够保护主系统的中断性能。

第 9 章 次用户无线能量收集协作频谱共享

9.1 概述

在大规模的 CRN 中，如果次用户能够收集来自主用户的 RF 能量，那么处于所有主用户保护区域之外的次用户就可以接入频谱传输数据[45]。由于保护区在全网中所占比例较大，次用户只能在小范围未被保护的区域内访问频谱，从而限制了网络容量的提升。在主次用户的协调下，依靠协作技术可以进一步提高系统容量。在本章的模型中，一个 PT 和一个 ST 分别与一个 PR 和一个次接收端 SR 通信。在文献［110］中，ST 假设以固定速率从环境中收集能量，而假设 ST 可以从 PT 发射的无线信号中收集能量。除 ST 外，其他终端均有稳定的电源供应。本章主要贡献如下：

（1）提出了一种协作频谱共享方案，在不中断主链路的情况下，ST 可通过连续多个时间块侦听 PT 的传输隐式地收集射频能量，当 ST 收集到足够能量时开始频谱共享。

（2）基于 DF 增量中继协议[2]，提出 ST 和 PT 均可使用 Alamouti 编码[47] 重传主数据，同时 ST 使用收集的部分能量传输自己的数据。接收机采用联合译码和 SIC 技术对信号进行检测。

（3）考虑射频能量收集和数据传输的相关性，分析了不同情况的发生和成功概率。采用数值方法确定了主数据中继和次数据传输之间的最优功率分配。数值结果揭示了不同参数配置对系统性能的影响。

在 Shafie 的工作[111] 中，SU 配备了两根天线和三个队列来存储数据和能量包，它们的到达遵循独立的伯努利分布。当主数据传输失败时，SU 可根据队列状态使用 Alamouti 编码方案传输主数据和次数据。在多用户场景中，Krikidis et al.[112] 提出选择两个 SU 进行频谱共享，其中一个 SU 转发主数据，另一个 SU 发射次数据，采用脏纸编码实现同步传输。在工作中，SU 只有一根天线，它可以通过侦听 PU 的传输隐式收集射频能量并将其保存到电池中。当采集到足够的能量后，利用分布式 Alamouti 编码和叠加编码技术，SU 和 PU 可以同时传输主数据和次数据。

9.2 系统模型

在图 9.1 所示单主链路和单次链路共存的 CRN 中，PT 和 ST 分别与 PR 和 SR 通信。

在现实中，CRN 可以建模为 WLAN 和拥有许可频谱的主系统共存。主系统可代表蜂窝网络下行链路，该链路信道质量可能比较差，或者代表蜂窝网络上行链路，但是传输速率比较低，或者多跳自组织网、无线传感网等。ST 能够从 PT 的射频信号中收集能量，并采用所收集到的能量协助主数据传输，同时传输自己的数据。每个用户均安装有一根全向天线，工作于 HD 模式。假设 PT 和 ST 总是有数据需要分别传输给 PR 和 SR。在任意两个终端 u 和 v 之间，信道系数表示为 $h_{u,v}$，大尺度路径损耗表示为 $d_{u,v}^{-\alpha}$，其中 α 表示路径损耗指数，小尺度功率衰落表示为 $G_{u,v}$，服从均值为 1 的指数分布。

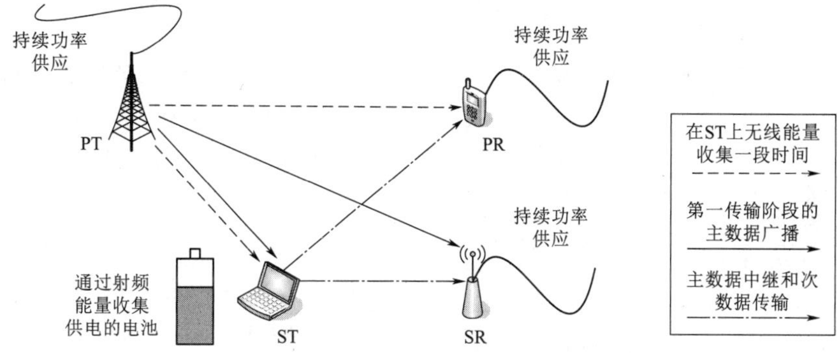

图 9.1 单主链路和单次链路共存的 CRN（ST 采用无线能量收集的方式供电，其他所有终端具有持续的能量供应）

9.2.1 能量收集和数据传输

ST 的发射功率是固定的，当 ST 收集到足够的能量时，它会启动频谱共享进程。如图 9.2 所示基于 EH 的协作频谱共享示例，在一段连续的时间分组上，PT 发送主数据给 PR，同时 ST 侦听 PT 发射的主信号并收集射频能量，把能量储存于电池中。在每个非协作时间分组的结束阶段，ST 需估算是否收集到了足够的能量。如果已经收集到了足够能量，则广播请求发送（RTS）帧，告知其他用户，ST 请求在下一个时间分组进行协作频谱共享。否则，如果 ST 没有收集到足够的能量，在下一个分组，PT 继续传输数据直接给 PR，ST 则会持续收集射频能量。

当一个时间块用于频谱共享时，该时间块被分成两个等长的阶段。在第一个阶段，PT 广播主数据给所有的终端。如图 9.3 所示主数据传输和次数据中继流程图，考虑到 PR 和 ST 是否正确接收到主数据，在第二阶段有三种数据传输的情景。假设任何两个终端之间的信道服从独立的瑞利衰落。

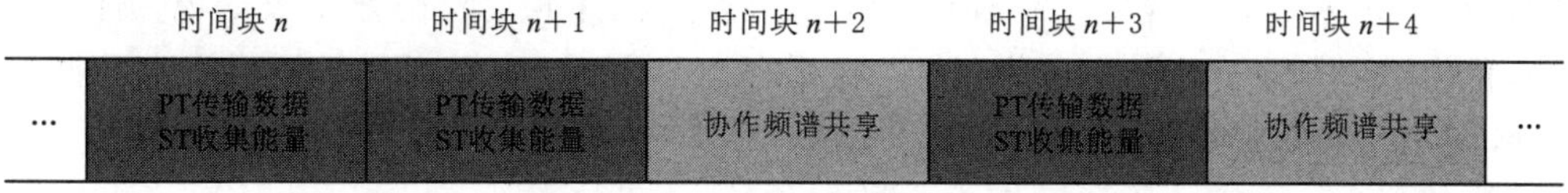

图 9.2 基于 EH 的协作频谱共享示例（ST 能够侦听主数据传输，并收集射频能量。当收集到足够能量后，ST 能够协助 PT 传输数据并获得频谱接入机会）

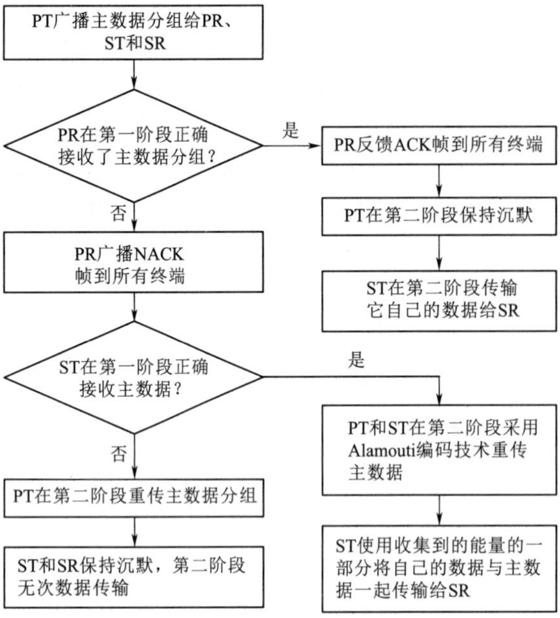

图 9.3　主数据传输和次数据中继流程图

(1) 情形Ⅰ。如果 PR 在第一阶段正确接收主数据，反馈确认(ACK)帧给 PT。侦听到 ACK 帧后，PT 在第二阶段保持沉默，ST 将要清空所接收到的主数据，利用所收集的能量发送自己的数据给 SR。

(2) 情形Ⅱ。如果 PR 在第一阶段错误接收了主用户数据，则反馈非确认字符（NACK）帧。如果 ST 在第一阶段也错误接收了主数据，他会反馈 ST－NACK 帧。PT 在第二阶段重传自己的主数据给 PR，此时 ST 保持沉默。

(3) 情形Ⅲ。如果 PR 错误接收了主数据，它会反馈 NACK 帧。如果 ST 在第一阶段正确接收到主数据，它会反馈 ST－ACK 帧。PT 和 ST 采用 Alamouti 编码方式同时重传主数据给 PR。ST 采用部分能量中继主数据，同时采用剩余能量发送自己的数据给 SR。

假设次用户知道主用户的码本以便进行主数据的译码和中继。一方面，保密性可能不是主用户最为关注的问题。另一方面，如果主用户对数据的保密性要求很高，原始的信息比特可以加密传输，次用户虽然能够译码加密后的信息，但是不会知道原始的信息。在每个归一化的时间块中，只传输一个主数据分组，这意味着，如果主数据分组能够在第一阶段正确传输，即情形Ⅰ发生，那么该时间块中的主数据传输需求得到了满足。因此在第二个阶段，ST 可使用频谱传输自己的数据。对于情形Ⅱ和情形Ⅲ，在第一阶段，PR 错误接收主数据，但是它会存储错误接收的信息。当接收到重传的信号后，PR 采用 MRC 方法组合原始信号和重传信号，然后解调主数据。由于主系统的一些通信流量，比如视频和音频流对于丢包比较敏感，只考虑一次重传[2]。当发射端不知道 CSI 时，采用 Alamouti 编码方式重传数据，可以获得空间分集增益。

9.2.2　数据译码方法

在情形Ⅱ，PR 采用 MRC 方式组合原始信号和重传信号，以便相干检测主数据。在情形Ⅲ中，PR 采用联合译码方式获取所需主数据，在译码过程中把次数据视为干扰[18]。如果重传失败，则丢弃主数据分组，即产生丢包。如图 9.4 所示 SR 解调所需次数据的过程，SR 具有三种译码情形：

(1) 情形Ⅰ。在第二阶段不存在主数据传输，ST 直接发送次数据，SR 可以直接解调次数据。

(2) 情形Ⅱ。在第二阶段，ST 保持沉默，由于在前面时间块中所收集的能量没有使用，因此在接下来的时间块，继续进行协作频谱共享。因为 ST 保持沉默，第二阶段没有次数据传输。

（3）情形Ⅲ。PT 和 ST 采用 Alamouti 编码方式重传主数据，同时 ST 采用部分能量传输自己的数据。SR 采用 SIC 技术解调所需的次数据。如果 SR 能够正确解调主数据，SR 从接收的信号中删除该主数据，然后解调自己所需的次数据。如果 SR 不能正确解调主数据，则把主数据视为干扰直接解调次数据。

在情形Ⅲ中，ST 分配一部分收集到的能量中继传输主数据，采用剩余能量传输自己的数据。分配给主数据中继的能量越多，用于次数据传输的能量就越少，这有利于保护主系统的吞吐量，但是可能会损害次系统的吞吐量。

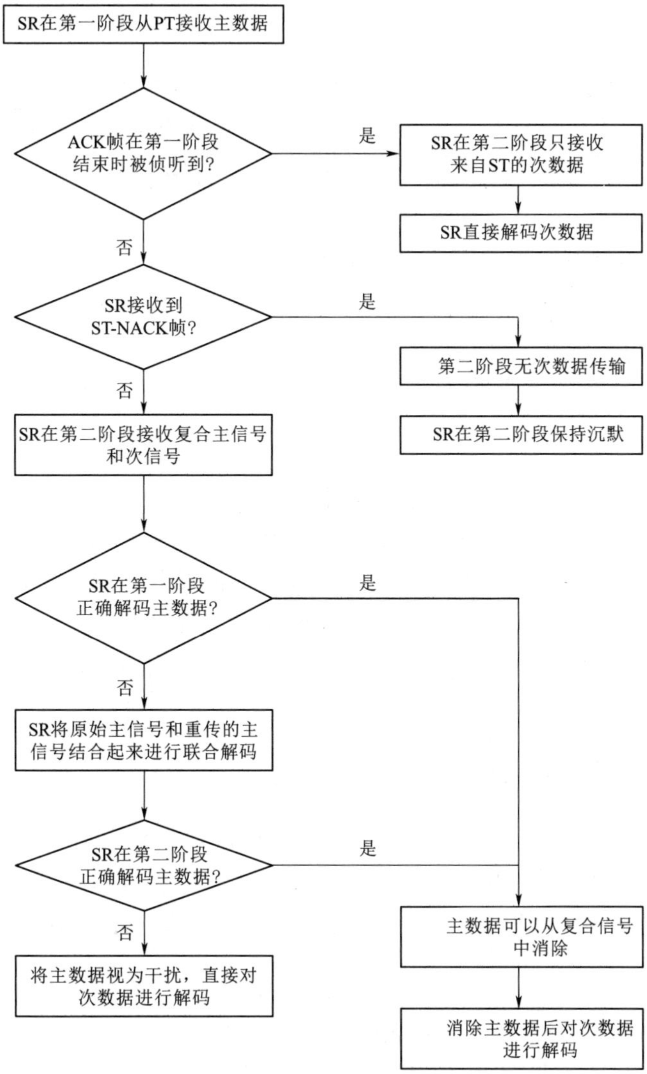

图 9.4 SR 解调所需次数据的过程

9.3 能量收集系统吞吐量

在频谱共享过程中，主系统和次系统的吞吐量分别表示为 T_{cp} 和 T_{cs}。无频谱共享时，主系统利用所有的资源来传输主数据，此时吞吐量为 T_{np}。在保护主系统的吞吐量的条件下，最大化次系统的数据吞吐量，优化问题构建为

$$\begin{cases} \max\limits_{0\leqslant\beta<1} & T_{cs} \\ \text{s. t.} & T_{cp}\geqslant T_{np} \end{cases} \tag{9.1}$$

式中：β 为 ST 分配给主数据中继的能量比例，剩余的 $1-\beta$ 部分能量用于次数据的传输。

9.3.1 能量收集过程

当 ST 在频谱接入过程中耗尽所收集的能量后，它会在接下来的连续时间块中侦听 PT 的非协作数据传输，收集射频能量，并把能量储存在电池中。在第 i 个归一化的时间块中，ST 所收集的能量为 ε_i，按照文献 [61]，该能量表示为

$$\varepsilon_i=\eta p_0 G_{PT,ST} d_{PT,ST}^{-\alpha} \tag{9.2}$$

式中：η 为能量收集效率；p_0 为 PT 发射功率，W。

为了使主数据中继传输更可靠，ST 的发射功率固定为 p_s。为了实现频谱共享，ST 所需的能量表示为 ε_s，即

$$\varepsilon_s=\frac{1}{2}\left(\frac{p_s}{\zeta}+p_c\right) \tag{9.3}$$

式中：ζ 为功率放大器效率；p_c 为电路功率消耗，W。

在式（9.3）中添加前置因子是因为 ST 的数据传输只持续一半时间块。在频谱共享时间块中，如果情形Ⅱ发生，ST 没有使用在前面时间块中所收集的能量，在接下来的时间块中，继续进行频谱共享，直到 ST 使用了其在前面时间块中所收集的能量。因此，频谱共享是在 ST 已经收集到足够能量 ε_s 时才进行，当所收集的能量耗尽时结束。

9.3.2 非频谱共享主系统吞吐量

对于单一主系统，在无频谱共享时，没有次用户数据传输，PT 使用频谱资源在整个时间块中直接传输数据给 PR。系统吞吐量为 $T_{np}=R_0 P_{suc}^{n}$，其中 P_{suc}^{n} 表示数据成功概率，R_0 表示主数据传输速率。在一个时间块中，主数据传输的可达速率表示为 $C_{PT,PR}^{n}$，即

$$C_{PT,PR}^{n}=\log_2\left(1+\frac{p_0 G_{PT,PR} d_{PT,PR}^{-\alpha}}{N_0}\right) \tag{9.4}$$

式中：N_0 为加性噪音的功率，W。对于不同的接收端，假设噪音功率是相同的。主数据传输的成功概率表示为 $P_{suc}^{n}=\Pr\{C_{PT,PR}^{n}\geqslant R_0\}$，即

$$P_{\text{suc}}^{\text{n}}=\exp\left(-\frac{\delta_0^{\text{n}}N_0}{p_0 d_{\text{PT,PR}}^{-\alpha}}\right) \tag{9.5}$$

式中：$\delta_0^{\text{n}}=2^{R_0}-1$。如果信道容量不小于传输速率，数据传输成功。

9.3.3 频谱共享主系统吞吐量

在 PT 直接传输数据给 PR 的阶段，ST 需侦听信号并收集能量，PT 进行非协作数据传输的时间块数目为 τ。在频谱共享阶段，当情形Ⅱ发生时，ST 的能量没有使用，下一个时间块会继续进行频谱共享，总频谱共享时间块记为 ξ。在频谱共享时间块 i 中，情形Ⅰ、情形Ⅱ、情形Ⅲ发生的事件分别记为 A_i、B_i、C_i，在这三种情况下成功传输主数据的事件分别记为 P_{ai}、P_{bi}、P_{ci}。在非协作传输过程中，主数据成功传输的事件记为 $\mathscr{F}$。频谱共享方案中，主系统的平均吞吐量为

$$\begin{aligned}T_{\text{cp}}=&\sum_{\tau=1}^{\infty}\gamma_\tau\Bigg\{\frac{R_0}{\tau+1}\Big[\Pr\{A_1\}(\tau\Pr\{F\}+\Pr\{P_{a1}\mid A_1\})+\Pr\{C_1\}(\Pr\{P_{c1}\mid C_1\}\\&+\tau\Pr\{F\})\Big]+\sum_{\xi=2}^{\infty}\Big[\sum_{j=1}^{\xi-1}\Pr\{P_{bj}\mid B_1,\cdots,B_{\xi-1},A_\xi\}+\Pr\{P_{a\xi}\mid B_1,\cdots,B_{\xi-1},A_\xi\}\\&+\tau\Pr\{F\}\Big]\times\frac{R_0}{\tau+\xi}\Pr\{B_1,\cdots,B_{\xi-1},A_\xi\}+\sum_{\xi=2}^{\infty}\frac{R_0}{\tau+\xi}\Pr\{B_1,\cdots,B_{\xi-1},C_\xi\}\\&\times\Big[\tau\Pr\{F\}+\sum_{j=1}^{\xi-1}\Pr\{P_{bj}\mid B_1,\cdots,B_{\xi-1},C_\xi\}+\Pr\{P_{c\xi}\mid B_1,\cdots,B_{\xi-1},C_\xi\}\Big]\Bigg\}\end{aligned} \tag{9.6}$$

式中：γ_τ 为 ST 在 τ 个连续的时间块中收集到足够能量 ε_s 的概率。式 (9.6) 第一项代表在 τ 个连续时间块中，PT 直接传输数据给 PR，且频谱共享在一个时间块中完成，即情形Ⅰ或情形Ⅲ在频谱共享过程中发生。如果频谱共享持续连续的几个时间块，即 $\xi\geqslant 2$，情形Ⅱ会在前面 $\xi-1$ 个时间块中发生，而情形Ⅰ和情形Ⅲ会在最后一个时间块中发生。第二项和第三项分别表示情形Ⅰ或情形Ⅲ在最后一个时间块中发生时的吞吐量。在不同的时间块中，情形Ⅱ的发生是相互独立的，它与情形Ⅰ和情形Ⅲ的发生之间也是相互独立的，因此有

$$\begin{cases}\Pr\{B_1,\cdots,B_{\xi-1},A_\xi\}=(\Pr\{B\})^{\xi-1}\Pr\{A\}\\\Pr\{B_1,\cdots,B_{\xi-1},C_\xi\}=(\Pr\{B\})^{\xi-1}\Pr\{C\}\end{cases} \tag{9.7}$$

式中：A、B 和 C 分表为情形Ⅰ，情形Ⅱ，情形Ⅲ发生的一般的事件，不特别针对某个时间块。类似地，条件成功概率可以计算为

$$\begin{aligned}&\Pr\{P_{bj}|B_1,\cdots,B_{\xi-1},A_\xi\}=\Pr\{P_{bj}|B_1,\cdots,B_{\xi-1},C_\xi\}\\&=\Pr\{P_{bj}|B_j\}=\frac{\Pr\{P_{bj},B_j\}}{\Pr\{B_j\}}=\frac{\Pr\{P_b,B\}}{\Pr\{B\}}\end{aligned} \tag{9.8}$$

在推导过程中采用了贝叶斯定理。在频谱共享时间块中，当情形Ⅰ，情形Ⅱ，情形Ⅲ发生时，成功传输主数据的事件可以分别记为 P_a、P_b 和 P_c，此处不特指某个时间块，考虑一个更为一般的时间块。类似的，有如下表达式：

$$\begin{cases}\Pr\{P_{a\xi}\mid B_1,\cdots,B_{\xi-1},A_\xi\}=\dfrac{\Pr\{P_a,A\}}{\Pr\{A\}}\\\Pr\{P_{c\xi}\mid B_1,\cdots,B_{\xi-1},C_\xi\}=\dfrac{\Pr\{P_c,C\}}{\Pr\{C\}}\end{cases}\tag{9.9}$$

把式（9.7）、式（9.8）及式（9.9）代入式（9.6），主数据协作通信的吞吐量可以获得为

$$\begin{aligned}T_{\text{cp}}=\sum_{\tau=1}^{\infty}\gamma_\tau\sum_{\xi=1}^{\infty}\frac{R_0}{\tau+\xi}(\Pr\{B\})^{\xi-1}\Big\{(\Pr\{A\}+\Pr\{C\})\\\times\left[\tau\Pr\{F\}+(\xi-1)\frac{\Pr\{P_b,B\}}{\Pr\{B\}}\right]+\Pr\{P_a,A\}+\Pr\{P_c,C\}\Big\}\end{aligned}\tag{9.10}$$

在级数求和操作中，τ 和 ξ 的上限可以设为有限值，因为 ST 能够在有限的时间块中收集到足够的能量，并且情形Ⅱ连续的时间块中发生的可能性很小。

9.3.4 频谱共享次系统吞吐量

只有当 ST 收集到足够的能量后才能进行协作频谱共享，且在情形Ⅰ和情形Ⅲ发生时才有机会传输自己的数据。次系统的吞吐量与时间块的个数 $\tau+\xi$ 有关，两个相邻频谱共享事件之间的时间块数目越多，次数据传输机会越少。ST 的传输速率定为 R_1。当情形Ⅰ或情形Ⅲ在频谱共享阶段发生时，次数据成功传输的事件分别记为 S_a 和 S_c。在基于 EH 的频谱共享方案中，次系统的吞吐量表示为

$$\begin{aligned}T_{\text{cs}}=\sum_{\tau=1}^{\infty}\gamma_\tau\Big\{\frac{R_1}{\tau+1}\Big[\Pr\{A\}\Pr\{S_a\mid A\}+\Pr\{C\}\Pr\{S_c\mid C\}\\+\sum_{\xi=2}^{\infty}\frac{R_1}{\tau+\xi}\Pr\{B_1,\cdots,B_{\xi-1},A_\xi\}\Pr\{S_a\mid B_1,\cdots,B_{\xi-1},A_\xi\}\\+\sum_{\xi=2}^{\infty}\frac{R_1}{\tau+\xi}\Pr\{B_1,\cdots,B_{\xi-1},C_\xi\}\Pr\{S_c\mid B_1,\cdots,B_{\xi-1},C_\xi\}\Big]\end{aligned}\tag{9.11}$$

式（9.11）考虑了 ST 在 τ 个连续的时间块中收集到足够能量 ε_{s} 的概率，当收集到足够的能量后会启动协作频谱共享过程。式（9.11）的第一项表示在只有一个频谱共享时间块时，次系统的吞吐量。式（9.11）第二项和第三项分别表示当情形Ⅰ或情形Ⅲ在最后一个频谱共享时间块中发生时的次系统吞吐量。考虑到不同事件的独立性，式（9.11）可以简化为

$$T_{\text{cs}}=\sum_{\tau=1}^{\infty}\gamma_\tau\left[\sum_{\xi=1}^{\infty}\frac{R_1}{\tau+\xi}(\Pr\{B\})^{\xi-1}(\Pr\{S_a,A\}+\Pr\{S_c,C\})\right]\tag{9.12}$$

参数 τ 和 ξ 的上限在现实中是有限值，因为 ST 能够在有限的时间块中收集到足够的能量，且情形Ⅱ在连续时间块内发生的可能性比较小。

9.4 事件发生及数据成功传输概率

把 ST 开始收集射频能量的时间块初始化为第一个时间块，ST 在第一个时间块结束

时能够收集到足够能量的概率为

$$\gamma_1=\Pr\{\varepsilon_1\geqslant\varepsilon_s\}=\exp\left(-\frac{\varepsilon_s}{\sigma}\right) \tag{9.13}$$

式中：$\sigma=\eta p_0 d_{PT,ST}^{-\alpha}$ 为在一个时间块中所收集的平均能量，J。在推导式（9.13）时，考虑了 ε_1 服从均值为 σ 的指数分布，这可以从式（9.2）中观察到。进一步，ST 在第 τ 个时间块结束时能够收集到足够能量的概率记为 γ_τ，推导为

$$\gamma_\tau=\Pr\left\{\sum_{t=1}^{1}\varepsilon_t<\varepsilon_s,\cdots,\sum_{t=1}^{\tau-1}\varepsilon_t<\varepsilon_s,\sum_{t=1}^{\tau}\varepsilon_t\geqslant\varepsilon_s\right\}=\frac{\varepsilon_s^{\tau-1}}{(\tau-1)!\ \sigma^{\tau-1}}\exp\left(-\frac{\varepsilon_s}{\sigma}\right) \tag{9.14}$$

证明式（9.14）：在每个时间块中，ST 所收集的能量服从独立的均值为 σ 的指数分布，在时间块 i 中，收集能量的概率密度函数为 $f(\varepsilon_i)=\frac{1}{\sigma}\exp\left(-\frac{\varepsilon_i}{\sigma}\right)$。直到第 τ，$(\tau\geqslant2)$ 个时间块结束时刻，ST 能够收集到足够能量的概率为

$$\begin{aligned}\gamma_\tau&=\Pr\{\varepsilon_1<\varepsilon_s,\cdots,\varepsilon_1+\cdots+\varepsilon_{\tau-1}<\varepsilon_s,\varepsilon_1+\cdots+\varepsilon_\tau\geqslant\varepsilon_s\}\\&=\Pr\{\varepsilon_1<\varepsilon_s,\cdots,\varepsilon_{\tau-1}<\varepsilon_s-(\varepsilon_1+\cdots+\varepsilon_{\tau-2}),\varepsilon_\tau\geqslant\varepsilon_s-(\varepsilon_1+\cdots+\varepsilon_{\tau-1})\}\end{aligned} \tag{9.15}$$

对随机变量按照次序 ε_τ，…，ε_1 进行求数学期望的运算，进一步得到

$$\gamma_\tau=\frac{1}{\sigma^{\tau-1}}\exp\left(-\frac{\varepsilon_s}{\sigma}\right)\int_{\varepsilon_1<\varepsilon_s}\cdots\int_{\varepsilon_{\tau-1}<\varepsilon_s-(\varepsilon_1+\cdots+\varepsilon_{\tau-2})}\mathrm{d}\varepsilon_{\tau-1}\cdots\mathrm{d}\varepsilon_1 \tag{9.16}$$

对随机变量 $\varepsilon_{\tau-1}$ 求数学期望，上述表达式可以进一步推导为

$$\gamma_\tau=\frac{1}{\sigma^{\tau-1}}\exp\left(-\frac{\varepsilon_s}{\sigma}\right)\int_{\varepsilon_1<\varepsilon_s}\cdots\int_{\varepsilon_{\tau-2}<\varepsilon_s-(\varepsilon_1+\cdots+\varepsilon_{\tau-3})}[\varepsilon_s-(\varepsilon_1+\cdots+\varepsilon_{\tau-2})]\mathrm{d}\varepsilon_{\tau-2}\cdots\mathrm{d}\varepsilon_1 \tag{9.17}$$

对随机变量 $\varepsilon_{\tau-2}$ 求积分，上面的表达式推导为

$$\gamma_\tau=\frac{1}{\sigma^{\tau-1}}\exp\left(-\frac{\varepsilon_s}{\sigma}\right)\int_{\varepsilon_1<\varepsilon_s}\cdots\int_{\varepsilon_{\tau-3}<\varepsilon_s-(\varepsilon_1+\cdots+\varepsilon_{\tau-4})}\frac{[\varepsilon_s-(\varepsilon_1+\cdots+\varepsilon_{\tau-3})]^2}{2}\mathrm{d}\varepsilon_{\tau-3}\cdots\mathrm{d}\varepsilon_1 \tag{9.18}$$

用随机变量 z 替换 $\varepsilon_s-(\varepsilon_1+\cdots+\varepsilon_{\tau-3})$，取值范围 $0<z<\varepsilon_s-(\varepsilon_1+\cdots+\varepsilon_{\tau-4})$，对 z 求积分，可以得到

$$\gamma_\tau=\frac{1}{\sigma^{\tau-1}}\exp\left(-\frac{\varepsilon_s}{\sigma}\right)\int_{\varepsilon_1<\varepsilon_s}\cdots\int_{\varepsilon_{\tau-4}<\varepsilon_s-(\varepsilon_1+\cdots+\varepsilon_{\tau-5})}\frac{[\varepsilon_s-(\varepsilon_1+\cdots+\varepsilon_{\tau-4})]^3}{2\times3}\mathrm{d}\varepsilon_{\tau-4}\cdots\mathrm{d}\varepsilon_1 \tag{9.19}$$

对剩余的随机变量采用类似的步骤求积分，最终可以得到式（9.14）的结果。

9.4.1 情形 I 事件发生和成功概率

当 ST 收集到足够的能量后，启动协作频谱共享过程。频谱共享时间块分为两个等长的阶段，以实现主次数据的传输。主数据在第一个阶段传输，PR 接收主数据时的可达速率表示为

$$C_{PT,PR}=\frac{1}{2}\log_2\left(1+\frac{p_0 G_{PT,PR} d_{PT,PR}^{-\alpha}}{N_0}\right) \tag{9.20}$$

式中：前置因子表示一个主数据分组在半个时间块中传输。在第一个阶段，主数据能够成功传输的条件为可达速率大于等于传输速率。情形Ⅰ发生的概率等于情形Ⅰ中主数据成功传输的概率，因此 $\Pr\{A\}=\Pr\{P_a, A\}=\Pr\{C_{\mathrm{PT,PR}}\geqslant R_0\}$，即

$$\Pr\{A\}=\Pr\{P_a,A\}=\exp\left(-\frac{\delta_0 N_0}{p_0 d_{\mathrm{PT,PR}}^{-\alpha}}\right) \tag{9.21}$$

式中：$\delta_0=2^{2R_0}-1$，式（9.21）中的结果推导过程考虑到信道功率衰落 $G_{\mathrm{PT,PR}}$ 服从均值为 1 的指数分布。

主数据在第一个阶段成功传输，ST 在第二个阶段采用功率 p_s 传输自己的次数据，在这半个时间块的数据传输中耗尽所收集的能量。次数据传输的可达速率为

$$C_{\mathrm{ST,SR}}=\frac{1}{2}\log_2\left(1+\frac{p_s G_{\mathrm{ST,SR}} d_{\mathrm{ST,SR}}^{-\alpha}}{N_0}\right) \tag{9.22}$$

此数据的传输速率定义为 R_1，情形Ⅰ中次系统的成功概率表示为 $\Pr\{S_a, A\}=\Pr\{C_{\mathrm{PT,PR}}\geqslant R_0, C_{\mathrm{ST,SR}}\geqslant R_1\}$，即

$$\Pr\{S_a,A\}=\exp\left(-\frac{\delta_0 N_0}{p_0 d_{\mathrm{PT,PR}}^{-\alpha}}-\frac{\delta_1 N_0}{p_s d_{\mathrm{ST,SR}}^{-\alpha}}\right) \tag{9.23}$$

式中：$\delta_1=2^{2R_1}-1$，该结果的得出考虑了指数分布 $G_{\mathrm{PT,PR}}$ 和 $G_{\mathrm{ST,SR}}$ 相互独立。

9.4.2 情形Ⅱ事件发生和成功概率

在情形Ⅱ中，在第一个阶段中，PR 和 ST 均错误接收 PT 所发送的主数据，因此在第二个阶段，PT 需重传数据，而 ST 保持沉默。在第一个阶段，ST 端接收 PT 发送主数据时的可达速率表示为 $C_{\mathrm{PT,ST}}$，即

$$C_{\mathrm{PT,ST}}=\frac{1}{2}\log_2\left(1+\frac{p_0 G_{\mathrm{PT,ST}} d_{\mathrm{PT,ST}}^{-\alpha}}{N_0}\right) \tag{9.24}$$

如果 PT 重传其主数据，而 ST 保持沉默，在 PR 端的可达速率记为 $\widetilde{C}_{\mathrm{PT,PR}}$，即

$$\widetilde{C}_{\mathrm{PT,PR}}=\frac{1}{2}\log_2\left(1+\frac{2p_0 G_{\mathrm{PT,PR}} d_{\mathrm{PT,PR}}^{-\alpha}}{N_0}\right) \tag{9.25}$$

式中：采用了两倍的 SNR，这是 PR 采用 MRC 方式合并原始信号和重传信号以解调数据，且信道系数在一个时间块中保持不变。情形Ⅱ的事件发生概率为 $\Pr\{B\}=\Pr\{C_{\mathrm{PT,ST}}<R_0, C_{\mathrm{PT,PR}}<R_0\}$，由于 $G_{\mathrm{PT,ST}}$ 和 $G_{\mathrm{PT,PR}}$ 相互独立，

$$\Pr\{B\}=\left[1-\exp\left(-\frac{\delta_0 N_0}{p_0 d_{\mathrm{PT,ST}}^{-\alpha}}\right)\right]\left[1-\exp\left(-\frac{\delta_0 N_0}{p_0 d_{\mathrm{PT,PR}}^{-\alpha}}\right)\right] \tag{9.26}$$

情形Ⅱ成功概率为 $\Pr\{P_b, B\}=\Pr\{C_{\mathrm{PT,ST}}<R_0, C_{\mathrm{PT,PR}}<R_0, \widetilde{C}_{\mathrm{PT,PR}}\geqslant R_0\}$，

$$\Pr\{P_b,B\}=\left[1-\exp\left(-\frac{\delta_0 N_0}{p_0 d_{\mathrm{PT,ST}}^{-\alpha}}\right)\right]\left[\exp\left(-\frac{\delta_0 N_0}{2p_0 d_{\mathrm{PT,PR}}^{-\alpha}}\right)-\exp\left(-\frac{\delta_0 N_0}{p_0 d_{\mathrm{PT,PR}}^{-\alpha}}\right)\right] \tag{9.27}$$

ST 在情形Ⅱ中保持沉默，次系统发生中断事件，次数据成功传输的概率为 0。

9.4.3 情形Ⅲ事件发生和成功概率

在情形Ⅲ中，在第一阶段，PR 错误接收主数据，ST 成功解调主数据。PT 和 ST 采

用 Alamouti 编码技术同时重传主数据给 PR。在转发主数据的同时，ST 发送自己的次数据。ST 的发射功率为 p_s，其中分配 β 部分转发主数据，使用剩余的 $1-\beta$ 部分发送次数据。为了解释 Alamouti 编码的过程，考虑两个主用户符号的发送，即 x_1 和 x_2。PR 在原始传输阶段接收到的主信号表示为 y_{11} 和 y_{12}，即

$$\begin{bmatrix} y_{11} \\ y_{12} \end{bmatrix} = \begin{bmatrix} \sqrt{p_0}h_{\mathrm{PT,PR}} & 0 \\ 0 & \sqrt{p_0}h_{\mathrm{PT,PR}} \end{bmatrix} \begin{bmatrix} x_1 \\ x_2 \end{bmatrix} + \begin{bmatrix} w_{11} \\ w_{12} \end{bmatrix} \tag{9.28}$$

式中：w_1、w_2 为 AWGN。

在重传阶段，PR 接收到的信号表示为 y_{21} 和 y_{22}。有

$$\begin{bmatrix} y_{21} \\ y_{22} \end{bmatrix} = \begin{bmatrix} x_1 & x_2 \\ -x_2^* & x_1^* \end{bmatrix} \begin{bmatrix} \sqrt{p_0}h_{\mathrm{PT,PR}} \\ \sqrt{\beta p_s}h_{\mathrm{ST,PR}} \end{bmatrix} + \begin{bmatrix} \sqrt{(1-\beta)p_s}h_{\mathrm{ST,PR}}x_{s_1} + w_{21} \\ \sqrt{(1-\beta)p_s}h_{\mathrm{ST,PR}}x_{s_2} + w_{22} \end{bmatrix} \tag{9.29}$$

式中：x_{s_1}、x_{s_2} 为 ST 发射的两个次用户符号；w_{21}、w_{22} 为噪声。PR 接收到的信号建模为 $\boldsymbol{y}=[y_{11} \quad y_{12} \quad y_{21} \quad y_{22}^*]^{\mathrm{T}}=\boldsymbol{h}[x_1 \quad x_2]^{\mathrm{T}}+\boldsymbol{w}$，其中 $\boldsymbol{w}$ 表示具有单位功率的噪声和干扰。等价的信道矩阵表示为

$$\boldsymbol{H} = \begin{bmatrix} \sqrt{\zeta_0}h_{\mathrm{PT,PR}} & 0 \\ 0 & \sqrt{\zeta_0}h_{\mathrm{PT,PR}} \\ \sqrt{\zeta_1}h_{\mathrm{PT,PR}} & \sqrt{\zeta_2}h_{\mathrm{ST,PR}} \\ \sqrt{\zeta_2}h_{\mathrm{ST,PR}}^* & -\sqrt{\zeta_1}h_{\mathrm{PT,PR}}^* \end{bmatrix} \tag{9.30}$$

式中：$\zeta_0=\dfrac{p_0}{N_0}$；其他的参数为

$$\begin{cases} \zeta_1 = \dfrac{p_0}{(1-\beta)p_s G_{\mathrm{ST,PR}} d_{\mathrm{ST,PR}}^{-\alpha} + N_0} \\ \zeta_2 = \dfrac{\beta p_s}{(1-\beta)p_s G_{\mathrm{ST,PR}} d_{\mathrm{ST,PR}}^{-\alpha} + N_0} \end{cases} \tag{9.31}$$

当 PT 和 ST 采用 Alamouti 编码方式同时传输主数据时，PR 端接收主数据的可达速率表示为[113]

$$\begin{aligned} C_{\mathrm{PT,ST,PR}} &= \frac{1}{4}\log_2[\det(\boldsymbol{I}+\boldsymbol{H}\boldsymbol{H}^{\mathrm{H}})] \\ &= \frac{1}{2}\log_2\left(1+\frac{p_0 G_{\mathrm{PT,PR}} d_{\mathrm{PT,PR}}^{-\alpha}}{N_0} + \frac{p_0 G_{\mathrm{PT,PR}} d_{\mathrm{PT,PR}}^{-\alpha} + \beta p_s G_{\mathrm{ST,PR}} d_{\mathrm{ST,PR}}^{-\alpha}}{(1-\beta)p_s G_{\mathrm{ST,PR}} d_{\mathrm{ST,PR}}^{-\alpha} + N_0}\right) \end{aligned} \tag{9.32}$$

情形Ⅲ的事件发生概率为 $\Pr\{C\}=\Pr\{C_{\mathrm{PT,PR}}<R_0,\ C_{\mathrm{PT,ST}}\geqslant R_0\}$，即

$$\Pr\{C\} = \left[1-\exp\left(-\frac{\delta_0 N_0}{p_0 d_{\mathrm{PT,PR}}^{-\alpha}}\right)\right]\exp\left(-\frac{\delta_0 N_0}{p_0 d_{\mathrm{PT,ST}}^{-\alpha}}\right) \tag{9.33}$$

由于两个符号经历相同的信道衰落，它们具有相同的成功概率，分析发送每个主数据分组的成功概率。在情形Ⅲ中，主数据成功传输的概率表示为 $\Pr\{P_c,\ C\}=\Pr\{C_{\mathrm{PT,ST}}\geqslant R_0,\ C_{\mathrm{PT,PR}}<R_0,\ C_{\mathrm{PT,ST,PR}}\geqslant R_0\}$，即

如果 $\beta>\dfrac{\delta_0}{1+\delta_0}$，成功概率推导为

$$\Pr\{P_c,C\}=\exp\left(-\frac{\delta_0 N_0}{p_0 d_{\mathrm{PT,ST}}^{-\alpha}}\right)\left\{-\exp\left(-\frac{\delta_0 N_0}{p_0 d_{\mathrm{PT,PR}}^{-\alpha}}\right)+\exp\left[-\frac{\delta_0 N_0}{[\beta-\delta_0(1-\beta)]p_s d_{\mathrm{ST,PR}}^{-\alpha}}\right]\right.$$
$$\left.+\int_{R_1}\exp[-x-f_1(d_{\mathrm{PT,PR}},d_{\mathrm{ST,PR}},x)]\mathrm{d}x\right\} \tag{9.34}$$

式中：积分区域为 $R_1=\left[0,\ \frac{\delta_0 N_0}{[\beta-\delta_0(1-\beta)]\ p_s d_{\mathrm{ST,PR}}^{-\alpha}}\right]$，中间函数定义为

$$f_1(d_{\mathrm{PT,PR}},d_{\mathrm{ST,PR}},x)=\frac{1}{p_0 d_{\mathrm{PT,PR}}^{-\alpha}}\left[\delta_0-\frac{\beta p_s x d_{\mathrm{ST,PR}}^{-\alpha}}{(1-\beta)p_s x d_{\mathrm{ST,PR}}^{-\alpha}+N_0}\right]$$
$$\times 1\Big/\left[\frac{1}{N_0}+\frac{1}{(1-\beta)p_s x d_{\mathrm{ST,PR}}^{-\alpha}+N_0}\right] \tag{9.35}$$

如果 $\beta\leqslant\frac{\delta_0}{1+\delta_0}$，成功概率推导为

$$\Pr\{P_c,C\}=\exp\left(\frac{\delta_0 N_0}{p_0 d_{\mathrm{PT,ST}}^{-\alpha}}\right)\left\{-\exp\left(-\frac{\delta_0 N_0}{p_0 d_{\mathrm{PT,PR}}^{-\alpha}}\right)+\int_{R_2}\exp[-x-f_1(d_{\mathrm{PT,PR}},d_{\mathrm{ST,PR}},x)]\mathrm{d}x\right\} \tag{9.36}$$

式中：积分区域为 $R_2=(0,\ \infty)$。

成功概率 $\Pr\{P_c,\ C\}$ 是 β 的单调递增函数，这是因为分配较多的功率给主数据中继传输，因此引入较少的干扰。

9.4.4 情形Ⅲ次数据解调成功概率

在情形Ⅲ中，SR 采用 SIC 解调所需的次数据，SR 端的主数据可达速率为

$$C_{\mathrm{PT,SR}}=\frac{1}{2}\log_2\left(1+\frac{p_0 G_{\mathrm{PT,SR}} d_{\mathrm{PT,SR}}^{-\alpha}}{N_0}\right) \tag{9.37}$$

在协作频谱共享时间块第二阶段末，如果 SR 采用联合译码的方式解调主数据，可达速率表示为

$$C_{\mathrm{PT,ST,SR}}=\frac{1}{2}\log_2\left[1+\frac{p_0 G_{\mathrm{PT,SR}} d_{\mathrm{PT,SR}}^{-\alpha}}{N_0}+\frac{p_0 G_{\mathrm{PT,SR}} d_{\mathrm{PT,SR}}^{-\alpha}+\beta p_s G_{\mathrm{ST,SR}} d_{\mathrm{ST,SR}}^{-\alpha}}{(1-\beta)p_s G_{\mathrm{ST,SR}} d_{\mathrm{ST,SR}}^{-\alpha}+N_0}\right] \tag{9.38}$$

在删除主数据后，SR 端次数据的可达速率为

$$\widetilde{C}_{\mathrm{ST,SR}}=\frac{1}{2}\log_2\left[1+\frac{(1-\beta)p_s G_{\mathrm{ST,SR}} d_{\mathrm{ST,SR}}^{-\alpha}}{N_0}\right] \tag{9.39}$$

如果 SR 直接解调次数据，并把主数据作为干扰对待，SR 端次数据的可达速率为

$$\widetilde{C}_{\mathrm{ST,SR}}=\frac{1}{2}\log_2\left[1+\frac{(1-\beta)p_s G_{\mathrm{ST,SR}} d_{\mathrm{ST,SR}}^{-\alpha}}{p_0 G_{\mathrm{PT,SR}} d_{\mathrm{PT,SR}}^{-\alpha}+\beta p_s G_{\mathrm{ST,SR}} d_{\mathrm{ST,SR}}^{-\alpha}+N_0}\right] \tag{9.40}$$

在情形Ⅲ中，次数据传输的成功概率记为 $\Pr\{S_c,\ C\}=P_{\mathrm{suc}}^{s_1}+P_{\mathrm{suc}}^{s_2}+P_{\mathrm{suc}}^{s_3}$，其中 $P_{\mathrm{suc}}^{s_1}$、$P_{\mathrm{suc}}^{s_2}$、$P_{\mathrm{suc}}^{s_3}$ 分别表示三种次数据译码方式的成功概率。

(1) 对于第一种译码方式。如果 SR 在协作频谱共享时间块第一个阶段能够正确解调主数据，则 SR 可以把该主数据从所接收到的混合信号中删除，然后从只存在加性噪音的信号中解调次数据。对于这种译码方式，次数据成功解调的概率表示为

$$P_{\text{suc}}^{s_1}=\Pr\{C_{\text{PT,ST}}\geqslant R_0, C_{\text{PT,PR}}<R_0, C_{\text{PT,SR}}\geqslant R_0, \widetilde{C}_{\text{ST,SR}}\geqslant R_1\}$$

即

$$P_{\text{suc}}^{s_1}=\exp\left[-\frac{\delta_0 N_0}{p_0 d_{\text{PT,ST}}^{-\alpha}}-\frac{\delta_0 N_0}{p_0 d_{\text{PT,SR}}^{-\alpha}}-\frac{\delta_1 N_0}{(1-\beta)p_s d_{\text{ST,SR}}^{-\alpha}}\right]\left[1-\exp\left(-\frac{\delta_0 N_0}{p_0 d_{\text{PT,PR}}^{-\alpha}}\right)\right] \quad (9.41)$$

对于第一种译码方式，次数据成功传输的概率是 β 的单调递减函数。

（2）对于第二种译码方式。如果 SR 采用联合译码方式解调主数据，并把该数据从所接收到的信号中删除，然后解调次数据。次数据成功解调的概率为

$$P_{\text{suc}}^{s_2}=\Pr\{C_{\text{PT,ST}}\geqslant R_0, C_{\text{PT,PR}}<R_0, C_{\text{PT,SR}}<R_0, C_{\text{PT,ST,SR}}\geqslant R_0, \widetilde{C}_{\text{ST,SR}}\geqslant R_1\}$$

如果 $\beta>\dfrac{\delta_0}{1+\delta_0}$，次数据成功概率推导为

$$\begin{aligned}P_{\text{suc}}^{s_2}=&\exp\left(-\frac{\delta_0 N_0}{p_0 d_{\text{PT,ST}}^{-\alpha}}\right)\left[1-\exp\left(-\frac{\delta_0 N_0}{p_0 d_{\text{PT,PR}}^{-\alpha}}\right)\right]\left\{\left[1-\exp\left(-\frac{\delta_0 N_0}{p_0 d_{\text{PT,SR}}^{-\alpha}}\right)\right]\right.\\&\times\exp(-M_1)+\mathbf{1}\left(\frac{\delta_0}{1+\delta_0}<\beta<\frac{\delta_0(1+\delta_1)}{\delta_0(1+\delta_1)+\delta_1}\right)\left\{-\exp\left(-\frac{\delta_0 N_0}{p_0 d_{\text{PT,SR}}^{-\alpha}}\right)\right.\\&\times\left[\exp\left(-\frac{\delta_1 N_0}{(1-\beta)p_s d_{\text{ST,SR}}^{-\alpha}}\right)-\exp\left(-\frac{\delta_0 N_0}{[\beta-\delta_0(1-\beta)]p_s d_{\text{ST,SR}}^{-\alpha}}\right)\right]\\&\left.\left.+\int_{R_3}\exp[-x-f_1(d_{\text{PT,SR}}, d_{\text{ST,SR}}, x)]\mathrm{d}x\right\}\right\}\end{aligned} \quad (9.42)$$

式中：$M_1=\max\left[\dfrac{\delta_0 N_0}{[\beta-\delta_0\ (1-\beta)\ ]\ p_s d_{\text{ST,SR}}^{-\alpha}}, \dfrac{\delta_1 N_0}{(1-\beta)\ p_s d_{\text{ST,SR}}^{-\alpha}}\right]$；当条件 χ 满足时，指示随机变量 $\mathbf{1}(\chi)$ 等于 1，否则其值等于 0；$R_3=\left[\dfrac{\delta_1 N_0}{(1-\beta)p_s d_{\text{ST,SR}}^{-\alpha}}, \dfrac{\delta_0 N_0}{[\beta-\delta_0(1-\beta)]\ p_s d_{\text{ST,SR}}^{-\alpha}}\right]$。函数 $f_1(\cdot)$ 在式（9.35）中定义。

如果 $\beta\leqslant\dfrac{\delta_0}{1+\delta_0}$，次数据成功概率推导为

$$\begin{aligned}P_{\text{suc}}^{s_2}=&\exp\left(-\frac{\delta_0 N_0}{p_0 d_{\text{PT,ST}}^{-\alpha}}\right)\left[1-\exp\left(-\frac{\delta_0 N_0}{p_0 d_{\text{PT,PR}}^{-\alpha}}\right)\right]\left\{-\exp\left[-\frac{\delta_0 N_0}{p_0 d_{\text{PT,SR}}^{-\alpha}}\right.\right.\\&\left.\left.-\frac{\delta_1 N_0}{(1-\beta)p_s d_{\text{ST,SR}}^{-\alpha}}\right]+\int_{R_4}\exp[-x-f_1(d_{\text{PT,SR}}, d_{\text{ST,SR}}, x)]\mathrm{d}x\right\}\end{aligned} \quad (9.43)$$

式中：积分区间为 $R_4=\left(\dfrac{\delta_1 N_0}{(1-\beta)p_s d_{\text{ST,SR}}^{-\alpha}}, \infty\right)$。

（3）对于第三种译码方式。如果 SR 不能正确解调主数据，它会把主数据作为干扰直接解调次数据，这种译码方式下，次数据成功解调的概率为

$$P_{\text{suc}}^{s_3}=\Pr\{C_{\text{PT,ST}}\geqslant R_0, C_{\text{PT,PR}}<R_0, C_{\text{PT,SR}}<R_0, C_{\text{PT,ST,SR}}<R_0, \hat{C}_{\text{ST,SR}}\geqslant R_1\}$$

把相关项代入，进行相关的求数学期望运算，可以得到

$$\begin{aligned}P_{\text{suc}}^{s_3}=&\exp\left(-\frac{\delta_0 N_0}{p_0 d_{\text{PT,ST}}^{-\alpha}}\right)\left[1-\exp\left(-\frac{\delta_0 N_0}{p_0 d_{\text{PT,PR}}^{-\alpha}}\right)\right]\left\{\mathbf{1}\left(\beta<\frac{1}{1+\delta_1}, \beta<\frac{\delta_0}{1+\delta_0}\right)\right.\\&\times\exp\left(-\frac{\delta_1 N_0}{[1-(1+\delta_1)\beta]p_s d_{\text{ST,SR}}^{-\alpha}}\right)+\left[\exp\left(-\frac{\delta_1 N_0}{[1-(1+\delta_1)\beta]p_s d_{\text{ST,SR}}^{-\alpha}}\right)\right.\end{aligned}$$

$$-\exp\left(-\frac{\delta_0 N_0}{[\beta-\delta_0(1-\beta)]p_s d_{ST,SR}^{-\alpha}}\right)\Big]\times \mathbf{1}\left(\beta<\frac{1}{1+\delta_1},\beta>\frac{\delta_0}{1+\delta_0},\beta<\frac{\delta_0(1+\delta_1)}{\delta_1+\delta_0(1+2\delta_1)}\right)\Big\}$$
$$-\int_R \exp[-f_2(G_{ST,SR})-G_{ST,SR}]\,\mathrm{d}G_{ST,SR} \quad (9.44)$$

中间函数定义为

$$f_2(x)=\min\left\{\frac{\delta_0 N_0}{p_0 d_{PT,SR}^{-\alpha}},f_1(d_{PT,SR},d_{ST,SR},x),\frac{[1-(1+\delta_1)\beta]p_s x d_{ST,SR}^{-\alpha}-\delta_1 N_0}{\delta_1 p_0 d_{PT,SR}^{-\alpha}}\right\} \quad (9.45)$$

如果 $\beta<\frac{1}{1+\delta_1}$，且 $\beta<\frac{\delta_0}{1+\delta_0}$，积分区间为 $R_5=\left(\frac{\delta_1 N_0}{[1-(1+\delta_1)\beta]p_s d_{ST,SR}^{-\alpha}},\ \infty\right)$。如果 $\beta<\frac{1}{1+\delta_1}$，$\beta>\frac{\delta_0}{1+\delta_0}$，且 $\beta<\frac{\delta_0(1+\delta_1)}{\delta_1+\delta_0(1+2\delta_1)}$，积分区间为 $R_6=\left(\frac{\delta_1 N_0}{[1-(1+\delta_1)\beta]p_s d_{ST,SR}^{-\alpha}},\frac{\delta_0 N_0}{[\beta-\delta_0(1-\beta)]p_s d_{ST,SR}^{-\alpha}}\right)$。

对于不同的 β，式（9.44）的积分区间是 $R=R_5$ 或 $R=R_6$。

9.5 数值和仿真结果

在仿真过程中，除非特别声明：噪音功率 $N_0=-30\text{dBw}$，路径损耗指数 $\alpha=3$，距离 $d_{PT,PR}=10\text{m}$，$d_{PT,ST}=d_{ST,PR}=5\text{m}$，$d_{PT,SR}=3\text{m}$，$d_{ST,SR}=2\text{m}$，能量收集效率和功率放大器效率 $\eta=\zeta=1$，PT 发射功率 $p_0=0\text{dBw}$，ST 发射功率 $p_s=-10\text{dBw}$，电路功率消耗 $p_c=-20\text{dBw}$，功率分配因子 $\beta=\frac{\delta_0}{1+\delta_0}$。为了采用数值算法估计系统吞吐量，在式（9.10）和式（9.12）中，τ 和 ξ 的上限设置为 90。

9.5.1 随机网络中的应用

在随机网络中，PT 和 PR 之间的距离可以是随机的，概率密度函数为 $f(r)=2\pi\lambda r\exp(-\lambda\pi r^2)$[94]，其中 λ 表示 PT 的密度。假设多个 STs 密集分布在主链路周围，因此在 PT 和 PR 的中间位置附近几乎总是可以找到一个 ST，设置 $d_{PT,ST}=d_{ST,PR}=r/2$。SR 和 ST 的距离假设是固定的，但是方向是随机的 ST - SR 相对于 PT - ST 的角度设为 θ，该随机变量服从 $(-\pi,\pi)$ 上的均匀分布，则有

$$d_{PT,SR}=\sqrt{d_{PT,ST}^2+d_{ST,SR}^2+2d_{PT,ST}d_{ST,SR}\cos(|\theta|)} \quad (9.46)$$

仿真结果的获取需要对随机距离 $d_{PT,PR}$ 和随机角度 θ 做平均。

对比了所提机制与文献［16］中的协议，其中固定长度的主数据分组可以在 ST 的协助下以较短的时间发送给 PR，因此在剩余的时间内，ST 可以占用许可频谱传输次数据给 SR。更新了文献［16］中的机制如下：ST 能够连续侦听主数据传输，并收集射频能量。当收集到足够的能量后，ST 协助传输主数据。通过引入一个时间参数 μ，每个协作时间块分为三部分。在第一个 $\frac{1-\mu}{2}$ 时间内，PT 广播主数据给 PR 和 ST。修改后的文献

[16] 工作有三种传输情形：

(1) 情形Ⅰ。在起初的$\frac{1-\mu}{2}$时间内，PR 正确解调主数据，ST 在剩余的$\frac{1+\mu}{2}$时间内使用所收集的总能量，发送次数据给 SR。

(2) 情形Ⅱ。在起初的$\frac{1-\mu}{2}$时间内，PR 和 ST 错误接收主数据，PT 需要在接下来的$\frac{1-\mu}{2}$时间内重传数据给 PR。ST 在最后的 μ 时间内使用所收集的总能量发送次数据给 SR。

(3) 情形Ⅲ。在起初的$\frac{1-\mu}{2}$时间内，PR 错误接收主数据，但是 ST 正确接收主数据。在接下来的$\frac{1-\mu}{2}$时间内，PT 和 ST 采用 Alamouti 编码方式重传主数据给 PR。ST 所收集的总能量中，有 β 部分分配给主数据中继。在最后的 μ 时间内，ST 采用剩余的 $1-\beta$ 部分能量，发射次数据给 SR。

为了公平比较，在协作频谱共享时间块中，PT 所消耗的平均能量与所提协议设置相同。ST 收集能量的门限设置为 $\varepsilon_s=\frac{1+\mu}{2}(p_s+p_c)$。在情形Ⅰ和情形Ⅱ中，ST 的发射功率为 p_s，在情形Ⅱ中，ST 的发射功率为$\frac{1+\mu}{2\mu}p_s+\frac{1-\mu}{2\mu}p_c$。

图 9.5 显示了整个网络的吞吐量提升比值与功率分配因子 β 的关系。总的吞吐量先变好再变差，这是因为较高的功率分配可以提升主系统的吞吐量，但是会削弱次系统的性能。当 PT 的密度较大时，总的吞吐量变好，这是因为 PT 和 PR 之间的平均距离变短，情形Ⅰ发生的频率提高，这样就会给 ST 带来更多的传输机会。给定一个功率分配因子 β，Simeone et al.[16] 所提机制的改进版本中最大吞吐量可以通过在时间分配因子 $\mu\in(0, 1)$ 上遍历搜寻获得。图 9.5 显示，所提机制要大幅好于 Simeone et al.[16] 所提机制的改进版本。

图 9.6 显示了主系统吞吐量与次系统吞吐量的关系，功率分配因子范围 $\beta\in(0.1, 0.9)$。分配给主数据中继的能量越多，用于次数据传输的能量就越少，因此主系统的吞吐量提高，而次系统的吞吐量降低。优化问题式 (9.1) 显示，在不损害主系统性能的前提下，目标是最大化次系统的吞吐量。相比于非频谱共享单一主系统，在图 9.6 中可以看到，所提出的协作频谱共享方案，在关键点的左侧能够满足主系统的性能要求。因此，关键点处可以确定次系统的最大吞吐量。机制在保护主系统吞吐量需求的前提下，能够有效地提高整个网络的频谱效率。

9.5.2 功率分配因子的影响

图 9.7 显示了主系统吞吐量与功率分配因子 β 的关系。主系统吞吐量随着 β 的增长而提升，因为 ST 分配更多的能量去中继主数据，较少的能量传输次数据，给主数据传输带来较少的干扰。当 β 足够大时，协作频谱共享时主系统的性能优于非频谱共享单一主系统。随着 R_0 从 0.45bits/s/Hz 到 0.65bits/s/Hz 的提升，主数据传输的成功概率变小，但是

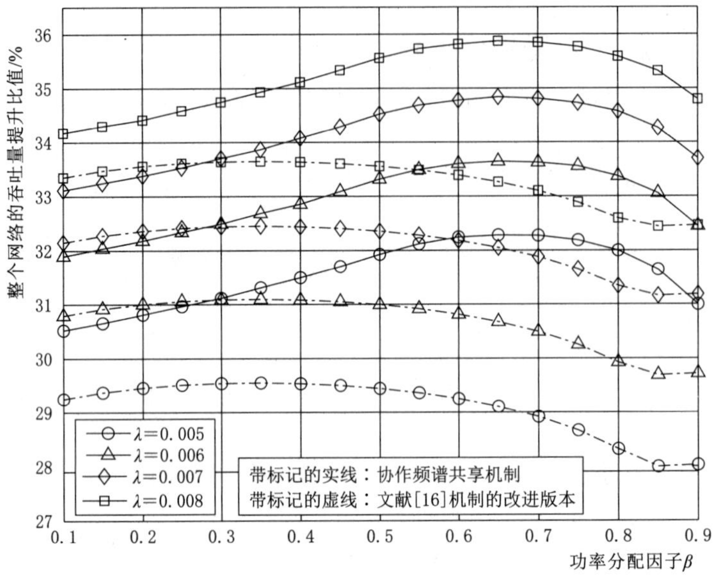

图 9.5　整个网络的吞吐量提升比值与功率分配因子 β 的关系

（主数据和次数据的传输速率设置为 $R_0=R_1=0.45$bits/s/Hz）

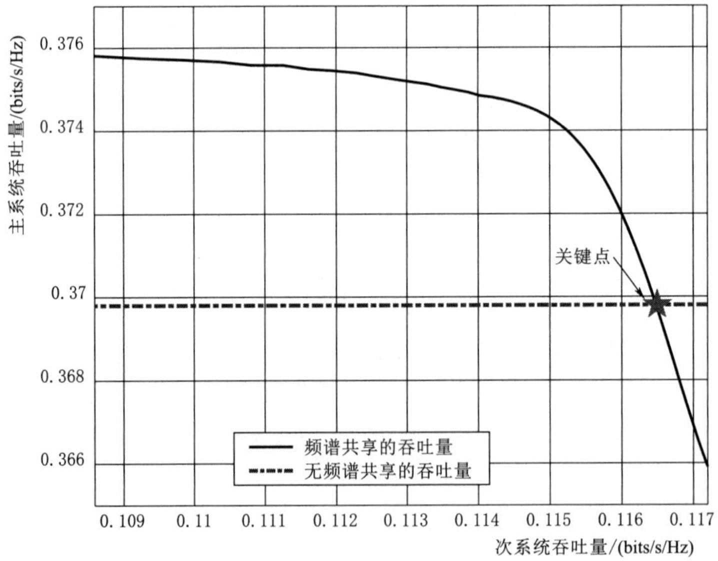

图 9.6　主系统吞吐量和次系统吞吐量之间的关系

（传输速率设置为 $R_0=R_1=0.45$bits/s/Hz，PT 密度为 $\lambda=0.005$）

一旦成功传输一个主数据分组，更多的信息会在一个时间块中传给 PR，因此正反两方面的影响使得主系统吞吐量变好。当 R_0 较低时，ST 协作通信可以比较容易地满足主系统的吞吐量要求，因而更多的能量可以分配给次数据的传输。但是当传输速率 $R_0=1.2$bits/s/Hz 时，协作通信不能够满足主系统的吞吐量约束，不允许 ST 占用许可频谱来通信。在主数据速率 R_0 不是很大的情况下，协作频谱共享机制能够很好地满足次数据传输需求。

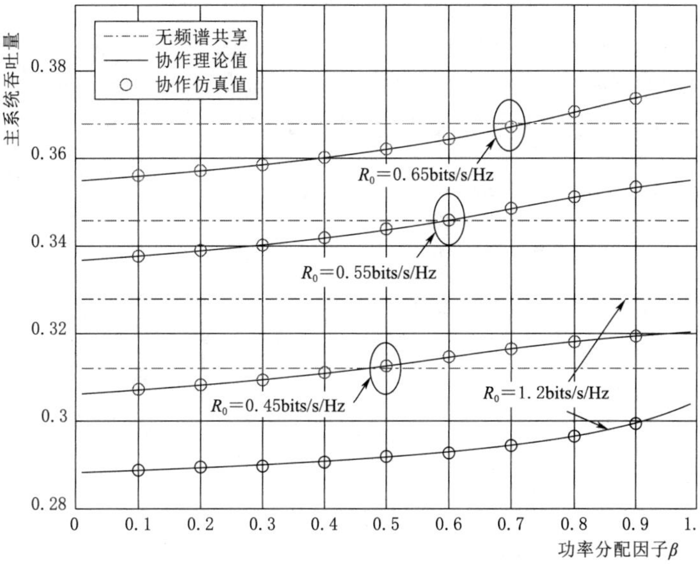

图 9.7 主系统吞吐量与功率分配因子 β 的关系

图 9.8 显示了次系统吞吐量与功率分配因子 β 的关系。次数据的传输速率设置为 $R_1=0.5$bits/s/Hz。随着 β 的增长，次系统的吞吐量变差，因为更多的能量分配给主数据中继，剩余较少的能量用于次数据的传输。给定一个 β，吞吐量随着 R_0 的增长而变差。这是因为当 R_0 比较大时，情形Ⅰ和情形Ⅲ发生的次数变少，ST 进行频谱共享的机会变少。理论结果和仿真结果吻合得非常好，验证分析的正确性。

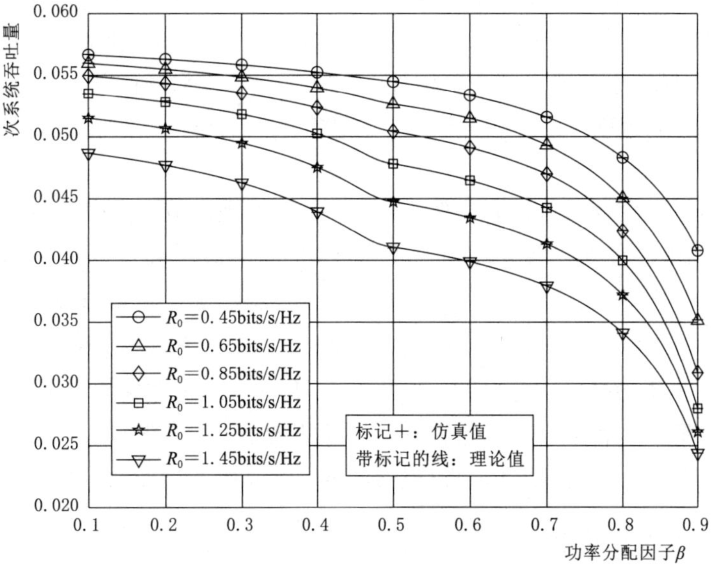

图 9.8 次系统吞吐量与功率分配因子 β 的关系

9.5.3 主次系统吞吐量

图 9.9 显示了主系统吞吐量与 PT 的发射功率 p_0 的关系。随着发射功率 p_0 的增长，主系统的吞吐量变好。在 p_0 值较小的区域，较高的传输速率 R_0 损害主系统的性能，因为能够被成功传输的主数据变少。但是，在 p_0 值较高的区域，较高的传输速率 R_0 有利于提高系统的吞吐量，因为能够成功发送更多的主数据。

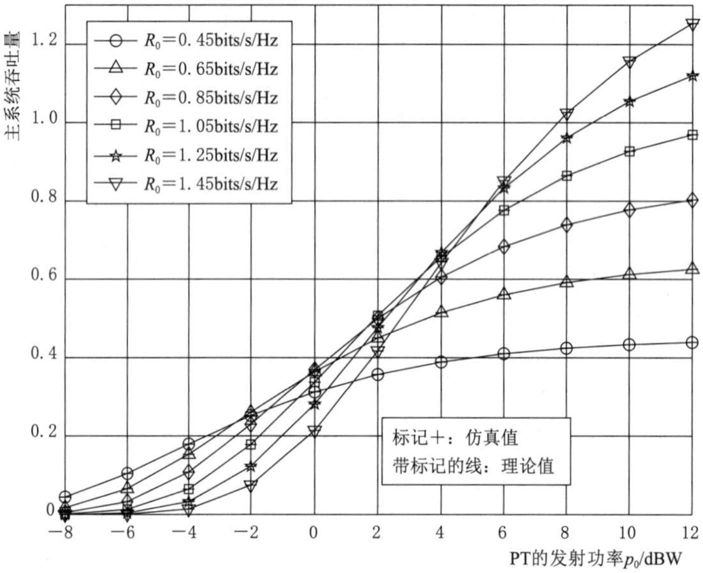

图 9.9 主系统吞吐量与 PT 的发射功率 p_0 的关系

图 9.10 显示了次系统吞吐量与 ST 的发射功率 p_s 的关系。在图 9.10 中，主数据传输速率设置为 $R_0=0.55$bits/s/Hz。随着功率 p_s 的增长，吞吐量先变好后变差。次发射端所需功率 p_s 越高，需要更多的时间块来收集能量，这对于次系统吞吐量是不利的。较高的功率 p_s 能够提高主数据中继的鲁棒性，因此获得更多的频谱共享机会。在 p_s 值较小和较大的区域，传输速率 R_1 对系统的吞吐量具有不利的影响。理论分析结果和仿真结果吻合得非常好。

图 9.11 显示了次系统吞吐量与 PT 和 ST 之间的距离 $d_{\mathrm{PT,ST}}$ 的关系。对于图 9.11，ST 位于 PT 和 PR 之间的连线上，因此 ST 和 PR 之间的距离为 $d_{\mathrm{ST,PR}}=d_{\mathrm{PT,PR}}-d_{\mathrm{PT,ST}}$，设置 $d_{\mathrm{PT,SR}}=\sqrt{d_{\mathrm{PT,ST}}^2+d_{\mathrm{ST,SR}}^2}$。主发射功率 $p_0=5$dBW，主次数据的传输速率 $R_0=R_1=0.55$bits/s/Hz。PT 和 ST 之间的距离 $d_{\mathrm{PT,ST}}$ 越长，ST 能量收集的效率越低，频谱共享的机会就越少，次系统吞吐量变小。发射功率 p_s 从两个方面影响吞吐量：①较高的 p_s 需要较长的 EH 时间，不利于吞吐量的提升；②较高的 p_s 能够帮助改进主次数据传输的质量。作为折中，在 $d_{\mathrm{PT,ST}}$ 取值较低和较高的区域，次系统吞吐量随着 p_s 的变化趋势不同。

9.5.4 次系统最大吞吐量

按照优化问题式（9.1），可采用数值算法在区间（0，1）上确定最优功率分配因子。

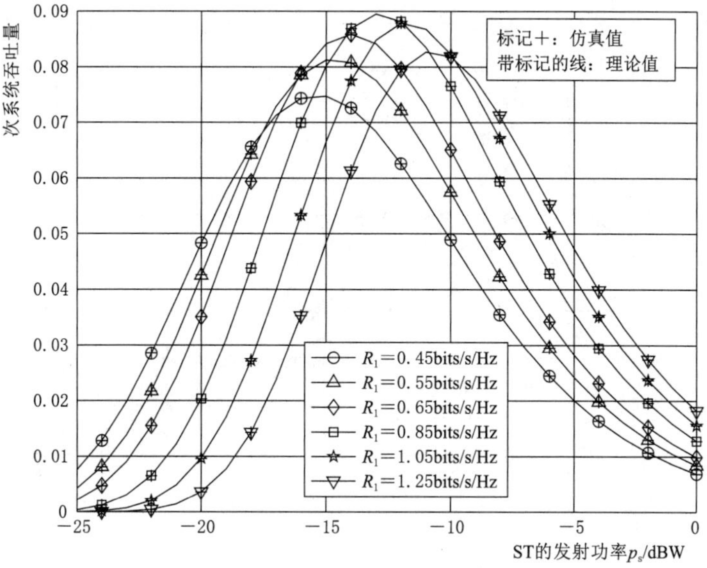

图 9.10 次系统吞吐量与 ST 的发射功率 p_s 的关系

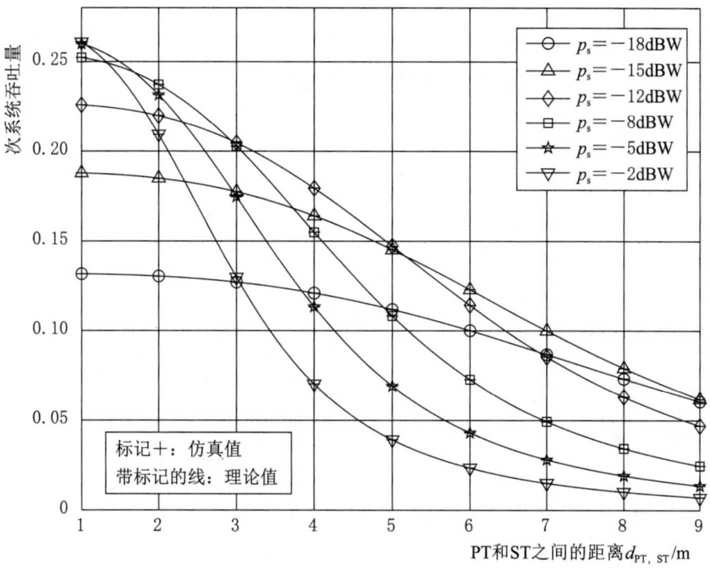

图 9.11 次系统吞吐量与 PT 和 ST 之间距离 $d_{PT,ST}$ 的关系

图 9.12 显示了次系统最大吞吐量与 ST 发射功率 p_s 的关系。主发射功率和传输速率分别设置为 $p_0=5$dBw 和 $R_0=0.55$bits/s/Hz。对文献［16］考虑能量收集后的机制，采用数值方法遍历能量分配因子 $\beta\in(0, 1)$ 和时间分配因子 $\mu\in(0, 1)$ 以确定最大的次系统吞吐量。随着次发射功率 p_s 的增加，次系统最大吞吐量首次变好，然后变差。在 p_s 值较小的区域，较高的传输速率 R_1 导致较差的吞吐量性能，但是在 p_s 值较大的区域，较高的传输速率 R_1 带来较高的吞吐量，这是因为更多的次数据能够成功传输给 SR。

图 9.13 显示了次系统最大吞吐量与 PT 的发射功率 p_0 的关系。距离 $d_{ST,PR}$ 和距离

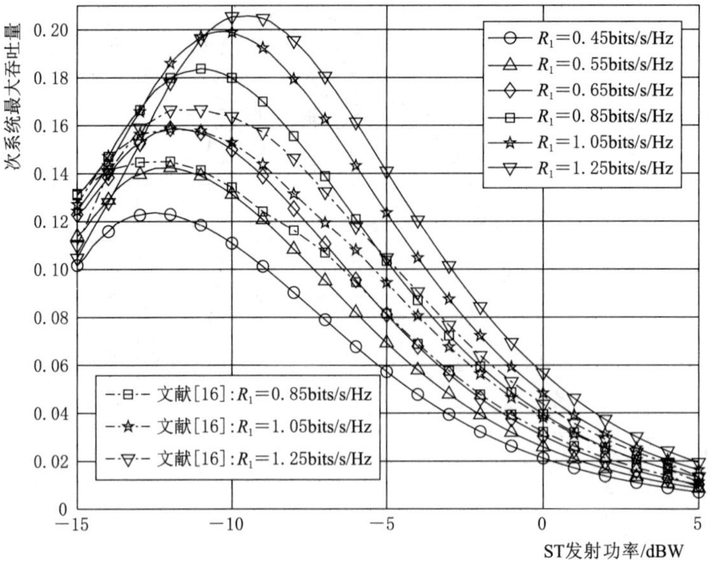

图 9.12 次系统最大吞吐量与 ST 的发射功率 p_s 的关系

$d_{PT,SR}$ 的设置与图 9.11 类似。较高的发射功率 p_0 有利于改进系统的吞吐量，但是较长的距离不利于吞吐量的提升。从图 9.12 和图 9.13 中可以看到，所提的空间域频谱共享机制优于 Simeone et al.[16] 所提时间域频谱共享机制。

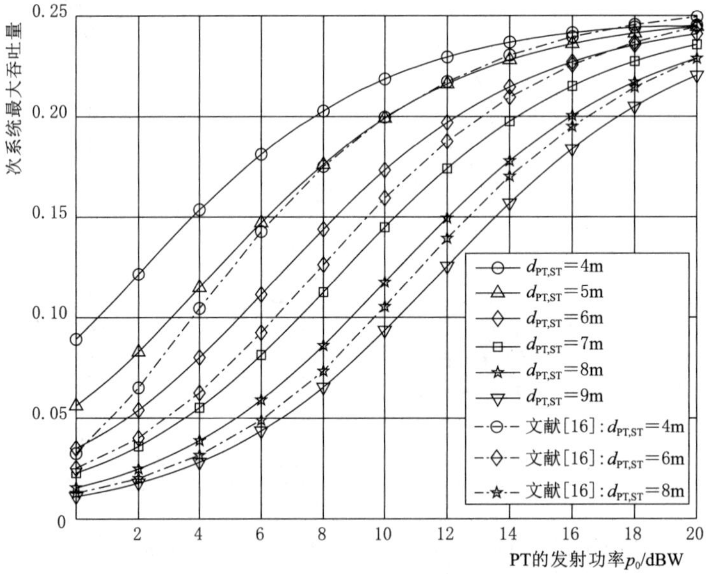

图 9.13 次系统最大吞吐量与 PT 的发射功率 p_0 的关系

9.6 小结

本章提出了一种协作频谱共享机制，次用户能够侦听主数据传输，并收集射频能量，该过程不打扰主数据通信。利用所收集到的能量，次用户采用 Alamouti 编码方式协助主数据传输，以换取频谱共享机会。在保护主系统性能不被损害的前提下，为了最大化次系统的吞吐量，采用数值算法确定了最优的功率分配因子，实现了主数据中继和次数据的传输。仿真结果显示，所提方案能够大幅提高系统的吞吐量，有效地满足次用户的传输需求。该协议可以扩展到多用户场景中，需考虑每个 ST 的能量及信道状态，调度多个 STs 进行频谱共享。对于时延敏感的应用，经常采用有限长度的码本，对可达速率的描述，采用 log（$1+SINR$）不再准确[114]，因此优先采用自适应传输机制提高吞吐量。

第 10 章 基于次用户调度的自适应频谱租借

10.1 概述

在 TPSR 协议[67,115]中，两个 HD 中继节点交替连续地将源信号转发到目的节点。由于源节点的数据传输是连续的，复用增益高于传统的协作协议[2]。对于 TPSR，Tian et al.[116]采用分布式空时编码技术获得了全分集增益，Zhang et al.[117]研究了可达速率。针对传统协作频谱共享机制效率低的问题，Zhai et al.[118]基于 TPSR 提出了一种采用叠加编码和 SIC 技术的频谱共享方案。针对具有一条主链路和两条次链路的 CRN，在第 8 章中提出了一种基于 TPSR 的协作频谱共享方案，通过确定最优功率分配，实现主数据转发和次数据的同步传输，在空间域中实现频谱共享。在单主链路与多次用户共存的 CRN 中，SE 可进一步提升。选择最佳 SU 在时域内协助主系统传输数据，通过提升主系统性能以换取更多频谱共享机会，实现次数据的高效传输。在多用户协作通信系统中，协作分集增益的阶数为中继节点的个数[119]，最优链路调度的渐近和速率标度律（scaling law）为 $\log(\log m)$[120]。针对底衬（underlay）频谱共享机制，Ban、Tajer、Li 和 Zhang et al.[121-124]研究了多用户分集效果，选择满足主链路干扰约束条件，同时次链路 SNR 最强的 SU 接入频谱。Hong et al.[125]研究了交织（interweave）频谱共享机制的多用户分集效果，SUs 机会性地接入空闲频段。目前，尚无文献研究多用户频谱租借（spectrum leasing）机制的分集效果。

本章提出了一种基于 TPSR 和 DF 中继的自适应频谱租借方案，在 SUs 的帮助下，主系统的传输速率得以大幅提升，缩短了主数据的传输时间，在剩余时间内将频谱释放给次数据传输。每个认知用户自适应地选择 TPSR 或 DF 中继协作模式。在保护主系统目标速率的同时，调度能够为次系统带来最大可达速率的 SUs 协助传输主数据并在剩余时间内传输次数据，优化了主次系统共享频谱的时间分配。本章分析了主系统的协作分集、次系统的选择分集及多用户分集效果。结果表明当有 m 个 SUs 竞争频谱资源时，主系统的协作分集增益为 $m+1$，次系统的选择分集增益为 m。当有大量 SUs 时，次系统吞吐量的标度规律为 $\log(\log m)$。

10.2 系统模型

本章考虑的认知无线电网络包含一条主链路（PT→PR）和 m 个次发射端 ST_i [$i\in\mathscr{M}=(1, 2, \cdots, m)$]，所有的次发射端均想与一个公共次接收端 SR 进行单跳通信。每个用户装有一根 HD 全向辐射天线。任意发射端 u 和任意接收端 v 之间的信道服从独立的瑞利衰落，信道系数记为 $h_{u,v}$。在每个时间块内，信道系数保持不变。信道的功率增益为 $G_{u,v}=|h_{u,v}|^2$，该功率系数服从均值为 $\overline{G}_{u,v}=d_{u,v}^{-\alpha}$ 的指数分布，其中 $d_{u,v}$ 表示距离，α 表示路径损耗指数。假设用户 u 和 v 之间的信道是对称的[119]，即 $h_{u,v}=h_{v,u}$。

主系统与次系统共享频谱资源可以获得协作分集增益。在次用户的协助下，主数据传输消耗较少的能量，并且在较短的时间内满足数据传输需求。作为回报，在剩余的时间内，次用户可以占用频谱资源。在所提自适应频谱租借机制中，考虑了两种协作模式。图 10.1 为一对主用户和多对次用户共存的认知无线网络频谱租借，图 10.1（a）描述了基于 TPSR 的频谱租借机制，其中 ST_i，($i\in M$) 和 ST_j ($j\in M$，$j\neq i$) 交替连续地转发主数据。分配给主数据协作传输的时间比例为 $\beta_{ij}^{\mathrm{t}}\in(0, 1)$，其中上标 t 表示 TPSR 机制。主数据被封装在数据帧里面，每个帧包含 N 个符号，帧持续时间为 1 个单位。在前面的 $L=\beta_{ij}^{\mathrm{t}}N$ 时隙内，协作传输一个主数据帧，在剩下的 $(1-\beta_{ij}^{\mathrm{t}})N$ 时隙内，ST_i 发送次数据给 SR。不失一般性，假设 L 为奇数。在时隙 k 内发送的主信号表示为 $x_{\mathrm{p}}[k]$，具有单位能量。在 TPSR 协议中，ST_i 在第一个时隙中接收到主信号 $x_{\mathrm{p}}[1]$，ST_j 在最后一个时隙 L 中前向转发 $x_{\mathrm{p}}[L-1]$。在其他时隙中，主数据协作传输过程描述如下：

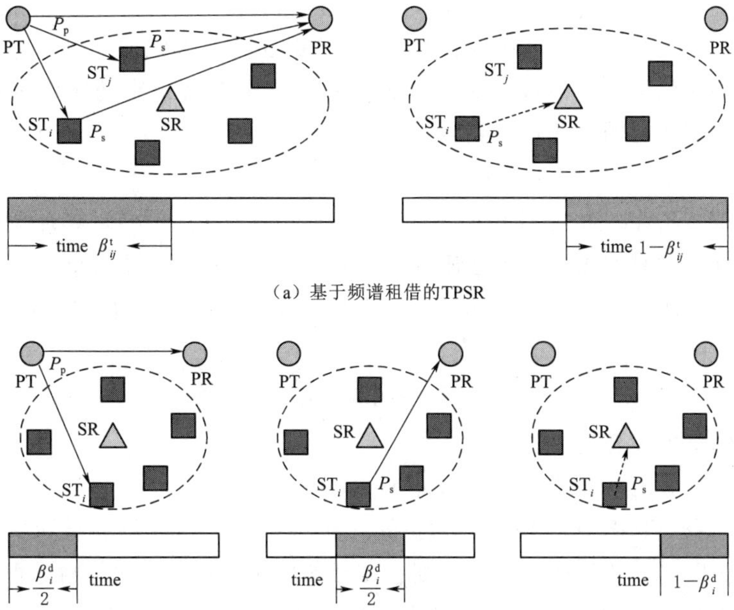

（a）基于频谱租借的TPSR

（b）基于频谱租借的DF

图 10.1 一对主用户和多对次用户共存的认知无线电网络频谱租借
（实线表示主信号链路，虚线表示次信号链路）

(1) 偶数时隙 k。PT 发送 $x_p[k]$；ST_i 发送 $x_p[k-1]$；ST_j 接收信号，检测并删除 $x_p[k-1]$，然后检测 $x_p[k]$；PR 接收到叠加的信号。

(2) 奇数时隙 $k+1$。PT 发送 $x_p[k+1]$；ST_j 发送 $x_p[k]$；ST_i 接收信号，检测并删除 $x_p[k]$，然后检测 $x_p[k+1]$；PR 接收到叠加的信号。

在上述过程中，STs 采用了 SIC 机制检测主信号。主发射端 PT 连续发送主信号给 PR，而 ST_i 和 ST_j 会在不干扰主链路通信的情况下转发主数据。当 TPSR 传输结束时，PR 采用联合最大似然译码技术解调在 L 个时隙中所接收到的主信号。从时隙 $L+1$ 到时隙 N，ST_i 发送自己的次信号给 SR，而 SR 在每个时隙内均进行信号解调。

图 10.1 (b) 为基于 DF 的频谱租借机制[16]，其中 ST_i 协助转发主数据。用于主数据协作传输的时间比例为 $\beta_i^d \in (0, 1)$，上标 d 表示 DF 机制。在前面的 $(\beta_i^d/2)$ N 时隙内，PT 广播主信号，PR 和 ST_i 能同时侦听到该主信号。在接下来的 $(\beta_i^d/2)$ N 时隙内，ST_i 转发主信号。PR 采用 MRC 技术组合在协作过程中所接收到的信号，检测所需要的主数据。在剩下的 $(1-\beta_i^d)$ N 时隙内，ST_i 发送自己的次信号给 SR。

10.3 自适应频谱租借和用户调度

本节提出了基于 TPSR 和 DF 的自适应频谱租借机制，研究了最优用户调度问题。在保障主数据传输速率的条件下，选择到 SR 速率最大的 ST，按照合适的协作策略实现频谱租借。研究所提频谱租借机制的最优时间分配问题。

10.3.1 次用户调度

在次系统中，每个 ST 独立判断是否采用 TPSR 或 DF 模式参与频谱租借过程。在满足主系统需求的条件下，自适应选择能够为次系统带来最大速率的协作策略。当 ST_i 参与频谱租借时，次系统的可达速率表示为

$$R_{si} = \max\{R^t_{sii^*}, R^d_{si}\} \tag{10.1}$$

式中：$R^t_{sii^*}$ 为当 ST_i 和它的最佳搭档 ST_{i^*} ($i^* = \mathrm{argmax}_{j\in\mathcal{M}, j\neq i} R^t_{sij}$) 联合采用 TPSR 方式协助主用户数据传输时的次系统可达速率，bits/s/Hz。当 ST_i 采用 DF 方式协助主用户传输数据时，次系统的可达速率表示为 R^d_{si}。因此，所选择的进行频谱租借的最佳 ST 可以表示为 ST_b，下标为

$$b = \underset{i\in\mathcal{F}}{\mathrm{argmax}} R_{si} \tag{10.2}$$

其中：潜在中继节点集合为

$$\mathcal{F} = \{i \mid i\in\mathcal{M}, R_{si} > 0\} \tag{10.3}$$

如果 ST_b 选择 TPSR 协作模式，ST_b 和它的最佳搭档 ST_{b^*} 均参与到主数据协作传输过程中。如果 ST_b 选择 DF 协作模式，则它自己参与到主数据协作传输过程中。只有位于潜在中继节点集合 $\mathcal{F}$ 中的 STs 能够在协作过程中确保主系统的目标速率，并且获得发送次数据的机会。图 10.2 描述了次用户调度和自适应 TPSR 或 DF 协作模式选择流程图。

假设在进行资源分配和模式选择时，相关用户知道 CSI，这可通过主次系统之间的控

制信号交互获得。由于协作传输能够满足主次系统的通信需求，带来一定的优势，可以弥补 CSI 交互的代价。另外，可以设计高效的集中式或分布式算法以获得相关 CSI。对于集中式算法，PT/PR/SR 通过控制信道上的信令交互获得全局 CSI[16]。对于分布式算法，每个 ST 估计自己的局部信道状态，采用控制分组捎带 CSI 进行握手过程，因此，每个 ST 可以从控制分组中提取其他用户的 CSI [126-127]。可以采用基于时间退避的机制[119] 和信令突发的机制[128] 来实现最优次用户的分布式调度。

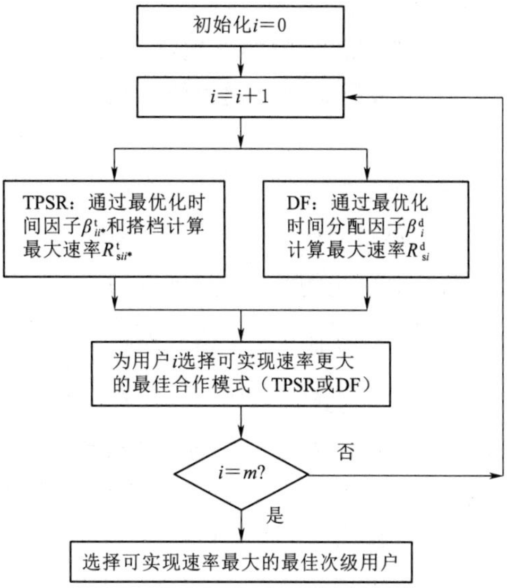

图 10.2　次用户调度和自适应 TPSR 或 DF 协作模式选择流程图

10.3.2　TPSR 最优时间分配

针对采用 TPSR 的频谱租借机制，每个 ST_i（$i\in\mathscr{M}$）考虑其每一个可能的搭档 ST_j（$j\in\mathscr{M}$，$j\neq i$）。在满足主系统速率需求的前提下，最大化次系统的可达速率，构建如下优化问题，即

$$\begin{cases}\max\limits_{\beta^{t}_{ij}} & R^{t}_{sij}\\ \text{s.t.} & R^{t}_{pij}\geqslant r_0\end{cases}\tag{10.4}$$

式中：R^{t}_{pij} 为当 ST_i 和它的搭档 ST_j 共同采用 TPSR 协助主数据传输时的可达速率，bits/s/Hz；r_0 为主系统的目标速率，bits/s/Hz。给定信道状态，分配给主信号协作传输的时间越多，主系统的可达速率越大，次系统的可达速率越小。因此，当 ST_i 和它的搭档 ST_j 共同采用 TPSR 协议传输主数据时，最优时间分配可以通过 $R^{t}_{pij}=r_0$ 获得。

（1）如果得到 $\beta^{t}_{ij}\geqslant 1$，$ST_i$ 和 ST_j 共同参与的 TPSR 协作模式不能够支持主系统的目标速率，在这种情况下次系统的可达速率设置为 $R^{t}_{sij}=0$。

（2）如果得到 $0<\beta^{t}_{ij}<1$，TPSR 能够确保主系统的目标速率，次系统的可达速率 $R^{t}_{sij}>0$。因此，ST_i 属于潜在的中继节点集合 $\mathscr{F}$。

当 ST_i 采用 TPSR 模式实现频谱租借时，次系统的最大可达速率为

$$R^{t}_{sii^*}=\max_{j\in\mathscr{M},j\neq i}R^{t}_{sij}\tag{10.5}$$

ST_i 的最佳搭档表示为 ST_{i^*}，下标为 $i^*=\arg\max\limits_{j\in\mathscr{M},j\neq i}R^{t}_{sij}$。

接下来，通过分析主次系统的可达速率，将要确定最优的时间分配。在偶数时隙中 k（$k<L$），当 ST_i 和 PT 同时发送信号时，ST_j 所接收到的信号表示为

$$y_{ST_j}[k]=\sqrt{P_p}\,h_{PT,ST_j}x_p[k]+\sqrt{P_s}\,h_{ST_i,ST_j}x_p[k-1]+n_{ST_j}[k]\tag{10.6}$$

式中：P_p、P_s 为主系统和次系统的发射功率，W；主次系统的发射功率是固定的，设定 $P_s=\eta P_p$，其中 $\eta>0$ 是一个给定的常量；$n_{ST_j}[k]\sim\mathscr{CN}(0,N_0)$ 表示 AWGN，其中

N_0 表示噪声功率，W。在PT端的SNR表示为 $\rho=P_{\mathrm{p}}/N_0$。假设STs彼此距离都很近，因此 ST_i 和 ST_j 之间的干扰就会很强。为了检测当前的信号，首先检测前一个时隙的信号，并将其删除。将当前时隙的信号视为干扰，前一个时隙的信号可达速率为

$$R_{\mathrm{p}ij}^{\mathrm{t}_1}=\beta_{ij}^{\mathrm{t}}\log_2\left(1+\frac{\gamma_{\mathrm{ST}_i,\mathrm{ST}_j}}{\gamma_{\mathrm{PT},\mathrm{ST}_j}+1}\right) \tag{10.7}$$

$\gamma_{\mathrm{ST}_i,\mathrm{ST}_j}=\eta\rho G_{\mathrm{ST}_i,\mathrm{ST}_j}$ 和 $\gamma_{\mathrm{PT},\mathrm{ST}_j}=\rho G_{\mathrm{PT},\mathrm{ST}_j}$ 分别表示链路（ST_i，ST_j）和（PT，ST_j）的瞬时SNR。主系统的发射速率为 r_0，当 $R_{\mathrm{p}ij}^{\mathrm{t}_1}\geqslant r_0$ 时，认为 ST_j 能够正确检测并删除前面时隙的主信号。当前时隙主信号的可达速率记为 $R_{\mathrm{p}ij}^{\mathrm{t}_2}$，即

$$R_{\mathrm{p}ij}^{\mathrm{t}_2}=\beta_{ij}^{\mathrm{t}}\log_2(1+\gamma_{\mathrm{PT},\mathrm{ST}_j}) \tag{10.8}$$

当 $R_{\mathrm{p}ij}^{\mathrm{t}_2}\geqslant r_0$ 时，认为 ST_j 能够正确检测当前时隙的主信号。

在奇数时隙 $k+1$，除了最后一个时隙，当 ST_j 和PT同时发送信号时，ST_i 所接收到的信号为

$$y_{\mathrm{ST}_i}[k+1]=\sqrt{P_{\mathrm{p}}}h_{\mathrm{PT},\mathrm{ST}_i}x_{\mathrm{p}}[k+1]+\sqrt{P_{\mathrm{s}}}h_{\mathrm{ST}_i,\mathrm{ST}_j}x_{\mathrm{p}}[k]+n_{\mathrm{ST}_i}[k+1] \tag{10.9}$$

式中：$n_{\mathrm{ST}_i}[k+1]\sim\mathcal{CN}(0, N_0)$ 表示AWGN。通过把当前信号视为干扰，前一个时隙的信号可达速率为

$$R_{\mathrm{p}ij}^{\mathrm{t}_3}=\beta_{ij}^{\mathrm{t}}\log_2\left(1+\frac{\gamma_{\mathrm{ST}_i,\mathrm{ST}_j}}{\gamma_{\mathrm{PT},\mathrm{ST}_i}+1}\right) \tag{10.10}$$

式中：$\gamma_{\mathrm{PT},\mathrm{ST}_i}=\rho\mathcal{G}_{\mathrm{PT},\mathrm{ST}_i}$ 表示链路（PT，ST_i）的瞬时SNR。当 $R_{\mathrm{p}ij}^{\mathrm{t}_3}\geqslant r_0$ 时，ST_i 能够正确检测并删除前一个时隙的主信号。当前信号的可达速率表示为 $R_{\mathrm{p}ij}^{\mathrm{t}_4}$，即

$$R_{\mathrm{p}ij}^{\mathrm{t}_4}=\beta_{ij}^{\mathrm{t}}\log_2(1+\gamma_{\mathrm{PT},\mathrm{ST}_i}) \tag{10.11}$$

当 $R_{\mathrm{p}ij}^{\mathrm{t}_4}\geqslant r_0$ 时，ST_i 能够正确检测当前的主信号。

PR在所有 L 个时隙中所接收到的信号为

$$\boldsymbol{y}_{ij}=\boldsymbol{H}_{ij}\boldsymbol{x}_{\mathrm{p}}+\boldsymbol{n}_{\mathrm{p}} \tag{10.12}$$

式中：$\boldsymbol{x}_{\mathrm{p}}=[x_{\mathrm{p}}[1], x_{\mathrm{p}}[2], \cdots, x_{\mathrm{p}}[L-1]]^{\mathrm{T}}$ 是主信号矢量；上标T表示转置操作；$\boldsymbol{n}_{\mathrm{p}}$ 表示噪声矢量，每个元素都是独立的复高斯随机变量 $\mathcal{CN}(0, N_0)$；$\boldsymbol{H}_{ij}$ 是等价的MIMO信道，尺寸为 $L\times(L-1)$，即

$$\boldsymbol{H}_{ij}=\begin{bmatrix} C_{\mathrm{p}} & 0 & \cdots & 0 & 0 & 0 \\ C_i & C_{\mathrm{p}} & \cdots & 0 & 0 & 0 \\ 0 & C_j & \cdots & 0 & 0 & 0 \\ \vdots & \vdots & \vdots & \vdots & \vdots & \vdots \\ 0 & 0 & \cdots & C_j & C_{\mathrm{p}} & 0 \\ 0 & 0 & \cdots & 0 & C_i & C_{\mathrm{p}} \\ 0 & 0 & \cdots & 0 & 0 & C_j \end{bmatrix} \tag{10.13}$$

式中：$C_{\mathrm{p}}=\sqrt{P_{\mathrm{p}}}h_{\mathrm{PT},\mathrm{PR}}$；$C_i=\sqrt{P_{\mathrm{s}}}h_{\mathrm{ST}_i,\mathrm{PR}}$；$C_j=\sqrt{P_{\mathrm{s}}}h_{\mathrm{ST}_j,\mathrm{PR}}$。在 L 个时隙中协作传输了 $L-1$ 个主用户符号，获得了全空间分集增益，因为每个符号均经历了两条独立的链路到

达 PR。主用户的可达速率表示为 $R_{pij}^{t_5}$，即

$$R_{pij}^{t_5}=\frac{1}{N}\log_2[\det(\boldsymbol{I}+\widetilde{\boldsymbol{H}}_{ij}\widetilde{\boldsymbol{H}}_{ij}^{H})] \tag{10.14}$$

式中：$\widetilde{\boldsymbol{H}}_{ij}$ 为归一化的等价 MIMO 信道，$\widetilde{\boldsymbol{H}}_{ij}=\sqrt{1/N_0}\boldsymbol{H}_{ij}$。在 TPSR 协作通信过程中，主信号的可达速率表达为

$$R_{pij}^{t}=\min\{R_{pij}^{t_1},R_{pij}^{t_2},R_{pij}^{t_3},R_{pij}^{t_4},R_{pij}^{t_5}\} \tag{10.15}$$

在协作传输主信号后，在剩余时间内，ST_i 传输次信号给 SR。次用户的可达速率为

$$R_{sij}^{t}=(1-\beta_{ij}^{t})\log_2(1+\gamma_{ST_i,SR}) \tag{10.16}$$

对于次系统，当 $\beta_{ij}^{t}<1$ 时，可达速率是存在的，否则设置 $R_{sij}^{t}=0$。

在求解方程 $R_{pij}^{t}=r_0$ 后，最优的时间分配为

$$\beta_{ij}^{t}=\max\{\beta_{ij}^{t_1},\beta_{ij}^{t_2},\beta_{ij}^{t_3},\beta_{ij}^{t_4},\beta_{ij}^{t_5}\} \tag{10.17}$$

式中：五项分别按照如下公式获得：$R_{pij}^{t_1}=r_0$，$R_{pij}^{t_2}=r_0$，$R_{pij}^{t_3}=r_0$，$R_{pij}^{t_4}=r_0$，$R_{pij}^{t_5}=r_0$。前面四个时间分配因子可直接获得，下面推导 $\beta_{ij}^{t_5}$ 的近似值。因为 $R_{pij}^{t_5}$ 中表达式 $\boldsymbol{I}+\widetilde{\boldsymbol{H}}_{ij}\widetilde{\boldsymbol{H}}_{ij}^{H}$ 是一个三对角矩阵，其行列式值很难获得，因此 $R_{pij}^{t_5}$ 的闭式解不可得。将要推导一个上限值，即

$$\hat{R}_{pij}^{t_5}=\frac{\beta_{ij}^{t}}{2}\log_2[\gamma_{ST_i,PR}(1+\gamma_{ST_j,PR})+(1+\gamma_{PT,PR})(1+\gamma_{PT,PR}+\gamma_{ST_j,PR})] \tag{10.18}$$

使 $\hat{R}_{pij}^{t_5}=r_0$，可以获得 $\beta_{ij}^{t_5}$ 的一个紧凑的下限值，表示为 $\hat{\beta}_{ij}^{t_5}$。

10.3.3 DF 机制最优时间分配

针对采用 DF 的频谱租借机制，对用户 ST_i，($\forall i\in\mathscr{M}$) 可构建如下优化问题

$$\begin{cases}\max\limits_{\beta_i^d} & R_{si}^{d}\\ \text{s.t.} & R_{pi}^{d}\geqslant r_0\end{cases} \tag{10.19}$$

式中：R_{pi}^{d} 为当 ST_i 按照 DF 方式协助传输主数据时，主系统的可达速率，bits/s/Hz。与基于 TPSR 的机制类似，该问题在保护主用户目标速率的前提下，最大化次系统的数据速率。最优的时间分配通过式子 $R_{pi}^{d}=r_0$ 获得。

(1) 如果 $\beta_i^d\geqslant1$，ST_i 采用 DF 协作机制不能满足主用户目标速率的要求，在这种情况下，次系统的可达速率设置为 $R_{si}^{d}=0$。

(2) 如果 $0<\beta_i^d<1$，ST_i 采用 DF 协作机制能满足主用户目标速率要求，在这种情况下，次系统的可达速率满足 $R_{si}^{d}>0$。则 ST_i 属于潜在中继节点集合 $\mathscr{F}$。

接下来，将要确定基于 DF 协作策略的频谱租借机制最优的时间分配。当 PT 在前面 ($\beta_i^d/2$) N 个时隙发送数据时，PR 需要接收并保存该信号，同时 ST_i 侦听主信号，在 ST_i 端主信号的可达速率为

$$R_{pi}^{d_1}=\frac{\beta_i^d}{2}\log_2(1+\gamma_{PT,ST_i}) \tag{10.20}$$

当 $R_{pi}^{d_1} \geqslant r_0$ 时，ST_i 能够成功检测主信号。在接下来的（$\beta_i^d/2$）N 个时隙中，ST_i 转发主信号给 PR。PR 采用 MRC 方式组合前面（$\beta_i^d/2$）N 个时隙和后面（$\beta_i^d/2$）N 个时隙接收的信号，进行相干解调，可达速率为

$$R_{pi}^{d_2} = \frac{\beta_i^d}{2}\log_2(1+\gamma_{PT,PR}+\gamma_{ST_i,PR}) \tag{10.21}$$

在 DF 协作传输过程中，主信号的可达速率可以表达为

$$R_{pi}^{d} = \min\{R_{pi}^{d_1}, R_{pi}^{d_2}\} \tag{10.22}$$

当主信号协作传输完成后，ST_i 向 SR 直接发送次信号，次信号传输的可达速率为

$$R_{si}^{d} = (1-\beta_i^d)\log_2(1+\gamma_{ST_i,SR}) \tag{10.23}$$

通过公式 $R_{pi}^{d} = r_0$，可以求解最优的时间分配系数为

$$\beta_i^d = \max\{\beta_i^{d_1}, \beta_i^{d_2}\} \tag{10.24}$$

式中：这两项可分别通过 $R_{pi}^{d_1} = r_0$ 和 $R_{pi}^{d_2} = r_0$ 获得。当 $\beta_i^d < 1$ 时，次系统的可达速率是存在的，否则，设置 $R_{si}^{d} = 0$。

需要说明的是，对于某个 ST_i，（$\forall i \in \mathscr{M}$），它属于潜在中继节点几何 $\mathscr{F}$ 的条件是 $\min\{\beta_i^d, \beta_{ii^*}^t\} < 1$，因为时间分配因子大于 0，忽略了该因子的下限。只有当 ST_i 属于 $\mathscr{F}$ 时，它才有机会参与频谱租借，并在 TPSR 和 DF 协作方式中切换。ST_i 选择 DF 协作模式的条件是 $R_{sii^*}^{t} < R_{si}^{d}$，等价于 $\beta_i^d < \min\{1, \beta_{ii^*}^t\}$，即

$$\max\{\beta_i^{d_1}, \beta_i^{d_2}\} < \min\{1, \min_{j \in \mathscr{M}/\{i\}} \max\{\beta_{ij}^{t_1}, \beta_{ij}^{t_2}, \beta_{ij}^{t_3}, \beta_{ij}^{t_4}, \beta_{ij}^{t_5}\}\} \tag{10.25}$$

类似地，选择 TPSR 作为协作模式的条件为

$$\min_{j \in \mathscr{M}/\{i\}} \max\{\beta_{ij}^{t_1}, \beta_{ij}^{t_2}, \beta_{ij}^{t_3}, \beta_{ij}^{t_4}, \beta_{ij}^{t_5}\} < \min\{1, \max\{\beta_i^{d_1}, \beta_i^{d_2}\}\} \tag{10.26}$$

对于每个主数据传输阶段，每个 ST 需要估计相关的 CSI，并在 DF 和 TPSR 模式之间转换。在潜在中继节点集合中，调度能够获得最大次链路可达速率的 ST 参与频谱共享，并选择它优先的协作模式。

10.4 分集性能分析

在本节，给定主次系统的发射速率，推导了中断概率并分析了主系统的协作分集增益和次系统的选择分集增益。

10.4.1 主系统协作分集

当 $\mathscr{F} \neq \varnothing$，可选择一个 ST 参加频谱租借，可确保主用户的目标速率，主系统数据传输不会产生中断。但是当 $\mathscr{F} = \varnothing$ 时，系统中没有次数据传输，PR 只接收到来自 PT 的主信号。因此，主系统中断事件的发生条件是 $\mathscr{F} = \varnothing$，且直接链路传输失败。主系统的中断概率表示为 P_{out}^{p}，即

$$\begin{aligned} P_{out}^{p} &= \Pr\{\mathscr{F} = \varnothing, \log_2(1+\gamma_{PT,PR}) < r_0\} \\ &= \Pr\{\beta_{11^*}^{t} \geqslant 1, \beta_1^d \geqslant 1, \cdots, \beta_{mm^*}^{t} \geqslant 1, \beta_m^d \geqslant 1, \gamma_{PT,PR} < c_0\} \end{aligned} \tag{10.27}$$

其中

$$c_0=2^{r_0}-1$$

式（10.27）表示对于每个 ST 不能确定最优时间分配来满足主系统的目标速率，并且直接链路（PT，PR）失败。$P_{\text{out}}^{\text{p}}$ 的一个上限记为 $P_{\text{out}}^{\text{p}}$，即

$$P_{\text{out}}^{\text{p}}\leqslant\hat{P}_{\text{out}}^{\text{p}_1}=\Pr\{\beta_1^{\text{d}}\geqslant1,\cdots,\beta_m^{\text{d}}\geqslant1,\gamma_{\text{PT,PR}}<c_0\}\tag{10.28}$$

该上限的获得只考虑了基于 DF 协议的频谱租借机制。

对于给定的 $\Gamma_{\text{PT,PR}}=\gamma_{\text{PT,PR}}$，记为事件 $\mathscr{A}$，ST_i，（$\forall i\in\mathscr{M}$）在 DF 协作中保持沉默的概率为

$$\Pr\{\beta_i^{\text{d}}\geqslant1\mid\mathscr{A}\}=1-\Pr\{\max\{\beta_i^{\text{d}_1},\beta_i^{\text{d}_2}\}<1\mid\mathscr{A}\}=1-\exp\left[-\left(\frac{c_1}{\overline{\gamma}_{\text{PT,ST}}}+\frac{c_1}{\overline{\gamma}_{\text{ST,PR}}}\right)\right]\exp\left(\frac{\gamma_{\text{PT,PR}}}{\overline{\gamma}_{\text{ST,PR}}}\right)\tag{10.29}$$

式中：$c_1=4^{r_0}-1$；$\overline{\gamma}_{\text{PT,ST}}=\rho\overline{G}_{\text{PT,ST}}$ 和 $\overline{\gamma}_{\text{ST,PR}}=\eta\rho\overline{G}_{\text{ST,PR}}$ 分别表示链路（PT，ST_i）和链路（ST_i，PR）的平均 SNR。上限可进一步计算为

$$\begin{aligned}\hat{P}_{\text{out}}^{\text{p}_1}&=\int_0^{c_0}[Pr\{\beta_i^{\text{d}}\geqslant1\mid\mathscr{A}\}]^m f_{\Gamma_{\text{PT,PR}}}(\gamma_{\text{PT,PR}})d_{\gamma_{\text{PT,PR}}}\\&\leqslant\hat{P}_{\text{out}}^{\text{p}_2}=\int_0^{c_0}\left\{1-\exp\left[1-\left(\frac{c_1}{\overline{\gamma}_{\text{PT,ST}}}+\frac{c_1}{\overline{\gamma}_{\text{ST,PR}}}\right)\right]\right\}^m f_{\Gamma_{\text{PT,PR}}}(\gamma_{\text{PT,PR}})\mathrm{d}\gamma_{\text{PT,PR}}\end{aligned}\tag{10.30}$$

$f_{\Gamma_{\text{PT,PR}}}(\gamma_{\text{PT,PR}})$ 是服从指数分布的随机变量 $\Gamma_{\text{PT,PR}}$ 的 PDF。式（10.30）中的上限可以求解为

$$\begin{aligned}\hat{P}_{\text{out}}^{\text{p}_2}&=\left\{1-\exp\left[-\left(\frac{c_1}{\rho\overline{G}_{\text{PT,ST}}}+\frac{c_1}{\eta\rho\overline{G}_{\text{ST,PR}}}\right)\right]\right\}^m\left[1-\exp\left(-\frac{c_0}{\rho\overline{G}_{\text{PT,PR}}}\right)\right]\\&\approx\frac{1}{\rho^{m+1}}\left(\frac{c_1}{\overline{G}_{\text{PT,ST}}}+\frac{c_1}{\eta\overline{G}_{\text{ST,PR}}}\right)^m\frac{c_0}{\overline{G}_{\text{PT,PR}}}\end{aligned}\tag{10.31}$$

式（10.31）中的近似值是当 ρ 很大时获得的。从式（10.31）的中断概率上限中，可以获得以下协作分集阶数，即

$$\hat{d}_{\text{p}}=-\lim_{\rho\to\infty}\frac{\log(\hat{P}_{\text{out}}^{\text{p}_2})}{\log\rho}=m+1\tag{10.32}$$

从该式中，注意到可获得的协作分集增益为（$m+1$）。

接下来，按照式（3.27），推导了中断概率的一个下限，即

$$P_{\text{out}}^{\text{p}}\geqslant\check{P}_{\text{out}}^{\text{p}}=\Pr\{\beta_{11^*}^{\text{t}_4}\geqslant1,\cdots,\beta_{mm^*}^{\text{t}_4}\geqslant1,\gamma_{\text{PT,PR}}<c_0\}\tag{10.33}$$

该式给出了参考条件 $\beta_{ii^*}^{\text{t}}=\max\{\beta_{ii^*}^{\text{t}_1},\beta_{ii^*}^{\text{t}_2},\beta_{ii^*}^{\text{t}_3},\beta_{ii^*}^{\text{t}_4},\beta_{ii^*}^{\text{t}_5}\}\geqslant\beta_{ii^*}^{\text{t}_4}$ 和 $\beta_i^{\text{d}}=\max\{\beta_i^{\text{d}_1},\beta_i^{\text{d}_2}\}\geqslant\beta_i^{\text{d}_1}=2\beta_{ii^*}^{\text{t}_4}$。

给定事件 $\mathscr{A}$ 发生的条件，即 $\Gamma_{\text{PT,PR}}=\gamma_{\text{PT,PR}}$，有

$$\Pr\{\beta_{ii^*}^{t_4}\geqslant 1\mid\mathscr{A}\}=\Pr\{\gamma_{PT,ST_i}\leqslant c_0\}=1-\exp\left(-\frac{c_0}{\overline{\gamma}_{PT,ST}}\right)\tag{10.34}$$

下限 $\check{P}_{out}^{p}$ 可以计算为

$$\begin{aligned}\check{P}_{out}^{p}&=\int_0^{c_0}[\Pr\{\beta_{ii^*}^{t_4}\geqslant 1\mid\mathscr{A}\}]^m f_{\Gamma_{PT,PR}}(\gamma_{PT,PR})d\gamma_{PT,PR}\\&=\left[1-\exp\left(-\frac{c_0}{\rho\overline{G}_{PT,ST}}\right)\right]^m\left[1-\exp\left(-\frac{c_0}{\rho\overline{G}_{PT,PR}}\right)\right]\\&\approx\frac{1}{\rho^{m+1}}\left(\frac{c_0}{\overline{G}_{PT,ST}}\right)^m\frac{c_0}{\overline{G}_{PT,PR}}\end{aligned}\tag{10.35}$$

式中：近似值是当 ρ 很大时获得的。从中断概率下限式（10.35）中，能够获得如下协作分集阶数

$$\check{d}_p=-\lim_{\rho\to\infty}\frac{\log(\check{P}_{out}^{p})}{\log\rho}=m+1\tag{10.36}$$

从该式中，注意到协作分集增益为（$m+1$）。

因为有 m 个 STs 竞争中继传输主信号，且系统中存在主链路（PT→PR），主信号传输过程共考虑了 $m+1$ 条独立的链路，因此从式（10.32）和式（10.36）中，可以看到，主系统的协作分集增益为（$m+1$）。存在越多的 STs 竞争参与频谱租借，主系统就会获得越高的分集增益。

10.4.2 次系统选择分集

在潜在中继节点集合中，选择能为次系统带来最大可达速率的 ST 中继传输主数据，并传输次数据。若所选择的 ST 和公共 SR 之间的目标速率不能被满足，次系统就会发生中断[126]。因为每个 ST 的数据长度是一样的，并且传输速率固定为 r_1，中断性能可以反映次系统的吞吐量。次系统的中断概率表示为 P_{out}^{s}，即

$$\begin{aligned}P_{out}^{s}&=\Pr\{R_{s_1}<r_1,\cdots,R_{sm}<r_1\}\\&=\Pr\{R_{s11^*}^{t}<r_1,R_{s_1}^{d}<r_1,\cdots,R_{smm^*}^{t}<r_1,R_{sm}^{d}<r_1\}\end{aligned}\tag{10.37}$$

中断概率的上限表示为 $\hat{P}_{out}^{s_1}$，即

$$P_{out}^{s}\leqslant\hat{P}_{out}^{s_1}=\Pr\{R_{s_1}^{d}<r_1,\cdots,R_{sm}^{d}<r_1\}\tag{10.38}$$

式（10.38）中的中断概率上限是在只考虑 DF 协作下给出的。给定事件 $\mathscr{A}$ 发生的条件，即 $\Gamma_{PT,PR}=\gamma_{PT,PR}$，某个 ST_i（$\forall i\in\mathscr{M}$）在 DF 协作模式下传输次数据失败的概率表示为 $\Pr\{R_{si}^{d}<r_1\mid\mathscr{A}\}$，计算为

$$\begin{aligned}&\Pr\{(1-\beta_i^d)\log_2(1+\gamma_{ST_i,SR})<r_1\mid\mathscr{A}\}\\&\leqslant\Pr\{\beta_i^d>\theta_0\mid\mathscr{A}\}+\Pr\{\beta_i^d\leqslant\theta_0,\gamma_{ST_i,SR}<2^{\frac{r_1}{1-\beta_i^d}}-1\mid\mathscr{A}\}\\&\leqslant 1-\Pr\{\beta_i^d\leqslant\theta_0\mid\mathscr{A}\}\Pr\{\gamma_{ST_i,SR}\geqslant 2^{\frac{r_1}{1-\theta_0}}-1\mid\mathscr{A}\}\end{aligned}\tag{10.39}$$

式中：$0<\theta_0<1$ 是一个常量。进一步有

$$\Pr\{\beta_i^{\mathrm{d}}\leqslant\theta_0\mid\mathscr{A}\}=\Pr\{\max\{\beta_i^{\mathrm{d}_1},\beta_i^{\mathrm{d}_2}\}\leqslant\theta_0\mid\mathscr{A}\}$$

$$=\begin{cases}\exp\left(-\dfrac{v_0}{\overline{\gamma}_{\mathrm{PT,ST}}}\right)\exp\left(-\dfrac{v_0-\gamma_{\mathrm{PT,PR}}}{\overline{\gamma}_{\mathrm{ST,PR}}}\right),\gamma_{\mathrm{PT,PR}}<v_0\\ \exp\left(-\dfrac{v_0}{\overline{\gamma}_{\mathrm{PT,ST}}}\right),\gamma_{\mathrm{PS,PR}}\geqslant v_0\end{cases}\tag{10.40}$$

式中：$v_0=4^{r_0/\theta_0}-1$。参考式（10.40）和式（10.39）中的上限可以推导为

$$\Pr\{R_{si}^{\mathrm{d}}<r_1\mid\mathscr{A}\}\leqslant1-\Pr\{\beta_i^{\mathrm{d}}\leqslant\theta_0\mid\mathscr{A}\}\Pr\{\gamma_{\mathrm{ST}_i,\mathrm{SR}}\geqslant v_1\mid\mathscr{A}\}$$

$$\leqslant1-\exp\left(-\frac{v_0}{\overline{\gamma}_{\mathrm{PT,ST}}}\right)\exp\left(-\frac{v_0}{\overline{\gamma}_{\mathrm{ST,PR}}}\right)\exp\left(-\frac{v_1}{\overline{\gamma}_{\mathrm{ST,SR}}}\right)\tag{10.41}$$

式中：$v_1=2^{\frac{r_1}{1-\theta_0}}-1$。按照式（10.38）和式（10.41），上限 $\hat{P}_{\mathrm{out}}^{\mathrm{s}_1}$ 可进一步推导为

$$\hat{P}_{\mathrm{out}}^{\mathrm{s}_1}=\int_0^{\infty}(\Pr\{R_{si}^{\mathrm{d}}<r_1\mid\mathscr{A}\})^m f_{\Gamma_{\mathrm{PT,PR}}}(\gamma_{\mathrm{PT,PR}})\mathrm{d}\gamma_{\mathrm{PT,PR}}$$

$$\leqslant\hat{P}_{\mathrm{out}}^{\mathrm{s}_2}=\left[1-\exp\left(-\frac{v_0}{\overline{\gamma}_{\mathrm{PT,ST}}}\right)\exp\left(-\frac{v_0}{\overline{\gamma}_{\mathrm{ST,PR}}}\right)\exp\left(-\frac{v_1}{\overline{\gamma}_{\mathrm{ST,SR}}}\right)\right]^m$$

$$\approx\frac{1}{\rho^m}\left(\frac{v_0}{\overline{G}_{\mathrm{PT,ST}}}+\frac{v_0}{\eta\overline{G}_{\mathrm{ST,PR}}}+\frac{v_1}{\eta\overline{G}_{\mathrm{ST,SR}}}\right)^m\tag{10.42}$$

式中：近似结果是在 ρ 很大的情况下获得的。采用中断概率的上限结果式（10.42），可获得选择分集阶数为

$$\hat{d}_{\mathrm{s}}=-\lim_{\rho\to\infty}\frac{\log(\hat{P}_{\mathrm{out}}^{\mathrm{s}_2})}{\log\rho}=m\tag{10.43}$$

从该式中可以看到，选择分集增益为 m。

接下来，推导中断概率的一个下限，记为 $\check{P}_{\mathrm{out}}^{\mathrm{s}_1}$，即

$$P_{\mathrm{out}}^{\mathrm{s}}\geqslant\check{P}_{\mathrm{out}}^{\mathrm{s}_1}=\Pr\{(1-\beta_{11^*}^{\mathrm{t}_4})\log_2(1+\gamma_{\mathrm{ST}_1,\mathrm{SR}})<r_1,\cdots,(1-\beta_{mm^*}^{\mathrm{t}_4})\log_2(1+\gamma_{\mathrm{ST}_m,\mathrm{SR}})<r_1\}\tag{10.44}$$

在推导下限的过程中，考虑了 $\beta_{ii^*}^{\mathrm{t}}\geqslant\beta_{ii^*}^{\mathrm{t}_4}$ 和 $\beta_i^{\mathrm{d}}\geqslant\beta_i^{\mathrm{d}_1}=2\beta_{ii^*}^{\mathrm{t}_4}$。研究一个 ST_i（$\forall i\in\mathscr{M}$）的中断概率为

$$\Pr\{(1-\beta_{ii^*}^{\mathrm{t}_4})\log_2(1+\gamma_{\mathrm{ST}_i,\mathrm{SR}})<r_1\}\geqslant\Pr\{\beta_{ii^*}^{\mathrm{t}_4}\geqslant1\}=1-\exp\left(-\frac{c_0}{\overline{\gamma}_{\mathrm{PT,ST}}}\right)\tag{10.45}$$

考虑到对应不同 STs 的随机变量是相互独立的，式（10.44）中的中断概率下限可以进一步推导为

$$\check{P}_{\mathrm{out}}^{\mathrm{s}_1}\geqslant\check{P}_{\mathrm{out}}^{\mathrm{s}_2}=\left[1-\exp\left(-\frac{c_0}{\overline{\gamma}_{\mathrm{PT,ST}}}\right)\right]^m\approx\frac{1}{\rho_m}\left(\frac{c_0}{\overline{G}_{\mathrm{PT,ST}}}\right)^m\tag{10.46}$$

式中：近似结果是在 $\rho\to\infty$ 下获得的。采用中断概率的下限式（10.46），可以获得如下选

择分集阶数

$$\hat{d}_{\mathrm{s}}=-\lim_{\rho\to\infty}\frac{\log(\check{P}_{\mathrm{out}}^{s_2})}{\log\rho}=m \tag{10.47}$$

从该式中可以看到，选择分集增益为 m。

根据式（10.43）和式（10.47）可知，次系统可获得选择分集增益 m，这是因为在 m 个潜在 STs 中选择了一个最优 ST，以进行次数据传输。通过观察主系统的协作分集和次系统的选择分集，相比传统的中继选择协作通信网络，频谱租借机制可获得相同的分集增益[119]。因此，两个系统可使用同一段频谱，而不损失分集增益。

10.5 多用户分集：吞吐量标度律

固定主系统的目标速率为 r_0，本节研究了次系统的多用户分集性能，即吞吐量与次用户数之间的变化关系。因为选择具有最大速率的潜在 ST，次系统的可达速率为随机变量 Q，即

$$Q=\max_{i\in\mathcal{M}}R_{\mathrm{s}i}=\max_{i\in\mathcal{M}}\max\{R_{\mathrm{s}ii^*}^{\mathrm{t}},R_{\mathrm{s}i}^{\mathrm{d}}\} \tag{10.48}$$

基于如下引理，将要分析吞吐量的下限和上限。

引理 1[129]：设置 $Z_m=\max_{i\in\mathcal{M}}\zeta_i$，其中 ζ_1，ζ_2，…，ζ_m 是独立同分布的随机变量，累积分布函数为 $F(x)$。定义 $w(F)=\sup\{x: F(x)<1\}$，假设存在一个实数 x_1，对于任意 $x_1\leqslant x<w(F)$，$f(x)=F'(x)$ 和 $F''(x)$ 存在，并且 $f(x)\neq 0$。如果

$$\lim_{x\to w(F)}\frac{\mathrm{d}}{\mathrm{d}x}\left[\frac{1-F(x)}{f(x)}\right]=0 \tag{10.49}$$

则存在 a_m 和 $b_m>0$，当 $m\to\infty$，$\frac{Z_m-a_m}{b_m}$依分布收敛于归一化的 Gumbel 随机变量。常量 a_m 和 b_m 为 $a_m=F^{-1}\left(1-\frac{1}{m}\right)$，$b_m=F^{-1}\left(1-\frac{1}{me}\right)-a_m$。当 $m\to\infty$时，$\mathbb{E}[Z]\approx a_m+E_0 b_m$，其中 $E_0=0.5772\cdots$是 Euler 常数。

10.5.1 吞吐量下限

次用户速率 Q 的一个下限记为 V，表示为

$$V=\max_{i\in\mathcal{M}}(1-\hat{\beta}_i^{\mathrm{d}})\log_2(1+\gamma_{\mathrm{ST}_i,\mathrm{SR}})\leqslant\max_{i\in\mathcal{M}}R_{\mathrm{s}i}^{\mathrm{d}}\leqslant Q \tag{10.50}$$

式中：$\hat{\beta}_i^{\mathrm{d}}$ 表示时间系数 β_i^{d} 的上限，即

$$\hat{\beta}_i^{\mathrm{d}}=\max\left\{\frac{2r_0}{\log_2(1+\gamma_{\mathrm{PT},\mathrm{ST}_i})},\frac{2r_0}{\log_2(1+\gamma_{\mathrm{ST}_i,\mathrm{PR}})}\right\} \tag{10.51}$$

$\hat{\beta}_i^{\mathrm{d}}$ 的累积分布函数（CDF）记为 $F_B(\beta)$，推导为

$$F_B(\beta)=\exp\left(\frac{1}{\bar{\gamma}_{\mathrm{PT,ST}}}+\frac{1}{\bar{\gamma}_{\mathrm{ST,PR}}}\right)\exp\left[-4^{r_0/\beta}\left(\frac{1}{\bar{\gamma}_{\mathrm{PT,ST}}}+\frac{1}{\bar{\gamma}_{\mathrm{ST,PR}}}\right)\right] \tag{10.52}$$

对于次系统的速率下限 V，每一个独立同分布元素的 CDF 记为 $F_V(x)$，即

$$\begin{aligned} F_V(x) &= \Pr\{(1-\beta)\log_2(1+\gamma_{\mathrm{ST,SR}}) \leqslant x\} \\ &= \Pr\{\beta \geqslant 1\} + \Pr\{\beta < 1, \gamma_{\mathrm{ST,SR}} \leqslant 2^{\frac{x}{1-\beta}} - 1\} \\ &= 1 - \Pr\{\beta < 1, \gamma_{\mathrm{ST,SR}} > 2^{\frac{x}{1-\beta}} - 1\} \\ &= 1 - \exp\left(\frac{1}{\bar{\gamma}_{\mathrm{ST,SR}}}\right)\int_0^1 \exp\left(-\frac{2^{\frac{x}{1-\beta}}}{\bar{\gamma}_{\mathrm{ST,SR}}}\right) f_B(\beta)\mathrm{d}\beta \end{aligned} \tag{10.53}$$

式中：$f_B(\beta)$ 为 $\hat{\beta}_i^{\mathrm{d}}$ 的 PDF。很难获得式（10.53）的闭式解，但是可给出 $F_V(x)$ 的上限

$$F_V(x) \leqslant F_{V_u}(x) = 1 - \Pr\{\beta \leqslant \beta_0, \gamma_{\mathrm{ST,SR}} > 2^{\frac{x}{1-\beta_0}} - 1\} = 1 - k_u \exp\left(-\frac{2^{\frac{x}{1-\beta_0}}}{\bar{\gamma}_{\mathrm{ST,SR}}}\right) \tag{10.54}$$

式中：$0 < \beta_0 < 1$ 是一个常量，$k_u = F_B(\beta_0)\exp\left(\frac{1}{\bar{\gamma}_{\mathrm{ST,SR}}}\right)$，$F_B(\cdot)$ 在式（10.52）给出。

满足条件式（10.49）的证明：替换引理 1 式（10.49）中的 $F_V(x)$ 和 $f_V(x)$，可以得到

$$\lim_{x\to\infty} \frac{\mathrm{d}}{\mathrm{d}x}\left[\frac{1-F_V(x)}{f_V(x)}\right] = \lim_{x\to\infty}\left\{-1 - \frac{[1-F_V(x)]f'_V(x)}{f_V^2(x)}\right\} \tag{10.55}$$

按照式（10.53）中 $F_V(x)$ 的表达式，可以得到 PDF$f_V(x)$ 如下

$$f_V(x) = \frac{\ln 2}{\bar{\gamma}_{\mathrm{ST,SR}}}\exp\left(\frac{1}{\bar{\gamma}_{\mathrm{ST,SR}}}\right)\int_0^1 \frac{2^{\frac{x}{1-\beta}}}{1-\beta}\exp\left(-\frac{2^{\frac{x}{1-\beta}}}{\bar{\gamma}_{\mathrm{ST,SR}}}\right) f_B(\beta)\mathrm{d}\beta \tag{10.56}$$

$f_V(x)$ 对应于 x 的导数为

$$\begin{aligned} f'_V(x) = &\frac{(\ln 2)^2}{\bar{\gamma}_{\mathrm{ST,SR}}}\exp\left(\frac{1}{\bar{\gamma}_{\mathrm{ST,SR}}}\right)\int_0^1 \frac{2^{\frac{x}{1-\beta}}}{(1-\beta)^2}\exp\left(-\frac{2^{\frac{x}{1-\beta}}}{\bar{\gamma}_{\mathrm{ST,SR}}}\right) f_B(\beta)\mathrm{d}\beta \\ &-\left(\frac{\ln 2}{\bar{\gamma}_{\mathrm{ST,SR}}}\right)^2 \exp\left(\frac{1}{\bar{\gamma}_{\mathrm{ST,SR}}}\right)\int_0^1 \frac{2^{\frac{2x}{1-\beta}}}{(1-\beta)^2}\exp\left(-\frac{2^{\frac{x}{1-\beta}}}{\bar{\gamma}_{\mathrm{ST,SR}}}\right) f_B(\beta)\mathrm{d}\beta \end{aligned} \tag{10.57}$$

通过把 $F_V(x)$、$f_V(x)$ 和 $f'_V(x)$ 代入式（10.55），有

$$\lim_{x\to\infty} \frac{[1-F_V(x)]f'_V(x)}{f_V^2(x)} = \mathcal{T}_2 - \mathcal{T}_3 \tag{10.58}$$

其中

$$\mathcal{T}_2 = \lim_{x\to\infty} \frac{\bar{\gamma}_{\mathrm{ST,SR}}\int_0^1 \exp\left(-\frac{2^{\frac{x}{1-\beta}}}{\bar{\gamma}_{\mathrm{ST,SR}}}\right) f_B(\beta)\mathrm{d}\beta \int_0^1 \frac{2^{\frac{x}{1-\beta}}}{(1-\beta)^2}\exp\left(-\frac{2^{\frac{x}{1-\beta}}}{\bar{\gamma}_{\mathrm{ST,SR}}}\right) f_B(\beta)\mathrm{d}\beta}{\left[\int_0^1 \frac{2^{\frac{x}{1-\beta}}}{1-\beta}\exp\left(-\frac{2^{\frac{x}{1-\beta}}}{\bar{\gamma}_{\mathrm{ST,SR}}}\right) f_B(\beta)\mathrm{d}\beta\right]^2} \tag{10.59}$$

$$\mathcal{T}_3 = \lim_{x\to\infty} \frac{\int_0^1 \exp\left(-\frac{2^{\frac{x}{1-\beta}}}{\bar{\gamma}_{\mathrm{ST,SR}}}\right) f_B(\beta)\mathrm{d}\beta \int_0^1 \frac{2^{\frac{2x}{1-\beta}}}{(1-\beta)^2}\exp\left(-\frac{2^{\frac{x}{1-\beta}}}{\bar{\gamma}_{\mathrm{ST,SR}}}\right) f_B(\beta)\mathrm{d}\beta}{\left[\int_0^1 \frac{2^{\frac{x}{1-\beta}}}{1-\beta}\exp\left(-\frac{2^{\frac{x}{1-\beta}}}{\bar{\gamma}_{\mathrm{ST,SR}}}\right) f_B(\beta)\mathrm{d}\beta\right]^2} \tag{10.60}$$

为了得到式（10.59）中当 $x\to\infty$时，关于 $\mathscr{T}_2$ 的极限值，有

$$\mathscr{T}_2=\bar{\gamma}_{\mathrm{ST,SR}}\lim_{\Delta\beta\to 0}\lim_{x\to\infty}\frac{\sum_{i=0}^{n}\mathscr{B}_i\sum_{j=0}^{n}\mathscr{D}_j}{\sum_{i=0}^{n}\varepsilon_i\sum_{j=0}^{n}\varepsilon_j} \tag{10.61}$$

在推导该式中，把 β 的区间（0，1）分成很多小的等间距的区间 $\{(0,\beta_1],(\beta_1,\beta_2],\cdots,(\beta_i,\beta_{i+1}]\cdots,(\beta_{n-1},\beta_n],(\beta_n,1)\}$，间距为 $\Delta\beta$。小区间的数目为 n。式（10.61）的相关项表示为

$$\begin{cases}\mathscr{B}_i=\exp\left(-\dfrac{2^{\frac{x}{1-\beta_i}}}{\bar{\gamma}_{\mathrm{ST,SR}}}\right)f_B(\beta_i)\Delta\beta\\ \mathscr{D}_j=\dfrac{2^{\frac{x}{1-\beta_j}}}{(1-\beta_j)^2}\exp\left(-\dfrac{2^{\frac{x}{1-\beta_j}}}{\bar{\gamma}_{\mathrm{ST,SR}}}\right)f_B(\beta_j)\Delta\beta\\ \varepsilon_i=\dfrac{2^{\frac{x}{1-\beta_i}}}{1-\beta_i}\exp\left(-\dfrac{2^{\frac{x}{1-\beta_i}}}{\bar{\gamma}_{\mathrm{ST,SR}}}\right)f_B(\beta_i)\Delta\beta\end{cases} \tag{10.62}$$

考虑式（10.61）分子和分母中的具有同样索引的一个特别项。给定 $\Delta\beta$，即

$$\lim_{x\to\infty}\frac{\mathscr{B}_i\mathscr{D}_j}{\varepsilon_i\varepsilon_j}=\lim_{x\to\infty}\frac{1-\beta_i}{1-\beta_j}\frac{1}{2^{\frac{x}{1-\beta_i}}}=0 \tag{10.63}$$

因此，考虑到式（10.61）分子和分母中的各项，可得到 $\mathscr{I}_2=0$。类似于 $\mathscr{I}_2$ 的分析，对于式（10.60）中的 $\mathscr{I}_3$，有如下表达式，即

$$\mathscr{I}_3=\lim_{\Delta\beta\to 0}\lim_{x\to 0}\frac{\sum_{i=0}^{n}\sum_{j=0}^{k}a_{ij}}{\sum_{i=0}^{n}\sum_{j=0}^{k}b_{ij}} \tag{10.64}$$

$$\begin{cases}a_{ij}=\exp\left(-\dfrac{2^{\frac{x}{1-\beta_i}}}{\bar{\gamma}_{\mathrm{ST,SR}}}\right)f_B(\beta_i)\Delta\beta\,\dfrac{2^{\frac{2x}{1-\beta_j}}}{(1-\beta_j)^2}\exp\left(-\dfrac{2^{\frac{x}{1-\beta_j}}}{\bar{\gamma}_{\mathrm{ST,SR}}}\right)f_B(\beta_j)\Delta\beta\\ b_{ij}=\dfrac{2^{\frac{x}{1-\beta_i}}}{1-\beta_i}\exp\left(-\dfrac{2^{\frac{x}{1-\beta_i}}}{\bar{\gamma}_{\mathrm{ST,SR}}}\right)f_B(\beta_i)\Delta\beta\,\dfrac{2^{\frac{x}{1-\beta_j}}}{(1-\beta_j)}\exp\left(-\dfrac{2^{\frac{x}{1-\beta_j}}}{\bar{\gamma}_{\mathrm{ST,SR}}}\right)f_B(\beta_j)\Delta\beta\end{cases} \tag{10.65}$$

有如下的发现，即

$$\begin{cases}a_{ij}=\dfrac{1-\beta_i}{1-\beta_j}\dfrac{2^{\frac{x}{1-\beta_j}}}{2^{\frac{x}{1-\beta_i}}}b_{ij}\\ a_{ji}=\dfrac{1-\beta_j}{1-\beta_i}\dfrac{2^{\frac{x}{1-\beta_i}}}{2^{\frac{x}{1-\beta_j}}}b_{ij}\end{cases} \tag{10.66}$$

式中：考虑到 $b_{ij}=b_{ji}$。进一步研究式（10.64）分子上（$a_{ij}+a_{ji}$）和对应的分母里

（$b_{ij}+b_{ji}=2b_{ij}$）之间的区别，即

$$\lim_{x\to\infty} a_{ij}+a_{ji}-2b_{ij}=\exp\left(-\frac{2^{\frac{x}{1-\beta_i}}}{\bar{\gamma}_{\mathrm{ST,SR}}}\right)f(\beta_i)\Delta\beta\exp\left(-\frac{2^{\frac{x}{1-\beta_j}}}{\bar{\gamma}_{\mathrm{ST,SR}}}\right)f(\beta_j)\Delta\beta$$

$$\times\left[\frac{2^{\frac{2x}{1-\beta_j}}}{(1-\beta_j)^2}+\frac{2^{\frac{2x}{1-\beta_i}}}{(1-\beta_i)^2}-2\left(\frac{2^{\frac{x}{1-\beta_i}}}{1-\beta_i}\right)\left(\frac{2^{\frac{x}{1-\beta_j}}}{1-\beta_j}\right)\right] \tag{10.67}$$

可以推导出 $\lim_{x\to\infty} a_{ij}+a_{ji}-2b_{ij}=0$，式（10.64）中的极限值为 $\mathscr{I}_3=1$。因此，式（10.55）等于0，把 $F_V(x)$ 和 $f_V(x)$ 代入后，引理1的式（10.49）也是满足的。

因为 $F_V(x)$ 没有闭式表达，采用 $F_{V_u}(x)$ 去确定两个参数 a_m 和 b_m，分别标记为 a_m^u 和 b_m^u。

$$\begin{cases} a_m^u=F_{V_u}^{-1}\left(1-\dfrac{1}{m}\right)=(1-\beta_0)\log_2[\bar{\gamma}_{\mathrm{ST,SR}}\ln(k_u m)] \\ b_m^u=F_{V_u}^{-1}\left(1-\dfrac{1}{me}\right)-a_m^u=(1-\beta_0)\log_2\left[1+\dfrac{1}{\ln(k_u m)}\right] \end{cases} \tag{10.68}$$

随着 $m\to\infty$，参数 b_m^u 趋近于0。因此，渐进吞吐量的下限为 $a_m^u\leqslant\mathbb{E}[V]$。

10.5.2　吞吐量上限

因为 $\beta_{ii^*}^{\mathrm{t}}\geqslant\beta_{ii^*}^{\mathrm{t}_4}$，$\beta_i^{\mathrm{d}}\geqslant\beta_i^{\mathrm{d}_1}=2\beta_{ii^*}^{\mathrm{t}_4}$，次用户速率 Q 的一个上限记为 Λ，即

$$Q\leqslant\Lambda=\max_{i\in\mathscr{M}}(1-\beta_{ii^*}^{\mathrm{t}_4})\log_2(1+\gamma_{\mathrm{ST}_i,\mathrm{SR}}) \tag{10.69}$$

接下来，研究吞吐量的上限，即 $\mathbb{E}[\Lambda]$。$\beta_{ii^*}^{\mathrm{t}_4}$ 的CDF标记为 $F_{\widetilde{B}}(\beta)$，即

$$F_{\widetilde{B}}(\beta)=\exp\left(\frac{1}{\bar{\gamma}_{\mathrm{PT,ST}}}\right)\exp\left(-\frac{2^{r_0/\beta}}{\bar{\gamma}_{\mathrm{PT,ST}}}\right) \tag{10.70}$$

Λ 中的元素服从独立同分布，其CDF表示为 $F_\Lambda(x)$，即

$$F_\Lambda(x)=1-\exp\left(\frac{1}{\bar{\gamma}_{\mathrm{ST,SR}}}\right)\int_0^1\exp\left(-\frac{2^{\frac{x}{1-\beta}}}{\bar{\gamma}_{\mathrm{ST,SR}}}\right)f_{\widetilde{B}}(\beta)\mathrm{d}\beta \tag{10.71}$$

式中：$f_{\widetilde{B}}(\beta)$ 为 $\beta_{ii^*}^{\mathrm{t}_4}$ 的PDF。式（10.71）没有闭合表达式，但是可以推导一个下限，记为 $F_{\Lambda_l}(x)$，即

$$F_\Lambda(x)\geqslant F_{\Lambda_l}(x)=1-\Pr\{\beta<1,\gamma_{\mathrm{ST,SR}}>2^x-1\}=1-k_l\exp\left(-\frac{2^x}{\bar{\gamma}_{\mathrm{ST,SR}}}\right) \tag{10.72}$$

其中

$$k_l=F_{\widetilde{B}}(1)\ \exp\left(\frac{1}{\bar{\gamma}_{\mathrm{ST,SR}}}\right)$$

按照10.5.1节中的证明，通过替换 $F_\Lambda(x)$ 和 $f_\Lambda(x)$，引理式（10.49）也是满足的。$F_\Lambda(x)$ 的闭合表达式不存在，采用 $F_{\Lambda_l}(x)$ 来确定引理中的 a_m 和 b_m。标记为 a_m^l 和 b_m^l，可以推导出

$$\begin{cases} a_m^l = F_{\Lambda_l}^{-1}\left(1-\dfrac{1}{m}\right) = \log_2[\bar{\gamma}_{\mathrm{ST,SR}}\ln(k_l m)] \\ b_m^l = F_{\Lambda_l}^{-1}\left(1-\dfrac{1}{me}\right) - a_m^l = \log_2\left[1+\dfrac{1}{\ln(k_l m)}\right] \end{cases} \tag{10.73}$$

随着 $m\to\infty$，参数 b_m^l 趋近于 0。渐进吞吐量的上限表示为$\mathbb{E}[\Lambda]\leqslant a_m^l$。最终，系统的吞吐量为

$$a_m^u \leqslant \mathbb{E}[V] \leqslant \mathbb{E}[Q] \leqslant \mathbb{E}[\Lambda] \leqslant a_m^l \tag{10.74}$$

上限和下限的随次用户数的变化形式为

$$\lambda\log_2[\bar{\gamma}_{\mathrm{ST,SR}}\ln(km)] \approx \lambda[\log_2(\ln m)+\log_2(\bar{\gamma}_{\mathrm{ST,SR}})] \tag{10.75}$$

式中：近似值是在 m 非常大的情况下获得的。对于下限，有 $\lambda=1-\beta_0$，对于上限，有 $\lambda=1$。因此，作为一个相对于 m 连续且平稳的函数，当 $m\to\infty$时，次系统的吞吐量$\mathbb{E}[Q]$ 的变化形式为 $\log_2(\bar{\gamma}_{\mathrm{ST,SR}}\ln m)$。也就是说，随着 $m\to\infty$，吞吐量的标度律为 $\log(\log m)$。

10.6 数值和仿真结果

给出了数值与仿真结果以验证所提自适应频谱租借机制的效率，并验证分集性能。假设 $d_{\mathrm{PT,ST}_i}=d_{\mathrm{ST}_i,\mathrm{PR}}=d_{\mathrm{PT,ST}}$，$d_{\mathrm{ST}_i,\mathrm{ST}_j}=d_{\mathrm{ST,ST}}$，$d_{\mathrm{ST}_i,\mathrm{SR}}=d_{\mathrm{ST,SR}}$，$\forall i\in\mathcal{M}$（$j\in\mathcal{M}$，$j\neq i$）。在仿真过程中，噪声功率为 $N_0=1\mathrm{W}$，路径损耗指数 $\alpha=3$，次发射端与主发射端的功率比值 $\eta=5$，数据帧的总长度 $N=61$，距离 $d_{\mathrm{PT,PR}}=1.0$。本节对比了基于 DF 的频谱租借机制，基于 TPSR 的频谱租借机制，和所提出的自适应频谱租借机制。

基于 DF 的频谱共享机制[126] 包含两个通信阶段。第一阶段，PT 以功率 P_{p} 广播主数据。那些能够正确检测主数据并能以功率 P_{s} 中继主数据的 STs 定义为潜在中继节点。第二阶段，在潜在中继节点集合中，选择能够给 PR 带来最大可达速率的次用户来中继主数据。在 ST 的协助下，主链路能够承受一部分干扰。未被选中的 ST 则在干扰限制下估计次发射功率，选择能够给 SR 带来最大可达速率的 ST 在第二阶段传输次数据。因为能够确保对主用户的干扰在限制范围内，主用户的速率能够在协作过程中得以满足。如果 SR 在第一阶段能够正确解调主数据，则会先把主数据从接收到的信号中删除掉，然后解调次数据。否则，SR 会直接解调次数据，并把主数据作为噪声对待。如果没有成功选择一个 ST 来中继主数据，PT 则直接传输数据给 PR，次用户保持沉默。

图 10.3 显示了 $r_0=3\mathrm{bits/s/Hz}$ 时主系统终端性能和发射端 SNR 的关系；图 10.4 显示了 $r_0=2\mathrm{bits/s/Hz}$ 时主系统终端性能和发射端 SNR 的有关系。中断性能的上限和下限分别根据式（10.31）和式（10.35）画出来。其他参数设置为 $r_1=1.5\mathrm{bits/s/Hz}$，$d_{\mathrm{PT,ST}}=d_{\mathrm{ST,PR}}=2.0$，$d_{\mathrm{ST,ST}}=d_{\mathrm{ST,SR}}=0.5$。当有 $m=3$ 个 ST 时，协作分集增益为 4，因为仿真曲线与理论曲线在高 SNR 区域是平行的。随着主目标速率从 $r_0=3\mathrm{bits/s/Hz}$ 降到 $r_0=2\mathrm{bits/s/Hz}$，中断性能变好。性能上限与基于 DF 的频谱租借机制吻合得很好。这是因为在式（10.29）上限分析过程中的省略项，在式（10.30）中（0，c_0）上的积分影响可忽略不计。

图 10.5 显示了 $r_0=2\mathrm{bits/s/Hz}$ 时次系统的中断性能和 SNR 的关系；图 10.6 显示了

$r_0=1.5$bits/s/Hz 时次系统的中断性能和 SNR 的关系。中断性能上限和下限分别通过式（10.42）和式（10.46）获得。其他参数设置为 $r_1=1.5$bits/s/Hz，$d_{PT,ST}=d_{ST,PR}=2.0$，$d_{ST,ST}=d_{ST,SR}=0.5$。当三个 STs 存在于该认知无线电网络时，次系统的选择分集增益为 3，因为在高 SNR 区域，仿真结果与理论结果是平行的。随着主速率从 $r_0=2$bits/s/Hz 降到 $r_0=1.5$bits/s/Hz，中断性能有所提升。这是因为当主速率变小时，STs 比较容易成为潜在中继节点，次数据传输机会变大。

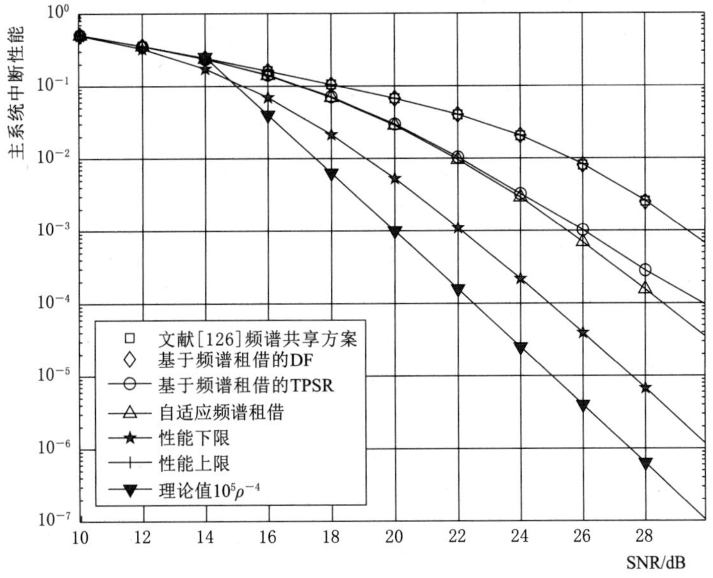

图 10.3 $r_0=3$bits/s/Hz 时主系统终端性能和发射端 SNR 的关系

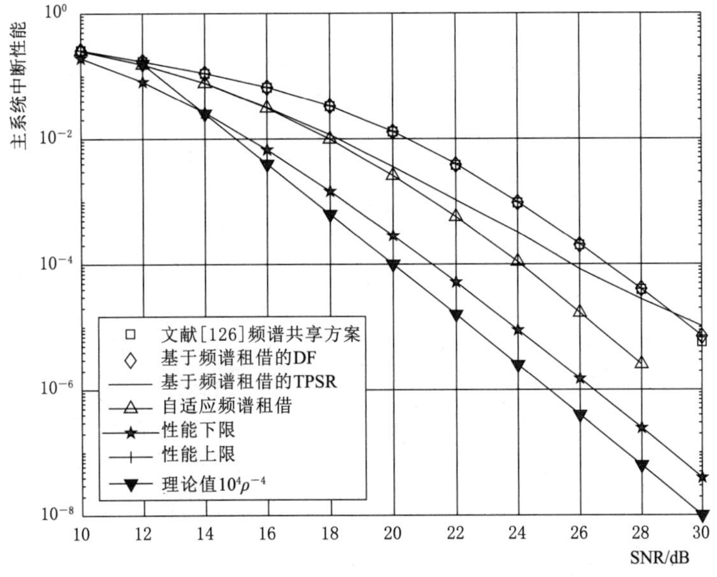

图 10.4 $r_0=2$bits/s/Hz 时主系统终端性能和发射端 SNR 的关系

所提出的自适应频谱租借机制性能要优于基于 DF 的机制和基于 TPSR 的机制。在低 SNR 到中 SNR 区域，基于 TPSR 的机制优于基于 DF 的机制，但是在高 SNR 区域，情况反过来。当 SNR 比较低的时候，在 TPSR 中因为 PT 到 STs 的链路比较弱，比较容易实施 SIC，且 TPSR 具有较高的频谱效率。但是，当 SNR 较大时，不易实现 SIC，基于 DF 的机制比基于 TPSR 的机制性能好。因此，提出的自适应频谱租借机制在功率不是很强时倾向于采用 TPSR 协议，否则，当功率较强时，倾向于采用 DF 协议。相比文献[126]中的空间域频谱共享，时间域自适应频谱租借机制具有较好的性能，因为在主数据中继和次数据传输之间不存在干扰。

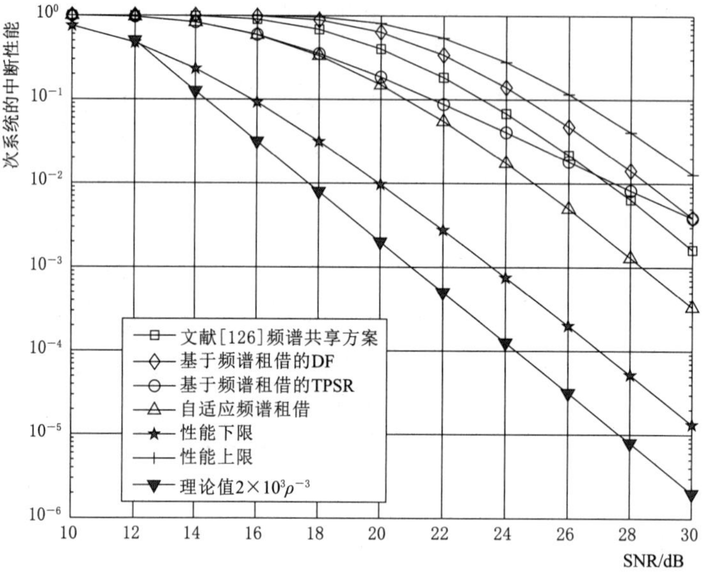

图 10.5 $r_0=2$bits/s/Hz 时次系统的中断性能和 SNR 的关系

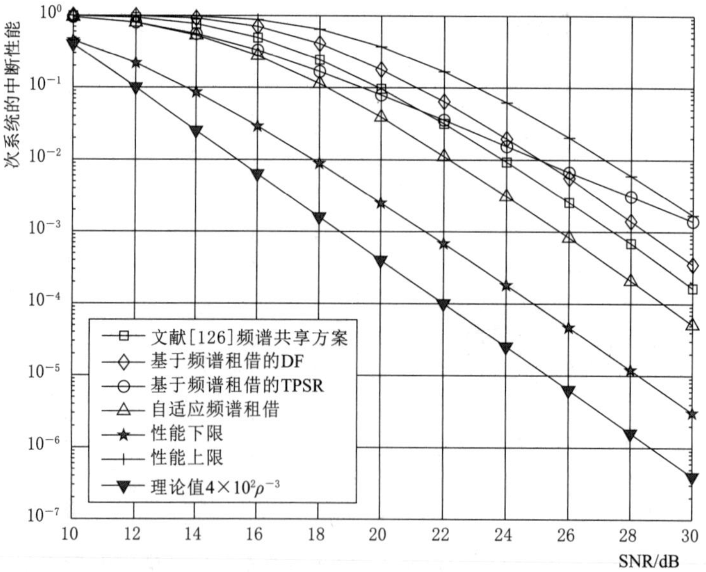

图 10.6 $r_0=1.5$bits/s/Hz 时次系统的中断性能和 SNR 的关系

图 10.7 显示了次系统的吞吐量除以扩张因子 $\log_2(\overline{\gamma}_{ST,SR}\ln m)$ 后的值与次用户数目的关系。在高 m 区域，性能几乎变成一条水平线。验证了当 m 很大时，吞吐量随着 $\log_2(\overline{\gamma}_{ST,SR}\ln m)$ 线性增长。随着主用户和 STs 之间距离的延长，性能变差。距离越长，信道质量越差，因此性能变差。所提出的自适应频谱租借机制优于基于 DF 的机制。

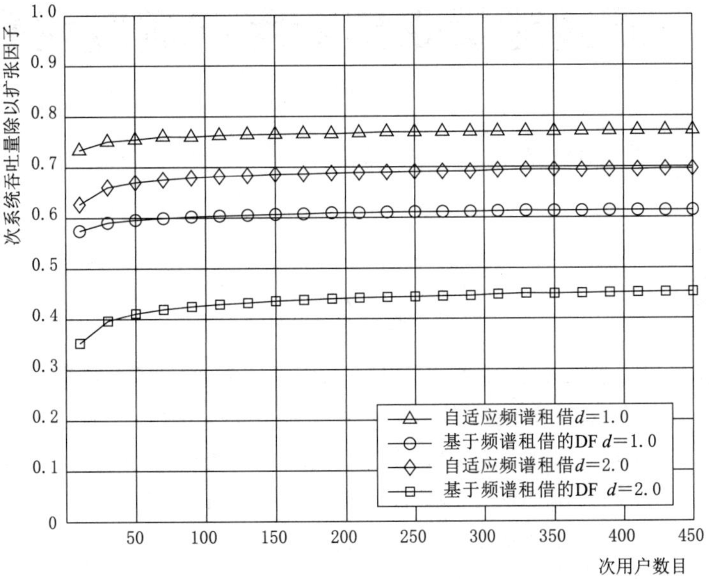

图 10.7 次系统的吞吐量除以扩张因子 $\log_2(\overline{\gamma}_{ST,SR}\ln m)$ 后的值与次用户数目的关系 ($\rho=20$dB，$r_0=1.5$bits/s/Hz，$d=d_{PT,ST}=d_{ST,PR}$)

10.7 小结

本章提出了一种自适应频谱租借机制，该机制能够在 TPSR 和 DF 协作模式之间切换。在满足主系统速率需求的前提下，调度能够为次系统带来最大可达速率的 ST 选用最佳协作模式进行频谱共享。固定主次速率的前提下，研究了主系统的协作分集增益和次系统的选择分集增益。在主速率固定时，通过分析次系统的吞吐量研究了多用户分集效果。理论结果表明，相比不考虑干扰限制的单纯协作网络，基于次用户调度的频谱租借机制可获得相同的分集增益。

第 11 章 无线能量收集次用户调度和频谱租借

11.1 概述

通过使用从主用户处收集到的能量，基于 RF - EH 的机会性频谱共享方法已经得到了很好的研究。只有当 PUs 空闲、满足干扰约束条件或收集到足够能量时，SUs 才能获得较少的频谱共享机会，SE 不高。如果在 PUs 和 SUs 之间进行必要的协调，则可大幅提高 SE。受此启发，针对多用户网络，提出了基于 RF - EH 和最佳中继选择的频谱租借机制。在同一区域内，PT 与 PR 通信，一组 STs 与一个公共 AP 通信。每个 ST 均可收集射频能量，用于数据传输，而 AP 和主系统则具有持续供电。AP 可在传输原始数据的同时，将无线功率发送到 STs。选择能够正确解调主数据，且到 PR 信号功率最强的 ST 中继传输主数据。

本章主要创新点为：

(1) 提出一种基于 RF - EH 的高效频谱租借方案，选择最佳 ST 与 PT 一起采用 Alamouti 编码技术传输主数据。在 STs 的协助下，可在较短时间内完成主数据的传输，STs 按照 TDMA 协议在剩余时间内完成数据的传输。

(2) 考虑 STs 的能量状态和信道状态，选择最优的中继节点。联合考虑 ST 的解码状态、EH 与数据传输之间的依赖关系以及选择每个 ST 进行主数据中继的可能性，分析了主次系统的吞吐量。

(3) 通过大量仿真来验证理论分析的正确性，揭示各种参数对系统性能的影响，为网络配置提供指导。采用数值方法确定最优时间分配因子，高效实现主数据协作、无线能量传输和次数据传输。

11.2 基于无线能量收集的频谱租借

考虑如图 11.1 所示的多用户 CRN，一条主链路（PT→PR）和多个 ST 共存，每个 ST 均想要与公共 AP 通信。假设 PT 和 ST 总是有数据分别传输给 PR 和 AP。ST 采用 EH 方式供电，其他终端有持续的能量供应。数据发送时间分成等长的时间块，在每个时间块中，完成一个主数据分组的传输。ST 可以协助传输主数据，因此主数据分组可在较短时间内完成传输。在剩余时间内，ST 占用许可频谱传输自己的次数据给 AP。主链路可代表蜂窝网络下行链路，次系统可代表 WLAN，次节点可收集射频能量并与 AP 通信。任意两个节点之间的信道服从瑞利衰落，信道衰落在每个时间块内保持不变，但在不同时间块内，信道衰落是相互独立的。

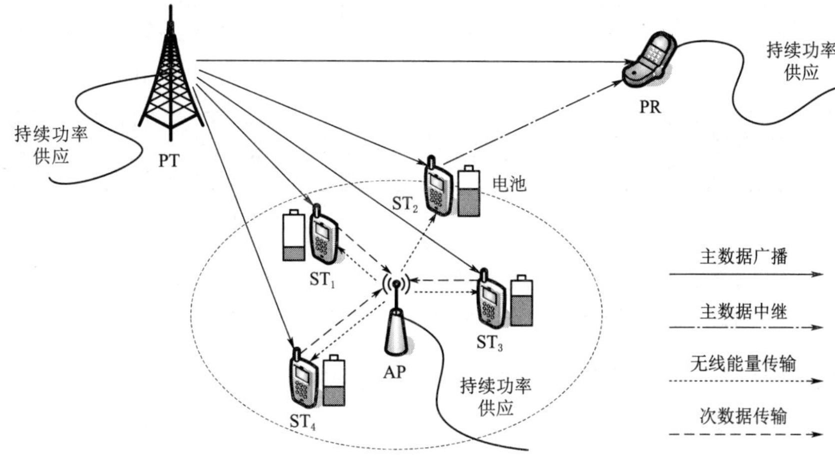

图 11.1　多用户 CRN（一条主链路 PT→PR 和多个 ST 共存，每个 ST 均有数据传输给 AP。ST 能够从 AP 的射频信号中收集能量，其他终端具有持续能量供应。所选择的 ST_2 协助主数据传输，作为回报，其他 ST 能够按照 TDMA 方式共享频谱传输各自的数据给 AP）

11.2.1　所提频谱租借机制

图 11.2 显示了基于无线能量收集频谱租借的两种情况，引入参数 τ，把每个时间块分成主数据协作和次数据传输部分。在起初的 $\frac{1-\tau}{2}$ 时间内，PT 广播主数据，同时 AP 采用非相交频谱传输无线能量给 ST。所有的 ST 尽力去解调 PT 发送的主数据，同时收集 AP 发送的射频能量。由于能量信号和数据信号所使用的频带不一样，能量信号不干扰 PR 端主数据接收和译码。假设每个 ST 使用一个额外的整流天线去收集射频能量，或者采用不同的前端滤波器分开数据信号和能量信号，以便进行数据解调和能量收集。能够正确译码主数据的 ST 归入潜在中继节点集合 $\mathcal{D}$。按照 ST 的译码状态，有两种传输情况：

（1）情形Ⅰ。如果潜在中继集合中存在 ST，每个潜在的 ST 将要估计采用所收集的能量中继主数据时，PR 端的接收信号强度。选择能够为 PR 带来最强信号的潜在 ST，所选 ST 和 PT 采用 Alamouti 编码技术在接下来的 $\frac{1-\tau}{2}$ 时间内中继主数据。同时，AP 传输无线能量给所有的没有被选中的 ST。在最后的 τ 时间内，所有未被选中的 ST 则按照 TDMA 方式发送数据给 AP。

（2）情形Ⅱ。如果不存在潜在 ST，在接下来的 $\frac{1-\tau}{2}$ 时间内，PT 独自传输主数据给 PR。同时，AP 传输无线能量给所有的 ST。在最后的 τ 时间内，所有的 ST 按照 TDMA

方式发送次数据给 AP。

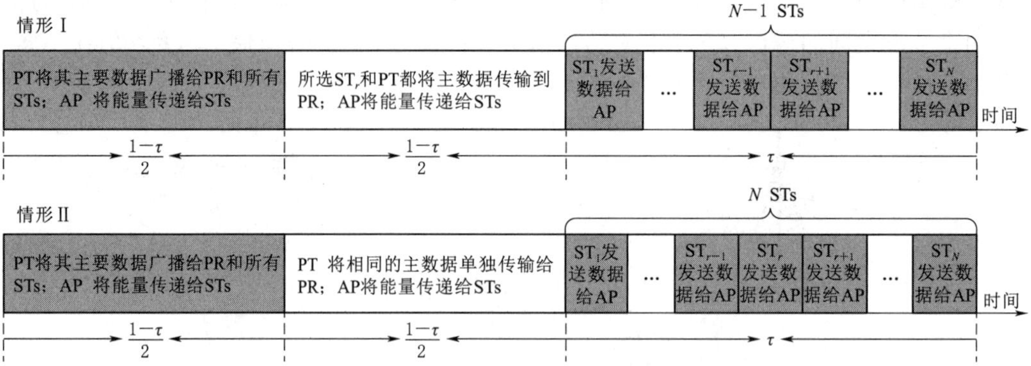

图 11.2　基于无线能量收集频谱租借的两种情况（在 $1-\tau$ 时间内，主数据协作传输给 PR。在最后的 τ 时间内，ST 按照 TDMA 方式传输次数据给 AP）

假设主数据协作传输和无线能量传输是同步的。采用时间退避机制[119] 分布式选择最优潜在 ST 进行主数据中继。每个潜在 ST 按照自己的能量状态和到 PR 的信道状态，独立设置自己的计时器，能够为 PR 带来最大信号强度的潜在 ST 会在其计时器首先归零时广播准备协助帧。一旦侦听到 RTH 帧，PT 和其他所有的潜在 ST 则知晓已选出最优中继。否则，如果在退避时间窗口中没有侦听到 RTH 帧，PT 独自传输主数据给 PR。采用强有力的差错控制技术，假设节点之间的信令交互是可靠的。由于节点协调所消耗的时间远小于数据传输的时间，在分析过程中可忽略节点协调所带来的冗余。

评论：

（1）PT 和所选潜在 ST 采用分布式 Alamouti 编码机制实现主数据的中继，获得空间分集增益，提高链路的鲁棒性。

（2）主链路性能需求越高，分配给 ST 数据传输的时间越少。因为次系统采用 TDMA 方式传输次数据，当存在较多的 ST 时，分配给每个 ST 的时间就越短，很难支持较高速率的次数据传输。

（3）次系统占用了原本属于主数据传输的时间，为了弥补对主系统性能所带来的损失，所选 ST 采用所收集的全部能量中继主数据，没有剩余能量用于自己的次数据传输。其他未被选中的 ST 可获得机会占用频谱资源传输自己的数据给 AP。

11.2.2　能量收集和 ST 选择

在初始 $\frac{1-\tau}{2}$ 时间内，PT 广播自己的主数据，AP 同时传输无线能量给所有的 ST。在这个时间段内，$\mathrm{ST}_i[i\in\mathcal{N}=(1,\cdots,N)]$ 所收集的能量记为 ε_i，即

$$\varepsilon_i=\frac{1-\tau}{2}\eta p_b G_{\mathrm{AP},\mathrm{ST}_i} d_{\mathrm{AP},\mathrm{ST}_i}^{-\alpha} \tag{11.1}$$

式中：η、p_b 为 ST 能量收集效率和 AP 传输能量所采用的功率，p_b 单位为 W。在任意两个节点 u 和 v 之间，小尺度功率衰落表示为 $G_{u,v}$，它服从均值为 1 的指数分布，大尺度路

径损耗为 $d_{u,v}^{-\alpha}$，其中 $d_{u,v}$ 和 α 分别表示距离和路径损耗指数。

在起初的$\frac{1-\tau}{2}$时间内，每个能够正确解调主数据的 ST_i 会按照 $\varepsilon_i=\frac{(1-\tau)\ p_i}{2\zeta}$式估计其可用功率 p_i，其中 $\zeta(0<\zeta<1)$ 表示每个发射端的功率放大器效率。

$$p_i=\zeta\eta p_b G_{AP,ST_i} d_{AP,ST_i}^{-\alpha} \tag{11.2}$$

在所有的潜在 ST 中，选择能够为 PR 带来最强信号的 ST 协助 PT 传输数据给 PR，即 ST_r 被选出来，下标为 $r=\text{argmax}_{i\in\mathscr{D}} p_i G_{ST_i,PR} d_{ST_i,PR}^{-\alpha}$。

对于非频谱共享单一主系统，PT 的发射功率为 p_v，在一个时间块中所消耗的能量为 $\varepsilon_v=p_v/\zeta$。在频谱租借过程中，设置主系统所消耗的能量与非频谱共享所消耗的能量一样。因此，PT 在频谱租借过程中的发射功率 p_a 可以通过 $\varepsilon_v=(1-\tau)p_a/\zeta$ 式计算，其中考虑了 PT 发射数据的时间为 $1-\tau$。在频谱租借过程中，PT 的发射功率求解为 $p_a=\frac{p_v}{1-\tau}$。

11.3 主系统吞吐量

对于非频谱共享单一主系统，PT 在每个归一化的时间块中占用归一化的带宽发送主数据给 PR，可达速率为 $C_{PT,PR}^{n}=\log_2(1+p_v G_{PT,PR} d_{PT,PR}^{-\alpha}/\delta^2)$，其中 δ^2 表示加性噪声功率。由于 PT 总是有数据发送给 PR，在每个时间块中，PT 以恒定速率发送一个具有 R_0 bits 的主数据分组给 PR。主系统的吞吐量定义为 $\mathscr{V}_p=\Pr\{C_{PT,PR}^{n}\geqslant R_0\}R_0$，其中第一项表示数据成功概率。如果信道容量小于传输速率，认为 PR 错误接收主数据分组，抛弃所接收到的信号，PR 没有获得有用信息，因此吞吐量定义为数据传输速率乘以数据成功传输概率。因为小尺度功率衰落服从均值为 1 的指数分布，数据成功传输的概率可以推导为 $\Pr\{C_{PT,PR}^{n}\geqslant R_0\}=\exp\left(-\frac{\xi_0\delta^2}{p_v d_{PT,PR}^{-\alpha}}\right)$，其中 $\xi_0=2^{R_0}-1$。

在基于 EH 频谱租借机制中，所选 ST 协助 PT 传输主数据给 PR。情形Ⅰ和情形Ⅱ发生的事件分别记为 $\mathscr{B}_1$ 和 $\mathscr{B}_2$。对应于两种相互独立的传输情况，主系统的吞吐量可表示为 $T_p=\sum_{t=1}^{2}\Pr\{\mathscr{B}_t\}\ T_{pt}$，其中 $\Pr\{\mathscr{B}_t\}$ 表示情形 t 发生的概率，T_{pt} 表示情形 t 发生时的吞吐量。

11.3.1 主系统情形Ⅰ吞吐量

在情形Ⅰ中，至少有一个 ST 在起初的$\frac{1-\tau}{2}$时间内正确接收主数据分组，选择能够为 PR 带来最强信号的潜在 ST 和 PT 一起采用 Alamouti 编码方式中继转发主数据给 PR。情形Ⅰ发生概率为

$$\Pr\{\mathscr{B}_1\}=\Pr\{\mathscr{D}\neq\varnothing\}=1-\Pr\{\mathscr{D}=\varnothing\} \tag{11.3}$$

式中：$\Pr\{\mathscr{D}=\varnothing\}$ 表示不存在潜在 ST 的概率。在第一个时间段，$ST_i(i\in\mathscr{N})$ 接收主数据时的可达速率记为 C_{PT,ST_i}，即

$$C_{\mathrm{PT,ST}_i}=\frac{1-\tau}{2}\log_2\left(1+\frac{p_{\mathrm{a}}G_{\mathrm{PT,ST}_i}d_{\mathrm{PT,ST}_i}^{-\alpha}}{\delta^2}\right) \tag{11.4}$$

因为每个 ST 能否正确解调主数据是相互独立的，因此 $\Pr\{\mathscr{D}=\varnothing\}$ 可以推导为

$$\Pr\{\mathscr{D}=\varnothing\}=\prod_{i=1}^{N}\Pr\{C_{\mathrm{PT,ST}_i}<R_0\}=\prod_{i=1}^{N}\left[1-\exp\left(-\frac{\xi_1\delta^2}{p_{\mathrm{a}}d_{\mathrm{PT,ST}_i}^{-\alpha}}\right)\right] \tag{11.5}$$

式中：$\xi_1=2^{\frac{2R_0}{1-\tau}}-1$，在整章中均用到该参数。

对于主数据中继，所选 ST 的索引为 $r=\mathrm{argmax}_{i\in\mathscr{D}}\{p_iG_{\mathrm{ST}_i,\mathrm{PR}}d_{\mathrm{ST}_i,\mathrm{PR}}^{-\alpha}\}$。主数据中继的可达速率记为 C_r，即[130]

$$C_r=\frac{1-\tau}{2}\log_2\left(1+\frac{2p_{\mathrm{a}}G_{\mathrm{PT,PR}}d_{\mathrm{PT,PR}}^{-\alpha}}{\delta^2}+\frac{p_rG_{\mathrm{ST}_r,\mathrm{PR}}d_{\mathrm{ST}_r,\mathrm{PR}}^{-\alpha}}{\delta^2}\right) \tag{11.6}$$

考虑包含 k 个 ST 的集合，用 $\mathscr{I}_k(k\in\mathscr{N})$ 表示所有集合所组成的大集合，因此 $\mathscr{I}_k$ 中每个元素是一个集合，$\mathscr{I}_k$ 共有 $|\mathscr{I}_k|=\binom{N}{k}$个元素。$\mathscr{I}_k$ 第 $m(m\in\{1,\cdots,|\mathscr{I}_k|\})$ 个元素记为 $\mathscr{I}_{k,m}$，该集合包含 k 个元素。$\mathscr{I}_{k,m}$ 中第 $j(j\in\{1,\cdots,k\})$ 个元素记为 $\mathscr{I}_{k,m,j}$，表示该集合中 ST 的索引。用 $\mathscr{D}(\mathscr{I}_{k,m})$ 表示 $\mathscr{I}_{k,m}$ 中的 ST 是潜在中继，而 $\overline{\mathscr{D}}(\overline{\mathscr{I}}_{k,m})$ 表示补集 $\overline{\mathscr{I}}_{k,m}=\mathscr{N}-\mathscr{I}_{k,m}$ 中的 ST 不是潜在中继。考虑选择每个潜在 ST 中继主数据，且成功传输数据给 PR，情形 1 的吞吐量为

$$\mathscr{T}_{\mathrm{p1}}=\sum_{k=1}^{N}\sum_{m=1}^{|\mathscr{I}_k|}\sum_{j=1}^{k}R_0\underbrace{\Pr\{\mathscr{D}(\mathscr{I}_{k,m}),\overline{\mathscr{D}}(\overline{\mathscr{I}}_{k,m}),\mathscr{S}_{\mathscr{I}_{k,m,j}},C_{\mathscr{I}_{k,m,j}}\geqslant R_0\mid\mathscr{B}_1\}}_{\mathscr{Q}(k,m,j)} \tag{11.7}$$

式中：$\mathscr{S}_{\mathscr{I}_{k,m,j}}$ 意味着在集合 $\mathscr{I}_{k,m}$ 所有的潜在 ST 中选择 $\mathrm{ST}_{\mathscr{I}_{k,m,j}}$ 进行主数据中继。按照贝叶斯定理，式（11.7）中得概率可以推导为

$$\mathscr{Q}_{(k,m,j)}=\frac{\Pr\{\mathscr{D}(\mathscr{I}_{k,m}),\overline{\mathscr{D}}(\overline{\mathscr{I}}_{k,m}),\mathscr{S}_{\mathscr{I}_{k,m,j}},C_{\mathscr{I}_{k,m,j}}\geqslant R_0,\mathscr{B}_1\}}{\Pr\{\mathscr{B}_1\}} \tag{11.8}$$

式中：分母 $\Pr\{\mathscr{B}_1\}$ 在式（11.3）中得到，分子记为 $\widetilde{\mathscr{Q}}(k,m,j)$。代入相关项，有

$$\begin{aligned}\widetilde{\mathscr{Q}}(k,m,j)=\Pr\Bigg\{&\mathscr{D}(\mathscr{I}_{k,m}),\overline{\mathscr{D}}(\overline{\mathscr{I}}_{k,m}),\frac{p_{\mathscr{I}_{k,m,f}}G_{\mathrm{ST}_{\mathscr{I}_{k,m,f}},\mathrm{PR}}}{d_{\mathrm{ST}_{\mathscr{I}_{k,m,f}},\mathrm{PR}}^{\alpha}}\leqslant\frac{p_{\mathscr{I}_{k,m,j}}G_{\mathrm{ST}_{\mathscr{I}_{k,m,j}},\mathrm{PR}}}{d_{\mathrm{ST}_{\mathscr{I}_{k,m,f}},\mathrm{PR}}^{\alpha}},\\&f\in\{1,\cdots,k\}/\{j\},\frac{2p_{\mathrm{a}}G_{\mathrm{PT,PR}}}{\delta^2d_{\mathrm{PT,PR}}^{\alpha}}+\frac{p_{\mathscr{I}_{k,m,j}}G_{\mathrm{ST}_{\mathscr{I}_{k,m,j}},\mathrm{PR}}}{\delta^2d_{\mathrm{ST}_{\mathscr{I}_{k,m,j}},\mathrm{PR}}^{\alpha}}\geqslant\xi_1\Bigg\}\end{aligned} \tag{11.9}$$

考虑到集合 $\mathscr{I}_{k,m}$ 中的 ST 是潜在中继，其他所有的 ST 不是潜在中继，选择 $\mathrm{ST}_{\mathscr{I}_{k,m,j}}$ 去协助 PT 传输主数据给 PR，且数据传输成功。

式（11.9）$\widetilde{\mathscr{Q}}(k,m,j)$ 的推导：由于集合 $\mathscr{I}_{k,m}$ 中的每个 ST 能否正确解调主数据是相互独立的，集合 $\widetilde{\mathscr{I}}_{k,m}$ 中每个 ST 不能正确解调主数据也是相互独立的，式（11.9）的概率可以表示为

$$\widetilde{\mathscr{Q}}(k,m,j)=\Pr\{\mathscr{D}(\mathscr{I}_{k,m})\}\Pr\{\overline{\mathscr{D}}(\overline{\mathscr{I}}_{k,m})\}\hat{\mathscr{Q}}(k,m,j) \tag{11.10}$$

集合 $\mathcal{I}_{k,m}$ 中的 ST 正确解调主数据的概率为

$$\Pr\{\mathcal{D}(\mathcal{I}_{k,m})\}=\prod_{f=1}^{k}\exp\left(-\frac{\xi_1\delta^2}{p_a d_{\mathrm{PT,ST}_{\mathcal{I}_{k,m,f}}}^{-\alpha}}\right) \tag{11.11}$$

集合 $\overline{\mathcal{I}}_{k,m}$ 中的 ST 不能正确解调主数据的概率为

$$\Pr\{\overline{\mathcal{D}}(\overline{\mathcal{I}}_{k,m})\}=\prod_{i=1}^{N-k}\left[1-\exp\left(-\frac{\xi_1\delta^2}{p_a d_{\mathrm{PT,ST}_{\overline{\mathcal{I}}_{k,m,i}}}^{-\alpha}}\right)\right] \tag{11.12}$$

式（11.10）概率 $\hat{\mathcal{Q}}(k, m, j)$ 计算为

$$\hat{\mathcal{Q}}(k,m,j)=\Pr\left\{\frac{p_{\mathcal{I}_{k,m,f}}G_{\mathrm{ST}_{\mathcal{I}_{k,m,f}},\mathrm{PR}}}{d_{\mathrm{ST}_{\mathcal{I}_{k,m,f}},\mathrm{PR}}^{\alpha}}\leqslant\frac{p_{\mathcal{I}_{k,m,j}}G_{\mathrm{ST}_{\mathcal{I}_{k,m,j}},\mathrm{PR}}}{d_{\mathrm{ST}_{\mathcal{I}_{k,m,j}},\mathrm{PR}}^{\alpha}},\right.$$
$$\left.\forall f\in\{1,\cdots,k\}/\{j\},\frac{2p_a G_{\mathrm{PT,PR}}}{\delta^2 d_{\mathrm{PT,PR}}^{\alpha}}+\frac{p_{\mathcal{I}_{k,m,j}}G_{\mathrm{ST}_{\mathcal{I}_{k,m,j}},\mathrm{PR}}}{\delta^2 d_{\mathrm{ST}_{\mathcal{I}_{k,m,j}},\mathrm{PR}}^{\alpha}}\geqslant\xi_1\right\} \tag{11.13}$$

该式可以表示为 $\hat{\mathcal{Q}}(k, m, j)=\hat{\mathcal{Q}}_1(k, m, j, p_{\mathcal{I}_{k,m,j}})+\hat{\mathcal{Q}}_2(k, m, j, p_{\mathcal{I}_{k,m,j}})$。有

$$\hat{\mathcal{Q}}_1(k,m,j,p_{\mathcal{I}_{k,m,j}})=\Pr\left\{G_{\mathrm{ST}_{\mathcal{I}_{k,m,j}},\mathrm{PR}}\geqslant\frac{\xi_1\delta^2}{p_{\mathcal{I}_{k,m,j}}d_{\mathrm{ST}_{\mathcal{I}_{k,m,j}},\mathrm{PR}}^{-\alpha}},\right.$$
$$\frac{\zeta\eta p_b G_{\mathrm{AP,ST}_{\mathcal{I}_{k,m,f}}}}{d_{\mathrm{AP,ST}_{\mathcal{I}_{k,m,f}}}^{\alpha}}G_{\mathrm{ST}_{\mathcal{I}_{k,m,f}},\mathrm{PR}}\leqslant\frac{d_{\mathrm{ST}_{\mathcal{I}_{k,m,f}},\mathrm{PR}}^{\alpha}}{d_{\mathrm{ST}_{\mathcal{I}_{k,m,j}},\mathrm{PR}}^{\alpha}}p_{\mathcal{I}_{k,m,j}}G_{\mathrm{ST}_{\mathcal{I}_{k,m,j}},\mathrm{PR}},$$
$$\left.\forall f\in\{1,\cdots,k\}/\{j\}\right\} \tag{11.14}$$

概率 $\hat{\mathcal{Q}}_2(k, m, j, p_{\mathcal{I}_{k,m,j}})$ 计算为

$$\hat{\mathcal{Q}}_2(k,m,j,p_{\mathcal{I}_{k,m,j}})=\Pr\left\{G_{\mathrm{ST}_{\mathcal{I}_{k,m,j}},\mathrm{PR}}<\frac{\xi_1\delta^2}{p_{\mathcal{I}_{k,m,j}}d_{\mathrm{ST}_{\mathcal{I}_{k,m,j}},\mathrm{PR}}^{-\alpha}},\right.$$
$$G_{\mathrm{PT,PR}}\geqslant\frac{\xi_1\delta^2}{2p_a d_{\mathrm{PT,PR}}^{-\alpha}}-\frac{p_{\mathcal{I}_{k,m,j}}d_{\mathrm{PT,PR}}^{\alpha}G_{\mathrm{ST}_{\mathcal{I}_{k,m,j}},\mathrm{PR}}}{2p_a d_{\mathrm{ST}_{\mathcal{I}_{k,m,j}},\mathrm{PR}}^{\alpha}},\frac{\zeta\eta p_b G_{\mathrm{AP,ST}_{\mathcal{I}_{k,m,f}}}}{d_{\mathrm{AP,ST}_{\mathcal{I}_{k,m,f}}}^{\alpha}}$$
$$\left.\times G_{\mathrm{ST}_{\mathcal{I}_{k,m,f}},\mathrm{PR}}\leqslant\frac{d_{\mathrm{ST}_{\mathcal{I}_{k,m,f}},\mathrm{PR}}^{\alpha}}{d_{\mathrm{ST}_{\mathcal{I}_{k,m,j}},\mathrm{PR}}^{\alpha}}p_{\mathcal{I}_{k,m,j}}G_{\mathrm{ST}_{\mathcal{I}_{k,m,j}},\mathrm{PR}},\forall f\in\{1,\cdots,k\}/\{j\}\right\}$$
$$\tag{11.15}$$

为了简化分析，对于 $\mathrm{ST}_{\mathcal{I}_{k,m,j}}$，定义 $\mu\in\mathbb{Z}^+$ 个离散的功率层级，表示为

$\{\ell_{\mathcal{I}_{k,m,j}}^{(1)}=\hat{p}_{\mathcal{I}_{k,m,j}}/\mu$，…，$\ell_{\mathcal{I}_{k,m,j}}^{(\mu-1)}=(\mu-1)\hat{p}_{\mathcal{I}_{k,m,j}}/\mu$，$\ell_{\mathcal{I}_{k,m,j}}^{(\mu)}=\hat{p}_{\mathcal{I}_{k,m,j}}\}$，$\hat{p}_{\mathcal{I}_{k,m,j}}$ 为峰值功率，满足 $\Pr\{p_{\mathcal{I}_{k,m,j}}\geqslant\hat{p}_{\mathcal{I}_{k,m,j}}\}=\Delta$，$0<\Delta<1$ 是预先定义的一个较小的值。把式（11.2）中 $p_{\mathcal{I}_{k,m,j}}$ 的表达式代入，有 $\exp\left(-\frac{\hat{p}_{\mathcal{I}_{k,m,j}}}{\zeta\eta p_b d_{\mathrm{AP,ST}_{\mathcal{I}_{k,m,j}}}^{-\alpha}}\right)=\Delta$。$\mathrm{ST}_{\mathcal{I}_{k,m,j}}$ 的峰值功率为

$\hat{p}_{\mathcal{I}_{k,m,j}}=-\zeta\eta p_{\mathrm{b}}d_{\mathrm{AP,ST}_{\mathcal{I}_{k,m,j}}}^{-\alpha}\ln\Delta$。如果 $\ell_{\mathcal{I}_{k,m,j}}^{(\theta)}\leqslant p_{\mathcal{I}_{k,m,j}}<\ell_{\mathcal{I}_{k,m,j}}^{(\theta+1)}$，假设 $\mathrm{ST}_{\mathcal{I}_{k,m,j}}$ 采用功率级别 $\ell_{\mathcal{I}_{k,m,j}}^{(\theta)}$（$\theta\in\{1,\cdots,\mu\}$）进行主数据中继。另外，设置 $\ell_{\mathcal{I}_{k,m,j}}^{(\mu+1)}=\infty$。随着 μ 的增长，两个相邻层级之间的间隔变小，近似分析变得更加准确。考虑 $\mathrm{ST}_{\mathcal{I}_{k,m,j}}$ 选择每个功率层级的可能性，可以近似 $\mathscr{Q}_1(k,m,j,p_{\mathcal{I}_{k,m,j}})$ 为

$$\hat{\mathscr{Q}}_1(k,m,j,p_{\mathcal{I}_{k,m,j}})\approx\sum_{\theta=1}^{\mu}\Pr\{\ell_{\mathcal{I}_{k,m,j}}^{(\theta)}\leqslant p_{\mathcal{I}_{k,m,j}}<\ell_{\mathcal{I}_{k,m,j}}^{(\theta+1)}\}\hat{\mathscr{Q}}_1(k,m,j,\ell_{\mathcal{I}_{k,m,j}}^{(\theta)})\tag{11.16}$$

把式（11.14）中 $p_{\mathcal{I}_{k,m,j}}$ 替换为 $\ell_{\mathcal{I}_{k,m,j}}^{(\theta)}$，可以获得 $\hat{\mathscr{Q}}_1(k,m,j,\ell_{\mathcal{I}_{k,m,j}}^{(\theta)})$。式（11.16）中第一个概率可以推导为

$$\begin{aligned}&\Pr\{\ell_{\mathcal{I}_{k,m,j}}^{(\theta)}\leqslant p_{\mathcal{I}_{k,m,j}}<\ell_{\mathcal{I}_{k,m,j}}^{(\theta+1)}\}\\&=\exp\left[-\frac{\ell_{\mathcal{I}_{k,m,j}}^{(\theta)}/(\zeta\eta p_{\mathrm{b}})}{d_{\mathrm{AP,ST}_{\mathcal{I}_{k,m,j}}}^{-\alpha}}\right]-\exp\left[-\frac{\ell_{\mathcal{I}_{k,m,j}}^{(\theta+1)}/(\zeta\eta p_{\mathrm{b}})}{d_{\mathrm{AP,ST}_{\mathcal{I}_{k,m,j}}}^{-\alpha}}\right]\end{aligned}\tag{11.17}$$

式（11.16）中的第二项可以推导为

$$\hat{\mathscr{Q}}_1(k,m,j,\ell_{\mathcal{I}_{k,m,j}}^{(\theta)})=\int_{\mathscr{R}_1}\left[\prod_{f=1:k,f\neq j}\mathscr{H}(k,m,f,\theta,x)\right]\exp(-x)\mathrm{d}x\tag{11.18}$$

式中：x 为 $G_{\mathrm{ST}_{\mathcal{I}_{k,m,j}},\mathrm{PR}}$，积分区间为 $\mathscr{R}_1=\left[\dfrac{\xi_1\delta^2}{\ell_{\mathcal{I}_{k,m,j}}^{(\theta)}d_{\mathrm{ST}_{\mathcal{I}_{k,m,j}},\mathrm{PR}}^{-\alpha}},\infty\right)$。中间函数为

$$\mathscr{H}(k,m,f,\theta,x)=1-\sqrt{\frac{4d_{\mathrm{ST}_{\mathcal{I}_{k,m,f}},\mathrm{PR}}^{\alpha}\ell_{\mathcal{I}_{k,m,j}}^{(\theta)}x}{\zeta\eta p_{\mathrm{b}}d_{\mathrm{ST}_{\mathcal{I}_{k,m,j}},\mathrm{PR}}^{\alpha}d_{\mathrm{AP,ST}_{\mathcal{I}_{k,m,f}}}^{-\alpha}}}\times K_1\left[\sqrt{\frac{4d_{\mathrm{ST}_{\mathcal{I}_{k,m,f}},\mathrm{PR}}^{\alpha}\ell_{\mathcal{I}_{k,m,j}}^{(\theta)}x}{\zeta\eta p_{\mathrm{b}}d_{\mathrm{ST}_{\mathcal{I}_{k,m,j}},\mathrm{PR}}^{\alpha}d_{\mathrm{AP,ST}_{\mathcal{I}_{k,m,f}}}^{-\alpha}}}\right]\tag{11.19}$$

式中：$K_1(\cdot)$ 为更新后的贝塞尔函数。把式（11.17）和式（11.18）代入式（11.16），可以近似得到 $\mathscr{Q}_1(k,m,j,p_{\mathcal{I}_{k,m,j}})$ 的结果。

按照式（11.15），$\hat{\mathscr{Q}}_2(k,m,j,p_{\mathcal{I}_{k,m,j}})$ 的近似值为

$$\mathscr{Q}_2(k,m,j,p_{\mathcal{I}_{k,m,j}})\approx\sum_{\theta=1}^{\mu}\Pr\{\ell_{\mathcal{I}_{k,m,j}}^{(\theta)}\leqslant p_{\mathcal{I}_{k,m,j}}<\ell_{\mathcal{I}_{k,m,j}}^{(\theta+1)}\}\mathscr{Q}_2(k,m,j,\ell_{\mathcal{I}_{k,m,j}}^{(\theta)})\tag{11.20}$$

式中：$\mathrm{ST}_{\mathcal{I}_{k,m,j}}$ 选择功率层级 $\ell_{\mathcal{I}_{k,m,j}}^{(\theta)}$ 的概率在式（11.17）中得到。式（11.20）中第二项可以通过把式（11.15）中的 $p_{\mathcal{I}_{k,m,j}}$ 替换为 $\ell_{\mathcal{I}_{k,m,j}}^{(\theta)}$ 来获得，推导结果为

$$\begin{aligned}\hat{\mathscr{Q}}_2(k,m,j,\ell_{\mathcal{I}_{k,m,j}}^{(\theta)})=&\int_{\mathscr{R}_2}\left[\exp\left(-\frac{\xi_1\delta^2}{2p_{\mathrm{a}}d_{\mathrm{PT,PR}}^{-\alpha}}+\frac{\ell_{\mathcal{I}_{k,m,j}}^{(\theta)}d_{\mathrm{PT,PR}}^{\alpha}x}{2p_{\mathrm{a}}d_{\mathrm{ST}_{\mathcal{I}_{k,m,j}},\mathrm{PR}}^{\alpha}}\right)\right]\\&\times\left[\prod_{f=1:k,f\neq j}\mathscr{H}(k,m,f,\theta,x)\right]\exp(-x)\mathrm{d}x\end{aligned}\tag{11.21}$$

式中：x 为 $G_{\mathrm{ST}_{\mathcal{I}_{k,m,j}},\mathrm{PR}}$，积分区间为 $\mathscr{R}_2=\left(0,\dfrac{\xi_1\delta^2}{\ell_{\mathcal{I}_{k,m,j}}^{(\theta)}d_{\mathrm{ST}_{\mathcal{I}_{k,m,j}},\mathrm{PR}}^{-\alpha}}\right)$。中间函数 $\mathscr{H}(k,m,f,\theta,x)$ 在式（11.19）中给出。把式（11.17）和式（11.21）代入式（11.20），可以得到 $\hat{\mathscr{Q}}_2(k,m,j,p_{\mathcal{I}_{k,m,j}})$ 的近似结果。因此，可以得到式（11.10）中 $\tilde{\mathscr{Q}}(k,m,j)$ 的近似结果。

把式（11.9）和式（11.3）代入式（11.8），可以得到 $\mathscr{Q}(k,m,j)$ 的结果，主系统

在情形Ⅰ中的吞吐量可以从式（11.7）得到。

11.3.2　主系统情形Ⅱ吞吐量

当情形Ⅱ发生时，不存在潜在的 ST 作为中继，因此 PT 在接下来的$\frac{1-\tau}{2}$时间内独自重传数据给 PR，与此同时，AP 传输无线能量给所有的 ST。情形Ⅱ发生的概率为 $\Pr\{\mathscr{B}_2\}=\Pr\{\mathscr{D}=\emptyset\}$，这在式（11.5）中已经给出了。

当 PT 两次传输主数据给 PR 时的可达速率记为 $C_{\mathrm{PT,PR}}$，即

$$C_{\mathrm{PT,PR}}=\frac{1-\tau}{2}\log_2\left(1+\frac{2p_{\mathrm{a}}G_{\mathrm{PT,PR}}d_{\mathrm{PT,PR}}^{-\alpha}}{\delta^2}\right) \tag{11.22}$$

式中：采用双倍 SNR 是因为 PR 采用 MRC 方式合并 PT 在两阶段传输的信号，并且信道系数在整个时间块中保持不变。情形Ⅱ发生时主系统的吞吐量为

$$\mathscr{T}_{\mathrm{p2}}=R_0\Pr\{C_{\mathrm{PT,PR}}\geqslant R_0\mid\mathscr{B}_2\}=R_0\Pr\{C_{\mathrm{PT,PR}}\geqslant R_0\} \tag{11.23}$$

式中：条件的去除是因为独立性。主数据成功传输的概率为

$$\Pr\{C_{\mathrm{PT,PR}}\geqslant R_0\}=\exp\left(-\frac{\xi_1\delta^2}{2p_{\mathrm{a}}d_{\mathrm{PT,PR}}^{-\alpha}}\right) \tag{11.24}$$

把式（11.24）代入式（11.23），则得到当情形Ⅱ发生时主系统的吞吐量。

11.4　次系统吞吐量

在主数据传输结束后，在最后的 τ 时间内，每个未被选择的 ST 按照 TDMA 方式依次传输自己的次数据给 AP。存在两种独立的传输情况，次系统的吞吐量表示为 $\mathscr{T}_{\mathrm{s}}=\sum_{t=1}^{2}\Pr\{\mathscr{B}_t\}\mathscr{T}_{\mathrm{s}_t}$，其中 $\mathscr{T}_{\mathrm{s}_t}$ 表示当情形 t 发生时次系统的吞吐量。

11.4.1　次系统情形Ⅰ吞吐量

在情形Ⅰ中，所选潜在 ST 会和 PT 一起采用 Alamouti 编码方式传输主数据给 PR。当情形Ⅰ发生时，次系统的吞吐量可以表示为

$$\mathscr{T}_{\mathrm{s}_1}=\sum_{k=1}^{N}\sum_{m=1}^{|\mathscr{T}_k|}\Pr\{\mathscr{D}(\mathscr{I}_{k,m}),\overline{\mathscr{D}}(\overline{\mathscr{I}}_{k,m})\mid\mathscr{B}_1\}[T_{\mathrm{s}_1}(\mathscr{I}_{k,m})+T_{\mathrm{s}_1}(\overline{\mathscr{I}}_{k,m})] \tag{11.25}$$

式中：$\Pr\{\mathscr{D}(\mathscr{I}_{k,m}),\ \overline{\mathscr{D}}(\overline{\mathscr{I}}_{k,m})\mid\mathscr{B}_1\}$ 为给定情形Ⅰ发生的前提下；集合 $\mathscr{I}_{k,m}$ 中的 ST 是潜在中继；而集合 $\overline{\mathscr{I}}_{k,m}$ 的 ST 不是潜在中继；$T_{\mathrm{s}_1}(\mathscr{I}_{k,m})$、$T_{\mathrm{s1}}(\overline{\mathscr{I}}_{k,m})$ 为潜在 ST 和非潜在 ST 的吞吐量。由于每个 ST 成为潜在中继的可能性是独立的，即

$$\Pr\{\mathscr{D}(\mathscr{I}_{k,m}),\overline{\mathscr{D}}(\overline{\mathscr{I}}_{k,m})\mid\mathscr{B}_1\}=\Pr\{\mathscr{D}(\mathscr{I}_{k,m})\}\Pr\{\overline{\mathscr{D}}(\overline{\mathscr{I}}_{k,m})\}/\Pr\{\mathscr{B}_1\} \tag{11.26}$$

$\Pr\{\mathscr{D}(\mathscr{I}_{k,m})\}$、$\Pr\{\overline{\mathscr{D}}(\overline{\mathscr{I}}_{k,m})\}$ 和 $\Pr\{\mathscr{B}_1\}$ 分别在式（11.11）～式（11.3）中给出。

情形Ⅰ中，未被选中的 ST_i 传输次数据给 AP，可达速率记为 $C_{\mathrm{ST}_i,\mathrm{AP}}^{\mathrm{I}}$，即

$$C_{\mathrm{ST}_i,\mathrm{AP}}^{\mathrm{I}}=\frac{\tau}{N-1}\log_2\left(1+\frac{g_iG_{\mathrm{ST}_i,\mathrm{AP}}d_{\mathrm{ST}_i,\mathrm{AP}}^{-\alpha}}{\delta^2}\right) \tag{11.27}$$

式中：前置因子表示剩余的 τ 时间均匀分配给 $N-1$ 个未被选中的 ST 进行次数据的传输。未被选中的 ST_i 在情形 1 中传输次数据的功率为 g_i，可以通过 $2\varepsilon_i=\frac{\tau g_i}{(N-1)\zeta}$式获得，其中 $2\varepsilon_i$ 表示在 $1-\tau$ 时间内从 AP 所收集的总的能量。有

$$g_i=\frac{(1-\tau)(N-1)\zeta\eta p_{\mathrm{b}}G_{\mathrm{AP,ST}_i}d_{\mathrm{AP,ST}_i}^{-\alpha}}{\tau} \tag{11.28}$$

1. 潜在 ST 的吞吐量

对于集合 $\mathscr{I}_{k,m}$ 中的潜在 ST，选择最佳 ST 中继传输主数据，则在剩余时间内，$\mathscr{I}_{k,m}$ 中其他的 ST 按照 TDMA 方式依次传输自己的数据给 AP。给定集合 $\mathscr{I}_{k,m}$ 中所有 ST 均为潜在中继，未被选中的 ST 进行次数据传输的吞吐量估计为

$$T_{\mathrm{s}_1}(\mathscr{I}_{k,m})=\sum_{j=1}^{k}\sum_{f=1;k,f\neq j}R_1\underbrace{\Pr\{S_{\mathscr{I}_{k,m,j}},C^{\mathrm{I}}_{\mathrm{ST}_{\mathscr{I}_{k,m,f}}\mathrm{AP}}\geqslant R_1\mid \mathscr{I}_{k,m,f}\in D\}}_{\mathscr{X}(k,m,j,f)} \tag{11.29}$$

式中：考虑了选择每个潜在 ST 中继主数据的概率。

对于用户 $\mathrm{ST}_{\mathscr{I}_{k,m,j}}$，定义 $\mu\in\mathbb{Z}^+$个离散功率层级，即 $\{\mathscr{I}^{(1)}_{\mathscr{I}_{k,m,j}}=\hat{p}_{\mathscr{I}_{k,m,j}}/\mu,\ \cdots,\ \mathscr{I}^{(\mu-1)}_{\mathscr{I}_{k,m,j}}=(\mu-1)\hat{p}_{\mathscr{I}_{k,m,j}}/\mu,\ \mathscr{I}^{(\mu)}_{\mathscr{I}_{k,m,j}}=\hat{p}_{\mathscr{I}_{k,m,j}}\}$，给定 $0<\Delta<1$，$\hat{p}_{\mathscr{I}_{k,m,j}}=-\zeta\eta p_{\mathrm{b}}d_{\mathrm{AP,ST}_{\mathscr{I}_{k,m,j}}}^{-\alpha}\ln\Delta$。如果$\mathscr{I}^{(\theta)}_{\mathscr{I}_{k,m,j}}\leqslant p_{\mathscr{I}_{k,m,j}}<\mathscr{I}^{(\theta+1)}_{\mathscr{I}_{k,m,j}}$，假设$\mathrm{ST}_{\mathscr{I}_{k,m,j}}$ 采用功率层级$\mathscr{I}^{(\theta)}_{\mathscr{I}_{k,m,j}}$，（$\theta\in\{1,\ \cdots,\ \mu\}$）进行主数据中继，另外设置$\mathscr{I}^{(\mu+1)}_{\mathscr{I}_{k,m,j}}=\infty$。考虑到$\mathrm{ST}_{\mathscr{I}_{k,m,j}}$ 选用每个功率层级的可能性，有

$$\begin{aligned}\mathscr{X}(k,m,j,f)\approx\sum_{\theta=1}^{\mu}\Pr\{\mathscr{I}^{(\theta)}_{\mathscr{I}_{k,m,j}}\leqslant p_{\mathscr{I}_{k,m,j}}<\mathscr{I}^{(\theta+1)}_{\mathscr{I}_{k,m,j}}\}\Pr\Bigg\{&\frac{g_{\mathscr{I}_{k,m,f}}G_{\mathrm{ST}_{\mathscr{I}_{k,m,f}},\mathrm{AP}}}{d^{\alpha}_{\mathrm{ST}_{\mathscr{I}_{k,m,f}},\mathrm{AP}}}\geqslant\omega_1\delta^2,\\&\frac{p_{\mathscr{I}_{k,m,q}}G_{\mathrm{ST}_{\mathscr{I}_{k,m,q}}\mathrm{PR}}}{d^{\alpha}_{\mathrm{ST}_{\mathscr{I}_{k,m,q}},\mathrm{PR}}}<\frac{\mathscr{I}^{(\theta)}_{\mathscr{I}_{k,m,j}}G_{\mathrm{ST}_{\mathscr{I}_{k,m,j}},\mathrm{PR}}}{d^{\alpha}_{\mathrm{ST}_{\mathscr{I}_{k,m,j}},\mathrm{PR}}},\forall q\in\frac{\{1,\cdots,k\}}{\{j\}}\Bigg\}\end{aligned} \tag{11.30}$$

式中：$\omega_1=2^{\frac{(N-1)R_1}{\tau}}-1$。$\mathrm{ST}_{\mathscr{I}_{k,m,j}}$ 选择每个功率层级的概率在式（11.17）中给出，第二个概率记为$\tilde{\mathscr{X}}(k,\ m,\ j,\ f)$，推导为

$$\begin{aligned}\tilde{\mathscr{X}}(k,m,j,f)=\int_0^{\infty}&\left\{\exp\left[-\sqrt{\frac{\omega_1\tau\delta^2d^{2\alpha}_{\mathrm{ST}_{\mathscr{I}_{k,m,f}},\mathrm{AP}}}{(1-\tau)(N-1)\zeta\eta p_{\mathrm{b}}}}\right]-\mathscr{F}(x)\right\}\\&\times\left[\prod_{q=1;k,q\neq j,q\neq f}\mathscr{H}(k,m,q,\theta,x)\right]\exp(-x)\mathrm{d}x\end{aligned} \tag{11.31}$$

式中：x 为 $G_{\mathrm{ST}_{\mathscr{I}_{k,m,j}},\mathrm{PR}}$。函数 $\mathscr{H}(k,\ m,\ q,\ \theta,\ x)$ 在式（11.19）中给出，且

$$\mathscr{F}(x)=\int_{\mathscr{R}_3}\exp\left(-\frac{d^{\alpha}_{\mathrm{ST}_{\mathscr{I}_{k,m,f}},\mathrm{PR}}\ell^{(\theta)}_{\mathscr{I}_{k,m,j}}x}{\zeta\eta p_{\mathrm{b}}d^{\alpha}_{\mathrm{ST}_{\mathscr{I}_{k,m,j}},\mathrm{PR}}d^{-\alpha}_{\mathrm{ST}_{\mathscr{I}_{k,m,f}},\mathrm{AP}}y}-y\right)\mathrm{d}y \tag{11.32}$$

式中：y 为 $G_{\mathrm{ST}_{\mathscr{I}_{k,m,f}},\mathrm{AP}}$，且积分区域为$\mathscr{R}_3=\left(\sqrt{\frac{\omega_1\tau\delta^2d^{2\alpha}_{\mathrm{ST}_{\mathscr{I}_{k,m,f}},\mathrm{AP}}}{(1-\tau)\ (N-1)\ \zeta\eta p_{\mathrm{b}}}},\ \infty\right)$。

把式（11.31）和式（11.17）代入式（11.8），可以得到$\mathscr{X}(k, m, j, f)$的近似值。把式（11.30）代入式（11.29），可以得到情形Ⅰ发生时潜在ST的吞吐量。当$k=1$时，潜在ST将要参与主数据的中继，不存在潜在ST传输次数据，则$T_{s_1}(\mathscr{I}_{1,m})=0$。

2. 非潜在ST吞吐量

当情形1发生时，集合$\overline{\mathscr{I}}_{k,m}$所有的非潜在ST都会在最后的$\tau$时间内按照TDMA方式传输自己的次数据给AP。非潜在ST的吞吐量为

$$\begin{aligned}T_{s_1}(\overline{\mathscr{I}}_{k,m}) &= \sum_{i=1}^{N-k} R_1 \Pr\{C^{\mathrm{I}}_{\mathrm{ST}_{\overline{\mathscr{I}}_{k,m,i}},\mathrm{AP}} \geqslant R_1 \mid \overline{\mathscr{I}}_{k,m,i} \notin \mathscr{D}\} \\ &= \sum_{i=1}^{N-k} R_1 \exp\left[-\sqrt{\frac{w_1 \tau \delta^2 d^{2\alpha}_{\mathrm{ST}_{\overline{\mathscr{I}}_{k,m,i}},\mathrm{AP}}}{(1-\tau)(N-1)\zeta\eta p_{\mathrm{b}}}}\right]\end{aligned} \tag{11.33}$$

对于每个ST来说，主数据接收和次数据传输是独立的，在推导中，可以移除式（11.33）中的条件。

11.4.2 次系统情形Ⅱ吞吐量

在情形Ⅱ中，所有N个ST将要在剩余的τ时间内按照TDMA方式传送自己的数据给AP。当情形Ⅱ发生时，次系统的吞吐量为

$$T_{s_2} = R_1 \sum_{i=1}^{N} \Pr\{C^{\mathrm{II}}_{\mathrm{ST}_i,\mathrm{AP}} \geqslant R_1 \mid \mathscr{B}_2\} \tag{11.34}$$

式中：$C^{\mathrm{II}}_{\mathrm{ST}_i,\mathrm{AP}}$为$\mathrm{ST}_i$传输次数据时的可达速率，bits/s/Hz，即

$$C^{\mathrm{II}}_{\mathrm{ST}_i,\mathrm{AP}} = \frac{\tau}{N}\log_2\left(1+\frac{\phi_i G_{\mathrm{ST}_i,\mathrm{AP}} d^{-\alpha}_{\mathrm{ST}_i,\mathrm{AP}}}{\delta^2}\right) \tag{11.35}$$

式中：ϕ_i为ST_i在情形Ⅱ中发射次数据的功率，W，可以通过$2\varepsilon_i=\frac{\tau\phi_i}{N\zeta}$来获得

$$\phi_i = \frac{(1-\tau)N\zeta\eta p_{\mathrm{b}} G_{\mathrm{AP},\mathrm{ST}_i} d^{-\alpha}_{\mathrm{AP},\mathrm{ST}_i}}{\tau} \tag{11.36}$$

次数据传输的条件成功概率可以推导为

$$\Pr\{C^{\mathrm{II}}_{\mathrm{ST}_i,\mathrm{AP}} \geqslant R_1 \mid \mathscr{B}_2\} = \exp\left[-\sqrt{\frac{w_2 \tau \delta^2 d^{2\alpha}_{\mathrm{ST}_i,\mathrm{AP}}}{(1-\tau)N\zeta\eta p_{\mathrm{b}}}}\right] \tag{11.37}$$

其中

$$w_2 = 2^{\frac{NR_1}{\tau}} - 1$$

11.5 数值和仿真结果

在仿真过程中，路径损耗指数$\alpha=3$，噪声功率$\delta^2=-20\mathrm{dBm}$，能量收集效率$\eta=0.8$，功率放大器效率$\zeta=0.8$，估算峰值功率的参数$\Delta=0.01$。所有的ST均匀分布于一条10m长的线段上，该直线垂直平分PT到PR之间的线段。AP放置在两条线段的中分

点，高度为 h_{AP}。

11.5.1 时间分配因子的影响

图 11.3 显示了主系统吞吐量与时间分配因子 τ 的关系。从图中可知，理论结果和仿真结果非常接近。随着 τ 的增长，主系统的吞吐量变小，这是因为分配给主数据中继的时间变短。在 τ 取值较小的区域，相比非频谱共享单一主系统，ST 协作数据传输能够提高主系统的吞吐量，因此主系统的性能可得到满足，次用户可在剩余时间内占用频谱传输自己的数据。当 PT 和 PR 之间的距离变长时，由于路径损耗变大，主系统性能变差。

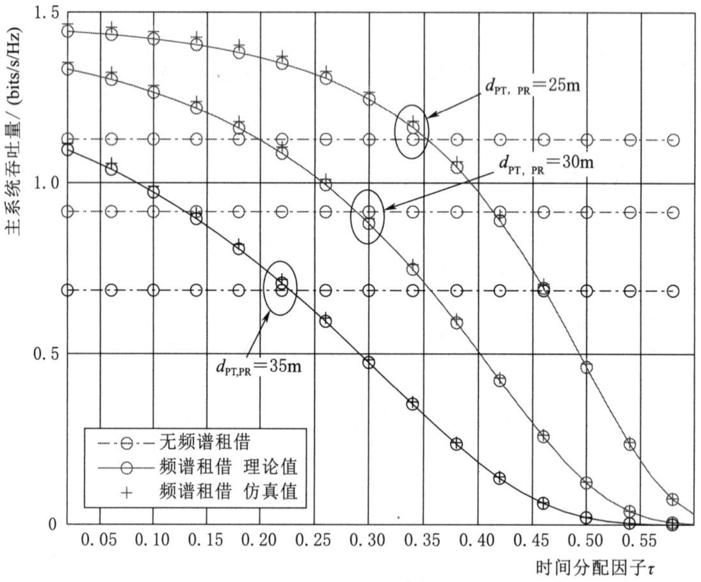

图 11.3 主系统吞吐量与时间分配因子 τ 的关系
($\mu=200$，$R_0=1.5$bits/s/Hz，$N=5$，$h_{AP}=3$m，$p_v=1$W，$p_b=30$W)

图 11.4 显示了次系统吞吐量与时间分配因子 τ 的关系。理论结果和仿真结果吻合合得非常好。在 τ 取值较低和适中的区域，随着 τ 的增长，次系统吞吐量变大。但在 τ 取值较大的区域，随着 τ 的增加，系统吞吐量变小。这是因为 ST 在 $1-\tau$ 时间内收集的能量较少，抵消了次数据较长时间传输所获得的优势。随着 AP 位置变高，性能变差，这是由于路径损耗变得更加严重，不利于能量收集和数据传输。

11.5.2 能量传输功率的影响

图 11.5 显示了主系统吞吐量与无线能量传输功能 p_b 的关系；图 11.6 显示了次系统吞吐量与无线能量传输功能 p_b 的关系。

从图 11.5 节和图 11.6 中可以看到，理论分析结果和仿真结果吻合得非常好。随着能量传输功率的提高，ST 可采用较高的功率协助传输主数据，因此主系统的吞吐量变大。当功率足够大时，所提频谱租借机制优于非频谱共享单一主系统的性能，因此较少的时间

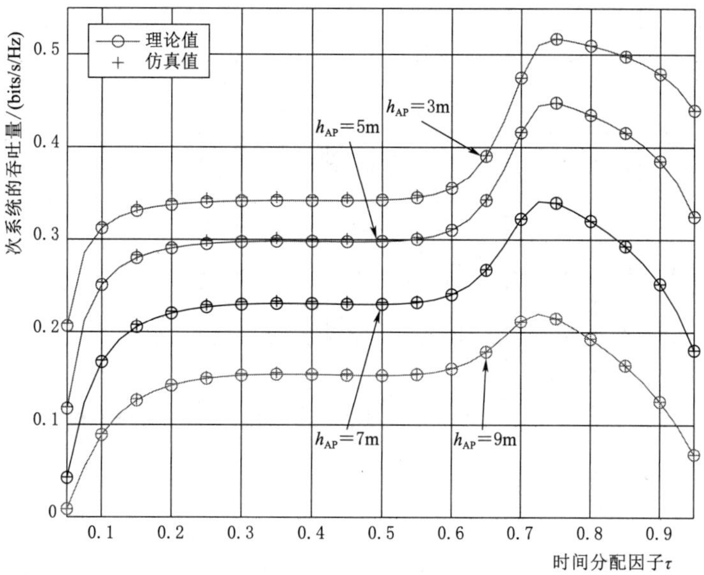

图 11.4 次系统吞吐量与时间分配因子 τ 的关系（$\mu=200$，$R_0=1.5$bits/s/Hz，$R_1=0.2$bits/s/Hz，$N=3$，$d_{PT,PR}=30$m，$p_v=5$W，$p_b=10$W）

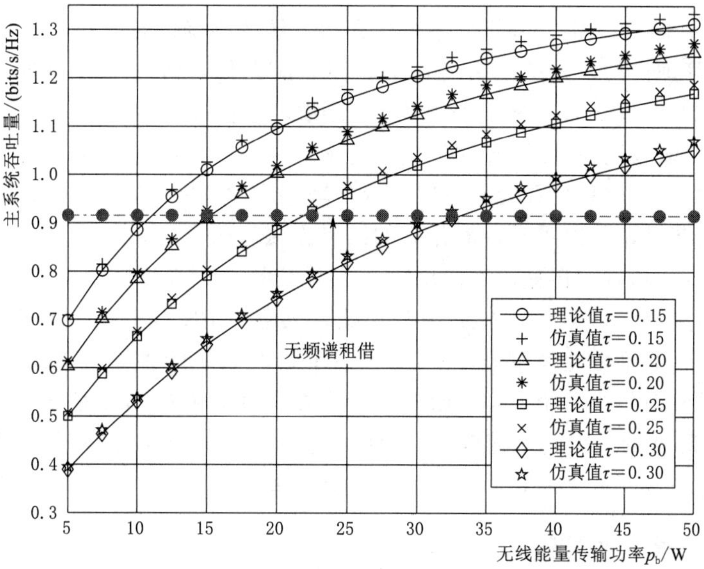

图 11.5 主系统吞吐量与无线能量传输功率 p_b 的关系（$\mu=200$，$R_0=1.5$bits/s/Hz，$N=5$，$h_{AP}=3$m，$d_{PT,PR}=30$m，$p_v=1$W）

就可以满足主系统的性能，次系统可在较长时间内占用频谱传输自己的数据给 AP。当能量传输功率较高时，ST 收集到较多的能量，因此次系统的吞吐量变大，次数据传输变得更可靠。

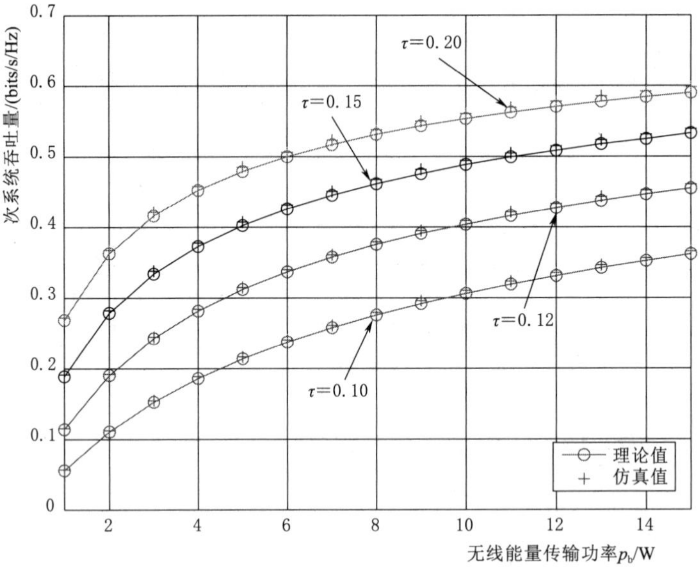

图 11.6　次系统吞吐量与无线能量传输功率 p_b 的关系（$\mu=200$，$R_0=1.5$bits/s/Hz，$R_1=0.2$bits/s/Hz，$N=5$，$h_{AP}=5$m，$d_{PT,PR}=30$m，$p_v=5$W）

11.5.3　理论分析的简化

在 11.3 节和 11.4 节中，分析了主系统和次系统的准确的吞吐量，但是当存在较多的 ST 时，很难计算理论值，这是因为潜在集合和非潜在集合包含很多种 ST 组合。假设所有 ST 与 PT/PR/AP 的距离一样，设置为平均距离。当 ST 放置在较小的区域且距离 PT/PR/AP 较远时，该假设是合理的。图 11.7 显示了主系统吞吐量与主系统传输速率 R_0 的关系；图 11.8 显示了次系统吞吐量与次系统传输速率 R_1 的关系。图 11.7 和图 11.8 显示了简化计算后的结果，可以看到，简化后的结果很接近仿真结果。

图 11.7 显示，随着主传输速率的增大，主系统吞吐量先增加后减小。这是因为数据成功传输的概率变小了，但是一旦数据分组成功传输，PR 能够接收到更多的信息。PT 发射功率较高时，系统吞吐量增长。图 11.8 显示了次系统的吞吐量随次传输速率的提升先变好后变差，原因与主系统一样。给定时间分配因子，存在越多的 ST，分配给每个未被选中 ST 的时间越少，因此，随着 N 的增长，在次传输速率较小时，次系统总的吞吐量变好，当次传输速率较大时，次系统的吞吐量变差。

11.5.4　次系统最大吞吐量

在基于能量收集的频谱租借机制中，在保证主系统的性能前提下，最大化次系统的吞吐量，优化问题可以构建为

$$\begin{cases}\max\limits_{\tau\in(0,1)} & \mathscr{T}_s \\ \text{s.t.} & \mathscr{T}_p \geqslant \mathscr{V}_p\end{cases} \tag{11.38}$$

为了解决该优化问题，首先通过 $\mathscr{T}_p=\mathscr{V}_p$ 可以确定一个关键点 $\tau^{\dagger}$。如果分配给次系统

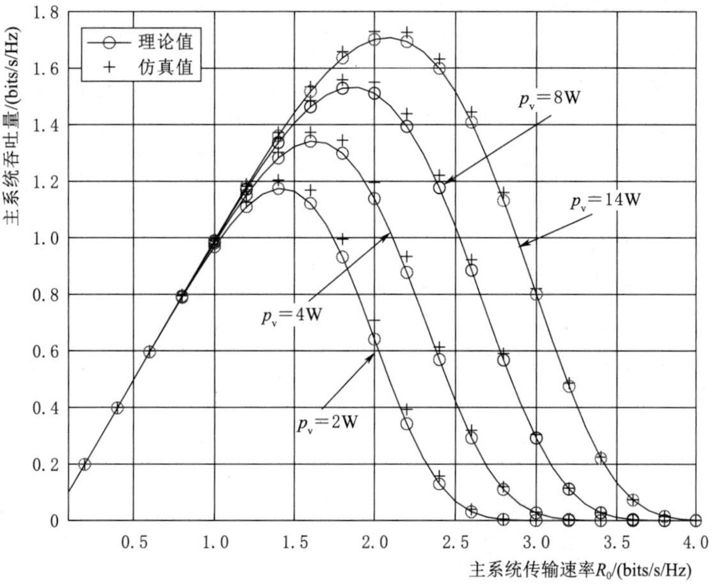

图 11.7 主系统吞吐量与主系统传输速率 R_0 的关系

($\mu=1000$，$N=5$，$\tau=0.20$，$h_{AP}=5m$，$d_{PT,PR}=30m$，$p_b=50W$)

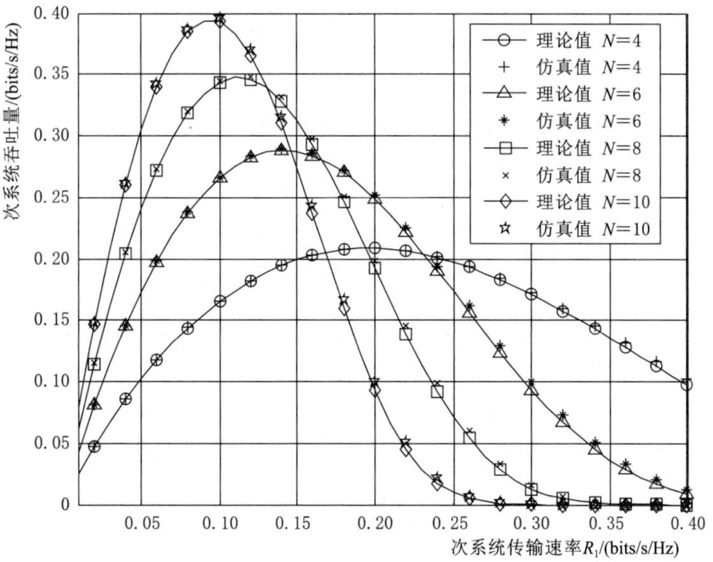

图 11.8 次系统吞吐量与次系统传输速率 R_1 的关系：($\mu=500$，$R_0=2bits/s/Hz$，$\tau=0.25$，$h_{AP}=8m$，$d_{PT,PR}=30m$，$p_v=p_b=5W$)

的时间小于 $\tau^\dagger$，在频谱租借机制中，主系统的吞吐量要比非频谱共享机制中的吞吐量高。次系统最大的吞吐量可以通过数值搜索的方法在区间 $[0, \tau^\dagger]$ 上确定 τ^*。图 11.9 显示了次系统最大吞吐量与次系统传输速率 R_1 的关系；图 11.10 显示了次系统最大吞吐量与无线能量传输功率 p_b 的关系，在图 11.9 和图 11.10 中通过数值方法解决优化问题式 (11.38) 所获得的次系统最大吞吐量。

图 11.9 显示次系统的最大吞吐量随传输速率 R_1 的提升，先变好后变差。系统性能随 AP 高度的增长而变差。图 11.10 显示了次系统最大吞吐量随能量传输功率的增长变化，这是因为 ST 能够收集到更多的能量，更有效地协助主数据传输以换取更多时间传输次数据。存在越多的 ST，系统吞吐量就越高，但是，当能量传输功率较低时，较多的 ST 导致系统性能变差，因为分配给每个 ST 的时间缩短，次数据传输的成功概率变小。

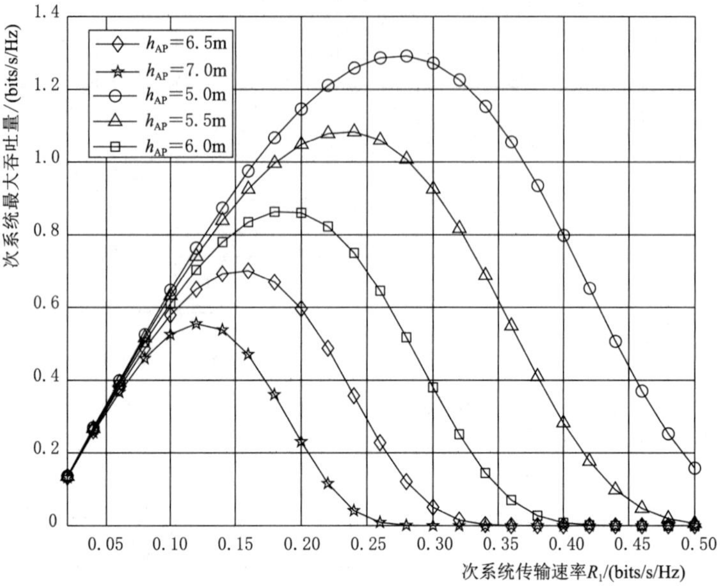

图 11.9　次系统最大吞吐量与次系统传输速率 R_1 的关系

（$R_0=1.5$bits/s/Hz，$N=8$，$d_{PT,PR}=30$m，$p_v=1$W，$p_b=50$W）

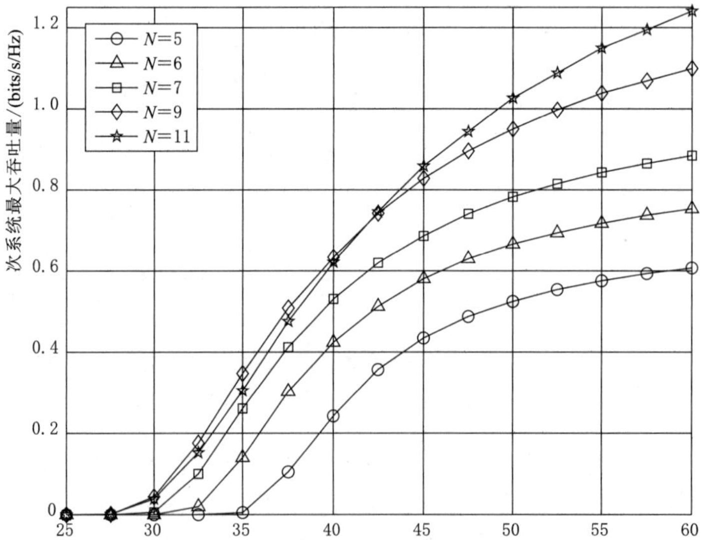

图 11.10　次系统最大吞吐量与无线能量传输功率 p_b 的关系

（$R_0=1.5$bits/s/Hz，$R_1=0.2$bits/s/Hz，$h_{AP}=6$m，$d_{PT,PR}=30$m，$p_v=1$W）

11.6 小结

本章提出了一种高效的基于 RF－EH 的频谱租借机制，在不影响主链路通信过程的情况下，AP 能够传输无线能量给 ST，大幅提高了 ST 收集射频能量的效率。选择能够正确解调主数据，且能够给 PR 带来最强信号的 ST 和 PT 一起采用 Alamouti 编码方式传输主数据给 PR。在主数据中继传输结束后，所有未被选中的 ST 以 TDMA 方式依次传输自己的数据给 AP。考虑 EH 和数据传输的相关性，分析了主次系统的吞吐量。采用数值算法确定数据传输和 EH 之间的最优时间分配。所提频谱租借机制能够在满足主系统性能的要求下，满足次数据的传输需求。

第 12 章 蜂窝与自组织网络协作频谱共享

12.1 概述

对于协作频谱共享，次用户帮助主用户传输数据，通过提升主系统性能，在空间域[55]、时间域[127] 或频率域[17] 上换取频谱共享机会。如前几章所述，用户位置通常是固定的或限制在较小的区域内，不会遭受其他并发链路的干扰。由于自组织网络用户位置随机、拓扑变化频繁、信道衰落随机变化，用户所承受的累加干扰具有较强的不确定性，因此将协作频谱共享扩展到自组织网络并非易事。

传输容量是自组织网络的一个主要性能指标，它表示受中断概率约束的区域频谱效率[20]。通过将用户位置建模为 HPPP，Huang et al.[19] 研究了主系统和次系统传输容量之间的折中关系。Lee et al.[131] 建立多系统综合框架，研究中断性能和公平共存约束下的传输能力。Yin et al.[132] 研究主次系统之间的相互干扰，发现主系统中断性能的轻微下降可使得总传输容量显著增加。在文献［133］中，在单个主链路周围设置保护区域[134]，只有位于保护区外的 SU 才可进行底衬频谱共享。受保护区的影响，接入频谱的 SUs 形成泊松孔过程（PHP），Lee et al.[21] 推导了近似的中断概率。Nguyen et al.[99] 提出了三种 CRN 模型，其中主系统可以是单链路、组播或自组织网络，次系统作为自组织网络按照载波侦听多址访问（CSMA）协议分布式占用频谱。Cho et al.[135] 在源链路和目的链路周围设置了一个空间 QoS 区域，以减少最佳中继选择的开销。DF 增量中继或选择协作[2] 能够获得比非协作系统[39,136] 更高的传输容量。

在用户随机分布的 CRN 中，现有研究主要集中在非协作底衬和交织频谱共享方面。次系统的频谱接入会损害主系统的性能，不会给主系统带来任何贡献。这促使研究协作频谱共享的效果，即 SUs 主动帮助 PU 传输数据，通过提升主系统性能以换取一些频谱资源用于次数据传输。由于中继节点和接收机所承受的干扰是相互依赖的，分析协作频谱共享机制具有一定的挑战性。Ganti et al.[137] 研究了基于中继选择的两跳通信，以缓解蜂窝网络小区边缘用户通信质量较差的情况，分析了两跳传输的成功概率。对于异构网络，采用规则网格建模 BSs 的位置过于理想[94]。未来密集蜂窝网络中用户和 BSs 的位置分布越来越随机[138]，采用随机几何理论建模它们的位置分布更为实用。蜂窝网络下行链路相比上行链路占用更多的频谱资源[19]，下行数据流量大得多。因此，本章重点研究下行链路频谱共享以提升频谱效率。

本章研究自组织网络和蜂窝网络下行链路之间的协作频谱共享。蜂窝网络为拥有许可频谱的主系统，而自组织网络则是次系统。假设所有小区复用相同的频谱，不同小区之间的数据传输相互干扰。在蜂窝网络中，小区边缘有用信号相比干扰较弱[138]。为了提高小区边缘通信质量，在基站和小区边缘移动用户（MU）之间建立了一个协作区域。当原始传输失败时，选择协作区域内能够正确解调原始数据且到小区边缘 MU 信道状态最好的 SU 进行数据重传。作为协作传输的奖励，主系统保留部分频带，将剩余的不相干频带分配给次系统。采用随机几何理论，分析了主次系统的吞吐量性能。在次系统中断概率和主系统吞吐量提升比的约束下，通过最大化次系统传输容量以确定最优带宽分配。数值和仿真结果揭示了系统参数的影响，验证了所提方案的有效性。

12.2 系统模型

许可频谱归属于蜂窝网络，不同小区复用同一频谱。BS 和 MU 的位置建模为独立 HPPP，分别表示为 $\Pi_b=\{x_i, i\in\mathbb{Z}\}$ 和 $\Pi_m=\{y_i, i\in\mathbb{Z}\}$，基站和用户的密度分别为 λ_b 和 λ_m。每个 MU 关联到距离最近的 BS。如图 12.1 所示蜂窝网络与 Ad-Hoc 网络共存于同一平面，蜂窝网络在二维平面上形成 Poisson Tessellation，每个蜂窝被称为 Voronoi 小区[19]。每个基站随机选择一个 MU，采用下行链路通信。一个 Ad - Hoc 网络与蜂窝网络共存于平面。蜂窝网络是主系统，自组织网络为次系统。SU 的位置服从另一个独立的 HPPP，$\Pi_s=\{z_i, i\in\mathbb{Z}\}$，密度为 λ_s。每个次用户在距离 d 处有一个对应的接收端。在自组织网络中，次用户采用 Aloha 协议接入信道。每个次用户根据信道接入概率 $\xi\in(0, 1)$ 来确定能否接入信道。任何两个用户 u_1 和 u_2 之间的信道服从小尺度块衰落和大尺度路径损耗。小尺度功率衰落记为 G_{u_1,u_2}，它服从均值为 1 的指数分布，不同链路的功率衰落相互独立。信号功率的路径损耗为 $\ell_{u_1,u_2}^{-\alpha}$，其中 ℓ_{u_1,u_2} 表示距离，α 为路径损耗指数。如果终端 u_2 位于原点，为了表示简单，标号下标往往忽略 u_2。考虑干扰受限的场景，忽略噪声的影响。

12.2.1 频谱共享模型

考虑协作频谱共享模式，主用户分配一部分频谱资源给次用户，但是次用户需协助小区边缘的主用户通信[17]。不失一般性，假设总的带宽为 1，分配给次系统的频带记为 $\beta\in(0, 1)$，剩余的 $1-\beta$ 频带留作主系统的数据传输。主次系统之间的频带分配如图 12.2 所示。主次系统互不干扰，因为它们使用不相交的频带。

在蜂窝网络中，如果随机选择的 MU 位于关联基站的小区内部时（小区内距离基站较近的区域），由于信道状况比较好，且干扰信号不是很强，基站与其通信采用直接传输方式。在这种情况下，尽管分配部分频带给次系统，还是能够满足主系统的通信需求。内部区域是基站附近的圆形区域，半径为 c_0。如果 MU 位于关联基站的小区边缘时，即该用户位于圆形区域外部，为了提高通信质量，采用协作方式传输数据。在 SUs 的协助下，主系统的数据通信吞吐量得以提升，能够有效对抗较强的干扰。另外，SUs 通过协助小

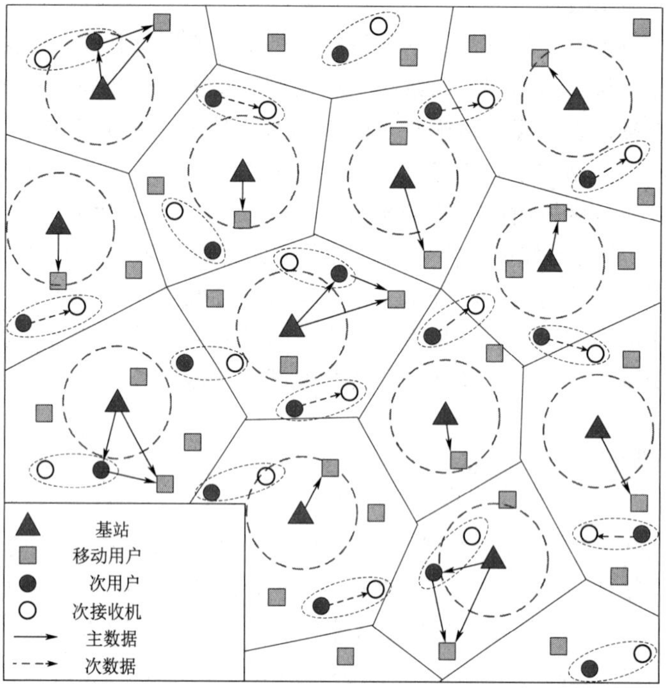

图 12.1　蜂窝网络与 Ad-Hoc 网络共存于同一平面

（覆盖型的无线网络，主次系统终端的位置分布服从独立的 PPP。每个 MU 关联到最近的 BS，蜂窝网络分割为 Voronoi 小区。在每个基站附近的圆形区域表示小区内部区域，半径为 c_0。在每个 Voronoi 小区中，圆形区域外面的部分表示小区边缘区域。位于小区内的潜在 SU 主动帮助小区边缘用户通信，作为回报可换取部分不相交频谱。每个次用户在距离 d 米处有一个接收端，发射端和接收端用椭圆圈起来。在 Ad-Hoc 网络中，采用 Aloha 协议激活部分次用户占用所分配的频带进行通信）

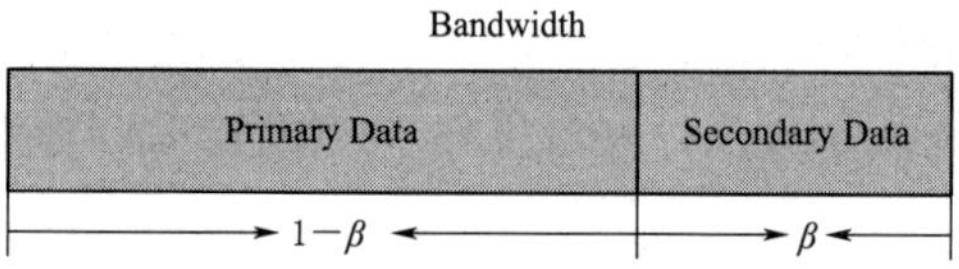

图 12.2　主次系统之间的频带分配

（β 部分频带分配给次系统，剩余的 $1-\beta$ 部分频带用于主数据的直接传输或者协作传输）

区边缘的主用户通信，可以抵消主系统频谱分配的不利因素。分配给 SUs 的频谱越多，次系统的数据传输容量越大，主系统的吞吐量越低。因此在设计协作频谱共享方案时，需要合理分配带宽，在满足主系统性能需求的条件下，最大化次系统的传输容量。

12.2.2　协作传输模型

基站采用截短自动请求重传（ARQ）机制与小区内部用户通信，当数据传输出现差错时，则进行重传，最大重传次数为 1。多次重传并不能更有效地提高系统性能，反而会导致较长的通信时延。当移动用户能够正确接收基站的信号时，反馈一个 ACK 帧，基站收到该确认信号后，继续传输新的数据分组。如果 MU 不能正确接收原始信号，则反馈非确认（NACK）帧，此时基站重传该数据分组。小区内的移动用户 MU 采用 MRC 方式组合原始信号和重传信号，然后对数据进行相干解调。

基于 DF 的协作截短 ARQ 机制已在文献［139］中有所研究，也被称为基于 DF 的增量中继[2]。采用该协作方式，帮助基站传输数据给小区边缘的 MU。如图 12.3 所示，在基站和小区边缘用户之间划定一个协作区域。该区域可由基站通过握手方式指定，或者由次用户采用定位算法估计相关的位置信息，分布式地确定协作区域[140]。基站和协作区域中心的距离记为 $r_v=\zeta r_0$，其中 $0<\zeta<1$。协作区域中心和小区边缘用户的距离为 $\tilde{r}_v=(1-\zeta)r_0$。位于协作区域中的次用户将协助基站传输数据给小区边缘的 MU。在起初的传输阶段，基站广播数据给小区边缘的 MU 和位于协作区域中的次用户。位于协作区域中的次用户如果能够正确解调主用户数据，则称为译码次用户。考虑到小区边缘 MU 和协作区域的 SUs 是否正确接收到主用户数据，有三种数据传输情形：

(1) 情形Ⅰ。小区边缘 MU 正确接收到数据分组，反馈 ACK 帧给基站和次用户。位于协作区域中的次用户清空内存，基站继续传输新的数据分组给移动用户。

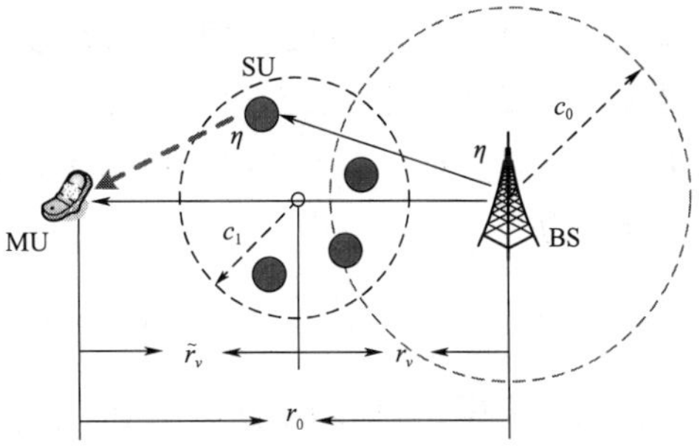

图 12.3　小区边缘用户的协作传输模型
（该图没有画出次用户对的接收端）

(2) 情形Ⅱ。小区边缘 MU 解调基站数据失败，反馈 NACK 帧给基站和次用户。在协作区域中，不存在次用户或者不存在成功解调主用户数据的次用户。基站需重传原来的数据，而协作区域中的次用户则保持沉默。

(3) 情形Ⅲ。小区边缘 MU 解调基站数据失败，反馈 NACK 帧给基站和次用户。在协作区域中，存在至少一个能够正确解调基站数据的次用户，选择到小区边缘 MU 信道状态最好的一个译码次用户协助重传主用户数据。可采用分布式时间退避机制[119,128]或者信令突发机制[128]实现最优次用户的选择。当所选次用户重传数据时，基站和其他次用户保持沉默。

假设基站和协作次用户能够可靠地接收到 MU 所发送的控制帧，这可以通过强有力的差错控制编码机制来实现。假设每个接收端都知道自己的信道系数，以便进行相干解调。每个译码次用户可通过测量 NACK 帧来估计自己到小区边缘 MU 的信道状态。当小区边缘通信失败后，选择一个次用户或采用基站重传数据，减少用户之间的协调和同步操作。采用控制帧和分布式协调机制[119,128]，可以确定发生哪种情况，次用户是否参与数据重传。当情形Ⅲ发生时，次用户参与数据的重传，选择能够正确解调主用户数据且到小区边缘 MU 信道状态最好的次用户，中继转发基站数据给 MU。小区边缘 MU 采用 MRC 的方式组合原始数据和重传数据以进行相干解调。

12.3　次系统传输容量

在满足主系统性能需求的条件下最大化次系统的传输容量[20]。构建优化问题为

$$\max_{\lambda_s>0,0<\beta<1} \quad C_s^{\epsilon}=\xi\lambda_s(1-\epsilon)T_1 \tag{12.1}$$

$$\text{s. t. } P_{out}^{s}(\lambda_s,\beta)\leqslant\epsilon \tag{12.2}$$

$$\frac{V_c(\lambda_s,\beta)-V_d}{V_d}\geqslant\rho \tag{12.3}$$

式中：C_s^{ϵ} 为次系统的传输容量；每个次链路的传输速率假设是一样的，记为 T_1，bits/s/Hz；$P_{out}^{s}(\lambda_s, \beta)$ 为每个次链路的中断概率，该中断概率不能大于次系统目标中断概率限制 ϵ；该限制是由传输链路的 QoS 需求确定的；无频谱共享时，主系统平均吞吐量记为 V_d；存在协作频谱共享时，主系统平均吞吐量记为 $V_c(\lambda_s, \beta)$；参数 $\rho\geqslant0$ 表示在频谱共享机制下，相比非频谱共享，主系统的吞吐量需要提高的比例。通过该优化问题可以确定最优次用户密度 λ_s 和最优带宽分配因子 β。

因为次用户按照 Aloha 协议接入信道传输数据[128]，发射信号的次用户构成 HPPP，记为 $\widetilde{\Pi}_s$，密度为 $\xi\lambda_s$，该点过程可通过独立细化点过程 Π_s 得到。不失一般性，考虑一个典型次接收端并把其放置在原点。按照 Slivnyak 定理[141]，设置该典型接收端并不影响其他用户的位置分布。典型链路的性能代表了整个网络其他链路的性能。次用户数据传输的可达速率为

$$R_s=\beta\log_2\left(1+\frac{G_{z_0}d^{-\alpha}}{\mathcal{I}_s}\right) \tag{12.4}$$

式中：G_{z_0} 为小尺度的功率衰落。由于部分频谱资源分配给次系统，式（12.4）中含有前置因子 β，式（12.4）中的干扰项为

$$\mathcal{I}_s=\sum_{z\in\widetilde{\Pi}_s\setminus\{z_0\}} G_z l_z^{-\alpha} \tag{12.5}$$

在该式中，除了典型用户，所有活跃次用户都会给典型接收端带来干扰，来自整个平面的累加干扰会影响典型次链路的通信性能。按照文献［92］，该典型次链路的中断概率可推导为

$$P_{out}^{s}(\lambda_s,\beta)=\Pr\{R_s<T_1\}=\Pr\{G_{z_0}<\tau_1 d^{\alpha}\mathcal{I}_s\}=1-\exp\left[-\xi\lambda_s\pi\tau_1^{\frac{2}{\alpha}}d^2\frac{2\pi/\alpha}{\sin(2\pi/\alpha)}\right] \tag{12.6}$$

式中：$\tau_1=2^{T_1/\beta}-1$；T_1 为次系统的目标速率，bits/s/Hz。

说明：①τ_1 随着 β 的增长而变小。当 τ_1 变小时，中断概率变小，因此，分配给次数据传输的带宽越多，次链路传输数据的可靠性就越高，由于留给主数据传输的带宽变少了，主系统的性能随着 β 的增长而变差；②次链路的中断性能随着次用户密度 λ_s 的增长而变差，这是因为密度越大，同时进行传输的链路就越多，干扰越强，通信性能变差。

12.4 主系统平均吞吐量

本节介绍 BS 和其 MU 之间的距离分布，建模典型 MU 处的累加干扰，分析小区内部和小区边缘用户的通信成功概率，推导蜂窝网络下行链路的平均吞吐量。

12.4.1 距离分布和干扰模型

一个典型 MU 被放置于原点，距离该 MU 最近的基站为其服务，基站的位置记为 x_0，两者之间的距离为 r_0，该距离是随机变量 R 的一次实现。变量 R 表示基站和其意向 MU 之间的随机距离。该变量的互补累积分布函数（CCDF）为[94]

$$\Pr\{R>r_0\}=\Pr\{\text{没有其他 BS 到该 MU 的距离比 } r_0 \text{ 近}\}=\exp(-\lambda_b\pi r_0^2) \tag{12.7}$$

CDF 为 $F_R(r_0)=1-\exp(-\lambda_b\pi r_0^2)$，因此 PDF 为

$$f_R(r_0)=\frac{\mathrm{d}F_R(r_0)}{\mathrm{d}r_0}=2\pi\lambda_b r_0\exp(-\lambda_b\pi r_0^2) \tag{12.8}$$

对于每个基站 $x\in\Pi_b$，符号 r_x 表示距离其意向 MU 的距离。当 $r_x\leqslant c_0$ 时，意向 MU 位于小区内部，否则，意向 MU 位于小区边缘。

典型 MU 所承受的干扰可以近似为

$$\mathscr{T}_p\approx\sum_{x\in\Pi_b\backslash\{x_0\}}P_xG_x\ell_x^{-\alpha} \tag{12.9}$$

式中：$P_x=\mathbf{1}(r_x\leqslant c_0)+\eta\mathbf{1}(r_x>c_0)$；在条件 $\mathscr{A}$ 满足时，指示变量 $\mathbf{1}(\mathscr{A})$ 的值为 1，否则为 0。当基站与其小区内部的 MU 通信时采用归一化的功率，当与小区边缘 MU 通信时采用较大的功率 $\eta\geqslant1$。给出了近似干扰项，这是因为在一个观察时间内，系统中同时存在基站通信和 SUs 协作通信，而参与协作的 SUs 和其相关基站之间有一个相对位置，忽略了此相对位置，用它对应的基站位置表示干扰源的位置。对应基站 $x\in\Pi_b$，如果该基站的意向 MU 位于小区边缘，该基站协作次用户的位置可表示为 $x_z=x+f(x)$，其中 $f(x)$ 表示所选次用户和其服务基站 x 的相对位置。因为 $|f(x)|<\infty$ 几乎总是成立，在不降低准确性的前提下，为了简化总干扰的分析，假设所选 SU 和典型 MU 之间的距离，与所选 SU 的服务基站到典型 MU 之间的距离近似相等[137]。

12.4.2 小区内部通信成功概率

假设基站 x_0 和典型小区内部 MU 的距离为 r_0，主用户数据传输可达速率为

$$R_{\mathrm{in1}}(r_0)=(1-\beta)\log_2\left(1+\frac{G_{x_0}r_0^{-\alpha}}{\mathscr{I}_p}\right) \tag{12.10}$$

式中：$(1-\beta)$ 为主用户数据传输的频谱资源比例。主目标速率记为 T_0，原始数据成功传输的概率表示为

$$\begin{aligned}P_{\mathrm{in1}}(\tau_0,r_0)&=\Pr\{R_{\mathrm{in1}}(r_0)\geqslant T_0\}=\Pr\{G_{x_0}\geqslant\tau_0r_0^\alpha\mathscr{I}_p\}\\&=\mathbb{E}\left[\exp(-\tau_0r_0^\alpha\mathscr{I}_p)\right]=\mathscr{L}_{\mathscr{I}_p}(\tau_0r_0^\alpha)\end{aligned} \tag{12.11}$$

式中：$\tau_0=2^{\frac{T_0}{1-\beta}}-1$；$\mathscr{L}_{\mathscr{I}_p}(\cdot)$ 为干扰 $\mathscr{I}_p$ 的拉普拉斯转换。在推导式（12.11）的过程中，考虑到 G_{x_0} 服从指数分布，式中的数学期望是对所有可能干扰源的位置和信道衰落进行平均操作。求成功概率时考虑所有干扰的空间平均和时间平均。MU 的位置和它们关联基站的位置在整个二维平面上是相互耦合的。不同小区中，基站与其意向用户之间的通信距离和发射功率是相关的。Dhillon et al.[142] 验证了不同小区的这种相关性比较弱，可假设

基站与意向移动用户之间的距离不相关。因此，干扰项 $\mathscr{I}_{\mathrm{p}}$ 的拉普拉斯变换可以推导为

$$
\begin{aligned}
\mathscr{L}_{\mathscr{I}_{\mathrm{p}}}(s) &= \mathbb{E}\left[\exp(-s\sum_{x\in\Pi_{\mathrm{b}}\setminus\{x_0\}} P_x G_x \ell_x^{-\alpha})\right] \\
&\overset{(a)}{=} \mathbb{E}_{\Pi_{\mathrm{b}}}\left\{\prod_{x\in\Pi_{\mathrm{b}}\setminus\{x_0\}} \mathbb{E}_{P,G}\left[\exp(-sPG\ell_x^{-\alpha})\right]\right\} \\
&\overset{(b)}{=} \exp\left\{-2\pi\lambda_{\mathrm{b}}\mathbb{E}_{P,G}\left[\int_{r_0}^{\infty}\left[1-\exp(-sP\ell^{-\alpha}G)\right]\ell\mathrm{d}\ell\right]\right\} \\
&\overset{(c)}{=} \exp\left\{-2\pi\lambda_{\mathrm{b}}d_1\mathbb{E}_{G}\left[\int_{r_0}^{\infty}\left[1-\exp(-s\ell^{-\alpha}G)\right]\ell\mathrm{d}\ell\right]\right\} \\
&\quad\times\exp\left\{-2\pi\lambda_{\mathrm{b}}d_2\mathbb{E}_{G}\left[\int_{r_0}^{\infty}\left[1-\exp(-s\eta\ell^{-\alpha}G)\right]\ell\mathrm{d}\ell\right]\right\}
\end{aligned}
\tag{12.12}
$$

式中：$d_1=1-\exp(-\lambda_{\mathrm{b}}\pi c_0^2)$，$d_2=\exp(-\lambda_{\mathrm{b}}\pi c_0^2)$。等式（a）考虑每个基站的信道衰落和发射功率相互独立。等式（b）考虑 PPP 的 PGFL[92]，积分范围是（r_0，∞），这是因为干扰基站距离典型 MU 的距离至少是 r_0。对独立的离散的随机变量 P 做数学期望，得到等式（c）。把 $s=\tau_0 r_0^{\alpha}$ 代入式（12.11），并计算在距离 ℓ 上的积分，有

$$P_{\mathrm{in1}}(\tau_0,r_0)=\exp\left[-\omega(\tau_0)r_0^2\right] \tag{12.13}$$

其中

$$\omega(t)=\pi\lambda_{\mathrm{b}}\left\{-1+\frac{d_1}{t+1}+\frac{d_2}{\eta t+1}+\Gamma(1-\frac{2}{\alpha})\times\sum_{n=0}^{\infty}\frac{\Gamma(n+2)t^{n+1}}{\Gamma(n+2-2/\alpha)}\left[\frac{d_1}{(t+1)^{n+2}}+\frac{d_2\eta^{n+1}}{(\eta t+1)^{n+2}}\right]\right\} \tag{12.14}$$

伽马函数为 $\Gamma(a)=\int_0^{\infty}t^{a-1}e^{-t}\mathrm{d}t$，$\Gamma(n)=(n-1)!$，$n=1$，2，…[64]。如果原始数据传输失败，基站将要重传数据，可达速率为

$$R_{\mathrm{in2}}(r_0)=\frac{1-\beta}{2}\log_2\left(1+\frac{2G_{x_0}r_0^{-\alpha}}{\mathscr{I}_p}\right) \tag{12.15}$$

式中：前置因子 1/2 是因为数据重传了一次；两倍的信干比是因为用户采用 MRC 方式进行数据检测。这种情况下的条件成功概率可以推导为

$$
\begin{aligned}
P_{\mathrm{in2}}(\tau_0,r_0) &= \Pr\left\{R_{\mathrm{in1}}(r_0)<T_0,R_{\mathrm{in2}}(r_0)\geqslant\frac{T_0}{2}\right\} \\
&= \exp\left[-\omega(\frac{\tau_0}{2})r_0^2\right]-\exp\left[-\omega(\tau_0)r_0^2\right]
\end{aligned}
\tag{12.16}
$$

式中：$\omega(\cdot)$ 在式（12.14）中给出。

12.4.3 小区边缘通信成功概率

基站和其小区边缘 MU 的通信包含三种情况：

（1）情形Ⅰ，在起初的通信阶段，MU 能够正确接收到基站的信号。

（2）情形Ⅱ，原始数据传输失败，在协作区域中不存在正确译码的 SUs，基站进行重传。

（3）情形Ⅲ，原始数据传输失败，顺利选择出一个正确译码的 SU 进行数据重传。

下面单独分析这三种情形。

1. 对于情形Ⅰ

给定基站 x_0 和它意向小区边缘 MU 之间的距离为 r_0，主数据传输可达速率可以推导为

$$R_{\mathrm{ed}}(r_0)=(1-\beta)\log_2\left(1+\frac{\eta G_{x_0} r_0^{-\alpha}}{\mathscr{I}_{\mathrm{p}}}\right) \tag{12.17}$$

与式（12.13）类似，原始数据传输的条件成功概率可以推导为

$$P_{\mathrm{ed1}}(\tau_0,r_0)=\Pr\{R_{\mathrm{ed}}(r_0)\geqslant T_0\}=\exp[-\omega(\tau_0/\eta)r_0^2] \tag{12.18}$$

式中：$\omega(\cdot)$ 在式（12.14）中给出。

2. 对于情形Ⅱ

这种情况的条件成功概率为

$$P_{\mathrm{ed2}}(\tau_0,r_0)=\sum_{n=0}^{\infty}\Pr\{N=n\}\Pr\{\tau_0/2\leqslant\gamma_{x_0}<\tau_0,\max\{\gamma_{x_0,z_i}\}<\tau_0\} \tag{12.19}$$

其中，泊松随机变量 N 表示协作区域中的次用户数目，有

$$\Pr\{N=n\}=\frac{(\lambda_{\mathrm{s}}\pi c_1^2)^n}{n!}\exp(-\lambda_{\mathrm{s}}\pi c_1^2) \tag{12.20}$$

典型 MU 处的 SIR，及协作区域中第 i 个 SU 的 SIR 可以表示为

$$\gamma_{x_0}=\frac{\eta G_{x_0} r_0^{-\alpha}}{\mathscr{I}_{\mathrm{p}}},\quad \gamma_{x_0,z_i}=\frac{\eta G_{x_0,z_i} r_v^{-\alpha}}{\mathscr{I}_{\mathrm{p}_i}} \tag{12.21}$$

式中：假设基站和它的所有协作 SUs 之间的距离是一样的，设置为 $r_v=\zeta r_0$，$(0<\zeta<1)$，m。在第 i 个 SU 上的干扰表示为 $\mathscr{I}_{\mathrm{p}_i}$。当 $N=0$ 时，式（12.19）的成功概率表示为 $\widetilde{P}_{\mathrm{ed2}}(\tau_0,\ r_0)=\Pr\ \{\tau_0/2\leqslant\gamma_{x_0}<\tau_0\}$，类似于式（12.16），有

$$\widetilde{P}_{\mathrm{ed2}}(\tau_0,r_0)=\exp\left[-\omega\left(\frac{\tau_0}{2\eta}\right)r_0^2\right]-\exp[-\omega(\tau_0/\eta)r_0^2] \tag{12.22}$$

式中：$\omega(\cdot)$ 在式（12.14）中给出。

当数据在初始阶段传输不正确时，BS 重传数据的成功概率可以推导为

$$P_{\mathrm{ed2}}(\tau_0,r_0)=\exp(-\lambda_{\mathrm{s}}\pi c_1^2)\widetilde{P}_{\mathrm{ed2}}(\tau_0,r_0)+\sum_{n=1}^{\infty}\frac{(\lambda_{\mathrm{s}}\pi c_1^2)^n}{n!}\exp(-\lambda_{\mathrm{s}}\pi c_1^2)f_1(\tau_0,r_0,n) \tag{12.23}$$

其中

$$f_1(\tau_0,r_0,n)=\sum_{k=0}^{n}(-1)^k\binom{n}{k}\left\{\exp\left[-g\left(\tau_0,\frac{r_0^\alpha}{2},k\right)\right]-\exp[-g(\tau_0,r_0^\alpha,k)]\right\} \tag{12.24}$$

参数为

$$g(\tau_0,s,k)=2\pi\lambda_{\mathrm{b}}\int_{r_0}^{\infty}\left[1-\frac{d_1}{\left(1+\frac{\tau_0 s}{\eta}\ell^{-\alpha}\right)\left(1+\frac{\tau_0 r_v^\alpha}{\eta}\ell^{-\alpha}\right)^k}-\frac{d_2}{(1+\tau_0 s\ell^{-\alpha})(1+\tau_0 r_v^\alpha\ell^{-\alpha})^k}\right]\ell\mathrm{d}\ell \tag{12.25}$$

因为只包含一个积分项，式（12.25）可以很高效地计算出来。

证明式（12.23）：假设干扰 BS 和协作区域中每个 SU 的距离及小区边缘典型 MU 的距离是一样的。从一个干扰 BS 到协作 SU 及典型 MU 之间的路径损耗是一样的，但信道衰落相互独立。式（12.19）中的成功概率可推导为

$$\begin{aligned}
&\Pr\left\{\frac{\tau_0}{2}\leqslant\gamma_{x_0}<\tau_0,\max_{i=1\to n}\{\gamma_{x_0,z_i}\}<\tau_0\right\}\\
&=\Pr\left\{\frac{\tau_0}{2}\leqslant\frac{\eta G_{x_0}r_0^{-\alpha}}{\mathscr{I}_{\mathrm{p}}}<\tau_0,\max\left\{\frac{\eta G_{x_0,z_i}r_v^{-\alpha}}{\mathscr{I}_{\mathrm{p}_i}}\right\}<\tau_0\right\}\\
&=\mathbb{E}_{\Pi_{\mathrm{b}},P}\left\{\underbrace{\mathbb{E}_G\left[\exp\left(-\frac{\tau_0 r_0^{\alpha}}{2\eta}\mathscr{I}_{\mathrm{p}}\right)-\exp\left(-\frac{\tau_0 r_0^{\alpha}}{\eta}\mathscr{I}_{\mathrm{p}}\right)\right]}_{\mathscr{A}_1}\underbrace{\prod_{i=1}^{n}\mathbb{E}_G\left[1-\exp\left(-\frac{\tau_0 r_v^{\alpha}}{\eta}\mathscr{I}_{\mathrm{p}_i}\right)\right]}_{\mathscr{A}_2}\right\}
\end{aligned}\tag{12.26}$$

式（12.26）外面的数学期望作用于用户点过程及干扰 BS 的发射功率。干扰基站和小区边缘典型 MU 之间的信道衰落是相互独立的，即 $\mathscr{A}_1$，可推导为

$$\begin{aligned}
\mathscr{A}_1&=\mathbb{E}_G\left[\prod_{x\in\Pi_{\mathrm{b}}\setminus\{x_0\}}\exp\left(-\frac{\tau_0 r_0^{\alpha}}{2\eta}P_xG_x\ell_x^{-\alpha}\right)-\prod_{x\in\Pi_{\mathrm{b}}\setminus\{x_0\}}\exp\left(-\frac{\tau_0 r_0^{\alpha}}{\eta}P_xG_x\ell_x^{-\alpha}\right)\right]\\
&=\prod_{x\in\Pi_{\mathrm{b}}\setminus\{x_0\}}\mathbb{E}_{G_x}\left[\exp\left(-\frac{\tau_0 r_0^{\alpha}}{2\eta}P_xG_x\ell_x^{-\alpha}\right)\right]-\prod_{x\in\Pi_{\mathrm{b}}\setminus\{x_0\}}\mathbb{E}_{G_x}\left[\exp\left(-\frac{\tau_0 r_0^{\alpha}}{\eta}P_xG_x\ell_x^{-\alpha}\right)\right]\\
&=\prod_{x\in\Pi_{\mathrm{b}}\setminus\{x_0\}}\frac{1}{1+\frac{\tau_0 r_0^{\alpha}}{2\eta}P_x\ell_x^{-\alpha}}-\prod_{x\in\Pi_{\mathrm{b}}\setminus\{x_0\}}\frac{1}{1+\frac{\tau_0 r_0^{\alpha}}{\eta}P_x\ell_x^{-\alpha}}
\end{aligned}\tag{12.27}$$

该结果的获得是通过把干扰式（12.9）中的 $\mathscr{I}_{\mathrm{p}}$ 代入，并对独立的信道衰落进行数学期望运算。类似地，对干扰和协作区域 SU 之间的信道衰落进行数学期望运算，即式（12.26）中的 $\mathscr{A}_2$，可推导为

$$\begin{aligned}
\mathscr{A}_2&=\prod_{i=1}^{n}1-\mathbb{E}_G\left[\exp\left(-\frac{\tau_0 r_v^{\alpha}}{\eta}\mathscr{I}_{\mathrm{p}_i}\right)\right]\\
&=\prod_{i=1}^{n}\left\{1-\prod_{x\in\Pi_{\mathrm{b}}\setminus\{x_0\}}\mathbb{E}_{G_{x,z_i}}\left[\exp\left(-\frac{\tau_0 r_v^{\alpha}}{\eta}P_xG_{x,z_i}\ell_x^{-\alpha}\right)\right]\right\}\\
&=\prod_{i=1}^{n}\left\{1-\prod_{x\in\Pi_{\mathrm{b}}\setminus\{x_0\}}\frac{1}{1+\frac{\tau_0 r_v^{\alpha}}{\eta}P_x\ell_x^{-\alpha}}\right\}=\left\{1-\prod_{x\in\Pi_{\mathrm{b}}\setminus\{x_0\}}\frac{1}{1+\frac{\tau_0 r_v^{\alpha}}{\eta}P_x\ell_x^{-\alpha}}\right\}^n
\end{aligned}\tag{12.28}$$

把式（12.27）和式（12.28）代入式（12.26），可以得到

$$\Pr\left\{\frac{\tau_0}{2} \leqslant \gamma_{x_0} < \tau_0, \max_{i=1\to n}\{\gamma_{x_0,z_i}\} < \tau_0\right\}$$

$$= \sum_{k=0}^{n}(-1)^k \binom{n}{k} \Bigg\{ \underbrace{\mathbb{E}_{\Pi_b,P}\left[\prod_{x\in\Pi_b\setminus\{x_0\}} \frac{1}{\left(1+\frac{\tau_0 r_0^\alpha}{2\eta}P_x \ell_x^{-\alpha}\right)\left(1+\frac{\tau_0 r_v^\alpha}{\eta}P_x \ell_x^{-\alpha}\right)^k}\right]}_{\mathscr{B}_1}$$

$$\underbrace{-\mathbb{E}_{\Pi_b,P}\left[\prod_{x\in\Pi_b\setminus\{x_0\}} \frac{1}{\left(1+\frac{\tau_0 r_0^\alpha}{\eta}P_x \ell_x^{-\alpha}\right)\left(1+\frac{\tau_0 r_v^\alpha}{\eta}P_x \ell_x^{-\alpha}\right)^k}\right]}_{\mathscr{B}_2} \tag{12.29}$$

采用了 $\mathscr{A}_2$ 的二项展开。采用 PPP 的 PGFL，并对 BS 发射功率做数学期望，可以得到式（12.29）中的 $\mathscr{B}_1$ 为

$$\mathscr{B}_1 = \exp\left\{-2\pi\lambda_b \int_{r_0}^{\infty}\left[1-\mathbb{E}_P\left[\frac{1}{\left(1+\frac{\tau_0 r_0^\alpha}{2\eta}P\ell^{-\alpha}\right)\left(1+\frac{\tau_0 r_v^\alpha}{\eta}P\ell^{-\alpha}\right)^k}\right]\right]\ell d\ell\right\}$$

$$= \exp\left\{-2\pi\lambda_b \int_{r_0}^{\infty}\left[1-\frac{d_1}{\left(1+\frac{\tau_0 r_0^\alpha}{2\eta}\ell^{-\alpha}\right)\left(1+\frac{\tau_0 r_v^\alpha}{\eta}\ell^{-\alpha}\right)^k}\right.\right.$$

$$\left.\left.-\frac{d_2}{\left(1+\frac{\tau_0 r_0^\alpha}{2}\ell^{-\alpha}\right)(1+\tau_0 r_v^\alpha \ell^{-\alpha})^k}\right]\ell d\ell\right\} \tag{12.30}$$

积分加上前置因子表示为函数 $g(\tau_0,\ r_0^\alpha/2,\ k)$。类似地，有

$$\mathscr{B}_2 = \exp[-g(\tau_0, r_0^\alpha, k)] \tag{12.31}$$

联合考虑式（12.20）中的 $\Pr\{N=n\}$ 和式（12.29）中的概率，情况Ⅱ的成功概率可以推导为式（12.23）。

3. 对于情况Ⅲ

在这种情况下，基站和其小区边缘的意向 MU 之间的原始通信失败，但是在协作区域中，至少有一个 SU 成功接收 BS 的数据。每个能够正确译码的 SU 则需检测 NACK 控制帧的强度来估计自己到小区边缘 MU 的信道状态。按照信道质量，每个正确译码的 SU 会启动一个退避时间计时器[119] 或者发送一个突发序列[128]，以竞争接入信道重传基站数据。选择能够正确译码 BS 数据且到 MU 信道状态最好的 SU 进行数据重传。条件成功概率为

$$P_{\text{ed3}}(\tau_0, r_0) = \sum_{n=1}^{\infty}\Pr\{N=n\}\sum_{k=1}^{n}\Pr\{\gamma_{x_0} < \tau_0, |\Phi_{x_0}|=k, \gamma_{x_0}+\max_{i\in\Phi_{x_0}}\{\gamma_{z_i}\} \geqslant \tau_0\} \tag{12.32}$$

式中：γ_{x_0} 为 BS x_0 与其小区边缘 MU 之间的 SIR，形式类似式（12.21）；在协作区域内存在 $n\neq 0$ 个 SUs 的概率为 $\Pr\{N=n\}$，计算如式（12.20）；不等式 $\gamma_{x_0}<\tau_0$ 为基站和其小区边缘 MU 的原始传输失败；$|\Phi_{x_0}|=k$ 为译码集合中的元素个数；Φ_{x_0} 为协作区域中能够正确译码 BS 数据的集合；由所选最佳 SU 重传基站数据时；$\gamma_{x_0}+\max_{i\in\Phi_{x_0}}\{\gamma_{z_i}\}\geqslant\tau_0$ 为小区边缘 MU 能够成功进行 MRC 译码；某个译码 SU z_i，$i\in\Phi_{x_0}$ 和典型 MU 之间的 SIR 记为 $\gamma_{z_i}=\dfrac{\eta G_{z_i}\tilde{r}_v^{-\alpha}}{\mathscr{I}_p}$，其中 $\tilde{r}_v=r_0-r_v=(1-\zeta)r_0$ 表示协作区域中心到小区边缘 MU 之间的距离。因为中继 SUs 都处于协作区域中，且该区域半径较小，假设每个译码 SU 和小区边缘 MU 之间的距离一样，设置为 $\tilde{r}_v$，有

$$P_{\mathrm{ed3}}(\tau_0,r_0)=\sum_{n=1}^{\infty}\frac{(\lambda_{\mathrm{s}}\pi c_1^2)^n}{n!}\exp(-\lambda_{\mathrm{s}}\pi c_1^2)f_2(\tau_0,r_0,n) \tag{12.33}$$

其中

$$\begin{aligned}f_2(\tau_0,r_0,n)=&\sum_{k=1}^{n}\binom{n}{k}\sum_{m=0}^{n-k}\binom{n-k}{m}(-1)^m\{\exp[-g(\tau_0,0,m+k)]\\&-\left[\sum_{t=0}^{k}\binom{k}{t}\frac{(-1)^t r_0^\alpha}{t\tilde{r}_v^\alpha-r_0^\alpha}+1\right]\exp[-g(\tau_0,r_0^\alpha,m+k)]\\&+\sum_{t=0}^{k}\binom{k}{t}\frac{(-1)^t r_0^\alpha}{t\tilde{r}_v^\alpha-r_0^\alpha}\exp[-g(\tau_0,t\tilde{r}_v^\alpha,m+k)]\}\end{aligned} \tag{12.34}$$

函数 $g(\cdot,\ \cdot,\ \cdot)$ 在式（12.25）中给出。

证明式（12.33）：式（12.32）中的概率可以通过下式给出，它由两部分组成，即

$$\begin{aligned}&\Pr\{\gamma_{x_0}<\tau_0,|\Phi_{x_0}|=k,\gamma_{x_0}+\max_{i\in\Phi_{x_0}}\{\gamma_{z_i}\}\geqslant\tau_0\}\\&=\underbrace{\Pr\{\gamma_{x_0}<\tau_0,|\Phi_{x_0}|=k\}}_{C_1}-\underbrace{\Pr\{\gamma_{x_0}<\tau_0,|\Phi_{x_0}|=k,\gamma_{x_0}+\max_{i\in\Phi_{x_0}}\{\gamma_{z_i}\}<\tau_0\}}_{C_2}\end{aligned} \tag{12.35}$$

基于 PPP 位置分布 Π_{b} 和干扰源的发射功率 P，一个协作 SU z_i 能够正确接收主数据的概率计算为

$$\Pr\{\gamma_{x_0,z_i}\geqslant\tau_0|\Pi_{\mathrm{b}},P\}=\prod_{x\in\Pi_{\mathrm{b}}\setminus\{x_0\}}\frac{1}{1+\dfrac{\tau_0 r_v^\alpha}{\eta}P_x l_x^{-\alpha}} \tag{12.36}$$

若能够正确译码主数据的集合中有 k 个 SU，条件成功概率可以推导为

$$\begin{aligned}\Pr\{|\Phi_{x_0}|=k\ |\Pi_{\mathrm{b}},P\}&=\binom{n}{k}[\Pr\{\gamma_{x_0,z_i}\geqslant\tau_0\ |\Pi_{\mathrm{b}},Pr\}]^k[1-\Pr\{\gamma_{x_0,z_i}\geqslant\tau_0\ |\Pi_{\mathrm{b}},P\}]^{n-k}\\&=\binom{n}{k}\sum_{m=0}^{n-k}\binom{n-k}{m}(-1)^m\prod_{x\in\Pi_{\mathrm{b}}\setminus\{x_0\}}\frac{1}{\left(1+\dfrac{\tau_0 r_v^\alpha}{\eta}P_x l_x^{-\alpha}\right)^{m+k}}\end{aligned} \tag{12.37}$$

假设每个干扰源到协作区域中每个 SU 的距离和到小区边缘典型 MU 的距离是一样的。联合考虑原始数据传输失败，即译码集合包含 k 个 SUs，对离散型的随机变量 P 求

数学期望，式（12.35）中的第一个概率可以推导为

$$\mathscr{C}_1=\binom{n}{k}\sum_{m=0}^{n-k}\binom{n-k}{m}(-1)^m\{\exp[-g(\tau_0,0,m+k)]-\exp[-g(\tau_0,r_0^\alpha,m+k)]\} \tag{12.38}$$

式中：函数 $g(\cdot,\cdot,\cdot)$ 在式（12.25）中给出。

基于 PPP 分布 Π_b 及干扰源发射功率 P，当译码集合Φ_{x_0} 中有 k 个 SUs 时，有

$$\begin{aligned}&\Pr\{\gamma_{x_0}<\tau_0,\gamma_{x_0}+\max_{i\in\Phi_{x_0}}\{\gamma_{z_i}\}<\tau_0\mid|\Phi_{x_0}|=k,\Pi_b,P\}\\&=\mathbb{E}_G\left\{\int_0^{\frac{\tau_0r_0^\alpha}{\eta}\mathscr{I}_p}\left\{1-\exp\left[-\frac{(\tau_0-\gamma_{x_0})\tilde{r}_v^\alpha}{\eta}\mathscr{I}_p\right]\right\}^k\exp(-G_{x_0})\mathrm{d}G_{x_0}\right\}\\&=\sum_{t=0}^{k}\binom{k}{t}\frac{(-1)^tr_0^\alpha}{t\tilde{r}_v^\alpha-r_0^\alpha}\left[\prod_{x\in\Pi_b\backslash\{x_0\}}\frac{1}{1+\frac{\tau_0r_0^\alpha}{\eta}P_x\mathscr{I}_x^{-\alpha}}-\prod_{x\in\Pi_b\backslash\{x_0\}}\frac{1}{1+\frac{\tau_0t\tilde{r}_v^\alpha}{\eta}P_x\mathscr{I}_x^{-\alpha}}\right]\end{aligned} \tag{12.39}$$

在推导过程中采用了二项展开，对于$\forall t\in\{0,1,\cdots,k\}$，假设 $t\tilde{r}_v^\alpha\neq r_0^\alpha$。联合考虑式（12.37）和式（12.39），式（12.35）中第二个概率可以推导为 $\mathscr{C}_2=\mathscr{D}_1-\mathscr{D}_2$，其中：

$$\mathscr{D}_1=\binom{n}{k}\sum_{m=0}^{n-k}\binom{n-k}{m}(-1)^m\sum_{t=0}^{k}\binom{k}{t}\frac{(-1)^tr_0^\alpha}{t\tilde{r}_v^\alpha-r_0^\alpha}\exp[-g(\tau_0,r_0^\alpha,m+k)] \tag{12.40}$$

在推导 $\mathscr{D}_1$ 时，采用了 PPP 中的 PGFL，并且对离散随机变量 P 求了数学期望。另一项 $\mathscr{D}_2$ 推导为

$$\mathscr{D}_2=\binom{n}{k}\sum_{m=0}^{n-k}\binom{n-k}{m}(-1)^m\sum_{t=0}^{k}\binom{k}{t}\frac{(-1)^tr_0^\alpha}{t\tilde{r}_v^\alpha-r_0^\alpha}\exp[-g(\tau_0,t\tilde{r}_v^\alpha,m+k)] \tag{12.41}$$

在式（12.35）中，组合第一个概率 C_1 和第二个概率 C_2，考虑 $\Pr\{N=n\}$ 的概率，可得到式（12.33）的值。

12.4.4 主系统平均吞吐量

如果没有频谱共享，在蜂窝网络中，传统的截短 ARQ 采用一次重传。通过对随机变量 R 求平均，可以获得蜂窝网络下行链路的吞吐量为

$$\begin{aligned}V_d=&\underbrace{\int_0^{c_0}T_0[P_{\mathrm{in}_1}(\hat{\tau}_0,r_0)+(1/2)P_{\mathrm{in}_2}(\hat{\tau}_0,r_0)]f_R(r_0)\mathrm{d}r_0}_{V_{\mathrm{din}}(\hat{\tau}_0)}\\&+\underbrace{\int_{c_0}^{\infty}T_0[P_{\mathrm{ed}_1}(\hat{\tau}_0,r_0)+(1/2)\widetilde{P}_{\mathrm{ed}_2}(\hat{\tau}_0,r_0)]f_R(r_0)\mathrm{d}r_0}_{V_{\mathrm{ded}}(\hat{\tau}_0)}\end{aligned} \tag{12.42}$$

式中：$\hat{\tau}_0=2^{T_0}-1$。对于小区内部 MU 和小区边缘 MU，原始数据传输和重传的条件成功概率分别为 $P_{\mathrm{in}_1}(\hat{\tau}_0,r_0)$，$P_{\mathrm{in}_2}(\hat{\tau}_0,r_0)$，$P_{\mathrm{ed}_1}(\hat{\tau}_0,r_0)$，$\widetilde{P}_{\mathrm{ed}_2}(\hat{\tau}_0,r_0)$，将式（12.13）、式（12.16）、式（12.18）和式（12.22）中的 τ_0 替换为 $\hat{\tau}_0$ 可获得这四项的值。把

相关表达式代入式（12.42），小区内部通信的平均吞吐量推导为

$$V_{\mathrm{din}}(\hat{\tau}_0)=\frac{T_0\lambda_{\mathrm{b}}\pi}{2[\lambda_{\mathrm{b}}\pi+\omega(\hat{\tau}_0)]}\{1-\exp[-(\lambda_{\mathrm{b}}\pi+\omega(\hat{\tau}_0))c_0^2]\}+\frac{T_0\lambda_{\mathrm{b}}\pi}{2[\lambda_{\mathrm{b}}\pi+\omega(\hat{\tau}_0/2)]}\{1-\exp[-(\lambda_{\mathrm{b}}\pi+\omega(\hat{\tau}_0/2))c_0^2]\} \tag{12.43}$$

类似地，小区边缘用户的平均吞吐量推导为

$$V_{\mathrm{ded}}(\hat{\tau}_0)=\frac{T_0\lambda_{\mathrm{b}}\pi}{2[\lambda_{\mathrm{b}}\pi+\omega(\hat{\tau}_0/\eta)]}\exp\{-[\lambda_{\mathrm{b}}\pi+\omega(\hat{\tau}_0/\eta)]c_0^2\}+\frac{T_0\lambda_{\mathrm{b}}\pi}{2[\lambda_{\mathrm{b}}\pi+\omega(\hat{\tau}_0/(2\eta))]}\exp\{-[\lambda_{\mathrm{b}}\pi+\omega(\hat{\tau}_0/(2\eta))]c_0^2\} \tag{12.44}$$

主系统在协作频谱共享方案下的平均吞吐量为 $V_{\mathrm{c}}(\lambda_{\mathrm{s}},\beta)$，即

$$V_{\mathrm{c}}(\lambda_{\mathrm{s}},\beta)=\underbrace{\int_0^{c_0}T_0[P_{\mathrm{in1}}(\tau_0,r_0)+(1/2)P_{\mathrm{in2}}(\tau_0,r_0)]f_R(r_0)\mathrm{d}r_0}_{V_{\mathrm{cin}}(\tau_0)}+\underbrace{\int_{c_0}^{\infty}T_0[P_{\mathrm{ed1}}(\tau_0,r_0)+(1/2)P_{\mathrm{ed2}}(\tau_0,r_0)+(1/2)P_{\mathrm{ed3}}(\tau_0,r_0)]f_R(r_0)\mathrm{d}r_0}_{V_{\mathrm{ced}}(\tau_0)} \tag{12.45}$$

在式（12.45）中，通过把式（12.43）中的 $\hat{\tau}_0$ 替换为 τ_0，可以得到 $V_{\mathrm{cin}}(\tau_0)=V_{\mathrm{din}}(\tau_0)$。式（12.45）中的其他积分可以推导为

$$\begin{aligned}V_{\mathrm{ced}}(\tau_0)=&\frac{T_0\lambda_{\mathrm{b}}\pi[2-\exp(-\lambda_{\mathrm{s}}\pi c_1^2)]}{2[\lambda_{\mathrm{b}}\pi+\omega(\tau_0/\eta)]}\exp\{-[\lambda_{\mathrm{b}}\pi+\omega(\tau_0/\eta)]c_0^2\}\\&+\frac{T_0\lambda_{\mathrm{b}}\pi\exp(-\lambda_{\mathrm{s}}\pi c_1^2)}{2[\lambda_{\mathrm{b}}\pi+\omega(\tau_0/(2\eta))]}\exp(-\{\lambda_{\mathrm{b}}\pi+\omega[\tau_0/(2\eta)]\}c_0^2)+\frac{T_0\lambda_{\mathrm{b}}\pi}{\exp(\lambda_{\mathrm{s}}\pi c_1^2)}\\&\times\sum_{n=1}^{\infty}\frac{(\lambda_{\mathrm{s}}\pi c_1^2)^n}{n!}\int_{c_0}^{\infty}r_0[f_1(\tau_0,r_0,n)+f_2(\tau_0,r_0,n)]\exp(-\lambda_{\mathrm{b}}\pi r_0^2)\mathrm{d}r_0\end{aligned} \tag{12.46}$$

式中：$f_1(\tau_0, r_0, n)$ 和 $f_2(\tau_0, r_0, n)$ 分别在式（12.24）和式（12.34）中给出。在式（12.46）中，积分项的闭合表达式很难得到，但积分可以很容易地用数值方法得到。不失一般性，当 n 为有限大的数时，式（12.46）的最后一项可以估算出来。

12.5 优化问题求解

在式（12.2）和式（12.3）的条件约束下，最大化次用户传输容量式（12.1），可确定最优的 λ_{s} 和 β。次系统的传输容量是次用户密度 λ_{s} 的单调递增函数。次用户密度越高，传输容量越高。但是，用户密度变高时，会引入较多的干扰，次系统的中断性能会变差。能够满足中断约束条件式（12.2）的最大次用户密度可以通过 $P_{\mathrm{out}}^{\mathrm{s}}(\lambda_{\mathrm{s}},\beta)=\epsilon$ 获得。因此，可以得到一个次用户密度的关键点

$$\lambda_{s_1}(\beta)=-\frac{\ln(1-\epsilon)}{\xi\pi d^2\tau_1^{2/\alpha}}\frac{\sin(2\pi/\alpha)}{2\pi/\alpha} \tag{12.47}$$

该关键密度是带宽分配因子 β 的函数，而 $\tau_1=2^{T_1/\beta}-1$ 中。$\lambda_{s_1}(\beta)$ 是带宽分配因子 β 的单调递增函数。分配给次系统的带宽越多，在不损害优化问题约束条件的情况下，允许共存的活跃次链路越多。中断约束条件在 $\lambda_s\leqslant\lambda_{s_1}(\beta)$ 可以满足。

次用户密度越高，协作区域中的次用户数越多，主系统下行链路的平均吞吐量也越高，这是因为选择次用户协作的可能性越高。通过在约束条件式（12.3）中设置 $V_c(\lambda_s,\beta)=(1+\rho)V_d$，可以发现另一个关键点 $\lambda_{s_2}(\beta)$，它也是 β 的函数。给定一个 β，当且仅当 $\lambda_s\geqslant\lambda_{s_2}(\beta)$ 时，主系统吞吐量改进需求才能够得到满足。

因此，给定一个 $\beta\in(0,1)$，当 $\lambda_{s_2}(\beta)\leqslant\lambda_s\leqslant\lambda_{s_1}(\beta)$ 时，约束条件式（12.2）和式（12.3）可同时满足。为了最大化次系统的传输容量，需要搜索 β 值及其对应的 $\lambda_{s_1}(\beta)$ 和 $\lambda_{s_2}(\beta)$。如果某个 β 满足 $\lambda_{s_2}(\beta)\leqslant\lambda_{s_1}(\beta)$，则其属于潜在分配集合 $\mathcal{S}$，即 $\mathcal{S}=\{\beta\in(0,1):\lambda_{s_2}(\beta)\leqslant\lambda_{s_1}(\beta)\}$。最优的带宽分配因子记为 β^*，可通过式子 $\beta^*=\arg\max_{\beta\in S}\lambda_{s_1}(\beta)$ 来获得。最优的 SU 密度为 $\lambda_{s_1}(\beta^*)$，因此次系统的传输容量为 $C_s^{\epsilon}=\xi\lambda_{s_1}(\beta^*)(1-\epsilon)T_1$。采用这种解决办法，主系统的吞吐量的提升比例至少为 ρ。但如果 $\mathcal{S}=\varnothing$，优化问题中的两个条件无法同时满足。此时，蜂窝网络采用整个频带完成自己的数据传输，不允许次用户占用频谱传输次数据。

采用如下二分法寻找最优的带宽分布和最大的次用户密度：

（1）步骤 1。初始化 $\beta_0=0$，$\beta_1=1$，$\lambda_s=0$。

（2）步骤 2。若 $|\beta_1-\beta_0|<0.01$，结束寻找过程。否则，令 $\beta=(\beta_0+\beta_1)/2$，估算 $\lambda_{s_1}(\beta)$ 和 $\hat{\rho}=[V_c(\lambda_{s_1}(\beta),\beta)-V_d]/V_d$，如果 $\hat{\rho}<\rho$ 转向步骤 3；如果 $\hat{\rho}\geqslant\rho$，转向步骤 4。

（3）步骤 3。若 $\hat{\rho}<\rho$，$\lambda_{s_2}(\beta)$ 比 $\lambda_{s_1}(\beta)$ 大。则这个带宽分配因子不是一个潜在的点，即 $\beta\notin\mathcal{S}$。设置 $\beta_1=\beta$，转向步骤 2。

（4）步骤 4。若 $\hat{\rho}\geqslant\rho$，$\lambda_{s_2}(\beta)$ 不比 $\lambda_{s_1}(\beta)$ 大。因此，该带宽分配因子是个潜在的点，即 $\beta\in\mathcal{S}$。设置 $\lambda_s=\lambda_{s_1}(\beta)$，$\beta_0=\beta$，转向步骤 2。

采用数值方法获得最优的带宽分配因子和最大的 SU 密度。对于每个 $\beta\in(0,1)$，按照式（12.47）计算 $\lambda_{s_1}(\beta)$ 及 $\hat{\rho}=[V_c(\lambda_{s_1}(\beta),\beta)-V_d]/V_d$。如果 $\hat{\rho}<\rho$，$\lambda_{s_2}(\beta)$ 比 $\lambda_{s_1}(\beta)$ 大，因此该频带分配因子不是潜在的点，即 $\beta\notin\mathcal{S}$。如果 $\hat{\rho}\geqslant\rho$，$\lambda_{s_2}(\beta)$ 不大于 $\lambda_{s_1}(\beta)$，因此该带宽分配因子是潜在的点，即 $\beta\in\mathcal{S}$。在整个潜在分配集合 $\mathcal{S}$ 中，能够找到最大化 *SU* 密度的点。

12.6 数值和仿真结果

假设网络为二维平面上的一个圆形区域，半径为 $\sqrt{10}\times10^2$。与参考文献［138］类似，最优的功率比设置为 $\eta^*=\arg\max_{\eta\in[1,20]}V_d$。

12.6.1 主系统平均吞吐量

图 12.4 显示了主系统平均吞吐量与距离参数 ζ 的关系。在协作频谱共享过程中，主系统最优性能在 $\zeta=0.5$ 时获得。协作区域应该设置在每个基站和其意向的小区边缘 MU 的中间位置。当 ζ 比较小时，协作区域距离 BS 较近，更加容易选出一个能够正确译码 BS 数据的次用户来协助完成主数据的传输。而当距离小区边缘 MU 比较远，协作通信链路的鲁棒性较弱。当 ζ 较大时，协作区域距离 BS 较远，能够正确译码 BS 数据的次用户集合很可能是空的。因此，协作机会变少。主系统性能在较小和较大的 ζ 区域都比较差。吞吐量定义为目标速率 T_0 和成功概率之间的乘积。在图中，吞吐量随着 T_0 的增长而变差，这是因为主系统吞吐量是目标速率和成功概率的折中，并且一部分频谱分配给次系统，相比非频谱共享蜂窝网络，主系统的吞吐量可能变差。

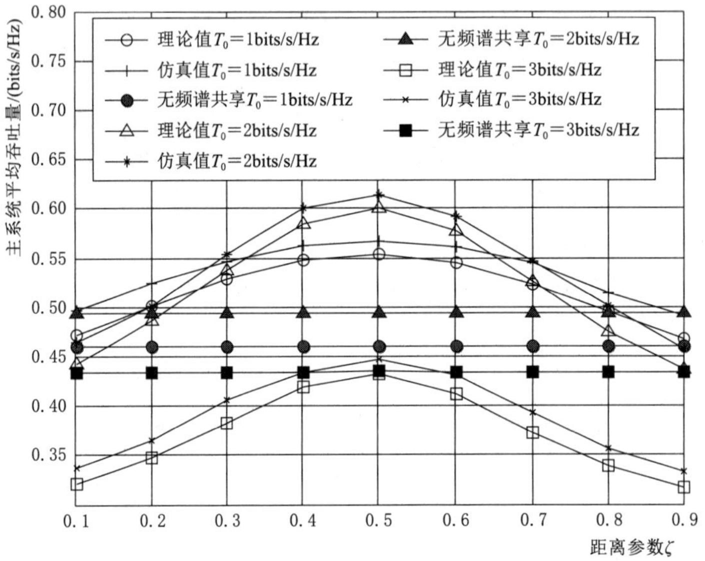

图 12.4 主系统平均吞吐量与距离参数 ζ 的关系（$\alpha=3$，$c_0=9\text{m}$，$c_1=1\text{m}$，$\lambda_b=10^{-3}$，$\lambda_m=10^{-2}$，$\lambda_s=0.9$。用于协作频谱共享的带宽分配因子为 $\beta=0.2$，对于非频谱共享单一蜂窝网络，该因子为 0）

图 12.5 显示了主系统平均吞吐量与带宽分配因子 β 的关系。分配给次系统的带宽越多，主系统的吞吐量越少，这是因为采用剩余的 $1-\beta$ 带宽满足主目标速率变得比较困难。当 $\beta=0$ 时，没有分配给次系统频谱资源，但是主系统通信在 SU 的协助下完成，因此主系统获得比单一蜂窝网络非频谱共享更多的吞吐量。主系统下行链路的平均吞吐量随着小区内部尺寸 c_0 的减小而变大。小区内部区域尺寸越小，小区边缘区域尺寸越大，因此次用户协作能够给主系统传输带来更多的好处。在 12.4 节分析的理论结果与仿真结果非常接近。

图 12.6 显示了主系统平均吞吐量与次用户密度 λ_s 的关系。每个小区的区域分割半径为 $c_0=9\text{m}$，协作区域的半径设置为 $c_1=1\text{m}$。主系统下行链路的平均吞吐量随着 SU 密度

λ_s 的减少而变差。这是因为 SU 的密度越小，协作区域中的平均次用户数越少，因此参与重传主用户数据的可能性越小。时间分配因子 β 越大，主系统吞吐量越小。理论分析和仿真结果是非常吻合的。

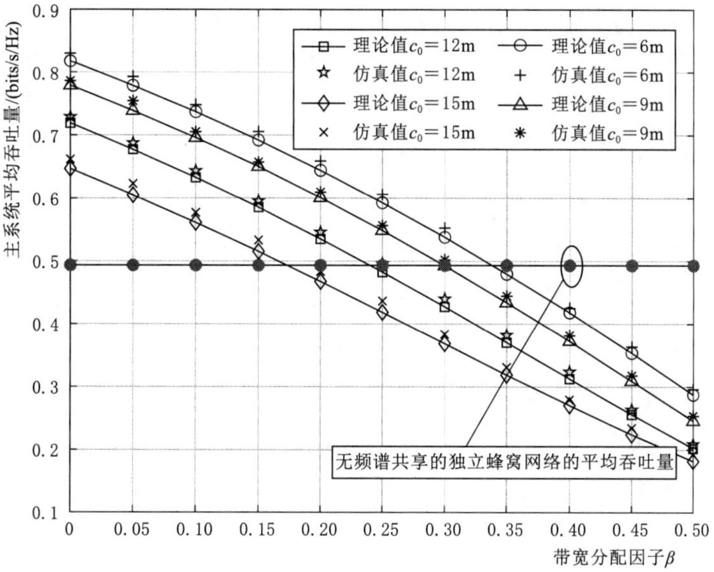

图 12.5 主系统平均吞吐量与带宽分配因子 β 的关系（$\alpha=3$，$c_1=1\text{m}$，$\zeta=0.501$，$T_0=2\text{bits/s/Hz}$，$\lambda_b=10^{-3}$，$\lambda_m=10^{-2}$，$\lambda_s=0.9$）

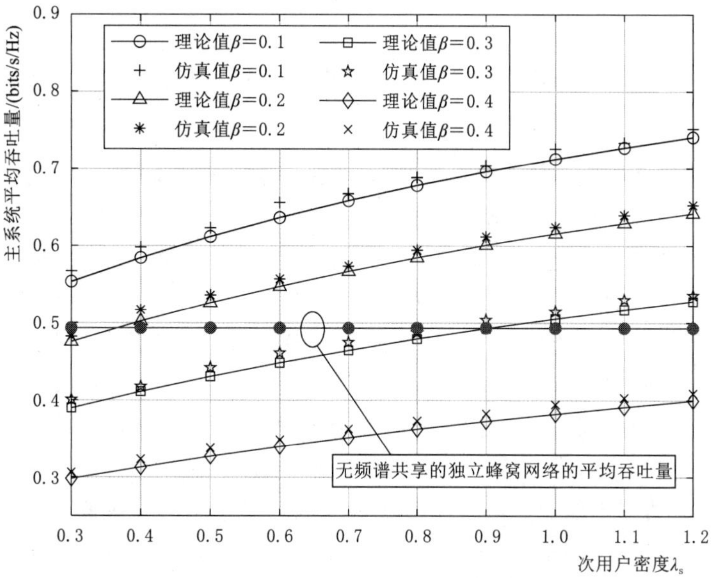

图 12.6 主系统平均吞吐量与次用户密度 λ_s 的关系（$\alpha=3$，$c_0=9\text{m}$，$c_1=1\text{m}$，$\zeta=0.501$，$T_0=2\text{bits/s/Hz}$，$\lambda_b=10^{-3}$，$\lambda_m=10^{-2}$）

12.6.2 次系统传输容量

图 12.7 显示了 c_0 不同时，次系统传输容量与主系统吞吐量的提升比例 ρ 的关系。随着 ρ 的增长，次系统的传输容量变差，当 ρ 大于一个关键点时，次系统的传输容量变成 0，该关键点可视为主系统吞吐量提升程度的一个上界。随着小区分割半径 c_0 的增长，次系统的传输容量变差。当 c_0 较大时，小区边缘区域的面积变小，协作传输主数据的可能性变小，主系统性能的潜在提高比例比较小。更多的资源用于满足主系统的 QoS 需求，较少的资源分配给次系统，次系统的性能变差。

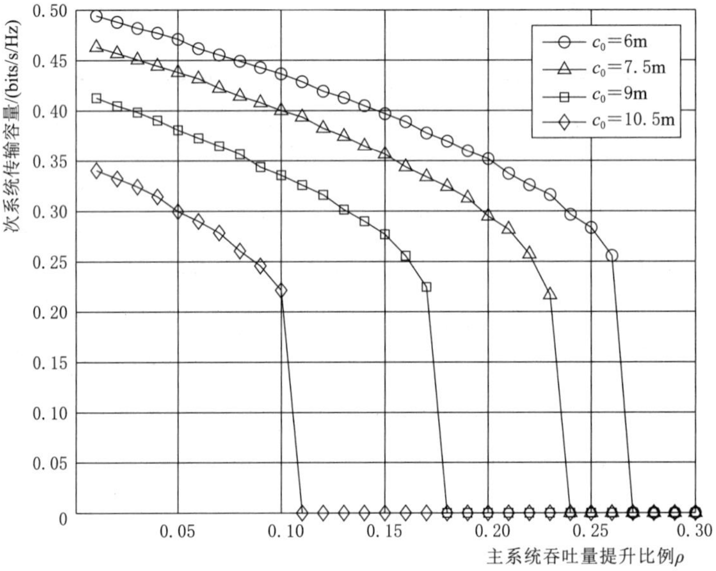

图 12.7 c_0 不同时，次系统传输容量与主系统吞吐量提升比例 ρ 的关系（$\alpha=3$，$c_1=1\text{m}$，$\zeta=0.501$，$T_0=2\text{bits/s/Hz}$，$T_1=1\text{bits/s/Hz}$，$\epsilon=0.1$，$\xi=0.2$，$d=0.1$，$\lambda_b=10^{-3}$）

图 12.8 显示了 T_1 不同时，次系统传输容量与主系统吞吐量提升比例 ρ 的关系。参数 ρ 存在一个上界，当大于该上界时，主系统的性能需求难以满足，无法启动协作频谱共享。随着 T_1 的增长，次系统的传输容量变小，这是最大允许 SU 的密度和传输速率的折中导致的。参考式（12.6），次数据传输的中断概率随 T_1 的增长而变差。参考式(12.47)，为满足目标中断概率 ϵ，所允许的最大 SU 密度 λ_s 变小。SU 密度减少的负面效应超过发射速率提升所带来的正面效应，次系统的传输容量变差。

图 12.9 显示了 ξ 不同时，次系统传输容量与次系统目标中断概率 ϵ 的关系。给定主系统吞吐量改进比例需求，ϵ 存在一个关键值，低于此关键值时，无法保证主系统性能改进需求，协作频谱共享不能启动。高于此关键值时，随着目标中断概率 ϵ 的提高，次系统传输容量变大。当目标中断概率变大时，从式（12.47）中可得，最大可允许的 SU 密度相应变大。尽管次数据传输的成功概率随着 ϵ 的增长而变差，次用户密度增长所带来的好处能够抵抗成功概率的降低，次系统的传输容量变好。随着 ξ 的增长，最大可允许的 SU 密度变小，主系统小区边缘协作通信的机会变小。较少的资源分配给次用户数据传输，因

此次系统的传输容量变差。

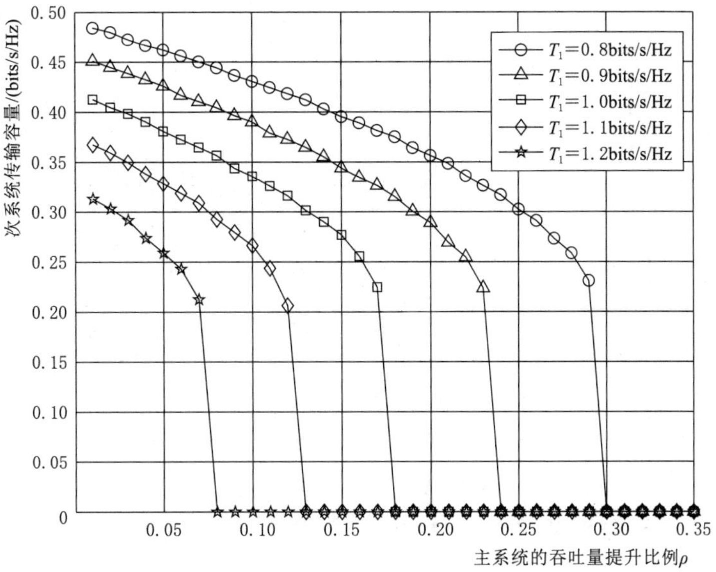

图 12.8　T_1 不同时，次系统传输容量与主系统的吞吐量提升比例 ρ 的关系（$\alpha=3$，$c_0=9\text{m}$，$c_1=1\text{m}$，$\zeta=0.501$，$T_0=2\text{bits/s/Hz}$，$\epsilon=0.1$，$\xi=0.2$，$d=0.1$，$\lambda_b=10^{-3}$）

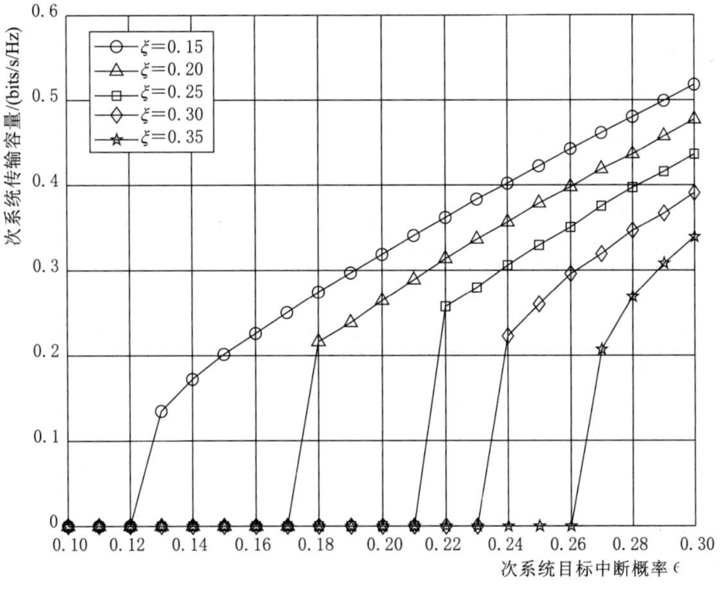

图 12.9　ξ 不同时，次系统传输容量与次系统目标中断概率 ϵ 的关系（$\alpha=3$，$c_0=9\text{m}$，$c_1=1\text{m}$，$\zeta=0.501$，$T_0=2\text{bits/s/Hz}$，$T_1=1\text{bits/s/Hz}$，$d=0.15$，$\rho=0.1$，$\lambda_b=10^{-3}$）

图 12.10 显示了 ρ 不同时，次系统传输容量与次目标中断概率 ϵ 的关系。ϵ 存在一个关键点，当小于该关键点时，无法进行协作频谱共享，无法满足主系统的性能需求。次系统的传输容量随着 ρ 的增长而变差，因为更多的资源用于主数据传输，以满足主系统性能

需求。分配给次数据传输的资源较少，次系统的传输容量变小。

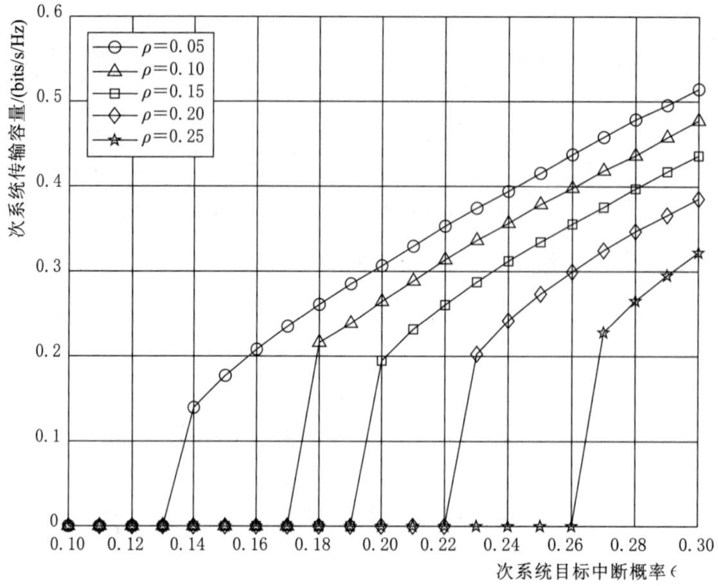

图 12.10 ρ 不同时，次系统传输容量与次系统目标中断概率 ϵ 的关系（$\alpha=3$，$c_0=9\text{m}$，$c_1=1\text{m}$，$\zeta=0.501$，$T_0=2\text{bits/s/Hz}$，$T_1=1\text{bits/s/Hz}$，$d=0.15$，$\xi=0.2$，$\lambda_b=10^{-3}$）

12.7 小结

本章设计了蜂窝网络下行链路和 Ad-Hoc 网络之间的协作频谱共享机制。次用户主动帮助主系统小区边缘用户通信，使得主系统性能提升一定比例。作为回报，主系统分配部分不相交的频带给次用户数据传输。利用随机几何理论分析了次系统的传输容量和主系统下行链路的平均吞吐量。构建了优化问题，在满足次系统的中断概率和主系统吞吐量提升比例的限制下，最大化次系统的传输容量。采用数值方法确定了最优的次用户密度和带宽分配因子。性能结果显示所提协作频谱共享机制能够有效提升主系统的性能，同时满足次用户的传输需求。

第 13 章 主用户收集无线能量的认知中继传输

13.1 概述

在大规模 CRN 中，授权频谱属于 PUs，而 SUs 可以机会性地访问空闲频谱[44]，与 PU 并行传输[15]，或协作转发 PU 的数据，以换取一些资源实现自己的数据传输[26]。在底衬频谱共享机制中，SUs 应严格控制传输功率，避免对 PUs 造成不可控制的干扰。但由于 SUs 的传输功率有限，且受到 PUs 的强烈干扰，在接收端难以满足数据传输要求。为了提高 SE，学者们提出了认知中继方案[24,143-144]。一方面，通过引入中继节点可以缩短每一跳的距离，降低 SUs 的发射功率，从而减少对 PUs 的干扰。另一方面，中继节点可以带来空间分集增益，有效对抗干扰，提高 SUs 数据传输的鲁棒性。

除了认知中继传输外，SUs 还可以充当中继节点，协助 PU 传输数据以换取更多的频谱共享机会。协作中继可以获得空间分集增益，有效地对抗 SUs 传输造成的有害干扰，从而保证 PU 传输的质量[126]。对于能量受限的认知系统，如果频谱繁忙，SUs 可以通过侦听 PU 的传输来收集能量；否则，如果频谱空闲或 SUs 收集到了足够的能量，则可占用频谱传输数据[145-146]。利用所收集到的能量，SUs 可以帮助 PU 传输数据，争取在各个维度获得更多的频谱接入机会[30,110,147]。对于底衬频谱共享，AP 首先将无线功率传输给 PU，然后 PU 利用收集到的能量传输数据给 AP。如果 SU 有稳定的电源供应，可通过传输能量信号或产生强干扰的方式[148] 对采用 EH 技术的 PU 进行无线充电。

本章研究基于 EH 的认知中继系统，其中 PU 采用 EH 技术供电，次源节点（SS）在次帮助节点（SH）的协助下与次目的节点（SD）通信。将观测时间划分为等长时间块，每个时间块包含两个周期：

第一阶段，AP 将无线功率传输给 PU，同时 SS 和 SH 利用各自的最大功率协作传输数据。此外，当 SH 转发数据给 SD 时，SS 也可以传输无线功率给 PU。SUs 的强干扰和 WPT 可以极大地提高 PU 收集到的能量值。由于能量信号先验已知，SH 和 SD 接收到混合信号后，可以删除能量信号以解调所需数据。

第二阶段，PU 利用收集到的能量传输主数据给 AP，在 AP 的干扰约束下，SS 和 SH 采用受控发射功率继续协作传输次数据。

分析主次系统的吞吐量并研究了关键参数对系统性能的影响，尽管 SUs 传输会给主系统带来干扰，但与无频谱共享场景相比，主系统的吞吐量仍然可以提高。

13.2 系统模型及协议描述

考虑如图 13.1 所示的主用户能量收集的认知中继网络，其中主用户 PU 与其关联的 AP 通信，次帮助节点 SH 协助次源节点 SS 与次目的节点 SD 通信。PU 采用能量收集方式供电，AP 和 SUs（SS、SH、SD 统称为 SUs）均拥有持续的能量供应。AP 首先传输无线能量给 PU，然后 PU 利用所收集的能量发送数据给 AP。由于次系统可能遭受深度衰落或者障碍物阻挡，SS 和 SD 之间没有直接链路，因此需要 SH 协助。为了保护主系统的性能，SUs 占用频谱时，给 AP 所带来的干扰必须小于门限 Q。每个终端均安装一根全向天线，工作于 HD 模式。文献［148－151］中也考虑了类似的 PUs 收集能量的模型。在现实中，PUs 可以是 MUs，它们能够在许可频谱上发送数据，但是缺少能量。AP 可以是蜂窝网络基站或其他 MUs，它可以连接到电网或者拥有大容量电池供电。因此，主链路可代表蜂窝链路或端到端（D2D）链路，其中一端缺少能量，而另一端拥有充足的能量。SUs 可以是 WLAN 中的终端，拥有充足的能量供应。

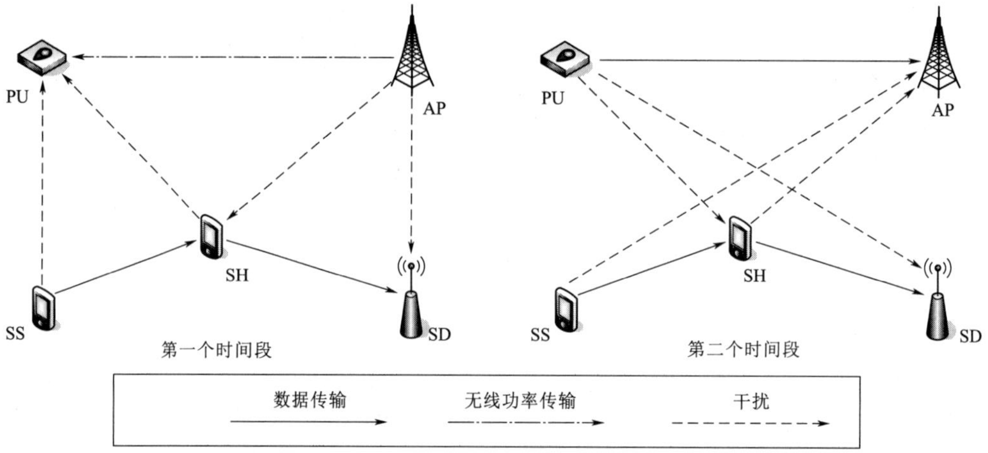

图 13.1 主用户能量收集的认知中继网络（PU 在第一个时段收集能量，在第二个时段利用所收集的能量传输数据。在这两个时间段，SS 和 SH 协作传输数据给 SD）

图 13.2 显示了基于无线传输 WPT 的底衬认知中继操作流程。将数据传输时间划分为等长的时间块，每个时间块的长度归一化为 1s。将每个时间块分成两个时间段，分别持续 τs 和 $1-\tau$s。进一步将每个时间段划分为两个等长的阶段（phases）。接下来将要描述在每个时间块第一个时间段和第二个时间段中，无线功率传输和数据传输的过程，图 13.3 给出了无线功率传输和数据传输过程的流程。

13.2.1 第一个时间段

在第一个时间段内，AP 传输一个预先定义好的能量信号给 PU。假设所有的 SUs 均知道该能量信号。该时间段被分成两个等长的阶段（阶段Ⅰ和阶段Ⅱ），每个阶段持续时

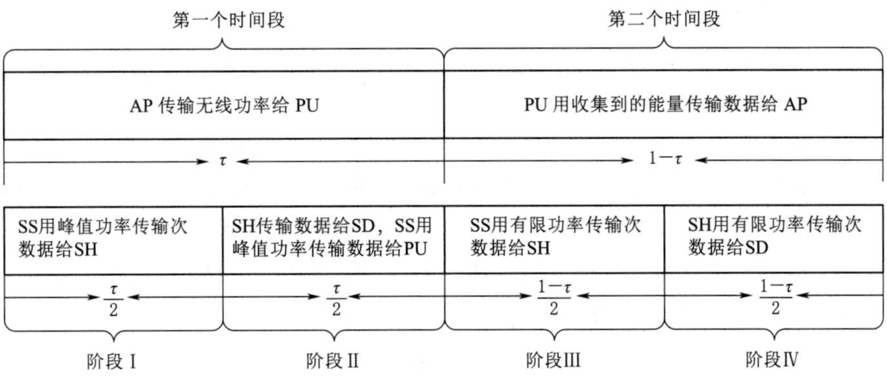

图 13.2 基于无线功率传输 WPT 的底衬认知中继操作流程

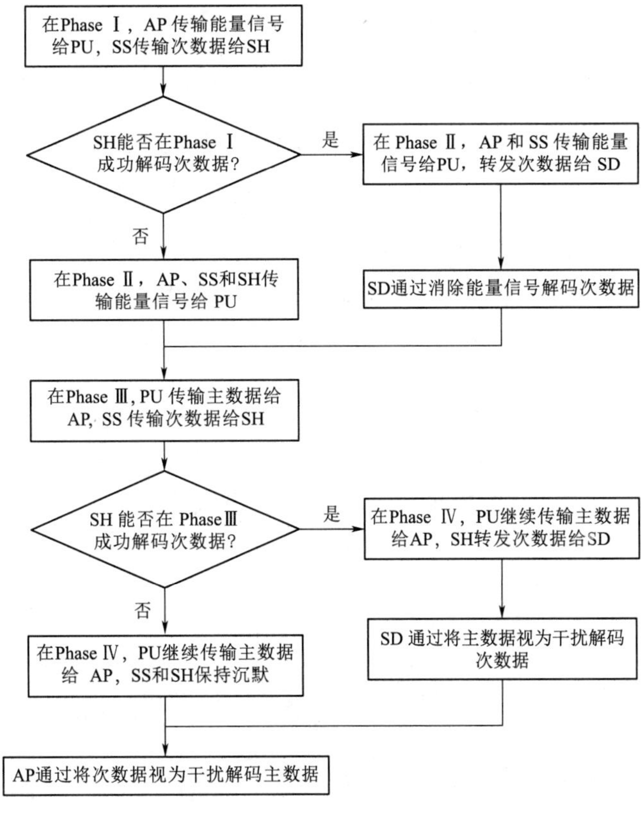

图 13.3 无线功率传输和数据传输过程的流程

间均为$\frac{\tau}{2}$。在阶段Ⅰ中，SS 采用其最大功率 $\hat{p}$ 发送次数据给 SH，SH 会同时接收到来自 SS 的数据信号和来自 AP 的能量信号。假设 SH 知道相关的 CSI，它首先从所接收到的混合信号中删除来自 AP 的能量信号，然后解调所需要的次数据。考虑到 SH 在阶段Ⅰ中解调状态，在阶段Ⅱ中的操作不同：

(1) 在阶段Ⅰ中，如果 SH 成功解调来自 SS 的次数据，在阶段Ⅱ中，它将采用峰值

功率 $\hat{p}$ 发射该数据给 SD。在阶段Ⅱ中，次数据中继传输与 AP 的 WET 同时进行，SS 同时发送能量信号给 PU。SD 接收到来自 SH 和 AP 的混合信号后，首先删除来自 AP 的能量信号，然后解调来自 SH 的数据。

(2) 在阶段Ⅰ中，如果 SHC 错误解调次用户数据，在阶段Ⅱ中，随着 AP 传输无线能量给 PU，SS 和 SH 同时传输相互独立的能量信号给 PU，在该阶段中没有次数据中继。

在阶段Ⅰ中，PU 能够从 AP 和 SS 的射频信号中收集无线能量，在阶段Ⅱ中，PU 能够从 AP，SS 和 SH 的射频信号中收集能量。在无 SU 频谱共享的单主系统中，PU 的能量只来自 AP，而在网络中能量来源更为多样，因此 PU 能够收集到更多的能量。

13.2.2 第二个时间段

在第二个时间段中，PU 利用所收集的能量发射主数据给 AP，在 SH 的协助下，SS 持续发送次数据给 SD。主链路和次链路会相互干扰。将第二个时间段分成两个等长的阶段（阶段Ⅲ和阶段Ⅳ），每个阶段持续时间为$\frac{1-\tau}{2}$。为了不违反 AP 端的干扰门限 Q，在阶段Ⅲ中，SS 的发射功率设置为

$$p_{s}=\min\left(\hat{p},\frac{Q}{G_{sa}\ell_{sa}}\right) \tag{13.1}$$

式中：G_{uv}、ℓ_{uv} 为发射端 u 和接收端 v 之间的小尺度功率衰落和信号功率的大尺度路径损耗；u 和 v 可以是 a、p、s、r 和 d，分别表示 AP、PU、SS、SH 和 SD。因此，如果 $G_{sa}\leqslant\frac{Q}{\hat{p}\ell_{sa}}$，$p_{s}=\hat{p}$，如果 $G_{sa}>\frac{Q}{\hat{p}\ell_{sa}}$，$p_{s}=\frac{Q}{G_{sa}\ell_{sa}}$。

在阶段Ⅲ中，SH 从 SS 和 PU 接收到混合信号，它将主数据视为干扰，直接解调所需次数据。在阶段Ⅲ中，如果 SH 解调次数据失败，在阶段Ⅳ中，SS 和 SH 将保持沉默。否则，在阶段Ⅲ中，如果 SH 成功解调次数据，在阶段Ⅳ中，它将转发该次数据给 SD，发射功率为

$$p_{r}=\min\left(\hat{p},\frac{Q}{G_{ra}\ell_{ra}}\right) \tag{13.2}$$

因此，如果 $G_{ra}\leqslant\frac{Q}{\hat{p}\ell_{ra}}$，$p_{r}=\hat{p}$，如果 $G_{ra}>\frac{Q}{\hat{p}\ell_{ra}}$，$p_{r}=\frac{Q}{G_{ra}\ell_{ra}}$。在阶段Ⅳ中，SD 接收到 SH 转发的次数据和 PU 发送的主数据，SD 将主数据视为干扰，尝试解调所需的次数据。

说明： 假设次数据的传输速率是固定的。在 SS 到 SH 之间，如果信道容量不小于发射速率，SH 解调次数据成功。否则，解调次数据失败。信道容量与 SH 端的瞬时 SINR 有关，因此，SH 的数据解调状态与小尺度功率衰落和大尺度路径损耗有关。在第一个时间段，如果 SH 解调次数据失败，它将发射能量信号给 PU，否则，它将转发次数据给 SD。SH 所发射的能量信号或 SH 转发数据所产生的干扰信号，都能提升 PU 所收集的能量。在第二个时间段，如果 SH 成功解调了来自 SS 的次数据，它将转发该数据给 SD。SH 转发次数据时会给 AP 带来干扰，损害主系统的吞吐量性能。在这两个时间段中，SH 错误解调次数据时，会损害次系统的性能，这是因为无次数据转发给 SD。

13.3　能量收集和数据传输

针对每个时间块，在第一个时间段，PU 首先从 AP，SS，SH 的射频信号中收集能量，然后在第二个时间段中使用所收集的能量发送主数据给 AP。在整个时间块中，次数据都是以协作方式传输的。

13.3.1　PU 端的能量收集

在第一个时间段中，AP 持续地发射无线功率给 PU，同时在 SH 的协助下，SS 发射次数据给 SD。PU 从 AP 所收集的能量记为 $\varepsilon_{\mathrm{ap}}$，表达式为[40,61]

$$\varepsilon_{\mathrm{ap}}=\eta\tau p_{\mathrm{a}}G_{\mathrm{ap}}\ell_{\mathrm{ap}} \tag{13.3}$$

式中：η 为 PU 端的能量转化效率；p_{a} 为 AP 的发射功率，W。假设 PU 收集的能量与其接收到的信号功率呈线性关系。线性能量收集模型是非线性模型的一种近似，通过截短整流器直流电流的泰勒展开式而获得[152-154]。线性能量收集模型能够大幅简化系统分析，得到了广泛的应用。

在阶段Ⅰ中，SS 采用峰值功率 $\hat{p}$ 发射次数据。不管 SH 能否成功解调次数据，在阶段Ⅱ中，SS 总是发射无线能量信号给 PU。因此，在阶段Ⅰ和阶段Ⅱ中，PU 总是可以从 SS 的传输信号中收集能量。PU 从 SS 收集的能量记为 $\varepsilon_{\mathrm{sp}}$，即

$$\varepsilon_{\mathrm{sp}}=\eta\tau\hat{p}G_{\mathrm{sp}}\ell_{\mathrm{sp}} \tag{13.4}$$

用符号 $\mathscr{D}_1$ 表示如下事件：在阶段Ⅰ中，SH 能够顺利删除来自 AP 的能量信号并正确解调来自 SS 的次数据。该事件的对立事件表示为 $\overline{\mathscr{D}}_1$。当事件 $\mathscr{D}_1$ 发生后，在阶段Ⅱ中，SH 会转发次数据给 SD。否则，如果事件 $\overline{\mathscr{D}}_1$ 发生，在阶段Ⅱ中，SH 将不会转发次数据给 SD，但是会发射无线能量信号给 PU。不管事件 $\mathscr{D}_1$ 是否发生，在阶段Ⅱ中，PU 总是会从 SH 的发射信号中收集无线能量。PU 从 SH 的发射信号中所收集的能量记为 $\varepsilon_{\mathrm{rp}}$，即

$$\varepsilon_{\mathrm{rp}}=\frac{1}{2}\eta\tau\hat{p}G_{\mathrm{rp}}\ell_{\mathrm{rp}} \tag{13.5}$$

在第一个时间段中，假设 AP，SS 和 SH 所发送的信号服从循环对称复高斯分布，均值为 0，方差为 1。PU 收集到的总能量是从 AP，SS 和 SH 收集到的能量之和，记为 ε，即 $\varepsilon=\varepsilon_{\mathrm{ap}}+\varepsilon_{\mathrm{sp}}+\varepsilon_{\mathrm{rp}}$[29-31]。通过对相互独立的信道衰落求数学期望，PU 在一个时间块中所收集到的平均能量记为 $\bar{\varepsilon}$，表达为 $\bar{\varepsilon}=\mathbb{E}[\varepsilon]$，即

$$\bar{\varepsilon}=\mathbb{E}[\varepsilon_{\mathrm{ap}}+\varepsilon_{\mathrm{sp}}+\varepsilon_{\mathrm{rp}}]=\eta\tau\left(p_{\mathrm{a}}\ell_{\mathrm{ap}}+\hat{p}\ell_{\mathrm{sp}}+\frac{1}{2}\hat{p}\ell_{\mathrm{rp}}\right) \tag{13.6}$$

13.3.2　主用户数据传输

在第二个时间段，PU 使用所收集的能量发送主数据给 AP。在某些时间块中，信道状况可能比较好，因此 PU 可以收集到较多的能量，并且主链路的数据传输更为可靠。但

是，在另外一些时间块中，信道状况可能很差，PU 收集的能量较少，主链路数据传输容易失败。为了平衡信道较好和较差情况下的性能，采用所收集能量的平均值来设置 PU 的发射功率，记为 p_{p}，即

$$p_{\mathrm{p}}=\frac{\bar{\varepsilon}}{1-\tau} \tag{13.7}$$

式中：$\bar{\varepsilon}$ 在式（13.6）中给出。在某些时间块中，所消耗的能量可能超出了所收集的能量，这种功率设置方法可能违背了能量因果性的约束。但是，假设 PU 拥有一定的初始能量，在信道状态较好时，能够剩余部分能量，因此，能够补偿某些时间块中的能量短缺。从长远角度看，PU 所平均消耗的能量等于所平均收集的能量，因此所收集的能量得到了充分利用，并没有能量损耗。

在阶段Ⅲ中，随着 PU 传输主数据给 AP，SS 同时使用受控功率传输次数据给 SH。主数据传输的可达速率记为$\mathscr{C}_{\mathrm{p1}}$，表示为

$$\mathscr{C}_{\mathrm{p1}}=\log_2\left(1+\frac{p_{\mathrm{p}}G_{\mathrm{ap}}\ell_{\mathrm{ap}}}{p_{\mathrm{s}}G_{\mathrm{sa}}\ell_{\mathrm{sa}}+N_0}\right) \tag{13.8}$$

式中：p_{s} 为 SS 的发射功率，W，在式（13.1）中给出。假设所有接收机端加性噪音的功率为 N_0。在式（13.8）中，干扰来自 SS 的次数据传输。

用符号 $\mathscr{D}_2$ 表示如下事件：在阶段Ⅲ中，在 PU 主数据的干扰下，SH 能够正确解调来自 SS 的次数据。该事件的对立事件为 $\overline{\mathscr{D}}_2$。如果事件 $\mathscr{D}_2$ 发生，在阶段Ⅳ中，SH 转发次数据给 SD。在这种情况下，阶段Ⅳ中主数据传输的可达速率记为 $\mathscr{C}_{\mathrm{p2}}$，表达为

$$\mathscr{C}_{\mathrm{p2}}=\log_2\left(1+\frac{p_{\mathrm{p}}G_{\mathrm{ap}}\ell_{\mathrm{ap}}}{p_{\mathrm{r}}G_{\mathrm{ra}}\ell_{\mathrm{ra}}+N_0}\right) \tag{13.9}$$

式中：p_{r} 为 SH 的发射功率，W，在式（13.2）中给出。式（13.9）中的干扰是由 SH 转发次数据所导致的。

如果事件 $\overline{\mathscr{D}}_2$ 发生，即在阶段Ⅲ中，SH 错误解调来自 SS 的次数据，则在阶段Ⅳ中不存在次数据转发。在这种情况下，阶段Ⅳ中主数据传输的可达速率记为 $\mathscr{C}_{\mathrm{p3}}$，表达为

$$\mathscr{C}_{\mathrm{p3}}=\log_2\left(1+\frac{p_{\mathrm{p}}G_{\mathrm{ap}}\ell_{\mathrm{ap}}}{N_0}\right) \tag{13.10}$$

该表达式中不含干扰项，这是由于当事件 $\overline{\mathscr{D}}_2$ 发生后，在阶段Ⅳ中，SS 和 SH 均保持沉默。

需要说明的是，在阶段Ⅲ中，AP 的主数据接收总是受来自 SS 的信号干扰，主数据接收端的可达速率 $\mathscr{C}_{\mathrm{p1}}$ 在式（13.8）式中给出。在阶段Ⅳ中，AP 的主数据接收可能遭受 SH 次数据转发的干扰，或者不会受到任何次用户的干扰，这与 SH 是否在阶段Ⅲ中正确解调次数据有关，有干扰时的主数据可达速率为 $\mathscr{C}_{\mathrm{p2}}$，无干扰时的主数据可达速率为 $\mathscr{C}_{\mathrm{p3}}$，分别在式（13.9）和式（13.10）中给出。

13.3.3 次用户数据传输

在所提的认知中继方案中，在整个时间块中，都可以持续进行次数据的协作传输。在第一个时间段，次数据传输有助于 PU 端的能量收集，但是在第二个时间段，次数据传输

对 AP 端的主数据接收产生不利的影响。

(1) 第一个时间段。在第一个时间段中，AP 传输无线能量给 PU，同时次系统协作传输次数据。在阶段Ⅰ中，SS 使用峰值功率 $\hat{p}$ 发送次数据给 SH。由于 SH 能够从所接收到的混合信号中删除来自 AP 的能量信号，SH 端的次数据可达速率记为 $\mathscr{C}_{sr1}$，即[2]

$$\mathscr{C}_{sr1}=\frac{1}{2}\log_2\left(1+\frac{\hat{p}G_{sr}\mathscr{I}_{sr}}{N_0}\right) \tag{13.11}$$

如果事件 $\mathscr{D}_1$ 发生，即在阶段Ⅰ中，SH 正确解调所需的次数据，SH 将要在阶段Ⅱ中使用峰值功率 $\hat{p}$ 转发该次数据给 SD。在阶段Ⅱ中，SD 收到来自 SH 和 AP 的混合信号后，先删除来自 AP 的能量信号。在 SD 端次数据的可达速率记为 $\mathscr{C}_{rd1}$，即

$$\mathscr{C}_{rd1}=\frac{1}{2}\log_2\left(1+\frac{\hat{p}G_{rd}l_{rd}}{N_0}\right) \tag{13.12}$$

类似文献 [29 - 30]，假设 AP 发射的能量信号是预先定义好的，并且所有次用户都知道该能量信号。SH 和 SD 通过侦听 AP 发射的能量信号，估计它们的 CSI。基于 CSI、SH 和 SD 从所接收到的混合信号中删除能量信号后，解调所需的次数据。

(2) 第二个时间段。在第二个时间段中，PU 发射主数据给 AP，同时 SS 和 SH 协作传输次数据给 SD。PU 的主数据传输会给 SH 和 SD 带来干扰。由于 SH 和 SD 无法直接删除所接收到的主数据，它们只能将主数据视为干扰，解调所需次数据。在阶段Ⅲ中，SH 端接收次数据的可达速率记为 $\mathscr{C}_{sr2}$，即

$$\mathscr{C}_{sr2}=\frac{1}{2}\log_2\left(1+\frac{p_sG_{sr}\mathscr{I}_{sr}}{p_pG_{pr}l_{pr}+N_0}\right) \tag{13.13}$$

如果事件 $\mathscr{D}_2$ 发生，意味着 SH 在阶段Ⅲ中正确解调次数据，此时 SH 将在阶段Ⅳ中转发次数据给 SD。PU 传输数据会给 SD 带来干扰，SD 端的次数据可达速率记为 $\mathscr{C}_{rd2}$，即

$$\mathscr{C}_{rd2}=\frac{1}{2}\log_2\left(1+\frac{p_rG_{rd}\mathscr{I}_{rd}}{p_pG_{pd}\mathscr{I}_{pd}+N_0}\right) \tag{13.14}$$

需要说明的是，在第一个时间段，SH 或 SD 解调次数据时无干扰影响，因为它们可完全删除来自 AP 的能量信号，可达速率分别为 $\mathscr{C}_{sr1}$ 和 $\mathscr{C}_{rd1}$，分别在式 (13.11) 和式 (13.12) 中给出。在第二个时间段，SH 和 SD 接收次数据时受到来自 PU 的主数据信号干扰，可达速率分别为 $\mathscr{C}_{sr2}$ 和 $\mathscr{C}_{rd2}$，分别在式 (13.13) 和式 (13.14) 中给出。

13.4 主系统的吞吐量

在第二个时间段，PU 以固定速率 v_p 连续传输主数据给 AP。在阶段Ⅲ中，主数据传输承受来自 SS 的干扰。如果事件 $\mathscr{D}_2$ 发生，在阶段Ⅳ中，主数据传输承受来自 SH 的干扰。如果事件 $\overline{\mathscr{D}}_2$ 发生，在阶段Ⅳ中，次用户保持沉默，不会给主数据传输产生干扰。

如果主链路的可达速率不小于传输速率，主数据传输成功，否则，中断事件发生。主系统的平均吞吐量记为 T_p，定义为

$$T_p=v_p\left(\frac{1-\tau}{2}\right)(\Pr\{\mathscr{C}_{p1}\geqslant v_p\}+\Pr\{\mathscr{D}_2,\mathscr{C}_{p2}\geqslant v_p\}+\Pr\{\overline{\mathscr{D}}_2,\mathscr{C}_{p3}\geqslant v_p\}) \tag{13.15}$$

这三个概率代表了在阶段Ⅲ和阶段Ⅳ中，主数据成功传输的概率。推导为

$$\left.\begin{aligned}&\Pr\{\mathscr{C}_{p1}\geqslant v_p\}=1-\Pr\{\mathscr{C}_{p1}<v_p\}\\&\Pr\{\mathscr{D}_2,\mathscr{C}_{p2}\geqslant v_p\}=\Pr\{\mathscr{D}_2\}-\Pr\{\mathscr{D}_2,\mathscr{C}_{p2}<v_p\}\\&\Pr\{\overline{\mathscr{D}}_2,\mathscr{C}_{p3}\geqslant v_p\}=\Pr\{\overline{\mathscr{D}}_2\}-\Pr\{\overline{\mathscr{D}}_2,\mathscr{C}_{p3}<v_p\}\end{aligned}\right\}\tag{13.16}$$

事件 $\mathscr{D}_2$ 发生的概率表示为 $\Pr\{\mathscr{D}_2\}$，并且有 $\Pr\{\overline{\mathscr{D}}_2\}+\Pr\{\mathscr{D}_2\}=1$。将式（13.16）代入式（13.15），可获得 $T_p=v_p(1-\tau)(1-P_{out}^p)$，其中 P_{out}^p 表示主系统的平均中断概率，即

$$P_{out}^p=\frac{1}{2}\Big(\underbrace{\Pr\{\mathscr{C}_{p1}<v_p\}}_{P_{out1}^p}+\underbrace{\Pr\{\mathscr{D}_2,\mathscr{C}_{p2}<v_p\}}_{P_{out2}^p}+\underbrace{\Pr\{\overline{\mathscr{D}}_2,\mathscr{C}_{p3}<v_p\}}_{P_{out3}^p}\Big)\tag{13.17}$$

式中：P_{out1}^p 为在阶段Ⅲ中，受 SS 的干扰，主数据传输的中断概率；P_{out2}^p、P_{out3}^p 为在阶段Ⅳ中，当 SH 转发数据或沉默时主数据传输的中断概率。

1．式（13.17）中第一个概率

将 $\mathscr{C}_{p1}$ 的表达式代入，按照式（13.1）给出的 p_s 表达式，考虑 SS 采用峰值功率或者受限功率，可以获得

$$\begin{aligned}P_{out1}^p=&\Pr\left\{p_pG_{ap}\mathscr{I}_{ap}<\xi_1(Q+N_0),G_{sa}>\frac{Q}{\hat{p}\mathscr{I}_{sa}}\right\}\\&+\Pr\left\{p_pG_{ap}\mathscr{I}_{ap}<\xi_1(\hat{p}G_{sa}\mathscr{I}_{sa}+N_0),G_{sa}\leqslant\frac{Q}{\hat{p}\mathscr{I}_{sa}}\right\}\end{aligned}\tag{13.18}$$

式中：$\xi_1=2^{v_p}-1$。对所有相互独立且服从指数分布的功率衰落进行平均操作，可以得到

$$P_{out1}^p=1-\frac{1}{p_p\ell_{ap}+\xi_1\hat{p}\ell_{sa}}\exp\left(-\frac{\xi_1N_0}{p_p\ell_{ap}}\right)\left[p_p\ell_{ap}+\xi_1\hat{p}\ell_{sa}\exp\left(-\frac{Q}{\hat{p}\ell_{sa}}-\frac{\xi_1Q}{p_p\ell_{ap}}\right)\right]\tag{13.19}$$

2．式（13.17）中第二个概率

在第一个时间段和第二个时间段中，次数据的传输速率分别设定为 v_s 和 βv_s，其中 $\beta\in[0,1]$。在第二个时间段中，由于 SH 和 SD 无法删除来自 PU 的干扰，可达速率较低，次数据的发射速率要小于第一个时间段中的发射速率。在阶段Ⅲ中，当条件 $\mathscr{C}_{sr2}\geqslant\beta v_s$ 满足时，其中 $\mathscr{C}_{sr2}$ 在式（13.13）中给出，事件 $\mathscr{D}_2$ 发生，否则，事件 $\overline{\mathscr{D}}_2$ 发生。基于该假设，式（13.17）中的第二个概率可以表述为

$$\begin{aligned}P_{out2}^p&=\Pr\{p_sG_{sr}\ell_{sr}\geqslant\xi_2(p_pG_{pr}\ell_{pr}+N_0),p_pG_{ap}\ell_{ap}<\xi_1(p_rG_{ra}\ell_{ra}+N_0)\}\\&=P_{out2a}^p+P_{out2b}^p+P_{out2c}^p+P_{out2d}^p\end{aligned}\tag{13.20}$$

其中

$$\xi_2=4^{\beta v_s}-1$$

式中：由于 SS 和 SH 的功率 p_s 和 p_r 分别按式（13.1）或式（13.2）式来设置，SS 和 SH 采用峰值功率或受限功率共有四种情况，因此式（13.20）中对应四个概率项。

（1）当 $p_s=\hat{p}$ 且 $p_r=\hat{p}$ 时，式（13.20）中的概率 P_{out2a}^p 可以推导为

$$P_{out2a}^p=\frac{\hat{p}\ell_{sr}}{\hat{p}\ell_{sr}+\xi_2p_p\ell_{pr}}\exp\left(-\frac{\xi_2N_0}{\hat{p}\ell_{sr}}\right)\left[1-\exp\left(-\frac{Q}{\hat{p}\ell_{sa}}\right)\right]\left\{1-\exp\left(-\frac{Q}{\hat{p}\ell_{ra}}\right)\right.$$

$$-\frac{p_{\mathrm{p}}\ell_{\mathrm{ap}}}{p_{\mathrm{p}}\ell_{\mathrm{ap}}+\xi_1\hat{p}\ell_{\mathrm{ra}}}\exp\left(-\frac{\xi_1 N_0}{p_{\mathrm{p}}\ell_{\mathrm{ap}}}\right)\times\left[1-\exp\left(-\frac{Q}{\hat{p}\ell_{\mathrm{ra}}}-\frac{\xi_1 Q}{p_{\mathrm{p}}\ell_{\mathrm{ap}}}\right)\right]\Bigg\} \tag{13.21}$$

（2）当 $p_{\mathrm{s}}=\hat{p}$ 且 $p_{\mathrm{r}}=\frac{Q}{G_{\mathrm{ra}}\ell_{\mathrm{ra}}}$时，式（13.20）中的概率 $P_{\mathrm{out2b}}^{\mathrm{p}}$ 可以推导为

$$P_{\mathrm{out2b}}^{\mathrm{p}}=\frac{\hat{p}\ell_{\mathrm{sr}}}{\hat{p}\ell_{\mathrm{sr}}+\xi_2 p_{\mathrm{p}}\ell_{\mathrm{pr}}}\exp\left(-\frac{Q}{\hat{p}\ell_{\mathrm{ra}}}-\frac{\xi_2 N_0}{\hat{p}\ell_{\mathrm{sr}}}\right)\times\left[1-\exp\left(-\frac{Q}{\hat{p}\ell_{\mathrm{sa}}}\right)\right]\left\{1-\exp\left[-\frac{\xi_1(Q+N_0)}{p_{\mathrm{p}}\ell_{\mathrm{ap}}}\right]\right\} \tag{13.22}$$

（3）当 $p_{\mathrm{s}}=\frac{Q}{G_{\mathrm{sa}}\ell_{\mathrm{sa}}}$且 $p_{\mathrm{r}}=\hat{p}$ 时，式（13.20）中的概率 $P_{\mathrm{out2c}}^{\mathrm{p}}$ 可以推导为

$$P_{\mathrm{out2c}}^{\mathrm{p}}=\frac{-Q\ell_{\mathrm{sr}}E_i(-\phi_1\phi_2)}{\xi_2\ell_{\mathrm{sa}}p_{\mathrm{p}}\ell_{\mathrm{pr}}}\exp\left(\phi_1\phi_2-\frac{Q}{\hat{p}\ell_{\mathrm{sa}}}\right)\exp\left(-\frac{\xi_2 N_0}{\hat{p}\ell_{\mathrm{sr}}}\right)\Bigg\{1-\exp\left(-\frac{Q}{\hat{p}\ell_{\mathrm{ra}}}\right)-\frac{p_{\mathrm{p}}\ell_{\mathrm{ap}}}{p_{\mathrm{p}}\ell_{\mathrm{ap}}+\xi_1\hat{p}\ell_{\mathrm{ra}}}\exp\left(-\frac{\xi_1 N_0}{p_{\mathrm{p}}\ell_{\mathrm{ap}}}\right)\times\left[1-\exp\left(-\frac{Q}{\hat{p}\ell_{\mathrm{ra}}}-\frac{\xi_1 Q}{p_{\mathrm{p}}\ell_{\mathrm{ap}}}\right)\right]\Bigg\} \tag{13.23}$$

式中：$\phi_1=1+\frac{\xi_2 p_{\mathrm{p}}\ell_{\mathrm{pr}}}{\hat{p}\mathscr{I}_{\mathrm{sr}}}$，$\phi_2=\frac{Q\ell_{\mathrm{sr}}+\xi_2\ell_{\mathrm{sa}}N_0}{\xi_2\ell_{\mathrm{sa}}p_{\mathrm{p}}\ell_{\mathrm{pr}}}$，$E_i(-x)=-\int_x^\infty\frac{e^{-t}}{t}\mathrm{d}t$，$(x>0)$，表示指数积分函数[64]。

（4）当 $p_{\mathrm{s}}=\frac{Q}{G_{\mathrm{sa}}\mathscr{I}_{\mathrm{sa}}}$且 $p_{\mathrm{r}}=\frac{Q}{G_{\mathrm{ra}}\ell_{\mathrm{ra}}}$时，式（13.20）中的概率 $P_{\mathrm{out2d}}^{\mathrm{p}}$ 可推导为

$$P_{\mathrm{out2d}}^{\mathrm{p}}=\frac{-Q\ell_{\mathrm{sr}}E_i(-\phi_1\phi_2)\exp(\phi_1\phi_2)}{\xi_2\ell_{\mathrm{sa}}p_{\mathrm{p}}\ell_{\mathrm{pr}}}\left\{1-\exp\left[-\frac{\xi_1(Q+N_0)}{p_{\mathrm{p}}\ell_{\mathrm{ap}}}\right]\right\}\times\exp\left[-\frac{\xi_2 N_0}{\hat{p}\ell_{\mathrm{sr}}}-\frac{Q}{\hat{p}}\left(\frac{1}{\ell_{\mathrm{sa}}}+\frac{1}{\ell_{\mathrm{ra}}}\right)\right] \tag{13.24}$$

将式（13.21）～式（13.24）代入式（13.20），则获得了 $P_{\mathrm{out2}}^{\mathrm{p}}$ 的结果。

3. 式（13.17）中第三个概率

概率 $P_{\mathrm{out3}}^{\mathrm{p}}$ 表示为

$$P_{\mathrm{out3}}^{\mathrm{p}}=\Pr\{p_{\mathrm{s}}G_{\mathrm{sr}}\ell_{\mathrm{sr}}<\xi_2(p_{\mathrm{p}}G_{\mathrm{pr}}\ell_{\mathrm{pr}}+N_0),p_{\mathrm{p}}G_{\mathrm{ap}}\ell_{\mathrm{ap}}<\xi_1 N_0\}=P_{\mathrm{out3a}}^{\mathrm{p}}+P_{\mathrm{out3b}}^{\mathrm{p}} \tag{13.25}$$

（1）当 $p_{\mathrm{s}}=\hat{p}$ 时，可以推导式（13.25）中概率 $P_{\mathrm{out3a}}^{\mathrm{p}}$ 为

$$P_{\mathrm{out3a}}^{\mathrm{p}}=\left[1-\exp\left(-\frac{Q}{\hat{p}\ell_{\mathrm{sa}}}\right)\right]\left[1-\exp\left(-\frac{\xi_1 N_0}{p_{\mathrm{p}}\ell_{\mathrm{ap}}}\right)\right]\times\left[1-\frac{\hat{p}\ell_{\mathrm{sr}}}{\hat{p}\ell_{\mathrm{sr}}+\xi_2 p_{\mathrm{p}}\ell_{\mathrm{pr}}}\exp\left(-\frac{\xi_2 N_0}{\hat{p}\ell_{\mathrm{sr}}}\right)\right] \tag{13.26}$$

（2）当 $p_{\mathrm{s}}=\frac{Q}{G_{\mathrm{sa}}\ell_{\mathrm{sa}}}$时，可以推导式（13.25）中概率 $P_{\mathrm{out3b}}^{\mathrm{p}}$ 为

$$P_{\mathrm{out3b}}^{\mathrm{p}}=\exp\left(-\frac{Q}{\hat{p}\ell_{\mathrm{sa}}}\right)\left[1-\exp\left(-\frac{\xi_1 N_0}{p_{\mathrm{p}}\ell_{\mathrm{ap}}}\right)\right]\times\left\{1+\frac{Q\ell_{\mathrm{sr}}E_i(-\phi_1\phi_2)}{\xi_2\ell_{\mathrm{sa}}p_{\mathrm{p}}\ell_{\mathrm{pr}}}\exp\left(\phi_1\phi_2-\frac{\xi_2 N_0}{\hat{p}\ell_{\mathrm{sr}}}\right)\right\} \tag{13.27}$$

将式（13.26）和式（13.27）代入式（13.25），可获得 P_{out3}^{p} 的结果。

将式（13.19）P_{out1}^{p}，式（13.20）P_{out2}^{p} 和式（13.25）P_{out3}^{p}，代入式（13.17），则获得主系统的中断概率 P_{out}^{p}，因此吞吐量为 $T_p=v_p$（$1-\tau$）（$1-P_{out}^{p}$）。

13.5 次系统的吞吐量

在第一个时间段和第二个时间段内，次数据的传输速率分别设置为 v_s 和 βv_s。考虑到两个时间段内次数据的协作传输，次系统的平均吞吐量记为 T_s，推导为

$$T_s=v_s\tau\underbrace{\Pr\{\min(C_{sr1},C_{rd1})\geqslant v_s\}}_{P_{suc1}^{s}}+\beta v_s(1-\tau)\Pr\underbrace{\{\min(C_{sr2},C_{rd2})\geqslant \beta v_s\}}_{P_{suc2}^{s}} \tag{13.28}$$

式中：P_{suc1}^{s}、P_{suc2}^{s} 为在两个时间段内的次数据成功传输的概率。系统可达速率为两跳链路 SS→SH 和 SH→SD 可达速率的最小值。

式（13.28）中概率 P_{suc1}^{s} 可以推导为

$$P_{suc1}^{s}=\exp\left[-\frac{\xi_3 N_0}{\hat{p}}\left(\frac{1}{\ell_{sr}}+\frac{1}{\ell_{rd}}\right)\right] \tag{13.29}$$

其中

$$\xi_3=4^{v_s}-1$$

式（13.28）中概率 P_{suc2}^{s} 可以推导为

$$P_{suc2}^{s}=\Pr\left\{\frac{p_s G_{sr}\ell_{sr}}{p_p G_{pr}\ell_{pr}+N_0}\geqslant\xi_2,\frac{p_r G_{rd}\ell_{rd}}{p_p G_{pd}\ell_{pd}+N_0}\geqslant\xi_2\right\} \tag{13.30}$$

考虑到在阶段Ⅲ和阶段Ⅳ中，SS 或 SH 采用峰值功率或者受限功率发射次数据的情况，可以进一步推导

$$P_{suc2}^{s}=P_{suc2a}^{s}+P_{suc2b}^{s}+P_{suc2c}^{s}+P_{suc2d}^{s} \tag{13.31}$$

（1）当 $p_s=\hat{p}$ 且 $p_r=\hat{p}$ 时，式（13.31）概率 P_{suc2a}^{s} 可以推导为

$$P_{suc2a}^{s}=\frac{\hat{p}^2\ell_{sr}\ell_{rd}}{(\hat{p}\ell_{sr}+\xi_2 p_p\ell_{pr})(\hat{p}\ell_{rd}+\xi_2 p_p\ell_{pd})}\left[1-\exp\left(-\frac{Q}{\hat{p}\ell_{sa}}\right)\right]\times\left[1-\exp\left(-\frac{Q}{\hat{p}\ell_{ra}}\right)\right]\exp\left[-\frac{\xi_2 N_0}{\hat{p}}\left(\frac{1}{\ell_{sr}}+\frac{1}{\ell_{rd}}\right)\right] \tag{13.32}$$

（2）当 $p_s=\hat{p}$ 且 $p_r=\frac{Q}{G_{ra}d_{ra}^{-\alpha}}$ 时，式（13.31）中概率 P_{suc2b}^{s} 可以推导为

$$P_{suc2b}^{s}=\frac{-\hat{p}\ell_{sr}Q\ell_{rd}E_i(-\theta_1\theta_2)}{(\hat{p}\ell_{sr}+\xi_2 p_p\ell_{pr})\xi_2\ell_{ra}p_p\ell_{pd}}\exp(\theta_1\theta_2)\left[1-\exp\left(-\frac{Q}{\hat{p}\ell_{sa}}\right)\right]\times\exp\left[-\frac{Q}{\hat{p}\ell_{ra}}-\frac{\xi_2 N_0}{\hat{p}}\left(\frac{1}{\ell_{sr}}+\frac{1}{\ell_{rd}}\right)\right] \tag{13.33}$$

其中

$$\theta_1=1+\frac{\xi_2 p_{\mathrm{p}} \mathscr{I}_{\mathrm{pd}}}{\hat{p} \mathscr{I}_{\mathrm{rd}}}$$

$$\theta_2=\frac{Q \mathscr{I}_{\mathrm{rd}}+\xi_2 \mathscr{I}_{\mathrm{ra}} N_0}{\xi_2 \mathscr{I}_{\mathrm{ra}} p_{\mathrm{p}} \mathscr{I}_{\mathrm{pd}}}$$

（3）当 $p_{\mathrm{s}}=\frac{Q}{G_{\mathrm{sa}} d_{\mathrm{sa}}^{-\alpha}}$ 且 $p_{\mathrm{r}}=\hat{p}$ 时，式（13.31）中概率 $P_{\mathrm{suc2c}}^{\mathrm{s}}$ 可以推导为

$$\begin{aligned}P_{\mathrm{suc2c}}^{\mathrm{s}}=&\frac{-\hat{p} \ell_{\mathrm{rd}} Q \ell_{\mathrm{sr}} E_i(-\phi_1 \phi_2)}{(\hat{p} \ell_{\mathrm{rd}}+\xi_2 p_{\mathrm{p}} \mathscr{I}_{\mathrm{pd}}) \xi_2 \ell_{\mathrm{sa}} p_{\mathrm{p}} \ell_{\mathrm{pr}}} \exp(\phi_1 \phi_2)\left[1-\exp\left(-\frac{Q}{\hat{p} \ell_{\mathrm{ra}}}\right)\right] \\ &\times \exp\left[-\frac{Q}{\hat{p} \ell_{\mathrm{sa}}}-\frac{\xi_2 N_0}{\hat{p}}\left(\frac{1}{\ell_{\mathrm{sr}}}+\frac{1}{\ell_{\mathrm{rd}}}\right)\right]\end{aligned} \tag{13.34}$$

其中：ϕ_1 和 ϕ_2 在式（13.23）下给出。

（4）当 $p_{\mathrm{s}}=\frac{Q}{G_{\mathrm{sa}} d_{\mathrm{sa}}^{-\alpha}}$ 且 $p_{\mathrm{r}}=\frac{Q}{G_{\mathrm{ra}} d_{\mathrm{ra}}^{-\alpha}}$，式（13.31）中概率 $P_{\mathrm{suc2d}}^{\mathrm{p}}$ 可以推导为

$$\begin{aligned}P_{\mathrm{suc2d}}^{\mathrm{s}}=&\frac{Q^2 \ell_{\mathrm{sr}} \ell_{\mathrm{rd}} E_i(-\phi_1 \phi_2) E_i(-\theta_1 \theta_2)}{\xi_2^2 \ell_{\mathrm{sa}} \ell_{\mathrm{ra}} p_{\mathrm{p}}^2 \ell_{\mathrm{pr}} \ell_{\mathrm{pd}}} \exp\left[\phi_1 \phi_2+\theta_1 \theta_2\right. \\ &\left.-\frac{Q}{\hat{p}}\left(\frac{1}{\ell_{\mathrm{sa}}}+\frac{1}{\ell_{\mathrm{ra}}}\right)-\frac{\xi_2 N_0}{\hat{p}}\left(\frac{1}{\ell_{\mathrm{sr}}}+\frac{1}{\ell_{\mathrm{rd}}}\right)\right]\end{aligned} \tag{13.35}$$

将式（13.32）～式（13.35）代入式（13.31），能够获得 $P_{\mathrm{suc2}}^{\mathrm{s}}$ 的结果。将式（13.29）和式（13.30）代入式（13.28），能够获得次系统的平均吞吐量 T_{s}。

13.6　数值和仿真结果

在仿真过程中，如图 13.4 所示设置 PUs 和 SUs 的相对位置，假设 SS-SD 连线与 PU-AP 连线平行，它们之间的垂直间距为 d_{int}。SH 被置于坐标点 $(x_{\mathrm{r}}, y_{\mathrm{r}})=\left[\left(\rho-\frac{1}{2}\right) d_{\mathrm{sd}}, \left(\delta-\frac{1}{2}\right) d_{\mathrm{int}}\right]$，$\rho$，$\delta \in [0, 1]$。因此，从 PU 到 SH 和 SD 的距离分别是 $d_{\mathrm{pd}}=\sqrt{(d_{\mathrm{ap}}+d_{\mathrm{sd}})^2/4+d_{\mathrm{int}}^2}$ 和 $d_{\mathrm{rd}}=\sqrt{(1-\rho)^2 d_{\mathrm{sd}}^2+\delta^2 d_{\mathrm{int}}^2}$。从 SS 到 SH，PU，AP 的距离分别是 $d_{\mathrm{sr}}=\sqrt{\rho^2 d_{\mathrm{sd}}^2+\delta^2 d_{\mathrm{int}}^2}$，$d_{\mathrm{sp}}=\sqrt{(d_{\mathrm{ap}}-d_{\mathrm{sd}})^2/4+d_{\mathrm{int}}^2}$，和 $d_{\mathrm{sa}}=\sqrt{(d_{\mathrm{ap}}+d_{\mathrm{sd}})^2/4+d_{\mathrm{int}}^2}$。从 SH 到 PU 和 AP 的距离分别是

$$\begin{cases} d_{\mathrm{rp}}=\sqrt{\left[\left(\rho-\frac{1}{2}\right) d_{\mathrm{sd}}+\frac{d_{\mathrm{ap}}}{2}\right]^2+(1-\delta)^2 d_{\mathrm{int}}^2} \\ d_{\mathrm{ra}}=\sqrt{\left[\left(\rho-\frac{1}{2}\right) d_{\mathrm{sd}}-\frac{d_{\mathrm{ap}}}{2}\right]^2+(1-\delta)^2 d_{\mathrm{int}}^2} \end{cases} \tag{13.36}$$

信号功率的大尺度路径损耗建模为 $l_{u,v}=10^{-3} d_{u,v}^{-\alpha}$，其中 $d_{u,v}$ 和 α 分别表示距离和路径损耗指数[155]。除了特别说明，系统参数设置为 $\alpha=2$，$\eta=0.5$，$N_0=-80\mathrm{dBm}$，$p_{\mathrm{a}}=$

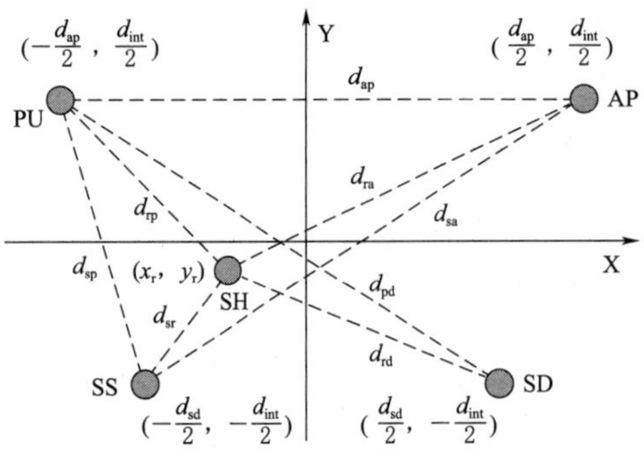

图 13.4 PUs 和 SUs 的相对位置

30dBm，$\hat{p}=27$dBm，$Q=-70$dBm，$v_p=$ 1bits/s/Hz，$v_s=2$bits/s/Hz，$d_{ap}=8$m，$d_{sd}=6m$，$d_{int}=4$m，$\rho=\delta=0.5$。

13.6.1 无频谱共享基准

对于无 SU 频谱共享的单主系统，在每个时间块中，在第一个时间段中（持续时间为 τ），AP 传送无线功率给 PU。在第二个时间段中（持续时间为 $1-\tau$），PU 使用所收集的能量发送数据给 AP。在第一个时间段中，PU 所收集的能量记为 ε_{ap}，在式（13.3）中给出。在第二个时间段中，PU 的发射功率为 $p_{pn}=\frac{\bar{\varepsilon}_{ap}}{1-\tau}$，其中 $\bar{\varepsilon}_{ap}=\eta\tau p_a \ell_{ap}$ 表示 PU 在第一个时间段内所收集的平均能量值。在第二个时间段中，主数据传输的可达速率记为 $\mathscr{C}_{pn}$，表示为

$$\mathscr{C}_{pn}=\log_2\left(1+\frac{p_{pn}G_{ap}\ell_{ap}}{N_0}\right) \tag{13.37}$$

主数据成功传输的概率为 $P_{suc}^{pn}=\Pr\{C_{pn}\geqslant v_p\}$，推导为

$$P_{suc}^{pn}=\exp\left[-\frac{(1-\tau)\xi_1 N_0}{\eta\tau p_a \ell_{ap}^2}\right] \tag{13.38}$$

系统吞吐量可以表达为 $T_{pn}=v_p(1-\tau)P_{suc}^{pn}$。

对于底衬频谱共享，主用户一般不知道次用户的存在，并且主次系统之间一般没有协调交互。时间因子 τ 是由主系统独自确定的，并不考虑次用户的频谱共享。通过最大化无频谱共享情况下主系统的吞吐量，通过 $\frac{dT_{pn}}{d\tau}=0$，可以获得最优的时间因子 τ，即

$$\tau=\sqrt{\frac{\xi_1 N_0}{\eta p_a \ell_{ap}^2}\left(1+\frac{\xi_1 N_0}{4\eta p_a \ell_{ap}^2}\right)}-\frac{\xi_1 N_0}{2\eta p_a \ell_{ap}^2} \tag{13.39}$$

时间因子 τ 是通过平均的系统性能确定的，因此该因子在每个时间块内都是一样的。假设主次系统是同步的。次用户可以提前估计 τ 值，一旦确定了该值，则在所有时间块中均采用该值，除非主系统的拓扑发生变化。次用户有两种方式可以获得该因子：

（1）PU（或 AP）可以计算 τ，然后通知 AP（或 PU）以进行无线功率传输和数据传输。次用户可以侦听 PU 或 AP 的控制信令广播以获得 τ 值。

（2）在初始时间块中，次用户解调来自主系统的信号并将其与预先设定好的能量信号相比较。信号匹配的长度即为无线能量传输的时长。通过几个个时间块的估计，次用户就能比较准确地知道 τ 的取值。

13.6.2 次系统的吞吐量

图 13.5 显示了次系统吞吐量与次数据传输速率因子 β 的关系。随着 β 的增长，次数

据传输的成功概率变小。吞吐量为成功概率和传输速率之间的乘积，性能先变好后变差。存在一个最优的速率因子，能够最大化次系统的吞吐量。随着 v_s 的增长，只有较少的信息能在第二个时间段内可靠地传输，最优的 β 值变小。

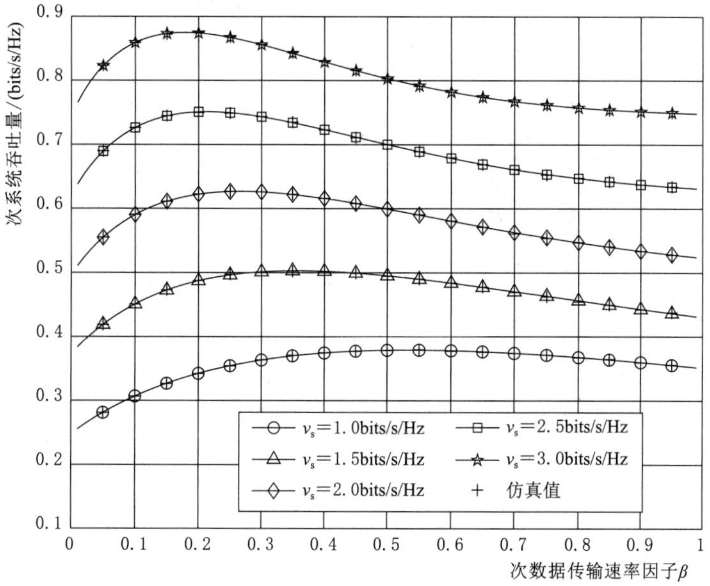

图 13.5 次系统吞吐量与次数据速率因子 β 的关系

图 13.6 显示了次数据传输最优速率因子 β 与干扰限制 Q 的关系，通过最大化次系统吞吐量，在 [0，1] 内搜索得到最优 β。如果 AP 能够承受更高的干扰 Q，SS 和 SH 则可采用较高的发射功率以对抗来自 PU 的干扰。因此，在阶段Ⅲ和阶段Ⅳ中能够可靠地传输更多的次数据，最优 β 值会变大。随着 d_{int} 的增长，最优 β 值变大，这是由于长距离路径损耗比较严重，PU 带给 SH 和 SD 的干扰较轻。在下面的仿真中，采用最优的 τ 和 β 去计算系统性能。

图 13.7 显示了次系统吞吐量与距离因子 ρ 的关系。给定 δ，随着 ρ 的增长，SH 与 SS 和 PU 之间的距离变远，但是 SH 与 SD 和 AP 之间的距离变近。一方面，SS 和 SH 在较长距离上的传输更容易失败，SH 与 AP 之间的距离变近，其发射功率变小。另一方面，PU 收集到较少的能量，发射功率较小，给次系统带来较少的干扰。基于有益和有害因素的折中，次系统的吞吐量先增长后下降，或者以相反的趋势变化，这种趋势变化是与 δ 相关的。给定 ρ，随着 δ 的增长，SH 与 SS 之间的距离变远，但是 SH 与 PU 和 AP 之间的距离变近，因此 SH 从 SS 接收到的信号变弱，同时承受来自 PU 较强的干扰，SS 和 SH 还需要以较低的功率发射次数据以满足主链路的干扰约束，因此次系统的吞吐量变小。

图 13.8 显示了次系统吞吐量与 SS 和 SH 峰值功率的关系。随着 $\hat{p}$ 的增长，在第一个时间段内，次数据传输可靠性增强，有助于提升吞吐量。同时，PU 收集到更多的能量，它在第二个时间段内采用更高的功率发射主数据，会给次系统带来较强的干扰。因此，次

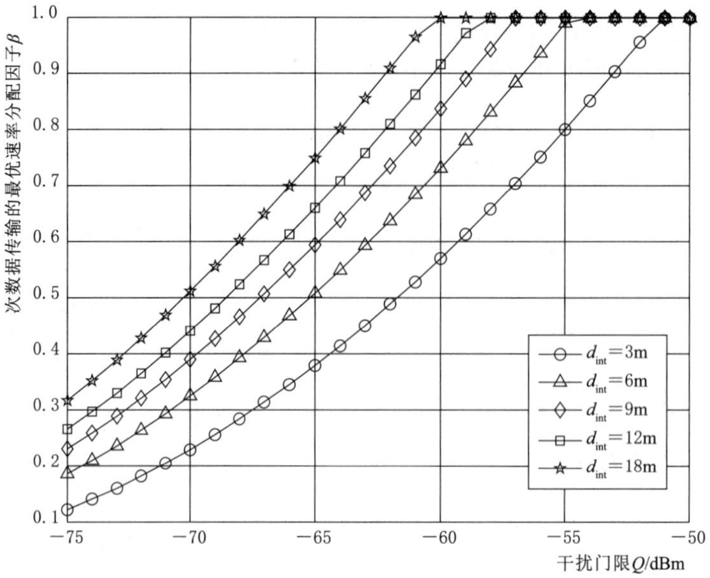

图 13.6　次数据传输的最优速率分配因子 β 与干扰门限 Q 的关系

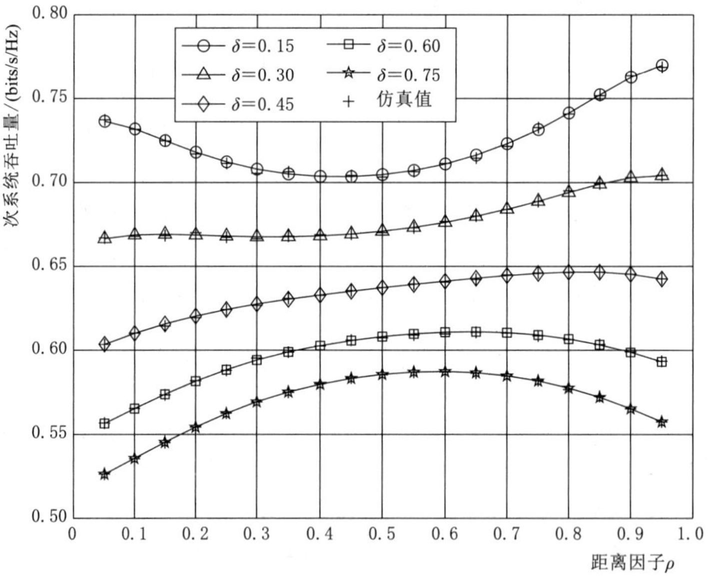

图 13.7　次系统吞吐量与距离因子 ρ 的关系

系统的吞吐量先升高后下降。在 $\hat{p}$ 较小的区域，随着 v_s 的增长，吞吐量降低。在 $\hat{p}$ 较大的区域，随着 v_s 的增长，吞吐量升高。

图 13.9 显示了次系统吞吐量与主次系统之间的垂直间距 d_{int} 的关系。当 d_{int} 增大时，SS 和 SH 与 PU 和 AP 之间的距离变远，来自 PU 的干扰变弱，并且 SS 和 SH 的发射功率变大，而不会超出 AP 端的干扰限制。因此，次系统的吞吐量随着 d_{int} 的增长而变大。

随着 Q 的变大，AP 能够承受更多的干扰，因此 SS 和 SH 可以采用更高的发射功率，获得更大的吞吐量。

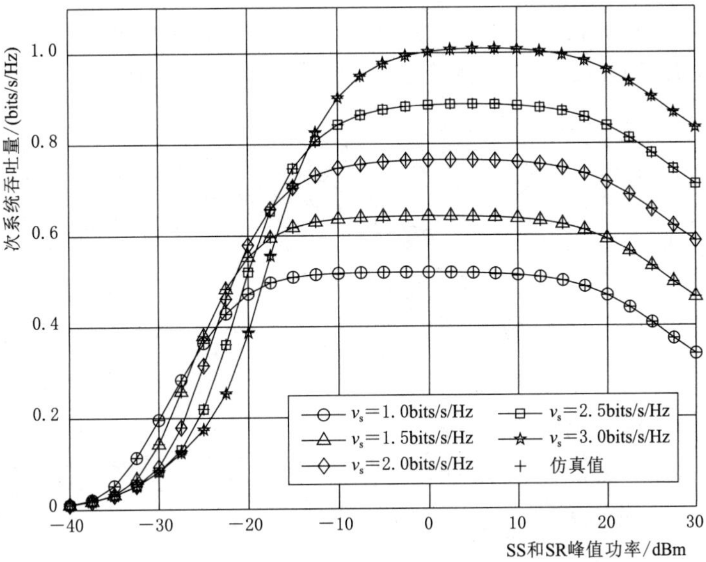

图 13.8 次系统吞吐量与 SS 和 SH 峰值功率的关系

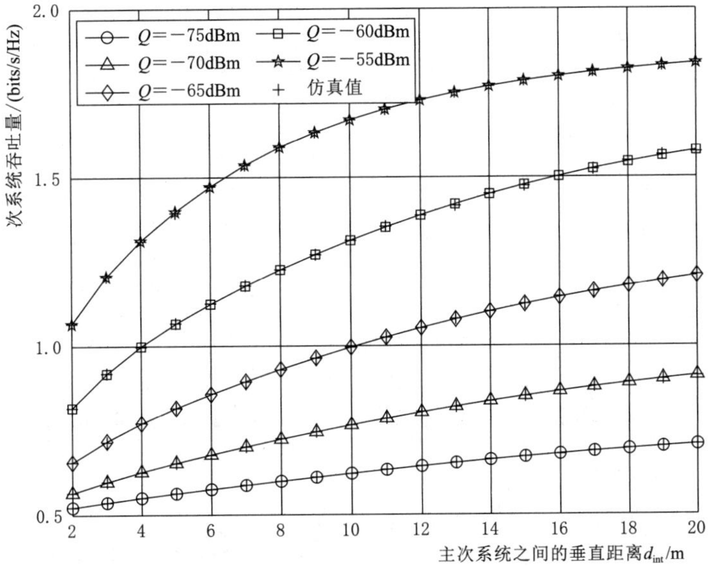

图 13.9 次系统吞吐量与主次系统之间的垂直间距 d_{int} 的关系

图 13.10 显示了主系统吞吐量与主数据传输速率 v_{p} 的关系；图 13.11 显示了主系统吞吐量与距离参数关系。随着 v_{p} 的增长，吞吐量先增长后降低。Q 较大时会损害主系统的吞吐量，因为 SS 和 SH 会给 AP 带来更多的干扰。随着 ρ 的增长，SH 距离 PU 更远，但是距离 AP 更近，因此 PU 收集到的能量更少，AP 遭受来自次用户更强的干扰，导致主系统的

吞吐量降低。随着 δ 的增长，SH 与 SS 和 SD 之间的距离变远，但是 SH 与 PU 和 AP 之间的距离变近。在 ρ 取值较小的区域，当 δ 变大时，PU 能够收集到更多的能量，次用户的认知中继传输更容易失败，减少了对主系统的干扰，因此主系统的吞吐量变大。在 ρ 取值较大的区域，PU 收集到较少的能量，并且来自 SS 和 SH 的干扰变强，因此主系统的吞吐量随 δ 的增长而变弱。认知中继场景下的主系统吞吐量有时比无频谱共享时更高。

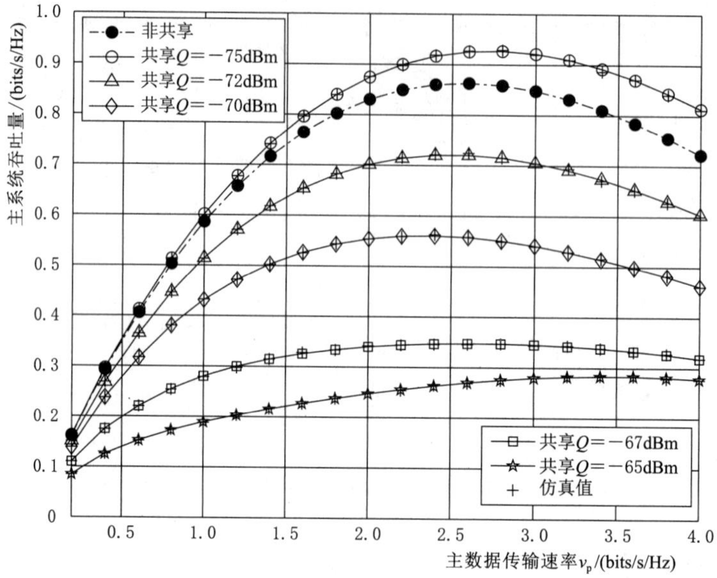

图 13.10 主系统吞吐量与主数据传输速率 v_p 的关系

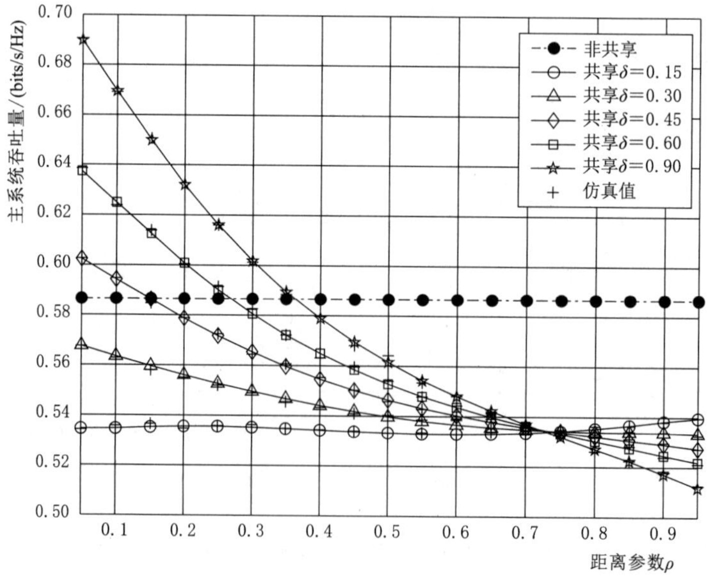

图 13.11 主系统吞吐量与距离参数 ρ 的关系

图 13.12 显示了主系统吞吐量与 SS 和 SH 峰值功率 $\hat{p}$ 的关系。图 13.13 显示了主系统吞吐量与 AP 发射功率 p_a 的关系。

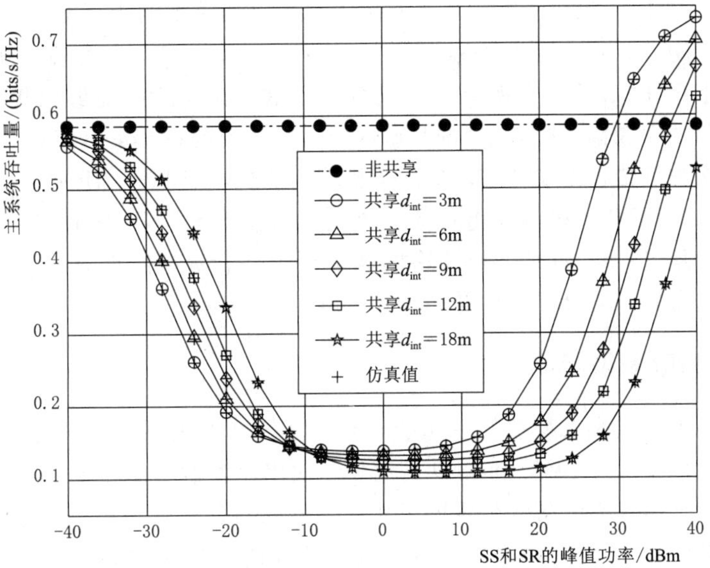

图 13.12 主系统吞吐量与 SS 和 SH 峰值功率 p 的关系

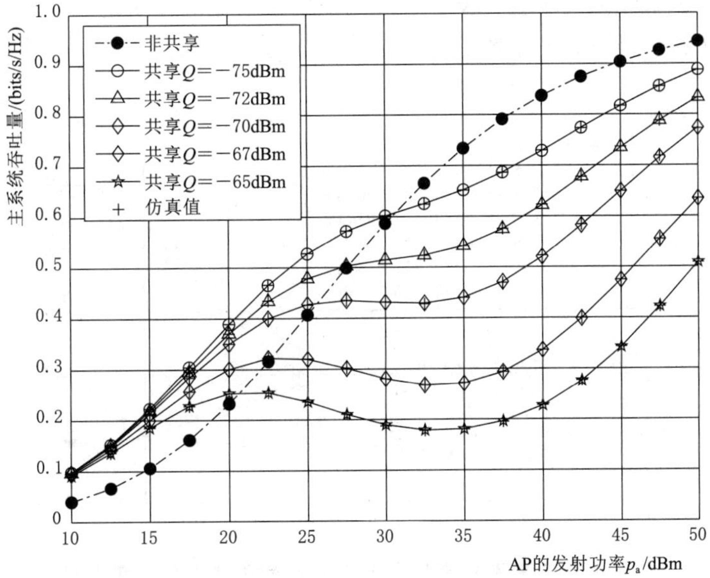

图 13.13 主系统吞吐量与 AP 发射功率 p_a 的关系

在图 13.12 中，随着 $\hat{p}$ 的增长，主系统的吞吐量先降低后升高。较高的功率 $\hat{p}$ 利于 PU 收集到更多的能量，但也会给 AP 带来较强的干扰。在 $\hat{p}$ 较小的区域，PU 收集的能量较少，次用户给 AP 带来较强的干扰，主系统的吞吐量降低。在 $\hat{p}$ 较大的区域，PU 能收集到较多的能量以对抗干扰，主系统的吞吐量变大。在 $\hat{p}$ 较小的区域，较大的系统间距 d_{int} 有助于提升主系统的吞吐量，因为次用户给 AP 带来的干扰较小。在 $\hat{p}$ 较大的区域，随着系统间距 d_{int} 增大，主系统的吞吐量变小，因为 PU 收集到的能量变少。在图 13.13 中，随着 P_a 的增长，主系统吞吐量变大，这是由于 PU 能够收集到较多的能量，因此主数据发射功率较高。但在 p_a 的某些区域，主系统的吞吐量可能会变小，因为 WPT 的时间变短，次数据传输对 AP 端产生的干扰时间变长，不利于 AP 端主数据的接收。在 P_a 较小的区域，频谱共享机制获得比无频谱共享机制更大的吞吐量，这是因为 PU 在第一个时间段能够从 SS 和 SH 收集到更多的能量。在以上所有仿真图中，理论结果与仿真结果吻合的都非常好，验证了理论分析的正确性。

13.6.3 总的吞吐量及折中

图 13.14 显示了整个系统总的吞吐量与干扰门限 Q 的关系，定义为式（13.15）中的 T_p 与式（13.28）中 T_s 求和。随着 Q 的增长，次用户发射功率变大，次系统的吞吐量变大，但是次用户会给主系统带来较强的干扰，主系统的吞吐量变小。作为折中，总的吞吐量先增长后降低。在 Q 取值较低的区域，较大的峰值功率 $\hat{p}$ 能够改善系统的总吞吐量，这是因为 PU 能够收集到较多的能量用于主数据传输，同时次数据传输更加可靠。在 Q 取值较高的区域，较大的峰值功率 $\hat{p}$ 损害了系统总的吞吐量性能，这是因为 PU 较高的发射功率给次用户带来较强的干扰，损害了次用户的通信性能。所提的认知中继机制相比无频谱共享机制能够获得更高的系统总吞吐量。

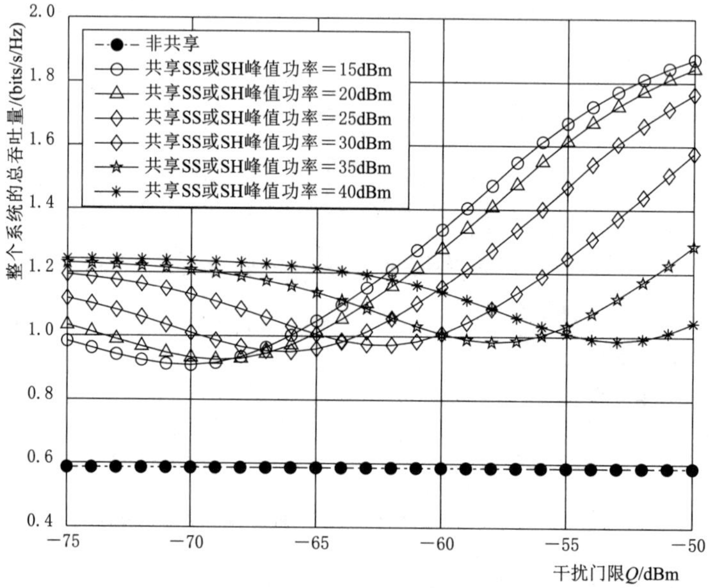

图 13.14　整个系统的总吞吐量与干扰门限 Q 的关系

图 13.15 显示了主次系统吞吐量与次系统吞吐量的关系。通过在 [−100，0] dBm 范围内改变 Q 的取值，得到图中的曲线。当 Q 足够大时，次系统的吞吐量接近于最大值 2bits/s/Hz，但是主系统的吞吐量接近于 0。由于收集到的能量较少，PU 的发射功率较低，加之主用户的数据传输遭受来自次用户的强干扰，所以主系统的吞吐量很小。当 Q 值很小时，在第二个时间段中，次用户的发射功率非常小，因此次系统的吞吐量主要是在第一个时间段中获得，另外，主系统的吞吐量要比无频谱共享时高，这是因为 PU 在第一个时间段能够收集到更多的能量。

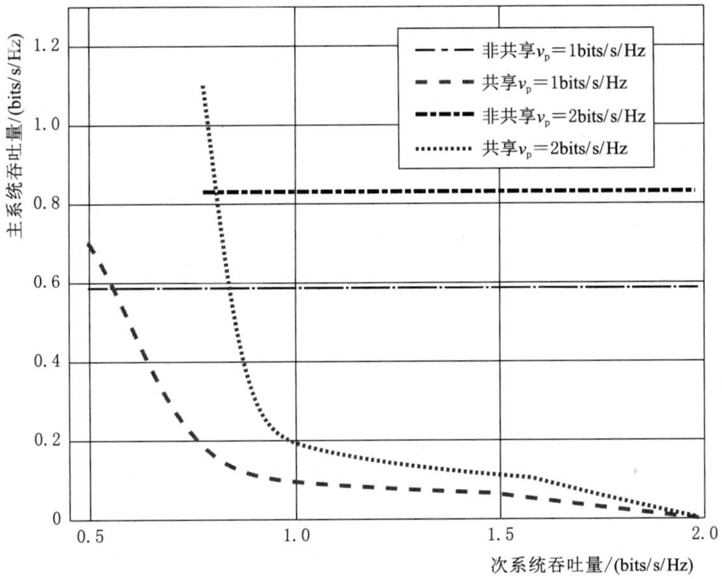

图 13.15 主系统吞吐量与次系统吞吐量的关系

在传统的底衬频谱共享机制中，次数据传输会给主系统带来干扰，不可避免地损害主系统的性能[24,143,144]。但在基于 WPT 的底衬频谱共享方案中，如果主用户以 EH 方式供电，次用户所产生的干扰有助于提升主用户 EH 的效果。该机制能够在轻微损害甚至提升主系统性能的前提下，有效地提升系统总的吞吐量。

图 13.16 显示了系统吞吐量与路径损耗指数 α 的关系。主次系统采用独自的功率供给，并没有约束系统总的功率消耗。随着 α 的增长，由于 PU 收集到的能量迅速减少，PU 发射主数据的功率较低，同时该信号经历严重的路径损耗，所以主系统的吞吐量快速降低。在 AP 端，来自 SS 和 SH 的干扰信号也要经历严重的路径损耗，所以 AP 端的干扰信号变得很弱，因此在主系统干扰约束条件下，SS 和 SH 的发射功率可以调的更高一些。另外，SH 和 SD 承受的来自 AP 的干扰也会变得很弱。结果是，次系统的吞吐量得到了大幅提升，渐进速率达到了 2bits/s/Hz，因此次系统吞吐量在总吞吐量中占据了主导地位。

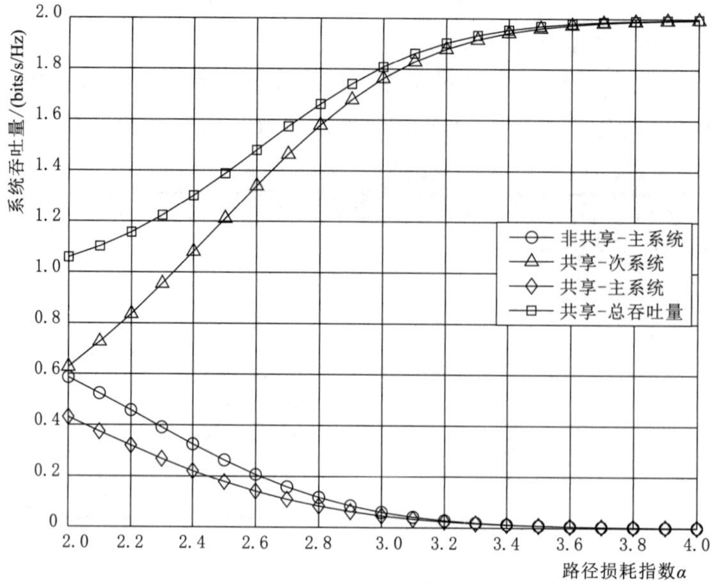

图 13.16　系统吞吐量与路径损耗指数 α 的关系

13.7　小结

本章提出了一种认知中继传输机制，主用户能够收集无线能量。在主系统进行 WET 时，两个次用户采用峰值功率协作传输次数据，它们所产生的干扰有助于帮助主用户收集更多的能量。在 WET 之后，主用户利用所收集的能量发送主数据给 AP，在主系统的干扰约束条件下，两个次用户采用受限功率发送次数据给接收端。数值结果显示，频谱共享机制在主系统干扰限制下，能够有效地满足次用户的传输需求。相比无频谱共享场景，主系统的吞吐量只是轻微降低甚至得到了提升，这是由于次用户的协作传输能够有效地提升主用户所收集到的能量值。

第 14 章 大规模认知网络能量收集协作频谱共享

14.1 概述

在某些 CRN 中，主系统拥有许可频谱但缺少能量，而次系统有足够的能量供应但是没有频谱资源。SUs 可以从主数据传输中获取射频能量并隐式地接入信道[45]。

本章考虑主次系统之间的资源互补和显式协调协作。SUs 可利用其能量传输和中继转发功能来提高主系统的通信性能，以换取频谱资源。主接入点（AP）具有连续的电源供应，而 PU 采用无线能量收集方式供电。在非协作场景下，每个 AP 通过前向链路将能量传输到 PU，每个 PU 使用收集到的能量通过反向链路将数据发送给 AP。由于距离较长导致严重的路径损耗，WET 的效率很低。

为了提高 EH 效率，在每个 PU 周围设置一个能量协作（EC）区域，选择距离 PU 最近的 ST 与 AP 一起传输射频能量。为了提高数据传输的鲁棒性，在主链路周围设置数据协作区域，选择到 AP 之间信道质量最好的潜在 ST 重传主数据。在 STs 的协助下，主系统吞吐量得以大幅提升。作为回报，主系统分配一部分不相交的带宽给次系统。在给定时间段内，用于 WET 的时间越多，PU 收集到的能量就越多，主数据传输时间就越少。能量收集量和数据传输能力之间存在一定的折中，因此需合理设置 WET 的持续时间。假设 PUs 和 SUs 在二维平面上服从独立的 HPPPs，采用随机几何理论分析了系统性能。在主系统性能约束下，通过最大化次系统的吞吐量，确定了最优的时间和带宽分配及次节点密度。

14.2 系统模型

在大规模 CRN 中，主系统中所有 AP 的位置和次系统中所有 ST 的位置服从两个独立的 HPPP，分别表示为 $\Pi_{\mathrm{p}}=\{x_i, i\in\mathbb{N}\}$ 和 $\Pi_{\mathrm{s}}=\{y_i, i\in\mathbb{N}\}$，密度分别为 λ_{p} 和 λ_{s}。主系统每个 AP 在距离 d_{p} 处拥有一个对应的 PU，次系统每个 ST 在距离 d_{s} 处拥有一个对应的 SR[45]。假设所有的 AP，ST，SR 具有持续的能量供应。PU 采用无线能量收集方式供电，从 AP 发射的信号中收集能量，并将能量储存在电池中，使用该能量完成反向链路的数据传输。

14.2.1 数据传输模型

图14.1显示了能量收集和信息传输的时间调度过程，其中数据传输阶段分为连续等长的时间块。引入参数τ，将每个归一化的时间块分成三个部分。对于每个传输时间块，在起初的τ时间内，AP通过下行链路传输无线能量给PU。PU利用所收集的能量，在接下来的$\frac{1-\tau}{2}$时间内，通过反向链路传输数据给AP。如图14.1所示第m个时间块，如果AP能够正确接收原始数据，PU在后面的$\frac{1-\tau}{2}$时间内继续传输一个数据分组给AP。如图14.1所示第n个时间块，如果AP不能成功接收原始数据，在最后的$\frac{1-\tau}{2}$时间内，需要重传该数据分组。AP采用MRC方式组合所接收到的原始信号和重传信号，采用相干检测方式解调所需数据。

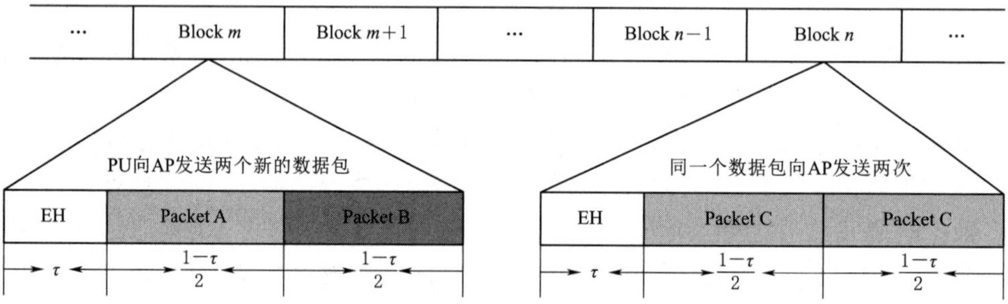

图14.1 能量收集和信息传输的时间调度过程

（数据传输过程分成等长的时间块。在每个时间块中，在起初的τ时间内，AP传输无线能量给PU，在接下来的$1-\tau$时间内，PU利用所收集的能量传输数据给AP。在第m个时间块中，成功传输了两个数据分组，在第n个时间块中，同一个数据分组被传输了两次）

图14.2为能量及数据协作传输模型，在每个PU的周围划设一个能量收集区域，半径为c_1。在能量收集区域中选择到PU最近的ST，在起初的τ时间内，所选择的ST和AP同时传输射频能量给PU，以提高PU收集能量的效率。如果在能量收集区域中不存在ST，AP在起初的τ时间内，独自传输无线能量给PU。如图14.2所示，在AP和PU连线的中间位置，划定一个协作区域，半径为c_0[26]。在每个时间块剩余的$1-\tau$时间内，协作区域中的ST会按照增量中继协议[2]帮助PU传输主数据给AP，提高主数据传输的可靠性。由于无线信道具有广播特性，协作区域中的ST能够侦听到PU广播的主数据，在该区域中，将能够正确解调主数据的ST划归为潜在ST。如果AP在初始传输过程中正确解调主数据，PU则在接下来的$\frac{1-\tau}{2}$时间内传输一个新的数据分组给AP。否则，选择一个到AP信道状况最好的潜在ST重传主数据。如果在协作区域中不存在潜在ST，PU需重传原始数据给AP。

在次用户的协助下，主系统的性能能够大幅提升，采用部分频谱$\beta\in(0, 1)$，即可满足主系统的传输需求。作为次用户协作的回报，剩余的$1-\beta$频带释放给次用户传输数据。如果能量收集区域的半径设定为0，即$c_1=0$，则所提协议变成了非协作WET和协作数

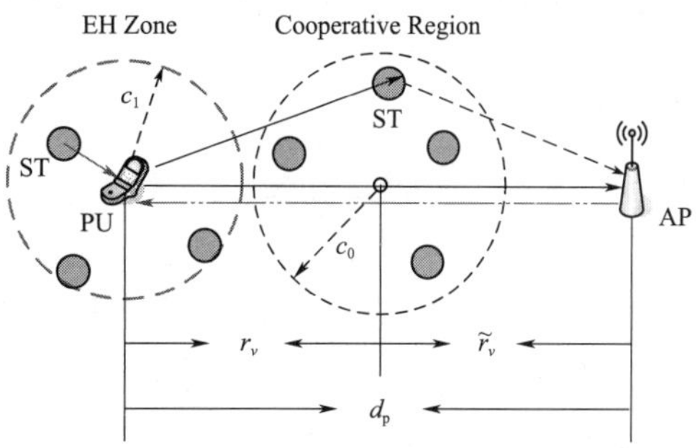

图 14.2 能量及数据协作传输模型（——►表示原始的数据传输，-·-·►表示可能的重传，- - -►表示无线能量传输链路）

据传输。如果协作区域的半径设置为 0，即 $c_0=0$，所提协议变成协作 WET 和非协作数据传输。如果能量收集区域和协作区域的半径都设置为 0，所提协议则变成了非协作 WET 和非协作数据传输。因此，所提协议具有普遍性，能够包含能量传输和数据传输的协作或非协作等几种特殊情况。

14.2.2 能量收集模型

在每个时间块的前面 τ 时间内，假设采用归一化的频带传输能量信号，PU 同时收集了无线信号和噪音的功率。对于每一个时间块内，当只存在 AP 传输无线能量时，PU 收集到的能量为

$$Q_o^{\mathrm{n}}=\eta\tau[p_{\mathrm{ep}}\min(1,d_{\mathrm{p}}^{-\alpha})+N_0] \tag{14.1}$$

式中：η 为能量收集的效率；p_{ep} 为 AP 能量传输功率，W；N_0 为噪声功率，W。

在能量收集模型中，忽略小尺度信道衰落，只考虑了大尺度路径损耗[45]。为了避免通信距离很近时路径损耗放大信号的效果，采用短距离传播模型建模路径损耗，以确保 PU 接收到有限的功率[63]。任意两个终端 u_1 和 u_2 之间的路径损耗建模为 $\ell_{u1,u2}^{-\alpha}$ 和 1 之间的最小值，其中 $\ell_{u1,u2}$ 表示终端之间的距离，$\alpha>2$ 表示路径损耗指数。在无线能量收集过程中，没有考虑来自其他 AP 的干扰信号，这是因为：①假设 AP 比较稀疏地分布于整个平面，因为任意两个链路之间的平均距离比较远，所以干扰信号会经历比较严重的路径损耗；②PU 的能量收集电路的敏感度要比信息接收机的敏感度低很多，在无线能量收集阶段可不考虑干扰的影响，但是在信息接收阶段需要考虑干扰。

因为 AP 和其对应的 PU 之间的距离比较远，AP 传输无线能量给 PU 的效率很低。由于 ST 具有充足的能量供应，可选择距离 PU 较近的 ST 来进行 WET，提高 PU 能量收集的效率。在 PU 周围设定一个 EH 区域，在该区域中选择距离 PU 最近的 ST 和 AP 一起传输无线能量给 PU。如果在 EH 区域中没有 ST，AP 则独自传输能量给 PU。所选最佳 ST 和典型 PU 之间的距离记为 r。考虑 ST 协作，PU 所收集的能量为

$$Q_o^{\mathrm{c}}=Q_o^{\mathrm{n}}+\eta\tau p_{\mathrm{es}}\min(1,r^{-\alpha}) \tag{14.2}$$

式中：p_{es} 为 EH 区域中所选 ST 的能量传输功率，W。当 $r<d_{\mathrm{p}}$ 时，ST 协助进行 WET 可以大幅提高 PU 所收集的能量。在 EH 区域中，所选 ST 与典型 PU 之间的距离为随机变量，服从如下分布[156]

$$f_R(r)=2\pi\lambda_{\mathrm{s}}r\exp(-\lambda_{\mathrm{s}}\pi r^2) \tag{14.3}$$

若在 EH 区域中存在 ST，随机变量 R 的取值范围是 $(0,\ c_1)$，若 EH 区域中没有 ST，R 的取值范围是 $(c_1,\ \infty)$。在 EH 区域中，ST 的平均个数为 $\lambda_{\mathrm{s}}\pi c_1^2$，ST 的密度越大，在 EH 区域中存在越多的 ST，选中一个进行 WET 的可能性越高。典型 PU 从 AP 和 ST 收集到的平均能量为 $\mathbb{E}[Q_o^{\mathrm{c}}]=Q_o^{\mathrm{n}}+\int_0^{c_1}\eta\tau p_{\mathrm{es}}\min(1,\ r^{-\alpha})f_R(r)\mathrm{d}r$，而 $\lim_{\lambda_{\mathrm{s}}\to\infty}\mathbb{E}[Q_o^{\mathrm{c}}]=Q_o^{\mathrm{n}}+$

$\eta\pi p_{es}$，意味着当 $\lambda_s \to \infty$ 时，几乎总是能够从 EH 区域中选择一个 ST 来协助 AP 传输无线能量。

14.3 PU 发射功率

对于每一个 AP $x \in \Pi_p$，所对应 PU 的可用发射功率表示为 $\tilde{p}_x$，电路功率消耗记为 p_c。给定发射功率 $\tilde{p}_x$，数据传输所需的能量为 $(\tilde{p}_x/\zeta + p_c)(1-\tau)$，其中 $\zeta \leqslant 1$ 表示功率放大器的效率。给定每个时间块中在起初 τ 时间内所收集的能量，PU 的可用发射功率为 $\tilde{p}_x = \zeta\left(\frac{Q_x}{1-r} - p_c\right)$，对于非协作 WET 有 $Q_x = Q_x^n$，对于协作 WET 有 $Q_x = Q_x^c$。

14.3.1 发射功率层级

为了分析方便，定义了一组有限数目的功率层级，每个 PU 的发射功率离散化为某个功率层级。每个 PU 的最大功率限制为 $\hat{p}$。给定 N 个功率层级，所定义的离散功率为 $p_0 = 0$，$p_1 = \frac{\hat{p}}{N}$，$p_2 = \frac{2\hat{p}}{N}$，…，$p_{N-1} = \frac{(N-1)\hat{p}}{N}$，$p_N = \hat{p}$。当功率层级变多时，离散的功率值会逐渐变得连续。在每个时间块中，在初始 τ 时间内所收集的能量只用于剩余 $1-\tau$ 时间内的数据传输，即要耗尽在每个时间块中收集的能量。如果 PU 的可用功率为 $\tilde{p}_x$，那么它实际的发射功率表示为 p_x：①如果 $\tilde{p}_x < p_1$，设置 $p_x = p_0$；②如果 $p_1 \leqslant \tilde{p}_x < p_N$，则有 $p_x = p_i$，$i = \left\lfloor \frac{\tilde{p}_x}{\hat{p}/N} \right\rfloor$，其中 $\lfloor a \rfloor$ 表示小于等于 a 的最大的整数；③如果 $\tilde{p}_x \geqslant p_N$，则有 $p_x = p_N$。

如果只有典型 AP $o \in \Pi_p$ 进行 WET，典型 PU 的可用能量为 Q_o^n，其允许的发射功率为 $\tilde{p}_o = \zeta\left(\frac{Q_o^n}{1-\tau} - p_c\right)$。如果 $\tilde{p}_o < p_1$，发射功率为 $p_o = p_0$，索引为 $t = 0$。如果 $p_1 \leqslant \tilde{p}_o < p_N$，发射功率为 $p_o = p_t$，索引为 $t = \left\lfloor \frac{\tilde{p}_o}{\hat{p}/N} \right\rfloor$。若 $\tilde{p}_o \geqslant p_N$，发射功率为 $p_o = p_N$，索引为 $t = N$。如果 AP 和所选 ST 联合传输无线能量，PU 所收集的能量总是不少于 AP 独自进行 WET 时所收集到的能量，即 $Q_o^c \geqslant Q_o^n$。由于在 EH 区域中所选择的 ST 与典型 PU 之间的距离是个随机变量，如果非协作 WET 时 PU 的功率级别索引为 t，那么可以估计在协作 WET 中 PU 采用某个功率层级的概率。对于协作 WET，选择功率级别索引低于 t 的概率为 0。特别地，如果 $t = N$，转移到其他功率级别的概率为 $\{0, \cdots, 1\}$，即以概率 1 保持在功率级别 p_N 上。

14.3.2 保持相同的功率级别

当 $p_t \leqslant \zeta\left(\frac{Q_o^n}{1-\tau} - p_c\right) < p_{t+1}$ 时为事件 $\mathscr{A}$。当 $t \in \{0, 1, \cdots, N-1\}$ 时，对于协作

WET，典型 PU 保持相同的功率级别 p_t 的概率为

$$\delta_{t,t}=\Pr\{\phi_{eo}=\varnothing\mid\mathscr{A}\}+\Pr\left\{p_t\leqslant\zeta\left(\frac{Q_o^c}{1-\tau}-p_c\right)<p_{t+1},\phi_{eo}\neq\varnothing\mid\mathscr{A}\right\}$$
$$=\Pr\{r>c_1\}+\Pr\{\min(1,r^{-\alpha})<\mu(p_{t+1}),r\leqslant c_1\} \tag{14.4}$$

$\mu(p_{t+1})=\dfrac{(p_{t+1}/\zeta+p_c)(1-\tau)-Q_o^n}{\eta\tau p_{es}}$；$\phi_{eo}$ 表示处于典型 PU 能量收集区域中的 ST 集合。如果在 EH 区域中没有 ST，即 $\phi_{eo}=\varnothing$，AP 独自进行 WET，因此 PU 保持在功率级别 p_t 上。如果在 EH 区域中能够选择出一个 ST 协助进行 WET，即 $\phi_{eo}\neq\varnothing$，PU 还是有可能保持在功率级别 p_t 上。

（1）如果 $\mu(p_{t+1})>1$：式（14.4）中概率推导为

$$\delta_{t,t}=\exp(-\lambda_s\pi c_1^2)+\Pr\{\min(1,r^{-\alpha})<\mu(p_{t+1}),r\leqslant c_1\mid\mu(p_{t+1})>1\}=1 \tag{14.5}$$

当 $\mu(p_{t+1})>1$ 时，ST 的协助并不能改变 PU 的功率层级。

（2）如果 $\mu(p_{t+1})\leqslant1$：依据 c_1 值的大小，式（14.4）中概率推导为

$$\delta_{t,t}=\exp(-\lambda_s\pi c_1^2)+\Pr\{\min(1,r^{-\alpha})<\mu(p_{t+1}),r\leqslant c_1\mid\mu(p_{t+1})\leqslant1\}$$
$$=\begin{cases}\exp(-\lambda_s\pi c_1^2), & c_1\leqslant[\mu(p_{t+1})]^{-\frac{1}{\alpha}}\\ \exp\{-\lambda_s\pi[\mu(p_{t+1})]^{-\frac{2}{\alpha}}\}, & c_1>[\mu(p_{t+1})]^{-\frac{1}{\alpha}}\end{cases} \tag{14.6}$$

观察到 $\lim_{\lambda_n\to\infty}\delta_{t,t}=0$，因为能量协作区域中有很多 ST，几乎总会找到距离 PU 最近的一个 ST 协助传输无线能量，并改变 PU 的能量层级。给定 ST 的密度 λ_s，有 $\lim_{c_1\to0}\delta_{t,t}=1$，因为在 EH 区域中几乎无法选出一个 ST 来协助传输无线能量以改变 PU 的功率层级。

14.3.3 跳转到最大功率层级

如果 $t\in\{0,1,\cdots,N-1\}$，当所选 ST 和 AP 联合进行 WET 时，基于事件 $\mathscr{A}$ 的发生，典型 PU 采用峰值功率层级 p_N 的概率为

$$\delta_{t,N}=\Pr\left\{\zeta\left(\frac{Q_o^c}{1-\tau}-p_c\right)\geqslant p_N\mid\mathscr{A}\right\}=\Pr\{\min(1,r^{-\alpha})\geqslant\mu(p_N),r\leqslant c_1\} \tag{14.7}$$

$\mu(p_N)=\dfrac{(p_N/\zeta+p_c)(1-\tau)-Q_o^n}{\eta\tau p_{es}}$。在上述分析中，考虑了 $r\leqslant c_1$，这是因为基于事件 $\mathscr{A}$ 的发生，如果在能量协作区域中没有 ST，典型 PU 不可能采用层级 p_N。

（1）当 $\mu(p_N)>1$ 时：式（14.7）为 0，尽管所选 ST 距离 PU 非常近，PU 所收集的能量仍然不够改变发射功率到 p_N。

（2）当 $\mu(p_N)\leqslant1$ 时：根据 c_1 值的不同，式（14.7）可以计算为

$$\delta_{t,N}=\Pr\{\min(1,r^{-\alpha})\geqslant\mu(p_N),r\leqslant c_1\mid\mu(p_N)\leqslant1\}$$
$$=\begin{cases}1-\exp(-\lambda_s\pi c_1^2) & c_1\leqslant[\mu(p_N)]^{-\frac{1}{\alpha}}\\ 1-\exp\{-\lambda_s\pi[\mu(p_N)]^{-\frac{2}{\alpha}}\} & c_1>[\mu(p_N)]^{-\frac{1}{\alpha}}\end{cases} \tag{14.8}$$

给定 c_1 的值，当 $\lambda_s \to \infty$ 时，概率 $\delta_{t,N}$ 趋近于 1。另一方面给定 λ_s 的值，当 $c_1 \to 0$ 时，概率趋近于 0，因为协作区域变得非常小，几乎没有 ST 能够协助 PT 传输无线能量。

14.3.4 跳转到其他功率层级

如果 $t \in \{0, 1, \cdots, N-2\}$，当 ST 和 AP 联合传输无线能量时，PU 采用功率级别 p_i，$i \in \{t+1, \cdots, N-1\}$ 的条件概率为

$$\begin{aligned}\delta_{t,i} &= \Pr\left\{p_i \leqslant \zeta\left(\frac{Q_o^{\mathrm{c}}}{1-\tau} - p_{\mathrm{c}}\right) < p_{i+1} \mid \mathscr{A}\right\} \\ &= \Pr\{\mu(p_i) \leqslant \min(1, r^{-\alpha}) < \mu(p_{i+1}), r \leqslant c_1\}\end{aligned} \tag{14.9}$$

其中

$$\mu(p_i) = \frac{(p_i/\zeta + p_{\mathrm{c}})(1-\tau) - Q_o^{\mathrm{n}}}{\eta\tau p_{\mathrm{es}}}$$

$$\mu(p_{i+1}) = \frac{(p_{i+1}/\zeta + p_{\mathrm{c}})(1-\tau) - Q_o^{\mathrm{n}}}{\eta\tau p_{\mathrm{es}}}$$

考虑 $r \leqslant c_1$，因为只有当 EH 区域中存在 ST 时，才能进行协作 WET，才能改变 PU 的功率层级。

（1）当 $\mu(p_i) > 1$ 时：式（14.9）的概率为 $\delta_{t,i} = 0$，这意味着在协作能量传输中，PU 的发射功率不能改变为 p_i。

（2）当 $\mu(p_i) < 1$ 且 $\mu(p_{i+1}) \leqslant 1$ 时：式（14.9）概率可以推导为

$$\delta_{t,i} = \Pr\{\mu(p_i) \leqslant \min(1, r^{-\alpha}) < \mu(p_{i+1}), r \leqslant c_1 \mid \mu(p_i) < 1, \mu(p_{i+1}) \leqslant 1\}$$

$$= \begin{cases} 0 & c_1 \leqslant [\mu(p_{i+1})]^{-\frac{1}{\alpha}} \\ \exp\{-\lambda_s \pi [\mu(p_{i+1})]^{-\frac{2}{\alpha}}\} - \exp(-\lambda_s \pi c_1^2) & [\mu(p_{i+1})]^{-\frac{1}{\alpha}} < c_1 \leqslant [\mu(p_i)]^{-\frac{1}{\alpha}} \\ \exp\{-\lambda_s \pi [\mu(p_{i+1})]^{-\frac{2}{\alpha}}\} - \exp\{-\lambda_s \pi [\mu(p_i)]^{-\frac{2}{\alpha}}\} & c_1 > [\mu(p_i)]^{-\frac{1}{\alpha}} \end{cases} \tag{14.10}$$

当 $\lambda_s \to \infty$ 时，跳转到功率层级 p_i 的概率趋向于 0。类似地，给定 λ_s 的值，随着 c_1 的增长，式（14.10）中的概率几乎等于 0。

（3）当 $\mu(p_i) \leqslant 1$ 且 $\mu(p_{i+1}) > 1$ 时：式（14.9）概率推导为

$$\delta_{t,i} = \Pr\{\mu(p_i) \leqslant \min(1, r^{-\alpha}) < \mu(p_{i+1}), r \leqslant c_1 \mid \mu(p_i) \leqslant 1, \mu(p_{i+1}) > 1\}$$

$$= \begin{cases} 1 - \exp(-\lambda_s \pi c_1^2) & c_1 \leqslant [\mu(p_i)]^{-\frac{1}{\alpha}} \\ 1 - \exp\{-\lambda_s \pi [\mu(p_i)]^{-\frac{2}{\alpha}}\} & c_1 > [\mu(p_i)]^{-\frac{1}{\alpha}} \end{cases} \tag{14.11}$$

当 $\lambda_s \to \infty$ 时，PU 采用功率层级 p_i 的概率几乎为 1。给定 λ_s 的值，随着 c_1 的降低，PU 采用功率层级 p_i 的概率趋向于 0。

14.4 优化问题和次系统性能

14.4.1 优化问题构建

在保证主系统的性能提高一定的比例的条件下，最大化次系统的区域吞吐量，优化问题构建如下：

$$\begin{cases}\max\limits_{\tau,\beta,\lambda_s} & \xi\lambda_s R_s P_{suc}^s \\ \text{s. t.} & \mathcal{Q}_{cop}\geqslant(1+\rho)\mathcal{Q}_{non}\end{cases} \tag{14.12}$$

式中：R_s、P_{suc}^s 为次链路的目标传输速率和成功概率，R_s 的单位为 bits/s/sHz。在 ST 协助进行无线能量和数据传输的情况下，主数据传输吞吐量记为 $\mathcal{Q}_{cop}$。对于非频谱共享单一主系统，主链路的最大吞吐量为 $\mathcal{Q}_{non}$。目标函数是最大化次系统的区域吞吐量，优化时间分配因子 τ，带宽分配因子 β 和 ST 密度 λ_s。作为限制，在 ST 协助下，主系统的吞吐量提升比例最少为 $\rho\geqslant0$。特别地，当 $\rho=0$ 时，主系统的吞吐量没有提升。

14.4.2 次系统成功概率

在每个时间块中，次数据传输占用 $1-\beta$ 带宽。假设所有的 SR 均知道能量信号，在起初的 τ 时间内，每个 SR 都能从接收到的信号中删除能量信号，然后解调所需的次数据。在每个时间块剩余的 $1-\tau$ 时间内，主次数据传输之间互不干扰，因为使用了不相交的频带。次系统使用 Aloha 类型的接入协议，按照媒体接入概率（MAP）ξ，每个 ST 可自主决定是否发射次数据。在整个平面上，所有活跃的 ST 形成密度为 $\xi\lambda_s$ 的同质泊松点过程 $\hat{\Pi}_s$。

为了分析次系统的性能，选择一个典型的 ST $o\in\hat{\Pi}_s$，其对应的 SR 放置于坐标原点。按照 Slivnyak 定理[92]，该假设不违反其他终端的位置分布。次数据传输可达速率表示为

$$C_s=(1-\beta)\log_2\left[1+\frac{p_{ds}|h_o|^2\min(1,d_s^{-\alpha})}{\mathcal{I}_s+(1-\beta)N_0}\right] \tag{14.13}$$

式中：p_{ds} 为次数据发射功率，W；N_0 为在归一化带宽上的噪音功率，W，因此在较窄的带宽上的噪音功率是 N_0 的一部分。典型 SR 所承受的累加干扰为

$$\mathcal{I}_s=\sum_{y\in\hat{\Pi}_s/\{o\}}p_{ds}|h_y|^2\min(1,\mathcal{I}_y^{-\alpha}) \tag{14.14}$$

除了所研究的典型链路，其他所有的次链路都会给典型链路带来干扰，这体现在累加干扰表达式中。次数据成功传输的概率为 $P_{suc}^s=\Pr\{C_s\geqslant R_s\}$，即

$$\begin{aligned}P_{suc}^s&=\Pr\left\{|h_o|^2\geqslant\frac{\theta_s[\mathcal{I}_s+(1-\beta)N_0]}{p_{ds}\min(1,d_s^{-\alpha})}\right\}\\&=\exp[-\mathcal{B}_s(1-\beta)N_0]\mathbb{E}[\exp(-\mathcal{B}_s\mathcal{I}_s)]\end{aligned} \tag{14.15}$$

其中

$$\theta_s=2^{R_s/(1-\beta)}-1$$

$$\mathscr{B}_s = \frac{\theta_s}{p_{ds}\min(1, d_s^{-\alpha})}$$

在上述推导中，考虑了小尺度功率衰落服从均值为 1 的指数分布。式（14.15）中的数学期望是对其他活跃 ST 的信道衰落和随机位置进行的。由于活跃 ST 的位置服从 HPPP，密度为 $\xi\lambda_s$，式（14.15）中关于数学期望的一项记为$\mathscr{J}_1 = \mathbb{E}[\exp(-\mathscr{B}_s \mathscr{I}_s)]$，即

$$\begin{aligned}\mathscr{J}_1 &= \mathbb{E}_{\hat{\Pi}_s}\left(\prod_{y\in\hat{\Pi}_s/\{o\}} \mathbb{E}_G\{\exp[-\mathscr{B}_s p_{ds} g \min(1, \mathscr{I}_y^{-\alpha})]\}\right) \\ &= \exp\left\{-2\pi\xi\lambda_s\int_0^\infty (1-\mathbb{E}_G\{\exp[-\mathscr{B}_s p_{ds} g\min(1, r^{-\alpha})]\})r\mathrm{d}r\right\} \\ &= \exp\left\{-2\pi\xi\lambda_s\int_0^\infty\int_0^\infty \{1-\exp[-\mathscr{B}_s p_{ds} g\min(1, r^{-\alpha})]\}r\mathrm{d}rf(g)\mathrm{d}g\right\}\end{aligned} \tag{14.16}$$

在推导过程中，考虑了信道衰落和位置分布的独立性，同时采用了 PPP 中的 PGFL[92]。信道衰落的 PDF 为 $f(g)=\exp(-g)$。参考文献［94］中的公式（4），进行一些数学操作后，可以推导出

$$\mathscr{J}_1 = \exp\left\{-\pi\xi\lambda_s(\mathscr{B}_s p_{ds})^{\frac{2}{\alpha}}\left[\frac{2\pi/\alpha}{\sin(2\pi/\alpha)} - \int_0^\infty g^{\frac{2}{\alpha}}\Gamma(1-2/\alpha, \mathscr{B}_s p_{ds} g)\exp(-g)\mathrm{d}g\right]\right\} \tag{14.17}$$

当 $a>0$ 时，上不完全伽马函数为 $\Gamma(a, x)=\int_x^\infty t^{a-1}e^{-t}\mathrm{d}t$ [64]。从式（14.17）中可以看出，对干扰项求数学期望的结果是带宽分配因子 β 的单调递减函数。但是，考虑到噪声的影响，成功概率 P_{suc}^s 随 β 的增长并不明确，虽然分配较少的频谱给次数据传输，不利于数据的成功传输，但是在较窄的频带上，加性噪声同时变小了，反而有利于数据的成功传输。随着次用户密度 λ_s 的增长，平面上具有较多的次链路，产生较多的干扰，因此数据成功传输概率变小，这可从式（14.16）中看出。

14.5 主系统吞吐量

在每个时间块起初的 τ 时间内，PU 收集射频能量，在之后的 $1-\tau$ 时间内，发送两个主数据分组，每个分组占用$\frac{1-\tau}{2}$的时间。由于主数据的传输速率固定为 R_p，每个数据分组的长度定义为$\frac{R_p}{2}$bits。如果在第一个$\frac{1-\tau}{2}$时间内，主数据成功传输给 AP，那么在第二个$\frac{1-\tau}{2}$时间内，PU 发送一个新的数据分组给 AP，该数据分组也能被 AP 成功接收，这是因为假设信道衰落在一个时间块内保持不变。如果在第一个$\frac{1-\tau}{2}$时间内，AP 错误接收了主数据分组，那么在接下来的$\frac{1-\tau}{2}$时间内，PU 或者所选 ST 需要重传该数据分组。

14.5.1 数据传输成功概率

分配给主数据传输的带宽为 β。将一个典型 AP $o\in\Pi_p$ 放置于坐标原点，其对应的

PU 通过反向链路传输数据给 AP。传输一个主数据分组的可达速率为

$$C_{p_1}=\frac{\beta(1-\tau)}{2}\log_2\left[1+\frac{p_o|h_o|^2\min(1,d_p^{-\alpha})}{\mathcal{I}_p+\beta N_0}\right] \tag{14.18}$$

式中：p_o 为典型 PU 在协作数据传输中的发射功率，W。该功率是从离散的功率层级 $\{p_t,\ \cdots,\ p_N\}$ 中选出来的一个。在典型 AP 端的累加干扰表示为

$$\mathcal{I}_p=\sum_{x\in\Pi_p/\{o\}}p_x|h_x|^2\min(1,\ell_x^{-\alpha}) \tag{14.19}$$

对于某个干扰源 $x\in\Pi_p/\{o\}$，其发射功率记为 p_x，该功率也是根据在起初 τ 时间内所收集的能量值从离散功率层级中选出。任意 $x\in\Pi_p/\{o\}$ 和典型 AP 之间的距离记为ℓ_x。能量收集阶段之后，在接下来的 $\frac{1-\tau}{2}$ 时间内，主数据传输的成功概率为 $P_{suc}^{p_1}=\Pr\{C_{p_1}\geqslant R_p/2\}$，即

$$\begin{aligned}P_{suc}^{p_1}&=\Pr\left\{|h_o|^2\geqslant\frac{\theta_p(\mathcal{I}_p+\beta N_0)}{p_o\min(1,d_p^{-\alpha})}\right\}\\&\overset{(a)}{=}\mathbb{E}\{\exp[-\mathcal{B}_p(p_o)\beta N_0]\exp[-\mathcal{B}_p(p_o)\mathcal{I}_p]\}\\&\overset{(b)}{=}\sum_{i=t}^{N}\delta_{t,i}\exp[-\mathcal{B}_p(p_i)\beta N_0]\mathbb{E}\{\exp[-\mathcal{B}_p(p_i)\mathcal{I}_p]\}\end{aligned} \tag{14.20}$$

其中

$$\theta_p=2^{\frac{R_p}{\beta(1-\tau)}}-1$$

$$\mathcal{B}_p(p_o)=\frac{\theta_p}{p_o\min\ (1,\ d_p^{-\alpha})}$$

步骤（a）中的数学期望是对典型 PU 的发射功率、干扰源的发射功率、干扰的信道衰落和干扰源的位置进行操作的。这四个随机变量是相互独立的，首先对 p_o 求数学期望，得到（b）步，其中数学期望是对其他三项随机变量进行的。给定典型 PU 的功率为 p_i，式（14.20）（b）步中数学期望项$\mathcal{J}_2=\mathbb{E}\{\exp[-\mathcal{B}_p(p_i)\ \mathcal{I}_p]\}$可以推导为

$$\mathcal{J}_2=\prod_{m=t}^{N}\exp\left(-\pi\delta_{t,m}\lambda_p[\mathcal{B}_p(p_i)p_m]^{\frac{2}{\alpha}}\left\{\frac{\frac{2\pi}{\alpha}}{\sin\left(\frac{2\pi}{\alpha}\right)}-\int_0^{\infty}g^{\frac{2}{\alpha}}\Gamma\left[1-\frac{2}{\alpha},\mathcal{B}_p(p_i)p_m g\right]\exp(-g)\mathrm{d}g\right\}\right) \tag{14.21}$$

把式（14.21）代入式（14.20），可以获得主数据成功传输的概率。随着 β 的增长，参数$\mathcal{B}_p(p_i)$ 变小，式（14.21）中的数学期望项变大。随着 β 的增长，式（14.20）$P_{suc}^{p_1}$ 的变化趋势不明显，这是因为噪声功率变强。成功概率随 λ_p 的增长而变小，活跃主链路的密度越高，引入的干扰越多，这对系统性能是有害的。

14.5.2 数据重传成功概率

如果在数据传输最初的$\frac{1-\tau}{2}$时间内，AP 没有成功解调主数据，PU 或者所选 ST 将

重传该数据分组给 AP。在协作区域中，只有能够正确接收主数据的 ST 会竞争重传主数据。在潜在 ST 中，选择到 AP 信道状态最好的 ST 重传主数据。

1. PU 进行重传

如果协作区域中不存在潜在 ST，PU 将重传数据给 AP，可达速率为

$$C_{\mathrm{p}_2}=\frac{1}{2}\frac{\beta(1-\tau)}{2}\log_2\left[1+\frac{2p_o|h_o|^2\min(1,d_{\mathrm{p}}^{-\alpha})}{\mathscr{I}_{\mathrm{p}}+\beta N_0}\right] \tag{14.22}$$

在 $\log_2(\cdot)$ 前乘以 1/2 是因为同一个数据分组传输了两次；SINR 前乘以 2，是因为原始数据和重传数据进行 MRC 相干检测。为了简化性能分析，不失准确性，假设在原始传输和重传阶段，干扰强度一样，主要有两个原因：①对于一个干扰链路，中继 ST 重传主数据的功率和 PU 的发射功率是一样的；②由于主链路稀疏分布于平面，链路之间的平均距离比较远，对于一个干扰 PU 和他的中继 ST，他们到典型 AP 的距离近似相等。在第一个数据传输阶段，在协作区域中，一个 ST z 接收主数据的可达速率为

$$C_{\mathrm{p}}^{z}=\frac{\beta(1-\tau)}{2}\log_2\left[1+\frac{p_o|h_{o,z}|^2\min(1,r_v^{-\alpha})}{\mathscr{I}_{\mathrm{p}}^{z}+\beta N_0}\right] \tag{14.23}$$

典型 PU 和协作 ST z 之间的距离记为 $r_v\leqslant d_{\mathrm{p}}$，如图 14.2 所示。在 ST z 端所承受的总干扰记为 $\mathscr{I}_{\mathrm{p}}^{z}$。PU 重传数据的成功概率计算为

$$P_{\mathrm{suc}}^{\mathrm{p}_2}=\sum_{k=0}^{\infty}\Pr\{|\Phi_o|=k\}\Pr\{C_{\mathrm{p}_1}<R_{\mathrm{p}}/2,C_{\mathrm{p}_2}\geqslant R_{\mathrm{p}}/4,\max_{z\in\Phi_o}C_{\mathrm{p}}^{z}<R_{\mathrm{p}}/2\} \tag{14.24}$$

式中：Φ_o 为位于典型 PU 协作区域中的 ST；$|\Phi_o|$ 为协作区域中 ST 的个数。因为 ST 在平面上的分布服从 PPP，在协作区域中 ST 的个数是离散随机变量，PDF 为 $\Pr\{|\Phi_o|=k\}=\frac{(\lambda_s\pi c_0^2)^k}{k!}\exp(-\lambda_s\pi c_0^2)$。有

$$\begin{aligned}P_{\mathrm{suc}}^{\mathrm{p}_2}=&\exp(-\lambda_s\pi c_0^2)\sum_{i=t}^{N}\delta_{t,i}\Big(\exp\left[-\frac{\mathscr{B}_{\mathrm{p}}(p_i)\beta N_0}{2}\right]\mathbb{E}\{\exp[-\mathscr{B}_{\mathrm{p}}(p_i)\mathscr{I}_{\mathrm{p}}/2]\}\\&-\exp[-\mathscr{B}_{\mathrm{p}}(p_i)\beta N_0]\mathbb{E}\{\exp[-\mathscr{B}_{\mathrm{p}}(p_i)\mathscr{I}_{\mathrm{p}}]\}\Big)\\&+\sum_{k=1}^{\infty}\frac{(\lambda_s\pi c_0^2)^k}{k!}\times\exp(-\lambda_s\pi c_0^2)\sum_{i=t}^{N}\delta_{t,i}\sum_{f=0}^{k}(-1)^f\binom{k}{f}\exp\left\{-\beta N_0\left[f\widetilde{\mathscr{B}}_{\mathrm{p}}(p_i)+\frac{\mathscr{B}_{\mathrm{p}}(p_i)}{2}\right]\right\}\\&+\left\{\varepsilon\left[\frac{\mathscr{B}_{\mathrm{p}}(p_i)}{2},f\right]-\exp[-\mathscr{B}_{\mathrm{p}}(p_i)\beta N_0/2]\varepsilon[\mathscr{B}_{\mathrm{p}}(p_i),f]\right\}\end{aligned} \tag{14.25}$$

数学期望运算可以按照式（14.21）获取，中间函数为

$$\begin{aligned}\varepsilon(\mathscr{B}_{\mathrm{p}}(p_i),f)=&\prod_{m=t}^{N}\exp\Big(-\pi\lambda_{\mathrm{p}}\delta_{t,m}\Big\{1-\frac{1}{[1+\mathscr{B}_{\mathrm{p}}(p_i)p_m][1+\widetilde{\mathscr{B}}_{\mathrm{p}}(p_i)p_m]^f}\\&+2\int_1^{\infty}\Big\{1-\frac{1}{[1+\mathscr{B}_{\mathrm{p}}(p_i)p_m\ell^{-\alpha}][1+\widetilde{\mathscr{B}}_{\mathrm{p}}(p_i)p_m\ell^{-\alpha}]^f}\Big\}\ell\mathrm{d}\ell\Big)\end{aligned} \tag{14.26}$$

证明式（14.25）：如果在协作区域中不存在 ST，即 $|\Phi_o|=0$，$P_{\mathrm{suc}}^{\mathrm{p}_2}$ 成功概率推导为

$$\begin{aligned}P_{\mathrm{suc}}^{\mathrm{p}_2}(|\Phi_o|=0)&=\Pr\left\{C_{\mathrm{p}_1}<\frac{R_{\mathrm{p}}}{2},C_{\mathrm{p2}}\geqslant\frac{R_{\mathrm{p}}}{4}\;\Big|\;|\Phi_o|=0\right\}\\&=\Pr\left\{\frac{\theta_{\mathrm{p}}(\mathscr{I}_{\mathrm{p}}+\beta N_0)}{2p_o\min(1,d_{\mathrm{p}}^{-\alpha})}\leqslant|h_o|^2<\frac{\theta_{\mathrm{p}}(\mathscr{I}_{\mathrm{p}}+\beta N_0)}{p_o\min(1,d_{\mathrm{p}}^{-\alpha})}\right\}\end{aligned}$$

$$=\mathbb{E}\left\{\exp\left[-\frac{\mathscr{B}_{\mathrm{p}}(p_o)\beta N_0}{2}\right]\exp\left[-\frac{\mathscr{B}_{\mathrm{p}}(p_o)\mathscr{I}_{\mathrm{p}}}{2}\right]\right\}$$
$$-\mathbb{E}\{\exp[-\mathscr{B}_{\mathrm{p}}(p_o)\beta N_0]\exp[-\mathscr{B}_{\mathrm{p}}(p_o)\mathscr{I}_{\mathrm{p}}]\} \tag{14.27}$$

数学期望是对典型 PU 发射功率和随机干扰进行的。数学期望项的闭合表达式可以按照式（14.21）来推导。如果协作区域中含有 $k>0$ 个 ST，PU 重传数据的成功概率为

$$P_{\mathrm{suc}}^{\mathrm{p}_2}(|\Phi_o|=k)=\Pr\left\{C_{\mathrm{p}_1}<\frac{R_{\mathrm{p}}}{2},\ C_{\mathrm{p}_2}\geqslant\frac{R_{\mathrm{p}}}{4},\ \max_{z\in\Phi_o}C_{\mathrm{p}}^{z}<\frac{R_{\mathrm{p}}}{2}\ \Big|\ |\Phi_o|=k\right\}$$
$$=\Pr\left\{\frac{\theta_{\mathrm{p}}(\mathscr{I}_{\mathrm{p}}+\beta N_0)}{2p_o\min(1,\ d_{\mathrm{p}}^{-\alpha})}\leqslant|h_o|^2<\frac{\theta_{\mathrm{p}}(\mathscr{I}_{\mathrm{p}}+\beta N_0)}{p_o\min(1,\ d_{\mathrm{p}}^{-\alpha})},\right.$$
$$\left.|h_{o,z}|^2<\frac{\theta_{\mathrm{p}}(\mathscr{I}_{\mathrm{p}}^{z}+\beta N_0)}{p_o\min(1,\ r_v^{-\alpha})},\ \forall z\in\Phi_o\right\}$$
$$=\sum_{i=t}^{N}\delta_{t,i}\mathbb{E}_{\Pi_{\mathrm{p}},P_x}\{\{\exp(-\mathscr{B}_{\mathrm{p}}(p_i)\beta N_0/2)\mathbb{E}_G[\exp(-\mathscr{B}_{\mathrm{p}}(p_i)\mathscr{I}_{\mathrm{p}}/2)]$$
$$-\exp(-\mathscr{B}_{\mathrm{p}}(p_i)\beta N_0)\mathbb{E}_G[\exp(-\mathscr{B}_{\mathrm{p}}(p_i)\mathscr{I}_{\mathrm{p}})]\}$$
$$\times\prod_{n=1}^{k}\{1-\exp(-\widetilde{\mathscr{B}}_{\mathrm{p}}(p_i)\beta N_0)\mathbb{E}_G[\exp(-\widetilde{\mathscr{B}}_{\mathrm{p}}(p_i)\mathscr{I}_{\mathrm{p}}^{z})]\}\} \tag{14.28}$$

其中

$$\widetilde{\mathscr{B}}_{\mathrm{p}}(p_i)=\frac{\theta_{\mathrm{p}}}{p_i\min(1,\ r_v^{-\alpha})}$$

在上述推导中，首先对发射功率 p_o 求数学期望，然后对位置分布点程Π_{p}，干扰源发射功率 P_x 和信道衰落 G 求数学期望。由于任意两个终端之间的信道衰落是相互独立的，其数学期望可以放在表达式最里层。对信道衰落求数学期望，可以得到

$$\mathbb{E}_G[\exp(-\mathscr{B}_{\mathrm{p}}(p_i)\mathscr{I}_{\mathrm{p}})]=\prod_{x\in\Pi_{\mathrm{p}}/\{o\}}\frac{1}{1+\mathscr{B}_{\mathrm{p}}(p_i)p_x\min(1,\ell_x^{-\alpha})} \tag{14.29}$$

类似地，可以推导出式（14.28）中其他的两个针对信道衰落的数学期望。为了简化分析，假设每个协作 ST 的位置和其 AP 的位置是一样的。把上述关于信道衰落数学期望的结果代入式（14.28），经过一些数学运算，可以获得如下成功概率，即

$$P_{\mathrm{suc}}^{\mathrm{p}_2}(|\Phi_o|=k)=\sum_{i=t}^{N}\delta_{t,i}\mathbb{E}_{\Pi_{\mathrm{p}},P_x}\left\{\left[\exp\left(-\frac{\mathscr{B}_{\mathrm{p}}(p_i)\beta N_0}{2}\right)\prod_{x\in\Pi_{\mathrm{p}}/\{o\}}\frac{1}{1+\dfrac{\mathscr{B}_{\mathrm{p}}(p_i)p_x\min(1,\ \ell_x^{-\alpha})}{2}}\right.\right.$$
$$\left.-\exp(-\mathscr{B}_{\mathrm{p}}(p_i)\beta N_0)\prod_{x\in\Pi_{\mathrm{p}}/\{o\}}\frac{1}{1+\mathscr{B}_{\mathrm{p}}(p_i)p_x\min(1,\ \ell_x^{-\alpha})}\right]$$
$$\left.\times\sum_{f=0}^{k}(-1)^f\binom{k}{f}\exp(-f\widetilde{\mathscr{B}}_{\mathrm{p}}(p_i)\beta N_0)\prod_{x\in\Pi_{\mathrm{p}}/\{o\}}\frac{1}{[1+\widetilde{\mathscr{B}}_{\mathrm{p}}(p_i)p_x\min(1,\ \ell_x^{-\alpha})]^f}\right\}$$
$$\tag{14.30}$$

在推导过程中采用了二项展开。式（14.30）中包含两个类似项，研究如下：

$$\varepsilon(\mathscr{B}_{\mathrm{p}}(p_i),\ f)=\mathbb{E}_{\Pi_{\mathrm{p}},\ P_x}\left\{\prod_{x\in\Pi_{\mathrm{p}}/\{o\}}\frac{1}{1+\mathscr{B}_{\mathrm{p}}(p_i)p_x\min(1,\ \ell_x^{-\alpha})}\frac{1}{[1+\widetilde{\mathscr{B}}_{\mathrm{p}}(p_i)p_x\min(1,\ \ell_x^{-\alpha})]^f}\right\}$$
$$=\prod_{m=t}^{N}\exp\left\{-\pi\lambda_{\mathrm{p}}\delta_{t,\ m}\left[1-\frac{1}{(1+\mathscr{B}_{\mathrm{p}}(p_i)p_m)(1+\widetilde{\mathscr{B}}_{\mathrm{p}}(p_i)p_m)^f}\right]\right\}$$
$$\times\exp\left\{-2\pi\lambda_{\mathrm{p}}\delta_{t,\ m}\int_1^{\infty}\left[1-\frac{1}{(1+\mathscr{B}_{\mathrm{p}}(p_i)p_m\ell^{-\alpha})(1+\widetilde{\mathscr{B}}_{\mathrm{p}}(p_i)p_m\ell^{-\alpha})^f}\right]\ell\mathrm{d}\ell\right\}\tag{14.31}$$

推导中采用了 PGFL，并且发射功率和点过程是相互独立性的。积分是在区间（0，1]和（1，∞）上分别进行的。最终的结果可以采用数值方法在一维积分上计算。把式（14.31）代入式（14.30），可以获得

$$P_{\mathrm{suc}}^{\mathrm{p}_2}(|\Phi_o|=k)=\sum_{i=t}^{N}\delta_{t,i}\sum_{f=0}^{k}(-1)^f\binom{k}{f}\exp\left[-\beta N_0\left(f\widetilde{\mathscr{B}}_{\mathrm{p}}(p_i)+\frac{\mathscr{B}_{\mathrm{p}}(p_i)}{2}\right)\right]$$
$$\times\left[\varepsilon\left(\frac{\mathscr{B}_{\mathrm{p}}(p_i)}{2},f\right)-\exp\left(-\frac{\mathscr{B}_{\mathrm{p}}(p_i)\beta N_0}{2}\right)\varepsilon(\mathscr{B}_{\mathrm{p}}(p_i),f)\right]\tag{14.32}$$

考虑概率 $\Pr\{|\Phi_o|=k\}$，把式（14.27）和式（14.32）代入式（14.24）中，可以推导出式（14.25）的结果。

2. ST 进行重传

当在协作区域中至少存在一个能够正确译码主数据的 ST 时，则选择一个最佳的 ST 重传主数据，可达速率为

$$C_{\mathrm{p}_3}=\frac{1}{2}\frac{\beta(1-\tau)}{2}\log_2\left[1+\frac{p_o|h_o|^2\min(1,d_{\mathrm{p}}^{-\alpha})}{\mathscr{I}_{\mathrm{p}}+\beta N_0}+\frac{\max_{z\in\mathscr{D}_o}p_o|h_z|^2\min(1,\tilde{r}_v^{-\alpha})}{\mathscr{I}_{\mathrm{p}}+\beta N_0}\right]\tag{14.33}$$

式中：$\mathscr{D}_o$ 为典型 PU 协作区域中能够译码主数据的 ST 的集合；SNR 的值给出考虑了 MRC 解调。在协作区域中，选择能够正确译码主数据，且到 AP 信道状态最好的 ST 重传主数据。假设所选 ST 的发射功率与 PU 在原始传输过程中的功率是一样的。当原始传输失败时，由 ST 进行重传的成功概率为

$$P_{\mathrm{suc}}^{\mathrm{p}_3}=\sum_{w=1}^{\infty}\Pr\{|\Phi_o|=w\}\sum_{k=1}^{w}\Pr\left\{C_{\mathrm{p}_1}<\frac{R_{\mathrm{p}}}{2},C_{\mathrm{p}_3}\geqslant\frac{R_{\mathrm{p}}}{4},|\mathscr{D}_o|=k\right\}$$
$$=\sum_{w=1}^{\infty}\Pr\{|\Phi_o|=w\}\sum_{k=1}^{w}\left[\underbrace{\Pr\left\{C_{\mathrm{p}_1}<\frac{R_{\mathrm{p}}}{2},|\mathscr{D}_o|=k\right\}}_{\mathscr{G}_1}\right.$$
$$\left.\underbrace{-\Pr\left\{C_{\mathrm{p}_1}<\frac{R_{\mathrm{p}}}{2},C_{\mathrm{p}_3}<\frac{R_{\mathrm{p}}}{4},|\mathscr{D}_o|=k\right\}}_{\mathscr{G}_2}\right]\tag{14.34}$$

式（14.34）中第一个概率计算为

$$\mathscr{G}_1=\binom{w}{k}\mathbb{E}\{[1-\exp(-\mathscr{B}_{\mathrm{p}}(p_o)\beta N_0)\exp(-\mathscr{B}_{\mathrm{p}}(p_o)\mathscr{I}_{\mathrm{p}})]\times\exp(-k\widetilde{\mathscr{B}}_{\mathrm{p}}(p_o)\beta N_0)$$
$$\exp(-k\widetilde{\mathscr{B}}_{\mathrm{p}}(p_o)\mathscr{I}_{\mathrm{p}}^z)\times[1-\exp(-\widetilde{\mathscr{B}}_{\mathrm{p}}(p_o)\beta N_0)\exp(-\widetilde{\mathscr{B}}_{\mathrm{p}}(p_o)\mathscr{I}_{\mathrm{p}}^z)]^{w-k}\}\tag{14.35}$$

利用二项展开，并对典型 PU 的功率级别、干扰源信道衰落、干扰源发射功率、及干扰源位置求数学期望，可以推导出

$$\mathcal{G}_1=\binom{w}{k}\sum_{i=t}^{N}\delta_{t,i}\exp(-k\widetilde{\mathcal{B}}_{\mathrm{p}}(p_i)\beta N_0)\sum_{f=0}^{w-k}\binom{w-k}{f}(-1)^f\exp(-f\widetilde{\mathcal{B}}_{\mathrm{p}}(p_i)\beta N_0)$$
$$\times\{\mathbb{E}[\exp(-(k+f)\widetilde{\mathcal{B}}_{\mathrm{p}}(p_i)\mathcal{I}_{\mathrm{p}}^{z})]-\exp(-\mathcal{B}_{\mathrm{p}}(p_i)\beta N_0)$$
$$\times\mathbb{E}[\exp(-\mathcal{B}_{\mathrm{p}}(p_i)\mathcal{I}_{\mathrm{p}})\exp(-(k+f)\widetilde{\mathcal{B}}_{\mathrm{p}}(p_i)\mathcal{I}_{\mathrm{p}}^{z})]\}\tag{14.36}$$

假设协作 ST 的位置在原点处，第一项数学期望可以按照式（14.21）得到。式（14.36）第二项可以推导为

$$\mathbb{E}[\exp(-\mathcal{B}_{\mathrm{p}}(p_i)\mathcal{I}_{\mathrm{p}})\exp(-(k+f)\widetilde{\mathcal{B}}_{\mathrm{p}}(p_i)\mathcal{I}_{\mathrm{p}}^{z})]$$
$$=\prod_{m=t}^{N}\exp\Big(-\pi\lambda_{\mathrm{p}}\delta_{t,m}\{1-\frac{1}{(1+\mathcal{B}_{\mathrm{p}}(p_i)p_m)}\frac{1}{(1+(k+f)\widetilde{\mathcal{B}}_{\mathrm{p}}(p_i)p_m)}$$
$$+2\int_1^{\infty}\left[1-\frac{1}{(1+\mathcal{B}_{\mathrm{p}}(p_i)p_m l^{-\alpha})(1+(k+f)\widetilde{\mathcal{B}}_{\mathrm{p}}(p_i)p_m l^{-\alpha})}\right]l\mathrm{d}l\}\Big)\tag{14.37}$$

至此，已经推导了式（14.34）的第一个概率。采用二项展开，式（14.34）第二个概率可以推导如下：

$$\mathcal{G}_2=\binom{w}{k}\sum_{i=t}^{N}\delta_{t,i}\sum_{j=0}^{w-k}\binom{w-k}{j}(-1)^j\exp[-(k+j)\widetilde{\mathcal{B}}_{\mathrm{p}}(p_i)\beta N_0]\sum_{f=0}^{k}\binom{k}{f}(-1)^f\frac{1}{\mathcal{H}}$$
$$\times\exp(-f\hat{\mathcal{B}}_{\mathrm{p}}(p_i)\beta N_0)\{\mathbb{E}\{\exp[-f\hat{\mathcal{B}}_{\mathrm{p}}(p_i)\mathcal{I}_{\mathrm{p}}]\exp[-(k+j)\widetilde{\mathcal{B}}_{\mathrm{p}}(p_i)\mathcal{I}_{\mathrm{p}}^{z}]\}$$
$$-\exp[-\mathcal{H}\mathcal{B}_{\mathrm{p}}(p_i)\beta N_0]\mathbb{E}(\exp\{-[f\hat{\mathcal{B}}_{\mathrm{p}}(p_i)+\mathcal{H}\mathcal{B}_{\mathrm{p}}(p_i)]\mathcal{I}_{\mathrm{p}}\}\times\exp[-(k+j)\widetilde{\mathcal{B}}_{\mathrm{p}}(p_i)\mathcal{I}_{\mathrm{p}}^{z}])\}\tag{14.38}$$

其中

$$\hat{\mathcal{B}}_{\mathrm{p}}(p_o)=\frac{\theta_{\mathrm{p}}}{p_o\min(1,\ \tilde{r}_v^{-\alpha})}$$
$$\mathcal{H}=1-\frac{f\min(1,\ d_{\mathrm{p}}^{-\alpha})}{\min(1,\ \tilde{r}_v^{-\alpha})}$$

式（14.38）中的数学期望项可按式（14.37）推导。当 $\min(1,\tilde{r}_v^{-\alpha})\neq f\min(1,\ d_{\mathrm{p}}^{-\alpha})$ 时，式（14.38）的结果是恰当的。否则，在计算过程中，近似设置 $\min(1,\tilde{r}_v^{-\alpha})-f\min(1,\ d_{\mathrm{p}}^{-\alpha})=10^{-4}$。

14.5.3 主系统吞吐量

基于主数据传输的成功概率，主系统的吞吐量定义为

$$\mathcal{Q}_{\mathrm{cop}}=R_{\mathrm{p}}(P_{\mathrm{suc}}^{p_1}+P_{\mathrm{suc}}^{p_2}/2+P_{\mathrm{suc}}^{p_3}/2)\tag{14.39}$$

概率 $P_{\mathrm{suc}}^{p_2}$ 和 $P_{\mathrm{suc}}^{p_3}$ 的前置因子 1/2 是由于只传输了一个数据分组。对于非频谱共享单一主系统，最大吞吐量为

$$\mathcal{Q}_{\text{non}}=\max_{\tau}\{R_{\text{p}}(\widetilde{P}_{\text{suc}}^{p_1}+\widetilde{P}_{\text{suc}}^{p_2}/2)\} \tag{14.40}$$

主数据传输和重传的成功概率分别记为 $\widetilde{P}_{\text{suc}}^{p_1}$ 和 $\widetilde{P}_{\text{suc}}^{p_2}$；主数据初始传输成功概率为 $\widetilde{P}_{\text{suc}}^{p_1}=\exp(-\mathcal{B}_{\text{p}}(p_t)N_0)\mathbb{E}[-\mathcal{B}_{\text{p}}(p_t)\mathcal{I}_{\text{p}}]$。通过设置 $\beta=1$ 和发射功率为 p_t，数学期望项可以按照式（14.21）获得。当原始数据传输失败后，PU 以非协作方式重传主数据给 AP。有概率 $\widetilde{P}_{\text{suc}}^{\text{p}_2}=\Pr\{C_{\text{p}_1}<R_{\text{p}}/2,\ C_{\text{p}_2}\geqslant R_{\text{p}}/4\}$，即

$$\begin{aligned}\widetilde{P}_{\text{suc}}^{\text{p}_2}=&\exp(-\mathcal{B}_{\text{p}}(p_t)N_0/2)\mathbb{E}[\exp(-\mathcal{B}_{\text{p}}(p_t)\mathcal{I}_{\text{p}}/2)]\\&-\exp(-\mathcal{B}_{\text{p}}(p_t)N_0)\mathbb{E}[\exp(-\mathcal{B}_{\text{p}}(p_t)\mathcal{I}_{\text{p}})]\end{aligned} \tag{14.41}$$

令 $\beta=1$，即发射功率为 p_t，W；数学期望项可按照式（14.21）获得。基于式（14.40），通过优化能量收集时间 τ，可以得到非频谱共享单一主系统的最大吞吐量 Q_{non}。

14.6 优化问题求解

通过解决优化问题式（14.12），将确定最优的时间和带宽分配，同时确定最优的 ST 密度。随着 λ_{s} 的增长，次数据成功传输的概率变小，但是在平面上存在较多的活跃次链路，这两个矛盾因素影响次系统的吞吐量。式（14.12）的目标函数记为 $\mathcal{F}(\tau,\ \beta,\ \lambda_{\text{s}})$。通过设置 $\mathcal{F}(\tau,\ \beta,\ \lambda_{\text{s}})$ 对 λ_{s} 的偏导为 0，可以获得能够最大化次系统区域吞吐量的关键 ST 密度，即

$$\lambda_{\text{s}}^{\dagger}(\beta)=\frac{1}{\pi\xi(\mathcal{B}_{\text{s}}p_{\text{ds}})^{2/\alpha}}\frac{1}{\dfrac{2\pi/\alpha}{\sin(2\pi/\alpha)}-\displaystyle\int_0^{\infty}g^{\frac{2}{\alpha}}\Gamma\left(1-\frac{2}{\alpha},\mathcal{B}_{\text{s}}p_{\text{ds}}g\right)\exp(-g)\mathrm{d}g} \tag{14.42}$$

该关键 ST 密度是与带宽分配因子 β 相关的。随着 β 的增长，$\theta_{\text{s}}=2^{R_{\text{s}}/(1-\beta)}-1$ 变大，因此 $\lambda_{\text{s}}^{\dagger}(\beta)$ 变小。图 14.3 所示次系统区域吞吐量与次用户密度 λ_{s} 的关系，随着 λ_{s} 的增长，次系统的区域吞吐量首先增长到最优值，然后减小。给定带宽分配因子 β，所获得关键密度 $\lambda_{\text{s}}^{\dagger}(\beta)$ 是最优的。

图 14.3 的参数设置为 $\alpha=3$，$d_{\text{s}}=3\text{m}$，$p_{\text{ds}}=30\text{dBm}$，$\xi=0.8$，$N_0=-90\text{dBm}$。最优值表示式（14.12）最优的目标函数，该曲线是按照式（14.42）的值所绘出的，平面上的 ST 越多，就有越多的机会进行协作无线能量传输和数据传输，这有利于提升主系统的性能。因此，随着 ST 密度 λ_{s} 的增长，主系统的吞吐量是单调递增的，这可以从图 14.4 中看出。给定 τ 和 β 的值，满足优化问题式（14.12）约束条件的关键 ST 密度为 $\lambda_{\text{s}}^{\ddagger}(\tau,\ \beta)$，这可以通过 $\mathcal{Q}_{\text{cop}}=(1-\rho)\mathcal{Q}_{\text{non}}$ 得出。由于主系统吞吐量表达式比较复杂，该关键 ST 密度可以采用数值搜索获得。

给定 τ 和 β 的值，如果 $\lambda_{\text{s}}^{\dagger}(\beta)\geqslant\lambda_{\text{s}}^{\ddagger}(\tau,\ \beta)$，最优的 ST 密度为 $\lambda_{\text{s}}^{*}(\tau,\ \beta)=\lambda_{\text{s}}^{\dagger}(\beta)$。如果 $\lambda_{\text{s}}^{\dagger}(\beta)<\lambda_{\text{s}}^{\ddagger}(\tau,\ \beta)$，最优的 ST 密度为 $\lambda_{\text{s}}^{*}(\tau,\ \beta)=\lambda_{\text{s}}^{\ddagger}(\tau,\ \beta)$。因此，给定 τ 和 β，最优的 ST 密度可以确定为 $\lambda_{\text{s}}^{\dagger}(\beta)$ 或 $\lambda_{\text{s}}^{\ddagger}(\tau,\ \beta)$。最优的目标函数为 $\mathcal{F}(\tau,\ \beta,\ \lambda_{\text{s}}^{*}(\tau,\ \beta))$。优化问题式（14.12）的目标函数中包含了带宽分配因子 β，但是没有包含时间分配因子 τ，但是约束条件中包含了 β 和 τ。为了找到全局最优解，采用数值方法在区间（0，1）上搜索 β 和 τ 的最优值，图 14.4 显示了确定协作频谱共享的资源分配中的算法Ⅰ。

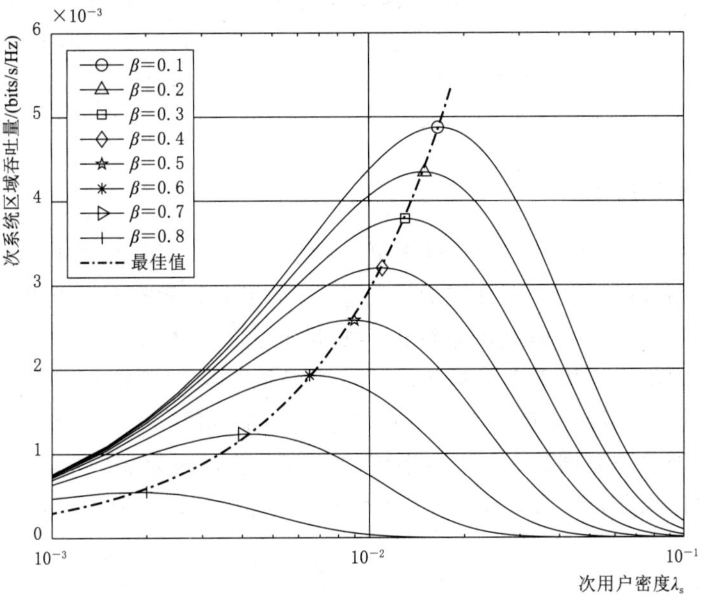

图 14.3 次系统区域吞量与次用户密度 λ_s 的关系

算法 I：协作频谱共享的资源分配

初始化次区域吞吐量为：$Q_s = \text{zeros}(\mathscr{L}_\beta, \mathscr{L}_\tau)$；
$\mathscr{L}_\beta$和$\mathscr{L}_\tau$分别表示β和τ的点数；
初始化β和τ的索引分别为$i_\beta = 0$和$i_\tau = 0$；
for $\beta = \Delta\beta : \Delta\beta : 1 - \Delta\beta$
    $i_\beta = i_\beta + 1$；
    用公式（14-36）计算$\lambda_s^\dagger(\beta)$；
    for $\tau = \Delta\tau : \Delta\tau : 1 - \Delta\tau$
        $i_\tau = i_\tau + 1$；
        通过解等式$Q_{cop} = (1-\rho)Q_{non}$确定$\lambda_s^\ddagger(\tau, \beta)$；
        $\lambda_s^*(\tau, \beta) = \max\{\lambda_s^\dagger(\beta), \lambda_s^\ddagger(\beta)\}$；
        $Q_s(i_\beta, i_\tau) = \mathscr{F}(\tau, \beta, \lambda_s^*(\tau, \beta))$；
    end
end
最优的资源分配为$(\beta^*, \tau^*) = \arg\max Q_s$；
最优的ST的密度为$\lambda_s^* = \max\{\lambda_s^\dagger(\beta), \lambda_s^\ddagger(\tau^*, \beta^*)\}$；
次系统最大的区域吞吐量为最大的Q_s。

图 14.4 确定协作频谱共享的资源分配中的算法 I

14.7 数值和仿真结果

在仿真过程中，假设整个随机网络是圆形的，半径为$\sqrt{10} \times 10^2$m。单位带宽上的噪声功率为 $N_0 = -90$dBm，电路功率消耗为 $p_c = 0$dBm，PU 最大发射功率为 $\hat{p} = 10$dBm，次数据发射功率 $p_{ds} = 30$dBm。AP 和 ST 传输无线能量时的发射功率分别为$p_{ep} = 45$dBm，$p_{es} = 30$dBm。除非特别说明，路径损耗指数为 $\alpha = 3$，主数据的传输速率为 $R_p = 1$bits/s/Hz，

协作区域半径为 $c_0=2\text{m}$，能量收集区域的半径为 $c_1=2\text{m}$，离散功率层级为 $N=50$，AP 密度为 $\lambda_p=10^{-3}$，ST 密度为 $\lambda_s=0.1$，任意 AP 和其对应 PU 之间的距离为 $d_p=15\text{m}$，任意 ST 与其对应 SR 之间的距离为 $d_s=2\text{m}$。能量收集效率为 $\eta=0.8$，功率放大器的效率为 $\zeta=0.8$，ST 媒体接入概率 $\xi=0.8$。

14.7.1 主系统吞吐量

图 14.5 显示了主系统吞吐量与 ST 密度 λ_s 的关系。EH 时间因子 τ 是通过最大化非频谱共享单一主系统的吞吐量而确定的。随着 λ_s 的增长，更容易选择出一个 ST 来进行协作无线能量和数据传输，因此主系统的吞吐量变大。随着 β 的增长，主系统吞吐量变大，这是因为更多的频带用于主数据传输，更容易满足数据传输速率 R_p。通过设置 $\beta=1$，非频谱共享单一主系统的最大吞吐量在图中是一条直线。当 ST 密度较低时，协作频谱共享的性能甚至比非频谱共享单一主系统的性能更差，因为部分带宽分配给了次系统。数值结果和仿真结果非常吻合，验证了在 14.5 节所分析理论结果的正确性。

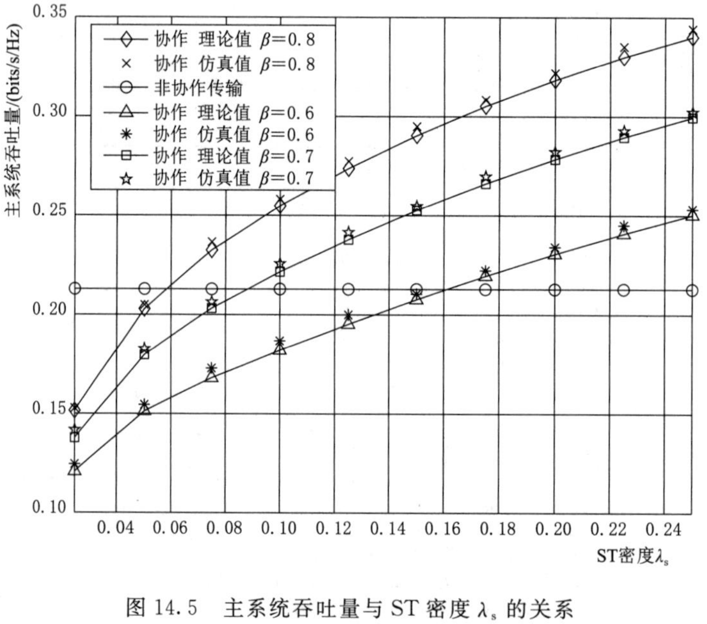

图 14.5 主系统吞吐量与 ST 密度 λ_s 的关系

图 14.6 显示了主系统吞吐量与主系统传输速率 R_p 的关系。随着 R_p 的增长，吞吐量先变大后变小。在 R_p 较低的区域，数据成功传输的概率随着 R_p 的增长而变小，但一旦数据分组成功传输，更多的信息能够一次发送成功。后面的因素比前面的因素产生更多的影响，所以系统吞吐量变大。达到最大吞吐量后，随着 R_p 的进一步增长，系统性能变差。随着能量传输功率的增加，系统性能变好，因为 PU 能够收集到更多的能量用于数据传输。相比非频谱共享单一主系统，在传输速率较高的区域，ST 协助进行无线能量和数据传输能够大幅提高主系统的吞吐量。

图 14.7 显示了主系统吞吐量与 AP 的能量传输功率 p_{ep} 的关系。随着能量传输功率的提高，主系统吞吐量变大，因为 PU 能够收集更多的能量，采用更高的功率层级传输主

数据。协作频谱共享机制大幅优于非频谱共享单一主系统，因为ST协作能够大幅提高WET的效率和数据传输的鲁棒性。系统性能随着AP和PU距离的延长而变差，因为信道的平均质量变差。理论分析结果和仿真结果吻合良好。

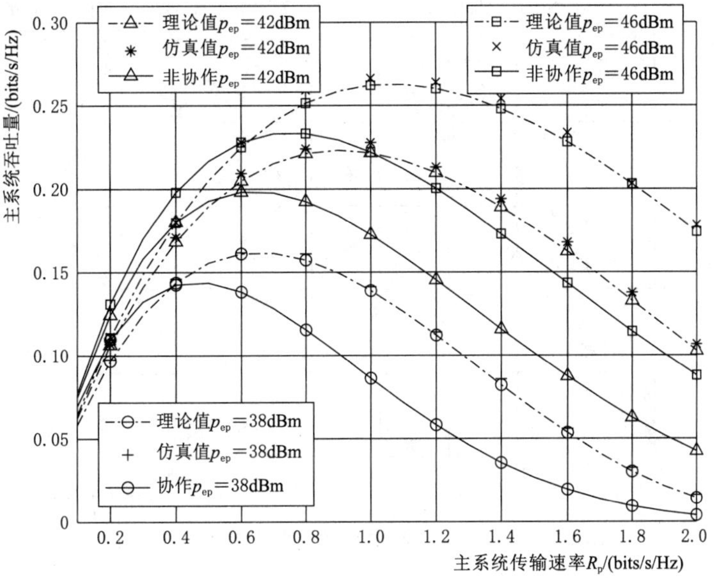

图 14.6 主系统吞吐量与主系统传输速率 R_p 的关系

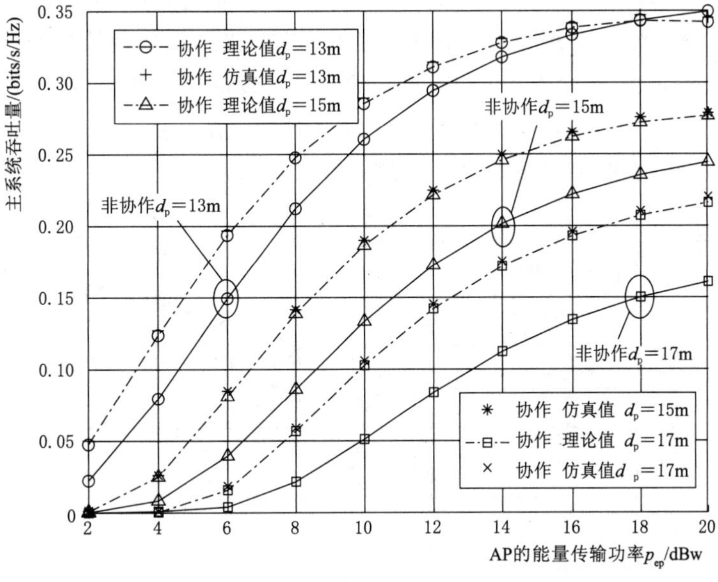

图 14.7 主系统吞吐量与 AP 的能量传输功率 p_{ep} 的关系

图14.8显示了主系统吞吐量与路径损耗指数 α 的关系。随着 α 的增长，吞吐量性能先变好后变差。在 α 较低的区域，信号衰减少于总干扰的衰减，因此数据成功传输的概率变大，使得吞吐量变大。当路径损耗指数大于最优的 α 时，系统吞吐量变小，因为有用信号比总干扰衰减的更多。较大的能量传输功率有利于提高系统的吞吐量，协作系统优于非

协作系统。

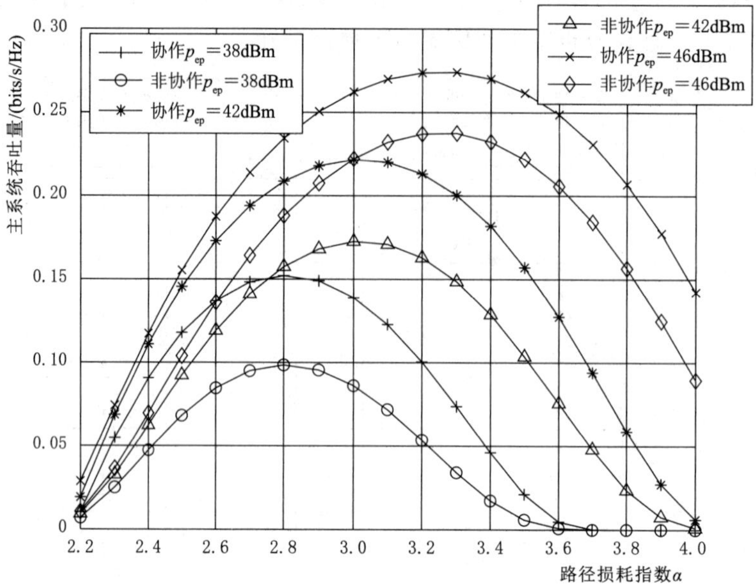

图 14.8　主系统吞吐量与路径损耗指数 α 的关系

图 14.9 显示了主系统吞吐量与 AP 的能量传输功率 p_{cp} 的关系。当 EH 区域的半径固定为 $c_1=2.0\text{m}$，随着协作区域半径从 $c_0=1.5\text{m}$ 扩大到 $c_0=2.5\text{m}$，主系统的吞吐量变大，因为更容易选择出一个潜在 ST 中继传输主数据，提高主数据传输的可靠性。当数据协作区域的半径固定为 $c_0=2.0\text{m}$，在发射功率 p_{ep} 较高的区域，当 EH 区域的半径从 $c_1=1.5\text{m}$ 扩大到 $c_1=2.5\text{m}$，主系统性能变好。但是，在发射功率较低的区域，情况相反。所提协作机制的性能要优于非协作机制。

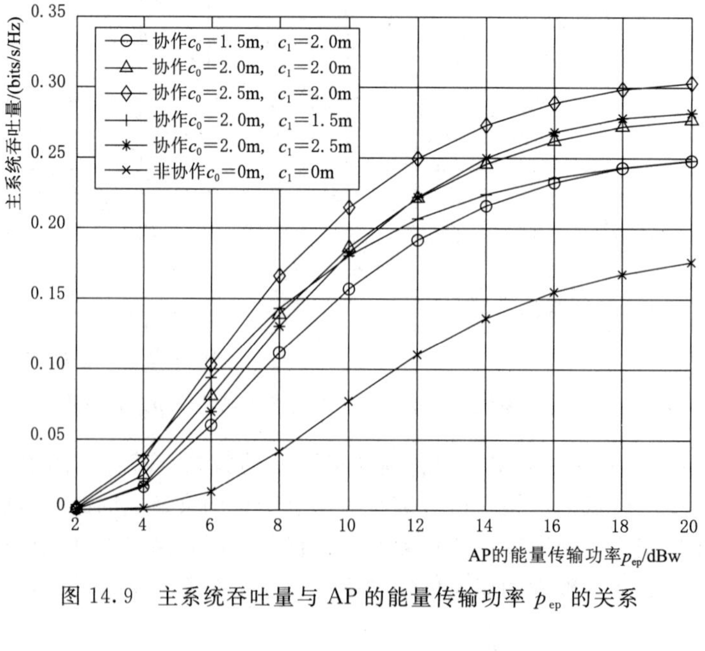

图 14.9　主系统吞吐量与 AP 的能量传输功率 p_{ep} 的关系

14.7.2 次系统区域吞吐量

通过求解优化问题式（14.12），采用14.6节算法Ⅰ，给出次系统的最大区域吞吐量。在数值计算过程中，设置 $\Delta\beta=0.05$，$\Delta\tau=0.05$，功率层级数 $N=20$。

图14.10显示了 R_s 不同时，次系统最大区域吞吐量与主系统吞吐量提升比例 ρ 的关系；图14.11显示了 c_0 不同时，次系统最大区域吞吐量与主系统吞吐量提升比例 ρ 的关系。

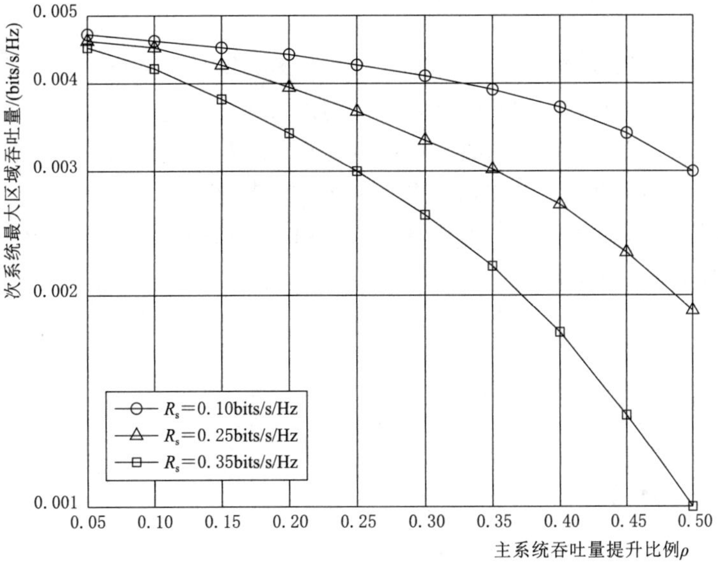

图14.10 R_s 不同时，次系统最大区域吞吐量与主系统吞吐量提升比例 ρ 的关系

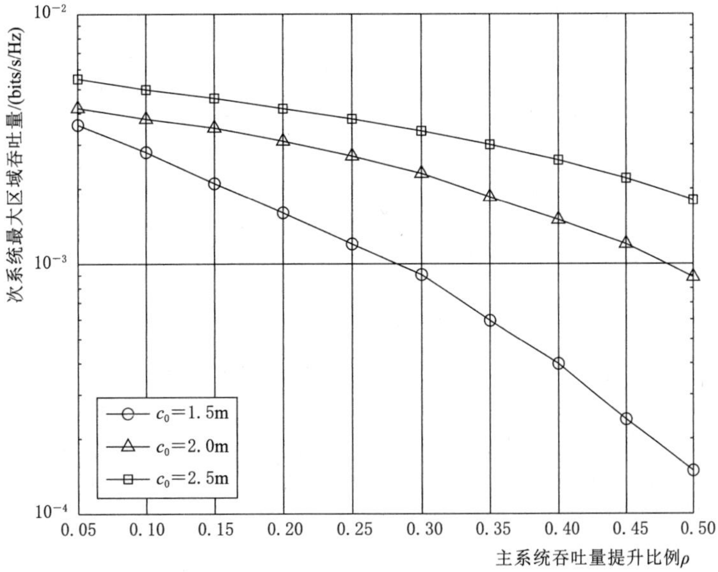

图14.11 c_0 不同时，次系统区域吞吐量与主系统吞吐量提升比例 ρ 的关系

在图 14.10 中，次系统区域吞吐量随着 ρ 的增长而变差，因为更多的带宽分配给主数据传输。随着 R_s 从 0.10bits/s/Hz 增长到 0.35bits/s/Hz，次系统性能变差，因为传输速率的提升幅度低于数据传输成功概率的降低幅度。在图 14.11 中，数据传输速率为 $R_s=0.25$bits/s/Hz。次系统的吞吐量性能随着协作区域的扩大而变好，因为成功选择一个潜在 ST 的概率变大，可以中继主数据获得空间分集增益，满足主系统的需求。因此，更多的带宽可以分配给次数据传输，这有利于提高次系统的区域吞吐量。

14.8 小结

本章研究大规模 CRN 基于 RF - EH 的协作频谱共享。次系统利用丰富的能量资源协助主系统传输能量和数据以换取部分频带。次用户协助主系统传输无线能量可以提高主用户能量收集效率，协助主链路传输数据，可以提高主数据传输的可靠性。采用随机几何理论分析了主次系统的性能，联合优化了主次系统之间带宽和时间因子分配及次用户密度，以便更好地进行无线能量收集和数据传输。数值和仿真结果验证了理论分析的正确性，揭示了参数设置对系统性能的影响。

第 15 章 基于无线能量传输的机会性频谱共享

15.1 概述

与常规的蜂窝网络或方格网络相比，空间随机性建模可以简化性能分析，而不损害性能分析的准确性[94]。在大规模 CRN 中，针对干扰避免的 overlay 或者干扰共存的 underlay 频谱共享机制，Menon et al.[98] 分析了主系统的中断概率，Huang et al.[19] 恰当地建模了同频干扰，分析了网络的传输容量。对于包含保护区的 CRN，次用户机会性地共享频谱时，次用户的位置分布服从 PHP，Lee et al.[21] 将其近似为 HPPP，取得了较好的准确度。基于此，Wang et al.[157] 研究了有限反馈对频谱效率的影响。针对大规模 CRN 协作频谱共享，Zhai et al.[26] 提出在协作区域中选择最佳次用户协助传输主数据，以换取部分资源实现次数据的传输。

本章研究大规模 CRN 基于能量收集的机会性频谱共享机制。每个主用户 PU 能够从所关联的接入点 AP 收集射频能量，然后使用所收集的能量发送数据给 AP。当传输距离较远时，射频信号经历较为严重的路径损耗，每个主用户只能收集到较少的能量。为了克服 WET 效率低的问题，提出在每个主用户周边设置能量协作区域，在该区域中选择到主用户信道质量最好的次用户，与接入点一起传输无线能量给主用户。当主用户收集到所需能量后，才能发送数据给所关联的接入点。次用户协助进行 WET，有助于主用户在较短的时间内收集到足够的能量。在这种情况下，在整个平面上会有更多的活跃主链路，主系统的区域吞吐量得以提升。为了避免次用户传输给主链路带来强干扰，在接收数据的 AP 附近设定保护区，只有位于所有接入点保护区外的次用户才有机会占用频谱。

本章的主要创新点如下：

（1）提出一种基于能量收集的 CRN 架构，其中主用户收集射频能量并发送数据给所关联的接入点。在能量协作区域中选择最优次用户协助传输能量给主用户，以提升 WET 效率。

（2）定义了离散能级以建模主用户的能量累积状态，采用马尔可夫链分析了不同能级之间的跃变概率。

（3）在主系统区域吞吐量提升需求的约束下，最大化次系统的区域吞吐量。提出一种数值算法联合优化次用户密度和保护区半径。

15.2 机会性频谱共享方案

考虑如图 15.1 所示大规模认知无线电网络，其中主用户和次用户共存于整个二维平面。主系统拥有许可频谱，为了提高频谱利用率，所有主链路均复用该频谱资源。假设 AP 和 SU 的位置分布服从独立的 HPPP，分别表示为 $\Pi_{\mathrm{p}}=\{x_i\in\mathbb{R}^2,\ i\in\mathbb{N}\}$ 和 $\Pi_{\mathrm{s}}=\{y_i\in\mathbb{R}^2,\ i\in\mathbb{N}\}$，其节点密度分别为 λ_{p} 和 λ_{s}。每个接入点 AP 均有一个对应的主用户 PU，距离为 d_0，每个 SU 均有一个对应的 SR，距离为 d_1。在现实场景中，同一接入点可能同时为多个主用户服务，但是需要在不同的时间或频率域上实现正交传输，以避免用户之间的强干扰。

本系统只关注一个特定频段，每个接入点均采用该频段与对应的主用户通信，同时二维平面上所有次用户机会性地占用该频段实现认知频谱共享。假设主系统的能量有限，所有的主用户在传输数据之前均需要收集能量，所有接入点、次用户、次用户接收端均具有稳定持续的能量供给。主系统可以是蜂窝网络或无线传感网络，因此接入点可以代表基站或数据汇聚中心，接入点能够连接到电网获得持续的能量供给，但是主用户可能在某些时间段内缺少能量，难以实现数据的有效传输。次系统可以是无线局域网或自组织网络，其中次用户装备有较大容量的电池，储存有充足的能量。

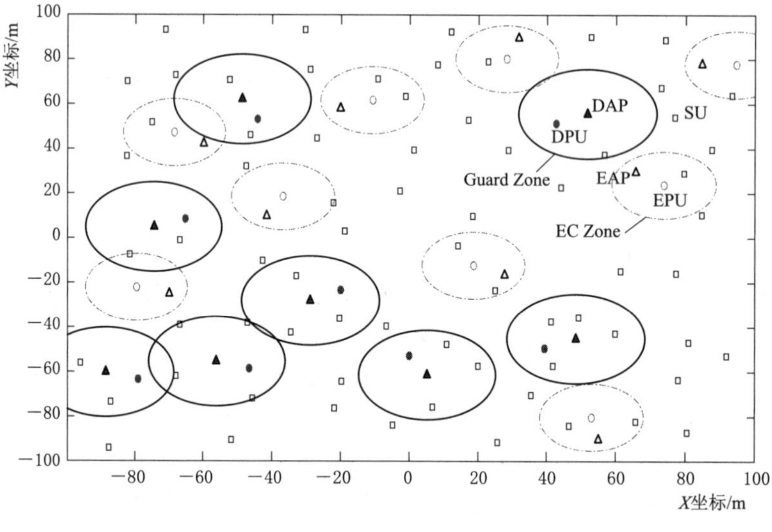

图 15.1 大规模认知无线电网络（主次用户的分布服从独立 HPPP）

针对无次用户协作的 WET，每个主用户能够从所关联的接入点收集射频能量。将整个所观察的时间段分为等长的时间块，每个时间块的持续时间归一化为 1s。正在收集能量的 PU 记为 EPU，其关联的接入点为 EAP；正在传输数据的 PU 记为 DPU，其关联的接入点为 DAP。当一个 EPU 在一段连续的时间块内收集到所需能量后，就转变为一个 DPU，然后发送数据给其关联的 DAP。针对某个观察时刻，主系统存在两种主用户：能量收集主用户 EPU 和数据发送主用户 DPU。假设 WET 在一个不同的频段（比如，非授权频谱）上进行，以免对数据传输带来干扰[158]。

在每个主用户的周围，设置一个 EC 区域。次用户协助传输能量给主用户以换取频谱资源，为了保证该过程的公平性，次用户用于 WET 的能量受到一定的约束。当 EAP 采用最大功率传输无线能量给 EPU 时，在 EC 区域中，选择到 EPU 信道状况最佳的次用户协助进行 WET，以最大化传输给 EPU 的能量，有助于次用户获得更多的频谱接入机会。如果能量协作区域中的所有次用户都被激活同时传输无线能量给 EPU，并且这些次用户平均分配最高可用的功率，此时 WET 的效率较低，因为一些次用户与 EPU 之间的信道可能较差。在次用户的协助下，整个二维平面上将会有更多的主用户获得足够的能量转变为 DPU，因而可以传输数据给所对应的 DAP。

进一步，在每个数据接入点 DAP 周边设置一个保护区域，禁止保护区内的次用户占用频谱，以免给主用户带来较强的干扰。当次用户位于所有 DAP 的保护区以外时，并且基于媒体接入控制概率 ξ[92]，获得正决策结果时，他们可以机会性地占用频谱。能量接入点 EAP 和数据接入点 DAP 的点过程分别表示为 Π_{pe} 和 Π_{pd}，则有 $\Pi_p=\Pi_{pe}\cup\Pi_{pd}$。某个能量主用户 EPU 周边的 EC 区域表示为圆形区域 $b(r(x),c_1)$，半径为 c_1，其中 $r(x)$ 表示关联到 EAP $x\in\Pi_{pe}$ 的某个 EPU 的位置。在某个数据接入点 DAP $x\in\Pi_{pd}$ 周边的保护区域表示为圆形区域 $b(x,c_0)$，半径为 c_0。所有保护区域的联合表示为 $\mathcal{G}=\bigcup_{x\in\Pi_{pd}}b(x,c_0)$。如果某个次用户 $y\in\Pi_s$ 位于 $\mathcal{G}$ 中，则不允许其发送数据。

现有基于能量收集的 CRN 一般考虑次用户从主用户的传输中收集射频能量。而在本章中，考虑主次用户之间的能量互补性，主用户拥有许可频谱，但是缺少能量，而次用户拥有充足的能量，但是缺少频谱。次用户通过协作传输能量给主用户以获得更多的频谱接入的机会。在次用户协作传输能量的情况下，主用户更容易收集到足够的能量传输自己的数据。因此，整个网络中会同时存在更多活跃的主链路，主系统的区域吞吐量也会得以提升，能够承受更多的干扰，接入点附近的保护区域可以缩小，整个平面上会有更多的空闲区域以容纳次用户的传输。在这种场景下，能量协作对于主次系统带来双赢的结果。

在本系统中，假设每个用户均安装一根全向天线，工作于 HD 模式。在任意两个节点 u_1 和 u_2 之间，小尺度功率衰落 $G_{u1,u2}$ 服从均值为 1 的指数分布，大尺度路径损耗表示为 $\phi_{u1,u2}=\min(1,\ell_{u1,u2}^{-\alpha})$，其中 $\ell_{u1,u2}$ 表示两个节点之间的距离，α 为路径损耗指数。假设信道服从块平稳衰落，在每个时间块中，每个信道状态保持不变，但是在不同地点不同时间块中，不同信道状态是独立变化的。

15.2.1 能量收集过程

关注一条典型主链路，将一个 EAP 放置于坐标系的原点，它对应的 EPU 被放置于坐标点（$r(x_0)$，0）处。按照 Slivnyak 定理，其他用户的分布不受影响，因此对典型链路的分析同时适用于其他链路[92]。将典型 EPU 电池能量耗尽的时间块初始化为能量收集过程的第一个时间块。对于协作 WET，采用时间退避机制分布式选择最优次用户。具体地说，在能量协作区域中的每个次用户维护一个单独的计时器，这个计时器的初始化值与该用户与典型 EPU 之间信道质量成反比。如果某个次用户的计时器最先倒计为 0，它会广播一个信令信号告知其他次用户，它被选择出来进行协作 WET。AP－PU 链路稀疏分布于整个二维平面以实现更好的频谱复用，虽然一个次用户可能存在于几个 EPU 能量协作区域的重合区域，但是这种情况发生的可能性很小。如果这种情况发生了，由于无线信道具有广播特性，同一个 SU 可能会被选择出来同时发送无线能量给多个 EPU。如果在能量协作区域中不存在次用户，能量接入点 EAP 将独自传输能量给 EPU。

对于有次用户协助的 WET，在一个归一化时间块 i 内，典型 EPU 所收集的能量记为 ε_{ni}。忽略噪声的功率，有[61]

$$\varepsilon_{ni}=\eta p_{a}G_{0}d_{0}^{-\alpha} \tag{15.1}$$

式中：η 为 EPU 的能量收集效率；p_{a} 为 EAP 传输无线能量时的发射功率，W；G_{0} 为典型 EAP 和其 EPU 之间的小尺度功率衰落；$d_{0}>0$ 表示距离，m。因为每个时间块都被归一化为 1s，在一个时间块内所收集的能量单位为 J。

对于协作 WET，假设 EAP 和所选 SU 发射的能量信号是相互独立的服从循环对称复高斯随机变量，均值为 0，方差为 1。在第 i 个时间块内，典型 EPU 所收集的能量表示为 ε_{ci}，计算为

$$\varepsilon_{ci}=\eta p_{a}G_{0}d_{0}^{-\alpha}+\eta p_{s}Q_{sp} \tag{15.2}$$

式中：p_{s} 为所选 SU 进行 WET 时的发射功率，W；此处忽略了噪声功率的影响。在典型 EPU 的能量协作区域中，选择到该 EPU 具有最佳信道质量的次用户进行协作 WET，因此 $Q_{sp}=\max_{y\in\Pi_{s}\cap b(r(x_{0}),c_{1})}\{G_{y}\phi_{y}\}$，其中 G_{y} 和 $\phi_{y}=\min(1,\ l_{y}^{-\alpha})$ 分别表示在能量协作区域中的某个次用户 y 与典型 EPU$r(x_{0})$ 之间的小尺度功率衰落和大尺度路径损耗。假设所有接入点稀疏分布于整个平面，不同 AP 之间的平均距离相比每条 AP-PU 链路之间的距离要远得多。因此，在式（15.1）和式（15.2）中只考虑来自关联 AP 的能量信号，忽略了来自其他 EAP 的干扰[45]。

15.2.2 能级转换概率

本节分析某个典型 EPU 变为 DPU 并且发送数据的概率。为简化分析过程，定义 $L+1$ 个能级，$\left\{v_{0}=0,\ v_{1}=\frac{p_{e}}{\zeta L},\ \cdots,\ v_{L-1}=\frac{(L-1)\ p_{e}}{\zeta L},\ v_{L}=\frac{p_{e}}{\zeta}\right\}$，$p_{e}$ 表示每个 DPU 的发射功率，W；$\zeta\in(0,\ 1)$ 表示发射端的功率放大器的效率。当持续到每个时间块结束时，如果某个 EPU 所收集的能量超出 $v_{L}=p_{e}/\zeta$，该 EPU 则变为一个 DPU，并在下一个时间块中传输数据给所关联的 DAP。当能级越多时，任意两个相邻能级之间的间距越小。如果定义了较多的能级，离散能级则逐渐地变成连续状态。若所累积的能量大于 v_{t}，$(t=0,\ \cdots,\ L-1)$ 但小于 v_{t+1}，可将能级 v_{t} 视为该 EPU 当前的能量状态。若可用能量多于 p_{e}/ζ，能级 v_{L} 则可视为当前的能量状态。

在第 $k(k\geqslant 2,\ k\in\mathbb{Z})$ 个时间块中，从能级 $v_{t}(t=0,\ \cdots,\ L-1)$ 到能级 $v_{m}(m=t,\ \cdots,\ L-1)$ 的转换概率记为 $\mu_{t,m}$，定义为

$$\mu_{t,m}=\Pr\left\{v_{m}\leqslant\sum_{i=1}^{k}\varepsilon_{i}<v_{m+1}\ \middle|\ v_{t}\leqslant\sum_{i=1}^{k-1}\varepsilon_{i}<v_{t+1}\right\} \tag{15.3}$$

式中：ε_{i} 为典型 EPU 在第 i 个时间块内所收集的能量，J。

（1）如果在典型 EPU 的能量协作区域 EC 中不存在次用户，只有典型 EAP 进行无线

能量传输，此时 ε_i 与式（15.1）所给出的 ε_{ni} 是相同的。

（2）如果在典型 EPU 的能量协作区域中存在至少一个次用户，在典型 EAP 传输无线能量的同时，所选择的最佳次用户将会协作传输无线能量，此时 ε_i 与式（15.2）所给出的 ε_{ci} 是相同的。当某时间块开始时，如果 EPU 能量是空的，这个时间块被记为无线能量传输的初始时间块。由于能级的数量可以设置为较大的数值，任意两个相邻能级之间的差别就很小，因此当某个 EPU 所处的能级为 v_t 时，它所收集的总能量近似为 v_t。在这种情况下，能级转换概率式（15.3）近似为

$$\mu_{t,m} \approx \Pr\{v_m - v_t \leqslant \varepsilon_k < v_{m+1} - v_t\} \tag{15.4}$$

分别用 C_k 和 $\overline{C}_k$ 表示在时间块 k 内协作和非协作无线能量传输的事件，可以进一步将转换概率式（15.4）表示为

$$\mu_{t,m} \approx \underbrace{\Pr\{v_m - v_t \leqslant \varepsilon_{nk} < v_{m+1} - v_t, \overline{C}_k\}}_{\mu_{n,t,m}} + \underbrace{\Pr\{v_m - v_t \leqslant \varepsilon_{ck} < v_{m+1} - v_t, C_k\}}_{\mu_{c,t,m}} \tag{15.5}$$

对于非协作无线能量传输，式（15.5）中第一项推导为

$$\begin{aligned}\mu_{n,t,m} &= \Pr\{\mathcal{N}_s(b(r(x_0), c_1)) = 0\} \Pr\left\{\frac{v_m - v_t}{\eta p_a d_0^{-\alpha}} \leqslant G_0 < \frac{v_{m+1} - v_t}{\eta p_a d_0^{-\alpha}}\right\} \\ &= \exp(-\lambda_s \pi c_1^2)\left[\exp\left(\frac{v_t - v_m}{\eta p_a d_0^{-\alpha}}\right) - \exp\left(\frac{v_t - v_{m+1}}{\eta p_a d_0^{-\alpha}}\right)\right]\end{aligned} \tag{15.6}$$

式中：$\mathcal{N}_s(b(r(x_0), c_1))$ 为在典型 PU 能量协作区域中的次用户数量。由于次用户的分布服从同质泊松点过程，在能量协作区域中的次用户数目是一个泊松随机变量，密度为 $\lambda_s \pi c_1^2$。因此，在能量协作区域中不存在次用户的概率为 $\exp(-\lambda_s \pi c_1^2)$。

对于协作无线能量传输，式（15.5）的第二项推导为

$$\begin{aligned}\mu_{c,t,m} \approx & \sum_{n=1}^{N} \Pr(\mathcal{N}_s\{b[r(x_0), c_1]\} = n) \\ & \times \underbrace{\Pr\{v_m - v_t \leqslant \varepsilon_{ck} < v_{m+1} - v_t \mid \mathcal{N}_s\{b[r(x_0), c_1]\} = n\}}_{\mu_{c,t,m}(n)}\end{aligned} \tag{15.7}$$

式中：N 设置为较大的数。在能量协作区域 $b[r(x_0), c_1]$ 中存在较多次用户的概率很小。在能量协作区域 $b(r(x_0), c_1)$ 中存在 n 个次用户的概率为

$$\Pr\{\mathcal{N}_s\{b[r(x_0), c_1]\} = n\} = \frac{(\lambda_s \pi c_1^2)^n}{n!} \exp(-\lambda_s \pi c_1^2) \tag{15.8}$$

在能量协作区域中给定 n 个次用户，选择最佳次用户协助传输能量给主用户，则主用户能级从 v_t 跃迁到 v_m 的条件概率计算为

$$\begin{aligned}\mu_{c,t,m}(n) &= \Pr\left\{\frac{v_m - v_t - \eta p_a G_0 d_0^{-\alpha}}{\eta p_s} \leqslant Q_{sp}(n) < \frac{v_{m+1} - v_t - \eta p_a G_0 d_0^{-\alpha}}{\eta p_s}\right\} \\ &= \underbrace{\Pr\left\{Q_{sp}(n) < \frac{v_{m+1} - v_t}{\eta p_s} - \frac{p_a G_0}{p_s d_0^{\alpha}}, \frac{v_m - v_t}{\eta p_a d_0^{-\alpha}} < G_0 < \frac{v_{m+1} - v_t}{\eta p_a d_0^{-\alpha}}\right\}}_{\mu_{c,t,m,1}(n)} \\ &\quad + \underbrace{\Pr\left\{\frac{v_m - v_t}{\eta p_s} - \frac{p_a G_0}{p_s d_0^{\alpha}} \leqslant Q_{sp}(n) < \frac{v_{m+1} - v_t}{\eta p_s} - \frac{p_a G_0}{p_s d_0^{\alpha}}, G_0 < \frac{v_m - v_t}{\eta p_a d_0^{-\alpha}}\right\}}_{\mu_{c,t,m,2}(n)}\end{aligned} \tag{15.9}$$

式中：当在能量协作区域中存在 n 个用户时，$Q_{\mathrm{sp}}(n)$ 为一个随机变量。

证明式（15.9）：由于 n 个次用户式在 $b[r(x_0), c_1]$ 中是均匀分布的，从一个潜在的次用户到典型 EPU 的距离 L 是个随机变量，PDF 为 $f_L(l)=\frac{2l}{c_1^2}$[81]。随机变量 $Q_{\mathrm{sp}}(n)$ 的分布函数为

$$\begin{aligned}F_Q(q;n)&=\Pr\{Q_{\mathrm{sp}}(n)<q\}\\&=\Pr\{G_{y_1}\min(1,l_{y_1}^{-\alpha})<q,\cdots,G_{y_n}\min(1,l_{y_n}^{-\alpha})<q\}\\&=\mathbb{E}_{l_{y_1}}\left[1-\exp\left(-\frac{q}{\min(1,l_{y_1}^{-\alpha})}\right)\right]\cdots\mathbb{E}_{l_{y_n}}\left[1-\exp\left(-\frac{q}{\min(1,l_{y_n}^{-\alpha})}\right)\right]\end{aligned}\tag{15.10}$$

在推导过程中，考虑了小尺度功率衰落是指数分布的。采用 PDF$f_L(l)$ 对随机距离进行均值运算，式（15.10）可进一步推导为

$$F_Q(q;n)=\left\{1-\frac{e^{-q}}{c_1^2}-\frac{2\left[\Gamma(\frac{2}{\alpha},q)-\Gamma(\frac{2}{\alpha},qc_1^{\alpha})\right]}{c_1^2\alpha q^{\frac{2}{\alpha}}}\right\}^n\tag{15.11}$$

式中：$\Gamma(a, x)=\int_x^{\infty}t^{a-1}e^{-t}\mathrm{d}t$ 为上不完全伽马函数[64]。

基于 $Q_{\mathrm{sp}}(n)$ 的分布函数，当 $m<L$ 时，式（15.9）的第一项可以推导为

$$\mu_{\mathrm{c},t,m,1}(n)=\int_{\frac{v_m-v_t}{\eta p_{\mathrm{a}}d_0^{-\alpha}}}^{\frac{v_{m+1}-v_t}{\eta p_{\mathrm{a}}d_0^{-\alpha}}}F_Q\left(\frac{v_{m+1}-v_t}{\eta p_{\mathrm{s}}}-\frac{p_{\mathrm{a}}g}{p_{\mathrm{s}}d_0^{\alpha}};n\right)\exp(-g)\mathrm{d}g\tag{15.12}$$

类似地，当 $m<L$ 时，式（15.9）的第二项可以推导为

$$\mu_{\mathrm{c},t,m,2}(n)=\int_0^{\frac{v_m-v_t}{\eta p_{\mathrm{a}}d_0^{-\alpha}}}\left[F_Q\left(\frac{v_{m+1}-v_t}{\eta p_{\mathrm{s}}}-\frac{p_{\mathrm{a}}g}{p_{\mathrm{s}}d_0^{\alpha}};n\right)-F_Q\left(\frac{v_m-v_t}{\eta p_{\mathrm{s}}}-\frac{p_{\mathrm{a}}g}{p_{\mathrm{s}}d_0^{\alpha}};n\right)\right]e^{-g}\mathrm{d}g\tag{15.13}$$

将式（15.12）和式（15.13）代入式（15.9），即可获得条件概率 $\mu_{\mathrm{c},t,m}(n)$ 的值。

将式（15.8）和式（15.9）代入式（15.7），可获得协作 WET 过程中的能级转换概率。将式（15.6）和式（15.7）代入式（15.5），可获得从能级 $v_t(t=0, \cdots, L-1)$ 转换为能级 $v_m(m=t, \cdots, L-1)$ 的近似概率。在能量收集的过程中，因为每个时间块都 EPU 都会收集到部分能量，它的能级会保持不变或者变大。在这种场景下，当 EPU 的能级低于 v_L 时，从较高能级到较低能级的转换概率为 0。特别地，在某个时间块结束时，如果 EPU 所收集的能量达到了 v_L，在下一个时间块中，该 EPU 将不再收集能量，而是变成了 DPU，耗尽所收集的能量传输数据给所关联的 DAP，因此这种情况下的能级转换概率为 $\mu_{L,0}=1$。

需要说明的是，任意两个相邻能级的间隔是相同的，记为 $\Delta=\frac{p_{\mathrm{e}}}{\zeta L}$。在某两个能级 v_t，$(t=0, \cdots, L-1)$ 和 v_m，$(m=t, \cdots, L-1)$ 之间，共存在 $m-t$ 个间隔。从能级 v_t 转换到 v_m 的概率与从能级 v_0 转换到 v_{m-t} 的概率是一样的。能级转移矩阵的维度是 $(L+1)\times(L+1)$，该矩阵前面的 $L\times L$ 个元素构成了上对角矩阵，第 (t, m) 个元素为 $\mu_{t,m}=\mu_{0,m-t}$。通过计算从能级 v_0 到每个 v_m，$(m=1, \cdots, L-1)$ 的转换概率，可

以构建这个子矩阵。对于某个能级 v_t，$t\in\{0, \cdots, L-1\}$，从该能级转移到最高能级 v_L 的概率计算为 $\mu_{t,L}=1-\sum_{m=t}^{L-1}\mu_{t,m}$。

15.2.3 EPU的传输概率

某个EPU的传输概率表示它的能级达到 v_L 的概率，同时也是该EPU转变为DPU的概率。稳定状态下，EPU保持在某个能级的概率为 $\beta=[\beta_0, \cdots, \beta_L]$。

定理：某个EPU的数据传输概率为

$$\beta_L=\frac{(1-\mu_{0,0})^2}{(1-\mu_{0,0})(2-\mu_{0,0})+\mu_{0,1}+\sum_{t=2}^{L-1}\left[\mu_{0,t}+\sum_{k=1}^{t-1}\sum_{i=1}^{A(t,k)}\frac{\mu_{0,a_{i1}}\mu_{0,a_{i_2}-a_{i_1}}\cdots\mu_{0,t-a_{ik}}}{(1-\mu_{0,0})^k}\right]} \tag{15.14}$$

证明式（15.14）：从长远来看，EPU的能量状态会逐渐稳定下来，EPU处于每个能量状态的概率可以按照 $\boldsymbol{\beta\mu}=\boldsymbol{\beta}$ 和 $\beta_0+\cdots+\beta_L=1$ 来计算[45]，其中 $\boldsymbol{\mu}$ 代表不同能级之间的转换概率，即

$$\boldsymbol{\mu}=\begin{pmatrix}\mu_{0,0} & \mu_{0,1} & \cdots & \mu_{0,L-1} & \mu_{0,L}\\ 0 & \mu_{1,1} & \cdots & \mu_{1,L-1} & \mu_{1,L}\\ \vdots & \vdots & \ddots & \vdots & \vdots\\ 0 & 0 & \cdots & \mu_{L-1,L-1} & \mu_{L-1,L}\\ \mu_{L,0} & 0 & \cdots & 0 & 0\end{pmatrix} \tag{15.15}$$

状态转移矩阵 $\boldsymbol{\mu}$ 的尺寸为 $(L+1)\times(L+1)$，有如下表达式：

$$\begin{cases}\beta_0\mu_{0,0}+\beta_L\mu_{L,0}=\beta_0\\ \beta_0\mu_{0,1}+\beta_1\mu_{1,1}=\beta_1\\ \vdots\\ \beta_0\mu_{0,L-1}+\cdots+\beta_{L-1}\mu_{L-1,L-1}=\beta_{L-1}\\ \beta_0+\beta_1+\cdots+\beta_{L-1}+\beta_L=1\end{cases} \tag{15.16}$$

通过解决上述方程，EPU处于能级 v_0 和 v_1 的概率分别为 $\beta_0=\frac{\beta_L\mu_{L,0}}{1-\mu_{0,0}}$ 和 $\beta_1=\frac{\beta_0\mu_{0,1}}{1-\mu_{1,1}}$。EPU处于能级 v_t，$(t=2, \cdots, L-1)$ 的概率为

$$\beta_t=\frac{\beta_0\mu_{0,t}+\cdots+\beta_{t-1}\mu_{t-1,t}}{1-\mu_{t,t}} \tag{15.17}$$

将 β_{t-1} 的表达式代入式（15.17），能够推导出 β_t，其中包含 β_{t-2}，…，β_0 成分。进一步地，代入 β_{t-2} 的表达式，能够推导出 β_t，其中包含 β_{t-3}，…，β_0 成分。通过循环这个过程，最终得到

$$\beta_t=\frac{\beta_L\mu_{L,0}}{(1-\mu_{0,0})(1-\mu_{t,t})}\left[\mu_{0,t}+\sum_{k=1}^{t-1}\sum_{i=1}^{A(t,k)}\frac{\mu_{0,a_{i1}}\mu_{a_{i1},a_{i2}}\cdots\mu_{a_{ik},t}}{\prod_{j=1}^{k}(1-\mu_{a_{ij},a_{ij}})}\right] \tag{15.18}$$

给定能级 v_t（$t=2, \cdots, L-1$），定义一个索引数组 $\boldsymbol{b}=\{1, \cdots, t-1\}$。通过在 $\boldsymbol{b}$ 中挑取 $k \in \{1, \cdots, t-1\}$ 个元素，可得到 $A(t, k)=\binom{t-1}{k}$ 个新的数组，每个数组中的元素按照升序排列。第 i（$i=1, \cdots, A(t, k)$）个数组记为 $\boldsymbol{a}_i$，其中第 j（$j=1, \cdots, k$）个元素记为 $a_{i,j}$，表示为一个能级的索引。

由于 EPU 处于每个能级的概率可表示为 β_L 的函数，EPU 达到最大能级 v_L 的概率，即 EPU 转化为 DPU 并发射数据的概率，可按照如下方法得到：将所获得的 β_0，…，β_{L-1} 的表达式代入式（15.16）的最后一个方程，即可获得式（15.10）的结果。

在二维平面上，建模 DPU 的分布服从同质泊松点过程 Π_{pd}，密度为 $\tilde{\lambda}_{\mathrm{p}}=\beta_L \lambda_{\mathrm{p}}$。在现实中，传输概率 β_L 不与节点的能级个数 L 有关。能量的离散化能够帮助恰当地建模 EPU 累积的能量。当定义更多的能级时，建模 EPU 的能量状态更为精确，因此，所计算的 β_L 就更接近于仿真结果。

15.3 DPU 和 SU 传输的正确概率

在该节中，通过将 DPUs 和活跃次用户的分布建模为独立 HPPP，将分析主次系统数据传输的成功概率。主系统和次系统的数据传输速率分别固定为 R_0 和 R_1。当信道容量不小于数据的传输速率时，认为数据传输成功。

15.3.1 DPU 传输的正确概率

为了分析每个主链路的成功概率，将一个典型的 DAP 放置于坐标原点。每个 DAP 与其所服务的 DPU 之间的距离设置为 $d_0 \geqslant 1$。在一个时间块中，当典型 DPU 传输数据给其关联的 DAP 时，信道容量表示为 C_{p}，即

$$C_{\mathrm{p}}=\log_2\left(1+\frac{p_{\mathrm{e}} G_{r(x_0)} d_0^{-\alpha}}{\mathscr{I}_{\mathrm{pp}}+\mathscr{I}_{\mathrm{sp}}}\right) \tag{15.19}$$

式中：$\mathscr{I}_{\mathrm{pp}}$ 为其他同时传输数据的主链路所产生的累加干扰：$\mathscr{I}_{\mathrm{sp}}$ 为同时传输数据的次链路所产生的累加干扰。考虑干扰受限的系统，忽略了加性噪声的影响。在典型 DPU 与其所关联的 DAP 之间的信道功率衰落记为 $G_{r(x_0)}$。典型 DPU 的发射功率记为 p_{e}。来自其他活跃主链路的干扰为

$$\mathscr{I}_{\mathrm{pp}}=\sum_{x \in \Pi_{\mathrm{pd}} / \{x_0\}} p_{\mathrm{e}} G_{r(x)} \min(1, \ell_{r(x)}^{-\alpha}) \tag{15.20}$$

式中：$G_{r(x)}$、$\ell_{r(x)}$ 为关联到 DAP $x \in \Pi_{\mathrm{pd}}$ 的 DPU 与原点处的典型 DAP 之间的信道小尺度功率衰落和距离。除了典型链路，所有 DPU 同时传输数据会给典型 DAP 带来累加干扰的影响。次用户传输给典型 DAP 所带来的累加干扰为

$$\mathscr{I}_{\mathrm{sp}}=\sum_{y \in \tilde{\Pi}_{\mathrm{s}}} p_{\mathrm{d}} G_y \min(1, \ell_y^{-\alpha}) \tag{15.21}$$

式中：$\tilde{\Pi}_{\mathrm{s}}$ 为活跃次用户的分布；每个活跃次用户发送数据给其对应的次用户接收端，发射功率固定为 p_{d}。只有当次用户处于所有 DAP 保护区外面且按照 Aloha 媒体接入概率得

到确认结果时才可以传输数据，活跃次用户的分布并不是同质的，而是服从泊松孔过程。在泊松孔过程的分布场景中，Yazdanshenasan 等[159] 分析了累加干扰拉普拉斯变换的紧凑下限和上限，并分析了系统的覆盖概率。为了简化性能分析并更容易地揭示关键参数的影响，按照文献［21，45，157］的做法，假设所有活跃次用户的位置分布服从同质泊松点过程，密度为 $\tilde{\lambda}_s=\xi\lambda_s\exp(-\tilde{\lambda}_p\pi c_0^2)$，其中 $\exp(-\tilde{\lambda}_p\pi c_0^2)$ 表示某个次用户位于所有 DAPs 保护区以外的概率。

主链路 DPU→DAP 数据传输的成功概率为 $P_{\rm suc}^{\rm p}=\Pr\{C_{\rm p}\geqslant R_0\}$，即

$$P_{\rm suc}^{\rm p}=\Pr\left\{G_{r(x_0)}\geqslant\frac{\zeta_0(\mathscr{I}_{\rm pp}+\mathscr{I}_{\rm sp})}{p_{\rm e}d_0^{-\alpha}}\right\}=\mathbb{E}\left[\exp\left(-\frac{\zeta_0(\mathscr{I}_{\rm pp}+\mathscr{I}_{\rm sp})}{p_{\rm e}d_0^{-\alpha}}\right)\right] \tag{15.22}$$

式中：$\zeta_0=2^{R_0}-1$；对 $\mathscr{I}_{\rm pp}$ 和 $\mathscr{I}_{\rm sp}$ 求数据期望。活跃次用户的位置与 DPUs 的位置分布相关，为了简化分析，假设分布是相互独立的，式（15.22）近似为

$$P_{\rm suc}^{\rm p}\approx\underbrace{\mathbb{E}_{\mathscr{I}_{\rm pp}}\left[\exp\left(-\frac{\zeta_0\mathscr{I}_{\rm pp}}{p_{\rm e}d_0^{-\alpha}}\right)\right]}_{F_{\mathscr{I}_{\rm pp}}}\underbrace{\mathbb{E}_{\mathscr{I}_{\rm sp}}\left[\exp\left(-\frac{\zeta_0\mathscr{I}_{\rm sp}}{p_{\rm e}d_0^{-\alpha}}\right)\right]}_{F_{\mathscr{I}_{\rm sp}}} \tag{15.23}$$

对干扰进行数据期望运算可得

$$F_{\mathscr{I}_{\rm pp}}=\mathbb{E}\Big[\prod_{x\in\Pi_{\rm pd}/\{x_0\}}\exp(-\zeta_0 d_0^\alpha G_{r(x)}\min(1,\mathscr{I}_{r(x)}^{-\alpha}))\Big] \tag{15.24}$$

由于 DAPs 随机分布于整个二维平面，并且每个 DAP 所服务的 DPU 具有随机的方向，假设干扰 DPU$r(x)$ 和它的 DAP$x\in\Pi_{\rm pd}/\{x_0\}$ 到典型 DAPx_0 之间的距离相等。在式（15.24）中，数学期望是对信道衰落和 DAPs 的点过程进行操作的。由于 DAPs 服从 HPPP，密度为 $\tilde{\lambda}_{\rm p}=\beta_L\lambda_{\rm p}$，式（15.24）可以推导为[89]

$$F_{\mathscr{I}_{\rm pp}}=\exp\left\{-2\pi\tilde{\lambda}_{\rm p}\int_0^\infty\int_0^\infty[1-\exp(-\zeta_0 d_0^\alpha g\min(1,\ell^{-\alpha}))]\ell{\rm d}\ell e^{-g}{\rm d}g\right\} \tag{15.25}$$

在推导过程中，考虑了功率衰落与点过程是相互独立的，并且用到了泊松点过程的 PGFL[92]。按照文献［89］中的公式（17），进一步得到

$$F_{\mathscr{I}_{\rm pp}}=\exp\left\{-\pi\tilde{\lambda}_{\rm p}\zeta_0^{\frac{2}{\alpha}}d_0^2\left[\frac{2\pi/\alpha}{\sin(2\pi/\alpha)}-\int_0^\infty g^{\frac{2}{\alpha}}\Gamma(1-\frac{2}{\alpha},\zeta_0 d_0^\alpha g)e^{-g}{\rm d}g\right]\right\} \tag{15.26}$$

式中：$\Gamma(a,x)=\int_x^\infty t^{a-1}e^{-t}{\rm d}t$ 是上不完全伽马函数[64]。为了计算式（15.26）中的积分，考虑以下的表达式[64]：

$$\int_0^\infty x^{u-1}e^{-bx}\Gamma(v,ax){\rm d}x=\frac{a^v\Gamma(u+v)}{u(a+b)^{u+v}}\,{}_2F_1\left(1,u+v;u+1;\frac{b}{a+b}\right) \tag{15.27}$$

式中：${}_2F_1(a,b;c;z)$ 是超几何函数，定义在 $|z|<1$ 上，按照文献[64]，有

$${}_2F_1(a,b;c;z)=\sum_{n=0}^\infty\frac{(a)_n(b)_n}{(c)_n}\frac{z^n}{n!} \tag{15.28}$$

式中：$(q)_n$ 是（升）阶乘幂，定义为

$$(q)_n=\begin{cases}1 & n=0\\ q(q+1)\cdots(q+n-1) & n>0\end{cases} \tag{15.29}$$

因此，式（15.26）进一步推导为

$$F_{\mathscr{I}_{pp}}=\exp\left\{-\pi\tilde{\lambda}_p\zeta_0^{\frac{2}{\alpha}}d_0^2\left[\frac{\frac{2\pi}{\alpha}}{\sin(2\pi/\alpha)}-\frac{\alpha(\zeta_0 d_0^\alpha)^{1-2/\alpha}}{(\alpha+2)(1+\zeta_0 d_0^\alpha)^2}\times\sum_{n=0}^{\infty}\frac{(2)_n}{\left(2+\frac{2}{\alpha}\right)_n(1+\zeta_0 d_0^\alpha)^n}\right]\right\} \tag{15.30}$$

式中：无穷级数总是收敛的，当 $\zeta_0 d_0^\alpha \gg 1$ 时，该表达式能够快速收敛。当干扰只来自其他同时传输数据的 DPU 时，$F_{\mathscr{I}_{pp}}$ 即为典型 DAP 的成功概率。传输概率 β_L 越大，其他 DPU 的并行传输导致更多的干扰，成功概率 $F_{\mathscr{I}_{pp}}$ 变小。随着 ζ_0 的增长，成功概率 $F_{\mathscr{I}_{pp}}$ 变小。因为有限的无线信道容量难以支持高速率的传输。

对来自其他活跃次用户的干扰进行数学期望运算，式（15.23）的第二项可以表达为

$$F_{\mathscr{I}_{sp}}=\mathbb{E}\left\{\prod_{y\in\tilde{\Pi}_s}\exp[-\zeta_0\rho_0 d_0^\alpha G_y\min(1,\mathscr{I}_y^{-\alpha})]\right\} \tag{15.31}$$

式中：$\rho_0=\dfrac{p_d}{p_e}$为次用户传输数据的功率与 DPU 传输数据的功率比值。采用 PGFL，并考虑所有的活跃次用户与典型 DAP 之间分开至少 c_0 的距离，可得

$$F_{\mathscr{I}_{sp}}\approx\exp\left\{-2\pi\tilde{\lambda}_s\int_0^\infty\int_{c_0}^\infty[1-\exp(-\zeta_0\rho_0 d_0^\alpha g\ell^{-\alpha})]\ell d\ell e^{-g}dg\right\} \tag{15.32}$$

式中：$\tilde{\lambda}_s$ 为活跃次用户的密度。当更多的次用户密集分布于平面上时，会给典型 DAP 带来更强的干扰，概率 $F_{\mathscr{I}_{sp}}$ 变小。随着 ζ_0 或 ρ_0 的增大，数据发送速率变高并且 SIR 变小，概率 $F_{\mathscr{I}_{sp}}$ 变小。在式（15.32）的推导过程中，假设保护区的半径满足 $c_0\geqslant 1$。与文献［94］类似，式（15.32）可进一步推导为

$$F_{\mathscr{I}_{sp}}\approx\exp\left\{\frac{\pi\tilde{\lambda}_s c_0^2\zeta_0\rho_0}{\zeta_0\rho_0+d_0^{-\alpha}c_0^\alpha}-\pi\tilde{\lambda}_s(\zeta_0\rho_0)^{\frac{2}{\alpha}}d_0^2\int_0^\infty g^{\frac{2}{\alpha}}\gamma\left(1-\frac{2}{\alpha},\frac{\zeta_0\rho_0 g}{d_0^{-\alpha}c_0^\alpha}\right)e^{-g}dg\right\} \tag{15.33}$$

式中：$\gamma(a,x)=\int_0^x t^{a-1}e^{-t}dt$ 为下不完全伽马函数[64]。

为了计算式（15.33）中的积分，考虑如下表达式[160]，即

$$\int_0^\infty x^{u-1}e^{-bx}\gamma(v,ax)dx=\frac{a^v\Gamma(u+v)}{v(a+b)^{u+v}}{}_2F_1\left(1,u+v;v+1;\frac{a}{a+b}\right) \tag{15.34}$$

按照式（15.28）和式（15.29），式（15.33）可进一步推导为

$$F_{\mathscr{I}_{sp}}\approx\exp\left\{\frac{\pi\tilde{\lambda}_s c_0^2\zeta_0\rho_0}{\zeta_0\rho_0+d_0^{-\alpha}c_0^\alpha}\left[1-\frac{\alpha d_0^{-\alpha}c_0^\alpha}{(\alpha-2)(\zeta_0\rho_0+d_0^{-\alpha}c_0^\alpha)}\times\sum_{n=0}^{\infty}\frac{(2)_n}{(2-2/\alpha)_n}\left(\frac{\zeta_0\rho_0}{\zeta_0\rho_0+d_0^{-\alpha}c_0^\alpha}\right)^n\right]\right\} \tag{15.35}$$

15.3.2 次用户传输的成功概率

为了分析每个活跃次链路的成功概率，将一个典型次用户接收端 SR 放置于坐标原点，任意 SU 和其对应的 SR 之间的距离假设是一样的，记为 $d_1\geqslant 1$。在一个时间块中，典型 SU 和其 SR 之间的信道容量为

$$C_s = \log_2\left(1 + \frac{p_d G_{y_0} d_1^{-\alpha}}{\mathscr{I}_{ps} + \mathscr{I}_{ss}}\right) \tag{15.36}$$

式中：$\mathscr{I}_{ps}$ 为主用户传输所带来的干扰；$\mathscr{I}_{ss}$ 为其他次用户传输所带来的干扰。在典型次用户和它对应的接收端之间，信道的功率衰落记为 G_{y_0}。活跃的主用户链路对 SR 所产生的干扰为

$$\mathscr{I}_{ps} = \sum_{x \in \Pi_{pd}} p_e G_{r(x)} \ell_{r(x)}^{-\alpha} \tag{15.37}$$

式中：$G_{r(x)}$、$\ell_{r(x)}$ 为与关联到 DAP$x \in \Pi_{pd}$ 的 DPU 与坐标原点处典型 SR 之间的小尺度功率衰落和距离，$\ell_{r(x)}$ 的单位为 m。假设任意 DPU 和典型 SR 之间的距离都大于 1 米，因此采用$\mathscr{I}_{r(x)}^{-\alpha}$ 建模路径损耗。

其他同时传输数据的次用户所导致的干扰为

$$\mathscr{I}_{ss} = \sum_{y \in \tilde{\Pi}_s / \{y_0\}} p_d G_y \min(1, \ell_y^{-\alpha}) \tag{15.38}$$

该累加干扰是由除了典型 SU 外其他所有活跃次用户导致的。在某个 SU$y \in \tilde{\Pi}_s / \{y_0\}$ 和典型 SR 之间，小尺度功率衰落和距离分别表示为 G_y 和 ℓ_y。

给定一个典型 SU，其位于所有 DAP 的保护区外，它所发送的次用户数据能够成功达到 SR 的条件是 $C_s \geqslant R_1$，成功概率可以表示为

$$P_{suc}^{s} \approx \mathbb{E}\left[\exp\left(-\frac{\zeta_1(\mathscr{I}_{ps} + \mathscr{I}_{ss})}{p_d d_1^{-\alpha}}\right)\right] \tag{15.39}$$

式中：$\zeta_1 = 2^{R_1} - 1$，该表达式中的数学期望是对$\mathscr{I}_{ps}$ 和$\mathscr{I}_{ss}$ 操作的。由于假设 DAPs 和活跃次用户的分布是相互独立的，式（15.39）进一步推导为

$$P_{suc}^{s} = \underbrace{\mathbb{E}_{\mathscr{I}_{ps}}\left[\exp\left(-\frac{\zeta_1 \mathscr{I}_{ps}}{p_d d_1^{-\alpha}}\right)\right]}_{F_{\mathscr{I}_{ps}}} \underbrace{\mathbb{E}_{\mathscr{I}_{ss}}\left[\exp\left(-\frac{\zeta_1 \mathscr{I}_{ss}}{p_d d_1^{-\alpha}}\right)\right]}_{F_{\mathscr{I}_{ss}}} \tag{15.40}$$

由于信道的衰落和节点位置的分布是相互独立的，对来自其他 DPU 的干扰求数学期望，即式（15.40）中的第一项，可以近似为

$$F_{\mathscr{I}_{ps}} \approx \exp\left\{-2\pi\tilde{\lambda}_p \int_0^{\infty}\int_{\tilde{c}_0}^{\infty} [1 - \exp(-\zeta_1 \rho_1 d_1^{\alpha} g \ell^{-\alpha})] \ell d\ell e^{-g} dg\right\} \tag{15.41}$$

式中：$\rho_1 = \frac{p_e}{p_d}$；$\tilde{\lambda}_p = \beta_L \lambda_p$。典型 SU 位于所有 DAPs 的保护区外，典型 SR 和 DPUs 之间可能的最短距离为 $\tilde{c}_0 = c_0 - d_0 - d_1$，其中假设 c_0 大于 $d_0 + d_1 + 1$。与式（15.33）类似，式（15.41）可以推导为

$$F_{\mathscr{I}_{ps}} \approx \exp\left\{\frac{\pi\tilde{\lambda}_p \tilde{c}_0^2 \zeta_1 \rho_1}{\zeta_1 \rho_1 + d_1^{-\alpha} \tilde{c}_0^{\alpha}} - \pi\tilde{\lambda}_p (\zeta_1 \rho_1)^{\frac{2}{\alpha}} d_1^2 \int_0^{\infty} g^{\frac{2}{\alpha}} \gamma\left(1 - \frac{2}{\alpha}, \frac{\zeta_1 \rho_1 g}{d_1^{-\alpha} \tilde{c}_0^{\alpha}}\right) e^{-g} dg\right\} \tag{15.42}$$

按照式（15.34），可以进一步推导式（15.42）为

$$F_{\mathscr{I}_{ps}} \approx \exp\left\{\frac{\pi\tilde{\lambda}_p \tilde{c}_0^2 \zeta_1 \rho_1}{\zeta_1 \rho_1 + d_1^{-\alpha} \tilde{c}_0^{\alpha}} \left[1 - \frac{\alpha d_1^{-\alpha} \tilde{c}_0^{\alpha}}{(\alpha - 2)(\zeta_1 \rho_1 + d_1^{-\alpha} \tilde{c}_0^{\alpha})}\right.\right.$$

$$\times \sum_{n=0}^{\infty} \frac{(2)_n}{(2-2/\alpha)_n}\left(\frac{\zeta_1\rho_1}{\zeta_1\rho_1+d_1^{-\alpha}\tilde{c}_0^{\alpha}}\right)^n\Bigg]\Bigg\} \tag{15.43}$$

随着 $\tilde{\lambda}_p$ 的增长，在平面上存在更多的活跃主链路，会对典型 SR 产生较强的干扰，概率 $F_{\mathcal{I}_{ps}}$ 变小。随着 ζ_1 或 ρ_1 的增长，较大的传输速率和较弱的信干比导致概率 $F_{\mathcal{I}_{ps}}$ 变小。

由于次用户是否激活与 DPUs 的位置有关，将典型 SR 放置于坐标原点改变了距离用户的距离分布[21]，因此，对来自其他激活 SUs 的干扰求数学期望，即式（15.40）的第二项，在忽略 DAPs 周边保护区影响的条件下，可以近似为

$$F_{\mathcal{I}_{ss}} \approx \exp\left\{-2\pi\xi\lambda_s\int_0^{\infty}\int_0^{\infty}\{1-\exp[-\zeta_1 d_1^{\alpha} g\min(1,\mathcal{I}^{-\alpha})]\}\ell d\ell e^{-g}\mathrm{d}g\right\} \tag{15.44}$$

类似式（15.26），式（15.44）可以推导为

$$F_{\mathcal{I}_{ss}} \approx \exp\left\{-\pi\xi\lambda_s\zeta_1^{\frac{2}{\alpha}}d_1^2\left[\frac{2\pi/\alpha}{\sin(2\pi/\alpha)}-\int_0^{\infty}g^{\frac{2}{\alpha}}\Gamma\left(1-\frac{2}{\alpha},\zeta_1 d_1^{\alpha}g\right)e^{-g}\mathrm{d}g\right]\right\} \tag{15.45}$$

按照式（15.27），可以进一步推导式（15.45）为

$$F_{\mathcal{I}_{ss}} \approx \exp\left\{-\pi\xi\lambda_s\zeta_1^{\frac{2}{\alpha}}d_1^2\left[\frac{\frac{2\pi}{\alpha}}{\sin\left(\frac{2\pi}{\alpha}\right)}-\frac{\alpha\zeta_1^{1-\frac{2}{\alpha}}d_1^{\alpha-2}}{(\alpha+2)(1+\zeta_1 d_1^{\alpha})^2}\times\sum_{n=0}^{\infty}\frac{(2)_n}{\left(2+\frac{2}{\alpha}\right)_n(1+\zeta_1 d_1^{\alpha})^n}\right]\right\} \tag{15.46}$$

次用户的密度 λ_s 越大，并发的次用户数据传输就会导致更强的干扰，成功概率 $F_{\mathcal{I}_{ss}}$ 变小。随着 ζ_1 的增长，信道较难满足更高的传输速率，概率 $F_{\mathcal{I}_{ss}}$ 变小。

15.4 认知网络的区域吞吐量

协作无线能量传输能够大幅提升 EPUs 的能量收集效率，在给定时间内能够收集到更多的能量，因此，在整个平面上将会有更多的并发主链路，这会带来更多的干扰。定义主系统的区域吞吐量为 $\mathcal{A}_p=\tilde{\lambda}_p P_{suc}^{p} R_0$，次系统的区域吞吐量为 $\mathcal{A}_s=\tilde{\lambda}_s P_{suc}^{s} R_1$。区域吞吐量表示在单位面积上平均正确传输的比特数。

15.4.1 主系统的区域吞吐量

能量协作区域越大，则有助于选择更为合适的次用户进行能量的协作传输，更快地对 EPU 进行无线充电。由于具有最佳信道质量的 SU 往往距离 EPU 非常近，随着距离的延长，WET 效率降低，因此，将 EC 的半径（c_1）设置为与 AP - PU 通信距离（d_0）相等是合理的，有助于减少最佳次用户选择的开销，同时提升 WET 的效率。随着保护区域的扩展，主系统的区域吞吐量变大，这是因为并发的次用户数变少，减少了对主用户的干扰，有助于保护主用户通信链路质量。

随着次用户密度的增长，协作 WET 更有可能进行，因此，平面上会有更多的 DPUs。较多的主用户和次用户进行传输，会导致较强的干扰，主用户数据成功传输的概

率 P_{suc}^{p} 变小。如图 15.2 所示主系统区域吞吐量与次用户的密度的关系，可以发现，存在一个最优的次用户密度 λ_s，使得主系统的区域吞吐量达到最大，系统性能随着保护区的扩展变得更好。当 $\lambda_s=0$ 时，吞吐量与无频谱共享且无协作 WET 时的吞吐量一样。当 λ_s 足够大时，主系统的区域吞吐量能够降为 0。当保护区的半径变得足够大时，在平面上空闲的区域就会变少，可容纳的活跃次用户数变少，干扰主要来自并发的主用户 DPU 的传输，因此，随着 c_0 的进一步增长，系统的性能改进很微弱。随着 c_0 的增长，最优的次用户密度变大，如图 15.2 所示，标记符号从左向右移动。与没有次用户共享频谱时的单主网络相比，即 $\lambda_s=0$，在次用户密度适中时，基于协作无线能量传输的频谱共享机制能够获得非常好的系统性能。

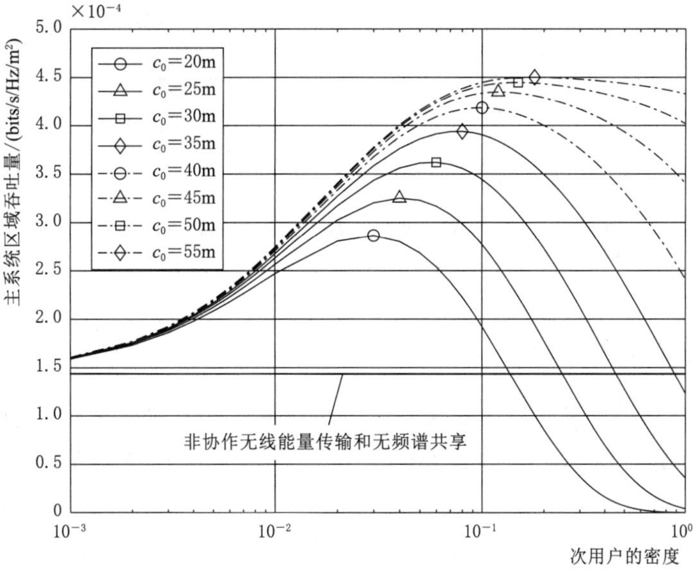

图 15.2 主系统区域吞吐量与次用户的密度的关系
（对于每条曲线，标记符号表示吞吐量的最大值）

15.4.2 次系统的区域吞吐量

如前所述，保护区的半径 c_0 对于次用户的传输成功率的影响很微弱，几乎可以忽略。但是，活跃次用户的密度 $\tilde{\lambda}_s$ 是 c_0 的单调递减函数，因此，随着保护区的扩展，次系统的区域吞吐量变小。次用户的传输速率 R_1 越大，数据成功传输的概率就越小，但是一旦数据分组成功传输了，则在一个时间快内传递了更多的信息给 SR。给定次用户数据传输速率 R_1，次用户的密度越大，并发次链路就越多，累加干扰就越强，次用户数据传输的成功率越小，但是在平面上会存在更多的活跃次用户，这在另一方面有助于提升次系统的区域吞吐量。图 15.3 所示次系统区域吞吐量与次用户密度的关系，存在一个最优的次用户密度，使得次系统的区域吞吐量达到最大，随着保护区的扩展，次系统区域吞吐量变差。

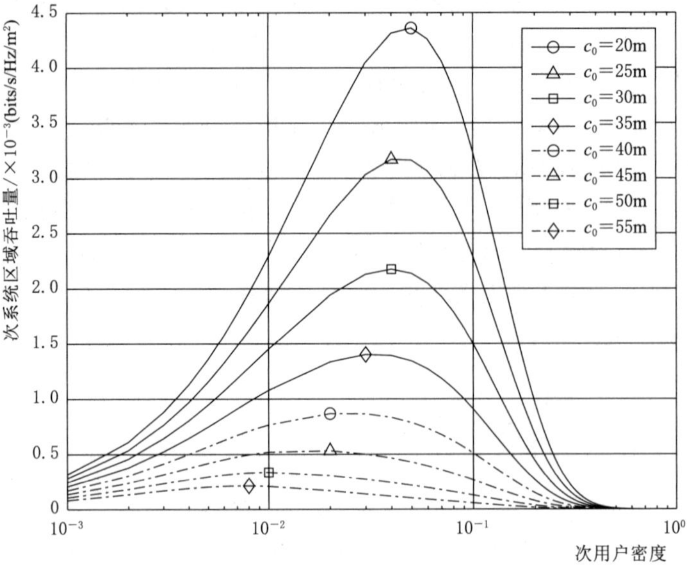

图 15.3 次系统区域吞吐量与次用户的密度的关系
（对于每条曲线，标记符号表示吞吐量的最大值）

15.4.3 区域吞吐量的优化

对于不存在频谱共享的单一主系统，区域吞吐量计算为 $\mathscr{A}_n=\beta_L^{\mathrm{n}}\lambda_{\mathrm{p}}P_{\mathrm{suc}}^{\mathrm{n}}P_{10}$，其中 β_L^n 表示主用户链路的激活概率，即传输概率，$P_{\mathrm{suc}}^{\mathrm{n}}$ 表示主用户链路的传输成功概率。在式（15.10）中，将能级转换概率 $\mu_{0,t}$，（$t\in\{0,\cdots,L-1\}$）中的 λ_{s} 设置为 0，则可得到传输概率 β_L^{n}。通过将式（15.18）中的 β_L 替换为 β_L^{n}，则可获得成功概率 $P_{\mathrm{suc}}^{\mathrm{n}}$。对于基于协作 WET 的频谱共享，目的是最大化次系统的区域吞吐量，优化问题构建为

$$\begin{cases}\max\limits_{\lambda_{\mathrm{s}},c_0} & \mathscr{A}_{\mathrm{s}}\\ \text{s. t.} & \mathscr{A}_{\mathrm{p}}\geqslant(1+p)\mathscr{A}_{\mathrm{n}}\end{cases}\tag{15.47}$$

约束条件表示，相比于非频谱共享场景，主系统的区域吞吐量需要至少提升 ρ 的比例。在 underlay 频谱共享机制中，在不损害主用户传输的条件下，次用户需要机会性地接入频谱，因此主用户可能不情愿去调整它们的参数设置以满足次用户的传输需求。参考文献［21，45］的设置，假设 PUs 的发射功率是提前定好的。

考虑 $c_0\to\infty$ 的特殊场景，考虑协作无线能量传输，由于空闲区域非常小，整个平面上几乎没有次用户共享频谱，次用户不会对 DPU 的传输带来干扰，主系统获得最佳区域吞吐量性能。主系统区域吞吐量的上限为 $\hat{\mathscr{A}}_{\mathrm{p}}=\beta_L\lambda_{\mathrm{p}}F_{\mathscr{I}_{\mathrm{pp}}R_0}$。通过设置 $\mathscr{A}_{\mathrm{p}}$ 相对 β_L 的偏导数为 0，并考虑 β_L 的上限为 1/2，可以获得最大值为

$$\hat{\mathscr{A}}_{\mathrm{p}}^{*}=\min\left(\frac{1}{\lambda_{\mathrm{p}}\mathscr{B}(\zeta_0)},\ \frac{1}{2}\right)\lambda_{\mathrm{p}}\exp\left[-\lambda_{\mathrm{p}}\mathscr{B}(\zeta_0)\ \min\left(\frac{1}{\lambda_{\mathrm{p}}\mathscr{B}(\zeta_0)},\ \frac{1}{2}\right)\right]\mathrm{R}_0$$

中间函数定义为

$$\mathscr{B}(\zeta_0)=\pi\zeta_0^{\frac{2}{\alpha}}d_0^2\left[\frac{\frac{2\pi}{\alpha}}{\sin(\frac{2\pi}{\alpha})}-\int_0^{\infty}g^{\frac{2}{\alpha}}\Gamma(1-\frac{2}{\alpha},\ \zeta_0 d_0^{\alpha}g)e^{-g}\mathrm{d}g\right]$$
$$=\pi\zeta_0^{\frac{2}{\alpha}}d_0^2\left[\frac{\frac{2\pi}{\alpha}}{\sin(\frac{2\pi}{\alpha})}-\frac{\alpha(\zeta_0 d_0^{\alpha})^{1-\frac{2}{\alpha}}}{(\alpha+2)(1+\zeta_0 d_0^{\alpha})^2}\sum_{n=0}^{\infty}\frac{(2)_n}{(2+\frac{2}{\alpha})_n(1+\zeta_0 d_0^{\alpha})^n}\right] \tag{15.48}$$

考虑$\hat{\mathscr{A}}_{\mathrm{p}}^*$ 的取值，有两种情况：

(1) 情形Ⅰ：如果$\hat{\mathscr{A}}_{\mathrm{p}}^*<(1+p)\mathscr{A}_{\mathrm{n}}$，式（15.47）的约束条件无法满足，因此不允许次用户共享频谱。

(2) 情形Ⅱ：如果$\hat{\mathscr{A}}_{\mathrm{p}}^*\geqslant(1+\rho)\mathscr{A}_{\mathrm{n}}$，式（15.47）的约束条件能够满足，允许次用户共享频谱。

在最有利的条件下，可以采用上述机制判断主系统的吞吐量是否能够提升 ρ 的比例。如果情形Ⅱ发生，可以定义一个次用户密度的取值范围$[\check{\lambda}_{\mathrm{s}},\ \hat{\lambda}_{\mathrm{s}}]$，其中 $\check{\lambda}_{\mathrm{s}}$ 和 $\hat{\lambda}_{\mathrm{s}}$ 分别表示最小或最大可允许的次用户密度。给定 $\lambda_{\mathrm{s}}\in[\check{\lambda}_{\mathrm{s}},\ \hat{\lambda}_{\mathrm{s}}]$的值，随着保护区半径 c_0 的增长，主系统的区域吞吐量变大，但是次系统的区域吞吐量变小。给定 $\lambda_{\mathrm{s}}\in[\check{\lambda}_{\mathrm{s}},\ \hat{\lambda}_{\mathrm{s}}]$的一个值，主系统的最大区域吞吐量为$\hat{\mathscr{A}}_{\mathrm{p}}(\lambda_{\mathrm{s}})$，其中 $c_0\to\infty$。如果$\hat{\mathscr{A}}_{\mathrm{p}}(\lambda_{\mathrm{s}})<(1+\rho)\mathscr{A}_{\mathrm{n}}$ 成立，即 $\beta_L\exp(-\lambda_{\mathrm{p}}\mathscr{B}(\zeta_0)\beta_L)<(1+\rho)\beta_L^{\mathrm{n}}\exp(-\lambda_{\mathrm{p}}\mathscr{B}(\zeta_0)\beta_L^{\mathrm{n}})$，则给定的 λ_{s} 不能满足式（15.47）的约束条件。否则，如果$\hat{\mathscr{A}}_{\mathrm{p}}(\lambda_{\mathrm{s}})\geqslant(1+\rho)\mathscr{A}_{\mathrm{n}}$，即 $\beta_L\exp(-\lambda_{\mathrm{p}}\mathscr{B}(\zeta_0)\beta_L)\geqslant(1+\rho)\beta_L^{\mathrm{n}}\exp(-\lambda_{\mathrm{p}}\mathscr{B}(\zeta_0)\beta_L^{\mathrm{n}})$，通过设置$\mathscr{A}_{\mathrm{p}}=(1+\rho)\mathscr{A}_{\mathrm{n}}$，简化为 $F_{\mathscr{I}_{\mathrm{sp}}}=(1+\rho)(\beta_L^{\mathrm{n}}/\beta_L)\exp[\lambda_{\mathrm{p}}\mathscr{B}(\zeta_0)(\beta_L-\beta_L^{\mathrm{n}})]$，能够获得一个半径值 $c_0(\lambda_{\mathrm{s}})$。对于给定的 λ_{s}，该 $c_0(\lambda_{\mathrm{s}})$ 是能够最大化式（15.47）目标函数并且满足约束条件的最优保护区尺寸。通过在 $\lambda_{\mathrm{s}}\in[\check{\lambda}_{\mathrm{s}},\ \hat{\lambda}_{\mathrm{s}}]$上进行遍历查询并计算相应的 $c_0(\lambda_{\mathrm{s}})$，在主系统性能的约束下，能以数字化的方式获得次系统的最大区域吞吐量。

15.5 数值和仿真结果

除非特别说明，在仿真过程中，系统参数设置为 $\alpha=3$，$d_0=c_1=5\mathrm{m}$，$d_1=2.5\mathrm{m}$，$R_0=1\mathrm{bits/s/Hz}$，$R_1=0.5\mathrm{bits/s/Hz}$，$\lambda_{\mathrm{p}}=10^{-3}$，$\eta=\xi=0.4$，$\zeta=0.8$，$\rho=0.5$，$L=10$，$\check{\lambda}_{\mathrm{s}}=10^{-3}$，$\hat{\lambda}_{\mathrm{s}}=1$。EAP 和所选次用户发射无线能量信号时的功率为 $p_{\mathrm{a}}=p_{\mathrm{s}}=30\mathrm{dBm}$。对于数据传输，DPUs 和活跃 SUs 的功率设置为 $p_{\mathrm{e}}=p_{\mathrm{d}}=10\mathrm{dBm}$。仿真时进行 10^4 次随机网络生成，网络的半径为 500m，将每次的仿真结果做平均得到最终的仿真结果。

15.5.1 EPU 的传输概率

图 15.4 显示了主用户传输概率与次用户密度的关系，在收集到预先设定的能量时，

该典型 EPU 将转变为 DPU，并在下一个时间块中耗尽所收集的能量以发射数据给所关联的 DAP。

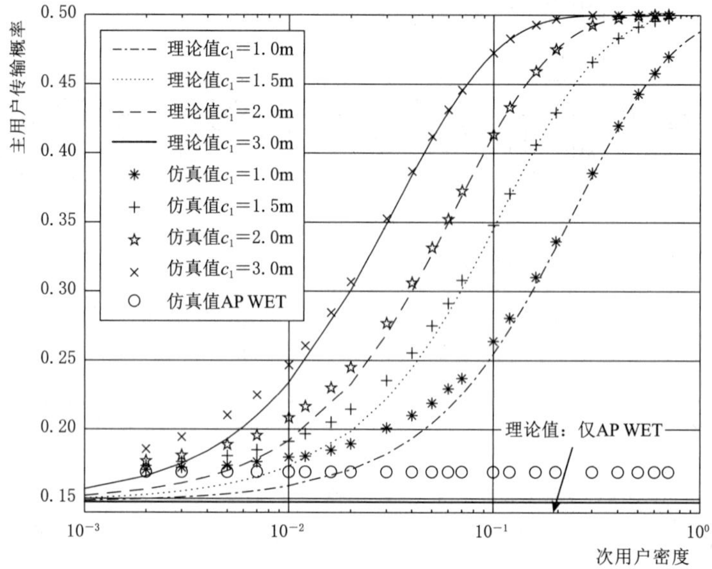

图 15.4　主用户传输概率与次用户密度的关系

从图 15.4 中可以看到，所推导的理论结果是仿真结果的紧凑的下限值，这表明采用离散的能级能够合理地建模 EPUs 的能量状态。当次用户密度较小时，非协作的 WET 更有可能发生，由于较低的能量收集效率，将能量状态转移概率从式（15.3）近似为式（15.4）是比较松散的。当次用户分布比较密集时，协作 WET 更有可能发生，因此 EPU 能够比较容易地收集到足够的能量，导致传输概率相应增长。随着能量协作区域的扩展，更有可能选择一个最佳次用户进行协作 WET，传输概率会变大。如果在能量协作区域中存在很多次用户，即 $\lambda_s \to \infty$，考虑到不同 SU 和 EPU 之间信道衰落的相互独立，EPU 在单个时间块中收集到所需能量的概率几乎接近于 1，该主用户在下一个时间块中耗尽所有的可用能量传输数据。如图 15.4 所示，EPU 收集到足够能量的渐进概率为 $\lim_{\lambda_s \to \infty} \beta_L = 0.5$。

15.5.2　主系统的成功概率

给定能量收集区域的尺寸和保护区的尺寸，次用户的密度越大，协作无线传输发生的可能性越高，因此 EPU 能够更容易地收集到足够多的能量，结果是将有更多的并发主用户链路，这会给典型链路带来较为严重的干扰，损害数据成功传输的概率。在这种情况下，所有保护区的集合将会扩大，留给次用户传输的空闲区域变少，这有助于减少次用户给 DAP 带来的干扰。但是，较大的次用户密度意味着，在空闲区域，活跃次链路的分布更为密集，这会给 DAP 带来较强的干扰。图 15.5 显示了主系统成功概率与次用户密度的关系，对于系统参数设置，随着次用户密度 λ_s 的增长，主用户链路的成功传输概率会变小。随着保护区尺寸的增长，减少了来自次用户的干扰，DPU 的数据传输得到更为安全的保护，因此数据成功传输概率变大。理论值与仿真值的差距很小，这验证了对能量状态和点过程的近似是有效的。

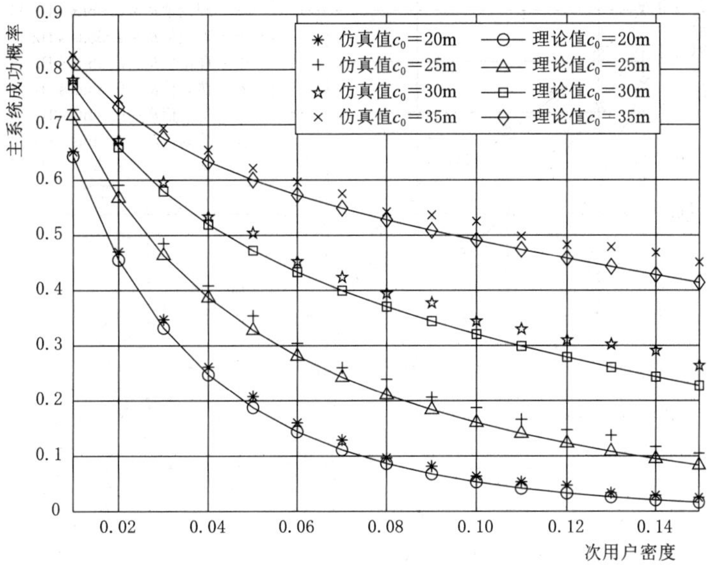

图 15.5 主系统成功概率与次用户密度的关系（c_1=2m，R_0=2bits/s/Hz）

15.5.3 次系统的成功概率

当 AP 的密度相比 SU 的密度非常小时，在典型 SR 端，来自活跃次用户的干扰将在所有干扰中占主要成分，因此保护区的尺寸对次用户成功传输的概率影响很小。图 15.6 显示了次系统成功概率与次用户密度的关系，当次用户分布较为密集时，协作 WET 更有可能发生，平面上会存在更多的 DPUs，给典型 SR 带来更多的干扰，在空闲的区域将存在更多的活跃次用户，数据成功传输的概率会由于遭受较强的干扰而变小。当目标速率 R_1 由 2.5bits/s/Hz 降为 0.5bits/s/Hz 时，次用户数据能够更可靠地传输，能够承受更多的干扰，性能会变好。理论分析结果很接近仿真结果。

15.5.4 次系统最大区域吞吐量

图 15.7 显示了次系统最大区域吞吐量与主系统吞吐量提升比例 ρ 的关系，在 ρ 变化时，次系统可获得的最大吞吐量。当 ρ 变大时，主系统的性能需求更加苛刻，结果是 DAPs 能够忍受的干扰较少，并且保护区需要进步扩展，减少并发次用户的存在，这会损害次系统的区域吞吐量性能。当每个 SU - SR 链路的通信距离变长时，路径损耗更为严重，数据传输的可靠性变差，导致吞吐量性能变差。

图 15.8 显示了次系统最大区域吞吐量与次用户数据传输速率 R_1 的关系；图 15.9 显示了次系统最大区域吞吐量与主用户数据传输速率 R_0 的关系。随着次用户数据速率 R_1 的增长，区域吞吐量先增长，后降低。区域吞吐量的定义是数据成功传输的概率和数据传输速率的乘积。对于一个给定的次用户密度 λ_s，随着传输速率 R_1 增长，次用户数据传输

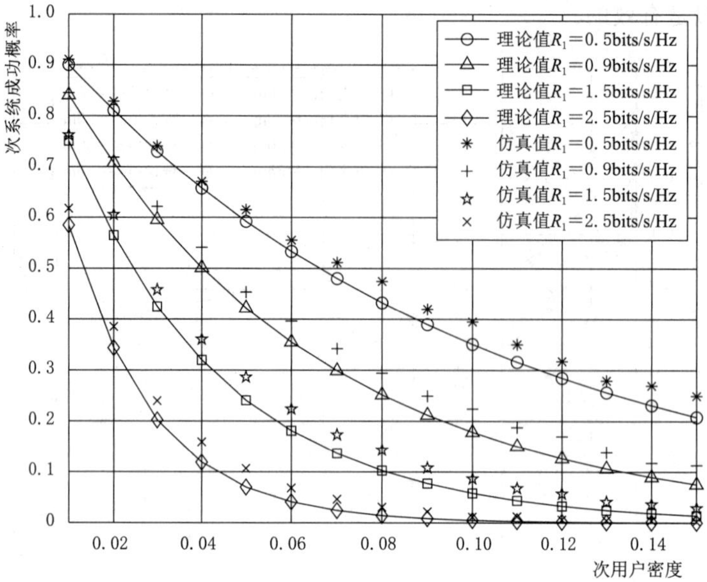

图 15.6　次系统成功传输概率与次用户密度的关系（$c_1=2\mathrm{m}$，$c_0=20\mathrm{m}$）

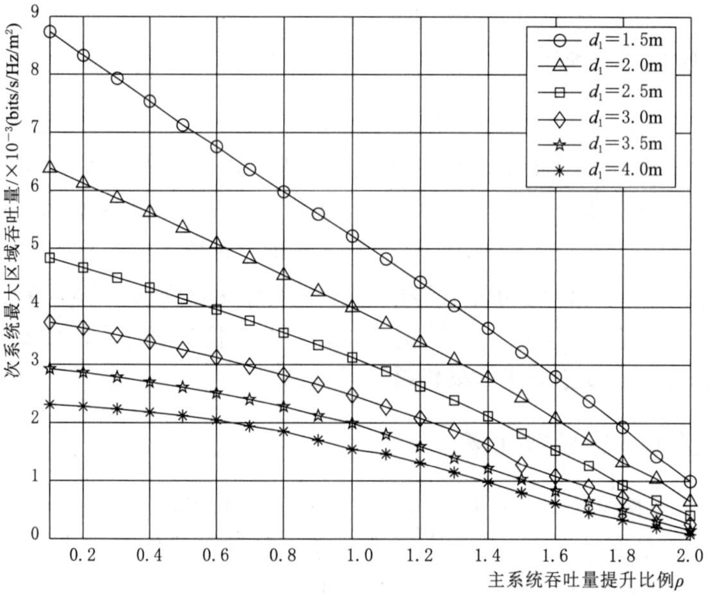

图 15.7　次系统最大区域吞吐量与主系统吞吐量提升比例 ρ 的关系

的成功概率降低，但是一旦成功传输，则可以传递更多的信息，因此，较高的传输速率在另一方面也有助于区域吞吐量的提升，这是曲线呈现先上升后下降的原因。如图 15.9 所示，随着主数据传输速率 R_0 的增长，次系统区域吞吐量变小，这是因为在系统性能的约束下，主系统能够承受的干扰更少。随着 ρ 的增长，次系统的吞吐量变小。

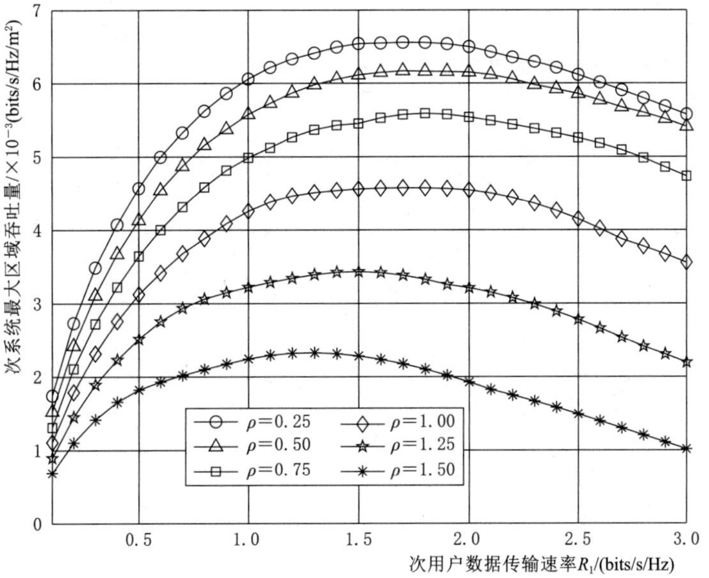

图 15.8　次系统最大区域吞吐量与次用户数据传输速率 R_1 的关系

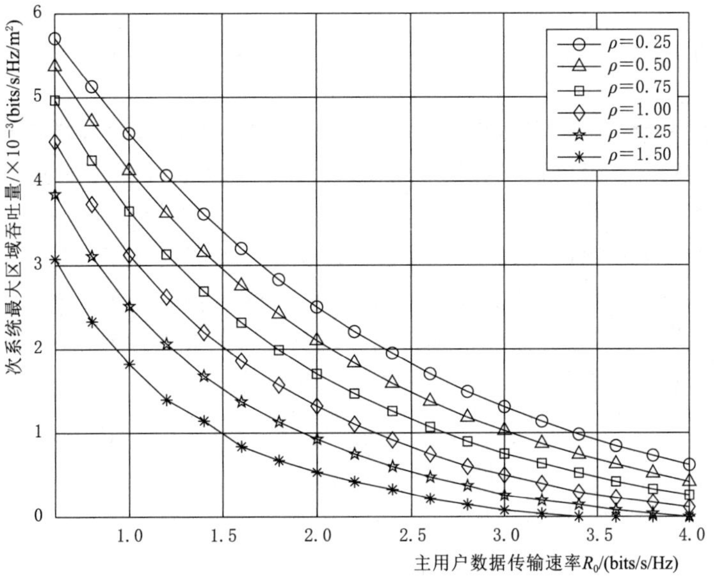

图 15.9　次系统最大区域吞吐量与主用户数据传输速率 R_0 的关系

图 15.10 描述了次系统最大区域吞吐量与次用户数据发射功率 p_d 的关系。当次用户发射功率增大时，会对主用户链路带来较强的干扰，为了满足主系统的性能需求，保护区会变大，允许共享频谱的次用户变少。尽管较高的发射功率能够帮助次用户对抗来自 DPUs 的干扰，但是较低的活跃次用户密度在另一方面损害吞吐量性能。随着能量发射功率 p_e 的增长，主用户链路能够承受更多的干扰，因此在平面允许更多次用户并发传输数据，这有助于提升次系统的吞吐量性能。

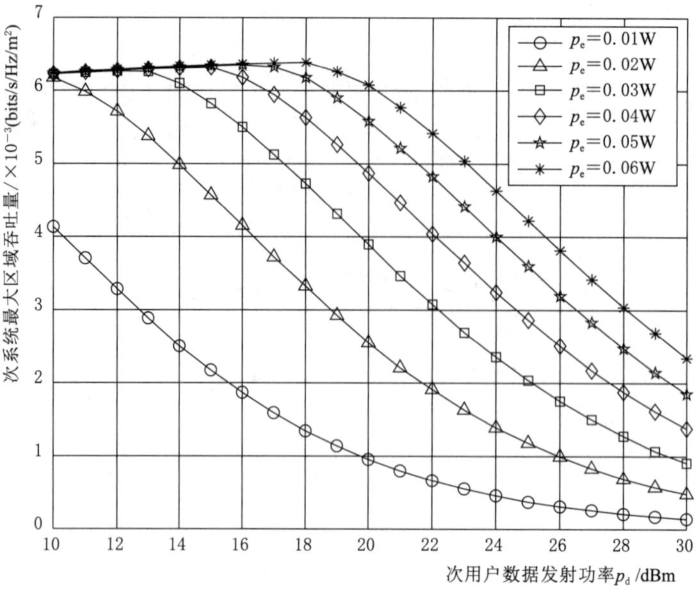

图 15.10　次系统最大区域吞吐量与次用户数据发射功率 p_d 的关系

15.6　小结

本章提出了一种大规模 CRN 架构，实现了基于 WET 的底衬频谱共享，当次用户位于所有 DAPs 的保护区以外时，按照一定的媒体接入概率机会性的共享频谱。在每个 EPU 周边设置了能量协作区域，并在其中选择具有最佳信道状态的次用户协助 EAP 传输无线能量给 EPU。采用离散能级建模 EPU 的能量累积过程，采用马尔可夫链分析了不同能级的转换概率。通过假设 DPUs 和 SUs 服从相互独立的 HPPP，分析了主次系统的数据成功传输概率。在满足主系统性能提升的要求下，最大化次系统的区域吞吐量。数值结果显示我们所设计的方案能够更好地容纳次用户的传输，同时大幅提升了主系统的区域吞吐量性能。

第 16 章 总结与展望

16.1 总结

针对无线通信网络频谱资源短缺及终端能量受限的情况，为了满足用户不断增长的无线传输需求，本书采用空时编码及协作中继技术提升通信鲁棒性，采用无线能量收集技术提升终端可持续性，采用非正交多址接入及认知频谱共享技术提升频谱效率。主要包括两方面的研究内容：

（1）考虑能量收集及多用户分集技术，研究基于非正交多址接入及空时编码的协作传输机制，研究双路交替连续中继及自适应协作通信机制。

（2）考虑认知无线电网络不同用户收集能量及用户调度的情形，研究空间域、频率域、时间域机会性频谱共享及协作频谱共享机制。

本书采用随机几何理论恰当建模大规模网络中节点的位置分布，巧妙地构建了频谱及能量高效的通信机制，分析了数据成功传输概率及吞吐量等性能，所得理论结果能够揭示关键参数对系统性能的影响，有助于指导网络建模、通信协议设计、性能分析和资源优化，实现绿色高效通信。

16.2 展望

随着 5G 网络的大规模部署，移动通信能力和服务质量得到跨越式提升，一些新的应用需求不断涌现，比如沉浸式云 XR（扩展现实）、全息通信、超高清/3D 视频、感官互联、智慧交互、数字孪生、全域覆盖等，移动通信正从信息化向智能化转变，逐步实现人机物智慧互联、虚拟与现实深度融合，这正是 6G 网络的发展愿景。2021 年 IMT-2030（6G）推进组发布了《6G 总体愿景与潜在关键技术白皮书》和《6G 网络架构愿景与关键技术展望白皮书》，指出未来网络架构设计对于实现网络通信、计算、存储、感知、智能、安全等多维能力至关重要。2021 年年底，工信部印发《“十四五”信息通信行业发展规划》，指出“十四五”期间全面推进 5G 网络建设，开展 6G 基础理论及关键技术研发，促进信息通信行业的高质量发展，赋能经济社会数字化转型升级，为建设制造强国、质量强国、网络强国、数字中国贡献更大力量。

海量设备互联及用户的沉浸式体验需求导致移动流量急剧增长，用户或运营商按需部署大量微基站成为一种趋势，网络逐渐呈现出多种接入机制共存且多层基站重叠部署的大规模异构形态。随着新型网络和应用的不断涌现，传统的静态频谱管理方式容易导致频谱供需矛盾。一方面，6GHz 以下具有较好传输特性的低频段大部分已通过专用授权方式分配殆尽，频谱资源短缺；另一方面，大部分已分配频段并没有得到充分利用，使用情况在时间和空间上高度不均衡。因此，除积极开发高频段之外，亟待提高低频段的利用效率。迫切需要拓展认知无线电频谱共享技术的应用场景，在保证授权用户通信性能的前提下，非授权用户共享频谱资源，实现主次系统的共存共赢。在整个认知无线电网络层面，主次系统需要根据用户的能量状态、信道状态及网络的负载状况等，自适应地分配资源并调度用户采用不同的通信模式实现频谱的高效利用。

能量收集具有环境友好的特性，因为终端从周围环境中汲取可再生能量，减少使用电网能量，降低了二氧化碳排放，实现绿色通信。在能量收集过程中能量的到来在时间和空间上具有随机性和不连续性，所收集的能量一般存储于电池或超级电容中，在能量因果性的约束下，研究如何有效地使用所收集的能量来改进系统的通信性能就变得尤为迫切。

近年来，从电磁辐射中收集能量成为学术界和企业界的研究热点，因为射频信号不仅可以传输信息，也可以传输能量。随着高效整流天线的研究，更加高效的无线能量传输也会在不久的将来实现。无线能量传输技术可以广泛应用到能量受限的无线传感网、物联网等领域，当传感网络中包含海量节点时、当节点部署在野外、封闭或危险区域时，对传感节点进行充电和更换电池往往不现实，采用无线能量传输方式供电，可以提高节点的自适应性和可持续性，大幅延长网络寿命。

在频谱及能量高效的无线异构网络中，为了充分提升无线能量传输及无线数据传输的效率，需要重点考虑不同小区之间的频率复用、干扰管理及用户移动性。考虑基站的负载及信道状况，用户的移动及能量状况，将不同的用户关联到合适的基站，可有效均衡网络负载并提升网络容量。考虑到不同用户的计算能力不同且业务需求不同，需要协调异构网络不同层的基站及其他网络元素，采用智能方法实现协作计算及协作传输，大幅减少终端的能量消耗，充分保障用户的服务质量需求。针对能量及频谱受限的无线网络，研究成果有助于延长网络寿命，提高网络的通信容量和用户容量，提高网络的可持续性、自适应性、自组织性，为提出具有低成本、低能耗、高可靠、高服务质量和良好用户体验的新一代绿色通信网络标准提供理论参考和技术支撑。

缩略语对照表

缩略语	全　　称	中文含义
ACK	Acknowledge	确认
AF	Amplify-and-Forward	放大转发
AP	Access Point	接入点
ARQ	Automatic Repeat-reQuest	自动请求重传
AWGN	Additive White Gaussian Noise	加性高斯白噪声
BS	Base Station	基站
CCDF	Complementary Cumulative Distribution Function	互补累积分布函数
CDF	Cumulative Distribution Function	累积分布函数
CNOMA	Cooperative Non-Orthogonal Multiple Access	协作非正交多址接入
CRC	Cyclic Redundancy Check	循环冗余检测
CRN	Cognitive Radio Network	认知无线电网络
CSI	Channel State Information	信道状态信息
CSMA	Carrier Sense Multiple Access	载波侦听多址访问
D2D	Device-to-Device	端到端
DF	Decode-and-Forward	译码转发
EC	Energy Cooperative	能量协作
EE	Energy Efficiency	能量效率
EH	Energy Harvesting	能量收集
EANR	Energy Accumulation Based Non-Orthogonal Relaying	基于能量累积的非正交中继
EAOR	Energy Accumulation Based Orthogonal Relaying	基于能量累积的正交中继
EHNT	Energy Harvesting with Non-Orthogonal Transmission	基于能量收集的非正交传输
EHOT	Energy Harvesting with Orthogonal Transmission	基于能量收集的正交传输
FD	Full Duplex	全双工
HARQ	Hybrid Automatic Repeat request	混合自动重传请求
HD	Half Duplex	半双工
HPPP	Homogeneous Poisson Point Process	齐次泊松点过程
ID	Information Decoding	信息解码
IoT	Internet of Things	物联网

续表

缩略语	全　　称	中文含义
MAC	Medium Access Control	媒体接入控制
MAP	Medium Access Probability	媒体接入概率
MIMO	Multiple-Input Multiple-Output	多输入多输出
MRC	Maximum Ratio Combining	最大比合并
MU	Mobile User	移动用户
NACK	Negative Acknowledge	非确认
NOMA	Non-Orthogonal Multiple Access	非正交多址接入
OMA	Orthogonal Multiple Access	正交多址接入
PB	Power Beacon	功率信标
PDF	Probability Density Function	概率密度函数
PGFL	Probability Generating Function	概率生成函数
PHP	Poisson Hole Point Process	泊松孔过程
PPP	Poisson Point Process	泊松点过程
PR	Primary Receiver	主接收机
PS	Power-Splitting	功率分割
PT	Primary Transmitter	主发射机
PU	Primary User	主用户
QoS	Quality of Service	服务质量
RF	Radio Frequency	射频
RTH	Ready-to-Help	准备好协助
RTS	Request to Send	请求发送
SD	Secondary Destination	次目的节点
SE	Spectral Efficiency	频谱效率
SER	Symbol Error Rate	误符号率
SH	Secondary Helper	次帮助节点
SIC	Successive Interference Cancelation	连续干扰消除
SIMO	Single-Input Multiple-Output	单输入多输出
SINR	Signal to Interference Plus Noise Ratio	信干噪比
SIR	Signal to Interference Ratio	信干比
SNR	Signal to Noise Ratio	信噪比
SR	Secondary Receiver	次接收机
SS	Secondary Source	次源节点
ST	Secondary Transmitter	次发射机
SU	Secondary User	次用户

续表

缩略语	全　　称	中文含义
SWIPT	Simultaneous Wireless Information and Power Transfer	无线携能通信
TDMA	Time Division Multiple Access	时分多址
TPSR	Two-Path Successive Relaying	双路连续中继
TS	Time-Switching	时间切换
WBAN	Wireless Body-Area Network	无线体域网
WET	Wireless Energy Transfer	无线能量传输
WLAN	Wireless Local Area Networks	无线局域网
WPT	Wireless Power Transfer	无线功率传输

参 考 文 献

[1] SENDONARIS A, ERKIP E, AAZHANG B. User cooperation diversity Part Ⅱ Implementation aspects and performance analysis [J]. IEEE Transactions on Communications, 2003, 51 (11): 1939 - 1948.

[2] LANEMAN J N, TSE D N C, WORNELL G W. Cooperative diversity in wireless networks: Efficient protocols and outage behavior [J]. IEEE Transactions on Information Theory, 2004, 50 (12): 3062 - 3080.

[3] SU W, SADEK A K, RAY L K J. Cooperative communication protocols in wireless networks: Performance analysis and optimum power allocation [J]. Wireless Personal Communications, 2008, (44): 181 - 217.

[4] HASNA M O, ALOUINI M S. Optimal power allocation for relayed transmissions over Rayleigh - fading channels [J]. IEEE Transactions on Wireless Communications, 2004, 3 (6): 1999 - 2004.

[5] SIMIC L, BERBER S M, SOWERBY K W. Partner choice and power allocation for energy efficient cooperation in wireless sensor networks [J]. IEEE International Conference on Communications, 2008: 4255 - 4260.

[6] IBRAHIM A S, SADEK A K, SU W, et al. Cooperative communications with relay - selection: When to cooperate and whom to cooperate with [J]. IEEE Transactions on Wireless Communications, 2008, 7 (7): 2814 - 2827.

[7] ZORZI M, RAO R R. Geographic random forwarding (GeRaF) for Ad Hoc and sensor networks: Multihop performance [J]. IEEE Transactions on Mobile Computing, 2003, 2 (4): 337 - 348.

[8] YU G, ZHANG Z, QIU P. Cooperative ARQ in wireless networks: Protocols description and performance analysis [J]. IEEE International Conference on Communications, 2006, 8: 3608 - 3614.

[9] KHANDANI A E, ABOUNADI J, MODIANO E, et al L. Cooperative routing in static wireless networks [J]. IEEE Transactions on Communications, 2007, 55 (11): 2185 - 2192.

[10] IBRAHIM A S, HAN Z, RAY L K J. Distributed energy - efficient cooperative routing in wireless networks [J]. IEEE Transactions on Wireless Communications, 2008, 7 (10): 3930 - 3941.

[11] ZHANG J, ZHANG Q. Cooperative routing in multi - source multi - destination multi - hop wireless networks [J]. IEEE INFOCOM - The 27th Conference on Computer Communications, 2008: 2369 - 2377.

[12] MITOLA J, MAGUIRE G Q. Cognitive radio: Making software radios more personal [J]. IEEE Personal Communications, 1999, 6 (4): 13 - 18.

[13] GOLDSMITH A, JAFAR S A, MARIC I, et al. Breaking Spectrum Gridlock With Cognitive Radios: An Information Theoretic Perspective [J]. Proceedings of the IEEE, 2009, 97 (5): 894 - 914.

[14] LIANG Y C, ZENG Y, PEH E C Y, et al. Sensing - throughput tradeoff for cognitive radio networks [J]. IEEE Transactions on Wireless Communications, 2008, 7 (4): 1326 - 1337.

[15] LE L B, HOSSAIN E. Resource allocation for spectrum underlay in cognitive radio networks [J]. IEEE Transactions on Wireless Communications, 2008, 7 (12): 5306 - 5315.

[16] SIMEONE O, STANOJEV I, SAVAZZI S, et al. Spectrum leasing to cooperating secondary ad hoc networks [J]. IEEE Journal on Selected Areas in Communications, 2008, 26 (1): 203 - 213.

[17] SU W, MATYJAS J D, BATALAMA S. Active cooperation between primary users and cognitive radio users in heterogeneous ad - hoc networks [J]. IEEE Transactions on Signal Processing, 2012, 60 (4): 1796 - 1805.

[18] HAN Y, PANDHARIPANDE A, TING S H. Cooperative decode - and - forward relaying for secondary spectrum access [J]. IEEE Transactions on Wireless Communications, 2009, 8 (10): 4945 - 4950.

[19] HUANG K, LAU V K N, CHEN Y. Spectrum sharing between cellular and mobile ad hoc networks: transmission - capacity trade - off [J]. IEEE Journal on Selected Areas in Communications, 2009, 27 (7): 1256 - 1267.

[20] WEBER S P, YANG X, ANDREWS J G, et al. Transmission capacity of wireless ad hoc networks with outage constraints [J]. IEEE Transactions on Information Theory, 2005, 51 (12): 4091 - 4102.

[21] LEE C h, HAENGGI M. Interference and outage in poisson cognitive networks [J]. IEEE Transactions on Wireless Communications, 2012, 11 (4): 1392 - 1401.

[22] KAWADE S, NEKOVEE M. Can cognitive radio access to TV white spaces support future home networks [J]. IEEE Symposium on New Frontiers in Dynamic Spectrum (DySPAN), 2010:1 - 8.

[23] SACHS J, MARIC I, GOLDSMITH A. Cognitive cellular systems within the TV spectrum [J]. IEEE Symposium on New Frontiers in Dynamic Spectrum (DySPAN), 2010: 1 - 12.

[24] LEE J, WANG H, ANDREWS J G, et al. Outage probability of cognitive relay networks with interference constraints [J]. IEEE Transactions on Wireless Communications, 2011, 10 (2): 390 - 395.

[25] CHIAROTTO D, SIMEONE O, ZORZI M. Spectrum leasing via cooperative opportunistic routing techniques [J]. IEEE Transactions on Wireless Communications, 2011, 10 (9): 2960 - 2970.

[26] ZHAI C, ZHANG W, MAO G. Cooperative spectrum sharing between cellular and ad - hoc networks [J]. IEEE Transactions on Wireless Communications, 2014, 13 (7): 4025 - 4037.

[27] TACCA M, MONTI P, FUMAGALLI A. Cooperative and reliable ARQ protocols for energy harvesting wireless sensor nodes [J]. IEEE Transactions on Wireless Communications, 2007, 6 (7): 2519 - 2529.

[28] ZHANG F, HACKWORTH S A, LIU X, et al. Wireless energy transfer platform for medical sensors and implantable devices [J]. Annual International Conference of the IEEE Engineering in Medicine and Biology Society, 2009: 1045 - 1048.

[29] LEE S, ZHANG R. Cognitive wireless powered network: Spectrum sharing models and throughput maximization [J]. IEEE Transactions on Cognitive Communications and Networking, 2015, 1 (3): 335 - 346.

[30] KALAMKAR S S, JEYARAJ J P, BANERJEE A, et al. Resource allocation and fairness in wireless powered cooperative cognitive radio networks [J]. IEEE Transactions on Communications, 2016, 64 (8): 3246 - 3261.

[31] LIU Y, MOUSAVIFAR S A, DENG Y, et al. Wireless energy harvesting in a cognitive relay network [J]. IEEE Transactions on Wireless Communications, 2016, 15 (4): 2498 - 2508.

[32] LIANG H, ZHAO X. Optimal power allocation for energy harvesting cognitive radio networks with primary rate protection [J]. International Conference on Computing, Networking and Communications (ICNC), 2016: 1 - 6.

[33] ALEVIZOS P N, BLETSAS A. Sensitive and nonlinear far - field RF energy harvesting in wireless communications [J]. IEEE Transactions on Wireless Communications, 2018, 17 (6): 3670 - 3685.

[34] BOSHKOVSKA E, NG D W K, ZLATANOV N, et al. Practical non - linear energy harvesting model and resource allocation for SWIPT systems [J]. IEEE Communications Letters, 2015, 19(12): 2082 - 2085.

[35] CHEN Y, THOMAS K S, ABD - ALHAMEED R A. New formula for conversion efficiency of RF EH and its wireless applications [J]. IEEE Transactions on Vehicular Technology, 2016, 65 (11): 9410 - 9414.

[36] LIU L, ZHANG R, CHUA K C. Wireless information transfer with opportunistic energy harvesting [J]. IEEE International Symposium on Information Theory Proceedings, 2012: 288 - 300.

[37] GUO Y, XU J, DUAN L, et al. Joint energy and spectrum cooperation for cellular communication systems [J]. IEEE Transactions on Communications, 2014, 62 (10): 3678 - 3691.

[38] DING Z, PERLAZA S M, ESNAOLA I, et al. Power allocation strategies in energy harvesting wireless cooperative networks [J]. IEEE Transactions on Wireless Communications, 2014, 13 (2): 846 - 860.

[39] DING Z, POOR H V. Cooperative energy harvesting networks with spatially random users [J]. IEEE Signal Processing Letters, 2013, 20 (12): 1211 - 1214.

[40] NASIR A A, ZHOU X, DURRANI S, et al. Relaying protocols for wireless energy harvesting and information processing [J]. IEEE Transactions on Wireless Communications, 2013, 12 (7): 3622 - 3636.

[41] ZHANG R, HO C K. MIMO broadcasting for simultaneous wireless information and power transfer [J]. IEEE Transactions on Wireless Communications, 2013, 12 (5): 1989 - 2001.

[42] HUANG K, LARSSON E. Simultaneous information and power transfer for broadband wireless systems [J]. IEEE Transactions on Signal Processing, 2013, 61 (23): 5972 - 5986.

[43] XIANG Z, TAO M. Robust beamforming for wireless information and power transmission [J]. IEEE Wireless Communications Letters, 2012, 1 (4): 372 - 375.

[44] JU H, ZHANG R. Throughput maximization in wireless powered communication networks [J]. IEEE Transactions on Wireless Communications, 2014, 13 (1): 418 - 428.

[45] LEE S, ZHANG R, HUANG K. Opportunistic wireless energy harvesting in cognitive radio networks [J]. IEEE Transactions on Wireless Communications, 2013, 12 (9): 4788 - 4799.

[46] PARK S, KIM H, HONG D. Cognitive radio networks with energy harvesting [J]. IEEE Transactions on Wireless Communications, 2013, 12 (3): 1386 - 1397.

[47] ALAMOUTI S M. A simple transmit diversity technique for wireless communications [J]. IEEE Journal on Selected Areas in Communications, 1998, 16 (8): 1451 - 1458.

[48] SHIN W, VAEZI M, LEE B, et al. Non-orthogonal multiple access in multi - cell networks: Theory, performance, and practical challenges [J]. IEEE Communications Magazine, 2017, 55 (10): 176 - 183.

[49] HE C, HU Y, CHEN Y, et al. Joint power allocation and channel assignment for NOMA with deep reinforcement learning [J]. IEEE Journal on Selected Areas in Communications, 2019, 37 (10): 2200 - 2210.

[50] MUHAMMED A J, MA Z, ZHANG Z, et al. Energy efficient resource allocation for NOMA based small cell networks with wireless backhauls [J]. IEEE Transactions on Communications, 2020, 68 (6): 3766 - 3781.

[51] KHAN A S, CHATZIGEORGIOU I, LAMBOTHARAN S, et al. Network - coded NOMA with antenna selection for the support of two heterogeneous groups of users [J]. IEEE Transactions on Wireless Communications, 2019, 18 (2): 1332 - 1345.

[52] SHI Z, ZHANG C, Fu Y, et al. Achievable diversity order of HARQ - aided downlink NOMA systems [J]. IEEE Transactions on Vehicular Technology, 2020, 69 (1): 471 - 487.

[53] ALI K S, HAENGGI M, ELSAWY H, et al. Downlink non - orthogonal multiple access (NOMA) in Poisson networks [J]. IEEE Transactions on Communications, 2019, 67 (2): 1613 - 1628.

[54] LIU C H, LIANG D C. Heterogeneous networks with power - domain NOMA: Coverage throughput and power allocation analysis [J]. IEEE Transactions on Wireless Communications, 2018, 17 (5): 3524 - 3539.

[55] ZHAI C, ZHANG W, CHING P C. Cooperative spectrum sharing based on two - path successive relaying [J]. IEEE Transactions on Communications, 2013, 61 (6): 2260 - 2270.

[56] HAO W, CHU Z, ZHOU F, et al. Green communication for NOMA - based CRAN [J]. IEEE Internet of Things Journal, 2019, 6 (1): 666 - 678.

[57] CELIK A, TSAI M C, RADAYDEH R M, et al. Distributed user clustering and resource allocation for imperfect NOMA in heterogeneous networks [J]. IEEE Transactions on Communications, 2019, 67 (10): 7211 - 7227.

[58] WU Y, QIAN L P, MAO H, et al. Optimal power allocation and scheduling for non - orthogonal multiple access relay - assisted networks [J]. IEEE Transactions on Mobile Computing, 2018, 17 (11): 2591 - 2606.

[59] YU Z, ZHAI C, LIU J, et al. Cooperative relaying based non - orthogonal multiple access (NOMA) with relay selection [J]. IEEE Transactions on Vehicular Technology, 2018, 67 (12): 11606 - 11618.

[60] LIU H, KIM K J, KWAK K S, et al. Power splitting - based SWIPT with decode - and - forward full - duplex relaying [J]. IEEE Transactions on Wireless Communications, 2016, 15 (11): 7561 - 7577.

[61] ZHOU X, ZHANG R, HO C K. Wireless information and power transfer: Architecture design and rate - energy tradeoff [J]. IEEE Transactions on Communications, 2013, 61 (11): 4754 - 4767.

[62] LI X, WANG Q, LIU M, et al. Cooperative wireless - powered NOMA relaying for B5G IoT networks with hardware impairments and channel estimation errors [J]. IEEE Internet of Things Journal, 2021, 8 (7): 5453 - 5467.

[63] HUANG K, LAU V K N. Enabling wireless power transfer in cellular networks: architecture, modeling and deployment [J]. IEEE Transactions on Wireless Communications, 2014, 13 (2): 902 - 912.

[64] GRADSHTEYN I S, RYZHIK I M. Talbe of Integrals Series and Products [M]. Academic Press, 2007.

[65] CHEN H, ZHAI C, LI Y, et al. Cooperative strategies for wireless - powered communications: An overview [J]. IEEE Wireless Communications, 2018, 25 (4): 112 - 119.

[66] NASIR A A, ZHOU X, DURRANI S, et al. Wireless - powered relays in cooperative communications: Time - switching relaying protocols and throughput analysis [J]. IEEE Transactions on Communications, 2015, 63 (5): 1607 - 1622.

[67] FAN Y, WANG C, THOMPSON J, et al. Recovering multiplexing loss through successive relaying using repetition coding [J]. IEEE Transactions on Wireless Communications, 2007, 6 (12): 4484 - 4493.

[68] WICAKSANA H, TING S H, GUAN Y L, et al. Decode - and - forward two - path half duplex relaying: Diversity - multiplexing tradeoff analysis [J]. IEEE Transactions on Communications, 2011, 59 (7): 1985 - 1994.

[69] TIAN F, ZHANG W, MA W K, et al. An effective distributed space - time code for two - path

successive relay network [J]. IEEE Transactions on Communications, 2011, 59 (8): 2254 - 2263.

[70] ZHAI C, ZHENG L, LAN P, et al. Decode - and - forward two - path successive relaying with wireless energy harvesting [J]. IEEE International Conference on Communications Workshops (ICC Workshops), 2017.

[71] BI Y, CHEN H. Accumulate and jam: Towards secure communication via a wireless - powered full - duplex jammer [J]. IEEE Journal of Selected Topics in Signal Processing, 2016, 10 (8): 1538 - 1550.

[72] DO T N, COSTA D B, DUONG T Q, et al. Improving the performance of cell - edge users in NOMA systems using cooperative relaying [J]. IEEE Transactions on Communications, 2018, 66 (5): 1883 - 1901.

[73] ZHANG L, LIU J, XIAO M, et al. Performance analysis and optimization in downlink NOMA systems with cooperative full - duplex relaying [J]. IEEE Journal on Selected Areas in Communications, 2017, 35 (10): 2398 - 2412.

[74] LIAU Q Y, LEOW C Y. Successive user relaying in cooperative NOMA system [J]. IEEE Wireless Communications Letters, 2019, 8 (3): 921 - 924.

[75] LIU T, WANG X, ZHENG L. A cooperative SWIPT scheme for wirelessly powered sensor networks [J]. IEEE Transactions on Communications, 2017, 65 (6): 2740 - 2752.

[76] YUAN Y, XU Y, YANG Z, et al. Energy efficiency optimization in full - duplex user - aided cooperative SWIPT NOMA systems [J]. IEEE Transactions on Communications, 2019, 67 (8): 5753 - 5767.

[77] LIU Y, DING H, SHEN J, et al. Outage performance analysis for SWIPT - based cooperative non - orthogonal multiple access systems [J]. IEEE Communications Letters, 2019, 23 (9): 1501 - 1505.

[78] LIU Y, DING Z, ELKASHLAN M, et al. Cooperative nonorthogonal multiple access with simultaneous wireless information and power transfer [J]. IEEE Journal on Selected Areas in Communications, 2016, 34 (4): 938 - 953.

[79] GUO C, ZHAO L, FENG C, et al. Energy harvesting enabled NOMA systems with full - duplex relaying [J]. IEEE Transactions on Vehicular Technology, 2019, 68 (7): 7179 - 7183.

[80] WU W, YIN X, DENG P, et al. Transceiver design for downlink SWIPT NOMA systems with cooperative full - duplex relaying [J]. IEEE Access, 2019, 7: 33464 - 33472.

[81] ZHONG C, SURAWEERA H A, ZHENG G, et al. Wireless information and power transfer with full duplex relaying [J]. IEEE Transactions on Communications, 2014, 62 (10): 3447 - 3461.

[82] KADER M F, SHAHAB M B, SHIN S Y. Exploiting non - orthogonal multiple access in cooperative relay sharing [J]. IEEE Communications Letters, 2017, 21 (5): 1159 - 1162.

[83] DIAMANTOULAKIS P D, PAPPI K N, DING Z, et al. Wireless - powered communications with non - orthogonal multiple access [J]. IEEE Transactions on Wireless Communications, 2016, 15 (12): 8422 - 8436.

[84] SONG M, ZHENG M. Energy efficiency optimization for wireless powered sensor networks with nonorthogonal multiple access [J]. IEEE Sensors Letters, 2018, 2 (1): 1 - 4.

[85] ZEWDE T A, GURSOY M C. NOMA - based energy - efficient wireless powered communications [J]. IEEE Transactions on Green Communications and Networking, 2018, 2 (3): 679 - 692.

[86] TANG J, LUO J, LIU M, et al. Energy efficiency optimization for NOMA with SWIPT [J]. IEEE Journal of Selected Topics in Signal Processing, 2019, 13 (3): 452 - 466.

[87] LI Q, GAO J, LIANG H, et al. Optimal power allocation for wireless sensor powered by dedicated RF energy source [J]. IEEE Transactions on Vehicular Technology, 2019, 68 (3): 2791 - 2801.

[88] SONG S. On distribution of sums of n independent random variables subject to exponential distribution [J]. Journal of Liaoning Normal University (Natural Science Edition), 1990: 51 - 58.

[89] ZHAI C, LIU J, ZHENG L. Cooperative spectrum sharing with wireless energy harvesting in cognitive radio network [J]. IEEE Transactions on Vehicular Technology, 2016, 65 (7): 5303 - 5316.

[90] KRIKIDIS I. Simultaneous information and energy transfer in large - scale networks with/without relaying [J]. IEEE Transactions on Communications, 2014, 62 (3): 900 - 912.

[91] JINDAL N, WEBER S, ANDREWS J G. Fractional power control for decentralized wireless networks [J]. IEEE Transactions on Wireless Communications, 2008, 7 (12): 5482 - 5492.

[92] HAENGGI M, GANTI R K. Interference in Large Wireless Networks, 2009.

[93] CUI S, GOLDSMITH A J, BAHAI A. Energy - constrained modulation optimization [J]. IEEE Transactions on Wireless Communications, 2005, 4 (5): 2349 - 2360.

[94] ANDREWS J G, BACCELLI F, GANTI R K. A tractable approach to coverage and rate in cellular networks [J]. IEEE Transactions on Communications, 2011, 59 (11): 3122 - 3134.

[95] HUANG J, BERRY R A, HONIG M L. Auction - based spectrum sharing [J]. Mobile Networks and Applications, 2006, 11: 405 - 418.

[96] WANG F, KRUNZ M, CUI S. Spectrum sharing in cognitive radio networks [J]. IEEE International Conference on Computer Commun. (INFOCOM), 2008: 36 - 40.

[97] NIYATO D, HOSSAIN E. Competitive spectrum sharing in cognitive radio networks: a dynamic game approach [J]. IEEE Transactions on Wireless Communications, 2008, 7 (7): 2651 - 2660.

[98] MENON R, BUEHRER R M, REED J H. On the impact of dynamic spectrum sharing techniques on legacy radio systems [J]. IEEE Transactions on Wireless Communications, 2008, 7 (11): 4198 - 4207.

[99] NGUYEN T V, BACCELLI F. A stochastic geometry model for cognitive radio networks [J]. The Computer Journal, 2011, 55: 534 - 552.

[100] HAMDI K, ZHANG W, LETAIEF K B. Opportunistic spectrum sharing in cognitive MIMO wireless networks [J]. IEEE Transactions on Wireless Communications, 2009, 8 (8): 4098 - 4109.

[101] ZHANG R, LIANG Y C. Exploiting multi - antennas for opportunistic spectrum sharing in cognitive radio networks [J]. IEEE Journal of Selected Topics in Signal Processing, 2008, 2 (1): 88 - 102.

[102] PHAN K T, VOROBYOV S A, SIDIROPOULOS N D, et al. Spectrum sharing in wireless networks via QoS - aware secondary multicast beamforming [J]. IEEE Transactions on Signal Processing, 2009, 57 (6): 2323 - 2335.

[103] LI J C F, ZHANG W, YUAN J. Opportunistic spectrum sharing in cognitive radio networks based on primary limited feedback [J]. IEEE Transactions on Communications, 2011, 59 (12): 3272 - 3277.

[104] HAN Y, PANDHARIPANDE A, TING S H. Cooperative spectrum sharing via controlled amplify - and - forward relaying [J]. IEEE International Symposium on Personal Indoor Mobile Radio Communications (PIMRC), 2008: 1 - 5.

[105] ZHANG W, MALLIK R K, LETAIEF K B. Optimization of cooperative spectrum sensing with energy detection in cognitive radio networks [J]. IEEE Transactions on Wireless Communications, 2009, 8: 5761 - 5766.

[106] GHASEMI A, SOUSA E S. Interference aggregation in spectrum - sensing cognitive wireless net-

works [J]. IEEE Journal of Selected Topics in Signal Processing, 2008, 2 (1): 28 - 40.

[107] LETAIEF K B, ZHANG W. Cooperative communications for cognitive radio networks [J]. Proceedings of the IEEE, 2009, 97 (5): 878 - 893.

[108] FOSCHINI G J, GANS M J. On limits of wireless communications in a fading environment when using multiple antennas [J]. Wireless Personal Communications, 1998, 6: 311 - 335.

[109] MOLISCH A F, WIN M Z, CHOI Y S, et al. Capacity of MIMO systems with antenna selection [J]. IEEE Transactions on Wireless Communications, 2005, 4 (4): 1759 - 1772.

[110] YIN S, ZHANG E, QU Z, et al. Optimal cooperation strategy in cognitive radio systems with energy harvesting [J]. IEEE Transactions on Wireless Communications, 2014, 13 (9): 4693 - 4707.

[111] SHAFIE A E. Space - time coding for an energy harvesting cooperative secondary terminal [J]. IEEE Communications Letters, 2014, 18 (9): 1571 - 1574.

[112] KRIKIDIS I, LANEMAN J N, THOMPSON J S, et al. Protocol design and throughput analysis for multi - user cognitive cooperative systems [J]. IEEE Transactions on Wireless Communications, 2009, 8 (9): 4740 - 4751.

[113] HUCHER C, OTHMAN R B, BELFIORE J C. AF and DF protocols based on Alamouti ST codes [J]. IEEE International Symposium on Information Theory (ISIT), 2007: 1526 - 1530.

[114] MAKKI B, SVENSSON T, ZORZI M. Finite block - length analysis of spectrum sharing networks using rate adaptation [J]. IEEE Transactions on Communications, 2015, 63 (8): 2823 - 2835.

[115] RANKOV B, WITTNEBEN A. Spectral efficient protocols for half duplex fading relay channels [J]. IEEE Journal on Selected Areas in Communications, 2007, 25 (2): 379 - 389.

[116] TIAN F, ZHANG W, MA W K, et al. An effective distributed space - time code for two - path successive relay network [J]. IEEE Transactions on Communications, 2011, 59 (8): 2914 - 2917.

[117] ZHANG R. On achievable rates of two - path successive relaying [J]. IEEE Transactions on Communications, 2009, 57 (10): 2914 - 2917.

[118] ZHAI C, ZHANG W, CHING P C. Spectrum sharing based on two - path successive relaying [J]. IEEE International Conference on Acoustics, Speech and Signal Processing (ICASSP), 2012: 2909 - 2912.

[119] BLETSAS A, KHISTI A, REED D P, et al. A simple cooperative diversity method based on network path selection [J]. IEEE Journal on Selected Areas in Communications, 2006, 24 (3): 659 - 672.

[120] SANAYEI S, NOSRATINIA A. Exploiting multiuser diversity with only 1 - bit feedback [J]. IEEE Wireless Communications and Networking Conference (WCNC), 2005: 978 - 983.

[121] BAN T W, CHOI W, JUNG B C, et al. Multi - user diversity in a spectrum sharing system [J]. IEEE Transactions on Wireless Communications, 2009, 8 (1): 102 - 106.

[122] TAJER A, WANG X. Multiuser diversity gain in cognitive networks [J]. IEEE/ACM Transactions on Networking, 2010, 18 (6): 1766 - 1779.

[123] LI Y, NOSRATINIA A. Hybrid opportunistic scheduling in cognitive radio networks [J]. IEEE Transactions on Wireless Communications, 2012, 11 (1): 328 - 337.

[124] ZHANG R, LIANG Y C. Investigation on multiuser diversity in spectrum sharing based cognitive radio networks [J]. IEEE Communications Letters, 2010, 14 (2): 133 - 135.

[125] HONG J P, CHOI W. Capacity scaling law by multiuser diversity in cognitive radio systems [J]. IEEE International Symposium on Information Theory (ISIT), 2010: 2088 - 2092.

［126］ HAN Y，TING S H，PANDHARIPANDE A. Cooperative spectrum sharing protocol with secondary user selection ［J］. IEEE Transactions on Wireless Communications，2010，9（9）：2914－2923.

［127］ ZHAI C，ZHANG W. Spectrum and energy efficient cognitive relay for spectrum leasing ［J］. IEEE International Conference on Communication Systems（ICCS），2012：240－244.

［128］ BACCELLI F，BŁASZCZYSZYN B，MÜHLETHALER P. An ALOHA protocol for multihop mobile wireless networks ［J］. IEEE Transactions on Information Theory，2006，52（2）：421－436.

［129］ SONG G，LI Y G. Asymptotic throughput analysis for channel aware scheduling ［J］. IEEE Transactions on Communications，2006，54（10）：1827－1834.

［130］ BAI T，HEATH R W. Coverage and rate analysis for millimeter-wave cellular networks ［J］. IEEE Transactions on Wireless Communications，2015，14（2）：1100－1114.

［131］ LEE J，ANDREWS J G，HONG D. Spectrum sharing transmission capacity ［J］. IEEE Transactions on Wireless Communications，2011，10（9）：3053－3063.

［132］ YIN C，CHEN C，LIU T，et al. Generalized results of transmission capacities for overlaid wireless networks ［J］. IEEE International Symposium on Information Theory（ISIT，2009：1774－1778.

［133］ VU M，DEVROYE N，TAROKH V. On the primary exclusive region of cognitive networks ［J］. IEEE Transactions on Wireless Communications，2009，8（7）：3380－3385.

［134］ HONG X，WANG C X，THOMPSON J. Interference modeling of cognitive radio networks ［J］. IEEE Vehicular Technology Conference（VTC Spring），2008：1851－1855.

［135］ CHO S R，CHOI W，HUANG K. QoS provisioning relay selection in random relay networks ［J］. IEEE Transactions on Vehicular Technology，2011，60（6）：2680－2689.

［136］ SHENG Z，DING Z，LEUNG K K. Transmission capacity of decode－and－forward cooperation in overlaid wireless networks ［J］. IEEE International Conference on Commun.（ICC），2010：1－5.

［137］ GANTI R K，HAENGGI M. Spatial analysis of opportunistic downlink relaying in a two－hop cellular system ［J］. IEEE Transactions on Communications，2012，60（5）：1443－1450.

［138］ NOVLAN T D，GANTI R K，GHOSH A，et al. Analytical evaluation of fractional frequency reuse for OFDMA cellular networks ［J］. IEEE Transactions on Wireless Communications，2011，10（12）：4294－4305.

［139］ ZHAI C，XU H，LIU J，et al. Performance of opportunistic relaying with truncated ARQ over Nakagami－m fading channels ［J］. Transactions on emerging telecommunications technologies，2012，23（1）：50－66.

［140］ MAO G，FIDAN B，ANDERSON B. Wireless sensor network localization techniques ［J］. Computer Netwprks，2007，51（10）：2529－2553.

［141］ STOYAN D，KENDALL W，MECKE J. Stochastic Geometry and Its Applications ［M］. Wiley，1996.

［142］ DHILLON H S，NOVLAN T D，ANDREWS J G. Coverage probability of uplink cellular networks ［J］. IEEE GLOBECOM，Anaheim，2012：2203－2208.

［143］ LUO L，ZHANG P，ZHANG G，et al. Outage performance for cognitive relay networks with underlay spectrum sharing ［J］. IEEE Communications Letters，2011，15（7）：710－712.

［144］ KIM H，LIM S，WANG H，et al. Optimal power allocation and outage analysis for cognitive full duplex relay systems ［J］. IEEE Transactions on Wireless Communications，2012，11（10）：3754－3765.

［145］ HOANG D T，NIYATO D，WANG P，et al. Opportunistic channel access and RF energy harvesting in cognitive radio networks ［J］. IEEE Journal on Selected Areas in Communications，2014，32（11）：2039－2052.

[146] BAE Y H, BAEK J W. Achievable throughput analysis of opportunistic spectrum access in cognitive radio networks with energy harvesting [J]. IEEE Transactions on Communications, 2016, 64 (4): 1399 - 1410.

[147] ZHAI C, LIU J, ZHENG L. Relay based spectrum sharing with secondary users powered by wireless energy harvesting [J]. IEEE Transactions on Communications, 2016, 64 (5): 1875 - 1887.

[148] ZHAI C, SHI L, CHEN H. Underlay spectrum sharing with wireless power transfer towards primary user [J]. 9th International Conference on Wireless Communications and Signal Processing (WCSP), 2017.

[149] HSIEH Y, TSENG F S, KU M L. A spectrum and energy cooperation strategy in hierarchical cognitive radio cellular networks [J]. IEEE Wireless Communications Letters, 2016, 5 (3): 252 - 255.

[150] XU D, LI Q. Cooperative resource allocation in cognitive radio networks with wireless powered primary users [J]. IEEE Wireless Communications Letters, 2017, 6 (5): 658 - 661.

[151] SHAFIE A E, AL - DHAHIR N, HAMILA R. A sparsity - aware cooperative protocol for cognitive radio networks with energy - harvesting primary user [J]. IEEE Transactions on Communications, 2015, 63 (9): 3118 - 3131.

[152] CLERCKX B, BAYGUZINA E. Waveform design for wireless power transfer [J]. IEEE Transactions on Signal Processing, 2016, 64 (23): 6313 - 6328.

[153] CLERCKX B. Wireless information and power transfer: Nonlinearity, waveform design and rate - energy tradeoff [J]. IEEE Transactions on Signal Processing, 2018, 66 (4): 847 - 862.

[154] WANG S, XIA M, HUANG K, et al. Wirelessly powered two - way communication with nonlinear energy harvesting model: Rate regions under fixed and mobile relay [J]. IEEE Transactions on Wireless Communications, 2017, 16 (12): 8190 - 8204.

[155] CHEN H, LI Y, REBELATTO J L, et al. Harvest - then - cooperate: Wireless - powered cooperative communications [J]. IEEE Transactions on Signal Processing, 2015, 63 (7): 1700 - 1711.

[156] HAENGGI M. On distances in uniformly random networks [J]. IEEE Transactions on Information Theory, 2005, 51 (10): 3584 - 3586.

[157] WANG Z, ZHANG W. Opportunistic spectrum sharing with limited feedback in Poisson cognitive radio networks [J]. IEEE Transactions on Wireless Communications, 2014, 13 (12): 7098 - 7109.

[158] CHOI K W, KIM D I. Stochastic optimal control for wireless powered communication networks [J]. IEEE Transactions on Wireless Communications, 2016, 15 (1): 686 - 698.

[159] YAZDANSHENASAN Z, DHILLON H S, AFSHANG M, et al. Poisson hole process: Theory and applications to wireless networks [J]. IEEE Transactions on Wireless Communications, 2016, 15 (11): 7531 - 7546.

[160] BADDELEY. Spatial point processes and their applications [M]. Stochastic Geometry: Series Lecture Notes in Mathematics. 2007, 1892: 1 - 75.